Dictionary of Earth Science

English-French
French-English

Dictionnaire des Sciences de la Terre

Anglais-Français
Français-Anglais

edited by

J. P. Michel, Docteur ès Sciences
Laboratoire de Stratigraphie
Université Pierre et Marie Curie
Paris, France

Rhodes W. Fairbridge, D. Sc.
Department of Geological Science
Columbia University
New York, New York

 MASSON Publishing USA, Inc.
New York • Paris • Barcelona • Milan • Mexico City • Rio de Janeiro

Preface

Conceived essentially for the use of students and research workers in geology and physical geography, as well as for professionals, this bilingual dictionary of the earth sciences is addressed to a wide audience. It offers simply word-by-word translations: not explanations. It fills a unique gap in geological literature and in the field of specialized dictionaries. It brings together most of the terms in current use within the following disciplines: physical geography, geomorphology, geodynamics, general and applied geology, petroleum and mining geology, mineralogy, paleontology, sedimentology, tectonics, and so on. Numbers of disused or archaic terms are included, but are so indicated. The terms have mostly been chosen on the basis of frequency of use in classical and recent textbooks and professional publications in geology published in the English and French languages.

This publication is the result of many year's research and collection by the senior author, Jean-Pierre Michel, Docteur ès Sciences, Maître-Assistant à l'Université Pierre et Marie Curie (Paris VI). The associate author, Professor Rhodes W Fairbridge, Department of Geological Sciences, Columbia University, New York, New York, has been able to draw on his long experience in editing numerous volumes in the *Encyclopedia of Earth Science Series* as well as for professional journals and the *Benchmark Series,* adding numbers of terms to the original collection.

We have benefited greatly from the bilingual experience and valuable additions proposed by our colleagues in French Canada at the Université de Québec à Montréal, specifically M. M. Gilbert Prichonnet, Claude Hillaire-Marcel, and Bernard de Boutteray. Thus both traditional English and North American usages have received close scrutiny. In a work so extensive and desirably comprehensive, it is regrettably inevitable that we have committed some errors and allowed some omissions. We can only ask forbearance.

It is hoped that this multiple review will make the dictionary useful for all geologists, amateur and professional, on a worldwide basis. In particular it should help people to understand scientific papers and to translate journal articles. In view of the fact that the English language has gradually become the intenational *lingua franca* of international congresses, even amongst non-English-speaking delegates, it is anticipated that the dictionary should prove an invaluable aid to them.

English-French
French-English

A

Aa — Aa (laves)
Aalenian — Aalénien (etage, Lias)
Abandoned cliff — Falaise morte
Abatement (of pollution) — Méthode de diminution de la pollution
Abdomen — Abdomen
Abiotic — Abiotique
Ablation — Fusion, ablation, érosion glaciaire (inusité); formation de sédiments résiduels par lessivage
—cone (US) — Cône de glace (avec)
—factor — Vitesse de fusion nivale ou glaciaire
Abnormal (accelerated) erosion — Érosion accélérée (d'origine anthropique)
Aboral — Aboral
Above — 1) au dessus de; 2) en amont de
Aboveground — 1) adj: superficiel, de surface (Mines); 2) adv: à la surface
Abradant — Abrasif
Abrade (to) — User par frottement
Absarokite — Absarokite
Abrasion — Abrasion, érosion
—platform — Plate-forme d'abrasion
Abrasive — Abrasif
—rock — Roche d'érosion
Abrupt — Abrupt
Abruptly — Abruptement
Abscissa — Abscisse
Absolute — Absolu
—age — Âge absolu
—altitude — Altitude absolue
—datation — Datation absolue
—dating — Datation absolue
—temperature — Température absolue
—zero — Zéro absolu (-273, $18°C = -459,72°F$)
Absorb (to) — Absorber
Absorbable — Absorbable
Absorbent — 1) adj: absorbant; 2) n: absorbant
—of water — Avide d'eau; à forte capacité d'absorption; hydrophile
Absorbing complex (U.K.), absorption complex (U.S.) — Complexe absorbant
Absorption — Absorption
—bands — Bandes d'absorption
—coefficient — Coefficient d'absorption
—lines — Raies d'absorption
—spectrum — Spectre d'absorption
Atmosphere absorption — Absorption atmosphérique
Absorptive — Absorptif
Abutment — Mur de soutènement
Abyss — Abysse, abîme
Abyssal, abyssic — Abyssal (général)
Abyssal deposit — Sédiment abyssal
—plain — Plaine abyssale
—rock — Roche plutonique, roche de profondeur
—zone — Zone abyssale
Acadian (N.Am.) — Acadien (Série, Cambrien moyen)
—orogeny — Orogenèse acadienne (Dévonien)
Acanthite — Acanthite
Accelerated erosion — Érosion accélérée (anthropique)
Acceleration of gravity — Accélération de la pesanteur, intensité de la pesanteur
Accelerometer — Accéléromètre
Accessory — Accessoire
—element — Élément trace
—mineral — Minéral accessoire
—plate — Lame accessoire (pour microscope polarisant)
Accident — 1) accident; 2) accident, inégalité du sol
Acclivity — Montée, côte
Acclivous — En pente, escarpé
Accordant drainage — Réseau hydrographique conséquent, conforme
Accordant fold — Pli de même orientation (qu'un ensemble de plis)
Accordian folding, accordion folding — Plissement en accordéon
Account — Compte rendu
Accretion — 1) accroissement par alluvionnement; 2) accrétion des continents
—coast — Côte d'accumulation
—theory — Théorie de l'accroissement de la terre
—topography — Relief dû à la sédimentation
—vein — Filon minéralisateur
Accretional — En accroissement (tect. plaques)
Accretionary ridge — Levée de plage située à

3

	l'arrière du rivage actuel, indiquant un accroissement du continent	—intensity	Intensité acoustique
		—method	Méthode acoustique
		—receipter	Récepteur acoustique
		—wave	Onde sonore
Accumulate (to)	1) accumuler; 2) s'accumuler	—well logging	Diagraphie acoustique
		Acquired character	Caractère acquis
Accumulation	1) accumulation; 2) gisement (pétrole)	Acre	Unité de mesure = 0,40468 hectare
Accuracy	Exactitude; précision	—foot	Acre-pied: volume de liquide ou de solide nécessaire pour recouvrir 1 acre sur une épaisseur d'1 pied
Accurate	Exact, précis		
Acerdese	Acerdèse, manganite		
Achromatic	Achromatique		
Achromatism	Achromatisme		
ACF diagram	Diagramme triangulaire (teneur en Al_2O_3, CaO, FeO + MgO)	—inch	Acre-pouce: quantité de matériel nécessaire pour recouvrir 1 acre sur une épaisseur d'1 pouce
Acheulian	Acheuléen (Paléolithique ancien)		
Achirite	Dioptase	—yield	Rendement à l'acre (pétrole, eau, gaz)
Achondrite	Achondrite (météorite)		
Achroïte	Achroïte	Acreage	Superficie (en mesures agraires)
Acicular	Aciculaire		
Aciculate, aciculated	Aciculé	Acrotomous	À clivage parallèle à la base ou au sommet d'un minéral
Acid	1) adj: acide; 2) n: acide		
—brown soil	Sol brun acide		
—clay	Argile acide	Acting	Effet, action
—lava	Lave acide	Actinic	Actinique
—rock	Roche acide	Actinium	Actinium
—soil	Sol acide	Actinoform	De forme radiale, étoilée
—treatment	Traitement acide	Actinolite	Actinote, actinolite
Weak acid	Acide faible	—schist	Schiste à actinote
Acidic	Acide (adj)	Actinolitic	Actinolithique
—rock	Roche de type acide	Actinopterygii	Actinoptérygiens (Paléontol.)
Acidiferous	Acidifère		
Acidification	Acidification	Actinote	Actinote
Acidifier	Acidifiant	Action	Action
Acidify (to)	1) acidifier; 2) s'acidifier	—zone	Zone néritique
Acidity	Acidité	Activated	Activé
Acidization, acidizing	Acidification (introduction d'acide dans un forage)	Active	Actif, en activité
		—dune	Dune vive
		—gap	Cluse active, active
Acidize (to)	Acidifier	—fault	Faille active
Acidizer	Acidifiant	—glacier	Glacier actif
Acidulae	Eaux minérales froides chargées d'acide carbonique	—layer	Mollisol
		—permafrost	Pergélisol actuel
		—volcano	Volcan en activité
Acidulous water	Eau acidulée	Activity	Activité
Aciform	Aciculé	Chemical activity	Activité chimique
Acinase	Granuleux, en grappes	Volcanic activity	—volcanique
Aclinal, aclinic	Aclinique	Actual	Réel, effectif
Acline	Sans pendage, horizontal	Actuapalaeontology	Actuapaléontologie (inusité)
Acmite	Acmite, aegyrine		
—augite	Augite aegyrinique	Acute	Aigu
—trachyte	Trachyte à aegyrine	—bisectrix	Bissectrice de l'angle aigu formé par les deux axes d'un cristal biaxe
Acoustic, acoustical	Acoustique		
—echo-sounding	Écho-sondage acoustique		
—frequency	Fréquence acoustique		
—horizon	Horizon acoustique	Acyclic	Aliphatique

Adamant	Diamant
Adamantine	Adamantin
—luster	Éclat adamantin
—spar	Corindon adamantin
Adamellite	Adamellite (Pétrogr.)
Adaptation	Adaptation (au milieu)
Adaptative radiation	Radiation adaptative
Adarce	1) Croûte calcaire de source; 2) concrétion salée
Additive	Additif
Adductor scar	Empreinte des muscles (Lamellibranches)
Adhere (to)	Adhérer
Adhesion	Adhérence, adhésion
Molecular adhesion	Attraction moléculaire
Adhesive	Adhésif, adhésive
Adiabatic	Adiabatique
—gradient	Gradient adiabatique, gradient isothermique
Adiabatically	Adiabatiquement
Adinole	Adinole (cornéenne métamorphique à albite)
Adit	Galerie à flanc de coteau, entrée de mine subhorizontale
Adit-cut mining	Exploitation à flanc de coteau
Adjacent	Adjacent, voisin, contigu
—sea	Mer intérieure
Adjust (to)	Régler, mettre au point
—itself (to)	S'adapter (Géogr.)
Adjustable	Réglable
Adjusting	Mise au point
Adjustment	1) réglage, mise au point; 2) adaptation (Géogr. Phys.)
Adobe (U.S.)	1) argile loessique (souvent remaniée par les eaux); 2) brique d'argile séchée au soleil
Adolescent river	Rivière au stade d'adolescence
Adsorb (to)	Adsorber
Adsorption	Adsorption
Adsorptive	Adsorbant
Adular, adularia	Adulaire (var. de feldspath potassique)
Advance	Progrès, avancement
—heading	Galerie d'avancement (Mine)
—of a beach	Progression d'une plage vers le large
—of a glacier	Avancée d'un glacier
Advance (to)	Avancer
Advection	Advection
Advent	Arrivée, venue (d'eau)
Adventitious	Adventice
Adventive	Adventif
—cone	Cône latéral
Aegirine, aegirite, aegyrite	Aegyrine
Aegyrine augite	Augite aegyrinique
—hedenbergite	Hedenbergite aegyrinique
Aeolian	Éolien
—erosion	Érosion éolienne
—transport	Transport éolien
Aeolianite (see Eol.)	Sédiment dunaire (éolien) consolidé (Austr.)
Aeolotropic	Anisotropique
Aeon	Durée de 10^9 années (1 milliard d'années)
Aerage	Ventilation, aération
Aerate (to)	Aérer
Aeration	Aération
—porosity (U.S.)	Porosité non capillaire
Aerial	Aérien
—arch	Voûte anticlinale arasée
—fold	Pli dénudé
—magnetometer	Magnétomètre aéroporté
—mapping	Levé aérien
—photography	Photographie aérienne
—survey	Photogrammétrie aérienne, levé aérien
Aeriform	Gazeux
Aerobian, aerobic	Aérobie
Aerodynamic	Aérodynamique
Aerolite	Aérolite, aérolithe (Météorite)
Aerology	Météorologie
Aeromagnetic map	Carte magnétique levée par avion
Aeromagnetic prospecting	Prospection magnétique aéroportée
Aerometer	Aéromètre
Aerometric	Aérométrique
Aerometry	Aérométrie
Aeronomy	Aéronomie
Aerophotography	Photographie aérienne
Aerosite	Pyrargyrite
Aerosol	Aérosol
Aerugo	Vert de gris (oxydation du cuivre)
Aff	Affinité (Pal.)
Affect (to)	Agir sur, attaquer, affecter
Affluent	1) adj: affluent; 2) n: affluent
Afforestation	Boisement, reboisement
Aftershock	Réplique séismique
Aftonian (N. Am.)	Aftonien (1er interglaciaire)
Agalmatolite	Agalmatolite (var. de pyrophyllite massive)

Agate	Agate
—opal	Agate opalisée
Agatiferous	Agatifère
Agatize (to)	1) agatiser; 2) s'agatiser
Agatized wood	Bois agatisé
Agatoïd	Agatoïde
Age	Âge
—dating	Datation
Stone age	Âge de la Pierre (Préhist.)
Agency	Agent, action (Géogr.)
Agent	Agent (Géogr.)
Agglomerate	1) adj: aggloméré; 2) n: aggloméra; U.S. 3) brèche volcanique, tuff, dont les fragments sont plus grands que 32 mm.
Agglomerate (to)	1) agglomérer; 2) s'agglomérer
Agglomeration	Agglomération
Agglutinant	1) adj: agglutinant; 2) n: liant, agglutinant
Agglutinate	Brèche volcanique à ciment vitrifié superficiellement
Agglutinate (to)	1) agglutiner; 2) s'agglutiner
Agglutinated	Foraminifères à test formé de particules agglutinées (arénacées ou calcaires)
Aggradation	1) alluvionnement; 2) extension d'une zone à permafrost
Aggrade (to)	Alluvionner
Aggrading stream	Rivière alluvionnante, à l'état d'équilibre
Aggregate	Agrégat, groupe
Mineral aggregate	Agrégat minéral
Aggregate (to)	Rassembler, réunir, s'agréger
Aggregation	Agglomération
Aggressive magma	Magma intrusif
Aging cycle of a lake	Cycle géomorphologique d'un lac (comblement)
Agitate (to)	Agiter, remuer
Agnatha	Agnathes
A horizon	Horizon A (d'éluviation)
Air	Air, vent
—blast	Courant d'air, vent
—born sand	Sable éolien
—chambers	Chambres à air (des Céphalopodes)
—course	Voie d'aération (mine)
—crossing	Croisement de voies d'aération (mine)
—discharge	Sortie d'air (mine)
—drilling	Forage à l'air comprimé
—exhaust line	Conduite d'évacuation d'air
—fan	Ventilateur (mine)
—flooding	Injection d'air comprimé
—flow meter	Anémomètre
—furnace	Foyer d'aérage (mine)
—gap	Buse morte
—hammer	Marteau pneumatique
—hoisting	Extraction par l'air comprimé
—hole	Prise d'air
—inlet	Arrivée d'air
—level	Niveau à bulle d'air
—lift	Remontée de pétrole après injection d'air
—pipe	Conduite d'air, buse
—saddle	Anticlinal érodé
—shaft	Puits d'aération
—shooting	Tir en l'air (Sism.)
—shrinkage	Rétraction des argiles par dessication à l'air
—stack	Cheminée d'aération
—stone	Météorite
—stream	Courant aérien
—survey camera	Caméra pour photographie aérienne
—volcano	Soufflard
—wave	Onde acoustique
—way	Galerie d'aération (mine)
Surface air	Air interstitiel (dans zone d'aération du sol)
Airborne	Aéroporté
—magnetometer	Magnétomètre aéroporté
—scintillation counter	Compteur à scintillation aéroporté
—survey	Prospection aéroportée
Airing	Aération, ventilation (mine)
Aithen nucleus	Particule d'Aithen (Météo)
Akerite	Akérite
AKF diagram	Diagramme trangulaire: $A=Al_2O_3 + Fe_2O_3 + (CaO + Na_2O)$; $K=K_2O$; $F=FeO + MgO + MnO$
Alabandite	Alabandine, blende manganifère
Alabaster	Albâtre
Calcareous alabaster	Albâtre calcaire
Gypseous alabaster	—gypseux
Alabasterine	D'albâtre, comme l'albâtre
Alar septum	Cloison primaire latérale des Tétracoralliaires
Alaskite	Alaskite
Albedo	Albédo

Albertan (N. Am.)	Série d'Albertan (Cambrien moy.)
Albertite	Albertite (var. de pyrobitume)
Albian	Albien (étage, Crétacé inf.)
Albiclase	Albite-Oligoclase (série de plagioclases)
Albion (U.S.)	Etage d'Albion (Silurien inf.)
Albite	Albite
—diabase	Dolérite albitisée et altérée
—diorite	Diorite à albite (Alaska)
Albitisation	Albitisation
Albitite	Albitite (var. de syénite sodique)
Albitized, albitised	Albitisé
Albitophyre	Roche porphyrique à albite
Alcohol	Alcool
Alcyonaria	Alcyonaires (Pal.)
Aldanian	Aldanien (Cambrien inf.)
Aldehyde	Aldéhyde
Alexandrian	Alexandrien (série, Silurien inf.); désuet
Alexandrite	Chrysobéryl
Alga (Algae pl.)	Algue
Fossil alga	—fossile
Incrusting alga	—incrustante
Lime-secreting alga	—calcaire
Red alga	—rouge
Algal	Alguaire
—coal	Charbon d'algues
—limestone	Calcaire d'algues
—mat	Tapis d'algues
Algoman	Algoman (âge: Archéen sup.)
—orogeny	Intrusion d'Algoman (algomienne)
Algonkian, algonquian	Algonkien (désuet, voir Protérozoïque)
Alidade	Alidade
Alignment, aline, alinement	1) alignement, direction; 2) alignement de mégalites (Préhist.)
Aliphatic	Aliphatique
Alkali, alkaline	1) adj: alcalin; 2) n: a) carbonate de sodium ou de potassium, sel superficiel de régions arides; b) base forte; c) métal alcalin
—basalt	Roche basaltique à feldspathoïde
—earth	Alcalino-terreux
—felspar	Feldspath alcalin
—flat	Plaine salée playa
—lake	Lac natroné, salé
—metal	Métal alcalin
—rock	Roche basique
—soil	Sol basique
—syenite	Syénite à feldspathoïde syénite néphélinique
—waters	Eaux alcalines
Alkalic	Basique, alcalin
Alkalify	1) alcaliniser; 2) s'alcaliniser
Alkalinity	Alcalinité
Alkalinous, alkalous	Alcalin
Alkalization	Alcalinisation
Alkalize (to)	1) alcaliniser; 2) s'alcaliniser
Allanite	Allanite
Allegheny orogeny	Orogénèse alleghanienne (fin du Paléozoïque)
Allerod	Alleröd (interstade tardiglaciaire; pays scandinaves)
Allitic	Allitique
Allivalite	Allivalite (gabbro à anorthite et olivine)
Allochem	Allochem (débris chimique et bioch.)
Allochemical	Allochimique
Allochthon, allochthonus	Allochtone
Allogeneous, allogenic, allogenous	Allogène, allogénique
Allomorph, allomorphic	Allomorphe
Allomorphism	Allomorphie, allomorphisme
Allophane	Allophane
Allothigeneous, allothigenous	Allogène
Allotriomorphic	Allotriomorphe, xénomorphe
Allotrope	Allotrope
Allotropic	Allotropique
Allotropically	Allotropiquement
Allotropy	Allotropie, allotropisme
Alloy	Alliage
Alloy (to)	1) allier; 2) s'allier
Alloyage	Alliage
Alluvial	Alluvial, alluvionnaire
—apron	Nappe alluviale
—claim	Concession de gîte alluvionnaire
—cone	Cône torrentiel, de déjection
—deposit	Alluvions, gîte alluvionnaire
—digger	Orpailleur, chercheur d'or
—fan	Cône de déjection
—gold	Or alluvionnaire

—ground	Terrain d'alluvion
—piedmont plain	Glacis de piémont
—plain	Plaine alluviale
—soil	Sol alluvial
—slope	Pente alluviale
—terrace	Terrasse alluviale
—tin-mining	Exploitation de l'étain alluvionnaire
—workings	Exploitation d'alluvions
Alluviation	Dépôt d'alluvions, alluvionnement
Alluvion	Alluvions
Alluvium, alluvia (pl.)	Alluvions
Almandine, almandite, almondine	Almandine, grenat almandin
Along the dip	Suivant le pendage
Alongshore current	Courant littoral
Alpha quartz	Quartz alpha, de basse température
Alpha radiation	Rayonnement alpha
Alpine	Alpin
—glacier	Glacier de type alpin
—meadow soil	Sol alpin humifère
—orogeny (see Laramidian)	Orogénèse alpine (du Trias à l'actuel)
Alstonite	Alstonite
Alter (to)	1) altérer, modifier; 2) s'altérer, se transformer
Alterable	Altérable
Alteration	Altération, transformation
Alternate	1) alterné, alternatif; 2) alterne
Alternating	Alternant, alterné
Alternation	Alternance
—of generation	—de génération
Altimeter	Altimètre
Altimetric, altimetrical	Altimétrique
Altimetry	Altimétrie
Altiplanation	Altiplanation
Altitude	Altitude, hauteur
Absolute altitude	—absolue
Relative altitude	—relative
Altitudinal	Altitudinal
Altocumulus cloud	Altocumulus (Météo.)
Altostratus cloud	Altostratus (Météo.)
Alum	Alun
—glass	Alun cristallisé
—mine	Alunière, aluminière
—salt	Sels naturels d'alun
—schist, shale, slate	Schiste aluneux alumineux
—works	Alunière, aluminière
Alumina	Alumine
Aluminiferous	Aluminifère, alunifère
Aluminite	Aluminite
Aluminum, aluminium	Aluminium
—epidote	Épidote alumineuse
—garnet	Grenat alumineux
—oxide	Oxyde d'aluminium, alumine
Aluminization	Alunation
Aluminosilicate	Aluminosilicate
Aluminous	Alumineux, aluneux
Alumogel	Gel d'alumine
Aluniferous	Alunifère, aluminifère
Alunite	Alunite, alun
Alunitization	Alunitisation
Alunitized	Alunitisé
Alunogel	Gel d'alumine
Alunogen	Alunogène
Alveolar	Alvéolaire
Alveolus	Alvéole
Amalgam	1) amalgame; 2) alliage de mercure et d'argent, ou de mercure avec un autre métal
Amalgamable	Amalgamable
Amalgamate (to)	1) amalgamer; 2) s'amalgamer
Amazonite, amazonstone	Amazonite (microcline)
Amber	Ambre, succinite
Amblygonite	Amblygonite
Ambrite	Ambrite
Ambulacral	Ambulacraire (Zool.)
—area	Zone ambulacraire
—plate	Plaque ambulacraire
Ambulacrum	Ambulacre
Amendment	Amendement
Amethyst	Améthyste
Amethystine quartz	Quartz améthyste
Amganian	Amganien (Cambrien moy.)
Amiant, amianth, amianthinite, amianthus, amiantus	Amiante
Amiantoid	Amiantoïde
Ammeter	Ampèremètre
Ammite	Oolite (désuet)
Ammonia	1) adj: ammoniacal; 2) n: ammoniaque
Ammonification	Ammonisation
Ammonite	Ammonite
Age of Ammonites	Mésozoïque
Ammonoidea, ammonoïds	Ammonitidés
Amorphic, amorphous, amorphose	Amorphe
Amosite	Amosite (var. d'amiante sud-africaine)
Amount	1) teneur, proportion; 2) quantité
Ampelite	Ampélite, schiste noir bitumineux
Ampelitic	Ampélitique

Ampere	Ampère
—meter	Ampèremètre
Amphibia	Amphibiens
Amphibole	Amphibole
—schist	Amphiboloschiste
Amphibolic	Amphibolique
Amphiboliferous	Amphibolifère
Amphibolite	Amphibolite
—facies	Faciès à amphibolite
—schist	Amphiboloschiste
Amphibolitic	À amphiboles
Amphiboloid	Amphiboloïde
Amphigene (unusual)	Leucite
Amphineura	Amphineures (mollusques marins)
Amphoteric	Amphotère
Amplification	Grossissement
Amplifier	Amplificateur
Amplify (to)	Amplifier, grossir (opt.)
Amplifying power	Pouvoir grossissant (d'un microscope)
Amplitude	Amplitude
Amygdule, amygdale	Géode, petite cavité
Amygdaloid, amygdaloidal	Amygdaloïde, amygdalaire
—basalt	Basalte amygdalaire
Amygdaloids	Laves caverneuses, vacuolaires
Anabatic wind	Vent anabatique
Anaclinal	Anaclinal (syn. obséquent)
Anaerobic	Anaérobie
—sediment	Sédiment anaérobie
Anal	Anal
Analcite, analcime	Analcime
—basalt	Basalte à analcime
—dolerite	Dolérite à analcime
—syenite	Syénite à analcime
Analcitite	Analcitite (var. de basalte à feldspathoïdes)
Analog computer	Ordinateur analogique
Analysable	Analysable
Analyse (to)	Analyser
Analyser	Analyseur (d'un microscope polarisant)
Analysis	Analyse
Float and sink analysis	—densimétrique
Gravimetric analysis	—gravimétrique
Microscopic analysis	—microscopique
Plug type analysis	—sur petits échantillons
Well-core analysis	—d'une carotte
Anamorphic	Anamorphique
Anamorphism	Anamorphisme
Anastomosed rivers, anastomosing rivers	Rivières anastomosées
Anatase	Anatase
Anatexis	Anatexie
Anatexite	Anatexite
Anchor	Ancrage (for.)
—ice (ground ice)	Glace de fond
Anchored dune	Dune fixée
Ancient	Ancien
—river-bed	—lit de rivière
Andalusite	Andalousite
—hornstone	Cornéenne à andalousite
Andeclase	Série de plagioclases andésine-oligoclase
Andesine	Andésine
Andesinite	Andésinite
Andesite, andesyte	Andésite
—line	Ligne andésitique
Andesitic	Andésitique
Andradite	Andradite, mélanite
Anemograph	Anémomètre enregistreur
Anemographic	Anémographique
Anemography	Anémographie
Anemometer	Anémomètre
Anemometric	Anémométrique
Anemometrograph	Anémométrographe
Anemometry	Anémométrie
Aneroid	Anéroïde
—barometer	Baromètre anéroïde
Angara shield (USSR)	Bouclier, continent de l'Angara: désuet (Précamb. ancien)
Angiospermae	Angiospermes
Angle	Angle
Critical angle	Angle limite
—of bedding	—de stratification
—of declination	—de déclinaison
—of dip	—1) de pendage; 2) inclinaison (magnétique)
—of hade	Angle d'inclinaison d'une faille
—of incidence	Angle d'incidence (par rapport à la verticale)
—of reflection	Angle de réflexion
—of refraction	—de réfraction
—of repose	—d'équilibre, de talus
—rest	Pente limite
—of rotation	Angle de rotation
—shear	—de cisaillement
—strike	—de direction
Anglesite	Anglésite
Angstrom	Angström, Å = 10^{-8} cm
Angular	Angulaire
—frequency	Pulsation
—unconformity	Discordance angulaire
—velocity	Vitesse angulaire
Angularity	Angularité, caractère anguleux (d'un galet, etc.)
Angulated	Anguleux
Anhedral	Allotriomorphe
Anhydrate (to)	Déshydrater

Anhydration	Déshydratation
Anhydric	Anhydre
Anhydrit, anhydrite	Anhydrite
Anhydritic	À anhydrite
Anhydrokaolin	Kaolin artificiellement déshydraté
Anhydrous	Anhydre, sec
Animal	Animal
—kingdom	Règne animal
—tracks	Pistes d'animaux
Anion	Anion
Anisian, anisic	Anisien (= Virglorien, Trias moy.)
Anisomerous	Anisomère
Anisometric	Anisométrique
Anisotropic, anisotropal, anisotrope, anisotropical, anisotropous	Anisotrope
Anisotropically	Anisotropiquement
Anisotropy	Anisotropie
Ankaramite	Ankaramite
Ankaramitic	Ankaramitique
Ankerite	Ankérite
Annabergite	Annabergite, nickelocre
Annelida	Annélides (Paléontol.)
Annual	Annuel
—layer	Couche annuelle, varve glacio-lacustre
—ring	Cerne annuel
Annular	Annulaire
—reef	Récif annulaire
Annulated	Annelé(e), disposé en anneaux
Annulation (unusual)	Anneau
Anodont dentition	Charnière anodonte (Paléontol.)
Anode	Anode
Anomaly	Anomalie (Géophy.)
Electromagnetic anomaly	—électromagnétique
Free air anomaly	Correction à l'air libre
Isostatic anomaly	Anomalie isostatique
Magnetic anomaly	—magnétique
Self-potential anomaly	—de potentiel spontané
Tidal anomaly	—de marée terrestre
Anorthic	Triclinique
Anorthite	Anorthite
—basalt	Basalte à anorthite
—rock	Variété d'anorthosite
Anorthoclase, anorthose	Anorthose
Anorthosite	Anorthosite
Antarctic	Antarctique
Antecedence	Antécédence
Antecedent	Antécédent
—stream	Fleuve antécédent
Antediluvian	Antédiluvien
Antenna	Antenne
Anterior	Antérieur, frontal (Pal.)
Anthophyllite	Anthophyllite
Anthozoa	Anthozoaires
Anthraciferous	Anthracifère
Anthracite	Anthracite
Anthracitic	Anthraciteux
Anthracitous	Anthraciteux
Anthraconite, anthracolite	Calcaire ou marbre bitumineux et noir
Anthracolithic	Permo-Carbonifère
Anthraxolite	Anthracite fortement graphitique
Anthropogene (unusual)	Quaternaire (ère): inusité
Anthropogeny	Anthropologie
Anthropogeography	Géographie humaine
Anthropologist	Anthropologiste
Anthropopithecus	Anthropopithèque
Anthropozoic	Anthropozoïque
Anticathode	Anticathode
Anticentre	Antiépicentre (Séismicité)
Anticlinal, anticline	Anticlinal
—axis	Axe anticlinal
—bulge	Bombement anticlinal
—closure	Fermeture d'un anticlinal
—composite	Complexe anticlinal
—core	Noyau anticlinal
—crest	Charnière anticlinale
—flank	Flanc d'un anticlinal
—fold	Plissement anticlinal
—limb	Flanc d'un anticlinal
—line	Axe anticlinal
Asymmetric anticlinal	Anticlinal asymétrique
Brachyanticline	Brachyanticlinal
Closed anticlinal	Anticlinal fermé
Faulted anticlinal	—faillé
Overturned anticlinal	—déversé
Anticlinorium	Anticlinorium
Anticyclone	Anticyclone
Anticyclonic	Anticyclonique
Antiform (U.S.)	Structure anticlinale
Antigorite	Antigorite
Antimonial	Antimonial
—silver	Argent antimonial
Antimoniated	Antimonique, stibique
Antimonide	Antimoniure
Antimoniferous	Antimonifère
—arsenic	Allemontite
Antimonious	Antimonieux
Antimonite	Antimoine sulfuré, stibine
Antimony	Antimoine
—blende	Kermésite, valentinite
—glance	Antimoine sulfuré, stibine
—ochre	Antimoinocre, stibiconite
—ore	Antimoine natif

—white	Trioxyde d'antimoine
Antiperthite	Antiperthite
Antipodal	Antipodal
Antipode	Antipode
Antistress minerals	Minéraux métamorphiques formés à forte température et faible pression
Antithetic faults	Failles associées antithétiques
Antitrade	Contralizé
Antlerite	Antlérite
Apatite	Apatite
Aperiodic	Apériodique
Aperture	Ouverture, orifice
Apex	Apex, extrémité, sommet, point le plus élevé d'une couche (pli)
Aphanite	Aphanite
Aphanitic	Aphanitique
—limestone	Calcaire lithographique
Aphebian (Can.)	Aphébien (Protérozoïque inf.)
Aphotic	Aphotique
Aphyric	Aphanitique (sans phénocristaux)
Apical	Apical
Aplite	Aplite
Aplitic	Aplitique
Apogranite	Apogranite
Apophyllite	Apophyllite
Apophysis, apophyse	Apophyse
Aporhyolite	Rhyolite dévitrifiée
Appalachian orogeny	Orogenèse apalachienne (Pennsylvanien et Permien, s.s)
Apparatus	Appareil
Apparent	Apparent
—dip	Pendage apparent
—heave	Rejet horizontal
—movement of faults	Mouvement apparent de failles
—slip	Rejet incliné apparent
—resistivity	Résistivité apparente
—throw	Rejet vertical apparent
—velocity	Vitesse apparente
Appearance	1) aspect, apparence; 2) apparition
Appinite	Appinite (var. de diorite mélanocrate)
Applanation	Aplanissement
Applied geology	Géologie appliquée
Appraisal	Estimation, évaluation
—drilling	Forage d'évaluation
Appraise (to)	Évaluer
Appreciable	Notable, important
Appressed	Comprimé
Apron	Plaine d'épandage (fluvio-glaciaire), étendue plate
Alluvial apron	Plaine alluviale
Aptian	Aptien (étage, Crétacé inf.)
Aptychus	Aptychus (Pal.)
Aquamarine	Béryl, aigue-marine
Aqua regia	Eau régale
Aqueduct	Aqueduc
Aqueoglacial (unusual)	Fluvio-glaciaire
Aqueo-igneous	Aquo-igné
Aqueous	1) aqueux; 2) d'origine aquatique
—lava	Lave boueuse
—ripple-mark	Ride aquatique
—rock	Roche d'origine aqueuse Roche sédimentaire
Aquifer	Aquifère
Aquiferous	Aquifère
Aquifuge	Aquifuge, imperméable
Aquitanian	Aquitanien (étage, Miocène)
Araeometer	Aréomètre
Araeometric	Aréomètrique
Araeometry	Aréométrie
Aragonite	Aragonite
Arborescent	Arborescent, dentritique
Arborized	Dendritique
Arc	Arc
Island arc	—insulaire
Arch	Arc, voute
—bend	Charnière anticlinale
—core	Noyau du pli
—limb	Flanc supérieur, flanc normal (d'un pli)
—pillar	Pilier de voûte (mine)
Cave arch	Voûte
Archaeocyathid	Archéocyathe, archaéocyathidé
Archean	Archéen (Série)
Archeozoic, archaeozoic	Archéozoïque (Précambrien ancien): Ère.
Arching	Arc-boutement en voûte
Archipelago	Archipel
Archosauria	Archosauriens
Arctic	Arctique
—pack	1) banquise arctique; 2) glace polaire
Arcuate	Courbe, arqué
Area	1) région, zone; 2) surface, superficie
—in advance	Avant-pays
Felt area	Zone où on ressent un séisme
Mining area	District minier

Areal	1) de surface; 2) aréolaire
Arenaceo-calcareous	Calcaréo-sableux, calcarénitique
Arenaceous	Arénacé
Arenigian	Arenig, Arénigien (étage, Ordovicien inf.)
Arenilitic	Gréseux
Arenite	Arénite
Arenites	Roches arénacées
Arenolutite	Arénolutite
Arenorudite	Arénorudite
Arenose, arenous, arenulous	Sablonneux
Areola	Aréole (Paléontol.)
Areometer	Aréomètre
Areometric	Aréométrique
Areometry	Aréométrie
Arete	Arête, crête aigüe
Argentiferous	Argentifère
—lead	Plomb argentifère
Argentite	Argentite, argyrose
Argentopyrite	Pyrite argentifère
Argentum	Argent
Argillaceous	Argileux
—schist	Schiste argileux
Argillaminite	Laminite argileuse
Argillic horizon	Horizon argillique, à accumulation d'argile
Argilliferous	Argilifère
Argillite, argilite	Argilite, pélite
Argillitic	Pélitique
Argillization	1) argilisation; 2) formation d'un revêtement argileux dans les forages
Argilloarenaceous	Argilo-sableux
Argillocalcareous	Argilo-calcaire
Argilloferruginous	Argiloferrugineux
Argilloid	Argiloïde
Argillomagnesian	Argilo-magnésien
Argillous (unusual)	Argileux
Argon	Argon
Argovian	Argovien (sous-étage, Lusit., Juras. sup.)
Argyrose	Argyrose, argentite
Argyropyrite	Argyropyrite
Argyrythrose	Argyrythrose, pyrargyrite
Arid	Aride
—index	Indice d'aridité
Aridic soil	Sol à encroûtement calcaire
Aridity, aridness	Aridité
Arkansan (U.S.)	Arkansien (=Carbonifère inférieur)
Arikareean (U.S.)	Arikaréen (=Chattien + Aquitanien)
Arkose	Arkose
Arkosic sandstone	Grès feldspathique
Arm	Bras
—of sea	—de mer
Delta arm	—de delta
Armenite	Arménite, lazulite
Armoured clayballs	Galets d'argile armés, enrobés (débris)
Armoured concrete	Béton armé
Armored fish	Poisson cuirassé
Aromatic	Aromatique
—hydrocarbon	Hydrocarbure aromatique
—compounds	Composés aromatiques
Aromatics	Hydrocarbures aromatiques
Arrangement	Disposition, arrangement
Array	Rangée (d'atomes, etc), alignement (d'appareils)
Arrival	Arrivée (d'une onde)
Arrowhead	Pointe de flèche (Préhist.)
Arrow-head twin	Mâcle en fer de lance
Arroyo	Arroyo, oued
Arsenate, arseniate	Arséniate
Arsenic	1) adj: arsénique; 2) n: arsenic
Arsenical	Arsénical
—nickel	Arsenickel, nickéline
—pyrite	Arsénopyrite
—silver blende	Argent arsenical
Arsenide	Arséniure
Arseniferous	Arsénifère
Arsenious	Arsénieux
Arsenite, arsenolite	Arsénite, arsénolite
Arsenomarcasite	Mispickel
Arsenopyrite	Arsénopyrite, mispickel
Arteric migmatite	Artérites, épibolites
Arterite	Artérite
Artesian	Artésien
—aquifer	Aquifère artésien
—basin	Bassin sédimentaire artésien
—spring	Source artésienne
—structure	Structure artésienne
—waters	Eaux artésiennes
—well	Puits artésien
Arthrodiran	Arthrodires
Arthropoda	Arthropodes
Articulata, articulate brachiopoda	Brachiopodes articulés
Articulated	Articulé
Artinskian	Artinskien (étage, Permien inf.)
Artiodactyla	Artiodactyles
Asbestoid	Asbestoïde
Asbestos	Asbeste, amiante
Ascend (to)	Monter, remonter

Ascensional theory	Théorie per ascensum
Ascent	1) ascension; 2) montée
Aseismic	Aséismique
Ash	1) cendres (volcaniques); 2) carbonate de sodium anhydre
—cone	Cône de cendres
—fall	Chute de cendres
—layer	Cinérite
—shower	Pluie de cendres
Ashgillian (U.S.)	Ashgillien (sous-étage, Ordovicien sup.)
Ashlar	Pierre de taille
Asphalt	Asphalte, bitume
—base crude	Pétrole brut asphaltique
—base petroleum	Pétrole brut asphaltique
—bitumen	Bitume asphaltique
—bottom	Résidu asphaltique de distillation
—deposits	Gisements d'asphalte
—residue	Résidu asphaltique
—rock	Roche asphaltique
—seepage	Suintement d'asphalte
—tar	Goudron asphalte
Native asphalt	Asphalte naturel
Natural asphalt	—naturel
Petroleum asphalt	—de pétrole
Asphaltene	Asphaltène
Asphaltic	Asphaltique
—base crude	Pétrole brut asphaltique
—coal	Charbon asphaltique, albertite
—limestone	Calcaire asphaltique
—pyrobituminous shale	Schiste pyrobitumineux asphaltique
—rock	Roche asphaltique
—sand	Sable asphaltique
Asphaltite	Asphaltite
Asphaltoid	Asphaltoïde
Asphaltum	Asphalte
Assay	Essai, analyse
Assay (to)	1) analyser; 2) titrer
Ore assaying 1% of gold	Minerai titrant 1% d'or
Assaying	Essai, analyse
Assemblage zone	Zone d'assemblage, d'association (syn. ~ Faunizone, Florizone)
Assembly	Montage, disposition des éléments d'un forage (trépan, tiges, etc)
Assimilation	Assimilation (magmatique)
Association	Association
—of igneous rocks	—de roches éruptives
—of minerals	Cortège minéralogique
—of ores	Cortège de minerais
Assortment	1) classement, classification, triage (granulométrique); 2) assortiment
Assumption	Hypothèse
Astartian	Astartien (sous-étage, Lusit., Juras. sup.)
Astatic	Astatique
Asteriated opal	Opale à irisations
Asteroidea	Astéridés
Asthenolith	Asthénolite
Asthenosphere	Asthénosphère
Astian	Astien (étage, Pliocène)
Astreoids	Astréidés
Astrobleme	Astroblème
Astrolabe	Astrolabe
Astronomical	Astronomique
Astronomy	Astronomie
Asymmetric, asymmetrical	Asymétrique, dissymétrique
—crystal	Cristal sans élément de symétrie, cristal triclinique
—fold	Pli dissymétrique
—ripple-mark	Ride de courant, ride dissymétrique
—system	Système triclinique
Atacamite	Atacamite
Ataxic	Ataxique, mal classé, mal stratifié
Atectonic	Non tectonique
Atlantic period	Période atlantique (Intervalle Postgl.)
Atlantic series	Province atlantique (Pétro)
—suite	Série atlantique
Atmoclastic rock	Roche détritique formée par altération (due aux agents atmosphériques)
Atmogenic rock	Roche formée par altération (due aux agents atmosphériques)
Atmosphere	Atmosphère
Atmospheric	Atmosphérique
—agent	Agent atmosphérique
—pollution	Pollution atmosphérique
—pressure	Pression atmosphérique
—radiation	Radiation atmosphérique
—rock	Roche éolienne atmosphérique
—water	Eau atmosphérique, de pluie
Atmospherics	Perturbations atmosphériques
Atoll	Atoll (récif)
Atom	Atome
Atomic	Atomique
—bond	Liaison atomique

—energy	Énergie atomique
—fission	Fission atomique
—mass	Masse atomique
—number	Nombre atomique
—value	Valence atomique
—weight	Poids atomique
—radius	Rayon atomique
—structure	Structure atomique
Atomicity	Atomicité, valence atomique
Atomize (to)	Pulvériser, atomiser
Attack (to)	Attaquer (un filon) etc.
Attackable	Attaquable
Attacking	Corrosion
Attapulgite	Attapulgite
Attempt	Essai, tentative
Attendance	Réglage
Atterberg limits	Limites d'Atterberg (Géotechn.)
Attitude	Disposition (d'une strate, c-a-d son orientation et son pendage)
Attle	1) gangue; 2) déblais, remblais (mine), déchets
Attraction	Attraction
Gravitational attraction	—de la gravité
Attrition	Attrition, usure
Aturian	Aturien
Augen gneiss	Gneiss oeillé
Augen structure	Structure lenticulaire, oeillée
Auger	Tarière, sonde
Earth auger	Tarière à sol
Auger stem	Maîtresse tige (for.)
Augite	Augite
—andesite	Andésite à augite
—diorite	Diorite à augite
—gneiss	Gneiss à pyroxènes
—rock	Pyroxénolite
—syenite	Syénite à augite
Augitic	Augitique
Augitophyre	Basalte à phénocristaux d'augite
Augitophyric	A phénocristaux d'augite
Aureole	Auréole (métamorphique)
Auri-argentiferous	Auro-argentifère
Auric chloride	Chlorure d'or
Auriferous	Aurifère
Auro-argentiferous	Auro-argentifère
Auroferriferous	Auroferrifère
Auroplumbiferous	Auroplombifère
Aurora australis	Aurore australe
—borealis	—boréale
Austral	Austral
Authigene, authigenic, authigenous	Authigène
Autochthon, autochthonous	Autochtone
Autoclastic	Bréchique (brèche d'orogenèse, brèche de friction, brèche détritique)
Autodiastrophism	Autodiastrophisme (diastrophisme résultant de causes internes)
Autogenetic	Autigénique
Autolith	Enclave syngénétique
Automatic picture transmission (A.P.T.)	Transmission automatique des images par satellite
Autometamorphism, automorphism	Autométamorphisme
Automorphic, automorphous	Automorphe, idiomorphe
Autopneumatolysis	Autopneumatolyse
Autumn	Automne
Autunian	Autunien (étage, Permien)
Autunite	Autunite, uranite
Auversian	Auversien = Lédien (étage, Eocène)
Auxiliary	Auxiliaire, secondaire
—fault	Faille ramifiée, secondaire
—minerals	Minéraux accessoires
Avalanche	Avalanche (de neige)
—breccia	Brèche de pente
—chute	Couloir d'avalanche
—debris	Chaos d'avalanche
—tongue	Langue d'avalanche
—track	Couloir d'avalanche
Drift avalanche	Avalanche de fond
Dry avalanche	—sèche
Mud avalanche	Coulée de boue
Powdery avalanche	Avalanche poudreuse
Aven	Aven (Karstol.)
Aventurine feldspath	Feldspath aventurine
Average	1) adj: moyen; 2) n: moyenne
—annual rainfall	Moyenne pluviométrique annuelle
—elevation	Altitude moyenne
Aves	Oiseaux (Pal.)
Avoir du pois pound	Livre avoir-du-poids = 0,4536 Kg
Avonian	Avonien, = Dinantien (étage, Carbon.)
Awl	Perçoir (Préhist.)
Axe, axis	Axe
Crystallographic axe	Axe cristallographique
Fabric axes	Axes cinématiques
Optic axe	Axe optique
Tectonic axe	1) axe tectonique; 2) axe cinématique, géométrique (d'un pli)
Axial	Axial

—canal	Canal axial (crinoïdes)	—trace	Trace de l'axe du pli en surface
—compression	Compression axiale	—through	Fléchissement de l'axe d'un pli
—elements	Paramètres cristallographiques	Axinite	Axinite
—lobe	Lobe axial	Axis	Axe
—plane	Plan axial	—of a fold	—d'un pli
—plane-cleavage	Plan de clivage	—of rotation	—de rotation
—plane foliation	Schistosité de fracturation	—of symmetry	—de symétrie (cristallographique)
—plane separation	Distance des axes de synclinal et anticlinal voisins	Azimuth	Azimut
		—circle	Cercle de relèvement
—ratios	Paramètres cristallographiques	—compass	Boussole azimutale
		Azoic	Azoïque
—rift zone	Fossé médian d'une ride océanique	Azonal soil	Sol azonal
		Azurchalcedony	Calcédoine bleue
—section	Coupe longitudinale	Azure stone	1) lapis lazuli; 2) azurite
—symmetry	Symétrie axiale des déformations	Azurite	Azurite

B

Bacalite	Bacalite (var. d'ambre)
Back	1) arrière; 2) amont-pendage (mine); 3) couronne, sommet, toit (U.S.) (d'un passage souterrain); 4) partie la plus superficielle d'un filon)
—**deep**	Arrière-fosse
—**draught**	Refoulement
—**entry**	Passage d'aération (mine)
—**fill**	Remblai
—**filling**	Remblayage, remplissage
—**flow**	l) reflux, courant de retour; 2) refoulement
—**folding**	Plissement en retour
—**ground**	1) soubassement; 2) arrière-plan; 3) bruit de fond en radioactivité
—**hole**	Trou de toit, trou de voûte
—**jet current**	Courant de retour
—**land**	Arrière-pays
—**limb**	Flanc normal (d'un pli)
—**reef channel**	Chenal d'arrière récif (en arrière du . . .)
—**reef**	Zone en arrière du récif
—**shore**	Arrière-plage; gradins de plage
—**slope**	Surface (plaine) structurale
—**stope**	Gradin renversé
—**stoping**	Abatage en gradins renversé
—**to back**	Adossé
—**slough**	Dépression latérale humide
—**swamp**	Dépression latérale humide
—**thrusting**	Rétrocharriage (vers la zone interne)
—**titration**	Titrage en retour
—**tracking**	Restitution des paléoprofondeurs
—**wash**	1) retour du courant de vagues; 2) remous
—**water**	1) lagune; 2) eaux dormantes; 3) ressac
Back (to)	1) adosser; 2) reculer; 3) jeter au rebut
Backward erosion	Erosion régressive
Backwards	En arrière, vers l'arrière

Bacteriology	Bactériologie
Bacterium	Bactérie
Nodule bacteria	Bactéries des nodules
Baddeleyite	Baddeleyite
Badland	Terrain raviné, mauvaises terres
Bagger	Drague
Bahada	Bahada, plaine de remblaiement, glacis de piedmont
Bahamite	Bahamite (roche calcaire cimentée)
Bail	Anse
Bailer	1) puisatier, écopeur; 2) écope; 3) tube à clapet, cuiller de curage
Bail out (to)	Curer, puiser (un sondage)
Baikerite	Baïkérite
Bajada	Voir bahada
Bajocian	Bajocien (étage, Jur. moy.)
Bake (to)	Cuire, calciner, étuver
Balance	1) balance; 2) équilibre, bilan
—**beam**	Fléau de balance
—**bob**	Balancier à contre-poids
—**truck**	Chariot contrepoids (mine)
—**weight**	Contre-poids
Balance (to)	1) équilibrer; 2) se balancer, s'équilibrer
Balas ruby	Spinelle rosâtre (Vient de Badakhshan, Afghanistan)
Bald (U.S.)	Sommet dénudé (Sud U.S.A.)
Bald-headed anticline	Anticlinal à charnière érodée
Ball	Boule, nodule, concrétion
—**clay**	Argile plastique utilisée dans la porcelaine
—**crusher**	Broyeur à boulets
—**ironstone**	Fer carbonaté en rognons
—**vein**	Filon en nodules
Ball (to)	1) agglomérer; 2) s'agglomérer
Balled-up structure	Structure noduleuse à concrétion d'argile
Ballast	Ballast, empierrement

Ballstone	Calcaire concrétionné, concrétion calcaire (fossilifère) dans matrice argileuse
Banatite	Banatite
Banco (U.S.)	Bayou, lac de bras mort (Texas)
Band	Bande, zone
—spectrum	Spectre de bande
Banded	Rubanné, lité, zoné
—agate	Agate zonée
—ore	Minerai lité
—structure	Structure rubanée, zonée
—vein	Filon zoné
Banding	Zonation
—structure	Structure zonée
Bank	1) banc; 2) berge, rive; 3) talus, rampe; 4) carreau d'une mine; 5) front de taille (mine)
—claim	Concession riveraine
—full stream	Fleuve prêt à déborder
—head	Carreau d'une mine
—reef	Platier corallien
Alluviated bank	Rive alluvionnée
Banner bank	Épi en traîne
Concave bank	Rive concave
Convexe bank	Rive convexe
Inner bank	Rive interne
Outer bank	River externe
Raised bank	Levée de rive
Sand bank	Placage de sable
Snow bank	Tache de neige
Undercut bank	Berge sapée
Bank (to)	Amonceler, amasser, entasser, mettre en tas
Banked formation	Formation agglomérée
Banket	1) conglomérat, formation cimentée; 2) conglomérat aurifère; et à pyrite (Afr. du Sud)
Banks (the)	Rivage
Bar	1) barre (de roche); 2) banc (fluviatile, etc); 3) barre (d'un estuaire); 4) filon-croiseur (mine); 5) bar (unité de pression)
—head	Amont d'un banc
—silver	Argent en barres
—tail	Aval d'un banc
—tin	Étain en saumon
Bay-mouth bar	Flèche barrante à l'embouchure d'une baie
Bay-head bar	Flèche de fond de baie
Bay-side bar	Flèche à l'intérieur d'une baie
Connecting bar	Flèche de jonction
Cuspate bar	Cordon littoral en V
Gravel bar	Banc de gravier
Headland bar	Flèche avancée, cordon littoral appuyé
Miner's bar	Barre à mine
Offshore bar	Cordon littoral
Sand bar	Banc de sable
Shingle bar	Cordon de galets
Submarine bar	Remblai sous-marin, barre
Barbados earth	Dépôt à Radiolaires
Barchan, barkhan	Barkhane
—arm	Aile de barkane
—swarm	Essaim de barkanes
Inset barchans	Barkhanes emboîtées
Star-like barkhans	Barkhanes en étoile
Bare	Dénudé, sans couvert végétal, sans formations superficielles
Baring	Décapage, enlèvement des morts-terrains
Barite, baryte	Barytine
—dollar	Barytine lenticulaire
—rose, rosette	"Rose" de barytine (de désert)
Barium	Baryum
Barkevicite	Barkévicite (amphibole monoclinique)
Barograph	Baromètre enregistreur
Barographe	Barométrographe
Barometer	Baromètre
Barometric, barometrical	Barométrique
—elevation	Altitude donnée par mesures barométriques
—levelling	Nivellement
—pressure	Pression barométrique
Barometry	Barométrie
Barothermograph	Barothermographe
Barothermometer	Barothermomètre
Barrage	Barrage
Barranco, barranca	Barranco, ravin abrupt
Barrel	1) barril, bbl: 0,15876 m^3 (42 US gal); 2) baril, fût
Barreler	Puits de pétrole productif
Barremian	Barrémien (étage, Crétacé inf.)
Barren	Stérile
—coal-measures	Terrain houiller stérile
—ground	Terrain stérile
—lode	Filon stérile
—rock	Roche stérile
Barrens	Terrains dénudés

Barrier	Barrière	—net	Réseau triangulaire (triangulation)
—beach	Cordon littoral		
—flat	Platier corallien	—number	Basicité
—ice	Glace littorale	—ore	Minerai pauvre
—iceberg	Iceberg détaché, vêlé	—station	Station de triangulation
—island	Crête d'avant-plage	**Baselevelling**	Pénéplanation
	émergée	**Basement**	Soubassement
—lake	Lac de barrage	—complex	Socle métamorphique,
—pillar	Massif de protection		gneiss
—reef	Récif annulaire	—rock	Roche du socle
Barring down	Abatage, abattage	**Bases**	Constituants alcalins,
Barrow	1) tumulus, colline; 2)		basiques du sol
	halde de déblais	**Bash (to)**	Remblayer
	(mine)	**Basic**	Basique
Barstovian (U.S.)	Barstovien (Burdigalien	—border	Contact basique (de
	supr.-Vindobonien)		batholites)
Bartonian	Bartonien (étage, Eocène	—front	Front chimique de gra-
	sup.)		nitisation
Barylite	Barylite	—lava	Lave basique
Barysphere	Barysphère	—rock	Roche basique (peu pré-
Baryta, baryte, barytine	Baryte, barytine		cis) (relativement
—feldspar	Feldspath barytique		pauvre en silice)
Barytic	Barytifère, barytique		
Barytocalcite	Barytocalcite	**Basicity**	Basicité
Barytocelestite	Barytocélestine	**Basification**	Alcalinisation
Basal	1) basal, de base; 2)	**Basin**	1) dépression, cuvette,
	fondamental		bassin sédimentaire;
—cleavage	Clivage parallèle à cer-		2) bassin hydrographi-
	taines faces		que; 3) synclinal à
	cristallographiques		contour circulaire ou
—conglomerate	Conglomérat de base		elliptique (U.S.A.); 4)
—moraine	Moraine de fond		cirque glaciaire (Ouest
—sapping	Dégagement d'éboulis		U.S.A.)
—till	Moraine (ou till) de fond	—facies	Faciès sédimentaire pro-
Basalt	Basalte		fond
—glass	Tachylite	—and range structure	Structure à horsts et dé-
—slate	Basalte lité		pressions tectoniques
—tuff	Tuf basaltique	—fold	Pli synclinal
Alkali basalt	Basalte à feldspathoïde	**Catchment basin**	Aire d'alimentation
Basaltic	Basaltique		fluviatile
—column	Orgues basaltiques	**Deflation basin**	Bassin de déflation
—glass	Tachylite	**Drainage basin**	Bassin hydrographique
—jointing	Prismation basaltique	**Sedimentary basin**	Bassin sédimentaire
—lava	Lave basaltique	**Structural basin**	Cuvette structurale, syn-
—layer	Couche basaltique		clinale
—rock	Roche basaltique	**Terminal basin**	Bassin glaciaire terminal
—structure	Structure prismatique	**Basset**	Affleurement
—tuff	Tuf basaltique	**Basset (to)**	Affleurer
Basaltiform	Basaltiforme	**Bastite**	Schillerspath, bastite
Basanite	Basanite, lydienne	**Bat**	Gore, gord (argile strati-
Base	1) base, socle; 2) base		fiée dans charbon)
	(chimie); 3) bas,	**Batea**	Batée
	pauvre (minerai)	**Bath**	Bain
—conglomerate	Conglomérat de base	**Laboratory bath**	Bain-marie
—exchange	Échange de base	**Water bath**	Bain-marie
—level of erosion	Niveau de base d'érosion	**Batholith, batholite,**	Batholite
—line	Ligne de référence (sur	**bathylith, bathylithe**	
	la Terre)	**Batholithic**	Batholithique
		Bathometer	Bathymètre

Bathonian	Bathonien (étage, Jur. moy.)
Bathyal	Bathyal (fond océanique de-200 à-2000 m)
Bathygraphic	Bathygraphique
Bathymeter	Bathymètre
Bathymetric, bathymetrical, bathometric, bathometrical	Bathymétrique
—map, chart	Carte bathymétrique
Bathymetry, bathometry	Bathymétrie
Bathyorographical map	Carte bathyorographique
Bathypelagic	Bathypélagique (eaux océaniques entre-200 et-2000 m); Voir bathyal
Bathyscaphe	Bathyscaphe
Batter	Talus, angle de glissement (d'un remblai)
Batter (to)	Taluter, damer
Battery ore	Minerai d'oxyde de manganèse
Batteryman	Bocardeur (mine)
Bauxite	Bauxite
Bauxitic	Bauxitique
—latosols	Latosols à bauxite
Bauxitization	Bauxitisation
Baveno law (see Twin law)	Loi des mâcles de Baveno
Bay	Baie
—bar	Flèche littorale à l'entrée d'une baie
—entrance	Entrée de baie
—head	1) fond de baie; 2) marécage au fond de baie (U.S.)
—mouth	Embouchure de baie
—mouth bar	Flèche littorale à l'embouchure d'une baie
Bayou (U.S.)	Bayou, lac de bras mort, chenal deltaïque abandonné
Beach	Rivage, plage
—accretion	Accroissement, engraissement de plage
—berm	Gradin de plage
—combing	Exploitation de sables littoraux
—cusp	Croissant de plage
—deposits	Dépôts côtiers
—drifting	Dérive littorale
—face	Zone infralittorale à haute énergie
—furrow	Sillon de plage
—line	Ligne de rivage
—placers	Gisements de plage
—plain	Plaine littorale

—rampart	Levée de plage
—ridge	Levée de plage
—rock	Dépôt de plage induré
—scarp	Talus de plage
—swale	Sillon de plage
—terrace	Terrasse de plage
Barrier beach	Cordon littoral
Prograding beach	Plage en progression
Raised beach	Plage soulevée
Retrograding beach	Plage en recul
Shingle beach	Plage de galets grossiers
Storm beach	Levée de plage
Beachy	Côtier
Bead test	Essai à la perle, essai au chalumeau
Beaded esker	Esker en chapelet
Beaded texture	Structure en chapelet
Beaded vein	Filon en chapelet
Beak	1) cap, pointe, bec; 2) crochet (Brachiop. et Lamellib.)
Beam	1) fléau de balance, balancier; 2) rayon lumineux; 3) poutre, travée (mine)
—balance	Balance à fléau
—caliper	Pied à coulisse
—of light	Faisceau lumineux
—well	Faisceau lumineux
Bean ore (or pea ore)	1) limonite en aggrégats lenticulaires; 2) minerai de fer pisolithique grossier
Bear (to)	Porter, supporter
Bearing	1) part: contenant, montrant; 2) n: apport, contribution; 3) n: relevé de mesures, orientation cardinale
—of a lode	Orientation d'un filon
Oil bearing	Orientation d'un filon
Water bearing	Aquifère
Beating	Battage, emboutissage, pilage
Beaufort wind scale	Échelle de Beaufort (vitesses du vent)
Becke line	Frange de Becke (Minér.)
Becke test	Essai de réfringence
Bed	1) couche (banc: déconseillé) strate; 2) lit (de rivière, de glacier); 3) lit (repère)
—claim	Concession dans le lit d'une rivière
—key	Niveau repère
—load	Charge de fond
—mining	Exploitation des couches
—surface	Surface de strate

—vein	Filon couche	Volcanic belt	Zone volcanique
Coal bed	Couche de charbon	Bench	1) Gradin, banc, ban-
Glacier bed	Lit de glacier		quette (littorale); 2)
Petroliferous bed	Couche pétrolifère		paillasse de laboratoire
Reservoir bed	Couche réservoir	—gravel	Gravier de terrasse
River bed	Lit fluviatile	—land	Cuesta
Transition bed	Couche de passage	—mark	Repère géodésique
Water-bearing	Couche aquifère	—placer	Gravier aurifère de ter-
Bedded	Stratifié, lité		rasse, gisement en
—rock	Roche stratifiée		terrasse
—vein	Filon couche	—stoping	Exploitation par gradin
Bedding	Stratification, litage	Wave-cut bench	Banquette d'érosion lit-
—angle	Angle de stratification		torale
—cleavage	Clivage parallèle à la	Bend	1) courbe, courbure, in-
	stratification		flexion (d'une vallée,
—fault	Faille parallèle au plan		d'un pli); 2) argile in-
	de stratification		durée (Cornouailles)
—fissility	Schistosité parallèle à la	—of a fold	Charnière d'un pli
	stratification	—of a seam	Crochon (mine)
—joint	Joint de stratification	—test	Essai à la flexion
—plane	Plan de stratification	Bend (to)	Arquer, courber, déjeter
—plane slip	Glissement intercouche		fléchir, plier
—schistosity	Foliation parallèle à la	Bending	Courbure, flexion,
	stratification		gauchissement
Conformable bedding	Stratification concordante	—stress	Effort à la flexion
(Criss-)cross bedding	Stratification entrecroisée	—strength	Résistance à la flexion
Discordant bedding	Stratification discordante	—test	Essai à la flexion
Horizontal bedding	Stratification horizontale	Down bending	Flexure
Oblique bedding	Stratification oblique	Beneficiate (to)	Enrichir (la teneur d'un
Rythmic bedding	Stratification rythmée		minerai)
Bedoulian	Bédoulien (sous-étage,	Benioff plane	Plan de Bénioff
	Aptien, Crétacé inf.)	Bent	Déformé, gauchi, plié
Bedrock	Substratum rocheux, so-	Benthic	Benthique
	cle, soubassement	Benthonic	Benthonique (opposé à
	(des dépôts meubles)		pélagique)
Beef (U.S.)	Filons de calcite fibreux	Benthos	Benthos
Beekite	Beekite—1) va été de	Bentonite	Bentonite
	calcédoine de substitu-	Berg	1) montagne, colline
	tion; 2) forme concré-		(Can.); 2) iceberg
	tionnée de calcite	—crystal	Cristal de roche
Beerbachite	Beerbachite (var. de	—till	Till déposé par les ice-
	gabbro aplitique)		bergs
Behead (to)	Décapiter, capturer (le	Bergschrund	Rimaye
	cours d'une rivière)	Benzene	Benzène
Beheaded river	Rivière captée	Berm	1) gradin; 2) terrasse
Beidellite	Beidellite		fluviatile étagée
Belemnite	Bélemnite	Beach berm	Terrasse de plage
Belemnoidea	Bélemnoïdés	Berriasian	Berriasien (sous-étage,
Bell-metal ore	Stannite, étain pyriteux		Valanginien, Crétacé
Below	En dessous, en aval		inf.)
Belowground	1) adj: souterrain; 2)	Bertrand lens	Lentille de Bertrand
	adv: au fond	Beryl	Béryl, béril
Belt	Zone, ceinture	Beryllium	Béryllium
—conveyor	Convoyeur à bande	Beta	Bêta
	(mine)	—particle	Électron
Fold belt	Faisceau de plis	—quartz	Quartz de haute tempé-
Orogenic belt	Zone orogénique		rature
Sorting belt	Bande de triage	—radiation	Rayonnement bêta

—rays	Rayon bêta		tologique
Bevel	Méplat, biseau	Bioclastic	Bioclastique (débris
Bevel (to)	Aplanir, biseauter		organique)
Beveled	Tronqué, biseauté	Biocoenose, biocoenosis	Biocénose
Beveling	Biseautage	Biofacies	Biofaciès
Bevelment	Biseau	Biogenesis	Biogénèse
B horizon	Horizon B (Pédol.)	Biogenetic law	Ontogénie
Bias	1) tension de polarisa-	Biogenic	D'origine biologique
	tion; 2) biais	Biogeochemical cycling	Cycle biogéochimique
Bias (to)	Polariser	Bioherm	Bioherm, récif (formant
Biatomic	Diatomique		relief) voir: biostrome
Biaxial	Biaxe	Biolithite	1) calcaire récifal (con-
—crystal	Cristal biaxe		struit); 2) roche for-
—indicatrix	Ellipsoïde des indices		mée par des orga-
Bicarbonate	Bicarbonate		nismes non déplacés
Bichloride	Bichlorure	Biologic	Biologique
Bichromate	Bichromate	—facies	Biofaciès
Bifurcate	Bifurqué	—species	Espèce biologique, inter-
Bifurcate (to)	1) bifurquer; 2) se bifur-		féconde
	quer	Biological magnification	Concentration biologique
Bight	Grande baie ouverte, in-		(d'éléments géochimi-
	flexion, courbure		ques)
	(rivière, . . .)	Biology	Biologie
Bilateral symmetry	Symétrie bilatérale	Biomass	Biomasse
Bill	Bec, promontoire	Biome	Biome
Billabong (Austr.)	Lac de bras mort, bayou	Biomechanical deposit	Sédiment biodétritique
Billion	1) U.S.A. 10^9 Un. (1	Biometrics	Biométrie
	milliard); 2) Europe,	Biometry	Biométrie
	Australie 10^{12} Un. (1	Biomicrite	Biomicrite (boue carbo-
	trillion)		natée à débris de
Billow	Grande vague, lame		fossiles)
	(d'eau)	Biosparite	Biosparite (débris fos-
Billowy	Houleux		siles à ciment cal-
Bimineralic	Biminéral		caire)
Bin	Silo, trémie	Biospecies	1) espèce vivant ac-
Binary	Binaire		tuellement; 2) espèce
—granite	1) granite à deux micas;		biologique
	2) granite à quartz et	Biosphere	Biosphère
	feldspath prépon-	Biostratigraphic	Biostratigraphique
	dérants	—unit	Unité biostratigraphique
Bind	Schiste argileux	—zone	Zone biostratigraphique
Bind (to)	Lier, cimenter	Biostratigraphy	Biostratigraphie
Binder	Lien, ciment, substance	Biostratonomy	Biostratigraphie
	agglutinante	Biostrome	Biostrome (accumulation
Bindheimite	Bindheimite		stratiforme d'organ-
Binding	Agglutination		ismes)
—agent	Agglutinant	Biotic	Biotique
—coal	Charbon collant	Biotite	Biotite
—material	Matrice, liant	Biotope	Biotope
—stone	Parpaing	Bioturbation	Bioturbation (dérange-
Bing	Minerai de plomb		ment causé par des
—hole	Cheminée à minerai		organismes)
Binocular	Binoculaire	Biotype	Génotype
Binomial system	Système binominal (de	Biozone	Biozone
	Linné)	Bipyramid	Bipyramide
Biochemical	Biochimique	Bipyramidal	Bipyramidal, bipyramidé
—deposit	Sédiment biochimique	Bird	Oiseau
Biochronology	Stratigraphie paléon-	—-foot delta	Delta en patte d'oie

—-foot drainage | Réseau fluviatile digité
Birdseye limestone | Calcaire lithographique à plages et veinules de calcite cristalline
Birefringence | Biréfringence
Birefringent | Biréfringent
Bisector | Élément de symétrie
Bisectrix | Bissectrice
Biserial | Bisérié
Bisilicate | Silicate double
Bismuth | Bismuth
—glance | Bismuthinite
—ochre | Bismite
Bismuthic | Bismuthique
Bismuthiferous | Bismuthifère
Bismuthinite, bismuthine | Bismuthinite, bismuthine
Bit | 1) fragment, morceau; 2) trépan, foret, mèche; 3) "bit" (informatique)
Blade bit | Trépan à lames
Cone bit | Trépan à cônes
Core bit | Carottier
Diamond bit | Trépan à diamant
Drilling bit | Trépan de forage
Mud bit | Trépan à boues
Rock bit | Trépan à molettes
Three-way bit | Trépan à trois lames
Bite (to) | Mordre, corroder, attaquer (chimie)
Bitter | Amer
—earth | Magnésie
—lake | Lac salé
—salt | Epsomite
—spar | Chaux carbonatée, dolomie
—water | Eau mère manganésifère (pétrole)
Bittern | Eau mère, saumure
Bitumen | Bitume
—residual | Brai
Natural bitumen | Bitume naturel
Petroleum bitumen | Bitume provenant de la distillation du pétrole
Bituminiferous | Bituminifère
Bituminous | Bitumineux
—coal | Houille grasse
—limestone | Calcaire bitumineux
—sand | Sable bitumineux
—schist | Schiste bitumineux
—slate | Schiste ardoisier bitumineux
Bivalvia | Bivalves
Black | Noir
—alcali soil | Solonetz
—band ironstone | Fer carbonaté
—band ore | Fer carbonaté
—body radiation | Rayonnement du corps noir
—dam | Grisou
—diamond | 1) carbonado; 2) charbon
—earth | Chernozem
—jack | Blende, sphalérite
—lead | Graphite
—lung | Anthracosis
—Jura | Jurassique inférieur
—oxide of iron | Magnétite
—sands | Sables noirs à minéraux lourds
—shale | Ampélite
—tellurium | tellure auro-plombifère
Blackish | Noirâtre
Blackriverian (U.S.) | Blackrivérien (étage, Ordovicien inf.)
Blade | Lame (Préhist.)
Blanket | Couverture, nappe, filon-couche (inusité)
—bog | Sol tourbeux
—deposit | 1) placage minéralisé, filon stratiforme; 2) dépôt sédimentaire étendu, peu épais
—sand | Couverture de sable (mince)
Vegetal blanket | Couverture végétale
Blast | 1) déflagration, explosion, coup de mine; 2) vent, courant d'air
—area | Zone de tir, de dynamitage
—furnace | Haut fourneau
—hole | Trou de mine
—pressure | Pression du vent
Air blast | 1) coup de charge; 2) jet d'air
Volcanic blast | Explosion volcanique
Blast (to) | Faire exploser, faire sauter, dynamiter
Blasted ore | Minerai abattu
Blasted sand | Sable soufflé
Blaster | 1) dynamiteur; 2) détonateur
Blasthole stoping | Abattage par trous de mine
Blastic deformation | Recristallisation sous pression métamorphique de minéraux perpendiculairement à la pression
Blasting | 1) abattage aux explosifs, tir, dynamitage; 2) usure par fluide en mouvement
—chute | Tir dans une cheminée, dans un couloir

—oil	Nitroglycérine
Dry blasting	Usure par le vent ou par soufflerie
Electric blasting	Tir électrique
Longhole blasting	Abattage par trous profonds
Method of blasting	Plan de tir
Blastoidea	Blastoïdes
Blastopelitic rock	Pélite métamorphisée
Blastoporphyritic rock	Ancienne roche porphyrique recristallisée par métamorphisme
Blastoporphyritic structure	Structure porphyroblastique
Blastopsammite	Enclave de grès dans conglomérat métamorphique
Blastopsammitic rock	Grès métamorphisé
Blastopsephitic rock	Conglomérat métamorphisé
Bleach (to)	Décolorer, blanchir
Bleached sand	Sable lessivé
Bleach spot	Tache de réduction
Bleaching	Blanchiment
—clay	Argile absorbante, décolorante
Thermal bleaching	Blanchiment thermique
Bleb	1) inclusion poecilitique; 2) bulle
Bleeding	1) fuite (d'eau, de gaz), exsudation; 2) vidange, purge
—core	Carotte à suintement de pétrole
Blend, blende	Blende, sphalérite
Blind	Sans affleurement, sans ouverture, aveugle
—coal	Anthracite
—drift	Galerie en cul de sac
—lode	Filon aveugle
—valley	Vallée morte, vallée sèche
Blinding of a sieve	Engorgement d'un tamis
Blister cone, blister	Pustule volcanique (sur coulée de lave)
Block	1) bloc (L > 256mm); 2) bloc, massif (de roche éruptives); 3) bloc rocheux limité par des failles, compartiment tectonique; 4) ensemble
—caving	Foudroiement, foudroyage
—cluster	Amas de blocs
—diagram	Bloc diagramme
—embankment	Rempart de blocs de lave
—field	Champ, chaos de blocs
—hole	Trou de mine
—lava	Aa, lave blocailleuse
—mountain	Bloc soulevé et faillé, horst
—packing	Amas de blocs
—rampart	Rempart de blocs
—strain	Alignement de blocs
—stream	Coulée de pierres
—stripe	Traînée de blocs
Erratic block	Bloc erratique
Fault block	Bloc faillé
Stray block	Bloc erratique
Sunken block	Fossé tectonique
Volcanic block	Projection volcanique (L > 32mm)
Block out a level (to)	Découper un niveau en blocs d'abattage
Bloodstone	Héliotrope (jaspe sanguin)
Bloom (to)	Former des efflorescences (minérales)
Blossom	1) affleurement oxydé; 2) efflorescence (d'un minéral)
Blow	Coup de vent, passage de grisou
—hole	Trou souffleur, soufflard
Blow up	Explosion
Blow out, blowout	1) éruption incontrôlée, jaillissement de gaz ou de pétrole; 2) creux de déflation (par le vent)
Blow dune	Dune parallèle
Blow (to)	Souffler
Blow up (to)	Faire sauter
Blown sands	Sables éoliens
Blower	1) soufflard; 2) irruption de grisou (mine); 3) ventilateur soufflant
Blowing of an ore	Vannage d'un minerai
Blowpipe	Chalumeau
Blowpipe test	Essai au chalumeau
Blowpiping	Analyse au chalumeau
Blue	Bleu
—asbestos	Crocidolite
—band	—1) bande de glace compacte d'un glacier (dépourvue de bulles d'air; 2) un niveau d'argile repère dans charbons d'Illinois-Indiana
—copper	Covellite
—copper carbonate	Azurite
—diamond-bearing ground	Brèche diamantifère (Afrique du Sud)

—ground elvan (G.B.)	Roche filonienne		bole primaire) ou
—iron earth	Vivianite		diorite à hornblende
—john	Fluorite	Bold	Élevé, escarpé
—malachite	Azurite, chessylite	Bole (clay)	Terre bolaire, argile cuite
—mud	Vase bleue		latéritisée, inter-
—ocher	Vivianite		stratifiée dans coulée
—schist	Schiste bleuté à		de lave
	glaucophane	Bolson (U.S., Mex.)	Cuvette endoréïque,
—stone	Chalcanthite		bassin à drainage cen-
—stuff	Kimberlite		tripète
—vitriol	Chalcanthite	Bolter sieve	Tamis
Bluff	1) adj: escarpé, à pic;	Bolthead	Matras, ballon à long
	2) n: escarpement,		col (labo)
	falaise de rivière	Bomb	Bombe
	(Austr., A. du N.)	Volcanic bomb	Bombe volcanique
Bluish	Bleuâtre	Bond	Lien, liaison, agglomérat
Blunt	Émoussé	—-stone	Parpaing
Board coal (G.B.)	Charbon d'aspect ligneux	Bond (to)	Réunir, connecter, lier,
Boaster	Burin		cimenter
Boasting	Taille de la pierre	Bonding	1) liaison; 2) appareil-
Boat-level	Galerie de navigation		lage (constr.)
	(mine)	—electron	Électron de valence
Bob	Balancier	Bone	Os
Bodily tide (see earth	Marée terrestre	—bed	Couche à débris d'os,
tide)			de dents, écailles, etc.
Body	Corps, masse, massif	—breccia	Brèche d'ossements
—chamber	Chambre d'habitation	—phosphate	Phosphate d'os
	(Pal.)	—turquoise	Odontolite, fausse tur-
—of water	Nappe d'eau		quoise
—waves	Ondes sismiques	Boning	Nivellement
—whorl	Enroulement spiralé	Bononian	Bononien (= Portlandien
Bog	Tourbière, fondrière,		inf.)
	marécage, marais	Bony	Osseux
—burst	Coulée de boue et de	—coal	Charbon schisteux
	tourbe	Book structure	Structure en feuillets
—iron	Limonite (des marais)		(d'une roche schisto-
—iron ore	Minerai de fer des mar-		quartzique)
	ais	Boomer	"Boomeur", dispositif
—ore	Fer des marais		explosif utilisé en sis-
—manganese mine,	Manganèse des marais		mique marine
mine ore		Boortz	Diamant noir, bort
Flat, low bog	Tourbière basse	Booster	Survolteur, accélérateur
Up, high land bog	Tourbière haute	Booze	Mineral de plomb
Peat bog	Tourbière	Boracite	Boracite
String bog	Tourbière cordée	Borate	Borate
Quaking bog	Branloire cordée	Borax	Borax
Boehmite	Boehmite	—bead	Perle de borax (méthode
Bogaz	Bogaz (doline allongée)		au chalumeau)
Boggy	Tourbeux, marécageux	Border	Bordure, lisière, marge
Boghead	Boghead (var. de char-	—facies of igneous	—faciès de front de
	bon)	rocks	roches ignées
—coal	1) charbon bitumineux;	—land	Cordon de terres bordant
	2) charbon d'algues		un géosynclinal; isol-
	(non lité)		ant une mer épiconti-
Bohemian garnet	Pyrope		nentale
—ruby	Rubis	—line	Limite
Boiling	Ébullition	—moraine	Moraine latérale
Bojite	Bojite (gabbro à amphi-	—sea	Mer bordière

Bore	1) sondage, forage, trou de sonde; 2) mascaret (géog. phys.); 3) banc de sable sous-marin intertidal
—bit	Trépan
—core	Carotte
—hole	Trou de sonde, sondage, trou de forage
—holing	Sondage, forage
—holing journal	Carnet de sondage
—rod	Tige de sonde
—well	Sondage
Bore (to)	Percer, forer, sonder, faire des sondages
Boreal	Boréal
—climate	Climat boréal
—period	Période boréale (intervalle, Holocène: 9500-7200 B.P., sid.)
Borer	1) sondeur, foreur; 2) sonde, mèche sondeuse, foreuse
—organisms	Organisme perforant
Boric acid	Acide borique
Boride	Borure
Boring	Forage, sondage, percement
—bar	Tige de sonde, barre de sonde (mine)
—bit	Trépan
—by percussion	Sondage par battage
—chisel	Trépan (mine)
—journal	Rapport de sondage
—plant	Installation de forage
—rig	Appareil de sondage
—rod	Tige de sonde
—sample	Échantillon de forage, carotte
—site	Emplacement de forage
—tool	Outil de forage
—tower	Tour de sondage
Shot-drills boring	Sondage à la grenaille
Bornhardt	Relief résiduel (Inselberg de grande dimension)
Bornite	Bornite, érubescite
Borolanite, borolonite	Borolonite (var. de syénite)
Boron	Bore
Borosilicate	Borosilicate
Borrow pit	Ballastière
Bort	Diamant noir
Boss (see Stock)	1) protubérance, chicot d'érosion; 2) petit massif intrusif (à contour circulaire)
Bostonite	Bostonite (var. de microsyénite)

Bothnian	Bothnien
Botryogen	Botryogène
Botryoidal	Aggloméré en grappes
Bottle-neck	Étranglement, goulet
Bottom	1) fond, lit, base, pied, mur, soubassement, socle; 2) aval-pendage (mine); 3) régions (U.S.) alluviales
—current	Courant de fond
—flow	Courant dense de fond
—land	Plaine d'inondation, basses terres
—level	Galerie de fond
—load (bed load)	Charge de fond
—of a coal seam	Mur d'une couche de houille
—set beds	Couches deltaïques de fond
—stopes	Gradins droits
—stoping	Abattage descendant
—workings	Chantier de fond (mine)
Hill bottom	Pied d'une colline
Sandy bottom	Fond sableux
Bottom (to)	Atteindre le substratum
Bottom up (to)	Ramener la boue du forage de fond vers la surface
Boudinage	Boudinage
Bouguer anomaly	Anomalie de Bouguer
—reduction	Correction de Bouguer
Boulangerite	Boulangérite
Boulder	1) gros bloc (transporté); 2) gros bloc erratique
—barricade	Cordon, banc intertidal de galets
—clay	Argile à blocaux
—field, pile = chaos	Désuet, synonyme de till
—pavement	Dallage de pierres
—period	Période glaciaire
—stream	Coulée de pierres
—train	Alignement de blocs glaciaires
—wall	Rempart morainique
Bounce (to)	Rebondir
Bound	1) limite; 2) zone exploitée pour l'étain (Cornouailles)
Bound (to)	Limiter, borner
—folding	Plissement entravé
Boundary	Limite, frontière
—post	Poteau de bornage
—stone	Pierre de bornage
—waves	Ondes superficielles
Bounding	Faille bordière
Bourne	Source intermittente
Bournonite	Bournonite

Bow	1) arc; 2) courbe, courbure	Breach	Brèche, trouée
—shaped dune	Dune arquée	Breached anticline	Anticlinal à coeur érodé
Bowenite	Bowénite (var. de serpentine)	Bread-crust bomb	Bombe volcanique en croûte de pain
Bowl	Cuvette, bas-fond	Break	1) cassure, faille, rupture; 2) fissure, petite cavité (de couche de charbon)
—cirque	Cirque peu profond		
Bowlder (U.S.)	Gros bloc		
Bowse	Minerai de plomb		
Box stone	Concrétion creuse, grès phosphaté ou ferrugineux (Suffolk)	—in the succession	Lacune stratigraphique
		—in lode	Faille
		—in slope, of slope	Rupture de pente
		—up	Débâcle glaciaire
Brachial valve	Valve dorsale	Sedimentary break	Lacune stratigraphique
Brachidium, brachidia (pl.)	Brachidium, appareil brachial	Break (to)	1) casser, concasser, briser, fracturer, fragmenter; 2) se fragmenter, se morceler
Brachiopod, brachiopoda	Brachiopode		
Brackish	Saumâtre		
Brachium, brachia (pl.)	Bras	Break down (to) ore	Abattre le minerai
Brachy-anticline	Brachy-anticlinal	Breaks	1) petites failles; 2) intercalations de roches tendres; 3) ruptures de pente, variations brusques de la topographie, pente disséquée
Brachydome	Brachydôme		
Bradygenesis	Bradygenèse		
Bradyseism	Bradyséisme		
Bradyseismal, bradyseismic, bradyseismical	Bradysismique		
Brae	Côte, colline (Ecossais)	Breakage	Cassure, rupture, fragmentation
Braided	Anastomosé		
—river	Rivière anastomosée en tresse	Breakdown	1) effondrement, émiettement, décomposition d'une roche; 2) panne
Braiding pattern	Réseau anastomosé		
Branch	Ramification, bifurcation	Breaker	Brisant (d'une vague)
—of lode	Rameau d'un filon	—zone	Zone de déferlement, zone à haute énergie
—vein	Filon ramifié		
Branched	Ramifié	Breakeven point	Point mort, point de rupture, point critique
Branchiae	Branchies (Pal.)		
Branchial	Branchial	Breaking	Abattage, cassage, cassure, concassage
Branching	Ramification (d'un filon)		
Brash	Éboulis, blocaille	—down	Abattage (de minerai)
—ice	Débâcle des glaces	—ground	Abattage
Brashy	Fragmenté, blocailleux	—load	Charge de rupture
Brass	Laiton	—point	Point de rupture
—balls	Nodules de pyrite	—strength	Résistance à la rupture
—ore	Aurichalcite	—stress	Charge à la rupture, contrainte, tension de rupture
Brasses	Pyrite (mine)		
Brassil	1) pyrite; 2) charbon contenant de la pyrite		
		—up	Fragmentation
Brassy	Pyriteux	Break off	Interruption d'un filon (Derbyshire)
Brattice	Cloison d'aérage (mine)		
Braunite	Braunite	Breakthrough	1) percée (mine); 2) boyau de mine
Brazil	Pyrite		
Brazilian	Brésilien	Breakthrust	Poussée cassante, faille de chevauchement recoupant un flanc de pli
—emerald	Tourmaline verte		
—peridot	Tourmaline jaune-vert		
—ruby	Spinelle rougeâtre		
—sapphire	Tourmaline bleue	Breakwater	1) brisant; 2) brise-lames
Brea	1) goudron minéral, malthe; 2) sol imprégné de goudron		
		Breast	Front d'abattage, front de taille, taille

Breaststopping	Abattage de front
Breccia	Brèche
—**marble**	Marbre bréchique
Crumbling breccia	Brèche d'écroulement
Fault breccia	Brèche tectonique
Friction breccia	Brèche de friction
Brecciated	Bréchoïde, bréchique, bréchiforme
—**marble**	Marbre bréchique
—**vein**	Filon bréchique
Brecciation	Formation de brèches
Breccio-conglomerate	Conglomérat bréchique
Breeder reactor	Surrégénérateur
Breese, breeze	Brise
Fresh breese	Forte brise
Stiff breeze	Forte brise
Brenstone	Soufre brut
Brick	Brique
—**clay**	Argile à briques
—**earth**	Terre à briques
Brickwork	Maçonnerie
Bridgerian (U.S.)	Bridgérien (Age: Eocène moy.)
Bright	1) adj: brillant; 2) n: diamant
—**coal**	Anthracite
Brilliancy	Brillance, éclat
Brimstone	Soufre (brut)
Brine	Saumure, eau salée, solution hypersaline
—**spring**	Source salée
Bring about (to)	Causer, provoquer
To bring an oil-well into production	Mettre en production un puits de pétrole
To bring ore to grass	Remonter le minerai à la surface
To bring to the surface	Remonter à la surface
Bringewoodian	Bringewoodien (sous-étage, Ludlovien, moy., Sil.)
Brink	Bord (d'un précipice)
British thermal unit (B.T.U.)	B.T.U.: 252 calories
Brittle	Cassant, fragile
—**failure**	Rupture de la roche
—**ice**	Glace cassante
—**mica**	Margarite
—**silver ore**	Stéphanite
—**strength**	Résistance à la fracture
Broaching	Entaillage (mine)
—**bit**	Alésoir
Broadstone bind (G.B.)	Schiste argileux se débitant en dalles
Brochantite	Brochantite
Broken country	Région accidentée
Broken ground	1) couches fragmentées; 2) couches faillées stériles (Angleterre)
Bromide	Bromure
Bromine	Brome
Bromite	Bromyrite
Bromoform	Bromoforme
Bromyrite	Bromargyrite, bromyrite (bromure d'argent)
Brontolith	Météorite
Bronze mica	Phlogopite
Bronzite	Bronzite
Bronzitite	Bronzitite, pyroxénite à bronzite
Brook	Ruisseau
Brookite	Brookite
Brooklet	Ruisselet
Brotocrystal	Cristal à contour corrodé
Brow	Sommet (de colline), front, bord (de falaise)
Brown	Brun
—**calcareous soil**	Sol brun calcaire
—**clay ironstone**	Limonite argileuse
—**coal**	Lignite
—**earth**	Sol brun forestier
—**forest soil**	Sol brun forestier
—**hematite**	Limonite
—**iron ore**	Limonite
—**lead ore**	Pyromorphite
—**ocher**	Limonite
—**podzolic soil**	Sol brun podzolique
—**soil**	Sol brun
—**spar**	Carbonate teinté en brun par de l'oxyde de fer
—**steppe soil**	Sol brun sub-aride
—**stone**	Grès ferrugineux, pyrite décomposée (Australie)
Brownian	Brownien
Brownish	Brunâtre
Brucite	Brucite
Brush (to) to roof and floor	Recouper le toit et le mur, abattre les épontes
Brushite	Brushite
Brush ore	Hématite dendriforme, stalactiforme
Bruxellian	Bruxellien (étage, Eocène moy.)
Bryozoa, bryozoan	Bryozoaires
Bubble	Bulle
—**level**	Niveau à bulle
Bubble (to)	Bouillonner, dégager des bulles
Bubbly	Bulleux
Buck	Concasseur de minerai, scheider
—**quartz**	Quartz non aurifère (Australie)
—**stone**	Roche non aurifère
Buck (to)	Broyer, concasser, trier

Bucked ore	Minerai de scheidage, minerai scheidé
Bucker	1) pers.: scheideur; 2) marteau de scheidage
Bucket	Godet, benne
—dredge	Drague à godets
—excavator	Excavateur à godets
Bucking ore	Scheidage du minerai
Buckle (to)	1) déformer, déjeter, gauchir, voiler; 2) se déformer, se déjeter, se gauchir, se voiler
Buckled	Ondulé
Buckling	Plissotement, déformation, gauchissement
Bug hole	Géode, druse
Building	Construction
—materials	Matériaux de construction
—stone	Pierre à bâtir
Built-up terrace	Terrasse construite, terrasse alluviale, terrasse d'accumulation
Bulge	Bombement, renflement
Bulge (to)	1) bomber; 2) se bomber
Bulk	Masse, volume, vrac
—density	Densité apparente
In bulk	En vrac
Bulky	Volumineux
Bullion	1) or, argent (en lingots); 2) nodules de fer argileux, de schiste pyriteux, etc., renfermant souvent un fossile; 3) concrétion dans les charbons
Bump	Choc, secousse, bosse
Bumping screen	Tamis à secousses
Bumping table	Table à secousses
Bunch of ore	Poche de minerai
Bunchy	Minéralisé en poches, en nids
Bunsen burner	Bec Bunsen
Buoyancy	Flottabilité, légèreté, poussée
Buoying power	Pouvoir de sustentation
Burden	Morts-terrains de recouvrement, terrains de couverture
Burdigalian	Burdigalien (étage, Miocène)
Burette	Burette
Burial	Enfouissement
Buried	Enfoui, enterré
—ice	Glace enfouie
—outcrop	Affleurement caché
—placer	Gisement caché
—topography	Paléorelief enfoui
Burin	Burin (Préhistoire)
Burmite	Burmite (résine fossile)
Burn (Scot.)	Ruisseau
Burn (to)	Brûler, cuire
—plaster	Cuire du plâtre
Burning	1) adj: brûlant, enflammé; 2) n: combustion, cuisson, calcination, grillage
—mountain	Volcan
—oil	Kérosène
—point	Point d'inflammation
—test	Essai de combustion
Bull (to) a hole	Bourrer un trou de mine, glaiser un trou de mine
Burnt	Cuit
—brass	Chalchantite
—coal	Charbon altéré par une intrusion de roches éruptives
—copper	Oxyde de cuivre
—stuff (Australia)	Croûte indurée sous-jacente
Burr, Bur	Roche dure
Burr-stone	Meulière
Burrow	1) halde de déchets; 2) terrier
Burst	1) explosion (mine); 2) essort, explosion (Pal.)
Rock burst	Coup de charge, secousse (mine)
Burst (to)	Éclater, exploser, crever
Bursting	Éclatement
Bush	1) brousse; 2) buisson, arbuste; 3) broussailles
Coral bush	Buisson corallien
Butane	Butane
Butter of tin	Chlorure stannique
Buttress	Contrefort, éperon, pilier
—sand	Lentille sableuse discordante
Buttress (to)	Étayer, arc-bouter
By pass	Déviation, dérivation
By product	Sous-produit
Bysmalith	Intrusion discordante, dôme intrusif, culot intrusif
Byssus	Byssus (Pal.)
Bytownite	Bytownite

C

Cable	Câble, corde
—drilling	Sondage au câble
—tool drilling	Forage au câble
Blasting cable	Ligne de tir
Hoisting cable	Câble d'extraction
Cabochon	Cabochon
Cacholong	Cacholong
Cadastral map	Carte du cadastre ou cadastrale
Cadastral survey	1) service du Cadastre; 2) levé cadastral
Cadmiferous	Cadmifère
Cadmium	Cadmium
—blende	Cadmium sulfuré
—ochre	Greenokite
Caesium	Caesium, césium
Cafemic	Cafémique (abrév.: calcium-ferreux-ferrique-magnésium, cf classification CIPW)
Caenozoic	Tertiaire et Cénozoïque
Cage	Cage
Hoisting cage	Cage d'extraction
Mine cage	Cage de mine
Cainozoic	Cénozoique, Tertiaire
Cairn	Cairn
Cairngorm	Quartz jaune fumé
Cake (to)	Se concrétionner, former une croûte, coller
—capacity	Pouvoir agglutinant
Caking coal	Charbon collant
Cal (Cornwall)	Wolframite
Calabrian	Calabrien
Calaite	Turquoise
Calamine	Calamine
—bearing deposit	Gisement de calamine
Calamite	Calamite (Minér.)
Calamites	Calamites (Paléobot.)
Calaverite	Calavérite
Calc	Préfixe indiquant la présence de carbonate de calcium
—alkali rock	Roche calco-alcaline
—alkaline rock	Roche calco-alcaline
—flinta	Cornéenne à silicate calcique
—sinter	Travertin calcaire
—spar	Carbonate de calcium, calcite
—tufa	Tuf calcaire
Calcarea	Éponges calcaires
Calcarenite	Calcarénite
Calcareo-argillaceous	Calcaréo-argileux

Calcareoferruginous	Calcaréo-ferrugineux
Calcareomagnesian	Calcaréo-magnésien
Calcareosilicious	Calcaréo-siliceux
Calcareous	Calcaire
—algae	Algues calcaires
—breccia	Brèche calcaire
—concretion	Concrétion calcaire
—grits	Sables calcaréo-siliceux
—hardpan	Carapace calcaire
—lithosol	Rendzine embryonnaire
—ooze	Vase calcaire, boue calcaire
—sand	Sable calcaire
—sandstone	Grès calcaire
—sinter	Travertin calcaire
—spar	Calcite
—tufa	Tuf, travertin calcaire
Calcariferous	Calcarifère, calcareux
Calcedonic, chalcedonic	Calcédonieux
Calcedonite	Calcédonite, calcédoine
Calcic	Calcique
—mull	"Mull" calcique
—series	Roches éruptives fortement calco-alcalines
Calciclase	Plagioclase calcique (Anorthite)
—syenite	Syénite à anorthite
Calcicrete	Encroûtement calcaire
Calciferous	Calcifère
Calcification	Calcification, transformation en calcaire, encroûtement calcaire
Calcify (to)	Calcifier
Calcified	Enrichi en calcium
Calcilutite	Calcilutite
Calcimeter	Calcimètre
Calcimorphic soil	Sol calcimorphe, sol calcicole
Calcin	Calcin
Calcinable	Calcinable
Calcination	Calcination, grillage
Calcine (to)	1) calciner, griller (un minerai); 2) se calciner
Calciobiotite	Biotite calcique
Calciocelestite	Calciocelestine
Calcioscheelite	Scheelite
Calciphyre	Calcaire cristallin
Calcirudite	Calcirudite
Calcisiltite	Calcisiltite, limon induré calcaire, aleurolite calcaire, microgrès calcaire

Calciothorite	Calciothorite
Calcispongiae	Éponges calcaires
Calcite	Calcite
—cleavage	Clivage rhomboèdrique, clivage de la calcite
—trachyte	Trachyte calcique
Calcitic dolomite	Dolomie calcaire (10 à 50% de calcite, 50 à 90% de dolomite)
Calcium	Calcium
—carbonate	Carbonate de calcium
—chloride	Chlorure de calcium
—fluoride	Fluorure de calcium
—hydrate	Chaux vive
—hydroxide	Chaux éteinte
—phosphate	Phosphate de calcium (cf. apatite)
—sulfate	Sulfate de calcium (cf. gypse)
Calcoferrite	Calcoferrite
Calcomalachite	Calcomalachite
Calcrete	Encroûtement calcaire, graviers cimentés
—crust	Croûte concrétionnée
Calc-silicate hornfels	Cornéenne à silicates calciques
Calc-sinter	Travertin calcaire
Calcspar	Calcite en gros cristaux, calcite spathique
Calctufa	Tuf calcaire
Calculate (to)	Calculer
Calculation	Calcul
Calculiform	En forme de galet
Caldera	Caldeira
Calderite	Caldérite (variété de grossulaire)
Caledonian	Calédonien
—orogeny	Orogenèse calédonienne
Caledonides	Calédonides
Caledonite	Calédonite
Calf	Glace flottante
Calibrate (to)	Régler, graduer, calibrer
Calibration	1) datation, âge stratigraphique (d'une formation); 2) calibrage, réglage
Caliche	1) caliche ($NaNO_3$); 2) croûte calcaire des sols arides; 3) horizon pédologique d'accumulation calcaire; 4) aggloméré calcaire à graviers, sables et divers (S.-O. U.S.A., Mexique)
Californite	Californite (variété verte d'idocrase)
Caliper	Calibre
—gauge	Pied à coulisse
—log	Diagramme, log de diamétrage
—logging	Diamétrage (forage)
Slide caliper	Pied à coulisse
Caliper (to)	Calibrer
Calk (to)	Étanchéifier
Callainite	Callaïnite
Callovian	Callovien
Callow	1) fondrière; 2) terrains du sommet d'une carrières; 3) terrains superficiels, morts-terrains
Calomel	Calomel (chlorure mercureux)
Calorie, calory	Calorie
Great calory	Grande calorie, kilo-calorie
Gram calory	Petite calorie, microthermie
Large calory	Grande calorie
Small calory	Petite calorie, microthermie
Caloric	Calorique
Caloricity	Pouvoir calorifique
Calorific	Calorifique, thermique
—power	Pouvoir calorifique
Calorimeter	Calorimètre
Calorimetric, calorimetrical	Calorimétrique
Calorimetry	Calorimétrie
Calve (to)	Vêler (dune, glacier)
Calving	Vêlage (périgl.)
Calyx	Calice
Cambrian	Cambrien
Camera	1) appareil photographique; 2) chambre, loge (Pal.)
Air camera	Appareil de prise de vues aériennes
Mapping camera	Appareil de prise de vues aériennes
Surveying camera	Appareil de prise de vues aériennes
Camerate	Possédant des chambres, des loges (Pal.)
Campanian	Campanien
Camping site	Site de campement préhistorique (Archéol.)
Can	Boîte de conserve, boîte, bidon
Canada balsam	Baume de Canada
Canadian shield	Bouclier canadien
Canadian	Canadien (= Ordovicien inférieur)
Canal	1) canal (artificiel); 2) chenal; 3) bras de

	mer; 4) canal, perforation du test des Foraminifères; 5) fleuve côtier lent (U.S.)
Canalization	Canalisation (d'une rivière)
Canalize (to)	Canaliser
Cancellated (unusual)	Réticulé
Cancrinite	Cancrinite
Cand	Fluorine, fluorite
Candelit	Charbon flambant
Candescent	Incandescent
Candle coal	Charbon gras à spores et pollens
Canga	Brèche ferrugineuse (Brésil)
Canker (to)	Corroder, altérer
Cannel coal	Charbon gras à spores et pollens
Cannel shale	Schiste sapropélique
Cannon hole	Souflard
Canoe fold	Pli synclinal en forme de bateau
Canon	Canyon
Cant	1) inclinaison, dévers; 2) biseau
Cant (to)	1) incliner; 2) biseauter; 3) s'incliner
Cantilever	Encorbellement
Canyon	Canyon
Cap	1) chapeau; 2) détonateur
—rock	Roche couverture, chapeau (d'un gisement)
Blasting cap	Amorce, détonateur (mine)
Casing head cap	Tête de tubage
Cap (to)	Couronner, coiffer
Cap (to) a well	Obturer un puits
Capacitance	Capacité (Electr.)
Capacity	1) capacité, contenance, volume; 2) rendement, débit; 3) capacité de transport (fluviatile, éolienne), compétence
Maximum water holding capacity	Capacité maximum de rétention en eau
Cape	Cap, promontoire
—chisel	Burin
—diamond	Diamant du Cap
—ruby	Grenat pyrope
Capillarity	Capillarité
Capillary	Capillaire
—attraction	Attraction capillaire
—capacity	Capacité capillaire
—conductivity	Porosité fine, capillaire
—fringe	Frange capillaire

—interstice	Interstice capillaire
—layer	Couche capillaire
—migration	Migration par capillarité
—porosity	Porosité capillaire
—potential	Potentiel capillaire
—pressure	Pression capillaire
—pyrite	Millerite
—rising	Ascension capillaire
—tube	Tube capillaire
—water	Eau de capillarité
Capping	Mort terrain, terrain de recouvrement
Capstan	Cabestan, treuil
Captor	1) cours d'eau capteur; 2) détecteur, capteur (télédétection)
Capture	Capture
Point of capture	Point de capture
Self capture	Autocapture
Spontaneous capture	Capture par déversement
Capture (to)	Capturer
Car	1) voiture, chariot; 2) berline, wagonnet (mine)
Dump car	Wagon à benne basculante
Caradocian	Caradocien
Carapace	Carapace
Carat	Carat
Carbide	Carbure
Tungsten carbide	Carbure de tungstène
Carbohydrates	Glucides et hydrates de carbone
Carboid	Carboïde
Carbon	Carbone
—bisulfide	Sulfure de carbone
—disulfide	Sulfure de carbone
—dioxide	Gaz carbonique
—monoxide	Monoxyde de carbone
—nitrogen ratio	Rapport carbone azote
—ratio	Teneur en carbone
—steel	Acier au carbone
—tetrachloride	Tétrachlorure de carbone
Carbonaceous	1) carboné; 2) charbonneux
Carbonado	Carbonado, diamant noir industriel
Carbonatation	Carbonatation
Carbonate	Carbonate
—apatite	Apatite calcique
—of barium	Witherite
—of lime	Carbonate de chaux
—ore	Minerai carbonaté
—profile of a soil	Situation des horizons calcaires dans une coupe pédologique
Orthorhombic carbonates	Carbonates orthorhombiques

Carbonated spring Source carbonatée
Carbonation 1) carbonatation; 2) dissolution de minéraux et remplacement par des carbonates
Carbonatite Carbonatite
Carbon Carbone
—**fixed** Matière carbonée solide obtenue après combustion (autre que les cendres)
—**number** Nombre d'atomes de carbone dans un hydrocarbure
—**total** Carbone total (matière carbonée libre et sèche, y compris les constituants volatils)
Carbonic Carbonique
—**acid** Acide carbonique
—**oxide** Oxyde de carbone
Carboniferous 1) adj: carbonifère; houiller, contenant du charbon; 2) n: Carbonifère (période)
—**formation** Couche contenant du charbon
—**limestone** Carbonifère inférieur (G.B.)
—**period** Période carbonifère
—**rock** Roche contenant du charbon ou d'âge carbonifère
Carbonization Houillification
Carbonizable Carbonisable
Carbonize (to) 1) carboniser; 2) se carboniser; 3) houillifier
Carbonized 1) carbonisé; 2) transformé en charbon
Carbonous Carboneux
Carborundum Carborundum, carbure de silicium artificiel (Minér.)
Carburize (to) 1) cémenter; 2) carburer
Card Carte, fiche
Card catalogue Fichier de bibliothèque
Cardinal Cardinal, appartenant à la charnière
—**area** Appareil cardinal
—**points** Points cardinaux
—**process** Appareil cardinal (Brachiopodes)
—**septum** Cloison, septum principal (des Tétracoralliaires)
—**teeth** Dents cardinales
Carina Carène
Carinate fold Pli isoclinal
Carlsbad twin Mâcle de Carlsbad

Carnallite Carnallite (Minér.)
Carnelian Cornaline (quartz calcédonieux rouge)
Carnian Carnien
Carnivora Carnivores
Carnotite Carnotite
Carpoidea Carpoïdés (Pal.)
Carr Sol marécageux tourbeux
Carried soil Sol allochtone, sol transporté
Carrier bed Lit réservoir (pétrole)
Carry away (to) Enlever, emporter, transporter au loin
Carrying power Puissance de transport
Carse 1) plaine alluviale (Écosse); 2) vallon (Écosse)
Carstone Grès ferrugineux (limonitique)
Cartographer Cartographe
Cartographic, cartographical Cartographique
Cartography Cartographie
Cartouche Cartouche (cartographique)
Carve (to) Ciseler, sculpter
Carving 1) modelé du relief; 2) gravure (Préhist.)
Cascade Cascade
Cascade folds Plissotements secondaires formés par glissement sur pente
Cascade (to) Cascader
Case hardening Cimentation superficielle par vernis désertique
Case (to) Envelopper, gainer
Case (to) a well Tuber un puits
Casing Tubage, cuvelage
—**collar** Joint de tubage
—**elevator** Élévateur à tubes
—**grab** Accroche-tube
—**head** Tête de sonde
—**head gas** Gaz de pétrole
—**head pressure** Pression en tête de tubage
—**line** Colonne de tubes
—**perforations** Perforations du tubage
—**pipe** Tube de cuvelage
—**potential** Potentiel enregistré d'un forage
—**string** Colonne de tubage
Cassiterite Cassitérite (min.)
Cast 1) adj: moulé, fondu; 2) n: moule, moulage (de fossile, etc); 3) n: coulée (métal)
Cast iron 1) adj: de fonte, en fonte; 2) n: fonte de fer

Load cast	Figure de charge	craie, calcaire (Écosse)
Open cast	À ciel ouvert	Cauldron subsidence — Affaissement, effondrement circulaire, subsidence en chaudron
Cast (to)	1) mouler, se mouler; 2) fondre, couler (métal)	
Castellated rock	Roche ruiniforme	Caulk — Barytine (Minér.)
Castings	Déjections fécales, coprolites	Caustic — Caustique
		—lime — Chaux éteinte
Castorite	Castorite (var. de feldspathoïde)	—metamorphism — Métamorphisme de contact
Cat (G.B.)	Argile réfractaire dure	—potash — Potasse caustique
—dirt	Argile réfractaire	—silver — Nitrate d'argent
—face	Nodules de pyrite dans front de taille de charbon	—soda — Soude caustique
		Cave — Grotte, caverne
—gold	Mica doré (désuet)	—breccia — Brèche de caverne
—silver	Mica argenté	—earth — Remplissage sédimentaire de caverne
Cataclasis	Cataclase	
Cataclasite	Roche cataclastique, mylonite	—marble — Calcite ou aragonite cryptocristalline zonée
Cataclastic, cataclasting	Cataclastique	Ice cave — Grotte creusée dans la glace
—rock	Roche cataclastique	
Cataclinal	Cataclinal	Lava cave — Grotte creusée dans des laves
Cataclysm	Cataclysme	
Cataclysmal, cataclysmatic, cataclysmic	Cataclysmique	Sea cave — Grotte littorale
		Cave in (to) — S'affaisser, s'effondrer, s'ébouler
Catalysis	Catalyse	
Catalyst	Catalyseur	Caved — Éboulé, effondré
Catalytic	Catalytique	Cavern — Caverne
Cataphorèse	Électrophorèse	Cavernous — Caverneux
Cataract	Cataracte	—porosity — Macroporosité
Cataspilite	Cataspilite (var. altérée de cordiérite)	—structure — Structure vésiculaire, structure caverneuse
Catastrophism	Catastrophisme	Caving — 1) éboulement, effondrement; 2) exploitation par foudroyage
Catazone	Catazone	
Catch (to)	Attraper	Block caving — Foudroiement, foudroyage
—fire	Prendre feu, s'enflammer	
—water	Capter l'eau	Undercut caving — Foudroyage après souscavage
Catchment, catching	Captage, captation	
Catchment area	Bassin d'alimentation	Cavitation erosion — Érosion par cavitation
Catchment basin	Bassin hydrographique	Cavity — Cavité, creux
Catena of soils	Chaîne de sols	Cawk — 1) barytine (G.B.); 2) craie, calcaire (Écosse)
Catenary complex	Chaîne de sols	
Catsbrain	Concrétion (ferrugineuse)	
Cathead	1) cabestan (for.); 2) tête de chat (Géol.)	Cay, caye, key — 1) îlot plat de sable; 2) île côtière de sable ou de corail; 3) banc de sable (ou de corail) côtier
Cathode	Cathode	
—rays	Rayons cathodiques	
Cathodic	Cathodique	
Cation	Cation	Cazenovian (U.S.) — Cazenovien (Dévonien moyen)
—exchange	Échanges cationiques, échange de bases	
		Cedarite — Cédarite (var. de résine)
Catlinite	Catlinite	Celadonite — Céladonite (Minér.)
Catoctin	Relief résiduel, monadnock	Célestine, celestite — Célestine (Minér.)
		Cell — Pile, cellule
Catogene rock	Roche sédimentaire	Photo cell — Cellule photoélectrique
Cat's eye	Oeil de chat, chrysobéryl	Unit cell — Maille élémentaire (Minér.)
—quartz	Quartz oeil de chat	
Cauk	1) barytine (G.B.); 2)	

Cellular	1) cellulaire, alvéolaire; 2) scoriacé, vésiculaire
—dolomite	Carnieule
—porosity	Macroporosité
—pyrite	Marcassite
—soil	Sol polygonal
Celsius degree	Degré centigrade ou degré Celsius
Celsius scale	Échelle centigrade
Cement	Ciment
—formation	Formation cimentée
—rock	Calcaire argileux, marne
—stone	Calcaire à ciment
—texture	Substitution du ciment de grès par des minerais
Cement (to)	Cimenter
Cemented gravel	Conglomérat
Cementation	1) cémentation (Métall.); 2) cimentation, diagénèse
Cementing	Cimentation
Cenomanian	Cénomanien
Cenotypal	Néovolcanique (tertiaire ou quaternaire)
Cenozoic	Tertiaire, Cénozoïque
Cenozoic era	Ère Tertiaire
Centigrade	Centigrade
—scale	Échelle centigrade
Centigram	Centigramme
Centiliter, centilitre	Centilitre
Centimeter	Centimètre
Centimeter-gramme-second system	Système C.G.S.
Centipoise	Centipoise
Central	Central
—eruption	Éruption centrale
—vent volcanoe	Volcan à orifice central
—volcanoe	Volcan central, volcan punctiforme
Center, centre	Centre, milieu
—cut	Fossé central (mine)
—line	Axe
—of gravity	Centre de gravité
—of symmetry	Centre de symétrie
Centre (to)	Centrer
Centrifugal	Centrifuge
—force	Force centrifuge
Centripetal	Centripète
—force	Force centripète
Centroclinal	Périclinal
—fold	Cuvette synclinale, brachysynclinal
Centrosphere	Barysphère
Cephalic	Céphalique
—limb	Joue (Trilobite)
Cephalon	Céphalon, tête (Trilobite)
Cephalopoda,cephalopods	Céphalopodes

Ceramic	Céramique
Cerargyrite	Cérargyrite
Ceratite	Cératite
—limestone	Trias moyen (Californie)
Cerine	Cérine (var d'allanite)
Cerepidote	Allanite
Cerium	Cérium
Ceruse	Céruse, blanc de plomb
Cerusite, cerussite	Cérusite, carbonate de plomb
Cesium	Césium
Cesspool	Puits absorbant, puits perdu
Ceylonite	Ceylonite
Chabasite, chabazite	Chabasie, chabasite (zéolite)
Chadronian (U.S.)	Chadronien (= Sannoisien)
Chafe (to)	User par frottement
Chain	1) chaîne montagneuse; 2) chaîne (chimie); 3) chaîne (Mécan.); 4) unité de longueur = 20,13m
—conveyor	Transporteur à chaîne
—structure silicate	Silicate en chaine ou inosilicate
Island chain	Chaîne insulaire
Mountain chain	Chaîne insulaire
Chaining	Arpentage, chaînage
Chairman	Président
Chalcanthite	Chalcanthite (Minér.)
Chalcedonious	Calcédonieux
Chalcedony	Calcédoine
Chalco (prefix)	Cuivre
Chalcocite	Chalcosine, chalcocite
Chalcolite	Chalcolite, torbernite (Minér.)
Chalcopyrite	Chalcopyrite
Chalcosiderite	Chalcosidérite
Chalcosine	Chalcosine
Chalcostibite	Chalcostibine, chalcostibite
Chalcotrichite	Chalcotrichite
Chalk	Craie
—crust soil	Sol à croûte calcaire
—deficient soil	Sol non carbonaté
—humus soil	Sol carbonaté humique
—marl	Craie glauconieuse
—moder	Humus intermédiaire de sol
—period	Période crétacée
—pit	Crayère, carrière de craie
Chalky	Crayeux
—soil	Sol crayeux (cf. rendzine)
Chalybeate	Ferrugineux
—spring	Source ferrugineuse

Chalybite	Chalybite, sidérite, sidérose, gioberlite (CO_3Fe)
Chamber	1) chambre; 2) alvéole, espace intercloisons; loge (Pal.); 3) taille, trou de mine
Magmatic chamber	Chambre magmatique
Volcanic chamber	Réservoir volcanique
Chambered	Cloisonné
Chamberlet	Petite loge
Chamosite	Chamosite, chamoïsite (var. de chlorite Minér)
Champion lode	Filon principal (Cornouaille)
Champlainian (U.S)	Champlainien (= Ordovicien moyen sup.)
Change	Changement, variation, transformation
Change (to)	1) transformer, changer; 2) se transformer
Channel	1) chenal, passe; 2) détroit; 3) canal; 4) canal siphonal (Pal.); 5) filon de roche
—bed	Couche de gravier
—capacity	Débit maximum d'un chenal
—deposit	Gîte linéaire
—fill deposit	Alluvions sédimentées dans le chenal
—flow	Écoulement canalisé dans le lit fluviatile
—sands	Grès fluviatile (souvent minéralisé)
—storage	Débit d'un chenal
—width	Largeur maximum d'un chenal
Dispersal channel	Bras effluent
Interlacing channel	Réseau de rigoles
Intertwining channel	Lacis de rigoles
Mean water channel	Lit mineur
Subaqueous channel	Ravin sous-aquatique
Subglacial channel	Chenal sous-glaciaire
Sublacustrine channel	Ravin sous-lacustre
Submarine channel	Chenal sous-marin
Tangled channels	Chenaux anastomosés
Tidal channel	Chenal de marée
Channel (to)	Raviner, canneler
Channeling	1) renardage; 2) existence de chenaux, ravinement; 3) cannelure
Channeling out	Évidage
Channelization	Canalisation (d'un cours d'eau)
Chaos	Chaos
—structure	Écailles de chevauchement
Chaotic	Chaotique
Chap	Crevasse
Chap (to)	Se crevasser
Char	Résidu carboné de combustion incomplète
Wood char	Charbon de bois
Char (to)	1) carboniser; 2) charbonner
Characeae	Characées (Paléobot.)
—chalk	Craie lacustre
Characteristic	1) adj: caractéristique; 2) n: particularité caractéristique
—radiation	Spectre électromagnétique d'un élément chimique
Charcoal	Charbon de bois, charbon impur
Charge	Charge de mine (mine), charge explosive
Charge (to)	Charger, enfourner, facturer
Charging	Enfournement (mine), chargement, facturation
Chark	Charbon de bois
Chark (to)	Carboniser
Charmouthien	Charmouthien
Charnockite	Charnockite (Pétrographie)
Charophyta	Charophytes (Paléobol.)
Charred	Carbonisé
Charring	Carbonisation
Chart	1) abaque, graphique, diagramme; 2) carte
Nautical chart	Carte nautique
Rain chart	Carte pluviométrique
Chase	Rainure
Chasm	Abîme, gouffre
Chatoyancy	Chatoiement
Chatoyant	Chatoyant
Chattermark	Coup de gouge (glaciaire)
Chatter (to)	S'entrechoquer, cogner, vibrer
Chattian	Chattien
Check	Contrôle
—basin	Bassin d'irrigation
—dam	Barrage submersible
—flooding	Irrigation par petits bassins
—irrigation	Irrigation régularisée par petits bassins
—sample	Échantillon de contrôle
Check (to)	Contrôler, vérifier
Cheek	Joue (Pal.)

—of a lode	Parois d'un filon
—of a trilobite	Joue d'un trilobite (Paléontol.)
Chelonia	Chéloniens (Pal.)
Chemical	Chimique
—adsorption	Adsorption chimique
—analyse	Analyse chimique
—balance	Balance de laboratoire
—change	Altération chimique
—compound	Composé chimique
—equilibrium	Équilibre chimique
—erosion	Lessivage chimique
—limestone	Calcaire de précipitation chimique
—precipitate	Précipité chimique
—property	Propriété chimique
Chemically	Chimiquement
Chemicomineralogical	Chemicominéralogique
Chemicophysical	Chimico-physique
Chemist	Chimiste
Chemistry	Chimie
Chemungian (U.S.)	Chemungien (= Dévonien supérieur moyen)
Chernozem	Chernozem
—like alluvial soil	Sol alluvial humifère
Chert	Chert, chaille, phtanite, roche siliceuse (sauf grès, et silex)
—limestone	Calcaire siliceux
Chertification	Silicification
Cherty	Siliceux
—loam	Limon caillouteux
Chessy copper	Chessylite, azurite
Chessylite	Azurite, chessylite
Chesterian (U.S.)	Chestérien (= Mississippien supérieur)
Chevron fold	Pli en accordéon
Chiastolite	1) chiastolite (var. d'andalousite); 2) mâcle (caractéristique de l'andalousite)
—slate	Schiste à andalousite
Chile salpeter	Nitrate de soude, salpêtre du Chili
Chill (to)	1) refroidir, figer (lave); 2) tremper (Métall.)
Chilled cast-iron	Fonte trempée
Chilled contact	Zone de contact à grain fin (roches éruptives)
Chilled effect	Refroidissement terrestre dû à l'écran atmosphérique
Chiller	Cristallisoir
Chilling	1) refroidissement; 2) trempe
Chimney	1) cheminée; 2) fendue; 3) colonne de minerais
Chimney rock	Pilier d'érosion, pyramide d'érosion, cheminée de fées, bloc perché
China clay	Terre à porcelaine, kaolin
Chine	Ravin
Chink	Crevasse, lézarde, fente, fissure
Chink (to)	Se fissurer, se lézarder
Chiolite	Chiolite (variété de cryolite)
Chip	Fragment, éclat, écaille, copeau
Chip (to)	Tailler, buriner
Chippage	Fragmentation
Chipped stone age	Âge de la pierre taillée, Paléolithique
Chipper	1) burin; 2) mineur, burineur
Chipping	1) burinage; 2) gravillonage
—chisel	Burin
Chippings	Caillasses
Chisel	Burin, ciseau, fleuret, trépan
—bit	Trépan tranchant
Chiselling	1) adj: ciselant; 2) n: ciselure, burinage
Chitin	Chitine
Chitinous	Chitineux
Chloantite	Chloantite, smaltite (Minér.)
Chlorargyrite	Variété de cérargyrite (Minér.)
Chlorhydric	Chlorhydrique
Chloride	Chlorure
Chlorinate (to)	Chlorurer
Chlorinated	Chloré
—hydrocarbon	Hydrocarbure chloré (pesticide)
Chlorine	Chlore
Chlorinity	Teneur en chlore
Chlorite	Chlorite
—gneiss	Gneiss chloriteux
—schist	Chlorito-schiste, schiste chloriteux
—slate	Chlorito-schiste
Chloritic	Chloriteux
—sand	Sable vert chloriteux
—schist	Chloritoschiste
Chloritization	Chloritisation
Chloritoid	Chloritoïde
Chloromelanite	Chloromélanite (var. de jadéite)
Chloritous	Chloriteux
Chlorophane	Chlorophane
Chlorophyll	Chlorophyle

Chlorophyllite	Chlorophyllite
Chlorospinel	Chlorospinelle
Chlorous	Chloreux
Choke (to)	1) engorger, obstruer; 2) s'engorger, s'obstruer
Chondricthyes	Chondricthyens
Chondrite	Chondrite (var. de météorite)
Chondrodite	Chondrodite
Chonolith	Chonolite (var. d'intrusion ignée)
Chop	Clapotis
Chopping	1) coupe; 2) clapotis
—bit	Trépan tranchant
Choppy sea	Mer dure
Chordata	Chordés (Biol.)
Christianite	Christianite
Chromatic aberration	Aberration chromatique
Chromatography	Chromatographie
Chrome	Chrome
—garnet	Ouvarovite, ou grenat chromifère
—iron ore	Fer chromé, chromite
—spinel	Spinelle chromifère
—steel	Acier au chrome
Chromiferous	Chromifère
Chromite	Chromite
Chromium	Chrome
Chromopicotite	Chromopicotite
Chronostratigraphic unit	Unité chronostratigraphique
Chronotaxial rock unit	Formation synchrone
Chronotaxic	Chronotaxique (de même âge)
Chronotaxis	Similitude d'âge
Chronostratigraphy	Chronostratigraphie
Chrysoberyl	Chrysobéryl
Chrysocolla	Chrysocolle (Minér)
Chrysolite	1) chrysolite; 2) olivine, péridot
Chrysolitic	Chrysolitique
Chrysoprase	Chrysoprase (= variété de calcédoine verte)
Chrysotile	Chrysotile (Minér)
Churn drilling	Sondage percutant, sondage par battage
Churn hole	Marmite de géant
Chute	1) cheminée (mine); 2) couloir, galerie (mine); 3) trémie; 4) chute (U.S.), chute d'eau; 5) détroit; 6) masse de minerai allongée (filon)
Chute cutoff	Chute
Cimolite	Cimolite, variété de kaolin (Minér)
Cinabar	Cinabre (Minér)
Cincinnatian (U.S.)	Cincinnatien (= Ordovicien supérieur)
Cinder	1) cendre volcanique, scorie volcanique; 2) laitier (Métallo.)
—coal	1) charbon altéré par des laves (G.B.); 2) coke naturel de mauvaise qualité (Austr.)
—cone	Cône de scories
Cinereous	Cinéritique
Cingle	Boucle de méandre
Cinnabar	Cinabre (Minér)
Cinnabaric	Cinnabrifère
Cipolin (rare)	Cipolin
Circ (rare)	Cirque
Circle	Cercle
Stone circle	Cercle de pierres
Circular section	Section circulaire (de l'ellipsoïde des indices)
Circulating	Circulation
—head	Tête de circulation (for.)
—water	Eaux courantes
Circulation	Circulation, injection
—of the mud	Circulation des boues de forage
—shaft	Puits de circulation du personnel (mine)
Circumference	1) circonférence; 2) périphérie, pourtour
Circumferential wave	Onde sismique parallèle à la surface terrestre
Circumpacific belt	Zone, ceinture péripacifique
Cirque	Cirque (glaciaire)
Cirrostratus cloud	Cirrostratus
Cirrocumulus cloud	Cirrocumulus
Cirrus cloud	Cirrus
Citrine	Citrine
—quartz	Citrine
Civil engineering	Génie civil
Cladding	Revêtement métallique
Cladogenesis	Cladogenèse
Claim	Concession minière
—holder	Concessionnaire, détenteur de concession
—license	Titre de concession
Clam	1) coquille; 2) coquillage; 3) mollusque lamellibranche
Clamber (to)	Grimper, gravir
Clamp (to)	Fixer, attacher, bloquer
Clarain	Clarain (Minér)
Clarendonian (U.S.)	Clarendonien (= Sarmatien)
Clarke concentration	Indice de concentration

	d'un minerai (par rapport à la teneur moyenne)
Clarification	Clarification, épuration des eaux
Clarite	Clarite = Énargite (Minér.)
Class	1) classe (Pal.); 2) catégorie
Classification, classifying, classing	Classification, classement
Classify (to)	Classifier, classer, trier
Clast	Constituant, fragment de roche détritique
Clastation	Désagrégation des roches et formation de sédiments détritiques
Clastic	Détritique, clastique
	conglomérat+ épaisseur sables+ grès+argile
Clastic ratio	Rapport
	épaisseur calcaire+dolomie+ évaporites
	épaisseur (arénites)
Clastic/shale ratio	Rapport
	épaisseur (argiles)
Clastics	Roches détritiques
Clastogene	Brèche, conglomérat
Clay	Argile
—auger	Tarière à glaise
—band	Intercalation d'argile
—bed	Couche argileuse
—course	Salbande
—iron ore	Minerai de fer argileux
—ironstone	Minerai de fer argileux
—marl	Marne argileuse
—mineral	Minéral argileux
—particle	Particule argileuse
—parting	Intercalation d'argile
—pan	Croûte argileuse dans le sol
—pit	Glaisière, carrière d'argile
—rock	Pélite
—schist	Schiste argileux
—slate	Schiste ardoisier argileux
—vein	Fissure argileuse dans charbon
—with flints	Argile à silex
Bedded clay	Argile litée
Boulder clay	Argile à blocaux (désuet), cf till
Fire clay	Argile réfractaire
Iron clay	Argile ferrugineuse
Laminated clay	Argile feuilletée
Marl clay	Argile marneuse
Peat clay	Vase de marais
Potter's clay	Argile plastique
Residual clay	Argile résiduelle d'altération
Sandy clay	Argile sableuse
Scaly clay	Argile écailleuse
Silty clay	Argile limoneuse
Till clay	Argile téguline
Clay (to)	Glaiser
Claying	Glaisage
Clayed podzol	Podzol gleyiforme
Clayed soil	Sol argileux
Clayey	Argileux, glaiseux
Clayiness	Teneur en argile
Clayish	Glaiseux, argileux
Claystone	1) argilite, argile indurée; 2) arène feldspathique (désuet)
Cleaner	Curette (mine)
Clean out (to)	Dégager, enlever, curer, nettoyer
Cleanse (to)	Curer, débourber, assainir
Cleap	Fissure transversale (dans une couche de charbon)
Clear	Limpide, clair
—crystal	Cristal limpide
—image	Image nette
—of water	Débarassé d'eau
—water	Eau claire, limpide
Clear away (to)	Déblayer, dégager, désobstruer
Clearer	1) mineur, piqueur (mine); 2) curette
Clearing	1) déblaiement, enlèvement des débris; 2) défrichement
Clearing falls	Déblaiement des éboulements
Clearness	Limpidité
Clear out (to)	Déblayer, évacuer, enlever
Clear out (to) the working face	Déblayer le front de taille
Cleavable	Clivable
Cleavage	1) schistosité; 2) clivage
—plane	Plan de clivage
Axial plane cleavage	Clivage ardoisier axial
Flow cleavage	Schistosité de pression
Fracture cleavage	Clivage de fracture
Mineral cleavage	Clivage minéralogique
Slip cleavage	Microfaille
Shear cleavage	Clivage de fracture
Slaty cleavage	Clivage ardoisier
Strain-slip cleavage	Clivage par pli-fracture

Cleave (to)	1) cliver, fendre, refendre; 2) se cliver
Cleavelandite	Cleavelandite
Cleavibility	Clivabilité, fissurabilité
Cleaving	Clivage
Cleft	Fente, fissure, crevasse
Clerici solution	Liqueur de Clérici
Cleve	Falaise (G.B.)
Cliachite	Alumine hydratée colloïdale (dans bauxite)
Cliff	Falaise, escarpement
—face	Front de falaise
—glacier	Glacier de cirque
—sapping	Sapement de falaise
—stoping	Éboulement de falaise
Abandoned cliff	Falaise abandonnée
Ancient cliff	Falaise morte
Cross cliff	Verrou glaciaire
Plunging cliff	Falaise plongeante
Sea cliff	Falaise marine
Shore cliff	Falaise littorale
Cliffed	Escarpé
—shore	Rivage à falaises
—valley	Vallée glaciaire
Climate	Climat
Continental climate	Climat continental
Oceanic climate	Climat océanique
Climatic	Climatique
—change	Variation climatique
—chart	Carte climatique
—classification	Classification climatique
—cycle	Cycle climatique
—factor	Facteur climatique
—geomorphology	Géomorphologie climatique
—optimum	Optimum climatique
—province	Province climatique
—zone	Zone climatique
Climatogenic	Climatique
Climatologic	Climatologique
Climatology	Climatologie
Climax	Climax
Climb	1) montée, côte; 2) ascension
Climb (to)	Gravir, grimper, monter
Climbing bog (raised bog)	Tourbière bombée
Climbing dune	Dune mouvante
Climosequence	Séquence climatique
Clinging	Collant
Clink	Scorie
Clinker	Clinker, laitier, mâchefer, scorie
—field	Cheire
Volcanic clinker	Lave scoriacée
Clinkstone	Phonolite
Clinoamphibole	Amphibole monoclinique

Clinochlore	Clinochlore
Clinoclase	Clinoclase
Clinodome	Clinodôme
Clinoform	Talus subaquatique; en forme de talus
Clinoenstatite	Enstatite monoclinique
Clinograph	Clinomètre
Clinometer	Clinomètre
Clinometric, clinometrical	Clinométrique
Clinopyroxene	Pyroxène monoclinique
Clinorhombic	Monoclinique
—system	Système monoclinique
Clino-unconformity	Discordance angulaire
Clinothem	Sédiments déposés sur talus continental et pentes sous-aquatiques
Clinozoïsite	Zoïsite monoclinique
Clintonite	Clintonite (Minér.)
Clints	Lapiés (crêtes de)
Clip	1) pince (pour tubes); 2) valet (pour platine de microscope)
Clod	1) motte; 2) paquet (de laves); 3) schiste faiblement consolidé
—structure	Microstructure en grumeaux
Peat clod	Motte de tourbe
Cloddy	Motteux (qui se casse en mottes)
Clog (to)	1) obstruer, encrasser; 2) s'encrasser
Clogged channel	Bras engorgé, envasé
Close (to)	Fermer, barrer
Close (to) down a mine	Fermer une mine
Close	Fermeture, clôture
—fault	Faille fermée
—fold	Pli fermé
—grained	À grain fin, finement cristallisé
—jointed	Fortement fissuré, diaclasé
—sand	Sable fin peu perméable
—timbering	Boisage jointif
Closed	Fermé
—anticline	Anticlinal fermé
—basin	Dépression fermée
—depression	Dépression fermée
—fault	Faille fermée
—fold	Pli fermé
—stope	Taille remblayée
—structure	1) structure compacte; 2) structure fermée
—work	Exploitation souterraine
Closure	Fermeture
Anticlinal closure	Fermeture d'un anticlinal

Structural closure	Fermeture structurale
Synclinal closure	Fermeture d'un synclinal
Clot	1) grumeau; 2) bombe volcanique
Clot (to)	Floculer, coaguler
Clotted	Grumeleux
Clotty	Grumeleux
Cloud	Nuage, nuée
—pattern	Type de nuage, réseau nuageux
Glowing cloud	Nuée ardente
Cloudiness	1) turbidité; 2) caractère nuageux
Cloudy	1) nuageux; 2) trouble (liquide)
Clough	Ravin, gorge
Clove oil	Essence de girofle
Clue	Indice
Clump	Morceau, bloc, masse
Clunch	1) argile schisteuse; 2) bande argileuse dans une couche de houille
Cluse	Cluse
Cluster	Groupe, amas
—analysis	Analyse d'ensemble
Coagulate (to)	1) figer, coaguler; 2) se figer
Coal	Charbon, houille
—ball	Concrétion de débris végétaux dans charbon
—basin	Bassin houiller
—bearing	Houiller, carbonifère
—bed	Couche de houille
—belt	Sillon houiller
—brass	Pyrite
—clay	Argile réfractaire
—cutter	Haveuse (machine)
—cutting	Abatage, havage
—deposit	Gisement de houille
—drift	Fendue
—dust	Poussier de houille
—face	Front de taille
—field	Bassin houiller
—formation	Formation houillère
—gas	Gaz de houille
—horizon	Horizon carbonifère
—measures (G.B.)	Carbonifère supérieur
—measures	Couches productrices
—mine	Houillère
—miner	Mineur
—mining	Exploitation de charbon
—oil	Naphte minéral, pétrole
—pipe	Souche d'arbre fossile
—plants	Végétaux carbonifères
—rank	Classe, catégorie de charbon
—seam	Filon houiller
—seat	Argile réfractaire
—tar	Goudron de houille
—types	Catégories de charbons
—wall	Front de taille du charbon
—washing	Lavage du charbon
—winning	Abatage
Anthracite coal	Anthracite
Bituminous coal	Houille grasse
Brown coal	Lignite
Cherry coal	Houille grasse
Flame coal	Charbon flambant
Soft coal	Houille grasse
Steam coal	Charbon demi-gras
Stone coal	Anthracite
Subbituminous coal	Houille maigre
Coagulation	Coagulation, formation d'un gel
Coalescence	Fusion, coalescence
Coalification	Houillification
Coaling	Charbonnage
Coaly	Charbonneux
Coarse	Gros, grossier (par la granulométrie)
—crusher	Broyeur des gros
—crushing	Broyage grossier
—grain	À gros grain
—grained	À gros grain
—ore	Partie grossière du minerai
—sand	Sable grossier
—silt	Limon grossier
—texture	Granulométrie grossière
—topography	Topographie irrégulière
—waste	Matériel détritique grossier
Coarseness	Grossiéreté (d'un sédiment)
Coast	Côte, rivage, littoral
—line	Ligne de côte
—of emergence	Rivage d'émersion
—of submersion	Côte de submersion
—shelf	Plateau continental
Accretion coast	Côte d'accumulation
Bold coast	Côte élevée
Constructional coast	Côte construite
Depressed coast	Côte affaissée
Embayed coast	Côte découpée
Fault coast	Côte de faille
Fjord coast	Côte à fjord
Flat coast	Côte plate
Glaciated coast	Côte à modelé glaciaire
High coast	Côte élevée
Lagoon coast	Côte à lagunes
Longitudinal coast	Côte longitudinale
Raised coast	Côte soulevée
Revealed coast	Littoral fossile
Steep coast	Côte abrupte
Tectonic coast	Côte tectonique

Transverse coast	Côte transversale
Volcano coast	Côte volcanique
Coast (to)	Suivre la côte
Coastal	Côtier
—comb	Glace de haut estran
—current	Courant côtier
—deposits	Dépôts côtiers littoraux
—dune	Dune littorale
—line	Littoral
—plain	Plaine littorale
—waters	Eaux littorales
Coat	Revêtement, enduit
Coat (to)	Revêtir, recouvrir
Coating	Enduit, revêtement
Cob	Sheidage (mine)
Cob (to), cobb (to)	Scheider
Cobbed ore	Minerai de scheidage
Cobalt	Cobalt
—bloom	Érythrite, cobalt arséniaté
—glance	Cobaltite, cobalt gris
—melanterite	Biébérite
—pyrite	Linnéite, marcassite (désuet)
—vitriol	Biébérite
Gray cobalt	Cobalt arsenical, smaltite
Cobaltiferous	Cobaltifère
Cobaltine, cobaltite	Cobaltite
Cobber	Scheideur
Cobbing	Scheidage
Cobble, cobblestone	Petit bloc, galet, caillou (64 mm ≤ L ≤ 256 mm)
Cobbles	1) galets; 2) gaillette (mine)
Cobbly	Pierreux
—soil	Sol pierreux
Coblentzian	Coblencien
Coccolith	Coccolite
Cockade ore	Minerai en cocarde
Cockade structure	Structure en cocarde
Cockpit	Doline
—country	Paysage karstique
Cockscomb pyrite	Pyrite crêtée, marcassite
Code	Code
Mining code	Code minier
Codeclination	Codéclinaison
Codiaceans	Codiacées
Coefficient	Coefficient, module
—of elasticity	Coefficient d'élasticité
—of expansion	Coefficient de dilatation
—of run-off	Coefficient d'écoulement
Permeability coefficient	Coefficient de perméabilité
Viscosity coefficient	Coefficient de viscosité
Coelenterata	Coelentérés
Coelestine	Célestine
Coelome	Coelome (Pal.)
Coesite	Coésite

Coeval	Contemporain
Coffer, coffering	Coffrage (de puits)
Coffer (to)	Coffrer
Cognate	De même origine
—inclusion	Enclave syngénétique
Cohade	Pendage
Cohere (to)	S'agglomérer
Coherence	Cohésion
Cohesion	Cohésion
Cohesive	Cohésif
Coiled shell	Coquille enroulée, coquille spiralée
Coke	Coke
—coal	Coke naturel
—deposit	Résidu de coke
—dust	Poussier de coke
—iron	Fonte au coke
—oven	Four à coke
—pig iron	Fonte au coke
—tar	Goudron de coke
Native coke	Coke naturel
Coke (to)	Cokéfier, transformer en coke
Coking	1) adj: cokéfiant; 2) n: cokéfaction
—coal	Charbon à coke
—plant	Cokerie
Col	1) col (Géogr.); 2) col (Météor.)
Colatitude	Colatitude
Cold	1) adj: froid; 2) n: froid
—blast	Vent froid, soufflage d'air froid
—desert	Désert froid
—front	Front froid
—glacier	Glacier polaire
—snap	Coup de froid
—wave	Vague de froid
Coleoidea	Coléidés
Colemanite	Colemanite
Collapse	Affaissement, effondrement
—caldera	Caldeira d'effondrement
—sink	Effondrement, doline, puisard
Roof collapse	Affaissement du toit
Collapse (to)	S'affaisser, s'ébouler, s'effondrer
Collapsing	Éboulement
Collect (to)	1) collectionner, rassembler, recueillir, réunir; 2) se rassembler, etc
Collect (to) water	Capter les eaux
Collecting minerals	Collectionnement de minéraux
Collecting stream	Collecteur fluvial
Collecting pit	Puisard

Collection	Collection, rassemblement		fissuration prismatique
—of water	Captage d'eau	—section	Profil stratigraphique, log
Colliding of plates	Collision de plaques		stratigraphique
	lithosphériques	—structure	1) structure prismatique;
Collier	1) mineur de charbon;		2) structure polyédri-
	2) bateau charbonnier		que
Colliery	Mine de houille, char-	Comagmatic	Comagmatique
	bonnage	Comanchean (U.S.)	Comanchéen (= Crétacé
Collimate (to)	Collimater, viser		inférieur et moyen)
Collimation line	Axe de visée	Comb	1) crête d'une colline; 2)
Collimator	Collimateur		U.S.: espace libre en-
Colloid	Colloïde		tre deux éponctes
—clay	Argile colloïdale		minéralisées presque
Colloidal	Colloïdal		jointives d'un filon
—clay	Argile colloïdale	—rock	Gélifract, matériel de
—complex (Can.)	Complexe absorbant		gélivation quaternaire
—dispersion	Dispersion colloïdale		(G.B.)
Collophane, collophanite	Collophane	Combed vein	Filon à éponctes forte-
Colluvial	Colluvial		ment minéralisées et
—deposit	Colluvions		presque jointives
—soil	Sol colluvial	Comber	Vague déferlante
Colluvium	Colluvions	Combination	Combinaison (chimique)
Colonial coral	Corail colonial	Combine (to)	S'associer, se combiner
Colony	Colonie (d'organismes)	Combining number	Valence atomique
	(var. d'andradite)	Combustibility	Combustibilité
Colophonite	Colophonite	Combustible	Combustible
Color, colour	Couleur	—shale	Schiste combustible, tas-
—index	1) indice des couleurs;		manite
	2) pourcentage de	Combustion	Combustion
	minéraux foncés d'une	Come water	Venue d'eau (mine)
	roche	Commercial deposit	Gisement rentable
—ratio	Pourcentage de minéraux	Commingle (to)	Mélanger
	mélanocrates	Comminute (to)	Broyer finement, pul-
—scale	Échelle des couleurs		vériser
Rock color chart	Code des couleurs	Comminution	Pulvérisation, microdé-
Colored, coloured	Coloré		sintégration
Colorimetre	Colorimètre	Common	Commun, normal
Colorless, colourless	Incolore	—garnet	Grenat commun
Colouration, colouring	Coloration	—lead	Plomb
Columbite	Columbite	—mica	Muscovite
Columella	Columelle	—salt	Sel gemme
Columellar	Columellaire	Community	Communauté (Paléobiol.)
Column	Colonne, pilier	Compact	Tassé, compact
—like structure	Structure prismatique,	Compact (to)	Tasser
	structure polyédrique	Compactibility	Compactibilité
—rock	Roche champignon	Compactible	Susceptible de tassement
—basalt column	Prisme basaltique, orgue	Compaction	Tassement, compaction
	basaltique	Compactness	Compacité
Erosion column	Pyramide de fée	Compartment	Compartiment
Fractionating column	Colonne de fractionne-	Compass	1) boussole; 2) compas
	ment	—bearing	Lecture de la boussole,
Ore column	Filon vertical minéralisé		relevé à la boussole
Stratigraphic column	Log stratigraphique	—dial	Boussole à cadran
Columnals	Encrines (Pal.)	—needle	Aiguille de la boussole
Columnar	Prismatique, en forme	—survey	Levé à la boussole
	de colonne	Pocket compass	Boussole de poche
—basalt	Orgue basaltique	Solar compass	Théodolite solaire
—jointing	Prismation (basaltique),	Compensation level	Niveau de compensation

	(isostatique)
Competence, competency	Compétence (fluviatile)
Competent	Compétent
—bed	Couche compétente
Compile (to)	Rassembler (des données)
Complementary dykes	Filons intrusifs de natures pétrographiques complémentaires
Completion	Achèvement, complètement, conditionnement d'un puits de pétrole
Complex	1) adj: complexe; 2) n: ensemble, complexe
—fault	Faille composée
Absorbing complex (G.B.)	Complexe absorbant
Absorption complex (U.S.)	Complexe absorbant
Component	1) constituant, composant; 2) composante (d'une force)
Composite	Composite, composé
—anticline	Anticlinorium
—coast	Cône composite
—cone	Stratovolcan
—dike	Filon intrusif composite
—fault	Faille composée
—scarp	Escarpement tectonique complexe (érosion et faille)
—fold	Pli composé
—gneiss	Gneiss d'injection, migmatite
—log	Colonne stratigraphique d'un forage (géologique et géophysique)
—sample	Échantillon composé
—sill	Filon couche composé
—syncline	Synclinorium
—topography	Topographie composite
—vein	Filon composite
—volcano	Strato-volcan
Composition	Composition
—face	Plan d'accolement (mâcle)
—formula	Formule brute
—plane	Plan de mâcle
—triangle	Diagramme triangulaire
Compound	1) adj: composé; 2) n: corps composé
—coral	Squelette de corail colonial
—crystal	Cristal mâclé
—eye	Oeil composé (Pal.)
—spit	Flèche littorale composite
—meander	Méandre composé
—twin	Mâcle complexe
—valley	Vallée composée de deux parties à évolution différente
—vein	Filon composé
—volcano	Volcan composé, à plusieurs cônes
Compress (to)	Comprimer
Compressibility	Compressibilité
Compressible	Compressible, comprimable
Compression	Compression, écrasement
—joint	Piézoclase (diaclase de compression)
—test	Essai d'écrasement
—wave	Ondes de compression
Adiabatic compression	Compression adiabatique
Axial compression	Compression axiale
Compressional fault	Faille de compression
Compressional wave	Onde de compression, onde longitudinale, onde P
Compressive strain	Déformation causée par la compression
Compressive strength	Résistance à l'écrasement
Compressive stress	Effort de compression, contrainte
Computation	Calcul
Compute (to)	Calculer, compter
Computerized continental drift	Dérive des continents reconstituée par ordinateur
Computing machine	Calculateur, ordinateur
Concavity	Concavité
Concealed	Masqué, caché
—fault	Faille masquée
—podzol	Cryptopodzol
Concentrate	1) adj: concentré; 2) n: concentré (de minerai)
Concentrate (to)	1) concentrer; 2) se concentrer
Concentrated acid	Acide concentré
Concentrating, concentration	Enrichissement des minerais, concentration
—plant	Installation de concentration
Concentric	Concentrique
—dike	Filon intrusif annulaire
—faults	Failles concentriques
—folds	Plis parallèles
—fractures	Fractures concentriques
—weathering	Désagrégation en boules
Concession	Concession
Conch	Coquille (Mollusques)
Conchiferous, conchitic	Coquillier
Conchiolin	Conchyoline

Conchoidal	Conchoïdal
Concordance	Concordance
Concordant	Concordant
—injection	Intrusion concordante interstratifiée
—pluton	Massif intrusif concordant
Concrete	Béton
Concrete work	Bétonnage
Reinforced concrete	Béton armé
Concrete (to)	1) bétonner; 2) concréfier, se concréfier
Concretion	Concrétion
Nodular concretion	Concrétion nodulaire
Concretionary	Concrétionné, concrétionnaire
Concussion	Secousse, choc
—table	Table à secousses
Condensability	Condensabilité
Condensable	Condensable
Condensate	Produit de condensation
Condensation	Condensation
Condense (to)	1) condenser; 2) se condenser
Condensed sequence	Série stratigraphique complète, mais d'épaisseur réduite
Condenser	Condenseur (Opt.), condensateur (Électr.)
Condition	Etat, condition, régime
—weather	Conditions atmosphériques
Conditioned	Conditionné
Conductibility, conductivity	Conductibilité, conductivité
Hydraulic conductivity	Conductivité hydraulique
Thermal conductivity	Conductivité thermique
Conduction	1) conduction (Phys.); 2) adduction, amenée (Hydraul.)
Conductor	Conducteur
Conduit	1) cheminée volcanique; conduit volcanique; 2) conduit aquifère (sous pression hydrostatique)
Cone	Cône
—bit	Trépan à cônes
—delta	Cône de déjections
—in cone structure	Structure intrusive à cônes emboîtés
—sheet	Complexe annulaire
Adventive cone	Cône adventif
Alluvial cone	Cône alluvial
Avalanche cone	Cône d'avalanche
Cinder cone	Cône de cendres, cône de scories
Composite cone	Stratovolcan

Dribblet cone	Pustule de laves
Ice cone	Cône de glaces
Nested cones	Cônes emboîtés
Pyroclastic cone	Cône pyroclastique
Spatter cone	Cône formé de laves projetées
Configuration	1) configuration; 2) disposition mutuelle des électrodes (prospection électrique)
Confine (to)	Enfermer, limiter
Confined ground water	Eau artésienne
Confining bed, confining layer	Toit imperméable d'une structure souterraine
Confining pressure	Pression géostatique, pression hydrostatique
Confining water	Eau captive
Confluence	Confluence
—plain	Plaine de confluence
—step	Gradin de confluence glaciaire
Confluent	Confluent
Conformability	Concordance, conformité
Conformable	Concordant, conforme
—bedding	Stratification concordante
—fault	Faille conforme
—stratification	Stratification concordante
Conformal map projection	Projection cartographique conforme
Conformity	Concordance
Congeal (to)	Congeler
Congealing	Congélation, prise en masse
Congealment, congelation	Congélation
Congelifluction	Congélifluxion
Congelifraction	Congélifraction
Congeliturbation	Cryoturbation
Congeneric	Appartenant au même genre (Pal.)
Conglobate (to)	Entasser
Conglomerate	1) adj: congloméré; 2) n: conglomérat
—formation	Formation cimentée
Intraformational conglomerate	Conglomérat intraformationnel
Conglomeratic	Conglomératique
Congress	Congrès
Coniacian	Coniacien
Conic, conical	Conique
—map projection	Projection cartographique conique
Coniferous	Conifères
Conjugate fold	Pli synchrone (mais de direction différente)
Conjugated fractures	1) fractures, diaclases, de même direction, mais à pendage op-

	posé; 2) deux ensembles de fractures perpendiculaires
Conjugate joint system	Système de deux ensembles de diaclases symétriques
Connate water	Eau de constitution, eau fossile
Connect (to)	Réunir, relier, raccorder, joindre
Conodont	Conodonte
Conrad discontinuity	Discontinuité de Conrad
Consecutive calderas	Caldeiras emboîtées
Consequent stream	Cours d'eau conséquent
Conservation	Protection, conservation
Consistence, consistency	Consistance
Consistent	Consistant
Consolidate (to)	Consolider
Consolidation	Diagénèse, cimentation et compaction diagénétiques
Conspecific	Appartenant à la même espèce (Pal.)
Constant	1) adj: constant; 2) n: constante (Phys.)
—of gravitation	Intensité de la pesanteur
—slope	Glacis, talus d'éboulis
Constituent	1) adj: constituant; 2) n: composant
Constitution	Constitution
Constructional fossil	Fossile constructeur
Constructive plate margin	Marge de plaque lithosphérique en accrétion
Construe (to)	Analyser, interpréter
Consultant	Ingénieur conseil
Consulting geologist	Géologue conseil
Consume (to)	1) consommer; 2) consumer, se consumer
Consumption	Consommation
Contact	1) contact; 2) surface de contact
—bed	Couche adjacente
—deposit	Dépôt minéral, filon de contact
—lode	Filon de contact
—metamorphism	Métamorphisme de contact
—metasomatism	Métasomatose de contact
—mineral	Minéral métamorphique de contact
—twin	Mâcle par accolement
—vein	Filon de contact
—zone	Auréole de contact
Contain (to)	Contenir, renfermer
Contaminate (to)	Contaminer, polluer
Contamination	1) pollution; 2) contamination (d'un magma)
Contemporaneous	Contemporain
—fault	Faille syngénétique
—rocks	Roches de même âge
Content	Teneur, titre, proportion
U content	Teneur en uranium
Contexture	Texture
Contiguous	Contigu, adjacent, rapproché
—angles	Angles adjacents
Continent	Continent
Continental	Continental
—basin	Dépression fermée
—block	Bloc continental
—climate	Climat continental
—crust	Croûte continentale
—drift	Dérive des continents
—glacier	Calotte glaciaire
—ice sheet	Calotte glaciaire
—island	Île continentale
—margin	Marge continentale
—nuclei	Cratons
—plate	Plaque lithosphérique
—platform	Plate-forme continentale
—rock	Roche d'origine continentale
—shelf	Plate-forme continentale
—shield	Bouclier continental
—slope	Talus continental
—terrace	Plateau continental
Continuity	Continuité
Continuous	Continu
—corring	Carottage continu
—logging	Enregistrement continu
—permafrost zone	Zone à pergélisol continu
—profiling	Dispositifs continus (Géoph.)
—waves	Ondes entretenues
Contorted stratum	Couche déformée, plissée
Contour	1) courbe de niveau; 2) contour, profil, tracé
—farming	Culture suivant courbes de niveau
—interval	Équidistance
—line	Courbe de niveau
—map	Carte en courbes de niveau
—strip cropping	Labour suivant courbes de niveau
—tillage	Labour suivant courbes de niveau
Structural contour	Courbe structurale
Topographic contour	Courbe topographique
Contour (to)	Lever les courbes de niveau
Contract	Contrat, forfait
Contract (to)	1) contracter, resserrer;

	2) se contracter, se rétrécir
Contract (to) for	Entreprendre
Contraction	Rétrecissement, retrait, contraction
—crack	Fissure de retrait
—hypothesis	Hypothèse de la contraction terrestre
—vein	Filon minéral occupant une fente de contraction
Contractor	Entrepreneur
Contraposed shoreline	Côte contraposée
Contribution	1) note, article; 2) contribution
Contributor	Auteur, collaborateur scientifique
Control (to)	Contrôler, vérifier
Controlling of the outflow	Contrôle du débit
Controlled mosaic	Mosaïque de photographies aériennes redressées
Control point	Point côté, repéré
Convection	Convection
—cell	Cellule de convection
—current	Courant de convection
Converge (to)	Converger
Convergence	1) rapprochement de deux strates; 2) ligne de démarcation entre une eau fluviatile boueuse et une eau lacustre pure; 3) convergence (Pal.)
Convergence map	Carte d'égale épaisseur, carte en isochores
Convergent	Convergent
—evolution	Convergence, évolution convergente
Conversion	Transformation, conversion
Convert (to)	Convertir, transformer
Convex	Convexe
Convexity	Convexité
Convey (to)	Transporter
Conveyer, conveyor	Transporteur, convoyeur
—chain	Chaîne à godets
Belt conveyor	Convoyeur à bande
Convolute lamination	Lamination contournée
Convolute shell	Coquille involute (à spires jointives)
Convolution	Circonvolution
Convulsion	Cataclysme, bouleversement
Cool	Frais
Cool (to)	1) refroidir; 2) se re-

	froidir
Coolant	Réfrigérant
Cooling	Refroidissement
—cracks	Fentes de refroidissement, de rétraction thermique
Coomb	Combe, cirque
Coomb-rock (G.B.)	Roche gélifractée (silex et bouillie crayeuse)
Cooperite	Coopérite
Coordinates	Coordonnées
Coordination	Coordination
Octahedral coordination	Coordination octahédrique
Coordinence	Indice de coordination
Copal	Copal (var. de résine)
Copernican	Copernicienne (Période tardive de formation lunaire)
Copper	Cuivre
—bearing	Cuprifère
—glance	Chalcosite
—melanterite	Boothite
—mica	Chalcophyllite
—nickel	Nickéline
—ore	Minerai de cuivre
—pyrite	Chalcopyrite
—sulphate	Sulfate de cuivre
—uranite	Torbernite, chalcolite
—vitriol	Sulfate de cuivre
Copperas	Mélantérite
Coppered, copperish	Cuivré
Coppery	Cuivreux
Coprolith	Coprolite
Copropel	Vase noire sapropélique
Copy	Manuscrit, exemplaire
Coquina	Calcaire coquillier, lumachelle
Coquinoid	Coquillier, lumachellique
Coral	Corail (coraux, pl.)
—bank	Banc corallien
—head	Formation corallienne
—knoll	Tête de corail
—limestone	Calcaire corallien
—mud	Vase corallienne
—reef	Récif corallien
—rock	Roche corallienne
Colonial coral	Corail colonial
Compound coral	Squelette de corail colonial
Fasciculate coral	Corail branchu
Corallian	Corallien
Coralliferous	Corallifère
Coralline	1) adj: corallien; 2) n: algue calcaire (rouge)
—oolite	Oolithe corallienne
—platform	Plate-forme corallienne

Corallite	Squelette coralliaire, individu corallien
Corallum	Exosquelette calcaire des coraux
Cordaites	Cordaïtes
Cordierite	Cordiérite
Cordillera	Cordillère
Core	1) carotte (forage); 2) coeur (d'un pli); 3) noyau de la Terre
—barrel	Tube carottier
—cutter	Trépan
—bit	Trépan carottier
—drill	1) sondage peu profond; 2) carotteuse, sondeuse
—record	Enregistrement d'un carottage
—sampling	Collection de carottes
—test	Essai de carottage
—tube	Tube carottier
Inner core	Noyau interne, graine
Outer core	Noyau externe
Core (to)	Carotter (forage)
Corestone (of granite)	Boule de granite (dans sa matrice d'altération)
Coring	Carottage
Coriolis force	Force de Coriolis
Cork (to)	Boucher
Cornelian	Cornaline
Corneous lead	Plomb corné, phosgénite
Corneous silver	Cérargyrite
Corona	1) halo (Météo); 2) couronne solaire
Corona structure	Structure concentrique, structure orbiculaire
Coronate	En forme de couronne
Cornice	Corniche
Cornstones	Calcaires gréseux concrétionnés (souvent permo-triasiques)
Corrade (to)	Corroder, éroder
Corrading stream	Fleuve érosif
Corrasion	Corrasion
Correction	Correction, rectification
Correlate (to)	Corréler, comparer
Correlation	Corrélation
Correspond (to)	Correspondre à, être conforme à
Corrie	Cirque glaciaire, creux, entonnoir (Écosse)
—lake	Lac de cirque
Corrode (to)	1) corroder, ronger; 2) se corroder
Corrodible, corrosible	Oxydable
Corrosion	Corrosion, altération
—embayment	Golfe de corrosion
Corrosive	Corrosif
Corrugate (to)	Onduler, strier
Corrugated	Plissoté, ondulé, ridé, rugueux
—soil	Sol mamelonné
Corrugation	Ondulation, cannelure
—infiltration	Irrigation par infiltration
—irrigation	Irrigation par rigoles d'infiltration
Corsican granite	Gabbro orbiculaire
Corsite	Corsite (diorite orbiculaire)
Cortex	Cortex, écorce
Cortice	Cortex, partie extérieure
Corundum	Corindon
—syenite	Syénite corindifère
Cosalite	Cosalite
Coseismal, coseismic	1) adj: cosismal; 2) n: cosisme
Coset deposits	Sédiments à stratification de même direction de courant
Cosine	Cosinus
Cosmic	Cosmique
—dust	Particules cosmiques
—radiation	Rayonnement cosmique
Cosmochemistry	Cosmochimie
Cosmology	Cosmologie
Cosmopolita species	Espèce cosmopolite, espèce ubiquiste
Cotectic	Cotectique
Cotunnite	Cotunnite
Couloir	Ravin, gorge
Count (to)	Compter, dénombrer
Counter	1) compteur; 2) filon croiseur; 3) adj: contre, opposé
—current	Contre-courant
—flow	Contre-courant
—level	Galerie costresse
—lode	Filon croiseur
—scale	Balance Roberval
—slope	Contre-pente
—vein	Filon croiseur
Counterbalance	Contrepoids
Countertrade	Contralizé
Counterweight	Contrepoids
Counting	Comptage
Country	Région, pays
—rock	Roche encaissante
Course	Cours (d'un fleuve), direction
—of vein	Direction d'un filon
Lower course	Cours inférieur
Middle course	Cours moyen
Upper course	Cours supérieur
Water course	Cours d'eau

Cover	Couverture, morts-terrains
Cover-glass	Lamelle couvre-objets
Cover (to)	Couvrir, recouvrir, envelopper, masquer
Covered karst	Karst couvert
Coverage	Couverture (photographie aérienne)
Coversand	Sable de couverture, sable superficiel
Crab holey	Petite dépression
Crack	Fente, fissure, crevasse
Cooling crack	Fissure de refroidissement
Dessication crack	Fissure de dessication
Crack (to)	1) fendre, fissurer, fêler; 2) se fendre
Cracked	1) fissuré, fendu, craqué, crevassé; 2) de craquage (Raf.)
Cracking	1) cracking; 2) fendillement, fissuration
Cracky	Fissuré
Crag	1) rocher escarpé, chicot, verrou glaciaire; 2) marne sableuse fossilifère marine, falun
Crag and tail	Structure due à un verrou glaciaire, avec striage du côté amont, et sédimentation du côté aval
Cragged	Rocailleux
Cragginess	Anfractuosité
Craggy	Anfractueux
Cranch	Massif de protection (mine)
Crane	Grue, treuil
Cranny	Fente, lézarde, niche
Crash	Écrasement, chute, accident, fracas
Crash upon (to)	S'écraser sur
Crater	Cratère
—island	Île-cratère
—lake	Lac de cratère
—lip	Bord du cratère
—wall	Paroi du cratère
Explosion crater	Cratère d'explosion
Meteoric crater	Cratère météorique
Mud crater	Cratère de boue
Nested crater	Cratère emboîté
Ring crater	Cratère emboîté
Sand crater	Cratère de sable
Volcanic crater	Cratère volcanique
Crateriform	Cratériforme
Craterlet	1) petit cratère; 2) cratère de boue, de sable
Couvinian	Couvinien
Cove	Anse, crique, cuvette, niche
Covelline, covellite	Covellite
Cratogenic	Cratogénique
Craton	Craton
Cratonic	Cratonique
Crawfoot pattern	Réseau en pattes d'oie
Crease, creasing	Plissement, pli
Creek	1) crique, anse; 2) ruisseau
Creep	1) cheminement, fluage, reptation (des sols), lent glissement; 2) boursouflement
Creep (to)	1) cheminer, glisser; 2) gonfler, se boursoufler
Creeping	Reptation, glissement modéré sur pentes, creeping
Crenulation	Micropli, ride, plissement microscopique
Crescent	Croissant
—beach	Croissant de plage
—dune	Dune en croissant, barkhane
—lake	Lac en croissant
—shape dune	Barkhane
Crescentic	En forme de croissant
Crest	Arête, crête, sommet
—of an anticline	Charnière anticlinale
—line	Ligne de crête
—plane	Plan axial (d'un anticlinal)
—wave	Crête de vague
Crestal	Sommital
—plane	Plan axial d'un anticlinal
Crested barite	Barytine crêtée
Cretaceous	Crétacé
—period	Période crétacée
Crevasse	Crevasse
Gaping crevasse	Fissure béante
Lateral crevasse	Crevasse latérale
Longitudinal crevasse	Crevasse longitudinale
Transverse crevasse	Crevasse transversale
Crevasse (to)	Crevasser
Crevassing	Fissuration
Crevice	1) fissure, crevasse; 2) fissure minéralisée; 3) diaclase
Crevice (to)	Crevasser, fissurer
Crib	Pilier de bois (mine), encoffrement
—ring	Cadre de puits (mine)
Crib (to)	Boiser (un puits)
Cribbing	Boisage d'un puits

Cribble	Crible	Cross cut (to)	Percer en travers-banc
Crible (to)	Cribler	Cross drive (to)	Recouper
Crinkle (to)	Froisser, par extension plissoter	Crossed	Croisé
		—nicols	Nicols croisés
Crinoid, crinoidea	Crinoïde (Pal.)	—twinning	Mâcle quadrillée (micro-cline)
Crinoidal limestone	Calcaire à Crinoïdes		
Cripple	Terrain marécageux, tourbière	Crossing lode	Filon croiseur
		Crossite	Crossite
Criss-cross	Entrecroisé	Crossopterigyi	Crossoptérigiens
—bedding	Stratification entrecroisée	Crowbar	Barre de mine, levier, pince
Cristobalite	Cristobalite		
Critical	Critique	Crown	Crête, sommet, bombe-ment
—angle	Angle limite d'incidence		
—point	Point critique	Crucible	Creuset
—pressure	Pression critique	Cruciform twin	Mâcle en croix
—slope	Pente d'équilibre	Crude	Brut
—temperature	Température critique	—mineral oil	Pétrole brut
—velocity	Vitesse critique	—oil	Pétrole brut
Crocidolite	Crocidolite	Crumb	Granule
Crocoite	Crocoïte	—structure	Structure granuleuse
Crogball	Concrétion	Crumble (to)	1) émietter, désagréger; 2) se déliter, s'effriter
Croixian (U.S.)	Croixien (Cambrien su-périeur)		
		Crumbling	Désagrégation, effrite-ment
Cromerian (U.S.)	Cromérien (interglaciaire Gunz-Mindel)		
		Crumbly	Friable
Crooked	Courbé, tordu	—structure	Structure granuleuse
Crop	1) récolte; 2) affleure-ment	Crumby	Grumeleux
		Crumpling	Plissotement
Crop out (to)	Affleurer	Crura	Crura (Pal.)
Cropping	Affleurement	Crush	Écrasement
Cross	1) adj: transversal; 2) n: croix, croisement	—belt	Zone de broyage tectoni-que
—bar	Dune transversale	—breccia	Brèche de friction
—bed	Couche oblique, filon croiseur	—conglomerate	Conglomérat de friction, mylonite
—bedding	Stratification entrecroisée	—movement	Compression, charriage
—cliff	Verrou glaciaire	—structure	Structure cataclastique
—course lode	Filon croiseur	Crush (to)	Broyer, écraser, con-casser
—cut	Travers-banc, coupe en travers (mine)		
		Crushed	Écrasé
—cutter	Haveuse (mine)	—ore	Minerai broyé
—cutting	Travers-banc	—stone	Cailloutis, ballast
—fault	Faille transversale	—zone	Zone de broyage
—folding	Pli transverse	Crushing	1) broyage, concassage; 2) écrasement, com-pression
—gangway	Galerie transversale		
—heading	Galerie transversale		
—lamination	Stratification entrecroisée	—rolls	Broyeur à cylindres
—profile	Profil transversal de val-lée	—strength	Résistance à l'écrasement
—section	Coupe transversale	Crust	Croûte, écorce
—shaped twin	Mâcle en croix	—fracture	Fracture de l'écorce ter-restre
—stratification	Stratification entrecroisée		
—valley	Cluse	—soil	Sol à encroûtement
—vein	Filon croiseur	Earth crust	Croûte terrestre
Crosswork	Recoupe (mine)	Glass crust	Croûte vitreuse
Cross (to)	Croiser, traverser, re-couper	Crustacea	Crustacés
		Crustal	Crustal

—plate	Plaque lithosphérique
Crustification	Formation d'une croûte
Cryergy	Cryergie
Cryoclastism	Cryoclastisme
Cryogenic period	Période glaciaire
Cryogenics	Cryogénie
Cryokarst	Cryokarst
Cryolite	Cryolite
Cryology	1) glaciologie; 2) étude sur le froid (U.S.)
Cryopedology	Cryopédologie
Cryoplanation	Cryoplanation, géliplanation
Cryosphere	Cryosphère
Cryoturbation	Cryoturbation
Crypto (prefix)	Caché, détectable aux rayons X (Pétro.)
Cryptoclastic	Cryptodétritique, micro-détritique
Cryptocrystalline	Cryptocristallin
Cryptohalite	Cryptohalite
Cryptoperthite	Cryptoperthite
Cryptovolcanic	Cryptovolcanique
Crystal	Cristal
—axis	Axe cristallin
—class	Classe de symétrie cristalline
—form	Forme cristalline
—flotation	Flotaison épimagmatique
—fractionation	Différenciation magmatique
—lattice	Réseau cristallin
—optics	Optique cristalline
—rock	Cristal de roche, quartz
—seeding	Nucléation
—structure	Structure atomique
—symmetry	Symétrie cristalline
—system	Système cristallin
—tuff	Roche pyroclastique
—zoning	Zonation cristalline
Macrocrystal	Phénocristal
Microcrystal	Microcristal
Crystalliferous	Cristallifère
Crystalline	Cristallin
—aggregate	Aggrégat cristallin, roche grenue
—basement	Socle éruptif
—granular	Granitique
—limestone	Calcaire cristallin
—rock	Roche cristalline
—schist	Schiste cristallin
Crystallinity	Cristallinité
Crystallite	Crystallite
Crystallizable	Cristallisable
Crystallization	Cristallisation
—heat	Température de cristallisation
—nuclei	Germes de cristaux de glace
—system	Système de cristallisation
Fractional crystallization	Cristallisation fractionnée
Crystallize (to)	Cristalliser
Crystallizer	1) cristallisoir; 2) cristalliseur
Crystallizing force	Force de cristallisation
Crystalloblastesis	Déformation cristalloblastique
Crystalloblastic	Cristalloblastique
Cristallogeny	Cristallogénie
Crystallographer	Cristallographe
Crystallographic	Cristallographique
—indices	Indices cristallographiques
Crystallography	Cristallographie
Crystalloid	Cristalloïde
Crystallology	Cristallographie
Crystallometry	Cristallométrie
Crystallophysics	Cristallographie physique
Ctenodonta	Cténodontes (Pal.)
Cubage, cubature	Cubage
Cubanite	Cubanite
Cube	Cube
—ore	Pharmacosidérite
—spar	Anhydrite
Cubic	Cubique
—centimeter	Centimètre cube
—cleavage	Clivage cubique
—decimeter	Décimètre cube
—foot	Pied cube = 0,028317 mètre cube
—inch	Pouce cube = 16,387 centimètre cube
—measurement	Cubage cubique
—system	Système cubique
—yard	Yard cube = 0,7645 mètre cube
—zeolite	Chabasite, analcime
Cuesta	Cuesta, côte
—backslope	Revers de cuesta
—inface	Front de cuesta
Cuisian	Cuisien
Culm	1) Culm (faciès du Carbonifère); 2) poussière de charbon
Culminate (to)	Culminer
Culmination	1) passage au méridien, culmination; 2) culminaison
Cummingtonite	Cummingtonite
Cumulative	Cumulatif
—courbe	Courbe cumulative
Cumulodome	Cumulo-dôme
Cumulonimbus cloud	Cumulonimbus
Cumulus cloud	Cumulus

Cumulo volcano	Cumulo-volcan
Cup	Cuvette
—barometer	Baromètre à cuvette
—coral	Coralliaire isolé
Melt cup	Cuvette de fusion nivale
Cupola	Dôme, coupole (volcanique)
Cupreous, cuprous	Cuivreux
Cupric	Cuivrique
Cupriferous	Cruprifère
Cuprite	Cuprite
Cuprous	Cuivreux
Cuprum	Cuivre
Curie point	Point de Curie (cf. magnétisme)
Current	Courant
—bedding	Stratification de courant fluviatile
—marks	Marques de courant
—ripple	Ride de courant
Back set current	Courant de retour
Hydraulic current	Courant marin de décharge
Longshore current	Courant de dérive littorale
Littoral current	Courant de dérive littorale
Shore-drift current	Courant de dérive littorale
Stray current	Courant vagabond
Wave current	Courant de vagues
Cursorial animal	Animal adapté à la course (Pal.)
Curvature	Courbure, inflexion
Curve	1) adj: courbe; 2) n: courbe, courbure
Radius of curve	Rayon de courbure
Curve (to)	1) courber, plier, arquer; 2) se courber
Cusp	Banc de sable en croissant
Beach cusp	Croissant de plage
Cuspate bar	Cordon littoral en V
Cuspate delta	Delta lobé
Cuspate foreland	Cordon littoral en V
Cut	1) coupe, entaille, excavation, saignée, havage; 2) taille (d'une pierre précieuse)
—bank	Berge érodée, concave
—diamond	Diamant taillé
—gem	Pierre précieuse taillée
—over	Déboisé
—platform	Plate-forme littorale d'abrasion
—stone	Pierre de taille
—stone quarry	Carrière de pierre de taille
—terrace	Terrasse d'érosion
Cut (to)	1) couper, tailler, trancher; 2) haver (mine); 3) se tailler, se découper
Cut (to) a lode	Recouper un filon
Cut-and-filling	Abatage, exploitation par chambre remblayée
Cut-and-fill stoping	Abatage, dépilage par chambre remblayée
Cuts and fills	Déblais et remblais
Cut and fill process	Alternance de creusement et de remblaiement
Cutoff	1) recoupement d'un méandre; 2) lac de bras mort
—grade	Minerai très pauvre, à très faible teneur
Cutter	1) haveuse (mine), houilleuse; 2) diaclase transversale; 3) tailleur (de pierres)
Stonecutter	Tailleur de pierres
Cutting (n.)	1) débris de forage, déblais, détritus; 2) tranchée, coupe, taille, entaillage; 3) havage, sous-cavage (mine)
—across	Percement, rencontre de deux galeries
—back	Érosion régressive
—bit	Trépan tranchant
—gems	Taille des pierres précieuses
Cyan	Bleu-vert, cyan (Photo.)
Cyanide	Cyanure
Cyanite	Cyanite, disthène
Cyanophyta	Cyanophycées
Cycle	Cycle, période
—of denudation	Cycle d'érosion
—of erosion	Cycle d'érosion
—of sedimentation	Cycle de sédimentation
—of topographic development	Cycle géomorphologique
Geomorphic cycle	Cycle géomorphologique
Landform cycle	Évolution du relief
Marine cycle	Cycle marin littoral
Physiographic cycle	Cycle géomorphologique
River cycle	Cycle fluvial
Valley cycle	Évolution d'une vallée
Cyclic	Cyclique
—sedimentation	Séquence sédimentaire, sédimentation cyclique
Cycling	Recyclage

Cyclogenesis	Formation d'un cyclone	**Cylindric, cylindrical**	Cylindrique
Cyclonal	Cyclonal, cyclonique	—**equal area (Lambert's) projection**	Projection cylindrique de Lambert
Cyclone	Cyclone	**Cymophane**	Cymophane
Cyclosilicate	Cyclosilicate	**Cyprine**	Cyprine
Cyclothem	Cyclothème, rythme sédimentaire	**Cystoidea**	Cystoïdés
Cylinder	Cylindre		

D

Dacian	Dacien
Dacite	Dacite
Dacitic	Dacitique
Dahamite	Dahamite (Pétro.)
Dahlite	Dahlite
Dale	Vallon, vallée élargie (Écosse)
Daily output	Production journalière (d'un puits)
Dalradian	Dalradien
Dam	Barrage
Arch dam	Barrage-voûte
Earth dam	Barrage en terre
Ice dam	Embâcle
Retention dam	Barrage de retenue
Rockfill dam	Barrage en enrochement
Dam (to)	Barrer, endiguer
—lake	Lac de barrage
Damming	Barrage, endigage, endiguement
Damourite	Damourite
Damouritization	Damouritisation
Damp	1) adj: humide; 2) n: humidité, mofette (mine)
Damp (to)	1) humidifier; 2) amortir (élect.)
Damped	1) humidifié; 2) amorti (oscillation, onde)
Dampening	Mouillage, humidification
Damping	1) humidification; 2) amortissement (d'une oscillation)
Dampness	Humidité
Damposcope	Indicateur de grisou
Dampy	Mouillé
Danian	Danien
Danks	Schiste houiller
Darcy	Darcy (unité pratique de perméabilité)
Darcy's law	Loi de Darcy
Dark	Foncé, sombre
—forest soil	Sol brun forestier lessivé
—lines	Raies sombres du spectre
—mineral	Minéral foncé
—position	Position d'extinction
—red silver ore	Pyrargyrite
—ruby silver	Pyrargyrite
Darken (to)	Assombrir, foncer
Darwinism	Darwinisme
Dashed line	Ligne en tireté, en tirets

Date	Âge absolu, à ^{14}C, à U/Th, etc.
Dating	Datation
Datolite, datholite	Datolite, var. de zéolite
Datum, data (pl.)	1) donnée; 2) niveau
Datum elevation	Niveau altimétrique de référence
—horizon	Niveau repère
—level	Plan de référence
—line	Niveau de base
—plane (D.P.)	Surface de référence (Géoph.)
—point	Point de repère
Cartographic vertical datum	Niveau de base cartographique (niveau marin)
Geographic data	Coordonnées géographiques
Dank	Argile sableuse compactée
Davyne	Davyne (Minér.)
Day	Jour, surface (mine)
—coal	Couche de charbon la plus proche de la surface
—colliery	Houillère à ciel ouvert
—drift	Galerie débouchant au jour
—level	Houillère à ciel ouvert
—light mine	Mine à ciel ouvert
—shift	Équipe de jour
—stone	Affleurement
—water	Eaux superficielles
Daze (rare)	Mica
Dazzling	Éblouissant, aveuglant
Dead roast (to)	Griller à mort
Dead	Mort, stérile
—center	Point mort
—dune	Dune morte, dune fixée
—glacier	Glacier inactif
—ground	Mort terrain
—lime	Chaux éteinte
—litter	Litière de feuilles mortes
—lode	Filon épuisé
—oil	Huile, pétrole mort (sans gaz)
—quartz	Quartz stérile
—rock	Roche stérile
—soil	Sol stérile
—valley	Vallée sèche
—well	Puits stérile
—workings	Chantier en mort terrain

Deads	Roche stérile, déblais; déchets, stériles	Decoloration	Décoloration
Debacle	Débâcle (glaciaire)	Decomposable	Décomposable
Deblooming	Antifluorescent	Decompose (to)	Décomposer, se décomposer
Debouchure	1) embouchure (fluviatile); 2) émergence d'une source; 3) débouché de galeries	Decomposed	Décomposé
		Decomposition	Décomposition, désagrégation
Debris	Eboulis, déblais, débris	Decrease	Décroissance, diminution, amoindrissement
—avalanche	Glissement de terrain	Decrease (to)	Diminuer, décroître, amoindrir
—cone	Cône de déjection		
—fall	Chute de fragments	Decrepitate (to)	Décrépiter, calciner
—flow	Coulée boueuse	Decrepitation	Décrépitation
—line	Laisses de mer de tempête	Dedolomitization	Dédolomitisation
		Deep	1) adj: profond; 2) n: fosse sous-marine
—load	Charge solide (d'un cours d'eau)	—drilling	Forage profond
—slide	Glissement de terrain	—level	Niveau profond (mine)
Decalcification	Décalcification	—plain	Plaine abyssale
—residue	Résidu de décalcification	—sea	Haute mer, mer profonde
Decalcified soil	Sol décalcifié	—sea deposits	Dépôts abyssaux
Decalsify (to)	Décalcifier	—seated	Profond
Decant (to)	Décanter, transvaser	—seated rocks	Roches magmatiques
Decantation	Décantation, transvasement	—spring	Source juvénile
		—water channel	Passe profonde
Decanting	Décantation	Back deep	Arrière fosse
Decapitation	Décapitation (fluv.)	Fore deep	Avant-fosse
Decarbonate (to)	Décarbonater	Deepen (to)	1) approfondir, creuser, recreuser; 2) s'approfondir
Decarbonatation	Décarbonatation		
Decarbonize (to)	Détartrer, désencrasser, décarburer	Deepening	1) approfondissement (d'un puits); 2) surcreusement (glaciaire, etc.)
Decay	Décomposition, désintégration		
—constant	Constante de désintégration radioactive	Deeply	Profondément
		Deerparkian (U.S.)	Deerparkien (Dév. inf. moyen)
—of rocks	Décomposition des roches	Deficiency	Déficit, insuffisance
Decay (to)	Se décomposer, pourrir	Defile	Défilé (Géogr.)
Deciduous	À feuilles caduques	Deflation	Déflation
Decigramme	Décigramme	—basin	Creux de déflation
Decimal	Décimal	—hole	Creux de déflation
Deck	1) pont; 2) plancher (d'une cage d'extraction, mine)	—hollow	Creux de déflation
		Deflect (to)	1) dévier (une onde, un puits), détourner; 2) se dévier
Decke	Nappe (de charriage)		
Decken structure	Structure à nappes de charriage	Deflecting	Déviation
		Deflection	1) déflexion, déviation; 2) flexion, fléchissement, affaissement (Mécan.)
Decking	Encagement (mine)		
Declination	Déclinaison (magnétique)		
—compass	Boussole de déclinaison		
Decline	Diminution, déclin, baisse	—strength	Résistance à la flexion
—of water level	Abaissement du niveau phréatique	—stress	Effort de flexion
		—test	Essai de flexion
Declinometer	Déclinomètre	Magnetic deflection	Déviation magnétique
Declivity	Déclivité, pente	Deflocculate (to)	Défloculer
Decollement	Décollement	Deflocculating agent	Agent de défloculation

Deflocculation	Défloculation	Tidal delta	Delta de marée
Deforestation	Déboisement	Deltaïc	Deltaïque
Degenerated soil	Sol sénile	Deltoid	Triangulaire, en forme de delta
Deform (to)	Déformer		
Deformed	Déformé	Delthyrium	Delthyrium
Deformation	Déformation (tectonique)	Deltidial plates	Plaques deltidiales
—ellipsoid	Ellipsoïde des déformations	Deltidium	Deltidium
		Deluge	Déluge
Degasification	Dégazéification	Deluvial soil	Diluvium
Degasify (to)	Dégazer	Delve (to)	Creuser (le sol)
Degassing	Dégazage	Demagnetization	Désaimantation
Deglaciation	Déglaciation, recul des glaciers (lors d'un interglaciaire)	Demagnetise (to)	Démagnétiser, désaimanter
		Demantoid	Démantoïde (var. de grenat andradite)
Degradation	Dégradation, décomposition, érosion	Dendriform	Arborescent
		Dendrite	Dendrite
Areal degradation	Érosion en surface, érosion aréolaire	Dendritic	Dendritique
		—drainage	Réseau fluviatile dendritique
Degraded	Dégradé (Pédol.)		
—alkali soil	Sol salin dégradé	Dendrochronology	Dendrochronologie
—chernozem	Sol noir lessivé	Dense	Dense, compact
—humus carbonate	Sol rendziniforme	Denseness	Densité
—rendzina	Rendzine dégradée	Densilog	Diagraphie de densité
Degree	Degré	Densimeter	Densimètre
—of hardness	Degré de dureté	Densimetry	Densimétrie
—of longitude	Degré de longitude	Densitometer	1) densimètre; 2) photomètre
—of the thermometer	Degré de thermomètre		
Dehydrate (to)	Déshydrater	Density	1) densité, poids spécifique; 2) opacité
Dehydrated	Déshydraté		
Dehydration	Déshydratation	—current	Courant de turbidité, courant de densité
—water	Eau de déshydratation (de réactions chimiques)		
		Absolute density	Densité absolue
Delay	Retard (ondes sismiques)	Dent	Creux
		Dental socket	Fossette dentaire
Delay (to)	Retarder, différer	Dentate	Denté, dentelé
Delayed run-off	Écoulement, ruissellement retardé (par infiltration souterraine)	Denticle	Denticulation
		Dentition	Dentition (Pal.)
		Denudation	Érosion, dénudation
Deleterious	Délétère	—chronology	Reconstitution paléogéographique, reconstitution paléogéomorphologique, évolution du paysage
Delevelled	Dénivelé (adj.)		
Delicate indicator	Détecteur de grisou, grisoumètre (mine)		
		—plain	Pénéplaine
Deliming	Détartrage	Denude (to)	Déboiser, dénuder
Deliquescence	Déliquescence	Denuded soil	Sol érodé
Deliquescent	Déliquescent	Denuding agent	Agent d'érosion
Dell (Scot.)	Vallon (boisé)	Deoxidation	Désoxydation
Delta	Delta	Departure	Écart, déviation (Phys., Math.)
—deposit	Sédiment deltaïque		
—distributory	Bras du delta	Depauperate fauna	Faune appauvrie
—interior	Delta intérieur	Depergelation	Processus de dégel du pergélisol
—lake	Lac de delta		
—plain	Plaine deltaïque	Dephasing	Déphasage
Ebb delta	Delta de jusant	Dephosphoration	Déphosphoration
Fan delta	Cône de déjections	Deplanation	Processus géomorphologiques d'aplanissement
Flow delta	Delta de flot		
River delta	Delta fluvial		
Storm delta	Delta de tempête		

Deplete (to) Épuiser (une mine, etc)
—**depleted bed** Couche épuisée
—**well** Puits épuisé
Depletion Épuisement, appauvrisse-
ment
—**area** Région d'ablation (nivale)
—**of bases** Désaturation
—**layer** Horizon lessivé
Depocenter Point de sédimentation
maximum
Depolarization Dépolarisation
Depolarize (to) Dépolariser
Deposit Sédiment, gisement, dépôt
Alluvial deposits Alluvions
Eolian deposits Sédiments éoliens
Glacial deposits Dépôts glaciaires
Marine deposits Sédiments marins
Deposit (to) 1) sédimenter, déposer,
mise en place; 2) se
déposer
Deposition Dépôt, accumulation,
sédimentation
Depositional fault Faille syngénétique, in-
traformationnelle, con-
temporaine de la
sédimentation
Depositional magnetiza- Aimantation rémanente
tion de sédiments
Depositional trap Piège stratigraphique
Deposits Gisements, gîtes
Depress (to) Abaisser, diminuer, dé-
primer
Depressed coast Côte affaissée
Depressed nappe (Hy- Nappe déprimée
dro.)
Depression 1) dépression, creux
(Topo); 2) dépression
atmosphérique
Structural depression Fossé tectonique, dépression tectonique
Depth Profondeur, hauteur
—**curve** Courbe bathymétrique
—**finder** Sondeur
—**of bire-hole** Profondeur d'un forage
—**of water** Hauteur d'eau
—**point** Côte (Géoph.)
—**shooting** Tir de profondeur (Géoph)
—**time curve** Courbe profondeur-temps
Abyssal depth Profondeur abyssale
Deputy ''Porion'', contremaître
(mine)
Derbyshire spar Fluorine
Derivate Dérivé
—**rocks** Roches sédimentaires
Derivative rocks Roches détritiques
Derive (to) from Provenir de

Derived fossil Fossile remanié et trouvé
dans des couches
plus récentes que
celles où on le trouve
normalement
Derived product Produit dérivé, dérivé
(chimie)
Deroofing 1) mise à nu d'un mas-
sif intrusif (par éro-
sion); 2) fusion du
toit de roches intru-
sives, d'où expansion
du magma
Derrick Derrick, tour de forage
chevalement (mine)
—**drill** Forage ''rotary''
—**floor** Plancher de manoeuvre
—**leg** Montant de derrick
—**platform** Plate-forme de forage
—**post** Montant de derrick
Desalination Dessalage (de l'eau de
mer)
Desalinization Désalinisation
Desalting Dessalage
Descend (to) Descendre
Descending Descendant
—**water** Eau de percolation
—**spring** Source descendante
Descent Descente
Descloizite Descloïzite
Describe (to) Décrire
Description Description
Descriptive Descriptif
—**mineralogy** Minéralogie descriptive
Desert 1) adj: désertique; 2) n:
désert
—**crust** Croûte désertique
—**pavement** Reg, pavement désertique
—**polish** Poli désertique
—**soil** Sol désertique
—**topography** Topographie désertique
—**varnish** Croûte désertique
—**zone** Zone désertique
Rock desert Hamada
Salt desert Désert salé
Sand desert Erg
Deserted Abandonné, désert
—**loop** Méandre abandonné
Dessicate (to) Déshydrater, dessécher
Desiccation Dessication
—**crack** Fente, fissure de dessication
—**fissure** Fente de dessication
—**polygons** Polygones formés par
fentes de dessication
Design 1) projet, plan; 2) des-
sin

Desilication, desilification	Désilicification (par lessivage dans les sols tropicaux)	**terogenous rock**	tion de roches éruptives (dès les derniers stades de cristallisation)
Desilverization	Désargentation (d'un minerai)	**Develop (to)**	1) développer (une activité); 2) tracer (mine)
Desilverized lead	Plomb désargenté		
Desilverizing	Désargentation	**Developed**	Développé, en exploitation
Desmoinesian	Desmoinésien (Carbonifère supr)	**Development**	1) développement (d'une activité, etc); 2) développement (photog.); 3) traçage (mine)
Desolate	Désolé		
—country	Région désolée		
Desorption	Désorption		
Desquamation	Desquamation	**—well**	Puits de développement
Destitute	Dépourvu	**—works**	Travaux de traçage
Destroy (to)	Détruire	**Developer**	Révélateur photographique
Destruct (to)	Détruire		
Destruction	Destruction	**Deviate (to)**	Dévier, s'écarter
—test	Essai de rupture	**Deviated well**	Sondage dévié
Destructive	Destructeur	**Deviation**	Déviation, écart
—plate margin	Marge de plaque en subduction	**Mean deviation**	Écart moyen
		Device	Dispositif, système
—process	Processus destructeur	**Devise (to)**	Inventer
—wave	Vagues à fort pouvoir d'érosion littorale	**Devitrification**	Dévitrification (de verres volcaniques)
Desulfurize (to)	Désulfurer, désoufrer	**Devoid (of)**	Dépourvu de, sans
Desulfurizer	Désulfurizeur	**Devonian**	Dévonien
Desulfurate (to)	Désulfurer, désoufrer	**Dew**	Rosée
Desulfuration	Désulfuration	**—point**	Point de rosée, de condensation
Desulfurizing furnace	Four à pyrites		
Detailed	Détaillé	**—ponds**	Mares artificielles, d'origine anthropique
—survey	Levé détaillé		
Detect (to)	Détecter	**Dewater (to)**	Assécher
Detection	Détection	**Dewatering**	Assèchement, deshydratation, exhaure (mine)
Detector	1) détecteur; 2) séismographe		
—of gas	Détecteur de grisou (Mine.)	**Dextral**	Dextre
		—coiling	Enroulement dextre
Scintillation detector	Détecteur (compteur) à scintillation	**—fault**	Faille dextre
		—fold	Pli dissymétrique à flanc décalé vers la droite
Determination	1) détermination; 2) dosage	**Diabase**	1) diabase (Pétro); 2) dolérite (U.S.)
Determine (to)	Déterminer, fixer		
Detonate (to)	Faire détoner, détoner	**—amphibolite**	Amphibolite formée par dynamométamorphisme
Detonating	Détonant, explosif		
Detonation wave	Onde d'explosion	**Diabasic**	Ophitique, diabasique
Detrital	Détritique	**Diablastic texture**	Texture diablastique
—rock	Roche détritique	**Diachronous**	Diachrone (à âge variable, de durée inégale)
Detritus	1) matériel détritique; 2) détritus, débris pierreux		
		Diaclase	Diaclase
Deuteric	Deutérique (Pétro)	**Diaclinal**	Diaclinal, transversal à un pli
—effects	Effets d'altération et de métasomatose dans les roches ignées avant leur mise en place		
		Diadochite	Diadochite
		Diagenesis	Diagénèse
Deuterium	Deutérium	**Diagenetic**	Diagénétique
Deuterogene, deu-	Roche formée par altéra-	**Diagnostic minerals**	Minéraux symptomatiques

Diagonal	1) adj: diagonal; 2) n: diagonale
—bedding	Stratification oblique
—fault	Faille oblique
—lamination	Stratification entre-croisée
—stratification	Stratification entre-croisée
Diagram	Diagramme, figure, schéma
Triaxial diagram	Diagramme triangulaire
Diagrammatic	Schématique, graphique
—section	Coupe schématique
Dial	1) cadran; 2) boussole (mine)
Dial (to)	Faire le levé au moyen de la boussole (mine)
Dialing	Levé à la boussole
Diallage	Diallage
Dialogite, diallogite	Dialogite, diallogite, rodochrosite
Dialysis	Dialyse
Diamagnetic	Diamagnétique
Diamagnetism	Diamagnétisme
Diamantiferous	Diamantifère
Diamantine	Diamantin
Diameter	Diamètre
Diametral	Diamétral
Diametrically	Diamétriquement
Diamond	Diamant
—bearing	Diamantifère
—bit	Trépan à couronne diamantifère
—boring crown	Couronne à pointes de diamant
—coring	Carottage au diamant
—cutter	Diamantaire
—cutting	Taille du diamant
—drill	Foreuse à pointes de diamant
—drilling	Forage au diamant
—field	Terrain diamantifère
—mine	Mine de diamants
—mining industry	Industrie minière diamantifère
—pipe	Cheminée diamantifère
—producing	Diamantifère
—spar	Corindon
—tin	Grands cristaux de cassitérite
Diamondiferous	Diamantifère
Diaphaneity	Transparence
Diaphanous	Diaphane, transparent
Diaphragm	Diaphragme
Diaphtoresis	Rétrométamorphisme, diaphtorèse, rétromorphose
Diapir	Diapir
—fold	Pli diapir
Diapiric core	Masse interne du diapir
Diapirism	Diapirisme
Diastem	Interruption stratigraphique, lacune de sédimentation (de courte durée)
Diaspore	Diaspore
Diastrophism	Diastrophisme (déformation de la croûte terrestre)
Diatom, diatomee	Diatomée
—mud	Vase à diatomées
—ooze	Boue à diatomées
Diatomaceous earth	Terre à diatomées, diatomite
Diatomic	Diatomique
Diatomite	Diatomite
Diatreme	Cheminée volcanique diatrème
Dibranchiata	Céphalopodes dibranchiaux (Pal.)
Dichotomous	Dichotomique
Dichroism	Pléochroïsme
Dichroite	Dichroïte, cordiérite
Dichromate	Bichromate
Diclinic	Diclinique
Dicots	(Abbrév. de) Di-cotylédones
Dicyclic	Dicyclique (Pal. Echino.)
Die out (to)	Se terminer en biseau
Diedral (adj.)	Dièdre
Differential	Différentiel
—erosion	Érosion différentielle
—melting	Fusion différentielle
—thermal analysis	Analyse thermique différentielle
—weathering	Altération différentielle, a. sélective
Differentiated dike (dyke)	Filon intrusif composé de plusieurs roches (formées par différenciation magmatique)
Differentiation	Différenciation
Diffluence	Diffluence
Diffract (to)	Diffracter
Diffraction	Diffraction
—spectrum	Spectre de diffraction
—spot	Tache de diffraction
X ray diffraction	Diffraction aux R.X. (Rayons X), diffractométrie X
Diffuse (to)	Diffuser
Diffusion	Diffusion
Dig	Salbande
Dig (to)	Creuser, fouiller
Dig out (to)	Extraire
Digonal	A deux angles

Digger	1) excavateur (Méch.); 2) mineur (personne), orpailleur
Gold digger	Chercheur d'or
Digging	Fouille, creusement, excavation, piquage (mine)
—coal	Piquage de la houille
Diggings	1) exploitation, gisements alluvionnaires; 2) exploitation de placer (U.S.)
Gold diggings	Exploitation aurifère
Digital computer	Ordinateur, calculateur numérique
Digitate	Digité
Digitation	Digitation, ramification (d'un anticlinal secondaire)
Dihedral (adj.)	Dièdre
Dike (U.S.), dyke (G.B.)	1) filon intrusif oblique, penté, dyke; 2) digue
—rock	Roche intrusive
—set	Groupe de filons parallèles
—swarm	Groupe de filons
Dilation dike	Filon intrusif
Restraining dike	Digue de retenue
Ring-dyke structure	Structure intrusive annulaire
Dikelet	Ramification, apophyse d'un filon
Dilapidation	Dénudation, dégradation
Dilatability	Dilatabilité
Dilatable	Dilatable, expansible
Dilatation	Dilatation
Dilatational wave	Onde séismique P
Dilate (to)	1) dilater; 2) se dilater
Dilatency	Dilatation
Dilation	1) dilatation (de l'eau en glace, etc); 2) élargissement d'une fissure volcanique lors de l'injection du magma
—dike	Filon intrusif ayant écarté les parois de la fissure
Dilute (to)	Diluer, étendre
Dilution	Dilution
Diluvial	Diluvien, diluvial
Diluvium	Diluvium
Dimension	Dimension
Dimetric system	Système quadratique
Diminish (to)	Diminuer, amoindrir, décroître
Diminution	Diminution, amoindrissement

Dimorphism	Dimorphisme
Dimorphous, dimorphic	Dimorphe
Dimyarian	Dimyaire
Dinantian	Dinantien
Dingle	Vallon (boisé)
Dinosaurs	Dinosaures
Diopside	Diopside
Dioptase	Dioptase
Diorite	Diorite
Dioritic	Dioritique
Dioxide	Bioxyde
Dip	1) pendage; 2) inclinaison magnétique
—compass	Boussole d'inclinaison
—fault	Faille perpendiculaire à la direction de la couche
—fold	Pli plongeant
—heading	Descenderie
—joint	Diaclase perpendiculaire à la direction de la couche
—slope	Revers de cuesta (surface structurale)
Down the dip	Aval-pendage
Magnetic dip	Inclinaison magnétique
Dip (to)	1) s'incliner, plonger; 2) immerger, plonger, tremper
Diphase	Diphasé
Dipmeter	Pendagemètre
Dipolar	Bipolaire
Dipole	Dipôle
Dipping	Plongement, inclinaison
—bed	Lit incliné
—compass	Boussole d'inclinaison
—needle	Aiguille d'inclinaison
Dipyre	Dipyre
Diramation	Bifurcation
Direct run off	Ruissellement superficiel (sans infiltrations)
Direct wave	Onde directe
Direct (to)	Diriger, orienter
Direction	Direction, sens
—of flow	Direction d'écoulement
Directional	Orienté
—structure	Structure sédimentaire à signification directionnelle
Directionality	Anisotropie
Dirt	1) saleté, par extension, déblai, remblai, boue; 2) alluvion aurifère
—band	Bande boueuse (Glaciol.)
—bed	1) mince bande de matériaux terreux intercalés dans filons de charbon; 2) paléosol à fragments végétaux

—fault | Zone à charbon broyé
Dirty | Sale
Disaggregate (to) | Désagréger
Disaggregation | Désagrégation
Disaggregated rock | Roche décomposée, désagrégée
Disappearing stream | Perte karstique
Discard (to) | Mettre au rebut (un échantillon)
Discharge | 1) débit (fluv.), écoulement; 2) décharge, déversement
Annual discharge | Débit annuel
Mean discharge | Débit moyen
River discharge | Débit fluviatile
Spring discharge | Débit d'une source
Solid discharge | Débit solide, charge (fluviatile)
Discoid | Discoïde
Discolour (to) | 1) décolorer; 2) se décolorer
Discolouration | Décoloration
Disconnected | Interrompu
Disconformity | Discordance stratigraphique
Erosional disconformity | Discordance d'érosion
Discontinuity | Discontinuité
Discontinuous | Discontinu
—deformation | Déformation cassante
—permafrost zone | Zone à pergélisol discontinu
Discordance | Discordance
Discordant | Discordant (Stratig.)
—drainage | Réseau fluviatile non adapté, non conséquent
Discover (to) | Découvrir
Discoverer (of a placer) | Inventeur
Discovery | Découverte (d'un gisement)
—shaft | Puits de recherches
—well | Puits exploitant un gisement jusque là inexploité et inconnu
Discrepitate (to) | Décrépiter
Disedged | Émoussé
Disengage (to) | Dégager (un gaz)
Disengagement | Dégagement
Dish | 1) batée (mine); 2) cuvette
Disharmonic | Disharmonique
—fold | Pli disharmonique
Disintegrable | Désagrégeable
Disintegrate (to) | 1) désagréger, désintégrer, effriter; 2) se décomposer, se désagréger
Disintegrated | Désagrégé, désintégré

Disintegration | Désagrégation, effritement
Granular disintegration | Émiettement
Disjoint (to) | Détacher, décoller
Dislevelment | Dénivellation, dénivellement
Dislocate (to) | Disloquer
Dislocation | Dislocation, fracture, faille
—breccia | Brèche de faille
Dislodge (to) | Détacher, déchausser, décoller
Dismantle (to) | Démanteler
Dismembered river system | Réseau fluvial démembré
Dispatching | Répartition
Dispersal | Dispersion
Dispersal channel | Effluent
Disperse (to) | 1) disperser; 2) se disperser
Dispersed phase | Phase solide dispersée (sous forme colloïdale)
Dispersion | Dispersion
Displace (to) | Déplacer
Displaced mass | Masse charriée
Displacement | 1) rejet, décalage (de part et d'autre d'une faille); 2) remplacement (chimique)
Horizontal displacement | Rejet horizontal
Disrupted | Interrompu, disloqué
—fold | Pli faille
—gouge | Effet de rabotage glaciaire (avec fragmentation)
Disruptive | Brisant (adj.)
—explosive | Explosif brisant
Disruption | Rupture
Dissect (to) | Raviner, éroder par ruissellement
Dissected plain | Plaine disséquée par le réseau hydrographique après un soulèvement
Dissection | Dissection (du relief) par érosion fluviatile
Disseminate (to) | Disséminer, éparpiller
Disseminated ore | Minerai disséminé (à l'état de fines particules)
Dissepiment | Dissépiment
Dissociate (to) | Dissocier
Dissociation | Dissociation (chimique), décomposition
—point | Température de dissociation chimique
—temperature | Température de dissociation
Dissolubility | Dissolubilité

Dissoluble	Dissoluble
Dissolution	Dissolution
—basin	Dépression de dissolution, doline
Dissolve (to)	1) dissoudre, fondre; 2) se dissoudre
Dissolved river load	Charge fluviatile dissoute
Dissolved solids	Quantité totale de matériaux dissous
Dissolving	Dissolution
Dissymetric, dissymetrical	Dissymétrique, asymétrique
Dissymmetry	Dissymétrie, asymétrie
Distance	Distance, écartement
Distant	Éloigné, distant
Distensional	De distension
—fault	Faille de distension
Disthene	Disthène
Distil (to)	Distiller
Distort (to)	Déformer
Distortion	Distorsion
Distortional wave	Onde transversale
Distributary	Effluent (fluv.)
Distribute (to)	Distribuer, répartir
Distillate, distillation	Distillation
Distribution	Répartition, distribution
—scatter	Diagramme de répartition (en fonction de variables)
Distributive fault	Faille en gradins
Distributive province	Province d'alimentation, d'origine (pour des matériaux sédimentaires)
District	District, région
Mining district	Région minière
Disturbance	1) perturbation (atmosph.); 2) mouvements tectoniques ou orogéniques affectant une région, ou une couche géologique
Disulphide	Bisulfure
Ditch	Fossé, rigole, tranchée
Ditching	Creusement de tranchées
—machine	Excavatrice
Dittonian (G.B.)	Dittonien (Dévonien inférieur)
Diurnal range	Variation diurne (de température), amplitude diurne
Divalent	Bivalent
Divaricating channel	Diverticule, effluent
Dive (to)	Plonger
Diver	Plongeur
Divergent	Divergent
—plate boundary	Limite de plaques lithosphériques divergentes (en accrétion)
Divert (to)	Détourner, dériver, faire dériver
Diverted stream	Fleuve capté
Divide	Ligne de partage des eaux (Hydro)
Divide (to)	1) diviser, partager; 2) se diviser
Divided dial	Cadran gradué
Dividing ridge	Ligne de partage des eaux
Diviner	Sourcier
Divining rod	Baguette de sourcier
Diving saucer	Soucoupe plongeante (Océano.)
Diving suit	Scaphandre
Division	Division, séparation, compartimentage
Divisional plane	Surface de discontinuité
Do	Préfixe indiquant (en pétrographie) qu'un facteur domine les autres dans les proportions de 7/1 et 5/3
Dodecahedron	Dodécaèdre
Dog	Accrocheur, taquet, tenailles
—and chain	Arrache étais (Mine)
—hole	Passage (Mine)
—house dope	Informations provenant du sondage
—legs	"Pattes de chien" (brutal changement de direction d'un forage)
Dogger	Dogger
Dog tooth spar	Calcite à cristaux pointus ("en dents de chien" = en dents de cochon)
Dolarenite	Dolomite à petits cristaux (de la taille de grains de sable)
Doldrum	Zone de basse pression équatoriale
Dolerite	Dolérite, roche à texture doléritique
Doleritic	Doléritique
Dolerophanite	Dolérophanite (Minér.)
Doline, dolina, dolinen	Doline
Dolomite	1) dolomite (minéral); 2) dolomie (roche)
—limestone	Calcaire dolomitique
—marble	Marbre dolomitique
Dolomitic	Dolomitique
—cemented sandstone	Grès à ciment dolomitique
—limestone	Calcaire dolomitique
—marl	Marne dolomitique
Dolomitization	Dolomitisation

Dolomold	Cavité rhomboédrique occupant l'emplacement d'un cristal de dolomite (après dissolution)
Dolostone	Roche sédimentaire formée de dolomie détritique, concrétionnée ou déposée par précipitation
Dome	1) brachyanticlinal; 2) dôme (intrusif)
Lava dome	Dôme de lave
Plug dome	Neck volcanique, dôme formé d'un culot de lave
Salt dome	Dôme de sel, diapir
Domerian	Domérien
Dominant	Prédominant
Dominants	Espèces dominantes (Pal.)
Dominate (to)	Dominer
Domite	Domite
Donga (South Afr.)	Ravin encaissé
Dopplerite	Dopplérite
Dordonian	Dordonien
Dormant volcano	Volcan inactif
Dornick (U.S.)	Bloc (de minerai de fer)
Dorsal	Dorsal
Dose (to)	Doser
Dosing	Dosage
Dot	Point
Dotted	En pointillé (courbe)
Double refracting spar	Cristal de calcite (Spath d'Islande) à double réfraction
Double refraction	Double réfraction
Douse (to)	1) éteindre, combattre un incendie (de puits de pétrole); 2) chercher des gisements minéraux à l'aide d'une baguette de sourcier
Down	1) adv: vers le bas, en bas; 2) colline dénudée, crayeuse (G.B.)
Downs	1) collines dénudées; 2) dunes
Down bending	Flexure
Downbuckle	Fossé, affaissement tectonique
Downcast-shaft	Puits d'entrée d'air
Downcast side	Lèvre affaissée (d'une faille)
Downcreep	Glissement
Downcutting stream	Fleuve à fort pouvoir de creusement
Downdip	Aval pendage
—block	Compartiment affaissé
Downdrift	Direction de la dérive littorale
Downfall	Chute
Downfault	Faille normale
Downfold	Pli synclinal
Downgrade	Pente
Downhill	Vers le bas
Downpour	Averse
Downsand	Sable dunaire
Downside	Lèvre affaissée (d'une faille)
Downslip fault	Faille normale
Down-stepping erosion surface	Surface d'érosion étagée
Downstream	1) adj: d'aval, aval; 2) adv: en aval
Downthrow	Rejet
Downthrown side	Compartiment affaissé (faille)
Downtime	Temps mort (temps perdu aux réparations dans un forage)
Downtonian	Downtonien
Downvalley migration	Migration vers l'aval des méandres
Downward	1) vers le bas; 2) en aval
Downwarp	Fléchissement
Downwarping	Affaissement, pli synclinal
Downwasting	Fonte glaciaire
Down welling	Subduction (Tect. plaques)
Down-wind side	Face sous le vent
Dowser	1) sourcier; 2) hydroscope
Dowsing rod	Baguette de sourcier
Draft	1) plan, dessin, projet, avant-projet; 2) tirant d'eau
Draftsman	Dessinateur
Drag	1) rebroussement des lèvres d'une faille, crochon; 2) drague
—fold	Pli d'étirement, pli d'entraînement, pli de frottement
—mark	Figure sédimentaire de frottement
—line	Pelle à benne
—ore	Minerai broyé
Drag (to)	Tirer, draguer
Dragonian (U.S.)	Dragonien (= Danomontien)
Drain (to)	Drainer, assécher, éva-

	cuer	—board	Planche à dessin
Drain off (to) the water	Évacuer les eaux	—cage	Cage d'extraction
Drainage	1) écoulement de l'eau	—casing	Arrachage du tubage
	par le réseau hydro-		(forage), étirement
	graphique et par	—out	Extraction
	l'écoulement souter-	—shaft	Galerie d'extraction
	rain; 2) drainage,	—timber	Déboisage (mine)
	assèchement	—table	Table à dessin
—area oil	Aire de drainage du pé-	—water from a well	Puisage de l'eau d'un puits
	trole vers le puits	Drawn	1) étiré; 2) exploité,
—basin	Bassin versant, bassin		épuisé
	hydrographique	Drawn out fold	Pli étiré
—channel	1) chenal d'écoulement;	Dredge	Drague
	2) canal de drainage	—boat	Bateau drague
—characteristics	Caractéristiques hydro-	—mining	Exploitation des alluvions
	graphiques		par drague
—density	Densité du réseau hydro-	Dredge (to)	Draguer
	graphique	Dredger	1) drague (machine); 2)
—level	Galerie de drainage, ga-		ouvrier dragueur
	lerie d'écoulement	Dredging	Dragage
—line	Thalweg	—depth	Profondeur de dragage
—pattern	Disposition du réseau	—ground	Terrains de dragage
	hydrographique	—machine	Drague
—ratio	Coefficient d'écoulement	—pump	Pompe de dragage
—system	Réseau hydrographique	Dreikanter	Caillou à facettes
Exterior drainage	Drainage exoréique	Dresbachian (U.S.)	Dresbachien (Cambrien
Impeded drainage	Drainage endoréique		supr.)
Surface drainage	Drainage superficiel	Dress (to)	Tailler, parer, préparer
Draining	Drainage, assèchement,	—ore	Préparer mécaniquement
	évacuation des eaux		du minerai
—ditch	Fossé de drainage	Dress up (to) the ore	Enrichir le minerai
Drain shaft	Puits de drainage	Dressed rocks	Roches moutonnées
Drainway	Galerie d'écoulement	Dressed stone	Pierre taillée
Drain well	Puits absorbant	Dressing	Triage, préparation, taille
Draught	Appel d'air, entrée d'air,	Ore dressing	Traitement du minerai
	tirage, aérage	Ore dressing works	Installation de traitement
Dravite	Dravite (var. brune de		des minerais
	tourmaline)	Driblet cone	Cône en pustule (f. ad-
Draw (U.S.)	Ravin, souvent à sec		ventive)
Draw (to)	1) dessiner, tracer, tirer	Dried	Desséché
	(un trait), lever; 2)	Drift	1) galerie horizontale
	tirer, traîner; 3) ex-		(mine); 2) matériel dé-
	traire, remonter, ar-		tritique transporté par
	racher; 4) puiser (de		le glacier, et déposé à
	l'eau); 5) étirer, filer,		l'état de moraines,
	tréfiler		surtout quaternaires;
—off (to)	Soutirer un liquide		3) remplissage détriti-
—out (to)	1) extraire; 2) tirer,		que de cavités (karsti-
	étirer		ques); 4) matériel
Draw (to) the pillars	Dé houiller, dépiler		abandonné sur une
	(mine)		plage; 5) mouvement
Drawdown	Abaissement de la nappe		de la mer par les
	phréatique		courants; direction et
Drawer	1) dessinateur; 2) rou-		sens des courants; 6)
	leur, traîneur (mine)		déviation, dérive
Drawing	1) extraction, remontée;	—beds	Moraines
	2) dessin	—barrier lake	Lac morainique
—back	Abatage (mine)	—boulder	Bloc erratique

—breccia	Brèche glaciaire	Driller's log	Coupe de forage
—clay	Argile à blocaux	Drilling	Forage, perforation, percement, sondage
—deposit	Dépôt glaciaire ou fluvioglaciaire, moraine	—barge	Ponton de forage
—epoch	Époque glaciaire	—bit	Trépan
—glaciers	Petits glaciers alimentés par neige soufflée	—break	Accroissement brusque de la vitesse
—ice	1) glace flottante; 2) glace déplacée	—by percussion	Sondage par battage du forage
—map	Carte des formations glaciaires et fluvio-glaciaires	—cable	Câble de forage
		—collars	Manchons, colliers de tubes
—mine	Mine exploitée par galerie	—core	Carotte de forage
—sand	Sable mouvant	—crew	Équipe de forage
—sheet	Couche morainique attribuable à une glaciation	—fluid	Boue de forage
		—log	Rapport de forage
—structure	Stratification entrecroisée	—machine	Perceuse, foreuse, sondeuse (mine), perforatrice
—theory	Théorie allochtone (de la formation du charbon)	—mud	Boue de forage
—tunnel	Galerie d'exploitation	—pipe	Tige de forage
Beach drift	Dérive littorale	—plant	Installation de forage
Continental drift	Dérive des continents	—reamer	Trépan aléseur
Cross drift	Galerie de recoupe (mine)	—record	Rapport de sondage
		—rig	Système de forage
Glacial drift	Moraine	—string	Train de tiges
River drift	Alluvions	—winch	Treuil de forage
Shore drift	Dérive littorale	Cable-tool drilling	Forage au câble
Snow drift	Avalanche (poudreuse)	Drillings	Débris de forage
Stratified drift	Dépôt fluvio-glaciaire stratifié	Drillman	Ouvrier sondeur, foreur
Washed drift	Dépôt fluvio-glaciaire stratifié	Drill (to)	1) forer, percer, perforer; 2) trier, classer
Wind drift	Dépôt éolien	Drinkable water	Eau potable
Drifting	1) percement des galeries; 2) charriage	Drip (to)	Tomber goutte à goutte, s'égoutter
Drill	1) foret, mèche, burin; 2) foreuse, sondeuse, sonde perforatrice	Dripstone	Stalactite
		Drive	1) commande, transmission (d'un appareillage); 2) galerie (Mine)
—bit	Trépan, fleuret	—pipe	Colonne de tubage (for.)
—core	Carotte de sondage	—shoe	Sabot de tube (for.)
—cuttings	Déblais de forage	Drive (to)	1) chasser, pousser, refouler; 2) percer (une galerie); 3) actionner, faire fonctionner, conduire, mener
—foreman	Contremaître de forage		
—hole	Forage, trou de sonde		
—log	Coupe de forage		
—pipe	Tige de forage (pétrole)		
—pipe coupling	Raccord de tiges		
—pipe string	Train de tige	Driving	1) avancement de galeries (mine); 2) enfoncement (d'un tubage); 3) commande (Méch.)
—rods	Tiges de forage		
—rope	Câble de sondage		
—stem	Maîtresse-tige	Drizzle	Bruine, crachin
Rock-core sampling drill	Carotteuse, pour prélèvement d'échantillons rocheux	Drop	1) goutte; 2) chute, baisse, abaissement, dénivellation
Stuck drill pipe string	Tige de forage coincée	Drop (to)	1) laisser tomber, descendre; 2) tomber, baisser; 3) goutter,
Drillable	Forable		
Driller	Foreur, sondeur		

	s'égoutter	**Duff (U.S.)**	Matte (humus peu décomposé)
Drop test	Essai au choc	**Duff mull**	Humus intermédiaire
Droplet	Gouttelette	**Dug earth**	Déblais
Dropped side	Compartiment affaissé d'une faille	**Dull**	1) mat, terne; 2) émoussé; 3) sombre
Dross	Scories, laitiers	—luster	Éclat mat
Drossy	1) sans valeur, de rebut; 2) plein de scories	—weather	Temps sombre
Drought	Sécheresse	**Dull (to)**	1) ternir; 2) émousser; 3) s'émousser
Droughty	Sec, aride	**Dumortierite**	Dumortiérite
Drown (to)	1) inonder, submerger noyer; 2) se noyer	**Dump (to)**	1) déverser, basculer, jeter; 2) se déverser
Drowned	Submergé	**Dump**	Halde, déblais, tas de déblais
—coast	Littoral submergé		
—glacial erosion coast	Côte à modelé glaciaire submergée (côte à fjords)	—car	Wagon à bascule
		Ore dump	Halde de minerais
—river mouth	Estuaire submergé	**Dumper**	Camion à bascule
—topography	Relief submergé	**Dumping**	1) déversement; 2) à bascule, basculant
Drum, drumlin	Drumlin		
Drum	Cylindre, tambour	—ground	Halde, déblais
—washer	Tambour laveur	**Dune**	Dune
Druse	Géode, cavité	—bedding	Stratification dunaire
Drusy	Drusique, à géodes	—chain	Chaîne de dune
Dry	Sec, aride	—cliff	Falaise de dune
—basin	Dépression intérieure sèche	—field	Champ de dunes
		—lake	Lagune, étang littoral
—bone ore	Smithsonite	—of sand	Dune de sable
—bulk density	Densité réelle	—range	Chaîne de dunes
—coal	Charbon maigre	—ridge	Chaîne de dunes
—crusher	Broyeur sec	—wing	Aile d'une dune
—delta	Cône de déjection	**Active dune**	Dune vive
—essay	Essai par voie sèche	**Back dune**	Arrière dune
—farming	Culture sèche	**Beach dune**	Dune d'estran
—gap	Cluse morte	**Bow dune**	Dune arquée
—hole	Puits stérile, improductif	**Coastal dune**	Dune littorale
—ice	Neige carbonique	**Crescent dune**	Dune en croissant, barkhane
—monsoon	Mousson d'hiver		
—ore	Minerai argentifère pauvre en plomb	**Cross-bar dune**	Dune transversale
		Fixed dune	Dune fixée
—pipe	Crépine	**Fore dune**	Avant-dune
—process	Voie sèche	**Inland dune**	Dune intérieure
—river	Oued	**Longitudinal dune**	Dune longitudinale
—sorting	Triage de minerai par voie sèche	**Migrating dune**	Dune mouvante
		Moving dune	Dune mouvante
—valley	Vallée sèche	**Parabolic dune**	Dune parabolique
—wash	Oued (U.S.)	**Shifting dune**	Dune mouvante
—well	Puits à sec, puits tari	**Shore dune**	Dune littorale
Dry (to)	1) assécher, dessécher, sécher; 2) s'assécher	**Snow dune**	Dune de neige
		Stabilized dune	Dune fixée
Dry up (to)	S'assécher, tarir	**Stationary dune**	Dune stationnaire
Drying	Séchage, assèchement	**Transverse dune**	Dune transversale
—up	Tarissement	**U-shaped**	Dune en U
Dryness	Sécheresse	**Wandering dune**	Dune mouvante
Duchesnian (U.S.)	Duchesnien (= Ludien)	**Dunite**	Dunite
Ductibility	1) plasticité (d'une roche); 2) malléabilité (d'un métal)	**Durability index**	Indice de résistance à l'usure (de matériaux transportés)

Durain	Durain
Duration	Durée
Duricrust	Croûte pédologique concrétionnée (sous climat semiaride)
Duripan	Horizon pédologique concrétionné
Dust	Poussière, poussier
—avalanche	Avalanche de poudreuse
—bowl	Désert anthropique
—coal	Poussier
—collector	Collecteur de poussières
—counter	Compteur de particules
—devil	Tourbillon de poussière
—storm	Tempête de sable, de poussière
—tuff	Cinérite
—whirl	Tourbillon de poussière

Volcanic dust	Fine cendre volcanique
Dusty	Poussiéreux
Dwyka	Etage de Dwyka (Karroo inf. d'Afrique du Sud)
Dy	Sapropel
Dying out	Terminaison en biseau
Dyke (G.B.)	Dyke, filon intrusif
Dynamic	Dynamique
—breccia	Brèche tectonique
—geology	Géologie dynamique
—metamorphism	Dynamométamorphisme
Dynamometamorphism	Dynamométamorphisme
Dysodont	Dysodonte (Lamellibranche)
Dystomic	A clivage imparfait, à cassure imparfaite
Dystrophic lake	Lac distrophe

E

Ea (G.B.) — Ruisseau
Eager, eagre — 1) barre, mascaret; 2) raz de marée
Eaglefordian (Am. du N.) — Eaglefordien (Etage, Crétacé sup. Turonien)
Early — Ancien, inférieur (au sens stratigraphique), début
Earth — 1) globe terrestre, terre; 2) terres, sols
—auger — Tarière à glaise
—borer — Tarière de pédologue
—coal — Lignite
—column — Pyramide de fée
—constants — Constantes terrestres
—creep — Glissement de terrain
—crust — Écorce terrestre
—current — Courant tellurique
—dam — Barrage en terre
—din — Tremblement de terre
—fall — Éboulement
—flax — Amiante
—flow — Glissement de terrain
—hummock — Butte gazonnée, butte à lentille de glace
—magnetism — Magnétisme terrestre
—mound — Butte gazonnée
—mull — Humus doux (à gros grains)
—oil — Pétrole
—orbit — Orbite terrestre
—pillar — Pyramide de fée, cheminée de fée
—pitch — Var. d'asphalte
—ring — Polygone de terre (Périgl.)
—shell — Croûte terrestre
—slide — Glissement de terrains
—slope — Talus naturel
—stripes — Sol strié terreux (Périglaciaire)
—tremor — Faible secousse sismique
—wave — Onde sismique
—wax — Ozokérite
—worm — Ver de terre
Rare earth — Terres rares, lanthanides
Earthen — En terre
Earthenware — Faïence
Earthquake — Tremblement de terre, séisme
—focus — Foyer d'un séisme
—intensity — Intensité d'un séisme
—magnitude — Magnitude des séismes
—prediction — Prédiction des séismes
—record — Séismogramme
—recorder — Séismographe
—shock — Secousse sismique
—swarm — Série de tremblements de terre
—wave — Onde sismique
—zone — Zone sismique
Earthworks — Terrassement, travaux de terrassement
Earthworks embankment — Terrassement en remblai
Earthy — Terreux
—calamine — Hydrozincite
—ore — Minerai terreux
—lead ore — Var. de cérusite
East — 1) adj: est, d'est, oriental; 2) n: Est
Easterlies — Vents venant de l'Est
Easterly (adj.) — Est, de l'Est, vers l'Est
Eastern (adj.) — Est, oriental
Eastward — Vers l'Est, à l'Est
Easting — Route vers l'Est
Eat away (to) — Ronger, éroder
Ebb — Reflux, jusant, marée basse
—current — Courant de jusant
—tide — Marée descendante
Ebb and flow structure — Stratification oblique
Ebb (to) — Baisser, refluer
Ebullition — Ébullition
Eburonian — Éburonien (= Quaternaire inf. moyen)
Echelon — Échelon
Echelon faults — Failles en échelon
Echinoderm, echinodermate — Échinoderme
Echo — Écho
—sounder — Écho-sondeur (vertical)
Echogram — Échogramme (Océano.), profil bathymétrique obtenu par réflexion
Eclipse — Éclipse
Ecliptic — Écliptique
Eclogite — Éclogite (Pétrographie)
Ecological niche — Niche écologique
Ecology — Écologie
Economic geology — Géologie ressources naturelles (minerais, eau, . . .)
Economic mineral — Minéral à valeur commerciale
Ecosystem — Écosystème
Ecotope — Écotope

Ectinite	Ectinite (Pétro.)
Ectoderm	Ectoderme
Edaphic	Édaphique
Edaphologist	Pédologue
Edaphology	Pédologie
Eddy	Tourbillon, remous
Eddy current	Courant tourbillonnaire
Edenian (North Am.)	Edénien (Étage, base de l'Ordovicien supérieur)
Edenite	Édénite (Minéral.), variété d'Amphibole Hornblende
Edge	1) arête, biseau, tranchant; 2) bord, rebord, limite
—of a crystal	Arête d'un cristal
—water	Eau de bordure de gisement
Edged	Tranchant, anguleux
Eemian	Eemien (interglaciaire Riss-Wurm: formation marine, Mer du Nord)
Effect	Effet, action, résultat
Effective	Efficace, réel
—permeability	Perméabilité réelle
—porosity	Porosité réelle
—size	Dimension réelle
—wind	Vent efficace (à compétence suffisante)
Effectual	Efficace
Effervesce (to)	Faire effervescence, mousser
Effervescence, effervescency	Effervescence
Effervescent	Effervescent
Efficiency	Rendement, efficacité
Efficient	1) efficace, compétent; 2) effectif
Effloresce (to)	Faire des efflorescences
Efflorescence	Efflorescence
Efflorescent	Efflorescent
Effluent	1) cours d'eau dérivé; 2) eau traitée, effluent
—glacier	Langue glaciaire de décharge, langue émissaire
Effluvium	Effluve
Efflux	Écoulement, flux
Effuse (to)	Faire effusion, s'épancher (roches magmatiques)
Effusion	Effusion, épanchement
Volcanic effusion	Épanchement volcanique
Effusive	Effusif, extrusif
—rock	Roche d'épanchement volcanique, roche effusive
Eggstone	Oolithe (inusité)

Eifelian	Eifélien (Etage, Dévonien moyen européen)
Einkanter	Galet éolien à une face éolisée
Eject (to)	Expulser, émettre, éjecter
Ejecta, ejectamenta	Projections volcaniques, rejets
Ejection	Jet (de flammes), projection (de laves), expulsion
Eklogite	Éclogite (Pétrographie)
Elaborer (to)	Élaborer, mettre au point
Elaeolite	Élaeolite, éléolite (var. de néphéline)
—syenite	Syénite à néphéline
Elaelitic	Eléolitique
Elastic	Élastique, flexible
—bitumen	Élatérite
—coefficient	Coefficient d'élasticité
—deformation	Déformation élastique
—discontinuity	Discontinuité élastique
—limit	Limite d'élasticité
—medium	Matériel, milieu élastique
—mineral pitch	Élatérite
—rebound	Relaxation de contrainte
—strength	Limite d'élasticité
—waves	Ondes élastiques
Elasticity	Élasticité
—modulus	Module d'élasticité
Elaterite	Élatérite (var. de pyrobitume)
Elbaite	Elbaïte (Minéralo.)(var. verte de tourmaline)
Elbow	Coude
—of capture	Coude de capture
—shaped twin	Mâcle en genoux (minéralogie)
Electric, electrical	Électrique
Electric blasting	Tir électrique
—calamine	Calamine
—coring	Carottage électrique
—field	Champ électrique
—log	Diagramme électrique
—logging	Diagraphie électrique
—prospecting	Prospection électrique
—welding	Soudure électrique
—well logging	Diagraphie électrique
Electricity	Électricité
Electrify (to)	1) électriser, électrifier; 2) s'électriser
Electroanalysis	Électroanalyse
Electrochemical	Électrochimique
Electrochemistry	Électrochimie
Electrode	Électrode
Electrodialysis	Électrodialyse
Electrolog	Électrolog
Electrolyse, electrolysis	Électrolyse

Electrolyte	Électrolyte
Electrolytic, electrolytical	Électrolytique
Electrolitic refining	Affinage électrolytique
Electrolyzable	Électrolysable
Electrolyze (to)	Électrolyser
Electromagnet	Électro-aimant
Electromagnetic	Électromagnétique
—damping	Amortissement électromagnétique
—prospecting	Prospection électromagnétique
Electromagnetism	Électromagnétisme
Electron	Électron
—microprobe	Sonde électronique, microsonde électronique
Electronic	Électronique
Electrophoresis	Électrophorèse
Electrorefining	Affinage par l'électricité
Electrosilver (to)	Argenter par électrolyse
Electrostatic	Électrostatique
—separation	Séparation électrostatique
Electrum	1) electrum, ambre; 2) or argentifère
Element	Élément (atomique, chimique), corps simple
Linear element	Élément structural linéaire
Trace element	Élément-trace
Elementary	Élémentaire
—body	Corps simple
Eleolite	Éléolite (var. de néphéline)
Elevate (to)	Soulever, monter, élever
Elevated	Surélevé, soulevé
Elevated beach	Plage soulevée
Elevation	1) altitude, hauteur; 2) élévation
—correction	Correction à l'air libre (gravimètrie), correction de Bouguer
—of a well	Cote d'un sondage
Ellipse	Ellipse
Ellipsoid (adj.), ellipsoidal	Ellipsoïdal
—lavas	Laves en coussins
—structure	Structure en coussins (laves)
Ellipsoid (n.)	Ellipsoïde
—of revolution	Ellipsoïde de révolution
Elliptic, elliptical	Elliptique
Elongate (to)	1) allonger; 2) s'allonger
Elongation	Allongement
Elbe (N. Eur.)	Elbe (1ère glaciation)
Elster (N. Eur.)	Elster (2ème glaciation)
Eltonian (G.B.)	Eltonien (sous-étage, base du Ludlovien)
Elutriate (to)	Décanter, séparer par lavage et filtrage
Elutriation	Décantation, séparation, extraction
Elutriator	Séparateur, appareil à décantation
Eluvial	Éluvial, formé par altération
—deposit	Matériel altéré, gisement altéré
—horizon	Horizon éluvial, horizon lessivé
—hydromorphic soil	Sol lessivé à gley
—soil	Sol éluvial
Elvan (G.B.)	Filon intrusif de granite, microgranite (etc)
Emanation	Émanation, effluve
Magmatic emanation	Émanation magmatique
Volcanic emanation	Émanation volcanique
Embank (to)	Endiguer, remblayer, terrasser
Embanking	Endiguement
Embankment	1) digue, talus, berge; 2) remblai, terrassement en remblai
Embayed shore	Littoral découpé, côte à anses
Embayment	Baie, golfe
Embed (to)	Entourer, incorporer, enrober
Embedded	Intercalé, entouré
Embody (to)	Renfermer, contenir
Embolite	Embolite (Minéral.)
Embouchure	Embouchure
Emerald	Émeraude
—copper	Dioptase
—nickel	Zaratite
Emerge (to)	Émerger, déboucher
Emergence	1) résurgence, émergence (d'un fleuve); 2) émersion (d'un fond de mer)
Coast of emergence	Côte d'émersion
Emergent	Émergent
Emery	Émeri
—rock	Roche à corindon
—wheel	Meule en émeri
Eminence	Hauteur, éminence, point haut
Emissary	Émissaire (d'un lac)
Emission	Émission, dégagement
Emissive	Émissif
Emissivity	Émissivité, pouvoir émissif
Emit (to)	Émettre
Emplectite	Emplectite, Euprobismuthite (Minéral.)
Empty (to) into	1) vider, épuiser; 2) se

	déverser dans, se décharger dans (fleuve)	—geology	Géologie de l'ingénieur
Emscherian (Eur.)	Emschérien (≅ Coniacien Santonien)	Englacial	Intraglaciaire
		—drift	Débris, ou transport intraglaciaire
Emsian	Emsien (étage, Dévonien inférieur, européen)	Engulfment	Engouffrement (de la lave dans une caldeira)
Emulsifiable	Émulsionnable		
Emulsified	Émulsionné	Engyscope	Microscope à réflexion
Emulsify (to)	Émulsionner	Enlarge (to)	1) agrandir, élargir, augmenter; 2) s'agrandir, s'élargir
Emulsion	Émulsion		
Enantiomorphic, enantiomorphous	Énantiomorphe		
Enargite	Énargite (Minéral.)	Enlargement	1) agrandissement (photo); 2) grossissement (optique)
Encased valley	Vallée encaissée		
Enclose (to)	Enfermer, inclure, renfermer, clôturer	Enmeshed streamlets	Rigoles de ruissellement enchevêtrées, filets enchevêtrés
Enclosed meander	Méandre encaissé		
Enclosing beds	Couches encaissantes	Enrichment	Enrichissement
Enclosure	Enclave, inclusion (minérale)	—by flotation	Enrichissement par flottage
Encrinital	À entroques	Enroch (to)	Enrocher
Encrinitic limestone	Calcaire à entroques, encrinite	Enrockment	Enrochement
		Enstatite	Enstatite (Minéral.) variété de pyroxène
Encroach (to)	Avancer, empiéter		
Encroachment	Empiétement, envahissement (par de l'eau, dans un forage)	Enthalpy	Enthalpie
		Entrance	Entrée
		Entrapment	Piégeage (du pétrole)
Encrust (to)	Incruster	Entrapped	Emprisonné, piégé, enfermé
Encrustation	Incrustation		
End	Extrémité, bout, fin	Entrenched	Entouré de fosses profondes
—moraine	Moraine frontale, terminale		
		—meander	Méandre encaissé (par surimposition)
Endemic	Endémique		
Ending	Terminaison (d'un pli)	—stream	Fleuve encaissé
Endo (prefix)	À l'intérieur	Entrochal limestone	Calcaire à entroques
Endogen, endogenous, endogeneous, endogenetic	Endogène	Entropy	Entropie
		Entry	Entrée de galerie, galerie
		—timbering	Boisage d'une galerie (Mines)
Endometamorphic, endomorphic, endomorphous	Endomorphe		
		Envelope	1) roche encaissante métamorphisée par contact de l'intrusion; 2) enveloppe (d'un pli couché), "capuchon"
Endometamorphism, endomorphism	Endomorphisme		
Endoreic	Endoréique (drainage . . .)		
		Environment	Milieu
Endoskeleton	Endosquelette	High-energy environment	Milieu à haute énergie (ex. agité par les vagues)
Endothermic	Endothermique		
En echelon arrangement	Disposition en échelons		
Endurance limit	Limite d'endurance	Low-energy environment	Milieu à basse énergie (calme)
Energetic	Énergétique		
Energy	Énergie	Eocambrian	Éocambrien (≅ Riphéen; moins 570 à moins 600 M.A.)
—resource	Ressource énergétique		
Geothermal energy	Énergie géothermique		
Solar energy	Énergie solaire	Eocene	Éocène (Europe: système ou période; Am. du N.: série ou époque)
Thermal energy	Énergie thermique		
Engine	Machine, moteur		
Engineer	Ingénieur, technicien	Eolian	Éolien
Engineering	Génie	—deposit	Sédiment éolien

—erosion	Érosion éolienne
—formation	Formation éolienne
—rocks	Roche éolienne
—sand	Sable éolien, sable du- naire
—sand ripple	Ride de sable éolienne
Eolianite	Sédiment éolien conso- lidé
Eolith	Éolithe
Eon (Aeon)	Éon 1) division supé- rieure à l'ère; ex: Cryptozoïque; 2) 1 M.A.
Eogene	Eogène (= Paléogène)
Eolithic	Eolithique (rare, avant le Paléolithique)
Eozoic	Eozoïque (Ere, Pré- cambrien)
Epeiric	Épicontinental
—sea	Mer épicontinentale
Epeirogenesis	Épirogénèse (mouve- ments verticaux)
Epeirogenic, Epeirogenetic	Épirogénique
—movement	Mouvement épirogénique
Epeirogeny	Epirogénie, épirogénèse
Ephemeral stream	Cours d'eau temporaire
Epibole	Épibole (Pal.)
Epicentral	Épicentral
—angle	Angle formé par l'épicentre, la station sismique, et l'hypo- centre
Epicentre	Épicentre
Epicentrum	Épicentre
Epiclastic	Épiclastique, détritique
—rock	Roche détritique (sauf les r. pyroclastiques)
Epicontinental	Épicontinental
—sea	Mer épicontinentale
Epidiorite	Épidiorite (Pétrographie)
Epidote	Épidote (minéral.)
Epidosite, epidodite	Épidodite (Pétrol.)
Epigene	1) de surface (général); 2) epigène (Cristallogr.)
Epigenesis	Épigenèse, épigénie
Epigenetic	Épigénétique
Epineritic	Épinérétique (entre le niveau de marée basse et −40m)
Epipelagic	Épipélagique (de 0 à −185 m)
Epirogenic, epirogenetic	Épirogénique, épi- rogénétique
Epitaxial	Épitaxique
—growth	Croissance épitaxique (Minéral.)
Epitaxy	Épitaxie
Epithermal	Épithermal
Epitheca	Épithèque (Pal.)
Epizona, epizone	Épizone
Epoch	Époque
Glacial epoch	Époque glaciaire
Epsomite, epsom salt	Epsomite
Equal area projection	Projection équivalente
Equant (adj.)	Équidimensionnel
Equate with (to)	Établir un parallèle entre, comparer
Equator	Équateur
Equatorial	Équatorial
—projection	Projection cylindrique équatoriale
—trough	Zone de basses pres- sions équatoriales
Equidimensional	Équidimensionnel
Equidistant	Équidistant
Equigranular	Isogranulaire, à grains (minéraux) de même dimension
Equilateral	Équilatéral
Equilibrate (to)	Équilibrer
Equilibrium	Équilibre (chimique, élec- trique)
—profile	Profil d'équilibre
—regime	Régime d'équilibre
Profile of equilibrium	Profil d'équilibre
Equinoctual	1) adj: équinoxial; 2) n: équateur céleste
Equinox	Équinoxe
Equiplanation	Pénéplanation (sans perte de matériaux)
Equipment	Matériel, équipement, appareillage
Equipotential	Équipotentiel
Equivalent	1) équivalent; 2) de même âge ou de même niveau strati- graphique
—azimuthal projection	Projection Lambert
—grade	Dimension moyenne (arithmétique)
Equivolumnar waves	Ondes S, ondes trans- versales
Era	Ère
Eradiation	Radiation, rayonnement
Erathosthenian	Érathosthénien (Période moyenne de formation lunaire)
E ray	Rayon extraordinaire (Minéralogie optique)
Erect (adj.)	Droit
—anticline	Anticlinal droit
—fold	Pli droit
Erect (to)	Ériger, construire, dresser, élever

Erg	1) unité de travail C.G.S.: dyne par centimètre; 2) erg, désert sableux
Erian (North Am.)	Érien (Série, Dévonien moyen)
—orogeny (syn. Hibernian)	Orogenèse érienne (fin du Silurien)
Erinite	Érinite
Erionite	Érionite = zéolite (minéral.)
Erode (to)	1) éroder, ronger affouiller, corroder; 2) s'éroder
Eroded soil	Sol érodé
Erodible	Érodable
Erosion	Érosion
—base level	Niveau de base d'érosion
—column	Cheminée de fées, bloc perché
—scarp	Talus, escarpement d'érosion
—surface	Surface d'érosion, d'aplanissement
Areal erosion	Érosion aréolaire
Backward erosion	Érosion régressive
Chemical erosion	Érosion chimique, corrosion
Cycle of erosion	Cycle d'érosion
Differential erosion	Érosion différentielle
Fluviatile erosion	Érosion fluviatile
Glacial erosion	Érosion glaciaire
Headward erosion	Érosion régressive
Lateral erosion	Érosion latérale
Mechanical erosion	Érosion mécanique, corrasion
Retrogressive erosion	Érosion régressive
River erosion	Érosion fluviale
Sheet erosion	Érosion en nappes
Erosional	Formé par érosion, d'érosion
Erosive	Érosif
Erosivity	Érosivité
Erratic	1) erratique (Glaciaire); 2) irrégulier, variable, accidentel
—block	Bloc erratique
Error	Erreur
Erubescite	Érubescite, bornite (minéral.)
Eructation	Éruption volcanique violente
Eruption	Éruption
—cloud	Nuée volcanique, ardente
—cone	Cône éruptif, formé de projections
—point	Centre éruptif
Flank eruption	Éruption latérale
Volcanic eruption	Éruption volcanique
Eruptive	Éruptif
—vein	Filon de roches éruptives
—rock	Roche éruptive
Erythrite	Érythrite, érythrine (minéral.)
Erythrosiderite	Érythrosidérite (minéral.)
Erzgebirgian orogeny	Orogenèse erzgebirgienne (début Carbonifère sup.)
Escape	Échappement, dégagement
—shaft	Puits de secours
Gas escape	Dégagement de gaz
Escarp, escarpement	1) talus, escarpement; 2) front de cuesta
Eschynite	Eschynite (Pétrologie)
Eskar, Esker	Ôs, esker (= cordon sinueux de matériaux fluvio-glaciaires)
Essential	Essentiel
—ejecta	Projections volcaniques récentes (débris, ou liquides)
—minerals	Minéraux essentiels (à la classification d'une roche)
Essexite	Essexite (Pétrographie)
Essonite	Essonite (Minéral.), variété de grenat grossulaire
Ester	Ester, éther-sel
Esterellite	Estérellite (Pétrographie)
Estimate	Appréciation, estimation, évaluation, devis
Estimate (to)	Estimer, évaluer
Estimation	Estimation, évaluation
Estimator	Calculateur
Estuarine	D'estuaire, estuarien
Estuary	Estuaire
Etch (to)	Attaquer, corroder, graver
Etched surface	Surface mate, dépolie (d'un grain de sable)
Etching	1) attaque, corrosion (par dissolution chimique); 2) gravure
Ethane	Éthane
"Ethane plus"	Hydrocarbures paraffiniques de poids moléculaire supérieur à celui du méthane
Ether	Éther
Ethylène	Éthylène
Etrountian (= Strunian)	Étroeungtien (étage, Dévonien final)
Euclase	Euclase (Minéral.)
Eucrite	Eucrite (Pétrol.)

Eucrystalline	Holocristallin, (et bien cristallisé)	Evenly	Également, de façon égale, uniformément
Eudiometer	Eudiomètre	Event	Événement, phénomène, cas
Eudnophite	Eudnophite		
Eugeosyncline	Eugéosynclinal	Ever frozen soil	Pergélisol
Euhedral	Automorphe	Evergreen (plants)	Végétaux à feuilles persistantes
Eulittoral zone	Zone littorale (comprise entre 0 et −50 m)	Evidence	1) preuve; 2) évidence
Eulysite	1) eulysite (var d'olivine ferrifère); 2) eulysite (roche métamorphique ferrifère)	Evolute	Évolute (Paléontol.), à enroulement lâche
		Evolution	1) évolution (Biol.); 2) déroulement, tracé d'une courbe (Math); 3) dégagement (Phys-Ch.)
Euphotic	Euphotique, zone euphotique (de 0 à environ −60 m)		
Euphotide	Euphotide (Pétrol.)	Evolve (to)	1) développer (un projet); 2) extraire (une racine-Math.); 3) dégager du gaz
Eurite	Eurite (Pétrol.)[désuet]		
Euritic	Euritique (microgranitique)		
Euryhaline	Euryhalin	Exact	Exact, précis
Eurypterid, eurypterida	Euryptères (Pal.)	Exactly	Exactement
Eustatic	Eustatique (variation . . .)	Exactness	Exactitude, précision
		Examination	Examen, étude, reconnaissance
Eutectic	Eutectique		
—mixture	Mélange eutectique	Examine (to)	Examiner, inspecter
—point	Point eutectique	Example	Exemple
—temperature	Température eutectique	Excavate (to)	Creuser, déblayer, affouiller, excaver
—texture	Texture eutectique		
Eutomus	A clivage net	Excavating bucket	Drague, benne excavatrice
Eutrophication	Eutrophisation		
Eutrophic lake	Lac eutrophe	Excavation	1) excavation, cavité, creux, fouille; 2) creusement; 3) déblai
Euxenite	Euxénite (Minéral.)		
Euxinic	Euxinique		
Evacuated	Vidé, vide	Excavator	1) excavateur, machine à défoncer; 2) terrassier
Evaluate (to)	Évaluer, estimer, mesurer		
		Excess	1) excès; 2) excédent
Evaporable	Évaporable	Exchange	Échange
Evaporates (obsolete, see Evaporite)	Sédiments évaporitiques	—capacity	Capacité d'échange
		Base exchange	Échange de base
Evaporate (to)	1) évaporer; 2) s'évaporer	Ion exchange	Échange d'ions
		Exchanger	Échangeur
Evaporate down	Concentrer par évaporation	Exciting field	Champ d'excitation
		Excrements	Coprolites
Evaporated deposit	Dépôt d'évaporation, "évaporite"	Excrescence	Excroissance
		Excursion	Excursion
Evaporation	Évaporation, volatilisation, vaporisation	Exert a pressure (to)	Exercer une pression
		Exfoliate (to)	1) exfolier, desquamer; 2) s'exfolier
Evaporite	"Évaporite" (dépôt évaporitique)		
		Exfoliation	Desquamation, exfoliation en écailles, en plaques, etc.
Evapotranspiration	Évapotranspiration		
Even	1) égal, lisse, plat, plan, uni, uniforme; 2) pair (nombre)		
		Exhalation	Exhalation, exhalaison
		Exhale (to)	Exhaler, émettre (un gaz)
—fracture	Cassure lisse		
—grained	À grains de même dimension	Exhaust	Évacuation, échappement (Mécanique)
—ground	Terrain uni	Exhaust (to)	Épuiser, vider
Even (to)	Aplanir, égaliser, araser	Exhausted	Épuisé (mine, gisement)

Exhaustion	1) épuisement (d'une mine); 2) aspiration
Exhumation	Exhumation (d'un paléorelief)
Exhumed topography	Relief exhumé
Exinite	Exinite
Exocyclic echinoids	Oursins irréguliers
Exogenetic, exogenic, exogenous	Exogène, formé par processus externe
Exomorphic	Exomorphique
Exomorphism	Exomorphisme
Exoreic	Exoréique (drainage . . .)
Exoscopy	Exoscopie
Exosphere	Haute atmosphère (terrestre)
Exoskeleton	Exosquelette
Exothermal, exothermic	Exothermique
Exotic	1) allochtone; 2) introduit, exotique (Paléontol.)
Expand (to)	1) se dilater; 2) se détendre (gaz); 3) s'agrandir, se développer
Expanding earth	Globe terrestre en expansion
Expansion	1) dilatation; 2) croissance, expansion
—coefficient	Coefficient de dilatation
—ratio	Taux de dilatation
Expell (to)	Expulser, chasser
Experienced	Expérimenté
Experiment	Expérience
Experiment (to)	Expérimenter
Experimental	Expérimental
—geology	Géologie expérimentale
Expert	Expert, spécialiste
Explain (to)	Expliquer
Explanation	Explication
Explode (to)	Exploser, faire exploser, faire éclater
Exploder	Exploseur
Gas exploder	Détonateur à gaz (sismique)
Exploit (to)	Exploiter, mettre en exploitation
Exploitation	Exploitation
—drilling	Forage d'exploitation
Exploration	Exploration
—boring	Sondage de recherches
—expenses	Dépenses d'exploration
—work	Travaux d'exploration
Exploratory	D'exploration, de reconnaissance
—hole	Sondage de recherches
—survey	Levé préliminaire de reconnaissance
—work	Recherches préliminaires
Explore (to)	Explorer, reconnaître
Explorer	1) explorateur; 2) instrument de recherches; 3) satellite artificiel
Explosion	Explosion, détonation
—breccia	Brèche d'explosion volcanique
—caldera	Caldeira d'explosion
—crater	Cratère d'explosion
—point	Stade explosif
—tuff	Tuff volcanique
Explosive	Explosif, détonant
—charge	Charge explosive
—evolution	Évolution explosive (Paléontol.)
—oil	Nitroglycérine
Explosiveness	Explosivité
Exponent	Exposant (Math.)
Expose (to)	1) découvrir, mettre à nu; 2) affleurer
Exposure	1) affleurement; 2) exposition
—meter	Cellule photoélectrique
—time	Pose (photo)
Express (to)	Exprimer (un résultat)
Expulse (to)	Expulser
Expulsion	Expulsion, éjection
Exsiccator	Séchoir
Exsolution	Exsolution (Minéral.)
Exsudation	1) écaillage de la surface de roches par exsudation des sels; 2) exsudation, suintement
—vein	Filon d'exsudation, de différenciation magmatique
Exsurgence	Exutoire (fluviatile)
Extension	1) extension, agrandissement, accroissement; 2) prolongation
—agreement	Accord de prolongation d'une concession
—well	Puits d'extension d'un gisement
Extensive	Étendu, vaste
Extent	1) étendue, superficie; 2) degré, importance
To some extent	Dans une certaine mesure, jusqu'à un certain point
External	Externe
—magnetic field	Champ magnétique externe
—mold	Moulage externe
Extinct (volcanoe)	(Volcan) éteint
Extinction	Extinction (Pétrol., Paléontol.), angle

	d'extinction (Pétrol.)	—shaft	Puits d'extraction
Inclined extinction	Extinction oblique (optique)	**Extramagmatic**	Extramagmatique
		Extraneous	Étranger
Straight extinction	Extinction droite (optique)	**Extraordinary ray**	Rayon extraordinaire (optique, physique)
Symmetrical extinction	Extinction symétrique (optique)	**Extrapolation**	Extrapolation
		Extrude (to)	1) faire extrusion, s'épancher; 2) refouler; 3) tréfiler (Métallogénie)
Undulate extinction	Extinction roulante, ondulante		
Extinguished (volcano)	Éteint (volcan)	**Extrusion**	Extrusion, épanchement
Extract (to)	Extraire, arracher, retirer	**Extrusive rocks**	Roches d'épanchement, roches effusives
Extractable	Extractible		
Extracting	Extraction	**Eye**	Oeil, oeillet
Extraction	Extraction	—lens	Loupe
—drift	Galerie de taille	—piece	Oculaire
—plant	Usine d'extraction	—structure	Structure oeillée
—process	Procédé d'extraction		

F

Fabric — Structure et texture, fabrique, orientation

—element — Élèment structural

Planar fabric — Foliation

Face — 1) front d'abatage, front de taille, taille (mine); 2) face, facette (Minéral.); 3) surface originellement supérieure d'une couche redressée

Face man — Abatteur (mine)

Advancing face — Taille chassante (mine)

Crystal face — Face d'un cristal

Glacier face — Front glaciaire

Retreating face — Taille rabattante (mine)

Rock face — Muraille, paroi

Face (to) — 1) faire face à, être en face de; 2) être dirigé vers des couches plus jeunes (pour des couches renversées)

Facet — Facette

Solution facet — Facette de dissolution

Facet (to) — Facetter (une pierre précieuse)

Facetted pebble — Galet à facettes

Facetted spur — Éperon tronqué, chaîne tronquée

Facial suture — Suture faciale (Trilobite)

Facies — Faciès

—family — Famille de faciès

—fauna — Faune de faciès

—fossil — Fossile de faciès

—map — Carte de faciès

Biofacies — Biofaciès

Lithofacies — Lithofaciès

Metamorphic facies — Faciès métamorphique

Facing — Dirigé vers

Factor — Facteur, agent

Conversion factor — Facteur de conversion

Factory — Usine

Faecal (fecal) pellet — Pelote fécale

Fahlband — Fahlbande (imprégnations de sulfure)

Fahlerz (German) — Minerai de cuivre gris tétraédrite, panabase, Tennantite

Fahlore — Panabase (minerai de cuivre gris), tétraédrite

Fahrenheit — Fahrenheit

—scale — Échelle Fahrenheit

Failing yield — Débit en baisse (d'un puits)

Failure — 1) insuccès, échec; 2) fracture, rupture, fissure

Fail (to) — Échouer, faire défaut, manquer

Faint slope — Pente faible

Fair weather — Beau temps

Fake — Roche à débit schisteux

Fall — 1) éboulement; 2) chute d'eau, cataracte; 3) décrue, reflux, jusant; 4) baisse, abaissement; 5) automne (Am. du N.)

—line — Ligne de rapides (d'un fleuve)

—zone — Zone de rapides

—of rain — Chute de pluie

—of snow — Chute de neige

—of stones — Chute de pierres

—of the tide — Jusant, reflux

—of water-level — Abaissement du niveau de l'eau

Water fall — Chute d'eau

Fall (to) — Tomber

Fall in (to) — S'ébouler

Fall into (to) — Déboucher dans

Fallen in — Éboulé, effondré

Faller — Taquet à abaissement de cage (mine)

Falling — Chute, éboulement, baisse

Falling in of stones — Éboulement de pierres

—stone — Météorite

—tide — Marée descendante

Fallow — Jachère, friche

False — Faux

—amethyst — Fluorine violette

—bedding (obsolete) — Stratifications obliques

—cleavage — Pseudo-clivage

—dip — Pendage apparent

—galena — Blende

—superposition — Superposition inverse, renversement (de couches)

—topaz — Citrine

Falun (French) — Falun (sable coquillier)

Famatinite — Famatinite (Minéral.)

Famennian — Famennien (Étage, Dévonien sup.)

Families of igneous rocks — Familles de roches éruptives

76

Fan	1) cône de déjection; 2) ventilateur	
—blade	Pale de ventilateur	—escarpment
—blower	Ventilateur souflant	—fissure
—cleavage	Fracture en éventail	
—delta	Cône de déjection	—line
—fold	Pli en éventail	—line scarp
—shaped structure	Structure en éventail	—gouge
—shooting	Tir en éventail (sismique)	—pit
—structure	Cône alluvial	—plane
—talus	Talus d'éboulis	—polish
Alluvial fan	Cône alluvial, cône de déjection	—rock
		—scarp
Avalanche fan	Cône d'avalanches	—set
Talus fan	Cône d'éboulis	
Fan (to)	Ventiler	—spring
Fanglomerate	Dépôt de cône alluvial cimenté (ultérieurement)	
		—strike
		—surface
Farad	Farad (Electicité)	—trace
Faradaic	Faradique	—trap
Farewell	Roche stérile	—throw
Farlovian	Farlovien (Dévonien supérieur)	—through
		—valley
Farmer	Fermier	—vein
Farm out (to)	Cultiver	—wall
Fasciculate	Groupé en faisceaux	Activated fault
Fassaite	Fassaïte (variété d'augite)	Antithetic fault
Fasten (to)	1) attacher, fixer, amarrer, cramponner; 2) se fixer, s'attacher	Bedding fault
Fat (adj.)	Gras	Boundary fault
—clay	Argile plastique	Branch fault
—coal	Houille grasse	Branching fault
Fathogram	Fathogramme (profil bathymétrique)	Closed fault
		Compressional fault
Fathom	1) brasse = 6 pieds = 1,829 m; 2) volume de 216 pieds cubes	Dip fault
		Distributive fault
		Downthrow fault
Fathom (to)	Sonder	Inclined fault
Fathometer	Échosondeur, fathomètre	Gravity fault
Fatigue limit	Limite d'endurance	Lateral fault
Fatty	Gras	Longitudinal fault
—lime	Chaux grasse	Multithrow fault
Fault	Faille	Normal fault
—basin	Bassin d'effondrement	Open fault
—bench	Gradin de faille	Overthrust fault
—block	Bloc faillé	Pivot fault
—boundary	Limite de faille	Repetitive fault
—breccia	Brèche de faille	Reverse fault
—bundle	Faisceau de failles	Rotary fault
—clay	Enduit argileux de faille	Shear fault
—cliff	Escarpement de faille	Slip fault
—conglomerate	Conglomérat de faille	Splitting fault
—dip	Inclinaison, pendage de la faille	Step fault
		Strike fault
—drag	Rebroussement des	

	lèvres de faille
—escarpment	Escarpement de faille
—fissure	Fente formée par une faille
—line	Ligne de faille
—line scarp	Escarpement de faille
—gouge	Mylonite pulvérulente
—pit	Effondrement circulaire
—plane	Plan de faille
—polish	Miroir de faille
—rock	Brèche de faille
—scarp	Escarpement de faille
—set	Ensemble, réseau, de failles
—spring	Source d'origine tectonique
—strike	Direction de faille
—surface	Plan de faille
—trace	Ligne de faille
—trap	Piège de faille
—throw	Rejet de faille
—through	Fossé tectonique
—valley	Vallée tectonique
—vein	Filon faillé
—wall	Lèvre de la faille
Activated fault	Faille rajeunie
Antithetic fault	Faille contraire
Bedding fault	Faille dans le plan de stratification
Boundary fault	Faille limite
Branch fault	Faille secondaire
Branching fault	Faille ramifiée
Closed fault	Faille fermée
Compressional fault	Faille de compression
Dip fault	Faille transversale
Distributive fault	Faille en escalier
Downthrow fault	Faille d'effondrement
Inclined fault	Faille inclinée
Gravity fault	Faille normale
Lateral fault	Faille latérale
Longitudinal fault	Faille longitudinale
Multithrow fault	Faille à rejets multiples
Normal fault	Faille normale
Open fault	Faille ouverte
Overthrust fault	Plan de charriage
Pivot fault	Faille en ciseaux
Repetitive fault	Faille à répétition
Reverse fault	Faille inverse
Rotary fault	Rotation
Shear fault	Faille de cisaillement
Slip fault	Faille d'effondrement
Splitting fault	Faille ramifiée
Step fault	Faille en gradins
Strike fault	Longitudinale, directionnelle
Strike-slip fault	Décrochement
Tear fault	Décrochement
Thrust fault	Faille chevauchante

Transcurrent fault	Faille de décrochement	
Transform fault	Faille transformante	
Transverse fault	Faille transversale	
Upthrow fault	Chevauchement	
Wrench fault	Décrochement	
Faultage	Dislocation, faille	
Faulted	Faillé	
—anticline	Pli-faille	
—down	Abaissé par faille	
Faulting	Formation de failles	
Recurrent faulting	Rejeu de faille	
Fauna	Faune	
—assemblage	Ensemble faunique	
Faunal	Appartenant à une faune, faunistique	
—province	Province faunistique	
Faunizone	Faunizone (unité de Bio-stratigraphie)	
Fauserite	Fausérite (minéral.)	
Fay (to)	Affleurer	
Fayalite	Fayalite, olivine ferrifère (minéral.)	
Feather alum	Halotrichite (Minéral.)	
Feather ore	Jamesonite (minéral.), stibnite fibreuse	
Feature	Caractéristique, trait	
Feeder	1) système d'alimentation; 2) affluent, tributaire; 3) filon nourricier	
Feeding vent	Cheminée volcanique, diatrème	
Feed pipe	Conduite d'alimentation	
Feldspar, Feldspath	Feldspath	
Feldspathic	Feldspathique	
—rock	Roche feldspathique	
—sandstone	Grès feldspathique (10 à 25% de feldspath)	
Feldspathization	Feldspathisation	
Feldspathoid	Feldspathoïde	
Feldspathose	Feldspathique	
Fell	1) colline rocheuse dénudée (Écosse); 2) minerai de plomb	
Fells shale	Schiste bitumineux (Écosse)	
Felling	Abattage (mine)	
Felsenmeer (German)	Champ de pierres, chaos rocheux	
Felsic minerals	Minéraux de couleur claire (quartz, feldspaths, feldspathoïdes)	
Felsite, felsyte	Roche éruptive acide à grain fin: a) soit cristalline, et émettant des filons, cf aplite; b) soit volcanique, à pâte formée d'agrégats	

		cryptocristallins de minéraux clairs
Felsitic rock	Roche claire, à fins cristaux non distincts à l'oeil nu	
Felsitic texture	Texture à agrégats cryptocristallins formés par dévitrification de verres volcaniques	
Felspar (G.B.)	Feldspath	
Felspathic	Feldspathique	
Felstone (obsolete)	1) roche éruptive, claire, à grain fin; 2) feldspath compact	
Femic	Ferromagnésien (au point de vue de la norme)	
Fen	Marécage, tourbière	
—fire	Feu follet	
—soil	Tourbière basse	
Fence	Clôture	
Fence diagram	1) bloc diagramme (coupes géologiques); 2) diagramme de stabilité (géochimie)	
Fenite	Fénite (Pétrol.)	
Fenny	Marécageux	
Fenster	Fenêtre (de nappe de charriage)	
Ferretto paleosol	Paléosol interglaciaire à feretto	
Fergusonite	Fergusonite (minéral.)	
Ferment (to)	Fermenter	
Fermentation	Fermentation	
Ferralitic	Ferralitique, latéritique	
—soil	Sol ferralitique, sol latéritique	
Ferreous	Ferreux	
Ferric	Ferrique	
Ferricrete	Conglomérat à ciment ferrugineux	
Ferricrust	Croûte ferrugineuse	
Ferricyanic	Ferricyanhydrique	
Ferricyanide	Ferricyanure	
Ferriferous	Ferrifère, ferreux	
Ferrimorphic soil	Sol ferrugineux rouge	
Ferrinatrite	Ferronatrite (minéral.)	
Ferrisols	Sols ferrugineux	
Ferrite	1) ferrite (Pétrol.); 2) ferrite (Métallogénie)	
Ferro-alloy	Ferroalliage	
Ferroan	Contenant du fer, ferrugineux	
—dolomite (syn. ankerite)	Dolomie ferrifère	
Ferrocalcite	Ferrocalcite	
Ferrocobaltite	Ferrocobaltite, cobaltine ferrifère	
Ferroferrite	Magnétite	

Ferromagnesian	Ferromagnésien
Ferromagnetic material	Substance ferromagnétique
Ferromanganese	Ferromanganèse
Ferrotellurite	Ferrotellurite
Ferrous	Ferreux
Ferruginate	A ciment ferrugineux
Ferrugineous, ferruginous	Ferrugineux
—cuirass	Cuirasse ferrugineuse
—spring	Source ferrugineuse
—water	Eau ferrugineuse
Ferruginisation	Ferruginisation
Ferrum	Fer
Fersiallitic soil	Sol ferrugineux tropical (sol fersiallitique)
Fertilizer	Engrais
Festiniogian (Eur.)	Festiniogien (Étage, Cambrien sup.)
Festoon	1) feston, guirlande (Périglaciaire); 2) arc insulaire; 3) type de stratification entrecroisée, à dépressions marquées
Stone festoon	Guirlande de solifluxion
Fetid	Fétide
Fiber, fibre	Fibre
Fiber glass	Fibre de verre
Fibroblastic	Nématoblastique, texture métamorphique dans laquelle dominent les minéraux aciculaires
Fibrolite	Variété fibreuse de sillimanite
Fibrous	Fibreux
—duff	Humus brut fibreux
—fracture	Cassure fibreuse
—serpentine	Chrysotile
Field	1) terrain; 2) gisement; 3) champ (sens propre et figuré); 4) champ électrique; 5) champ magnétique; 6) champ optique
—book	Carnet de terrain
—capacity	Capacité capillaire d'un sol
—completion	Complétement au sol (de carte)
—current	Courant inducteur
—geology	Géologie de terrain
—ice	Banquise
—intensity	Intensité du champ magnétique
—magnet	Inducteur
—notes	Carnet de terrain
—observations	Observations de terrain
—of view	Champ visuel
—reversal	Inversion de champ magnétique
—sampling	Échantillonage de terrains
—survey	Étude de terrain
—work	Prospection
Magnetic field	Champ magnétique
Fierry	1) inflammable; 2) grisouteux
Figuline	Argile figuline, terre à poterie
Figurestone	Agalmatolite
Filament	Filament
Filamentous	Filamenteux
File	Classeur
—card	Fiche de classeur
—number	Cote d'un document
Filiform	Filiforme
Filing	Classement
—case	Fichier, classeur
Fill	1) remplissage naturel de cavité; 2) matériaux de remplissage (sables, etc); 3) remblai (artificiel)
—earth	Terre à remblai
—in fill terrace	Terrasse emboîtée
—up	Remblayage
Fill (to)	1) remplir, emplir; 2) combler, remblayer; 3) s'emplir, se remplir
Filling	Comblement, remplissage, remblai, remblayage
—machine	Remblayeuse
—substance	Matériaux de remblai
—system	Système d'exploitation avec remblayage
—up	Comblement
Back filling	Remblayage (de mine ou chantier)
Film	1) revêtement mince, pellicule; 2) pellicule, film (Photog.)
—library	Cinémathèque
—of oil	Pellicule de pétrole
—water	Eau
Boundary film	Couche limite
Filter	1) filtre; 2) filtre (Géophys.)
—bed	Couche filtrante
—cloth	Toile filtrante
—clay	Terre filtrante
—medium	Milieu filtrant
—pass-band	Bande de transmission (Géophys.)
—sand	Sable filtrant

—sieve	Tamis filtrant à mailles fines
—screen	1) crible filtrant; 2) écran filtrant
—well	Puits filtrant
Sand filter	Filtre à sable
Water filter	Filtre à eau
Filtering	1) adj: filtrant; 2) n: filtration, filtrage
—stone	Pierre poreuse
Filtrate	Filtrat
Filtration	Filtration, filtrage, suintement
—spring	Source d'infiltration
Final	Final
—boiling point (F.B.P.)	Point d'ébullition final
Find	Découverte, trouvaille
Find (to)	Découvrir, trouver
—one's bearings	S'orienter à la boussole
Finding	Découverte
Fine	1) fin, à grain fin, de faible granulométrie, menu; 2) pur, fin; 3) beau
—crushing	Broyage fin
—gold	Or fin
—grained	À grain fin
—grained sand	Sable à grain fin
—soil	Sol limono-argileux
—granular	À grain fin
—ore	Minerai fin
—pored	Finement poreux
—sand	Sable fin, sablon (0,25 mm < L < 0,125 mm)
—sandstone	Grès fin
—silt	Limon fin
—structure	Microstructure
—textured	À grain fin
—weather	Beau temps
Fine (to)	Purifier, affiner
Fineness	1) titre, qualité (d'un métal); 2) finesse
Finery	Affiné
Fines	1) fraction fine, particules fines; 2) minerai fin, "fines"
Fingerlakesian (North Am.)	Fingerlakésien (Étage base du Dévonien sup.)
Fingering	Digitation (d'un gisement)
Fining	Purification, affinage
Fiord, Fjord	Fjord
Fiorite	Fiorite (var. d'opale)
Fire	Incendie, feu
—assay	Essai pyrognostique
—belt	Pare-feu (forêts)
—blende	Pyrostilpnite
—brick	Brique réfractaire
—clay	Argile réfractaire
—coat	Revêtement réfractaire
—damp	Gaz des marais, grisou, méthane
—damp detector	Détecteur à grisou
—damp outburst	Dégagement de grisou
—damp pocket	Poche de grisou
—explosion	Explosion de grisou
—loss	Perte au feu
—opal	Opale de feu
—setting	Abatage au feu (mine)
—sand	Sable réfractaire
—tile	Tuile réfractaire
—well	Fontaine de lave
Fire (to)	Incendier, enflammer
Fired	Chauffé
Oil fired	Chauffé au pétrole
Firing	1) tir de mine, tir, mise à feu; 2) chauffe, chauffage; 3) cuisson
Shot firing	Tir des coups de mine
Firm	Consistant, compact, ferme, solide
Firmness	Solidité, consistance
Firn	Névé
—basin	Bassin d'alimentation glaciaire
—ice	Glace de névé
—limit	Limite d'ablation estivale d'un névé
First	Premier
—arrivals	Premières ondes sismiques enregistrées
—bottom	Plaine alluviale
—leg of reflection	Première phase de réflection
—working	Traçage (mine)
Firth	Estuaire, fjord, bras de mer (Écosse)
Fish-eye stone	Apophyllite = variété de zéolite (minéral.)
Fish up (to)	Repêcher (un objet dans un forage)
Fishing	Repêchage (For.)
—jar	Coulisse de repêchage
—tools	Outils de repêchage
Fishtail bit	Trépan à queue de poisson
Fissile	Fissile
Fissility	Fissilité
Fission	Fission
—track age	Âge déterminé à partir des traces de fission
Fissuration	Fissuration, fendillement
Fissure	Fissure, fente
—eruption	Éruption fissurale

—network soil	Sol réticulé
—vein	Fissure filonienne, filon minéralisé
Shallow fissure	Fissure superficielle
Tension fissure	Fissure d'extension
Fissure (to)	Fissurer, fendre, crevasser
Fit (to)	Adapter, ajuster
Fix (to)	Positionner un point sur une carte
Fixed cheek	Joue fixe (Trilobite)
Fjord, Fiord	Fjord
Flabellate	En éventail, flabellé
Flag	Dalle, pierre plate
—ore	Minerai stratifié
Flagstone	1) dalle; 2) roche fissurable en dalle
Flaggy	1) se débitant en dalles; 2) de faible épaisseur (1 à 10 cm)
Flags	Grès durs ou calcaires lités utilisés comme dalles
Flake	1) éclat; 2) écaille, paillette; 3) feuillet; 4) flocon; 5) éclat préhistorique
Flaked	En écailles
Flaking off	Exfoliation, écaillage, desquamation
Flaky	En écailles
Flame	Flamme
—photometry	Spectrophotométrie de flamme
—proof	Résistant au feu
—structure	Figure de charge, avec injection (ou remontée) en "flammes" dans le lit sédimentaire sus-jacent
Flaming	Flambant
—coal	Charbon flambant
Flammable	Inflammable
Flandrian	Flandrien (formation marine, Holocène)
Flank	Flanc
—dip	Pendage latéral
—moraine	Moraine latérale
—well	Puits latéral
Flanking moraine	Moraine latérale
Flare	Torchère, torche
Gas flare	Torche
Flare up (to)	S'enflammer brusquement
Flaring	Brûlage à la torche
Flask	Fiole, flacon (Laboratoire)

Flash	Éclair
Flat	1) adj: plat, plan; 2) n: bas-fond, marécage; 3) n: couche subhorizontale de charbon (Staffordshire)
—bottomed valley	Vallée à fond plat
—lode	Filon subhorizontal
—of ore	Gîte minéral subhorizontal dans un plan de stratification
—surface	Surface plane
Mud flat	Estran (surtout la slicke)
Sand flat	Estran
Tidal flat	Estran
Valley flat	Fond de vallée
Flatness ratio	Indice d'aplatissement (d'un galet)
Flatten (to)	1) aplatir, aplanir; 2) s'aplatir
Flattening	Aplanissement, aplatissement
—index	Indice d'aplatissement (Sédim.)
Flaw	1) fente, fissure; 2) décrochement; 3) défaut, paille (dans l'acier)
Thrust flaw	Copeau de charriage
Flaxseed ore	Oolithes ferrugineuses ovalaires (en "graine de lin")
Fleckshiefer	Schiste tacheté
Flexible	Flexible, pliant, souple
—sandstone	Itacolumite, grès micacé
—silver ore	Sternbergite (Minéral.)
Flexion	Flexion, courbure
Flex point	Point d'inflexion
Flexure	1) pli (Am. du N.); 2) flexure, courbure
—fault	Zone de cisaillement
Flint	Silex
—age	Âge de la pierre
—clay	Argile à silex
—stone	Silex
Flinty	1) de silex, en silex; 2) caillouteux
—crush-rock	Mylonite partiellement fondue (dynamométamorphisme)
—fracture	Cassure conchoïdale
—ground	Sol siliceux
—slate	Schiste siliceux
Float	Minéraux d'altération, fragments rocheux détachés par altération
—and sink testing	Essai de séparation densimétrique
—copper	Cuivre natif détritique

—gold	Fines paillettes d'or	Sea flood	Raz de marée
—ore	1) paillettes de minerai; 2) fragments de minerai en aval ou en contrebas de l'affleurement	Sheet flood	Ruissellement en nappes
		Flood (to)	1) inonder, noyer, submerger; 2) déborder, être en crue
—stone	Variété de pierre ponce	Flooded mine	Mine noyée
Float (to)	1) flotter, nager, surnager; 2) transporter; 3) inonder, submerger	Flooding	1) inondation, submersion; 2) débordement, crue (d'une rivière); 3) injection de fluide
Floating	1) flottant, libre; 2) en suspension, dispersion	—of a well	Noyage d'un puits
		—the mine	Noyage de la mine
—bog	Marais tremblant	Air flooding	Injection d'air
—gold	Paillettes d'or	Gas flooding	Injection de gaz
—ice	Glace flottante	Water flooding	Injection d'eau (pour récupération de pétrole)
—platform	Plate-forme flottante		
—sand grain	Grain de sable dispersé (dans une matrice calcaire)	Floor	1) plancher, plate-forme; 2) socle, fond, mur (mine)
Flocculating agent	Agent de floculation	—limb	Flanc inférieur d'un pli-couché
Flocculation	Floculation		
Flocculent	Flocon	—of seam	Mur d'une couche (mine)
Flock	Flocon (formé par précipitation)	Derrick floor	Plancher de travail d'un derrick
—point	Point de floculation		
—test	Essai de floculation	Sea floor	Fond océanique, fond marin
Flocky	Floconneux		
Floe	Glaçon flottant, masse de glaces flottantes, banquise	Floorman	Ouvrier travaillant sur un plancher de forage
		Flora	Flore
—ice	Glace flottante	Floss-ferri, flos-feri	Floss-ferri (var. d'aragonite dans les stalactites)
—rock	Éboulis de grès et argiles réfractaires		
Flood	1) crue (fluviatile); 2) flot (de la marée); 3) concentration minérale (en milieu sédimentaire)	Flotability	Flottabilité
		Flotable	Flottable
		Flotation	Flottation, flottage
		—concentrate	Concentré de flottation
		—test	Essai de flottation
—basalt	Basalte de plateau	Enrichment by flotation	Enrichissement par flottation
—basin	Plaine d'inondation		
—control	Surveillance, contrôle des crues	Flour	Farine
		—copper	Très fines paillettes de cuivre natif
—control reservoirs	Réservoirs artificiels de retenue		
—current	Courant de flot	—gold	Très fines paillettes d'or
—deposit	Dépôt de crue	Glacial flour	Poussière, farine glaciaire
—peak	Maximum de la crue		
—plain	Plaine d'inondation	Flow	1) écoulement; 2) débit; 3) flot, débit; 4) coulée (de laves, etc); 5) fluage
—plain silt	Limon de débordement		
—plain terrace	Terrasse alluviale		
—planning	Planification des crues		
—tide	Marée montante	—banded	Lité
—zone	Zone inondable, lit majeur	—banding	Litage de flux
		—breccia	Brèche de coulée de lave
High flood	Crue	—cleavage	Schistosité de pression, clivage de flux
Ice flood	Glaciation		
Flash flood	Crue soudaine	—earth	Manteau de solifluxion
Lava flood	Épanchement de laves	—folding	Pli ptygmatique
		—head	Tête d'écoulement (fo-

—indicator · Débitmètre

—layer · Couche litée

—line · 1) ligne de flux; 2) direction d'écoulement; 3) conduite d'écoulement

—meter · Débitmètre

—of rocks · Coulée de pierres

—of the tide · Flot de la marée

—rate · Débit

—recorder · Débitmètre enregistreur

—schedule · Programme de production (For.)

—stage · Stade visqueux, stade fluide

—stretching · Orientation des minéraux métamorphiques

—structure · Structure fluidale

—surface · Surface de feuillets (Métamorphisme)

—test · Essai d'écoulement

—texture · Texture fluidale

—units · Unités d'une coulée de laves

Counter flow · À contre-courant

Free flow · Écoulement libre

Laminar flow · Écoulement laminaire

Lava flow · Coulée de lave

Mud flow · Coulée de boue

Plastic flow · Écoulement visqueux

Shooting flow · Écoulement violent

Soil flow · Solifluxion

Spring flow · Débit d'une source

Steady flow · Écoulement fluviatile régulier

Turbulent flow · Écoulement torrentiel

Underflow · Sous-écoulement

Unsteady flow · Écoulement torrentiel turbulent

Flow (to) · Couler, s'écouler

—back (to) · Refluer

—by heads · Jaillir par intermittence

—into · Affluer, se verser dans

—out · Se vider, s'écouler

Flowage · 1) écoulement plastique; 2) fluage

Flower · Fleur

—of iron · Floss-ferri, aragonite

—of sulfur · Fleur de soufre

Flowering plant · Plante à fleur

Flowing · 1) adj: coulant, s'écoulant; 2) n: écoulement, jaillissement

—well · Puits à jaillissement spontané

Flucan, flookan · Salbande argileuse, glaise, terre glaiseuse

Fluctuate (to) · Fluctuer

Fluctuation · Fluctuation, oscillation, variation

Flue · 1) conduite, canal; 2) carneau (mine)

—gas · Gaz de carneau

Fluid · 1) adj: fluide; 2) n: fluide

—inclusion · Inclusion fluide

—unit · Unité de craquage à catalyseur fluide (raffinage)

Drilling fluid · Fluide de forage

Fluidal · Fluidal

—structure · Structure fluidale

Fluidify (to) · Fluidifier

Fluidity · Fluidité

Fluidized · Fluidifié

Flume (U.S.) · 1) ravin, torrent; 2) canal d'amenée; 3) réservoir

Fluocerite · Fluocérine, fluocérite (Minéral.)

Fluometer · Appareil à doser le fluor

Fluor · 1) fluor; 2) fluorine (Minéral.)

Fluorapatite · Fluorapatite

Fluorspar · Fluorine, fluorite

Fluorescence · Fluorescence

Fluorescein · Fluorescéine

Fluorescent · Fluorescent

Fluoride · Fluorure

Fluorinate (to) · Fluorer

Fluorine · Fluor

—dating · Datation au fluor

Fluorite · Fluorine, fluorite

Fluoritic · Fluoritique

Fluorographic method · Méthode de fluorescence aux ultraviolets

Flush · Remblai d'embouage (mine)

—irrigation · Irrigation par les crues

—production of a well · Production éruptive non réglée du début d'exploitation

Flushing · 1) injection d'eau, chasse d'eau; 2) balayage du pétrole par de l'eau (dans un piège); 3) remblayage par embouage

—of drill bit · Rinçage d'un trépan

—shaft · Puits d'embouage

Core flushing · Lavage d'une carotte

Flush out (to) · Jaillir

—out (to) · Rincer, laver, curer

—over (to) · Déborder

Flute	1) rainure (érosion glaciaire); 2) flute (Sédimentol.)
Flute-mark	Marque de courant en dos de cuillère
Flute (to)	Canneler, strier
Fluting	Cannelures glaciaires
Fluvial	Fluvial
—geomorphic cycle	Cycle d'érosion fluviatile
Fluviation	Processus fluviatiles
Fluviatic, fluviatile	Fluviatile
—dam	Barrage d'alluvions déposées par un affluent
—deposits	Alluvions
Fluviogenic soil	Sol alluvial
Fluvio-glacial	Fluvio-glaciaire
—drift	Matériaux fluvio-glaciaires
Fluvio-marine	Fluvio-marin
Fluvioterrestrial	Fluviatile-continental
Flux	1) flux, flot montant; 2) vitesse d'écoulement (d'énergie) à travers une unité de surface; 3) flux (magnétique); 4) (U.S.) substance abaissant le point de fusion d'un mélange
—density	Densité du champ magnétique
—gate	Vanne de flux magnétique
—meter	Fluxmètre
Gold flux	Aventurine
Flux (to)	1) ruisseler, jaillir; 2) fondre, mettre en fusion, ajouter un fondant
Fluxion structure	Structure fluidale
Flying sand	Sable éolien
Flysch	Flysch
Foam	Écume, mousse
—earth	Aphrite (Minéral.)
—spar	Aphrite
Foaming	Formation de mousse
—earth	Aphrite (Minéral.)
Foamy	Écumeux, mousseux
Focal	Focal
—depth	Profondeur de l'hypocentre
—length	Distance focale (Optique)
—plane	Plan focal
Focalize (to)	Mettre au point
Focus	Foyer, centre
—of an earthquake	Foyer d'un séisme
Focus (to), focuse (to)	1) mettre au point (un microscope); 2) concentrer (un rayon lumineux), faire converger
To focus on infinity	Mettre au point sur l'infini
Focusing	1) convergence, concentration; 2) mise au point (Optique)
—a microscope	Mise au point d'un microscope
Fog	1) brouillard, brume; 2) buée
Fogged	Voilé (Photogr.)
Föhn	Föehn
Foids	Feldspathoïde (abrév.)
Fold	Pli
—axis	Axe d'un pli
—belt	Zone orogénique
—bundle	Faisceau de plis
—fault	Pli-faille
—nappe	Nappe de charriage
—overlap	Chevauchement
—sheaf	Faisceau de pli
Acute fold	Pli serré
Angular fold	Pli en chevron
Back fold	Pli en retour
Box fold	Pli coffré
Carinate fold	Pli isoclinal
Compressed fold	Pli serré
Diapiric fold	Pli diapir
Dipping fold	Pli plongeant
Down fold	Pli synclinal
Drag fold	Pli d'entraînement
Fan shaped fold	Pli en éventail
Flap fold	Pli rebroussé
Flexural fold	Pli par flexion
Flow fold	Pli de fluage
Inclined fold	Pli déjeté
Isoclinal folds	Plis isoclinaux
Knee fold	Pli en genou
Monoclinal fold	Pli monoclinal
Oblique fold	Pli oblique
Offset fold	Pli décalé
Overturned fold	Pli déversé
Overfolding	Pli replissé
Overthrust	Pli faille couché
Piercement fold	Pli de percement, pli diapir
Plunging fold	Pli plongeant
Recumbent fold	Pli renversé, pli couché
Shear fold	Pli de cisaillement
Supratenuous fold	Pli syngénétique
Synclinal fold	Pli synclinal
Truncated fold	Pli tronqué
Upfold	Voûte, pli anticlinal
Upright fold	Pli droit
Folded	Plissé, plié
Folding	1) adj: pliant; 2) n: plissement, pli, pliage

Bound folding	Pli entravé
Cross folding	Pli transversal
Dysharmonic folding	Pli dysharmonique
Incipient folding	Pli naissant
Injection folding	Pli diapir
Posthumous fold	Pli posthume
Shear fold	Pli cisaillant
Folia	Feuillets (schiste)
Foliaceous	Foliacé
Foliated	1) feuilleté, lamellaire; 2) schisteux
—crystalline rocks	Roches cristallo-phylliennes
Foliate rock	Roche feuilletée
Foliation	1) schistosité; 2) foliation, clivage de flux
—cleavage	Schistosité
—plane	Plan de schistosité
—structure	Structure feuilletée
Axial-plane foliation	Clivage ardoisier
Food chain	Chaîne alimentaire
Food grooves	Sillons ambulacraires alimentaires (Crinoïdes)
Fool's gold	Pyrite
Foolproof	Indéréglable
Foot	1) pied (unité de mesure = 0,3048 m); 2) base, pied, socle
—hill	—avant-mont, contrefort
—piece	—semelle, sole (mine)
—print	—empreinte de pas
—scale	—échelle graduée en pieds
—slope	—bas de pente
—wall	—mur d'un filon (mine), paroi, lèvre inférieure
—wall drift	—galerie au mur (mine)
Ice-foot	—de glace
Footage	Avancement du forage, exprimé en pieds
Footing (U.S.)	Base, socle, mur
Foramen	Foramen, perforation, ouverture
Foraminifera	Foraminifères
Foraminiferal ooze	Boue à Foraminifères
Foraminiferous	À foraminifères
Forams	Foraminifères (abrév.)
Force	Force, contrainte
—of friction	Force de frottement
—pump	Pompe foulante
Gravity force	Pesanteur, gravité
Forced	Forcé
—draught	Air soufflé
—injection	Injection sous pression
—oscillations	Oscillations forcées
Ford	Gué (d'un fleuve)
Fore	Avant
—breast	Front de taille

—cast	Prévision
—deep	Avant-fosse
—dune	Avant-dune
—field	Front des travaux
—ground	Premier-plan
—head	Front de taille
—land	Avant-pays
—limb	Flanc antérieur, inférieur d'un pli déversé
—man	Contremaître
—poling	Soutènement provisoire
—reef	Avant récif
—runner	Précurseur
—set beds	Lits deltaïques frontaux
—shaft	Avant-puits
—shock	Secousse sismique prémonitoire
—shore	Avant-plage
—trough	Avant-fosse
—sight	Prévision
—winning	Traçage
Forest	Forêt
—area	Région forestière
—bed	Dépôt interglaciaire (sol à débris organiques)
—soil	Sol forestier à restes de végétaux
Forested	Boisé, à couvert forestier
Forfeiture of lease	Déchéance, abandon d'une concession
Forge	Forge
Forge (to)	Forger, étirer
Forgeman	Ouvrier forgeur, forgeur
Fork a mine (to)	Assécher une mine
Forking	1) bifurcation; 2) assèchement (mine)
Form	1) forme, modelé, relief; 2) coffrage (Constr.)
—contour	Courbe topographique tracée par photorestituteur
Crystal form	Forme cristalline (Cristallogr.)
Form (to)	Former, façonner, faire, organiser
Formation	Formation (Stratigraphie), terrain, couches
—lines	Plans de stratification
—map	Carte de formation
—resistivity factor	Facteur de résistivité d'une formation
—testing	Essai d'évaluation des fluides contenus dans une couche
—water	Eau de gisement
Oil producing formation	Couche pétrolifère
Formula	Formule
Chemical formula	Formule chimique
Formwork	Coffrage (du béton)

Forsterite	Forstérite, olivine magnésienne (Minéral.)
Fosse	Fossé
Fossil	Fossile
—bearing	Fossilifère
—fauna	Faune fossile
—flour	Diatomite
—fuel	Combustible fossile
—imprint	Empreinte fossile
—oil	Pétrole
—ore	Hématite
—print	Empreinte fossile
—salt	Sel gemme
—soil	Sol fossile
Facies fossil	Fossile de faciès
Guide fossil	Fossile guide
Index fossil	Fossile stratigraphique
Key fossil	Fossile stratigraphique
Persistent fossil	Fossile à grande survie
Zone fossil	Fossile de zone
Fossilate (to)	Fossiliser, pétrifier
Fossiliferous	Fossilifère
Fossilification, fossilization	Fossilisation
Fossilize (to), fossilify (to)	1) fossiliser; 2) se fossiliser
Fossilizing	Fossilisateur
Found native (to be)	Se trouver à l'état natif
Foundation	Fondation, soubassement, substruction
Founder's sand	Sable de fonderie
Founding	Fonte, coulée, moulage
Foundry	Fonderie
—casting work	Coulée, fusion
—coke	Coke métallurgique
—iron	Fonte de moulage
—man	Ouvrier fondeur
—sand	Matériaux siliceux de fonderie
Fountain	Fontaine, puits, source, réservoir
—head	Source
Fourble	Longueur de forage de quatre tiges
—board	Plate-forme d'accrochage
Four-sided	Quadrilatéral
Fowlerite	Fowlérite, variété zincifère de rhodonite (Minéral.)
Foyaite	Foyaïte, (Pétrol.) syénite néphélinique contenant $\dfrac{\%\ \text{feldspathoïdes}}{\%\ \text{feldspath}} \geq 2$
Fraction	1) fragment; 2) fraction minérale; 3) fraction (Math.)
Heavy fraction	Fraction lourde
Light fraction	Fraction légère
Fractional	1) fractionné; 2) fractionnaire (Math.)
—analysis	Analyse fractionnée
—crystallization	Cristallisation fractionnée
—distillation	Distillation fractionnée
Fractionate (to)	Fractionner
Fractionating	Fractionnement
—column	Colonne de fractionnement
—tower	Tour de fractionnement
Fractionation	Fractionnement
—product	Produit de cristallisation fractionnée
—progressive	Cristallisation fractionnée
Fractionator	Colonne de fractionnement
Fracture	Fracture, cassure
—cleavage	Clivage de fracture
—plane	Plan de fracture
—porosity	Porosité de fracture
—zone	Zone transformante (tectonique globale)
Open gash fracture	Fissure d'extension, joint de tension
Fracture (to)	1) fracturer, fissurer; 2) se fracturer
Fracturing	Formation de fissures, degré de fissuration
Hydraulic fracturing	Fracturation hydraulique
Fragile	Fragile, cassant
Fragility	Fragilité
Fragipan	Fragipan (Pédol.)
Fragment	Fragment, débris
Fragmental	Clastique, détritique
—rocks	Roches détritiques
—texture	Structure détritique
Fragmentary	Détritique, formé de débris
—rock	Brèche, conglomérat bréchique
Fragmentation	Fragmentation
Frame	Bâti, cadre, charpente, structure
—builder organism	Organisme constructeur
—set	Cadre de boisage (mine)
—work	Canevas d'un levé, réseau, ossature (d'un ouvrage), plan d'ensemble, grandes lignes (d'une étude ou d'un rapport)
Head-frame	Tête de puits, chevalement d'extraction (mine)
Franconian (U.S.)	Franconien (Étage,

	Cambrien supérieur)
Franklinite	Franklinite (Minéral.)
Frasnian (Eur.)	Frasnien (Étage, Dévonien sup.)
Fray out (to)	Se coincer en biseau, s'effilocher
Free	Libre, débarassé de, dépourvu de, exempt de
—air anomaly	Anomalie à l'air libre
—air correction	Correction à l'air libre
—cheek	Joue libre (Trilobite)
—face	Surface dégagée (mine), affleurement dégagé
—gold	Or natif
—milling ore	Minerai contenant du métal à l'état libre
—nappe	Nappe libre (Hydrol.)
—sample	Échantillon gratuit
—stone	Pierre de taille
Acid free	Sans acide
Freezable	Gelable, congelable
Freeze	Gel
—degree day	Jour-degré de gel
—ice	Glace de congélation
—thaw action	Cycle gel-dégel
—up	Prise en glace
Freeze (to)	1) geler, glacer, se solidifier (par congélation); 2) se geler, se congeler
Freezing	1) congélation, gel; 2) réfrigération
—interval	Intervalle de congélation
—point	Point, température de congélation
—point of water	Température de congélation de l'eau
—test	Essai de congélation
Freibergite	Freibergite, tétraédrite argentifère (Minéral.)
French chalk	1) talc, stéatite; 2) craie de Meudon
Frequency	Fréquence
—band	Bande de fréquence
—curve	Courbe de fréquence, courbe en cloche
—polygon	Polygone de fréquence
—range	Gamme de fréquences
Natural frequency	Fréquence propre
Fresh	1) non usé, non altéré (Pétro.); 2) frais, nouveau; 3) doux, non salé
—water	Eau douce
—formation	Formation d'eau douce
—limestone	Calcaire lacustre
Freshening	1) dessalement, des-

	salure (de l'eau de mer); 2) rafraîchissement (de l'atmosphère)
Freschet	1) avalaison, crue, inondation; 2) courant d'eau douce dans la mer
Freshness	Fraicheur (absence d'altération d'une roche)
Fret (to)	Ronger, creuser, user, corroder
Friability	Friabilité
Friable	Friable
Friction	Frottement, friction, attrition
—angle	Angle de frottement
—breccia	Brèche de dislocation
Frictional resistance	Résistance de frottement
Friedelite	Friedélite (Minéral.)
Frigid zone	Zone froide, zone polaire
Fringe	Frange, bord, bordure
Fringing	De bordure, marginal
—reef	Récif frangeant
Frit (to)	Fondre partiellement
Frith	1) fjord, bras de mer; 2) haie
Fritted	Fritté
—rock	Roche vitrifiée, recuite
Fritting	Frittage (fusion superficielle de grains)
Frond	Fronde (Ptéridophytes)
Front	1) adj: frontal, avant, de devant; 2) n: front, face, partie antérieure, devant, 3) front (Météo.)
—view	Vue de face
Thrust front	Front de charriage
Wave front	Front d'onde
Frost	Gel, gelée
—action	Gélivation
—blasting	Éclatement par le froid
—breaking	Gélifraction
—crack	Fissure de gel
—crack polygon	Polygone de gélicontraction
—creep	Reptation des sols due au gel
—desert	Désert de gélifraction
—disturbance	Cryoturbation
—heaving	Soulèvement par le gel
—heaved mound	Sol polygonal
—line	1) seuil du gel; 2) profondeur maximum du gel

—pattern	Réseau polygonal
—polygon	Polygone de gel
—proof	Résistant au gel
—prying	Éclatement par le gel
—riving	Gélifraction
—shattering	Éclatement par le gel
—splitting	Gélidisjonction
—stirring	Géliturbation
—thrust	Poussée de gel, moraine de poussée
—weathering	Action climatique du gel
—wedging	Fissuration par le gel
Frostwork	Gélivation
Glassed frost	Givre
Ground frost	Gelée blanche, givre
Hoar frost	Gelée blanche, givre
White frost	Gelée blanche
Frontal	Frontal, de face
—moraine	Moraine frontale, moraine terminale
Frosted	1) dépoli, mat; 2) givré
Froth	Écume, mousse
Froth (to)	Mousser, écumer
Frother	Agent moussant
Frothy	Écumeux
Frozen	1) gelé, glacé, congelé; 2) coincé
—drill pipe	Tige de forage coincée
—ground	Sol gelé
Frustule	Frustule (diatomée)
Fuel	Combustible, carburant
—gas	Gaz combustible
—oil	Mazout, huile combustible
—ratio, value	Pouvoir calorifique
Compressed fuel	Aggloméré, briquettes de charbon
Heavy fuel	Fuel lourd
Saving of fuel	Économie d'énergie
Fuel (to)	Obtenir du combustible, se ravitailler en combustible
Fueling	1) approvisionnement en combustibles; 2) combustibles
Fulgurite	Fulgurite (structure de fusion par la foudre)
Full	Plein, rempli
—dip	Pendage vrai, pendage réel
—scale	À échelle ou grandeur réelle
—timbering	Boisage complet (mine)
Fuller's earth	Terre à détacher, marne à foulon, glaise à dégraisser, argile smectique
Fulminate (to)	Fulminer
Fultonian (Wash. st.)	Fultonien (étage floral, Eocène moy.)
Fulvurite	Lignite
Fumarole	Fumerolle
Fumarolic	Fumerollien
Fume	Fumée, vapeur, exhalaison, exhalation
Fumes of sulfur	Vapeurs sulfureuses
Fuming	Fumant
Function	Fonction (Math, Chim.)
Functional	Fonctionnel
—test	Essai de fonctionnement
Fundamental	Fondamental, essential
—gneiss	Gneiss du socle
Fungi	Champignons (Thallophytes)
Fungicidal	Fungicide
Funicular water	Eau funiculaire
Funnel	1) cheminée; 2) entonnoir, embouchure de tube
Funnel upward (to)	Se créer un passage vers le haut
Fur	Incrustation, tartre, calcin
Fur (to)	1) entartrer; 2) détartrer, décrasser
Furcate	Bifurqué
Furlong	Furlong = 201,168 m
Furnace	Four, fourneau, chaudière
—coke	Coke métallurgique
—shaft	Puits à foyer d'aérage (mine)
Furred	Entartré
Furrow	1) cannelure, rainure, strie; 2) entaille (mine)
—cast	Trace allongée
Glabellar furrow	Sillon glabellaire (de Trilobite)
Furrow (to)	Sillonner, creuser des cannelures
Furrowing	1) formation de cannelures; 2) érosion karstique (lapiés)
Fuse (to)	1) réunir, fusionner (deux images aériennes mentalement); 2) fondre (un métal)
Fusibility	Fusibilité
—scale	Échelle thermique de fusibilité
Fusible	Fusible
—clay	Terre fusible, soluble

—quartz	Obsidienne (G.B.)	—curve	Courbe de fusion
Fusibleness	Fusibilité	—point	Température de fusion
Fusiform	Fusiforme	—welding	Soudage par fusion
Fusing point	Point de fusion, température de fusion	Fusulina	Fusuline
		Fusulinids	Fusulinidés
Fusion	Fusion	Fussy, fuzzy	Flou (Photo.)

G

Gabbro	Gabbro
Gabbro syenite	Monzonite
Alkali gabbro	Gabbro alcalin (Pétrogr.)
Gabbroic	Gabbroïque
Gabbroid	Gabbroïde
Gad	1) coin (Mine); 2) pince (Mine); 3) pointe (lance, flèche)
Gadolinite	Gadolinite (Minéral.)
Gage	Indicateur de pression, manomètre, jauge
Rain gage	Pluviomètre
Slide gage	Pied à coulisse
Tide gage	Indicateur de marée, marégraphe
Gage (to) (cf to gauge)	Calibrer, étalonner jauger
Gaging	Jaugeage, calibrage
Gahnite	Gahnite, spinelle zincifère (Minéral.)
Gain	Amplification, accroissement
—amplifier	Préamplificateur
Gaize	Gaize (roche siliceuse)
Galactic	Galactique
Galaxy	Galaxie
The galaxy	La voie lactée
Gale	1) coup de vent, grand vent; 2) tempête; 3) loyer
Galena, galenite	Galène
Galenobismuthite	Galénobismuthite
Gallery	Galerie (Mine)
Gallium	Gallium
Gallon	Gallon
—(Imperial)	= 4,545.963 l
—(U.S.)	= 3,785.41 l
Gallows	Cadre incomplet (Mine)
—frame	Chevalement (Mine), bâti de machine à balancier (Forage)
Galt (U.K.)	Gault (Formation, Crétacé inf.)
Galvanic	Galvanique
Galvanize (to)	Galvaniser
Galvanized	Galvanisé
Galvanometre	Galvanomètre
Gamma	Gamma (unité d'intensité de champ magnétique = 10^{-5} gauss)
Gamma-gamma log	Diagraphie gamma-gamma
Gamma ray	Rayon gamma
—ray well logging	Méthode de diagraphie par rayons gamma
—structure	Chevauchement unidirectionnel
Gang	1) chemin, passage; 2) gangue (mine)
Gangue	Gangue
Gangway	Galerie principale (mine), galerie maîtresse
Gannister, ganister	1) roche sédimentaire très réfractaire utilisée dans le revêtement de hauts fourneaux; 2) mélange de grès et d'argiles réfractaires; 3) sable siliceux pur situé sous les couches de charbon
Ganoid	Ganoïde (Pal.)
Gap	1) trou, vide, brèche; 2) col de montagne (Am. du N.) défilé; 3) composante horizontale du rejet parallèlement à la faille; 4) lacune, interuption
—fault	Faille ouverte
Sedimentary gap	Lacune sédimentaire
Dry, wind, air gap	Cluse sèche, cluse morte
Erosional gap	Lacune d'érosion
Stratigraphic gap	Lacune stratigraphique
Water gap	Cluse fonctionnelle, active, cluse vive
Gaping	Béant
Gargasian (Eur.)	Gargasien (sous-étage, Aptien sup.)
Garland	Guirlande
Stone garland	Croissant, guirlande de pierres (cas de solifluxion entravée)
Garnet	Grenat
—blende	Sphalérite, blende
—rock	Grenatite
Garnetiferous	Grenatifère
Garnierite	Garniérite, Nouméite (Minéral.)
Gas	1) gaz; 2) grisou (Mine)
—bearing	Gazéifère
—black	Noir de fumée
—blow-out	Éruption de gaz
—bubble	Bulle de gaz
—cap	Chapeau de gaz (pétrole)
—cap drive	Drainage du pétrole par pression du gaz libre

Gas-cap pool	Gisement possédant un chapeau de gaz	**Gash**	Cassure, entaille, tranchée (remplie de sédiments)
Gas coal	Houille grasse	**—vein**	Fissure minéralisée à courte extension verticale
—coke	Coke à gaz		
—condensate	Condensat	**Gasifiable**	Gazéifiable
—cut mud	Boue de forage émulsionnée de gaz	**Gasification**	Gazéification
		Gasify (to)	1) gazéifier; 2) se gazéifier
—cycling	Recyclage de gaz		
—detector	Détecteur de grisou	**Gasoline**	Essence (de pétrole)
—distillate	Gaz humide	**Gasser**	Puits producteur de gaz
—drive	Poussée de gaz, drainage par gaz	**Gassing**	1) dégagement gazeux; 2) asphyxie par les gaz
—expansion method	Méthode par expansion de gaz		
		Gassy	1) gazeux; 2) grisouteux
—explosion	Explosion de grisou	**Gastrolith (syn. Gizzard stone)**	Gastrolithe (des mammifères)
—factor	Teneur en gaz		
—field	Champ de gaz naturel	**Gastropod**	Gastéropode
—freeing	Dégazage	**Gastropoda**	Classe des Gastéropodes
—horizon	Horizon gazéifère	**Gate**	1) porte, ouverture; 2) barrière; 3) vanne, écluse; 4) voie
—indicator	Détecteur de gaz		
—injection	Injection de gaz		
—lift	Extraction de pétrole par injection de gaz	**Gate road**	Galerie de desserte
		Gateway	Large défilé (fluvial), voie de roulage (Mine)
—line	Conduite de gaz		
—liquids	Liquides extraits du gaz naturel	**Back gate**	Voie de retour
		Intake gate	Voie d'entrée
—main	Conduite de gaz	**Return gate**	Voie de retour
—muds	Boue émulsionnée de gaz	**Top gate**	Voie de tête
		Gather (to)	Rassembler, collectionner, collecter
—oil level	Niveau de contact entre le gaz et le pétrole		
—oil ratio (G.O.R.)	Proportion gaz pétrole	**Gathering**	Accumulation
—out burst	Dégagement de gaz	**—channel**	Chenal collecteur
—phase	Phase gazeuse	**—ground**	Aire d'alimentation (fluviale)
—pool	Gisement de gaz		
—pipe	Conduite de gaz	**—line**	Conduite de collecte de petit diamètre
—pressure	Pression de gaz		
—proof	Étanche au gaz	**—system**	Réseau collecteur
—rock	Roche gazéifère	**Gauge**	Calibre, jauge
—sand	Sable pétrolifère riche en gaz	**Ionic gauge**	Manomètre (jauge) ionique
—seeps	Dégagement gazeux	**Pressure gauge**	Manomètre
—storage	Stockage de gaz	**Vacuum gauge**	Manomètre à vide
—trap	''Piège'' contenant du gaz	**Gauge (to)**	Calibrer, cuber, jauger
		Gauging	Jaugeage, cubage
—verifier	Grisoumètre	**Gault (U.K.)**	Gault (G.B.) (Formation, Crétacé inf.)
—well	Sondage à gaz, puits de gaz		
		Gaussian curve	Courbe de Gauss
—yield	Rendement en gaz naturel	**Geanticlinal, geanticline**	Géanticlinal
		Gedinnian (Eur.)	Gédinnien (Étage, Dévonien inf.)
Coal gas	Gaz de houille		
Marsh gas	Gaz de marais	**Gedrite**	Gédrite (var. d'amphibole)
Oil gas	Gaz de pétrole		
Wet gas	Gaz naturel ''humide''	**Geiger counter**	Compteur Geiger
Gaseous	1) gazeux; 2) grisouteux	**Geiger-Mueller counter**	Compteur de Geiger-Mueller
—hydrocarbon	Hydrocarbure gazeux		
—inclusion	Inclusion gazeuse	**Geisothermal**	Isogéothermique
—mine	Mine grisouteuse		

Gel	Colloïde, gel	Geodesy	Géodésie
Gel (to)	Se coaguler, se gélifier	Geodesist	Géodésiste
Gelatin	Gélatine	Geodesic	Géodésique
—dynamite	Nitrogélatine	—coordinates	Coordonnées géodési-
Gelatinous	Gélatineux		ques
Gelation	1) congélation; 2) gélifi-	Geodetic	Géodésique
	cation, prise en gelée,	—line	Plus courte distance en-
	solidification		tre deux points de la
Gelifluction	Solifluxion périglaciaire		surface d'une sphère
Gelifracted	Gélifracté	Geodetics	Géodésie
Gelisol	Gélisol	Geodic	Géodique
Geliturbation	Géliturbation	Geodynamic	Géodynamique
Gelivation	Gélivation	Geognostic	Géognostique
—valley	Vallée périglaciaire	Geognosy	Géognosie
Gelivity	Gélivité	Geographer	Géographe
Gem	Pierre précieuse	Geographic, geographi-	Géographique
Gemstone	Gemme	cal	
Gem bearing	Gemmifère	Geographic latitude	Latitude
—cutting	Taille des pierres pré-	—longitude	Longitude
	cieuses	Geographically	Géographiquement
—mine	Mine de pierres pré-	Geography	Géographie
	cieuses	Geohydrology	Géohydrologie
—mining	Exploitation de pierres	Geoid	Géoïde
	précieuses	Geologic, geological	Géologique
Gemmed, gemmy	Gemmé	—age	Âge géologique
Gemmiferous	Gemmifère	—clock	Tableau chronologique
Genal	Génal (Paléontol.)	—column	Log lithostratigraphique,
Genera (plur. of genus)	Genres (Paléontol.)		succession, nature des
Generate (to)	Produire, provoquer en-		terrains
	gendrer	—engineer	Ingénieur géologue
Generic name	Nom générique	—event	Phénomène géologique
Genesis	Genèse, origine	—map	Carte géologique
Genetic	Génétique	—range	Répartition stratigraphi-
—drift	Dérive génique, change-		que d'un fossile,
	ment génétique prog-		durée d'existence d'un
	ressif		fossile
Genetics	Génétique	—section	Coupe géologique
Geniculating twin	Mâcle en genou	—setting	Cadre géologique
Genital plates	Plaques génitales (Palé-	—survey	Bureau d'études, service
	ontol. Échino.)		géologique
Genotype	Génotype	—thermometer	Thermomètre géologique
Gentle dip	Pendage faible	—time scale	Échelle stratigraphique
Genus	Genre (Paléontol.)	—window	Fenêtre tectonique
Geocentric	Géocentrique	Geologically	Géologiquement
Geochemical	Géochimique	Geologist	Géologue
—cycle	Cycle géochimique	Geologist's hammer	Marteau de géologue
—prospecting	Prospection géochimique	Geologize (to)	Faire de la géologie
Geochemistry	Géochimie	Geology	Géologie
Geochronologic	Géochronologique	Applied geology	Géologie appliquée
—sequence	Stratigraphie géo-	Dynamic geology	Géologie dynamique
	chronologique	Historical geology	Géologie historique
—unit	Unité géochronologique	Mining geology	Géologie minière
	(Stratigr.)	Petroleum geology	Géologie pétrolière
Geochronology	Géochronologie	Structural geology	Géologie structurale
Geodal	Géodique	Geomagnetic	Géomagnétique
Geode	Géode, druse (dans une	—equator	Équateur magnétique
	géode)	—field	Champ magnétique
Geodepression	Géodépression, graben	—poles	Pôles magnétiques de la

	Terre
—reversal	Inversion géomagnétique
Geomagnetism	Géomagnétisme
Geometer	Géomètre
Geometric, geometrical	Géométrique
Geometry	Géométrie
Geomorphic, geo-morphologic	Géomorphologique
—cycle	Cycle géomorphologique
Geomorphogeny	Géomorphogénie
Geomorphy, geo-morphology	Géomorphologie
Geophone	Géophone, sismographe
Geophysic, (adj.) geo-physical	Géophysique
—log	Diagraphie géophysique
—prospecting	Prospection géophysique
—survey	Prospection géophysique
—surveying	Relevé géophysique
Geophysicist	Géophysicien
Geophysics	Géophysique
Georgian (North Am.)	Georgien (Étage = Cambrien inf.)
Geostatic	Géostatique
Geosynclinal	1) adj: géosynclinal
Geosyncline	2) n: géosynclinal
—cycle	Cycle tectonique
Eugeosyncline	Eugéosynclinal
Marginal geosyncline	Paragéosynclinal
Miogeosyncline	Miogéosynclinal
Monogeosyncline	Monogéosynclinal
Parageosyncline	Paragéosynclinal
Polygeosyncline	Polygéosynclinal
Taphrogeosyncline	Taphrogéosynclinal, val-lée d'effondrement tectonique
Geotectocline	Géosynclinal
Geotectonic	Géotectonique
Geothermal, geothermic	Géothermique
—degree	Degré géothermique
—energy	Énergie géothermique
—gradient	Gradient géothermique
—log	Diagramme géothermique
Geothermy	Géothermie
Geotumor	Bombement de la croûte terrestre
Germanium	Germanium
Gersdorffite	Gersdorffite (Minéral.)
Get	Production, rendement (d'une mine)
Get (to)	Procurer, obtenir
—coal (to)	Exploiter, extraire du charbon
Gettability	Exploitabilité (d'une mine)
Gettable	Exploitable
Getting oil	Exploitation du pétrole
Geyser	Geyser

—pipe	Conduit de geyser
Geyseric	Geysérien
Geyserite	Geysérite, tuf siliceux, opale concrétionnée des dépôts geysériens
Giant	Géant
—causeway	"Chaussée des géants"
—granite	Pegmatite
—kettle	"Marmite de géants," kettle ou dépression fermée
Gibber	Galet à facettes
Gibbers	Résidu de déflation (Austr.)
Gibbsite	Gibbsite (Minéral.)
Gieseckite	Gieseckite, Pinite (miné-ral d'altération de la Néphéline)
Gigantolite	Gigantolite (variété de Cordiérite) (Minéral.)
Gigantostraca	Gigantostracés (Paléon-tol.)
Gild (to)	Dorer, recouvrir d'une pellicule d'or
Gill	1) gorge boisée, ravin boisé; 2) ruisseau, torrent (coulant dans un ravin) Écosse; 3) unité de mesure: 1 Gill Angl = 0,142.061 litre, Amer. = 0,-118.29 l; 4) branchie (Paléontol.)
Gilsonite	Gilsonite (var. de bi-tume)
Gin	Treuil, cabestan (Mine)
Gin-truck	Camion grue
Giobertite	Giobertite, Magnésite (Minéral.)
Girasol	Girasol (var. d'opale)
Gismondite	Gismondine, Gismondite = Zéolite (Minéral.)
Givetian (Eur.)	Givétien (Étage, Dévo-nien moy.)
Gizzard stone (syn. Gas-trolith)	Gastrolite
Glabella	Glabelle (Paléontol., Tri-lobites)
Glacial, glacic	Glaciaire
—advance	Avancée, crue glaciaire
—age	Époque glaciaire
—boulder	Bloc erratique
—canyon	Vallée glaciaire en U
—carved valley	Auge, vallée glaciaire
—cirque	Cirque glaciaire
—cycle	Cycle d'érosion glaciaire
—deposit	Dépôt glaciaire
—downwasting	Fusion glaciaire

—drift	1) apports glaciaires, drift; 2) matériel transporté par la glace	—band	Ogive glaciaire, bandes glaciaires
—epoch	Époque glaciaire	—bed	Lit de glacier
—erosion	Érosion glaciaire	—burst	Libération d'eau glaciaire
—erratic	Bloc erratique	—circus, cirque	Cirque glaciaire
—flow	Écoulement glaciaire	—corrie	Cirque glaciaire
—geology	Géologie des formations glaciaires	—crevasse, crevice	Crevasse glaciaire
		—face, front	Front d'un glacier
—groove	Cannelure glaciaire	—fall	Cascade de glacier
—horn	Aiguille glaciaire	—flow	Écoulement glaciaire
—lake	Lac glaciaire	—ice	Glace de glacier
—milk	Lait de glacier	—lake	Lac de glacier
—lobe	Lobe de glacier	—mill	Moulin glaciaire
—markings	Marques d'abrasion glaciaire	—moulin	Moulin glaciaire
		—mud	Boue glaciaire
—maximum	Maximum glaciaire, pléni-iglaciaire	—outburst	Débâcle glaciaire
		—outlet	Exutoire glaciaire
—meal	Farine glaciaire	—snout	Front d'une langue glaciaire
—mill	Moulin glaciaire		
—period	Période glaciaire	—snow	Névé
—phase	Phase glaciaire	—spillway	Chenal d'eau de fonte
—plain	Plaine glaciaire	—table	Table glaciaire
—planing	Rabotage glaciaire	—trough	Auge glaciaire
—plucking	Délogement	—tongue	Langue glaciaire
—polish	Poli glaciaire	—well	Moulin glaciaire
—pot-hole	Marmite glaciaire	—wind	Vent catabatique
—readvance	Récurrence glaciaire	Alpine glacier	Glacier alpin
—recession	Régression glaciaire	Cirque glacier	Glacier de cirque
—retreat	Recul, retrait glaciaire	Continental glacier	Inlandsis, calotte glaciaire
—glacial scour lake	Lac d'érosion glaciaire		
—sheet	Calotte glaciaire	Hanging glacier	Glacier suspendu
—scratches	Stries glaciaires	Intermont glacier	Glacier d'entremont
—scratching	Striage glaciaire	Piedmont glacier	Glacier de piedmont
—stairway	Vallée glaciaire en gradins	Plateau glacier	Glacier de plateau
		Recemented glacier	Glacier régénéré
—stria(ae)	Strie(s) glaciaire(s)	Rock glacier	Glacier rocheux
—striation	Striage glaciaire	Temperate glacier	Glacier tempéré
—terrace	Terrasse glaciaire	Transection glacier	Glacier transfluent
—till	Till, moraine	Valley glacier	Glacier de vallée
—trough	Auge glaciaire	Glacier ice thrust	Glacitectonique
—valley	Vallée glaciaire	Glacieret	Glacier suspendu, petit glacier
—wastage	Ablation, fusion glaciaire		
Glacialism	Glacialisme	Glacierization (G.B.)	Glaciation, englacement (d'un continent)
Glaciate (to)	Recouvrir de glace, soumettre à l'action d'un glacier		
		Glacio-aqueous clay	Argile glacio-aquatique
		Glacio-fluvial	Fluvio-glaciaire
Glaciated	1) à modelé glaciaire et recouvert de till; 2) recouvert par un glacier	—terrace	Terrasse fluvio-glaciaire
		Glacioisostasy	Glacioisostasie
		Glaciolacustrine	Glaciolacustre
		Glaciomarine	Glaciomarin
		Glaciologist	Glaciologue
—sea floor	Fond marin littoral à modelé glaciaire quaternaire	Glaciology	Glaciologie
		Glacis	Glacis, pente modérée
		Glance	Éclat, brillant
Glaciation	Glaciation	—coal	Anthracite, houille lui-sante
—limit	Limite de glaciation		
Glaciation	Glaciation	—cobalt	Cobaltine
Glacier	Glacier	—copper	Chalcosine

—pitch	Var. d'asphaltite
Glaserite	Glasérite (Mines)
Glass	1) verre; 2) loupe; 3) baromètre; 4) jumelles
—inclusion	Inclusion vitreuse
—matrix	Pâte vitreuse
—sand	Sable siliceux pur pour verrerie
—sponge (syn. Hyalosponge)	Éponge siliceuse (Porifère)
—structure	Structure vitreuse
—tiff	Calcite
—ware	Verrerie
Glassy	Vitreux
—feldspar	Sanidine (Minéral.)
—rock	Roche vitreuse
Glauber's salt	Sel de Glauber, sulfate de soude, mirabilite
Glauberite	Glaubérite (Minéral.)
Glaucodot	Glaucodot (Minéral.)
Glauconiferous	Glauconifère
Glauconite	Glauconie
Glauconitic	Glauconieux
—sandstone	Grès glauconieux
Glaucophane	Glaucophane (amphibole) (Minéral.)
—schist	Schiste à glaucophane
G layer	Noyau interne de la Terre
Glaze (to)	Glacer, lustrer
Glazed	Lustré, verni, émaillé, brillant
Glazed frost	Verglas
Glazy	Vitreux
Glebe	1) glèbe; 2) terrain minéralisé (G.B.)
Glen	Ravin, gorge montagneuse (Écosse)
Glenarm (U.S.)	Série de Glenarm (Précambrien tardif)
Gley, glei	Gley
—alluvial brown soil	Sol alluvial gleyifié
—like	Gleyiforme
—like soil	Pseudogley
—podzol	Sol podzolique à gley
—soil	Sol à gley
Gleyed forest soil	Sol forestier à gley
Gleying process	Processus de gleyification
Glide, gliding	Glissement, translation
—plane	Plan de réorientation minéralogique
—twinning	1) mâcle par pseudosymmétrie; 2) mâcle par déformation mécanique
Glimmer	1) mica; 2) lame auxiliaire de ''mica λ/4''

	(optique)
Glistening	Luisant, brillant
Global	Global
—tectonic, tectonics	Tectonique globale, des plaques
Globe	Globe, sphère
Earth globe	Globe terrestre
Globigerine	Globigérine
—mud, -ooze	Boue à Globigérines
Globular	Sphérolitique
—structure	Structure sphérolitique
Glomerate	Conglomérat
Glomeration	Formation d'un conglomérat
Glomero-blastic structure	Structure gloméro-blastique
Glomerophyric, glomeroporphyritic	Gloméroporphyrique (à agrégat de phénocristaux dans la pâte de roches éruptives)
Glory hole	Excavation à ciel ouvert (mine)
Gloss coal	Lignite luisant
Glossary	Glossaire, lexique
Glossy	Lustré, brillant, poli
Gloup	Creux de déflation, cadoueyre
Glow	1) lueur rouge, incandescence; 2) combustion lente
Glow (to)	1) rougeoyer; 2) s'embraser, s'allumer; 3) se consumer, brûler sans flammes
Glow avalanche	Nuée ardente en avalanche
Glowing clouds	Nuées ardentes (par explosion)
Glycerin, glycerol	Glycérine
Glyptogenesis	Glyptogénèse (phase d'érosion)
Glyptolith	Caillou à facettes
Gnathostoma	Gnathostomes (Paléontol.)
Gneiss	Gneiss
Banded gneiss	Gneiss lité
Composite gneiss	Gneiss d'injection
Foliated gneiss	Gneiss en feuillets
Fundamental gneiss	Gneiss de socle
High-grade gneiss	Gneiss de fort métamorphisme
Leaf gneiss	Gneiss en feuillet
Lenticular banded	Gneiss oeillé
Orthogneiss	Orthogneiss (roches ignées métamorphisées)
Paragneiss	Paragneiss (roches sédimentaires métamorphisées)

Gneissic, gneissoid, gneissose	Gneissique
—**granite**	Granito-gneiss
—**structure**	Structure gneissique
—**gabbro**	Gabbro gneissique
Gneissosity	Gneissosité
Go (to)	Aller, se rendre à, marcher
Go down (to)	Descendre
Go dead (to)	Cesser de produire (puits)
Go off (to)	S'éloigner, partir
Go out (to)	Sortir
Go over (to)	Traverser, passer (la mer)
Go up (to)	Monter, remonter
To go up a river	Remonter une rivière
Goaf	Vieux travaux, remblai (mine)
—**stower**	Machine à remblayer
Gob	Remblai
—**fire explosion**	Explosion de grisou
—**road**	Galerie dans les remblais (Mine)
—**stower**	Remblayeuse
Gob (to)	Remblayer
Gobbing	Remblayage
Goethite	Goethite (Minéral.)
Gold	Or
—**bearing**	Aurifère
—**beater**	Batteur d'or
—**claim**	Concession de terrains aurifères
—**digger**	Chercheur d'or
—**digging**	Exploitation aurifère
—**dust**	Poudre d'or
—**field**	Champ, district aurifère
—**finder**	Chercheur d'or
—**flour**	Poudre d'or
—**free**	Dépourvu d'or
—**foil**	Feuille d'or, or battu
—**mine**	Mine d'or
—**mining**	Exploitation aurifère
—**ore**	Minerai d'or
—**placer**	Gisement d'or sédimentaire
—**sand**	Sable aurifère
—**washer**	Orpailleur
—**workings**	Exploitation aurifère
Native gold	Or natif
Goldstone	Aventurine
Gondwanaland	Continent de Gondwana
Goniatite	Goniatite (Paléontol.)
Goniometer	Goniomètre
Gonotheca	Gonothèque (Paléontol.)
Gooseberry - stone	Grenat grossulaire (Minéral.)
Gopher (drift)	Galerie de prospection minière taillée irrégulièrement et au hasard
Gopher (to)	Gaspiller un gisement
Gophering	Prospection minière par petits trous ou débuts de galeries
Gorge	Ravin, gorge
Gorgonia	Gorgone (Coralliaires)
Gossan, gozzan	Chapeau ferrugineux (d'une couche métallifère), partie supérieure altérée d'un filon
Gossaniferous	Contenant des produits ferrugineux d'altération
Gossany lode	Filon altéré, à produits d'altération
Gotlandian, Gothlandian (obsolete)	Gothlandien (= Silurien en Europe: désuet)
Gouge	1) gouge; 2) rainure (Amér.); 3) salbande argileuse (mine); 4) fine brèche de faille
Jumping-gouge	Coup de gouge glaciaire
Gouge zone	Zone broyée
Friction gouge	Brèche de friction
Friction breccia	Brèche de friction
Gouge (to)	Exploiter une mine sans méthode
Gowan	Granite altéré
Grab sample	1) échantillon de fonds marins prélevé avec des pinces; 2) échantillon prélevé au hasard
Grab (to)	Saisir, prendre, agripper
Graben	Fossé (d'effondrement tectonique)
Gradation	1) gradation, progression, degré; 2) aplanissement, régularisation du relief, régularisation du profil fluviatile (Géogr. Phys.)
Grade	1) pente d'équilibre (exprimée en pourcentage); 2) teneur, qualité (d'un minerai)
—**control**	Contrôle de la teneur (mine)
—**level**	Niveau d'équilibre, profil d'équilibre (fluv.)
—**scale**	Échelle granulométrique (par ex, celle d'Atterberg, de Wentworth, etc)
High grade	À forte teneur
Low grade	À faible teneur

Grade (to)	1) classer, trier; 2) graduer, évaluer la qualité de; 3) régulariser une pente, niveler
Graded	Classé, gradué
—bedding	Granoclassement ou classement vertical progressif
—profile	Profil d'équilibre
—river	Rivière régularisée
—sediments	Sédiments homométriques bien classés
—shoreline	Rivage à tracé régularisé
—slope	Pente régulière
—stream	Rivière régularisée
—valleyside	Vallée à versants régularisés
Grader	Trieur, classeur (de minerais)
Gradient	1) pente (fluviatile), inclinaison, dénivellation; 2) gradient
Angle of gradient	Angle de pente
Fluid potential gradient	Gradient de potentiel fluide
Geothermal gradient	Gradient géothermique
Hydraulic gradient	Gradient hydraulique
Reversed gradient	Contre-pente
Grading	1) triage, classement; 2) nivellement, régularisation de pente
—analysis	Analyse granulométrique
—curve	Courbe granulométrique
—factor	Coefficient de triage granulométrique
—screen	Crible classeur, tamis
Gradiometer	Gradiomètre, niveau de pente
Magnetic gradiometer	Gradiomètre magnétique
Gradual	Graduel
Graduate	1) diplômé; 2) gradué
Graduate (to)	1) graduer (un instrument); 2) recevoir ses diplômes
Graduation	Graduation
Grahamite	Grahamite (var. de bitume)
Grail	Particules fines, sables
Grain	Grain
—growth	Recristallisation (dans une couche monominérale)
Grain-size	Granulométrie
Grain-size curve	Courbe granulométrique
Grain-size distribution	Répartition granulométrique
—stone	Calcaire à débris jointifs

—structure	Structure granulaire
Coarse grain, coarse grained	À gros grain
Fine grain, fine grained	À grain fin, de faible granulométrie
Grain	Unité de poids: 1 gr (syst. avoir-du-poids) = 0,0648 g. (Angl.)
Grained	Granuleux, grenu
Coarse grained	À gros grains
Fine grained sand	Sable à grain fin
Grained rock	Roche grenue
Medium-grained sand	Sable à grains moyens
Gram, gramme	Gramme
—calorie	Calorie gramme, microthermie, petite calorie
—molecule	Molécule gramme
Grammatite	Trémolite, Néphrite (var. Amphibole)
Grampian	= Dalradien (Division du Précambrien)[Écosse]
Granite	Granite
—aplite	Aplite granitique
—family	Famille du granite
—greisen	Greisen granitique (quartz, feldspath, muscovite)
—pegmatite	Pegmatite granitique (pas de plagioclases)
—porphyry	Var. de microgranite
—wash	Arkose
Granitic	Granitique
—sand	Arène granitique
Granitification	Granitisation
Granitization	Granitisation
Granitoid	Granitoïde
Granoblastic	Granoblastique
Granodiorite	Granodiorite (Pétrogr.)
Granophyre	Granophyre (microgranite à texture graphique)
Granophyric, graniphyric	Granophyrique, texture graphique à petite échelle
Grant	1) concession (de terrain); 2) délivrance (d'un brevet); 3) subvention
Granular	Granulaire, grenu
—disintegration	Désagrégation granulaire
—limestone	Calcaire cristallin, marbre
—quartz	Quartzite
—structure	Structure grenue
—texture	Texture grenue
Granularity	Granularité, grosseur de grain
Granulated	Granulé, grenu, granuleux cristallisé
—rock	Roche grenue

Granulation	1) broyage (en particules); 2) fragmentation de minéraux au delà de leur limite d'élasticité		quadrillage cartographique formé par les parallèles et méridiens
Granule	1) granule (2 à 4 mm); 2) gravier	Grating	1) treillis, grillage; 2) réseau (optique); 3) frottement, grincement; 4) réseau cristallin
Granulite	Granulite, leptynite		
—facies	Faciès à granulites (métamorphisme)	Grauwacke (See greywaucke)	Grauwacke
Granulitic	Granulitique	Gravel	Gravier
—structure	Structure granulitique	—mine	1) carrière de gravier; 2) gravier aurifère
Granulometric	Granulométrique		
—composition	Composition granulométrique	—packing	Filtre à graviers
		—pit	Ballastière, gravière
—curve	Courbe granulométrique	—stone	Gravier
Granulometry	Granulométrie	—trains	Alluvions fluvio-glaciaires
Granulose, granulous	Granuleux	Fine gravel	Gravier fin
Granulose texture	Texture granoblastique	Lag gravel	Résidu de déflation, reg
Granulous	Granuleux	Gravelling	Empierrement
Grapestone	Calcaire à pellets agglomérés	Fine gravelling	Gravillonage
		Gravelly	Pierreux, à graviers, graveleux
Graph paper	1) graphique, diagramme, courbe papier quadrillé; 2) abaque	—loam	Limon caillouteux
		—soil	Sol graveleux
		Gravimeter	Gravimètre
Graphic	Graphique	Astatic gravimeter	Gravimètre astatisé
—gold	Sylvanite (Minéral.)	Gravimetric, gravimetrical	Gravimétrique
—granite	Pegmatite graphique		
—intergrowth	Texture graphique	Gravimetry	Gravimétrie
—log	Colonne lithologique d'un forage	Gravitate (to)	Graviter
		Gravitation	Gravitation
—ore	Sylvanite (Minéral.)	Gravitational	Gravitationnel, attractif
—recorder	Enregistreur graphique	—constant	Constante de gravitation
—structure	Structure graphique	—field	Champ de pesanteur
—tellurium	Sylvanite (Minéral.)	—flow	Circulation par gravité
Graphite	Graphite, plombagine (Minéral.)	—pull	Gravitation
		—separation	Séparation du gaz, du pétrole et de l'eau par densité (respective)
Graphitic	Graphitique		
Graphitization	Graphitisation		
Graphophyric	Granophyrique	—water	Eau libre
Graptolite	Graptolite (Paléontol.)	Gravity	Gravité, pesanteur
Graptolitic shale	Schiste argileux à graptolites	—anomaly	Anomalie gravimétrique
		—balance	Balance gravimétrique
Graptolithina	Graptolithidés (Paléontol.)	—collapse structure	Structure d'affaissement tectonique
Grasp (to)	1) saisir, empoigner; 2) comprendre	—fault	Faille normale
		—field	Champ de la pesanteur
Grass	1) herbe; 2) surface, jour (mine)	—fold	Pli d'entraînement
		—gliding	Glissement de terrain
—land soil	Sol de prairie (brun, rouge)	—line	Conduite d'écoulement naturel
—work	Travail en surface	—map	Carte gravimétrique
Grass (to)	1) mettre en herbe, gazonner; 2) remonter (le minerai)	—meter	Gravimètre
		—of oils	Densité des pétroles (système API)
Grate	1) grille; 2) tamis (Mine)		
Graticule	1) réticule (optique); 2)	—scree	Éboulis de gravité

—sliding | Phénomènes d'affaissement, de subsidence, etc . . .)
—survey | Levé gravimétrique
—tectonics | Décollement
—transport | Mouvement de masse
—unit (G. unit) | 1/10ᵉ de milligal
Bulk specific gravity | Gravité densité apparente
Force of gravity | Gravité pesanteur
Specific gravity | Gravité poids spécifique (à 60° F)
Graywacke | Grauwacke (grès sombre riche en débris de roches basiques, matrice argilo-micacé . . .)
Grazing angle | Angle d'incidence rasante
Grease (to) | Graisser
Greasy | Graisseux
Gray, grey | Gris
—antimony | Stibine, stibnite (Minéral.)
—cobalt | Cobalt arsenical, smaltine
—copper | Cuivre gris, tétrahédrite, Panabase (Minéral.)
—desert soil | Sol gris désertique
—hematite | Spécularite (Minéral.)
—manganese | Manganite, acerdèse (Minéral.)
—oxide of manganese | Pyrolusite (Minéral.)
—ore | Chalcosine (Minéral.)
—podzol | Podzol gris
—soil | Sol gris (aride)
—sulphuret of copper | Tennantite (Minéral.)
Greasy | Luisant, à aspect gras
—gold | Or fin
Great Ice Age | Époque Pléistocène
Green | Vert
—carbonate of copper | Malachite (Minéral.)
—copper | Malachite
—copperas | Mélantérite (Minéral.)
—earth | 1) glauconie (Minéral.); 2) chlorite (Minéral.)
—feldspar | Microcline (Minéral.)
—john | Fluorine verte (Minéral.)
—lead ore | Pyromorphite (Minéral.)
—marble | Serpentine (Minéral.)
—mineral | Malachite (Minéral.)
—sand | Sable glauconieux vert
—schist | Schiste vert
—stone | Roche verte
—vitriol | Mélantérite (Minéral.)
Greenish, greeny | Verdâtre
Greisen | Greisen
Greisening | Formation de greisen, (Type de pneumatolyse acide à mica blanc, quartz, etc)
Grenville (Can.) | Série de Grenville, Province de Grenville
—orogeny | Orogénèse Grenvillienne: ⁻955 M.A. (Can., USA)
Greenland spar | Cryolite (Minéral.)
Greenockite | Greenockite (Minéral.)
Grey | Gris
—brown podzolic soil | Sol podzolique brun-gris, sol brun lessivé
—cobalt | Smaltite (Minéral.)
—copper | Cuivre-gris (Minéral.)
—desert soil | Sol gris désertique, sierozem
—forest soil | Sol gris forestier
—wooded soil | Sol gris forestier
Greywacke (see Graywacke) | Grauwacke
Greyish | Grisâtre
Grid | 1) grille, réseau, quadrillage; 2) tamis
—coordinates | Coordonnées rectangulaires d'une carte
—method | Méthode du quadrillage (photogéol.)
—micrometer | Micromètre quadrillé
—pattern | Quadrillage de plis
Griddle | Crible
Griddle (to) | Cribler
Gridiron twinning | Mâcle entrecroisée, d'interpénétration
Grike | Fente, crevasse, lapiés
Grill, grille | Grille
Grind (to) | 1) broyer, moudre, pulvériser; 2) roder, meuler
Grindability | Friabilité
Grinder | Broyeur
Grinding machine | Broyeur
Grindstone | 1) meule à aiguiser, pierre à aiguiser; 2) grès quartzeux, fin homogène
Grip | 1) pince, griffe (mécanique); 2) serrage
Grips | Mâchoires d'un étau
Grip (to) | Saisir, agripper, empoigner
Gripper | Pinces, griffes
Grit | 1) sable grossier, grès, grossier à grains anguleux; 2) particules abrasives
Gritstone | Grès
Millstone grit | Grès meulier, grès pour meules
Gritty | Gréseux, sablonneux, à

	graviers
Grizzly	Crible à barreaux
Grind (to)	Moudre, broyer, râper, user
Grinding of a thin section	Meulage d'une lame mince
Groin, groyne	Épi, éperon (pour protéger le littoral)
Groove	1) cannelure (glaciaire); 2) sillon (Sédimentol.)
Groove-mark, groove cast	Sillon (base de strate)
Groove (to)	Rayer, creuser des cannelures
Grossular	Grenat grossulaire (Minéral.)
Grossularite	Grossulaire, grossularite (Minéral.)
Group, grouping	Groupe, groupement
Ground	Sol, terre, terrain
—avalanche	Avalanche de fond
—auger	Tarière
—cover	Couverture végétale
—ice	Hydrolaccolithe
—level	Niveau du sol
—mass	Pâte, matrice (Pétrol.)
—moraine	Moraine de fond, till de fond
—resistivity	Résistivité du sol
—roll	Ondes parasites superficielles (Sism.), ondes de Rayleigh
—sea	Lames de fond
—shaking	Secousse du sol
—swell	Lames de fond, houle
—water	Eau souterraine
—water discharge	Résurgence d'eau souterraine
—work	Fondement, plan
Ground-ice wedge	Fentes de gel
Ground-water level	Niveau piézométrique
—reservoir	Aquifère
—table	Surface piézométrique
—vein	Fissure aquifère (hydrothermale)
Dead ground	Mort-terrain
Patterned ground	Sol structuré (Périgl.)
Striped ground	Sol strié (Périgl.)
Grounded ice	Glace ancrée au sol
Grout	1) déchets d'exploitation de carrière; 2) (G.B.): mortier fin; 3) coulis
Grouting	1) fonçage des puits par cimentation au mortier liquide; 2) pénétration, injection
Mud grouting	Injection de boue
Grouting gallery	Galerie d'injection
—hole	Trou d'injection
—pressure	Pression d'injection
Grow (to)	S'accroître, se développer
Growan	Granite (Mines)
Growth	Croissance, développement
—anticline	Anticlinal intraformationnel, contemporain de la sédimentation (Amér. du N.)
—fault	Faille intraformationnelle syngénétique, contemporaine de la sédimentation (Amér. du N.)
—line	Strie d'accroissement
—ring	Strie d'accroissement (Paléontol.)
Groyne	Épi, brise-lame
Grub (to)	Défricher la terre
Grubbing	Défrichement, essartage
Grumous soil	Sol grumeleux
Grumusol	Sol noir tropical
Grunerite	Grünérite (variété d'Amphibole) (Minéral.)
Grus	Var. d'arène granitique (sous climat aride)
Gshelian, gzhelian (USSR)	Gshélien (Étage, Carbonifère sup.)
Guadalupian (North Am.)	Guadalupien (Étage, Permien moy. terminal)
Guano	Guano
Gubbin	Minerai de fer argileux (Angl.)
Guess	Estimation
Guidance	Direction, orientation
Guide	Guide, indication
—book	Livret-guide
—casing shoe	Sabot de guidage (forage)
—formation	Formation témoin
—fossil	Fossile caractéristique
—mineral	Minéral guide
Guide (to)	Guider, conduire, diriger
Gulch	Ravin
Gulf	Golf
—coast	Zone pétrolière du Golf du Mexique
Gulfian (North Am.)	Gulfien (Série, Crétacé sup.)
Gullied	Ravineux
Gully	Ravin, gorge de torrent, rigole
—erosion	Ravinement
Gullying	Ravinement
Gully (to)	Raviner

Gum	Gomme
—content	Teneur en gomme
Gumbo (U.S.)	Sol collant, argileux, argile collante
Gumbotil (U.S.)	Argile morainique lessivée et réduite (dérivée d'un till)
Gummite	Gummite (Minéral.)
Gummy	Gommeux, gluant
Gun	Fusil, charge de perforation
—perforating	Perforation à balles d'un puits
Mud gun	Mitrailleuse à boue
Gunnison River (U.S., Col. St.)	Série de "Gunnison River" (Précambrien)
Gunz (Eur.)	Günz (glaciation de; 2eme glaciation)
Gunzian (Eur.)	Gunz (Glaciation de; ____ 2eme glaciation)
Gurgling well	Puits à jaillissement intermittent
Gush	1) jaillissement; 2) jet, flot
Gush (to)	Jaillir
Gusher	1) jaillissement, débordement; 2) puits "éruptif" (Forage)
—sand	Sable pétrolifère (sous pression de gaz naturels)
Gust of wind	Rafale
Gut	1) goulet, passage étroit, défilé; 2) canalisation (Pétrole)
Gut (to)	Extraire rapidement l'essentiel d'un gisement
Gutenberg discontinuity	Discontinuité de Guttenberg
Gutter	Rigole, cannelure, rainure
Gutter (to)	Raviner, couler en ruisseaux
Guy	Hauban (derrick)
Guy (to)	Haubanner, fixer avec un hauban
Guyot	Guyot, volcan sous-marin
Gymnosperm, gymnospermae	Gymnosperme
Gyprock	Roche gypseuse
Gypseous	Gypseux
Gypsiferous	Gypsifère
—clay	Argile gypsifère
Gypsite	Gypsite
Gypsum	Gypse
—bearing	Gypsifère
—crust	Croûte gypseuse
—flower	Rose des sables
—plate	Lame auxiliaire "gypse teinte sensible" (optique)
—quarry	Carrière de pierre à plâtre
Gyro compass	Compas gyroscopique
Gyroscope	Gyroscope
Gyroscopic	Gyroscopique
Gyttja	Gyttja (dépôt organo-terrigène Lacustre)

H

Haar (G.B.) — Brume de mer
Habit, habitus — Habitus, faciès, aspect, forme (Minéral.)
Prismatic habit — Forme prismatique
Tabular habit — Forme tabulaire
Hachure — Hachure (Cartographie)
Hack — Pic, pioche (mine)
Hack (to) — Hacher, ébrécher, piocher, tailler
Hackly fracture — Cassure esquilleuse (Minéral.)
Hade (unusual) — Angle du plan de pendage avec la verticale
Hade (to) — S'incliner par rapport à la verticale
Haematite, hematite — Hématite, Oligiste (Minéral.)
Hadrinian (North Am.) — Hadrynien (Protérozoïque sup.: −955 à −600 M.A.)
Hail — Grêle
Hailstone — Grêlon
Hair pyrite — Trichopyrite, millérite (Minéral.)
Hair salt — 1) halotrichite (Minéral.); 2) epsomite (Minéral.)
Hairstone — Quartz à inclusions aciculaires (rutile, . . .)
Hair zeolite — Zéolite fibreuse
Half — Demi, semi
Half-tide — Mi-marée
—timbered — Demi-boisage (mine)
Halide — Halogénure
Halite — Halite, sel gemme
Hallian (North Am.) — Hallien (Étage, fin Pléistocène)
Halloysite (U.S.) — Halloysite (Eur. Métahalloysite)
Halmyrolysis — Halmyrolyse, altération sousmarine
Halo — Halo, auréole
Halogen, halogenous — Halogène
Halogenic — Halogénique
Halokarst — Karst de roches salifères
Halokinesis — Tectonique salifère
Halomorphic soil — Sol halomorphe
Halotrichite — Halotrichite (Minéral.)
Halvans — Minerai de rebut
Hammada — Hammada, (région dénudée) surface plane rocheuse

Hammer — Marteau, massette
—drill — Marteau perforateur
—grab — Benne foreuse
—head spit — Promontoire bi-penné
Air hammer — Marteau pneumatique
Sledge hammer — Masse
Hammer (to) — Marteler
Hammock (U.S.) — Tertre, butte
Hand — Main
—auger — Tarière à main
—auger work — Perforation au fleuret à main
—churn drill — Tarière
—drill — Perforatrice à main
—hole — Trou de visite
—lamp — Lampe de mine
—lens — Loupe
—mining — Abatage à la pioche
—mucking — Roulage à bras (mine)
—picked coal — Charbon trié à la main
—picking — Triage à la main
—shovelling — Pelletage à la main (mine)
—sorting — Triage à la main
—stoping — Abatage à la main
—truck — Diable (mine)
Handaxe, handstone — Coup de poing (acheuléen)
Hang — Pente, inclinaison
Hang (to) — 1) pendre, suspendre, accrocher; 2) s'accrocher, se suspendre
Hanged retention water — Eau de rétention suspendue
Hanger (U.S.) — 1) système de suspension pour forage; 2) toit d'une couche, compartiment supérieur d'une faille
Hanging — 1) suspension, accrochage; 2) toit (mine)
—bed — Couche sus-jacente
—glacier — Glacier suspendu
—side — Toit d'une couche
—valley — Vallée suspendue, "valleuse"
—wall — Lèvre supérieure d'une faille, toit d'une couche
—wall block — Compartiment supérieur d'une faille

102

—water	Eau suspendue
Haplite	Aplite, granite filonien hololeucocrate (Pétrol.)
Hard	Dur
—ash coal	Charbon maigre
—coal	Anthracite
—digging	Forage en terrain dur
—grade	Degré de dureté
—ground	1) fond marin induré; 2) paléosol (Inusité)
—lead	Minerai de plomb antimonieux
—rock	Roche dure à forer, c.a.d. éruptive ou métamorphique
—water	Eau calcaire et magnésienne
Harden (to)	1) durcir, endurcir; 2) tremper l'acier; 3) se durcir, s'endurcir
Hardened clay	Argile durcie
Hardening	1) durcissement; 2) trempe (Métallurgie)
Hardness	Dureté
—number	Indice de dureté
—scale	Échelle de dureté
—test	Essai de dureté
Hardpan	1) horizon pédologique induré; 2) carapace, calcin; 3) alios; 4) niveau caillouteux cimenté par de la limonite
Hardwood forest	Forêt d'arbres feuillus
Harlechian (Eur.)	Harlechien (Étage, Cambrien inf.)
Harmonic	Harmonique
—curve	Sinusoïde
Harness (to)	Aménager une chute d'eau (Électricité)
Harpoon	Harpon
Antler harpoon	Harpon en bois de renne (Préhist.)
Hartin	Hartine (résine fossile)
Harzburgite	Harzburgite (Pétrol.)
Hatchettine, hatchettite	Hatchettite, adipocérite (Minéral.)
Hatching	Hachure (Cartographie)
Haul	1) chemin, trajet; 2) traction
Haul (to)	Tirer, traîner, transporter remorquer
Haulage	1) transport (par camion); 2) traînage des wagons (mine)
Haulageway	Galerie de roulage
Haulway	Voie de roulage (mine)
Hausmannite	Hausmannite (Minéral.)
Hauterivian	Hauterivien (Étage, Crétacé inf.)
Hauynite, hauyne	Haüyne (feldspathoïde calco-sodique des roches volcaniques)
Hawaiian eruption	Éruption hawaïenne
Hawaiite	Hawaïte (Pétrol.)
Hawk's eye	Crocidolite, variété fibreuse de Riébeckite (Amphibole)
Haystack hill	Colline résiduelle (relief karstique)
Haystacks	Reliefs résiduels (karstiques)
Haze	Brume légère
Hazy	Brumeux
Head	1) pointe littorale, promontoire; 2) matériel soliflué périglaciaire; 3) pression hydrostatique
—erosion	Érosion régressive
—frame	Chevalement (mine)
—gear	1) chevalement (mine); 2) superstructure (d'un forage)
—land	Cap, promontoire
—of a bar	Amont d'un banc
—of a cone	Sommet (apex) d'un cône de déjection
—of a delta	Sommet (apex) d'un delta
—of the tide	Limite de la marée
—pipe	Conduite d'amenée
—wave	Onde arrivant en premier (Sismique)
—way	Descenderie (mine)
Artesian head	Pression artésienne
Casing head	Tête de tubage
Circulating head	Tête de circulation
Control head	Tête de tubage
Dynamic head	Pression dynamique
Escape head	Trop-plein
Hydraulic head	Pression hydraulique
Loss of head	Perte de pression, décharge
Suction head	Hauteur d'aspiration
Well head	Tête de puits
Head up (to)	Fermer, clore
Heading (U.S.)	Avancement d'une mine
—face	Front d'avancement
—stope	Chantier d'avancement
Heap	Amas, accumulation, tas
Heap up (to)	1) amonceler, entasser, amasser; 2) s'entasser, s'amonceler
Hearth	Foyer, creuset

Magmatic hearth	Foyer magmatique
Heat	Chaleur
—balance	Bilan thermique
—capacity	Pouvoir calorifique
—conductivity	Conductibilité thermique
—content	Enthalpie
—efficiency	Rendement thermique
—energy	Énergie thermique
—flow	Flux thermique
—gradient	Gradient thermique
—of solution	Chaleur de dissolution
—of vaporization	Chaleur de vaporisation
—release	Dégagement de chaleur
—unit	Unité thermique
—value	Pouvoir calorifique
—waste	Perte de chaleur
—wave	Vague de chaleur (Météo.)
Heat (to)	Chauffer
Heating	Chauffage, combustion
—capacity	Pouvoir calorifique
—power	Pouvoir calorifique
Spontaneous heating	Combustion spontanée (mine)
Heave	1) gonflement, boursouflement du mur d'une couche; 2) composante horizontale (du rejet d'une faille)
Stratigraphic heave	Rejet horizontal des couches (imprécis)
Heaved side	Lèvre soulevée (d'une faille)
Heaviness	Pesanteur, poids
Heaving	Gonflement, soulèvement du mur d'une couche
—bottom	Sol gonflant
Heavy	Lourd, dense
—baryte	Barytine, baryte
—clay soil	Sol argileux lourd
—earth	Barytine
—fluid separation	Séparation par liqueur dense
—fraction	Fraction lourde
—gradient	Pente raide
—liquid	Liqueur dense
—loam	Limon argileux lourd
—minerals	Minéraux lourds
—pressure	Haute pression
—sand soil	Sol sableux hydromorphe
—sea	Forte mer
—silt	Limon argileux
—spar	Barytine
—texture	Granulométrie fine
—water	Eau lourde
Hebridean (Scotland)	Hébridéen (Précambrien; syn. Lewisien)
Hectare	Hectare = 10,000 m²; 2.471 acres
Hectogramme	Hectogramme = 100 grammes
Hectolitre	Hectolitre = 100 litres
Hectometer	Hectomètre = 100 mètres
Hedenbergite	Hédenbergite (Pyroxène)
Hedyphane	Hédyphane (Minéral.)
Heft	1) poids; 2) soulèvement, effort
Heft (to)	Soulever, soupeser
Height	Hauteur, élévation, altitude
—above sea level	Altitude par rapport au niveau marin
—gauge	Altimètre
Relative height	Altitude relative
Spot height	Point côté
Wave height	Hauteur des vagues
Heighten (to)	Surélever, rehausser
Helderbergian (North Am.)	Helderbergien (Étage, Dévonien inf.)
Helical	Hélicoïdal
Helicitic	Hélicitique (texture originale dans les roches métamorphiques)
Helicoid, helicoidal	Hélicoïdal
Helikian (North Am.)	Hélikien (Protérozoïque moyen: −1735 à −955 M.A.)
Heliographic	Héliographique
Heliotrope	Héliotrope
Helium	Hélium
Helmet	Casque de protection
Hell raiser	Outil de repêchage (Forage)
Helvetian	Helvétien (sous-étage, Miocène)
Hematite, haematite	Hématite, Oligiste (Minéral)
Hematitic	Hématitique
Hemera	Hemera, temps d'abondance maximum d'un taxon
Hemicrystalline	Semi-cristallin (cristaux + verre ou verre dévitrifié)
Hemidome (obsolete)	Hémidôme (Cristallogr.)
Hemihedral, hemihedric	Hémiédrique, hémièdre
Hemihedrism, hemihedry	Hémiédrie
Hemihedron	Hémièdre
Hemihyaline	Hémihyalin
Hemimorphic, hemimorphous	Hémimorphique
Hemimorphism	Hémimorphisme
Hemimorphite	Hémimorphite, calamine (Minéral.)

Hemisphere	Hémisphère	Hexahedral	Hexahédrique
Hemispheric, hemispherical	Hémisphérique	Hexahedron	Hexaèdre, cube (Cristallogr.)
Hemiprism	Hémiprisme (Cristallogr.)	Hexane	Hexane (hydrocarbure liquide)
Hemisymmetric, hemisymmetrical	Hémièdre, hémiédrique	Hexaoctahedron	Hexaoctaèdre, hexoctaèdre (Cristallogr.)
Hemisymmetry	Hémiédrie (Cristallogr.)	Hexatetrahedron	Hexatétraèdre (Cristallogr.)
Hemitetrahexahedron	Dodécaèdre pentagonal tétraédrique (Cristallogr.)	Hiatal episode	Lacune de sédimentation
Hemitrope, hemitropic	Mâclé	Hiatal fabric	Structure, texture hétérométrique (taille différente des cristaux)
Hemitropism, hemitropy	Hémitropie		
Hepatite	Hépatite, var. de barytine	Hiatal texture	Structure hétérométrique, inéquigranulaire, par extension poreuse
Hepatic pyrite	Marcassite (Minéral.)		
Hercynian	Hercynien (Eur.)	Hiatus	Lacune stratigraphique, lacune de sédimentation
—orogeny	Orogénèse hercynienne (Carbonifère et Permien: syn. varisque)		
Hercynite	Hercynite (= Spinelle) (Minéral.)	Hiddenite	Hiddénite, triphane vert, spodumène chromifère (= Pyroxène) (Minéral.)
Herringbone	"En chevrons"		
—cross lamination	Stratification transverse en chevrons	Hide (to)	Cacher, enfouir
—texture	Texture en chevrons	High (in)	1) riche en, à haute teneur; 2) élevé, haut
—twin	Mâcle en chevrons	—angle fault	Faille à fort pendage
Hessonite	Essonite, Grossulaire (= variété de Grenat)	—ash coal	Charbon riche en cendre
		—energy environment	Milieu à forte énergie
Heteroblastic	Hétéroblastique (Pétrol.)	—grade	À forte teneur
Heterocyclic	Hétérocyclique	—gradient	À forte pente
Heterodont	Hétérodonte (Paléontol.)	—level water	Sommet de la nappe phréatique
Heterogeneity	Hétérogénéité		
Heterogeneous, heterogenetic	Hétérogène	—quartz	Quartz de haute température
Heteromorphic	Hétéromorphe	—sea	Haute mer
Heteromorphism	Hétéromorphisme	—speed layer	Couche à forte vitesse de propagation d'ondes
Heterophyletic	Hétérophylétique		
Heterozygous	Hétérozygote		
Heterotactic, heterotactous, heterotaxial	Hétérotaxique	—tide	Marée haute
Hettangian	Hettangien (Étage, Lias inf.)	—water	Marée haute
		—water line	Niveau de marée haute
Heulandite	Heulandite (= zéolite calco-sodique) (Minéral.)	—water mark	Laisse de haute mer
		—water platform	Banquette littorale de tempête
Hew (to)	Tailler, couper	Structural high	Crête d'un anticlinal, sommet d'un dôme
Hewer	1) tailleur de pierres, carrier; 2) piqueur, mineur		
		High plain	Plaine intérieure élevée
Hewing	Havage, piquage, souscavage (mine)	Highland	Pays montagneux, haute terre
—stone	Taille des pierres	Highly	Hautement, fortement
Hewn stone	Pierre taillée	Highmoor	Tourbière de zones élevées
Hexacoral, hexacoralla	Hexacoralliaires		
Hexagonal	Hexagonal	Hill	Colline, coteau, côte
—prism	Prisme hexagonal	—diggings	Exploitation à flanc de coteau
—pyramid	Pyramide hexagonale		
—system	Système hexagonal	—shading	Ombrage des courbes de niveau

—side	Versant, flanc
—work	Travail à flanc de coteau (Mine)
Hillside creep	Mouvement de masse
Hillside waste	Manteau détritique, colluvium
Hillock	Petite colline, butte, monticule, tertre
Hilly	Montagneux, accidenté
Hinge	Charnière, articulation
—area	Plateau cardinal
—fault	Faille normale dont le rejet diminue progressivement
—line	Ligne d'articulation (Brachiop.)
—teeth	Dents cardinales (Paléontol.)
Anticlinal hinge	Charnière anticlinale
Hinged	À charnière, articulé
Hinterland	Arrière-pays
Hippurites	Hippurite (Rudiste)
Hirst (syn. hurst)	1) monticule boisé; 2) banc de sable fluviatile
Histogram	Histogramme
Histosol	Histosol, sol organique
Hitch	1) saccade, secousse; 2) noeud, attache; 3) légère faille (Mine)
Hoarfrost, hoar frost	Gelée blanche
Hoe	Pic, pioche, sape
Hogback, hog's back	Crêt(e) monoclinal(e) (symétrique)
Hoggin	Gravier criblé
Hogshead	Fût: 52 gallons, 5 = 240 litres
Hog-tooth span	Calcite en dents de cochon (scalénohèdres de calcite)
Hoist	Treuil, grue, palan, appareil de levage
Hoist frame	Chevalement (mine)
Hoist (to)	Remonter, extraire (mine)
Hoisting	1) levage, hissage, remontée; 2) extraction (du charbon)
—compartment	Compartiment d'extraction
—crab	Treuil
—plant	Installation d'extraction
—shaft	Puits d'extraction
—winch	Treuil de levage
Holder	1) support, étau, récipient; 2) concessionnaire, titulaire
Gas holder	Gazomètre
Oil holder	Bidon de pétrole
Hold up	1) retenue liquide (raffinerie); 2) tenue (des roches)
Hold up (to)	1) soutenir, supporter; 2) tenir, se tenir
Hole	Trou, cavité, forage, sondage, puits
—deviation	Déviation du sondage
—opener	Élargisseur
Blow hole	Soufflard
Bore hole	Sondage
Cased hole	Trou tubé
Churn, eddy, pot hole	Marmite de géant
Deflation hole	Creux de déflation
Dry hole	Puits improductif
Looking hole	Trou de regard
Open hole	Trou non tubé
Sink hole	Doline
Swallow hole	Doline
Hole (to)	1) trouer, percer; 2) creuser, haver sous-caver (mine)
Holocene	Holocène, quaternaire récent
Holocrystalline	Holocristallin entièrement cristallin
Holohedral, holohedric	Holoédrique (Cristallogr.)
Holohedrism	Holoédrie
Holer	Haveur (Mine)
Holing	Perforation, percement, havage (Mine), sous-cavage
Holing machine	Haveuse
Hollow	Creux, cavité, excavation, cuvette, dépression, niche, fondrière
—ground	Sol creusé
—lode	Filon à géodes
—sea	Mer creuse
—spar	Andalousite (Minéral.)
Nivation hollow	Creux de nivation
Hollow out (to)	Excaver, creuser
Hollowing	Creusement
Holm	1) petite île, îlot (de rivière); 2) rive plate, terrain alluvial
Holoaxial	Holoaxe
Holoblast	Minéral néoformé (Pétrol.)
Holohedron	Holoèdre (Cristallogr.)
Holohyaline rock	Roche vitreuse, roche holohyaline
Holohyaline texture	Texture vitreuse
Hololeucocratic	Hololeucocrate, à dominance de minéraux blancs (Pétrogr.)
Holomelanocratic	Holomélanocrate (Pétrogr.)

Holomorphique	Holomorphique (à symétrie complète (Cristallogr.)
Holosymmetric	Holoèdre, holoédrique (Cristallogr.)
Holotype	Holotype (Paléontol.)
Holsteinian	Holsteinien (Interglaciaire Mindel-Riss; Nord de l'Europe)
Homeoblastic	Homéoblastique (Métam.)
Homeogenesis	Développement parallèle (Paléontol.)
Homeomorph, homeomorphous	Homéomorphe
Homeomorphism, homeomorphy	Homéomorphie
Homewards method	Exploitation en retour, rétrograde (Mine)
Hominoids	Hominidés
Homoclime	Homologue climatique
Homoclinal valley	Vallée monoclinale
Homocline	1) pli monoclinal; 2) structure monoclinale
Homodont	Taxodonte (Paléontol.)
Homeoblastic	Homéoblastique (isométrique, isocristallin) (Métam.)
Homogene, homogeneous	Homogène
Homogene deformation	Déformation homogène
Homogeneity	Homogénéité
Homogenetic	Homogénétique
Homogeniser	Homogéniseur
Homogenization	Homogénéisation
Homolog, homologue, homologous	Homologue
Homology	Homologie (ressemblance héréditaire) (Paléontol.)
Homonym	Homonyme (Paléontol.)
Homophyletic	Homophyllétique
Homoseism	Isoséisme
Homoseismal	Homoséïsmique, isoséïsmique
Homotaxial	Homotaxique
Homotaxis	Homotaxie (Stratigr.)
Hone, honestone	Pierre à aiguiser
Honeycomb	Nid d'abeilles
Honey-comb structure, texture	Structure alvéolaire
Honeycombed	A structure alvéolaire
Hoodoo	Cheminée de fée
Hook	1) crochet, grappin; 2) cap, pointe de terre, flèche littorale recourbée; 3) coude (de rivière)

Hooks	Pinces (pipe-line)
Hook up	Montage, installation tête de puits
Hook valley	Vallée à affluents obliques ou recourbés
Dull hook	Crochet de montage
Hook (to)	1) courber; 2) accrocher, suspendre
Hook up (to)	Assembler, accrocher
Hopper	1) wagonnet basculant; 2) trémie
Hopper crystal	Cristal en forme de trémie
Horizon	1) horizon pédologique; 2) horizon (niveau) stratigraphique (répère)
Horizon line	Ligne d'horizon
Water horizon	Horizon aquifère
Horizonation	Existence d'horizons pédologiques
Horizontal	Horizontal
—cut and fill	Tailles en échelon avec remblayage, exploitation par tranches montantes remblayées (Mine)
—displacement	Rejet horizontal
—fault	Faille subhorizontale
—joint	Diaclase horizontale, bathroclase
—separation	Rejet horizontal
—slicing	Exploitation par tranches horizontales
—slip	Composante horizontale du rejet net
—throw	Rejet horizontal transversal
Horizontality	Horizontalité
Horn	Corne
—coral	Coralliaire isolé
—lead	Phosgénite (Minéral.)
—mercury	Calomel
—quicksilver	Calomel
—silver ore	Cérargyrite (Minéral.)
—stone	Silex corné, zoné
—tiff	Calcite teintée de matières organiques
Hornblei	Phosgénite (Minéral.)
Hornblende	Hornblende
—gneiss	Gneiss à amphibole
—schist	Schiste à amphibole (hornblende)
—syenite	Syénite à hornblende
Hornblendite	Hornblendite (Pétrogr.)
Hornfels	Cornéenne
Hornito	Hornito, cône de laves
Hornschist	Schiste à hornblende

Horse	1) intercalation stérile (Mine); 2) chevalet
—**back**	Dos d'âne
—**flesh ore**	Bornite, érubescite
—**head**	Contrepoids de pompe (pétrole)
—**shoe dune**	Dune en fer à cheval
—**shoe lake**	Lac de méandre, en croissant
—**power**	Cheval-vapeur = 0,7457 kw (G.B.)
—**teeth feldpar**	Feldspath en dents de cheval (dans un granite)
Horst	Horst, massif soulevé, môle
Host	Hôte (Minéral.)
Hostrock	Roche minéralisée par un apport
Hot	Chaud
—**cloud**	Nuée ardente
—**dump**	Crassier, terril
—**point**	Point chaud (zone où le magma forme des intrusions, voire des volcans)
Hour-glass structure	Structure en sablier
Hour-glass valley	Vallée "en sablier," vallée resserrée
Hourly	Horaire
—**flow**	Débit horaire
Hoxnian (G.B.)	Hoxnien (interglaciaire Mindel-Riss)
Hub	1) mire de nivellement, piquet, repère; 2) moyeu
Hudge	Benne
Hudsonian	Hudsonien (Précambrien canadien)
—**orogeny**	Orogénèse hudsonnienne (−1640 à −1820 M.A.) (equivalent U.S. "Penokean")
Hue	Teinte de couleur, nuance
Hulking	Enlèvement des salbandes (mine)
Humic	Humique
—**acid**	Acide humique
—**carbonated soil**	Rendzine
—**gley soil**	Sol humique à gley
—**iron pan**	Alios humique
—**latosol**	Sol latéritique
—**layer**	Couche d'humification
—**podzol**	Podzol humique
Humid	Humide
Humidification	Humidification
Humidify (to)	Humidifier

Humidity	Humidité
Humine coal	Humine
Humite	1) charbon humique; 2) humite (= subsilicate) (Minéral.)
Hums	Reliefs résiduels dans karst calcaire
Hummock	Tertre, butte
Hummocky	Avec creux et bosses
—**moraine**	Moraine mamelonnée
Humo-calcareous soil	Rendzine
Humodite	Humodite (charbon)
Humogelite	Humogélite, vitrinite
Humolite (humic coal)	Humite
Hump	Bosse
Humus	Humus
—**calcareous soil**	Rendzine
—**carbonate soil**	Rendzine
—**impoverishing**	Appauvrissement en humus
—**infiltrated lateritic soil**	Sol latéritique humifère
—**layer**	Horizon humifère
—**silicate soil**	Sol humo-silicaté
Mild humus	Humus intermédiaire
Raw humus	Matte
Hundred-weight	Quintal; Angl: 112 lbs = 50,802 kg; Amér: 100 lbs = 45,359 kg
Hungry	Stérile
Huronian	Huronien (Précambrien: Protérozoïque inf.)
Hurricane	Ouragan, tempête
Hush	Décapage des terrains superficiels par courant d'eau
Hush (to)	Dégager les morts-terrains
Hutch	Benne roulante (mine)
—**road**	Galerie de roulage (mine)
Hutment	Baraquement
Hyacinth	Hyacinthe (= Zircon) (Minéral.)
Hyaline	Hyalin, transparent, vitreux
—**quartz**	Quartz bleuté légèrement calcédonieux
Hyalite	Hyalite, (= variété d'opale) (Minéral.)
Hyalo (prefix)	Vitreux
Hyalobasalt	Verre basaltique, basalte vitreux (avec très peu de grands cristaux)
Hyaloclastic rock	Palagonite (Pétrogr.)
Hyaloclastite	Hyaloclastite
Hyalocrystalline	Hyaloporphyrique (var. de structure microlitique)

Hyalophitic texture	Structure intersertale (ophitique) vitreuse
Hyalosiderite	Hyalosidérite (Pétrogr.)
Hybrid	Hybride (Paléontol.)
Hydatogenesis	Hydatogenèse
Hydatogenic, hydatogenous	Formé en milieu aqueux
Hydatomorphic	Cristallisé en milieu aqueux
Hydracid	Hydracide
Hydrargillite	Hydrargillite, gibbsite
Hydrargyrum	Mercure
Hydratation	Hydratation
Hydrate	Hydrate
Calcium hydrate	Chaux hydratée
Hydrate (to)	1) hydrater; 2) s'hydrater
Hydrated	Hydraté
Hydraulic	Hydraulique (adj.)
Hydration	Hydratation
Hydraulic	Hydraulique
—cement	Ciment hydraulique
—circulation system	Forage à injection
—engineer	Hydraulicien
—fracturing	Fracturation hydraulique
—gold mining	Exploitation hydraulique de l'or
—gradient	Pente hydraulique
—head	Hauteur piézométrique
—hoisting	Extraction hydraulique
—jack	Vérin hydraulique
—lime	Chaux hydraulique
—mining	Abatage hydraulique
—profile	Coupe verticale d'un aquifère
—stowage	Remblayage hydraulique (mine)
Hydraulic (to)	Abatre par la méthode hydraulique (mine)
Hydraulician	Hydraulicien
Hydraulicing, hydraulicking	Abatage hydraulique (Mine)
Hydraulicity	Hydraulicité
Hydraulics	Hydraulique (n)
Hydric	Hydrique
Hydrobios	Hydrobios
Hydrobiotite	Hydrobiotite
Hydrocarbon	Hydrocarbure
Aliphatic hydrocarbon	Hydrocarbure aliphatique
Aromatic hydrocarbon	Hydrocarbure aromatique
Cyclic hydrocarbon	Hydrocarbure cyclique
Hydrocarbonaceous, hydrocarbonic, hydrocarbonous	Hydrocarboné
Hydrochloric	Chlorhydrique
Hydrochloric acid	Acide chlorhydrique
Hydroclastic	Roche détritique déposée en milieu aquatique

Hydrocorallines	Hydrocoralliaires
Hydrocracking	Hydrocraquage
Hydrocyanic	Cyanhydrique
Hydrocyanite (syn. chalcocyanite)	Hydrocyanite, sulfate de cuivre blanc
Hydrodynamic	Hydrodynamique (adj.)
Hydrodynamics	Hydrodynamique (n.)
Hydroelectric	Hydroélectrique
—reservoir	Réservoir hydroélectrique
Hydroexplosion	Explosion volcanique sous-marine, explosion volcanique phréatique, etc.
Hydrofluoric acid	Acide fluorhydrique
Hydrogen	Hydrogène
—ion concentration	pH, concentration en ions H
—sulfide	Hydrogène sulfuré
Hydrogenate (to)	Hydrogéner
Hydrogenic, hydrogenetic, hydrogenous	Formé par l'eau
Hydrogenic rock	Évaporite
Hydrogenous coal	Charbon à forte teneur en eau
Hydrogeochemistry	Géochimie de l'eau
Hydrological	Hydrogéologique
Hydrogeologist	Hydrogéologue
Hydrogeology	Hydrogéologie
Hydrograph	1) carte hydrographique; 2) graphique indiquant l'écoulement, la vitesse de l'eau en fonction du temps
Hydrographer	Hydrographe (ingénieur)
Hydrographic	Hydrographique
—basin	Bassin hydrographique
—map	Carte hydrographique
Hydrography	Hydrographie
Hydrohematite	Hydrohématite, turgite (Minéral.)
Hydrokinetics	Cinétique des fluides
Hydrolaccolith	Hydrolaccolithe, syn. pingo
Hydrolite (not explicit)	1) géode remplie d'eau; 2) geysérite; 3) var. de zéolite
Hydrolith	Roche d'origine aquatique précipitée chimiquement (évaporite)
Hydrologic, hydrological	Hydrologique
—cycle	Cycle de l'eau
Hydrologist	Hydrologue
Hydrology	Hydrologie
Hydrolysate, hydrolyzate	1) produit argileux, latéritique, formé par altération (ex: bauxites, argiles, shales); 2) hydroxyde résultant

	d'une hydrolyse (chimie)
Hydrolysis	Hydrolyse
Hydrolyze (to)	Hydrolyser
Hydromagnesite	Hydromagnésite (Minéral.)
Hydrometamorphism	Hydrométamorphisme
Hydrometer	1) densimètre; 2) aéromètre
Hydrometry	Hydrométrie
Hydromica	Hydromica (Vermiculite, glauconie, serpentine)
Hydromorphic	Hydromorphe
—soil	Sol hydromorphe
Hydromuscovite	Hydromuscovite illite, hydromica
Hydronepheline	Hydronéphéline (Minéral.)
Hydrophane	Hydrophane, opale translucide
Hydrophilic, hydrophilous	Hydrophile
Hydrophilite	Hydrophilite (Minéral.)
Hydrophobic	Hydrophobe
Hydrophone	Hydrophone
Hydropore	Hydropore (Paléontol.)
Hydropower	Énergie hydraulique
Hydroscopic	Hydroscopique
Hydrosol	Hydrosol
Hydrosome	Hydrosome, colonie d'hydrozoaires
Hydrosphere	Hydrosphère
Hydrospheric	Hydrosphérique
Hydrostatic, hydrostatical	Hydrostatique (adj)
—head	Pression hydrostatique
—level	Niveau hydrostatique
—pressure	Pression hydrostatique
Hydrostatics	Hydrostatique (n)
Hydrosulfuric acid	Hydrogène sulfuré
Hydrothermal	Hydrothermal
—alteration	Altération hydrothermale
—deposit	Gisement minéral hydrothermal
—synthesis	Genèse cristalline hydrothermale
—water	Eau thermale venant des profondeurs, eau hydrothermale
Hydrous	Hydraté, aqueux
Hydroxide	Hydroxyde
Hydrozincite	Hydrozincite, Zinconise (Minéral.)
Hydrozoa, hydrozoan	Hydrozoaire (Paléontol.)
Hygrograph	Hygromètre enregistreur
Hygrometer	Hygromètre
Hygrometry	Hygrométrie
Hygroscopic	Hygroscopique
—moisture	État hygrométrique
—coefficient (U.K.); moisture content (U.S.)	Coefficient d'hygroscopicité
Hypabyssal	Hypabyssal
Hypabyssal rocks	Roches intrusives de semi-profondeur solidifiées en sills et dykes
Hypautomorphic (syn. hypidiomorphic)	Hypidiomorphe
Hyperite	Gabbro (désuet) à hypersthène et augite
Hypermelanic rock	Roche holomélanocrate
Hypersthene	Hypersthène
Hypersthenite	Hypersthénite (Pétrogr.)
Hypidiomorphic (syn. hypautomorphic)	Hypidiomorphique, hypidiomorphe
Hypocenter, hypocentre	Hypocentre, foyer
Hypocrystalline	Hypocristallin (partiellement cristallin), hypohyalin
Hypogene	Hypogène, interne
Hypohyaline	Partiellement vitreux
Hypotaxic	Superficiel
Hypotaxic deposits	Minerais de surface
Hypothermal	1) hypothermal (entre 300 et 500°C); 2) intervalle hypothermal (syn. "petit âge glaciaire")
—deposit	Gisement minéral hypothermal
—vein	Filon minéral hypothermal
Hypothesis	Hypothèse
Hypotype	Hypotype (ex. Paléontol.)
Hypsithermal, hypsithermal interval	Optimum climatique post-glaciaire
Hypsographic	Hypsométrique
Hypsographic curve	Courbe hypsographique
Hyppuritic	A hippurites
Hypsograph	Hypsographe
Hypsometer	Hypsomètre
Hypsometric, hypsometrical	Hypsométrique
Hystrichosphere	Hystrichosphère (acritarches et dinoflagellés)

I

Ice	Glace	—shelf	Plate-forme de glace flottante
—age	Époque glaciaire		
—barrier	Barrière de glace	—shove	Poussée de gel
—berg	Iceberg	—shove ridge	Bourrelet de poussée glacielle
—boom	Débâcle des glaces		
—boulder	Bloc erratique	—sill	Filon de glace
—breaker	Brise-glace	—slab	Lame de glace
—cake	Glaçon	—slice	Écaille de glace
—cap	Calotte glaciaire, inlandsis	—smoothed rock	Roche moutonnée
		—spar	Sanidine (Minéral.)
—cascade	Cascade de séracs	—stone	Cryolithe (Minéral.)
—cliff	Falaise de glace	—stream	Langue glaciaire
—cone	Cônes de glace	—surge	Crue glaciaire
—core	Noyau de glace	—tongue	Langue glaciaire
—dam	Barrage de glace	—thrust	Poussée glaciaire
—dammed-lake	Lac de barrage glaciaire	—vein	Filon de glace
—divide	Ligne de partage glaciaire	—wall	Pied de glace
		—wedge	Fente de gel à remplissage de glace
—drift	Charriage de glace		
—fall	1) cascade de glace; 2) débâcle glaciaire	—wedge polygon	Polygone de fentes de gel
—float	Glaçon	—wedge pseudomorph	Pseudomorphose, fente de gel à remplissage terreux
—floe	Glaçon		
—flood	Glaciation		
—foot	Pied de glace	—worn	Usé par la glace
—front	Front glaciaire	Brittle ice	Glace cassante
—island	Grand iceberg	Bubbly ice	Glace bulleuse
—jam	Embâcle glaciel	Dead ice	Glace morte
—laid drift	Moraine, dépôts glaciaires (général)	Drifting ice	Glace flottante
		Feather ice	Aiguille de glace
—layer	Couche de glace	Firn ice	Glace de névé
—ledge	Pied de glace	Floating ice	Glace flottante
—lens	Lentille de glace	Inland ice	Inlandsis, calotte glaciaire
—lobe	Lobe glaciaire		
—mark	Trace d'usure glaciaire	Shelf ice	Plate-forme de glace flottante
—mound	Pingo		
—mountain	Iceberg	Shore ice	Glace de rive
—pack	Banquise	Iced	Glacé (par la gelée)
—period	Époque glaciaire	Iceland agate	Obsidienne d'Islande
—plateau	Calotte glaciaire	—spar	Spath d'Islande, calcite
—point	Température de la glace fondante	Icelandite	Islandite (Pétrogr.)
		Icicle	Pendeloque de glace
—push	Poussée de gel	Ichnite	Empreinte de pas fossile
—rafted block	Bloc transporté par radeaux de glace	Ichnolite	Empreinte de pas fossile
		Ichnology	Etude des empreintes de pas et de pistes animales fossiles
—rafting	Transport par radeaux de glace		
—rampart	Rempart latéral de glace	Ichor	Emanation magmatique, minéralisateur
—river	Glacier		
—scoured plain	Plaine de rabotage glaciaire	Ichthyosauria	Ichtyosauriens
		Icy	Glacial
—sheet	Calotte glaciaire	Iddingsite	Iddingsite (altération de

	l'olivine)	**Illinoian, Illinoisan**	Illinoien (3eme Glaciation
Identifiable	Reconnaissable	**(North Am.)**	de l'Am. du N.)
Identification	Identification	**Illite**	Illite (Argile: minéral.)
Identified resource	Gisement reconnu et	**Illuminate (to)**	Éclairer, illuminer
	évalué	**Illuvial**	Illuvial
Identify (to)	Identifier, reconnaître	**—horizon**	Horizon illuvial (horizon B)
Idioblast	Idioblaste (grand cristal	**—material**	Matière illuviale
	automorphe: dans une	**—soil**	Sol illuvial
	structure métamorphi-	**Illuviation**	Illuviation, (dépôt dans
	que)		l'horizon B)
Idioblastic mineral	Minéral automorphe, à	**Ilmenite**	Ilménite, fer titané (Mi-
	faces bien cristallisées		néral.)
	(dans roche méta-	**—norite**	Norite à ilménite
	morphique)	**Ilmenitite**	Norite essentiellement
Idioblastic rock	Roche métamorphique		formée d'ilménite
	formée de cristaux au-	**Ilmenorutile**	Ilménorutile, rutile co-
	tomorphes		lumbifère (Minéral.)
Idiogenous (better: syn-	Idiogène, (de même ori-	**Ilvaïte**	Ilvaïte, liévrite (Minéral.)
genetic)	gine pétrographique)	**Image (to)**	1) représenter par une
Idiomorphic	Idiomorphe, automorphe		image; 2) saisir sur la
Idocrase	Idocrase, Vésuvianite		pellicule photographi-
	(variété de grenat)		que, photographier
Idrialite	Idrialite (subst. bi-	**Imagery**	Visualisation (pho-
	tumineuse)		tographique)
Igneo-aqueous	Formé par l'action con-	**Imbed (to) cf embed**	Enfermer, contenir
	juguée du feu et de	**(to)**	
	l'eau	**Imbibe (to)**	Imbiber
Igneous	Igné, éruptif, magmati-	**Imbibition**	Imbibition
	que	**—water**	Eau d'imbibition
—breccia	1) brèche formée de	**Imbrian**	Imbrien (Période an-
	roches éruptives; 2)		cienne de formation
	brèche pyroclastique,		lunaire)
	brèche de coulée vol-	**Imbricated**	Imbriqué
	canique	**—structure**	1) structure en écailles,
—complex	Complexe de roches		struture imbriquée; 2)
	éruptives		chevauchement,
—emanations	Émanations éruptives		nappes de charriage
—facies	Faciès éruptif		de même direction
—intrusion	Intrusion éruptive	**Imitation marble**	Similimarbre
—rocks	Roches éruptives, ig-	**Immature soil**	Sol immature, sol non
	nées, magmatiques		mûr, sol non évolué
—rocks series	Séquence magmatique	**Immature sandstone**	Grès immature, peu évo-
Ignescent rock	Roche qui émet des		lué
	étincelles quand on la	**Immerge (to)**	Immerger
	frappe avec de l'acier	**Immerse (to)**	Immerger, submerger,
Ignimbrite	Ignimbrite (= brèche		plonger
	volcanique, tuff vol-	**Immersible**	Immersible
	canique acide)	**Immersion**	Immersion
Ignimbritic	Ignimbritique	**—lens**	Objectif à immersion
Ignitability, ignitibility	Inflammabilité		(optique)
Ignite (to)	1) enflammer, allumer;	**Immiscibility**	Immiscibilité
	2) s'enflammer,	**Immiscible**	Non miscible
	s'allumer	**Impact**	Choc, impact, collision
Ignitible	Inflammable	**—crater**	Cratère de météorite
Ignition	1) inflammation; 2)	**—resistance**	Résilience
	allumage, mise à feu	**—slag**	Verre formé par chute
Ijolith	Ijolite (Pétrogr.)		de météorite

—strength	Résistance aux chocs
Impact law	Loi de chute des particules en milieu liquide, formule densimétrique
Impactite	Impactite (brèche de météorite)
Imperforate	Non perforé (Paléontol.)
Impermeability	Imperméabilité
Impermeable	Imperméable
—barrier	Zone imperméable
—layer	Couche imperméable
Impervious	1) impénétrable; 2) imperméable, étanche
Imperviousness	1) impénétrabilité; 2) étanchéité, imperméabilité
Impetus	Élan, impulsion
Implement	Outil, instrument
Bone implement	Outil en os
Flint implement	Outil en silex
Paleolithic implement	Outil préhistorique
Implication (obsolete, see symplectite)	Texture imbriquée, graphique (Minéral.)
Implosion	Implosion
Imponded lake	Lac de barrage
Imporosity	Absence de porosité
Imporous	Non poreux
Imposed stream	Rivière surimposée, épigénique
Impound	Lac de retenue
Impoundment	Barrage-réservoir, retenue
Impound (to)	Barrer une rivière pour construire un lac de retenue, un réservoir
Impoverishment	Dégradation, appauvrissement
—of the soil	Appauvrissement du sol
Impregnate (to)	Imprégner, imbiber, saturer
Impregnated rock	Roche minéralisée de façon diffuse, épigénétiquement
Impregnation	Imprégnation, imbibition
—ore	Minerai d'imprégnation
Impressed pebbles	Galets impressionnés
Impressed stream	Rivière surimposée, épigénique
Impression	1) figure sédimentaire; 2) empreinte végétale (de feuille)
Imprint	1) figure sédimentaire; 2) empreinte (fossile)
Impsonite	Impsonite (= Pyrobitume)
Improve (to)	1) améliorer, perfectionner; 2) s'améliorer, se perfectionner
Improvement	Amélioration, perfectionnement
Impulse	Impulsion, choc, secousse
—meter	Compteur d'impulsion
—period	Période d'impulsion
—recorder	Enregistreur d'impulsion
Seismic impulse	Secousse sismique
Impure	Impur
Impurity	Impureté
Inability	Inaptitude
inaccuracy	Inexactitude, imprécision
Inactive	Inactif
Inactivity	Inaction, inactivité
Inalterability	Inaltérabilité
Inalterable	Inaltérable
Inarticulata	Inarticulés (Brachiopodes, Paléontol.)
Inbreak	Arrivée soudaine et brutale (d'eau)
Incandescence	Incandescence
Incandescent	Incandescent
Incavation	1) excavation, creusement; 2) creux, dépression
Inceptisol	Sol jeune à horizons rapidement formés (ex: sols humiques à gley, sol brun acide, etc)
Inch	Unité de longueur = 25,4 mm
—of mercury	Pouce de mercure = 0,03453 kgf/cm²
—of water	Pouce d'eau = 0,00254 kgp/cm²
—pound	Pouce-livre = 0,011298 mcsn (mètre centisthène)
—ton	Pouce-tonne = 0,253086 msn (mètre sthène)
Incidence	Incidence
Angle of incidence	Angle d'incidence
Incident	Incident (rayon lumineux)
Incipient	Naissant, qui commence
incise (to)	S'enfoncer, s'encaisser
Incised meander	Méandre encaissé
Inclinable	Inclinable
Inclination	1) inclinaison; 2) plongement, pente
—of the needle	Inclinaison magnétique
Magnetic inclination	Inclinaison magnétique
Incline	1) Pente, inclinaison, plan incliné, rampe; 2) descenderie, puits in-

	cliné (Mine)
Incline (to)	1) incliner, pencher; 2) s'incliner, se pencher
Inclined	Incliné
—contact	Contact pétrole/eau incliné
—extinction	Extinction oblique (optique)
—fold	Pli oblique
—level	Galerie inclinée
—shaft	Puits incliné
—well	Forage oblique
Inclinometer	1) clinomètre, inclinomètre; 2) boussole d'inclinaison
Inclosed meander	Méandre encaissé
Inclosing rock	Roche encaissante
Inclusion	Inclusion
Gaseous inclusion	Inclusion gazeuse
Fluid inclusion	Inclusion fluide
Liquid inclusion	Inclusion liquide
Solid inclusion	Inclusion solide
Incoherent	1) sans consistance; 2) non consolidé, meuble
Incombustibility	Incombustibilité
Incombustible	Incombustible
Incoming	Arrivée, venue
—of water	Venue d'eau
—tide	Marée montante
Incompetent	Incompétent, tendre
—rock	Roche incompétente
Incompressibility	Incompressibilité
—modulus	Module d'élasticité
Incompressible	Incompressible
Inconsequent drainage	Réseau fluviatile non adapté à la structure régionale (réseau surimposé, réseau antécédent)
Incorporate (to)	Englober, mêler, incorporer
Incorrodible	Inoxydable
Incretion	Concrétion creuse cylindrique
Incrust (to)	1) incruster, encroûter, entartrer; 2) s'incruster, s'encroûter
Incrustating spring	Source pétrifiante
Incrustation	Incrustation, encroûtement, entartrage
Indentation	Entaille, échancrure, indentation (d'une côte)
Incrusting water	Eau pétrifiante
Indeterminable	Indéterminable
Index	1) aiguille; 2) indice, exposant; 3) repère, signe (indicateur); 4) répertoire, liste alpha-
	bétique
—contour	Courbe maîtresse principale
—ellipsoid	Ellipsoïde des indices
—fossil	Fossile caractéristique
—map	Tableau d'assemblage
—mineral	Minéral caractéristique
—of flatness	Indice d'aplatissement
—of refraction	Indice de réfraction
—plane	Plan de référence (Tect.)
—zone	Niveau stratigraphique repère, guide
Crystallographic index	Indice cristallographique
Refractive index	Indice de réfraction
Structure index	Coefficient de stabilité (de la structure)
Indian	Indien
—pipestone	Catlinite
—summer	Été indien, fin de l'été (U.S., Canada)
Indicate (to)	Indiquer, montrer
Indicator	1) indicateur (de pression, etc. .); 2) détecteur de grisou; 3) indicateur coloré
Depth indicator	Indicateur de profondeur
Trap indicator	Indice de piège (pétrole)
Indicated ore	Minerai à tonnage et teneur estimés, calculés
Indicated reserves	Réserves minérales théoriques, nominales calculées
Indicator	Bloc ou fragment erratique dont l'origine géologique est connue
—plant	Plante poussant sur un sol ou un minéral donné
—vein	Filon guide
Indicatrix	Ellipsoïde des indices, indicatrice (optique)
Indicolite	Indicolite (var. de Tourmaline)
Indigenous	Autochtone, indigène, in situ
Indigo copper	Covellite, covelline
Indigolite	Indigolite, indicolite (var. de Tourmaline)
Indirect	Indirect
Indiscernible	Indiscernable
Indissolubility	Indissolubilité
Indissoluble	Indissoluble
Indistinct	Indistinct
Indistinguishable	Indiscernable, insaisissable
Indraught	1) entrée d'air; 2) courant remontant (d'un estuaire)

Induce (to)	1) produire, causer; 2) amorcer, induire (un courant)	
Induced	Induit	
—flow	Débit induit (par des méthodes de récupération du pétrole)	
—magnetization	Aimantation induite	—capacity
—polarization	Polarisation induite, provoquée	—rate
—radioactivity	Radioactivité induite	
Induction	Induction	
—coil	Bobine d'induction	—vein
—current	Courant d'induction	
—log	Diagramme de conductivité par induction	—velocity
—logging method	Diagraphie par induction	Infinite
Inductolog	Inductolog (diagramme de conductivité par induction)	Inflame (to)
Indurate (to)	Durcir, se durcir, s'endurcir	Inflammability
		Inflammable
Indurated clay	Argile indurée, durcie	Inflammation
—red earth	Latérite vraie	Inflected
—talc	Talcschiste	Inflection, inflexion
Induration	1) induration, durcissement; 2) lithification (en général); 3) induration illuviale	Inflow
		—of water
		Inflowing stream
		Influent
		—tide
Ineffective	Inefficace	Influx
Inefficient	Inefficace	
Inelastic	Non élastique	Infra
Inequigranular	A cristaux de tailles différentes	Infrabasal plates
—texture	Texture porphyrique	Infracambrian
Inexhaustible resource	Ressource inépuisable	
Inert	Inerte	
—gas	Gaz inerte	Infraglacial
Inertia	Inertie	Infralittoral
Inertness	1) inertie; 2) inactivité	Infraneritic
Inexhaustible	Inépuisable, intarissable	
Inexploitable	Inexploitable	Infrared
Inexplorable	Inexplorable, impénétrable	Infralias
		Infralittoral area
Inface, infacing slope	Front de cuesta	Inframundane
Infancy	Enfance (sous-stade de cycle, Géomorphol.)	Infrastructure
—stage	Stade infantile	
Infer (to)	Déduire, conclure	
Inference	Déduction, conclusion	
Inferred reserves	Réserves présumées (par déduction de caractéristiques géologiques)	Infusibility
		Infusible
		Infusorial earth
Infilling	Remplissage (d'un filon)	Ingenite (obsolete)
Infiltrate (to)	S'infiltrer, imprégner, pénétrer	
Infiltration	1) infiltration (d'eau); 2)	Ingot
		Ingrained
		Ingress

	dépôt minéral dans les pores d'une roche par percolation; 3) remplissage filonien hydrothermal (déposé à partir d'une solution dans l'eau)
—capacity	Taux d'absorption de l'eau de pluie
—rate	Taux d'infiltration de l'eau de pluie, dans un sol
—vein	Filon d'origine hydrothermale
—velocity	Vitesse d'infiltration de l'eau
Infinite	Infini, illimité
Inflame (to)	Mettre le feu, enflammer, allumer
Inflammability	Inflammabilité
Inflammable	Inflammable
Inflammation	Inflammation
Inflected	Infléchi, dévié, courbe
Inflection, inflexion	Inflexion
Inflow	Arrivée, venue
—of water	Venue d'eau
Inflowing stream	Affluent
Influent	Affluent
—tide	Marée montante
Influx	1) entrée; 2) affluence (d'un cours d'eau)
Infra	Infra-sous (préfixe)
Infrabasal plates	Plaques infrabasales (Crinoïdes, Paléontol.)
Infracambrian	Infracambrien (= Eocambrien) Voir Riphéen
Infraglacial	Sous-glaciaire
Infralittoral	Infralittoral
Infraneritic	Infranéritique (entre −40 et −195 m)
Infrared	Infrarouge
Infralias	Infralias (~ Rhétien)
Infralittoral area	Zone infralittorale
Inframundane	Souterrain
Infrastructure	Infrastructure, structure géologique des niveaux profonds de la croûte terrestre
Infusibility	Infusibilité
Infusible	Infusible
Infusorial earth	Terre à infusoires, diatomite
Ingenite (obsolete)	Roche éruptives (et métamorphiques)
Ingot	Lingot
Ingrained	Encrassé, imprégné
Ingress	Pénétration, entrée

Ingrown meander	Méandre creusé lors de rajeunissement du relief	Input	1) entrée, apport; 2) contribution; 3) puissance, énergie
Inhalent	Inhalant (Paléontol., Spongiaires)	Inrush	Irruption, arrivée soudaine
Inherited meander	Méandre hérité	—of water	Venue d'eau
Inherited river course	Tracé fluviatile surimposé	Insect	Insecte
Inhibitor	Inhibiteur	Insectivora	Insectivores (Paléontol.)
Inhomogenous, inhomogeneous	Hétérogène	Inselberg	Inselberg, relief résiduel
		Insequent	Inséquent, inadapté (Géomorphol.)
Initiate (to)	1) commencer, amorcer; 2) instaurer; 3) engendrer	—stream	Rivière inadaptée à la structure
Initial	Initial	Insert (to)	Insérer, introduire, encastrer
—dip	Pendage originel, initial (avant déformation ultérieur du lit ou des couches)	Inset	Phénocristal
		—terrace	Terrasse emboîtée
		—valley	Vallée emboîtée
—open flow	Débit initial (d'un puits)	Inside	1) adj: intérieur, interne; 2) n: intérieur, dedans
—production	Production initiale (d'un puits)	Insolation	Ensoleillement
—rating of well	Débit initial d'un puits	Insolubility	Insolubilité
Ink stone	Mélantérite, Vitriol vert (Minéral.)	Insolubilize (to)	Insolubiliser
		Insoluble	Insoluble
Inject (to)	Injecter	—residue	Résidu insoluble après attaque acide
Injected igneous body	Massif intrusif complètement entouré de roches encaissantes	Inspection	Inspection
		—hole	Regard
		Field inspection	Inspection sur le terrain
Injection	Injection	Inspissate (to)	Épaissir, condenser
—complex	Complexe intrusif	Inspissation	Asphaltisation
—gneiss	Migmatite	Instrument	Instrument
—metamorphism	Métamorphisme d'injection	Recording instrument	Appareil enregistreur
—structure	Figure d'injection (en flamme)	Instrumentation	Appareillage
		Insubmersibility	Insubmersibilité
—well	Puits d'injection	Insular	Insulaire
Ribbon injection	Intrusion rubanée	Insulatable	Isolable
Injectivity	Injectivité	Insulate (to)	Isoler
—profile	Profil d'injectivité	Insulated stream	Tronçon fluviatile isolé de la zone de saturation (par une couche imperméable)
Inland	Intérieur des terres		
—basin	Dépression fermée, playa		
—ice	Inlandsis, calotte glaciaire	Insulation	1) détachement (d'une île par rapport au continent); 2) isolement (électrique, ou thermique)
—sea	Mer intérieure		
Inlet	1) entrée, arrivée, admission; 2) petit bras de mer, crique		
		Intake	Entrée, arrivée, recharge d'une nappe
Inlier	Fenêtre (dans une nappe de charriage)	—area	Région d'alimentation d'une nappe
Innage	Jaugeage par le plein	—place	Région d'alimentation (Hydrol.)
Inner	Interne, intérieur		
—core	Noyau interne (de la Terre), graine	—shaft	Puits d'entrée d'air
		—well	Sondage d'injection
—lowland	Revers de cuesta	Air intake	Prise d'air
Inorganic	Inorganique, minéral	Integrating instrument, integrator	Intégrateur
Inosilicate	Inosilicate, silicate en chaines		
Inoxidizable	Inoxydable		

Intensity — Intensité
—scale — Échelle d'intensité (des tremblements de terre)
—of stress — Charge
Inter (to) — Enterrer
Interambulacral, interambulacral area — Aire interambulacraire (Paléontol.)
Interbanded — Zoné
Interbedded — Interstratifié
Interbedding — Interstratification
Interbrachial plates — Plaques interbrachiales (Crinoïdes, Paléontol.)
Intercalary — Intercalaire
Intercalate (to) — Intercaler
Intercalate texture — Texture intercalaire, intersertale
Intercalation — Intercalation
Intercepts — Paramètres cristallographiques
Intercrystalline — Intercristallin
Interdigitation — Interdigitation (ex. relation stratigraphique par . . .)
Interestuarine — Situé entre deux estuaires, interestuarien
Interface — Interface
Interfacial — Interfacial
—angle — Angle dièdre, angle des faces
—tension — Tension interfaciale, tension superficielle
Interfere (to) — Interférer
Interference — Interférence
—figure — Figure d'interférence
—ripple-mark — Ride d'interférence
Interfingering — Interdigitation
Interfluve — Interfluve
Interfolding — Plis simultanés d'orientation différente
Interfoliated — Intercalé entre les feuillets d'une roche métamorphique
Interformational — Intraformationel
—conglomerate — Conglomérat intraformationel
—sheet — Filon couche
Interglacial — Interglaciaire, entre 2 glaciations
Intergranular — Intergranulaire
—texture — Var. de structure doléritique (Pétrol.) ou intersertale
Intergrowth — Enchevêtrement
Interior — 1) adj: intérieur, interne; 2) n: intérieur, dedans, région intérieure d'un continent
—basin — Dépression endoréïque

—salt domes — Diapirs éloignés du Golfe du Mexique
—sea — Mer intérieure
—valley — Vallée karstique abrupte, poljé
Interlacing channel — Chenal anastomosé
Interlayer — Couche interstratifiée, intercalation
Interlensing — Existence de lentilles interstratifiées
Interlimb angle — Angle formé par les deux flancs d'un pli
Interlobate deposit — Moraine située entre des lobes glaciaires, interlobaire
Interlocked texture — Structure entrecroisée
Interlocking seismic recording — Mixage
Intermediate — Intermédiaire
—contour — Courbe de niveau intercalaire
—focus earthquake — Séisme de profondeur intermédiaire
—rock — Roche neutre, équilibrée (= 10% de silice libre, syénite, diorite)
Intermingle (to) — Entremêler, mélanger
Intermingling — Mélange, entremêlement
Intermittence — Intermittence (d'une source)
Intermittent — Intermittent
—stream — Rivière intermittente, à écoulement intermittent
Intermitter — Puits à débit intermittent
Intermix (to) — Mélanger, entremêler
Intermixture — Mélange, mixtion
Intermont, intermontane — 1) adj: intramontagnard; 2) n: entremont
Intermount area — Région intramontagnarde
—basin — Bassin structural, cuvette structurale
—glacier — Glacier de confluence
—trough — Fossé de subsidence dans un arc insulaire
Internal — Interne, intérieur
—magnetic field — Champ magnétique terrestre
—mold — Moule interne
—moraine — Moraine interne
—water — Eau de profondeur
Interpenetrate (to) — 1) pénétrer partout; 2) s'interpénétrer
Interpenetration — Interpénétration
—twin — Mâcle d'interpénétration
Interradials plates — Plaques interradiales (Crinoïdes, Paléontol.)
Interpolation — Interpolation

Interposed	Intercalé, interstratifié
Interpret (to)	Expliquer, interpréter
Interpreter	1) interprète; 2) inter-prétation (Photogr.)
Photointerpreter	Photointerprétateur
Interrupted stream	Rivière karstique, à pertes
Intersect (to)	1) recouper, entre-couper, intersecter, entrecroiser; 2) s'entrecroiser, etc.
Intersecting	Entrecroisé, recoupé
—peneplains	Surface polygénique
—vein	Filon croiseur
Intersection	1) intersection, recoupe-ment; 2) carrefour, croisement
Interseptal	Interseptal
Intersertal	Intersertal
—texture	Texture intersertale (Pé-trol.)
Interspace	Espacement
—of time	Intervalle de temps
Interstade	Interstade (Recul glaciaire dans une glaciation)
Interstadial	Interstadiaire (cf. supra, adj.)
Interstice	1) interstice, intervalle, vide; 2) espace dis-ponible entre les phénocristaux dans les structures intersertales
Capillary interstice	Interstice capillaire, pore capillaire
Supercapillary interstice	Interstice, pore supra-capillaire
Interstitial	Interstitiel
—deposits	Gisements minéraux d'imprégnation
—matrix	Matrice interstitielle
—solid solution	Solution solide inter-stitielle (Cristallogr.)
Interstratal	Interstrate, entre couches
Interstratification	Interstratification, inter-calation
Interstratified	Interstratifié
Interstratify (to)	S'interstratifier
Intertonguing zone	Interdigitation
Intertwinning channels	Chenaux anastomosés
Interval	1) intervalle; 2) distance verticale entre deux couches de référence
Contour interval	Équidistance entre deux courbes
Interveined	Traversé par des filons
Intraclast	Intraclaste (débris cal-caires remaniés in situ)
Intracratonal geo-syncline	Paragéosynclinal
Intracratonic geosyncline	Autogéosynclinal
Intracratonic	Intracratonique
—basin	Bassin intracratonique
Intracyclothem	Sous-cyclothème, cyclothème secondaire (d'un cyclothème prin-cipal)
Intrafacies	Sous faciès, faciès se-condaire (d'un faciès plus important)
Intraformational	Intraformationel
—conglomerate	Conglomérat intraforma-tionel
—sheet	Filon-couche
Intrageosyncline	Géosynclinal intraconti-nental
Intraglacial	Intraglaciaire (ex. trans-port . . .)
Intramagmatic	Intramagmatique
Intramontane basin, in-tramount basin	Bassin d'entremont
Intrastal solution	Dissolution chimique postérieure à la sédi-mentation (diagéné-tique)
Intratellural, intratelluric crystallization	Cristallisation précoce et profonde de phéno-cristaux
Intrathecal	Endothécal (Paléontol.)
Intrazonal soil	Sol intrazonal
Intrenched meander	Méandre encaissé
Intrenched stream	Rivière encaissée, (par surimposition)
Intrude (to)	Faire intrusion, s'introduire dans
Intruded	Intrusif
—rock	Roche intrusive
To be intruded by	Être pénétré par
Intrusion	Intrusion, injection
—of the sea	Transgression
Intrusion displacement	Faille coïncidant avec une intrusion
Intrusive	Intrusif
—contact	Contact intrusif
—rock	Roche intrusive
—sheet	Sill, filon-couche
—vein	Filon intrusif
Intrusives	Roches éruptives (cf granite), roches intru-sives, roches magma-tiques
Intumesce (to)	Gonfler, se dilater
Intumescence	1) intumescence, bour-sou flure, dôme; 2) bourgeonnement

Inundate (to)	Inonder
Inundation	Inondation
Invade (to)	Envahir, pénétrer, faire intrusion
Invaded rock	Roche hôte, roche encaissante
Invasion	Irruption, invasion, envahissement
Inverse	Inverse
—zoning	Zonation inverse (des feldspaths)
Inversion	1) inversion; 2) déversement, renversement; 3) changement de phase, transformation cristalline
—of a stratum	Renversement d'une couche
—point	Température de transformation d'une phase cristalline en une autre (α en β) (cristaux polymorphes)
Invert (to)	Renverser, retourner
—fold	Pli déversé, pli renversé
Invertebrate	Invertébré (Paléontol.)
Inverted	Renversé, inversé
—fold (overturned fold)	Pli renversé
—limb	Flanc inverse
—order	Position inversée
—relief	Inversion du relief
Investigate (to)	Examiner, étudier, chercher
Investigation	Recherche, examen, investigation
Investment	Investissement
Involute	Involute (Paléontol.)
Involution	1) involution (Périglaciaire); 2) plissement de nappes de charriage postérieurement à leur mise en place
Inward	1) intérieur, interne; 2) vers l'intérieur
Iodargyrite	Iodargyrite, iodyrite (Minéral.)
Iodide	Iodure
Iodine	Iode
Iodobromite	Iodobromyrite, iodobromite (Minéral.)
Iodyrite	Iodargyrite, iodyrite (Minéral.)
Iolite	Iolite, cordiérite (Minéral.)
Ion	Ion
—activity	Activité ionique
—concentration	Concentration ionique
—exchange	Échange d'ions
Ionic	Ionique
—substitution	Substitution ionique
Ionization	Ionisation
—chamber	Chambre d'ionisation
—potential	Potentiel d'ionisation
Ionize (to)	Ioniser
Ionosphere	Ionosphère
Iowan (North Am.)	Iowan (Stadiaire inférieur du Wisconsinien)
Ipswichian (U.K.)	Ipswichien (Interglaciaire Riss-Wurm) = Eemien (G.B.)
Iridescence	Irisation
Iridescent	Irisé, chatoyant
Iridium	Iridium
Iridosmine, iridosmium	Iridosmine, iridosmium
Irisated	Irisé
Irisation	Irisation
Iron	Fer
—age	Âge du fer
—alum	Alun de fer
—bacteria	Bactérie ferrugineuse
—bearing	Ferrifère
—carbonate	Sidérose
—deposit	Gisement de fer
—disulfide	Pyrite
—dolomite	Ankérite
—glance	Oligiste, hématite
—gossan	Chapeau ferrugineux
—hat	Chapeau ferrugineux
—magnesia mica	Biotite
—meteorite	Météorite en fer-nickel
—mine	Mine de fer
—pan	Alios (ferrugineux)
—phosphate	Vivianite
—pyrite	Pyrite
—quarry	Mine de fer
—red ocher	Ochre de fer
—sand	Sable ferrugineux
—spar	Sidérose
—spinel	Magnétite
—stone	1) minerai de fer; 2) roche sédimentaire ferrugineuse
—sulfide	Sulfure de fer-pyrite
—tourmaline	Tourmaline noire (schorl)
—yellow ocher	Limonite
Irradiate (to)	Irradier, rayonner
Irradiation	Irradiation
Irrecoverable	Irrécupérable (pétrole, etc . . .)
Irrigable	Irrigable
Irrigate (to)	Irriguer, arroser
Irrotational wave	Onde de compression, onde P
Irruption	Venue, irruption (d'eau, etc . . .)

Irrupt (to)	Faire irruption, être in-jecté (pétrole)	**—line**	Pli à flancs parallèles
Irruption	Intrusion magmatique	**Isocline**	Isocline, isoclinal
Irruptive rock	Roche éruptive, intrusive	**Isoclinic line**	Isocline
Isanomalous line, isan-omaly, isonomaly	Isanomale (Météorol.)	**Isocon**	Courbe d'égale concen-tration en sels
Isentropic	Isentropique	**Isodont dentition**	Dents isodontes (Paléon-tol., Lamellibranches)
Iserin, iserine, iserite	Isérite (fer titané) (= il-ménite détritique dans les minéraux lourds des sables)	**Isodynamic line**	Isodynamique (ligne joi-gnant les points d'égale intensité mag-nétique)
Isinglass	Mica (en minces feuillets transparents)	**Isofacies**	Courbe d'isofaciès (ligne joignant les points de faciès identiques)
—stone	Mica	**Isogal**	Isogal (lignes d'égales valeurs de gravité)
Island	Île		
—arc	Arc insulaire	**Isogam**	Isogamme
—chain	Arc insulaire	**Isogeotherm**	Isogéotherme, courbe d'égale géothermie
—shelf	Plate-forme insulaire		
—slope	Talus insulaire	**Isogeothermal**	Isogéothermal
Caldera island	Île caldeira	**Isogon, isogonic line**	1) isogone (ligne d'égale déclinaison magnéti-que); 2) ligne joignant les points de direction constante du vent
Continental island	Île continentale		
Crater-island	Île cratère		
Islet	Îlot		
Isobar	Isobare (courbe d'égale pression)		
Isobaric line	Ligne isobare	**Isograd**	1) isométamorphe ou ligne joignant des points de même faciès de métamorphisme; 2) ligne joignant des va-leurs égales de tem-pérature et de pres-sion; 3) ligne joignant les points de même faciès pétrographiques
Isobase	Isobase (ligne d'égal re-lèvement ou enfonce-ment)		
Isobath	Isobathe (courbe d'égale profondeur)		
Isocal	Isocal (ligne, joignant les points d'égale valeur calorifique d'un gise-ment de charbon)		
Isocarb	Isocarb (ligne joignant les points de même teneur en carbone fixe d'un gisement de charbon)	**Isogram**	Courbe de niveau
		Isohaline	Ligne d'égale salinité (des eaux)
		Isohel	Ligne d'égal ensoleille-ment
Isochemical metamor-phism	Métamorphisme to-pochimique, iso-chimique, sans changement chimique	**Isohyet**	Isohyète (ligne d'égale pluviosité)
		Isohyetal, isohyetal line	Isohyétal, isohyète (courbe d'égale pré-cipitation)
Isochore	Isochore (ligne d'égale épaisseur établie d'après les données brutes non corrigées d'un forage à la ver-ticale des unités)	**Isohypse**	Isohypse, courbe de niveau (d'égale alti-tude)
		Isolate (to)	Isoler, dégager, extraire
Isochron, isochronal, isochrone, isochronic, isochronous	Isochrone (ligne de même âge)	**Isoline map**	Cartes à variables fig-urées en courbes
		Isolithic lines	Lignes d'égal faciès pé-trographique
Isochroneity, isochro-nism	Isochronisme	**Isolith maps**	Cartes de variations d'épaisseur de faciès pétrographiques
Isoclinal	Isoclinal	**Isomagnetic line**	Ligne isomagnétique
—folding	Plis droits serrés, plis isoclinaux	**Isomer**	Isomère

Isomeric, isomerical (adj)	Isomère
Isomerism	Isomérie
Isomerization	Isomérisation
Isometric system	Système cubique
Isomorph, isomorphic, isomorphous	Isomorphe
Isomorphism	Isomorphisme
Isopach	1) adj: isopaque, d'égale épaisseur; 2) n: isopaque
Isopachous line, isopachyte	Isopaque (ligne d'égale épaisseur d'une couche)
Isopach map	Carte isopaque
—strike	Direction indiquée par les isopaques
Isopached interval	Équidistance de deux isopaques voisines
Isopical deposit	Couche isopique (de même âge et de même faciès)
Isopiestic level	Profondeur de compensation isostatique
Isopiestic line	Ligne d'égale pression hydrostatique
Isopleth map	Carte isoplète, carte en isothermes
Isoporic line	Ligne d'égale variation de déclinaison magnétique
Isopolls	Ligne d'égale fréquence en pollen fossile
Isopycnic, isopycnal	Ligne d'égale densité
Isorad	(des eaux marines) Ligne d'égale radioactivité
Isoseism, isoseismal line	Isoséiste (courbe d'égale intensité des séismes)
Isostacy, isostasy	Isostasie
Isostatic, isostatical	Isostatique
—adjustment	Compensation isostatique
—anomaly	Anomalie isostatique
—compensation	Compensation isostatique
Isostructural crystals	Cristaux de structures cristallines semblables
Isotherm	Isotherme
Isothermal, isothermic	Isothermique
Isothermal line	Isotherme
Isotime	Isochrone (Ligne de même âge)
Isotope	Isotope
Isotopic	Isotopique
—fractionation	Séparation isotopique
Isotropic, isotrope, isotropous	Isotropique, isotrope
Isotropy	Isotropie
Issue	1) sortie, décharge; 2) résultat, aboutissement; 3) fascicule, numéro (d'une revue)
Isthmus	Isthme
Itabirite	Itabirite, spécularite, hématite lamellaire (Minéral.)
Itacolumite	Itacolumite, grès micacé flexible
Ivory	Ivoire

J

Jacinth	Hyacinthe, zircon (Minéral.)
Jack	1) cric, vérin; 2) engin (très variable); 3) blende, sphalérite
Jack-knife derrick	Derrick repliable
Jack-well	Puits en pompage par dispositif à balancier
Pumping jack	Dispositif de pompage à balancier
Jacksonian (North Am.)	Jacksonien (Étage, Éocène sup.)
Jacupirangite	Jacupirangite, (variété de pyroxénite) (Pétrol.)
Jad	Havage, sous-cavage (Mine)
Jad (to)	Haver, sous-caver (Mine)
Jade	Jade (Minéral.)
Jadeite	Jadéite (= Pyroxène) (Minéral.)
Jagged	Déchiqueté, découpé dentelé
Jalpaite	Jalpaïte (Minéral.)
Jam	1) embâcle; 2) coincement
Ice jam	Embâcle glaciel
Jamesonite	Jamesonite (Minéral.)
Janosite	Copiapite (Minéral.)
Japanite	Pennine (espèce de chlorite)
Jar	1) choc, secousse; 2) coulisse (Mine)
Jarosite	Jarosite, utahite (Minéral.)
Jaspagate, jaspachate	Agate jaspée
Jasper, jasperite	Jaspe
Jasper opal, jaspopal	Opale jaune ressemblant. au jaspe
Jasperated	Jaspé
Jasperize (to)	Transformer en jaspe ou en agate
Jasperoid	1) roche siliceuse, soit en calcédoine cryptocristalline, soit à cristaux de quartz résultant de la substitution d'autres cristaux; 2) calcaire siliceux
Jasperisation	Transformation en roches ferrugineuses et siliceuses zonées (formation rubanée, taconite, etc)
Jaspidian	Contenant du jaspe
Jaspilite	Formation rubanée à hématite, formation fer, taconite, chert ferrugineux, jaspe (U.S.), itabirite (Minéral.) (Brésil)
Jaspoid	Ressemblant à du jaspe
Jasponyx	Onyx à couches de jaspe
Jaspure	Marbre zoné comme du jaspe
Jatulian	Jatulien (Division du Précambrien Balte)
Jaw	Mâchoire, mors
Jelloid	Gélatineux
Jelly	Gelée
Jellyfish	Méduse
Jet	1) jais, jaïet (var. de charbon); 2) jet, injection; 3) veine fluide (Physique)
—bit	Trépan à jet hydraulique
Jet bit drilling	Forage au trépan à jet
Jet coal	"Cannel coal", charbon contenant du jais
—stone	Tourmaline noire, schorl
Jetty	1) épi littoral (U.S.), jetée; 2) quai (G.B.)
Jewel	Gemme, pierre précieuse, bijou
—stone	Pierre précieuse
Jeweler, jeweller	Joailler
Jewelry	Bijouterie
Jewstone	1) marcassite; 2) roche dure à cassure inégale
Jig	Crible hydraulique, hydrotamis, calibre, gabarit
—crane	Grue à flèche
—table	Crible vibrant
Jig (to)	Cribler, laver
Jigger	1) mach: crible hydraulique, crible oscillant; 2) pers: cribleur
Jigger work	Jiguage, lavage au crible
Jigging	Criblage, lavage
Jigging machine	Crible hydraulique
Jog	1) coup, secousse, ébranlement; 2) ressaut topographique
Joggling-table	Table à secousses (Mine)
Join (to)	1) joindre, unir, réunir,

	assembler; 2) s'assembler, se joindre	Jordanite	Jordanite (Minéral.)
Joint	1) diaclase, fissure; 2) fragment de tige de crinoïde, entroque; 3) raccord, articulation, joint, élément de tubage	Jotnian	Jotnien (Division du Précambrien balte)
		Joule	Joule (Électricité)
		Jug	Détecteur sismique, géophone
		Jump	Discontinuité, anomalie, rejet, ressaut, saut
—plane	Plan de séparation	Jump drilling	Forage au câble, par battage
—set	Ensemble de joints parallèles	Jump (to)	1) forcer la pierre au fleuret (Mine); 2) sauter
Bedding joint	Joint (plan) de stratification		
Cross tectonic joint	Diaclase transversale (à l'axe du pli)	Jump (to) a claim	S'emparer d'une concession (appartenant à autrui)
Longitudinal tectonic joint	Diaclase longitudinale	Jumper	Barre à mine, fleuret
Shear joint	Fissure de cisaillement	—drill	Barre de mineur
Sheet joint	Joint (plan) de décompression des roches en surface	Junction	Confluent, raccordement, jonction, bifurcation
		Deferred junction	Confluent déplacé vers l'aval
Shrinkage joint	Fissure de retrait, de contraction	Hanging junction	Confluent discordant
Tension, tensional joint	Joint de tension, joint tectonique	Shifted junction	Confluent déplacé vers l'aval
Joint (to)	1) assembler, emboîter, articuler; 2) s'assembler, s'articuler	Junkerite	Sidérose, sidérite (Minéral.)
		Junk retriever	Tube à sédiments
Joint up (to)	Unir des sections de tube (Pétrole)	Junk sub	Panier à sédiments (forage)
Jointed	Diaclasé, fissuré	Junked hole	Forage abandonné
Jointing	1) fissuration, diaclasage; 2) assemblage	Jurassic	Jurassique (Période, Mésozoïque)
Jointing	Plan de diaclase	Jut out (to)	Surplomber, faire saillie
Jointy	Fissuré, diaclasé	Jutting out wall	Paroi surplombante
Jolt	Secousse, soubresaut	Juvenile	Juvénile
Jolting machine	Crible laveur à secousses	—gas	Gaz juvénile
		—water	Eau juvénile (eau magmatique souterraine)

K

Kainite	Kaïnite (Minéral.)
Kainotype rock	Roche récente (Tertiaire ou Quaternaire)
Kainozoic (Cenozoic) era	Cénozoïque, ère tertiaire
Kalevian	Kalévien (Division du Précambrien balte)
Kali	Potasse
Kalinite	Kalinite (alun de potasse)
Kaliophilite, kaliophylite	Kaliophilite (feldspathoïde)
Kalirhyolite	Rhyolite alcaline (à feldspaths essentiellement potassiques)
Kalisyenite	Syénite alcaline (à feldspaths potassiques)
Kalium	Potassium
Kallait	Turquoise
Kalomel	Calomel
Kamacite	Kamacite (fer météorique)
Kame	Kame, monticule de sédiments fluvioglaciaires de contact
Kame and kettle topography	Topographie de Kame et Kettle, à monticules et dépressions fermées
Kame terrace	Terrace de Kame, terrasse construite entre roc et glace
Kand	Fluorine (Cornouailles)
Kansan (North Am.)	Glaciation de Kansan
Kaolin	Kaolin (argile)
Kaolinite	Kaolinite (minéral argileux)
Kaolinic	Kaolinique
Kaolinization	Kaolinisation (des feldspaths . . .)
Kaolinized	Kaolinisé
K / Ar age	Datation radiométrique potassium au argon
Karat	Carat (quantité d'or: x/24)
Karelian	Karélien (Division du Précambrien balte)
Karnian (Eur.)	Carnien, karnien (Étage, Trias sup.)
Karren (syn. Lapiés)	Lapiés
Karst	Karst
—erosion	Érosion karstique
—scenery	Paysage karstique
—valley	Vallée karstique
Confined karst	Karst barré
Covered karst	Karst couvert
Deep karst	Karst profond
Naked karst	Karst nu
Shallow karst	Karst superficiel
Karstenite	Anhydrite (Minéral.)
Karstic	Karstique
Katabatic	Catabatique
—wind	Vent catabatique
Kataclastic	Cataclastique, bréchique, mylonitique
—texture	Structure cataclastique, structure de mylonite
Katagenese	Katagénèse
Katagenic	Katagénique
Katagneiss	Gneiss catazonal, gneiss formé en catazone
Katalysis	Catalyse
Katamorphic zone	Zone catamorphique (fracturation, décomposition et altération des roches)
Katamorphism	Catamorphisme (altération et cimentation des roches)
Katangian	Katangien
—orogeny	Orogénèse Katangien(ne) (ou Assyntique)
Katatectic layer	Couche formée de résidus gypseux de dissolution dans la couverture d'un gisement de pétrole
Katazone	Catazone, zone la plus profonde du métamorphisme régional
Kathode	Cathode
—rays	Rayons cathodiques
Kathodic	Cathodique
Kation	Cation
Katogene	Formé par décomposition et altération de roches
Kawk	Fluorine (Angl.)
Kazanian (USSR)	Kazanien (Étage, Permien moy. à sup.)
K bentonite	Argile interstratifiée à montmorillonite-illite et riche en potassium
Keel	Carène (Paléontol., Mollusques)
Keeled	Caréné
Keeps	Taquets (de cage) (Mine)

Keewatin, kewatinian (Can.)	Keewatin (Série, Archéen) du Bouclier canadien)
Kelly bar	Tige carrée d'entraînement (Forage)
Kelp	1) algue, varech; 2) soude des varechs
Kelve	Fluorine (Angl.)
Kelvin scale	Echelle Kelvin (température: °C +273°K)
Kelyphite	Kélyphite (Pétrol.)
—rim	Auréole réactionnelle d'amphibole ou pyroxène autour de cristaux d'olivine ou de grenat
Kennel coal	Cannel coal
Kenoran orogeny (Can.)	Orogénèse Kénorienne: −2390 à −2600 MA (Algomien)
Kerabitumen	Kérabitume
Kerargyrite	Cérargyrite (Minéral.)
Keratophyre	Kératophyre (Variété de laves trachytiques)
Keratophyric	Kératophyrique
Kerf	Havage, saignée (Mine)
Kermesite	Kermésite, antimoine rouge (Minéral.)
Kernel	Noyau (d'une structure)
Kerogen, kerosen	Kérogène (dans schistes bitumineux)
—shale	Schiste bitumineux
Kerosene sand	Sable bitumineux contenant encore des produits volatils (Australie)
Kersantite	Kersantite (Pétrogr.)
Kerve (to)	Haver, sous-caver
Kettle	Kettle, dépression fermée
—drift	Moraine terminale à nombreuses dépressions en "marmites"
—hole	Marmite de géant, dépression fermée glaciaire
Glacial kettle, giant's kettle	Marmite de géant
Kettled	Ayant des dépressions fermées (kettles)
Keuper (Eur.)	Keuper (Série ou faciès germanique = Trias sup.)
Kewatinian (Can.) (see Keewatin)	Keewatin
Keweenawan (North Am.)	Keweenawien (Série, Précambrien sup., ou Protérozoïque)
Key	1) clé; 2) clavette, touche
—bed	Couche repère
—horizon	Horizon repère
—rock	Roche guide
—stone	Clef de voûte (d'un horst)
Keyserian (North Am.)	Keysérien (Étage, Silurien sup.)
K feldspar	Feldspath potassique
Kibble	Benne
Kick	Arrivée d'une secousse sismique
Kidney ore	Hématite rouge en rognons
Kidney stone	1) concrétion ferrugineuse dans argiles (G.B.); 2) néphrite (Minéral.); 3) nodule en forme de rognon
Kies	Minerai sulfuré
Kieselguhr (Germ.)	Kieselguhr, diatomite (roche)
Kieserite	Kiésérite (Minéral.)
Kilkenny coal	Anthracite
Killed lime	Chaux éteinte
Kiln	Four, étuve
Kiln (to)	Cuire
—bricks	Cuire des briques
Kilocalorie	Kilocalorie
Kilogram	Kilogramme
Kilometer	Kilomètre
Kilometric, kilometrical	Kilométrique
Kimberlite (blue ground)	Kimberlite, variété de péridotite (Pétrogr.)
Kimmeridgian	Kimméridgien—1) (Étage, Jurassique sup.); 2) (s.s., sous-étage du précédent)
kimolite	Cimolite (Minéral.)
Kind	Espèce, genre, sorte
Kinderhookian (North Am.)	Kinderhookien (Étage, Mississipien inf.)
Kindle (to)	Enflammer, embraser
Kindly bed	Couche présumée riche en minerai (Mine)
Kindly ground	Terrain riche en minerai (G.B.)
Kindred	Cortège, clan, série, pétrographique
Kinetic, kinetical	Cinétique (adj)
—energy	Énergie cinétique
—metamorphism	Dynamométamorphisme
Kinetics	Cinétique
Kink plane	Plan de déformation de la schistosité, de gneissosité
Kinks	Flexures répétées (Tectonique)

Kip Kip américain (unité de masse) = 453,59 kg
Kirrolite Cirrolite (Minéral.)
Kirve (to) Haver, sous-caver
Klastic Clastique, détritique (adj.)
Kliachite Cliachite, bauxite alumine colloïdale
Klinkstone Phonolite
Klinoklas Clinoclase, feldspath monoclinique
Klinozoisite Clinozoïsite (Minéral.)
Klint (pl: klintar) Récif calcaire, bioherme (en relief après érosion des roches environnantes)
Klippe, klippen Klippe, lambeau de charriage
Kloof Ravin, gorge (Afr. du S.)
Knap Colline, éminence
Knap (to) Briser, casser
Knapping hammer Marteau-pic (marteau de géologue)
Knead (to) Malaxer, travailler (de l'argile)
Kneading Malaxage (de l'argile)
—machine Malaxeur
Knee fold Pli en genou
Knee-shaped twin Mâcle en genou
Knick-crack Sol marécageux à sous-sol dur
Knick-marsh soil Sol marécageux à sous-sol dur
Knickpoint Rupture de pente (géomorphologie fluviale)
Knifing Sous-solage
Knits Petites particules de minerai
Knob 1) bosse de terrain; 2) morceau (de charbon)
Knob and basin topography Topographie irrégulière, topographie en creux et en bosses

Glaciated knob Roche moutonnée
Knobly limestone Calcaire noduleux
Knock Détonation, choc
Knoll Monticule, butte
Reef knoll Pinacle corallien
Knollite Zéophyllite (Minéral.)
Knot 1) noeud (unité de vitesse) = 1 mille marin (1852 m) par heure; 2) nodule, concrétion (de minéraux)
Knotted schist Schiste tacheté (= Knotenschiefer), schistes noduleux
Knotty rock Roche "tachetée" (par minéraux formés par métamorphisme de contact)
Kolm Kolm (cannel-coal radioactif)
Kopje Inselberg (Afr. du S.)
Kraton (obsolete, see Craton) Craton, zone stable de l'écorce
Krohnkite Kroehnkite (Minéral.)
Kryokonite Cryoconite = poussière nivéoéolienne (glaciologie)
Kryptogranitish Cryptocristallin (Allemagne)
Krystallinohyalin Hyalocristallin
Kugeldiorit Corsite (Allemagne)
K section Section transversale circulaire de l'ellipsoïde de la déformation
Kummerian (U.S., Wash. St.) Kummérien (Étage floral, Oligocène inf.)
Kungurian (USSR) Kungurien, koungourien (Étage, Permien inf.)
Kunzite Kunzite (var. de spodumène)
Kyanite Cyanite, disthène
Kyle Détroit, chenal (Écosse)

L

Labile	Instable, labile
Laboratory	Laboratoire
—glass-ware	Verrerie de laboratoire
—test	Essai en laboratoire
Labrador feldspar, lab-radorite	Labradorite
—hornblende	Hypersthène
Labrum	Labre (Paléontol., Echinodermes)
LaCasitan (North Am.)	LaCasitien (Étage, Jurassique sup. = Portlandien + Kimméridgien)
Laccolite, laccolith	Laccolithe
Laccolithic, laccolitic	Laccolithique
Lack	1) absence, manque, pénurie; 2) défaut
Lack (to)	Manquer de
Lacuna	1) lacune stratigraphique (hiatus = érosion); 2) lacune (Paléontol.)
Lacustral, lacustrine	Lacustre
—chalk	Craie lacustre
—limestone	Calcaire lacustre
Ladder veins	Dépôt minéral "en échelle" (perpendiculaire au filon intrusif)
Ladinian	Ladinien (Étage, Trias sup.)
Lag	Retard, décalage
—deposit	Résidu de déflation
—fault	Faille de charriage
—gravel	Pavement désertique
Phase lag	Retard de phase (Sismique)
Lag (to)	1) retarder, être déphasé; 2) calorifuger
Lagging	Garnissage (Mine)
Lagoon	1) lagune; 2) lagon; 3) dépression intérieure à végétation (U.S.)
—island	Atoll
—moat	Lagon annulaire
—reef	Atoll
Cliff lagoon	Abrupt de lagon
Lagoonar	Lagunaire
Laguna	1) mare éphémère, lac temporaire; 2) lac, mare; 3) lac de doline (sur argile de décalcification); 4) bassin alimenté par
	source chaude
Lagunal deposits	Dépôts lagunaires, dépôts d'atolls, sédiments formés entre les récifs—barrières et le continent
Lahar	Coulée de boue (dans débris volcaniques)
Laid down	Déposé
Lake	Lac
—basin	Bassin lacustre
—bed placers	"Placers" lacustres, gisements lacustres
—deposit	Sédiment lacustre
—dwelling	Station lacustre préhistorique
—iron ore	Minerai de fer des lacs
—ore	Minerai de fer des lacs
—pitch	Asphalte lacustre
—terrace	Terrasse lacustre
Alkali lake	Lac salé
Barrier lake	Lac de barrage
Bitter lake	Lac sulfaté
Borax lake	Lac boraté
Cirque lake	Lac de cirque glaciaire
Crater lake	Lac de cratère
Dammed lake	Lac de barrage
Deflation lake	Lac de cuvette éolienne
Erosion lake	Lac d'érosion
Glacial lake	Lac glaciaire
Ice-dammed lake	Lac de barrage glaciaire
ice-marginal lake	Lac de front glaciaire
Ice-ponded lake	Lac de barrage glaciaire
Imponded lake	Lac de retenue
Karst lake	Lac karstique
Morainal lake	Lac de barrage morainique
Morainic lake	Lac de barrage morainique
Overflow lake	Lac de trop-plein
Oxbow lake	Lac en croissant
Playa lake	Playa, lac temporaire
Ponded lake	Lac de retenue
Proglacial lake	Lac proglaciaire, de front glaciaire
Residual lake	Lac résiduel
Salt, saline lake	Lac salé
Underground lake	Lac souterrain
Lakelet	Petit lac
Lambert conformal conic map projection	Projection conique conforme de Lambert
Lambert equal area map projection	Projection équivalente de Lambert

Lamellate, lamellated	Lamelleux, lamellé, feuilleté en lamelles	—scape	Paysage
Lamellibranchiata, lamellibranchs	Lamellibranches	—sculpture	Façonnement du relief
		—sediments	Sédiments continentaux
Lamelliform	Lamelliforme, en forme de feuillets ou de lamelles	—slide	Glissement de terrain
		—slide surge	Raz de marée provoqué par glissement de terrain
Lamellose, lamellous	Lamelleux		
Lamina (Pl. Laminae)	1) lame, lamelle; 2) feuillet de dépôt, straticule	—slip	Glissement de terrain
		—strip	Piste d'atterrissage
		—subsidence	Affaissement du sol
Laminar	1) laminaire; 2) lamellaire	—survey	Étude de terrain levé
		—surveying	Géodésie, arpentage
—flow	Écoulement laminaire	—tied island	Île rattachée
—structure	Structure fluidale	—use	Utilisation des sols
Laminary flow	Écoulement laminaire	—ward	Vers le continent, vers la terre
Lamination	1) feuilleté; 2) laminé		
—quartz	Filons de quartz dans structure rubanée	—waste	Matériel détritique
		Land (to)	1) mettre à terre, descendre, débarquer, décharger; 2) atterrir
—shale	Schiste argileux feuilleté		
—structure	Structure feuilletée, rubanée		
Lamination	1) lamination, feuillet de dépôt; 2) structure lamellaire; 3) stratification fine, laminage, feuilletage	Landing	1) débarquement; 2) atterrissage; 3) recette (Mine)
		—chart	Carte d'atterrissage
		Landenian	Landénien (Étage, Paléocène sup. = Thanétien +· Sparnacien)
Lammellar	Lamellaire		
Lamprophyre	Lamprophyre		
Lamprophyric	Lamprophyrique	Langbeinite	Langbeinite (Minéral.)
Lamp shell (syn. Brachiopod)	Brachiopode	Lanthanides	Lanthanides, terres rares
		Lanthanum	Lanthane
Lanarkian (North Am.)	Lanarkien (Étage, Pennsylvanien)	Lap	Chevauchement, recouvrement
Lancastrian (North Am.)	Lancastrien (Étage, Pennsylvanien)	Lap-out map	Carte de répartition de formations discordantes
Lance head	Pointe de lance (Préhist.)		
Lanceolate	Lancéolé	Lapiaz	Lapiez, lapié
Land	Terre, pays, contrée	Lapidary	1) adj: lapidaire; 2) n: lapidaire, diamantaire
—ablation	Érosion		
—bridge	Pont continental (Paléontol.)	Lapidification	Lapidification (diagénèse)
		Lapidify (to)	Lapidifier, se lapidifier
—chain	Chaîne d'arpenteur	Lapies	Lapiez
—fall	Éboulement	Lapilli	Lapilli (1 à 64 mm)
—forms	Topographie, forme du paysage	Lapilli tuff	Conglomérat volcanique à lapilli dans une matrice fine
—ice	Glace d'eau douce		
—levelling	Nivellement	Lapis-lazuli	Lapis-lazuli, outremer, lazurite (Minéral.)
—locked sea	Mer intérieure		
—mark	1) borne, limite; 2) point côté (Topographie)	Lapis ollaris	Talc
		Laramian orogeny, laramide orogeny	Orogénèse laramienne (Crétacé terminal—fin Paléocène)
—measuring	Arpentage		
—measuring chain	Chaîne d'arpentage		
—plant	Végétal terrestre	Lardite	Lardite (Minéral.), agalmatolite, talc massif
—plaster	Roche gypseuse utilisée comme engrais		
		Lard stone	Var. d'agalmatolite, talc massif
—register	Cadastre	Large-scale	A grande échelle

Large solution sink	Doline		mince; 2) palplanche (construction)
Larkspur gypsum	Gypse pied d'alouette		
Larnite	Larnite (Minéral.)	**Latite**	Latite (var. de trachy-an-désite)
Larva	Larve (Paléontol.)		
Larval	Larvaire (Paléontol.)	**Latitude**	Latitude
Larvickite	Laurvickite (var. de syé-nite) (Pétrogr.)	—**correction**	Correction de latitude
		Latitudinal	Transversal
Lasionite	Wavellite (Minéral.)	**Latosol**	Sol ferralitique, sol laté-ritique
Lasting	1) résistance (d'un ma-tériel); 2) persistance	**Lattice**	Réseau cristallin
		—**cell**	Maille (du réseau)
Latching	Levé à la boussole (Mine)	—**drainage**	Réseau fluviatile orthogo-nal "en treillis"
Late	1) récent, dernier; 2) en retard	—**orientation**	Orientation cristalline
		—**plane**	Plan réticulaire
—**Pleistocene**	Pleistocène tardif	**Lattorfian (or Latdorfian)**	Lattorfien (Étage, Oligocène inf.)
—**magmatic minerals**	Minéraux tardimagmati-ques, minéraux for-més en dernier		
		Laumonite, laumontite	Laumontite (= Zéolithe) (Minéral.)
Lateglacial	Tardiglaciaire		
Latency	Latence	**Laurasia**	Laurasie (Protocontinent de l'Hémisphère Nord)
Latent	Latent, caché		
—**heat of crystallization**	Chaleur latente de cristallisation	**Laurentian**	Laurentien (Peu usité, cf Précambrien canadien: granitisation vers −1000 MA)
—**heat of fusion**	Chaleur latente de fusion		
Lateral	Latéral		
—**cone**	Cone adventif	**Lava**	Lave
—**corrasion**	Corrasion latérale (fluviatile)	—**ball**	Bombe volcanique en fuseau
—**crater**	Cratère adventif	—**blister**	Boursouflure de lave
—**cutting**	Érosion latérale	—**cascade**	Cascade de lave
—**erosion**	Érosion latérale	—**cave**	Caverne de lave
—**frost thrust**	Poussée de gel horizon-tale	—**cone**	Cone de laves
		—**dam lake**	Lac de barrage de cou-lée volcanique
—**moraine**	Moraine latérale		
—**migration**	Migration latérale (du pétrole)	—**discharge**	Débit de lave
		—**dome**	Dôme de laves
—**planation**	Aplanissement des inter-fluves	—**field**	Champ de laves
		—**flood**	Coulée de laves
—**separation**	Distance des faces d'une faille	—**flow**	Coulée de laves
		—**fountain**	Fontaine de laves
—**shift**	Décrochement	—**lake**	Lac de laves
—**teeth**	Dents latérales (Paléon-tol.; Lamellibranches)	—**pit**	Fond de cratère rempli de lave active ou figée
		—**plateau**	Plateau de laves
—**variation**	Variation latérale (strati-graphie)	—**pool**	Lac de laves
		—**plug**	Culot de laves
Laterite	Latérite	—**sheet**	Nappe de laves
—**material**	Matériau latérisé	—**shield**	Bouclier de lave, volcan hawaïen
—**soil**	Sol latéritique		
Lateritic	Latéritique	—**streak**	Filon intrusif de lave
—**red loam**	Limon rouge latéritique	—**stream**	Coulée de laves
—**soil**	Sol latéritique	—**tube or tunnel**	Tunnel dans coulée de lave
Laterization	Latérisation		
Lateritised	Latéritisé	—**volcanoe**	Volcan de laves
Laterolog	Latérolog (mesure de ré-sistivité dans les sondages)	**Aa lava or block lava**	Lave chaotique, blocailleuse, cheire
		Congealed lava	Lave figée (par re-froidissement)
Lath	1) cristal prismatique, cristal allongé et		

Glassy lava	Lave vitreuse
Holohyaline lava	Lave vitreuse
Mud lava	Coulée boueuse volcanique
Pillow lava	Lave en coussins
Ropy lava	Lave cordée
Lavic	Lavique
Law	Loi
—of constancy of interfacial angles	Loi de constance des angles des faces cristallines
—of crosscutting relationship	Datation relative des roches ou sédiments (ex. des intrusions)
—of original continuity	Loi de continuité originelle des couches
—of refraction	Loi de réfraction
—of superposition	Loi de superposition des couches
Lawsonite	Lawsonite (Minéral.)
Laxfordian	Laxfordien (cf Précambrien d'Écosse)
Lay (of the land)	Configuration du terrain
Lay (to)	1) coucher; 2) placer, poser, reposer, étendre
—out a mine	Aménager une mine
—out a map, a curve	Tracer, dessiner un plan, établir une courbe (sur un graphique)
Layer	Couche, lit, niveau géologique
—corrosion	Corrosion en strates
—lattice structure	Structure réticulaire feuilletée
Active layer	Mollisol
Boundary layer	Couche limite
Iron layer	Niveau à concrétions ferrugineuses
Layered igneous rocks	Roches intrusives stratifiées (cf gabbros)
Layering	Stratification, litage
Phase layering	Litage d'un niveau caractérisé par une espèce minérale
Rhythmic layering	Stratification rythmique
Laying	Pose
Laying down	Pose (d'une canalisation)
Layout	Tracé (d'une courbe)
Lazuli	Lapis-lazuli
Lazulite	Lazulite (Minéral.)
Lazurfeldspar	Orthose bleutée (Sibérie)
Lazurite, lasurite	Lazurite ou Lasurite (Minéral.)
Lea land	Terre en jachère
Leach hole	Doline, fissure de dissolution karstique
Leach (to)	Filtrer, lessiver, lixivier
Leachate	Solution obtenue par lessivage pédologique
Leachy soil	Sol perméable, sol lessivé
Lead	1) plomb; 2) indice de minéralisation, filon
—alloy	Alliage de plomb
—bearing	Plombifère
—carbonate	Cérusite
—chromate	Crocoïse
—glance	Galène
—luster	Oxyde de plomb
—marcasite	Blende, sphalérite
—ore	Minerai de plomb
—spar	Anglésite, cérusite
—sulphide	Galène
—uranium ratio	Rapport isotopique plomb-uranium
—vitriol	Anglésite
Black lead	Graphite
Blind lead	Filon n'affleurant pas
Deep lead	Gravier aurifère (Austr.)
Lead away (to)	Entraîner, emmener
Lead pipe	Conduite d'amenée
Leaf	1) feuille; 2) feuillet
Leaflike structure	Structure feuilletée
League	Lieue
Land league	Lieue terrestre = 3 "statute miles" = 4828 m
Nautical league	Lieue marine = 3 "geographical miles" = 5559 m
Leak	Fuite, écoulement, perte
—proof	Étanche
Leak (to)	Fuir, couler, suinter
Leakage	1) fuite, perte, déperdition; 2) dispersion
—water	Eau d'infiltration
Lean	Maigre, pauvre
—clay	Argile peu plastique
—coal	Houille maigre
—ore	Minerai pauvre, à faible teneur
Leap	1) bond (d'un grain de sable); 2) rejet (d'une couche)
Leap ore	Minerai d'étain de mauvaise qualité (G.B.)
Down-leap	Compartiment affaissé
Upleap	Compartiment soulevé
Lease	1) concession; 2) périmètre d'exploitation; 3) fermage
Oil lease	Concession pétrolière
Lease (to)	Louer, affermer
Least squares method	Méthode des moindres carrés

Least-time path	Trajet le plus rapide (pour une onde)
Lea stone	Grès schisteux, grès feuilleté (Angl.)
Leat	1) canal de dérivation, bief; 2) cours d'eau (Cornouailles)
Leather bed	Brèche de faille d'argile compacte (G.B.)
Leavings	Stériles (Mine)
Lechatelierite	Lechatélérite (Minéral.)
Lectotype	Lectotype (Paléontol.)
Lecture	Conférence, cours
Lecturer	1) maître de conférences; 2) chargé de cours; 3) conférencier
Ledian	Lédien = Auversien (sous-étage, Éocène sup.)
Ledge	1) rebord, saillie, corniche; 2) couche affleurant dans une carrière; 3) filon minéralisé
—rock	Véritable soubassement
—wall	Mur, sol (Mine)
Ledger	Partie inférieure d'un filon
Ledger wall	Mur d'une couche
Lee	1) côté sous le vent; 2) côté abrité du courant (eau, glace)
—side	Côté sous le vent
—ward	Sous le vent
Left-handed crystal	Cristal lévogyre
Left-lateral fault	Décrochement senestre
Left strike-slip fault	Décrochement senestre
Leftwards	Vers la gauche
Leg	1) montant (d'un appareil); 2) appui, support (de boisage); 3) jambage, flanc d'un anticlinal)
Legend	Légende
Lehm	Lehm (parfois syn. de Loess)
Lenad	Feldspathoïdes
Length	Longueur
Wave length	Longueur d'onde
Lengthen (to)	1) allonger; 2) s'allonger
Lengthening	Allongement
Lengthwise	Longitudinalement
Lengthwise section	Coupe longitudinale
Lens	1) lentille, verre (optique); 2) objectif (photo); 3) masse lenticulaire, lentille (Mine)
Lens-like	Lenticulaire

Lens shaped	Lenticulé
Lensing	Stratification lenticulaire
Lenticle	Masse lenticulaire (de terrain)
Lenticular	Lenticulaire
Lenticule	Amas lenticulaire
Lentil	1) lentille rocheuse; 2) subdivision lenticulaire d'une strate
Lentoïd	Lenticulé, lenticulaire
Leonardian (North Am.)	Léonardien (Série, Permien inf.)
Leonhardite	Leonhardite (= Zéolithe) (Minéral.)
Lepidoblastic	Lépidoblastique (= texture foliée de roche métamorphique)
Lepidocrocite, lepidocrosite	Lépidocrocite (Minéral.)
Lepidodendron	Lépidodendron (Paléobotanique)
Lepidolite	Lépidolite (Micas litinifères)
Lepidomelane	Lépidomélane (var. de biotite)
Leptochlorite	Leptochlorite (Chlorites riches en fer)
Leptothermal	Leptothermal
Leptynite, leptinite, leptite (Sweden, Finland)	Leptynite (Pétrogr.)
Leptynolite, leptinolite	Leptynolite (Pétrogr.)
Leucite	Leucite
—basalt	Basalte à leucite
—phonolite	Phonolite à leucite (sans néphéline)
—tephrite	Téphrite à leucite et néphéline
—trachyte	Trachyte à leucite
Leucitic	Leucitique
Leucitite	Leucitite (= Phonolite très riche en leucite)
Leucitohedron	Trapézoèdre (Cristallogr.)
Leucitophyre	Leucitophyre, phonolite à leucite et néphéline
Leuco (prefix)	1) blanc, sans couleur; 2) leuco (préfixe)
Leucocratic	Leucocrate, riche en minéraux clairs (minéraux blancs ou acides)
Leucogranite	Leucogranite (granite clair à muscovite)
—aplite	Aplite leucogranitique
—pegmatite	Aplite pegmatitique
Leucogranodiorite	Leucogranodiorite
Leucopetrite	Leucopétrite
Leucopyrite cf Loellingite	Leucopyrite, lollingite (Minéral.)

Leucorhyolite	Leucorhyolite, rhyolite leucocrate (Pétrogr.)
Leucotephrite	Téphrite à leucite
Leucoxene	Leucoxène, titano-morphite (Minéral.)
Levallois flake	Éclat Levallois (Préhist.)
Levalloisian	Levalloisien (Paléolithique moy.)
Levee	1) levée (naturelle); 2) digue
Level	1) niveau (appareil); 2) teneur; 3) niveau, étage d'une mine; galerie de mine; 4) partie plate (Géogr.)
—country	Terrain plat
—course	Dans la direction d'une couche
—gage	Indicateur de niveau
—ground	Terrain plat
—of zero amplitude	Seuil du gel permanent (dans le sol); niveau supérieur du pergélisol
—seam	Couche horizontale
—surface	Surface plane
—vial	Niveau à bulle
—with the ground	À raz de terre
Air level	Niveau à bulle d'air
Change of level	Variation de niveau
Hand level	Niveau à main
High energy level	Milieu sédimentaire à haute énergie
Hydrostatic level	Niveau hydrostatique
Low energy level	Milieu sédimentaire à faible énergie
Overflow level	Niveau de débordement
Sea level	Niveau marin
Shifting of level	Variation de niveau
Terrace level	Niveau de terrasse
Water level	Niveau de l'eau
Level (to)	Niveler, aplanir, égaliser
Leveler	Niveleuse
Levelling	Nivellement, aplanissement
—book	Carnet de nivellement
—instrument	Niveau à lunette
—point	Point de mire
—pole	Mire de nivellement, balise
—rule	Mire graduée
—screw	Vis de réglage
—survey	Nivellement topographique
Barometric levelling	Nivellement barométrique
Lever	Levier, balancier
—engine	Machine à balancier
Levigate (to)	Léviger, provoquer la lévigation de minéraux
Levigation	Lévigation
Lewisian	Lewisien (Subdivision, Précambrien d'Ecosse)
Lherzite	Lherzolite (roche ultrabasique)
Lherzolite	Lherzolite (= Péridotite à ortho et clinopyroxène)
Lias	Lias (Série, Jurassique inf.)
Liassic	Liasique, du Lias
Liberate (to)	Libérer, dégager
Liberation	Libération, dégagement
Lidstone (G.B.)	Toit (d'une mine de fer)
Libethenite	Libéthénite (Minéral.)
Lie	1) disposition du terrain, gisement; 2) tracé (d'une route)
Lie (to)	Reposer sur, être susjacent
Lievrite	Liébvrite, ilvaïte, iénite (Minéral.)
Life	Vie, durée
Half life	Période de décomposition radioactive
Lift	1) élévation, hauteur d'élévation; 2) étage, niveau (Mine)
Lift (to)	1) lever, soulever; 2) remonter le minerai (Mine); 3) se lever, s'élever
Lifting	1) soulèvement, levage; 2) remontée; 3) élévation
—way	Puits d'extraction
Gas lifting	Procédé d'extraction de pétrole par injection de gaz
Ligament	Ligament
—area	Région ligamentaire (Paléontol.)
Ligerian (Eur.)	Ligérien (sous-étage, Turonien inf.)
Light	1) adj: léger, faible; clair, pâle; 2) n: lumière, éclairage
—colored mineral	Minéral clair
—fraction	Fraction légère (densimétrie)
—mineral	1) minéral léger; 2) minéral pâle
—oil	Pétrole léger (paraffinique)
—rays	Rayons lumineux
—red silver ore	Proustite
—ruby silver ore	Proustite

—silt	Limon fin
—soil	Sol léger
—wave	Onde lumineuse
Polarized light	Lumière polarisée
Lighten (to)	Alléger
Lighting	1) éclairage; 2) allumage (d'une charge explosive)
—gas	Gaz d'éclairage
Lightness	Légereté
Lightning	Éclair, foudre
—tube	Fulgurite tubulaire
Ligneous	Ligneux
Lignified mor	Humus brut ligneux
Lignite	Lignite
—bearing	Lignitifère
—tar oil	Huile de goudron de lignite
Lignitiferous	Lignitifère
Limb	1) lèvre (d'une faille); 2) flanc (d'un pli); 3) membre
Normal limb	Flanc normal
Roof limb	Flanc supérieur
Reversed limb	Flanc inverse
Stretched limb	Flanc étiré
Limburgite	Limburgite (roche volcanique ultrabasique partiellement vitreuse)
Liman	Liman (estuaire envasé ou fond marin vaseux)
—coast	Côte alluviale lagunaire
Lime	Chaux
—burning	Cuisson de la chaux
—concretion	Concrétion calcaire
—craig	Front de taille d'une carrière de calcaire (Écosse)
—crust	Croûte calcaire
—feldspar	Anorthite
—harmstone	Christianite, phillipsite
—kiln	Four à chaux
—milk	Lait de chaux
—mortar	Mortier de chaux
—mudrock	Calcilutite
—nodule	Concrétion calcaire, poupée
—pan	Horizon d'accumulation calcaire
—pit	Carrière de pierre calcaire
—rock	Calcaire
—sandrock	Calcarénite
—secreting alga	Algue calcaire
—sink	Doline
—soda feldspar	Feldspath calco-sodique (plagioclase)
—uranite	Autunite
—water	Eau de chaux
Caustic lime	Chaux vive
Fat lime	Chaux grasse
Quiet lime	Chaux maigre
Slacked lime	Chaux éteinte
Soda lime	Chaux sodée
Limestone	Calcaire
—cave	Aven, bétoire
—cavern	Bétoire, ponor
—pavement	Lapiés
—quarry	Carrière de pierre calcaire
—red loam	Limon rouge calcaire
—rock	Roche calcaire
—sink	Doline, poljé
—solution	Dissolution du calcaire
—wash	Lait de chaux
Algal limestone	Calcaire à algues
Argillaceous limestone	Calcaire argileux
Banded limestone	Calcaire rubanné
Bioclastic limestone	Calcaire bioclastique
Biostromal limestone	Calcaire à faciès récifal
Bituminous limestone	Calcaire bitumineux
Chemically precipitated limestone	Calcaire d'origine chimique
Cherty limestone	Calcaire à silex
Clastic limestone	Calcaire détritique
Coquinoid limestone	Calcaire lumachellique
Coral limestone	Calcaire corallien
Crinoïdal limestone	Calcaire à Crinoïdes
Crystalline limestone	Calcaire cristallin, marbre
Dolomitic limestone	Calcaire dolomitique
Encrinitic limestone	Calcaire à entroques
Foraminiferal limestone	Calcaire à Foraminifères
Glauconitic limestone	Calcaire glauconieux
Gryphite limestone	Calcaire à Gryphées
Knobby limestone	Calcaire noduleux
Marly limestone	Calcaire marneux
Nummulitic limestone	Calcaire à Nummulites
Oolitic limestone	Calcaire oolithique
Pellet limestone	Calcaire à petites concrétions
Phosphatic limestone	Calcaire phosphaté
Reef limestone	Calcaire corallien
Sandy limestone	Calcaire sableux
Siliceous limestone	Calcaire siliceux
Shelly limestone	Calcaire coquillier, lumachelle
Skelletal limestone	Calcaire à débris
Limey	Calcaire, calcique
Liming	Chaulage
Limit	Limite
—angle	Angle limite
Elastic limit	Limite d'élasticité
Limit (to)	Limiter, restreindre
Limnology	Limnologie
Limnetic, limnic	Limnique, d'eau douce
Limonite	Limonite (Minéral.)

Limonitic — A limonite, contenant de la limonite

Limpid — Limpide, clair

Limy — Calcaire, calcique

Linarite — Linarite (Minéral.)

Line — 1) ligne, alignement, trait; 2) conduite, canalisation; 3) raie du spectre

—of bearing — Direction d'affleurement

—of dip — Direction de pendage

—of force — Ligne de force

—of fracture — Ligne de fracture

—of growth — Strie d'accroissement

—of latitude — Parallèle

—level — Ligne de niveau

—of lode — Direction d'un filon

—of magnetic force — Ligne de force

—of section — Trait de coupe (d'une carte)

—of sight — Ligne de visée

—of strike — Ligne de direction

—scale — Échelle graphique d'une carte

—up — 1) mise en phase (Sism.); 2) mise en ligne (pétrole)

Coast line — Ligne de rivage

Crest line — Ligne de crête

Dashed line — Ligne en tirets

Dotted line — Ligne en pointillés

Drilling line — Câble de forage

Edge water line — Limite eau-pétrole

Fault line — Ligne de faille

Flow line — Conduite d'écoulement

Gas line — Gazoduc, conduite de gaz

Geodesic line — Ligne géodésique

Oil line — Oléoduc, conduite de pétrole

Seismic line — Profil sismique

Shore line — Ligne de rivage

Snow line — Limite des neiges

Sounding line — Ligne de sondage

Strand line — Ligne de rivage

Timberline — Ligne de temps (Sism.)

Wire line coring — Carottage au câble

Line (to) — 1) rayer, érafler; 2) border; 3) revêtir, doubler

Line up (to) — Rayer, marquer de lignes, faire le carroyage (d'un plan)

Lineage — Lignée évolutive

Lineament — Linéament, alignement structural (décelé par photographie aérienne)

Linear — Linéaire

Lineated anomaly — Anomalie linéaire

Lineation — Linéation

Liner — Crépine (Forage)

Linguiform — En forme de langue

Lingulid — Lingulidés (Paléontol.)

Link — 1) chaînon, lien; 2) unité de mesure = 20 cm (environ)

Linkage — Liaison (chimique)

—analysis — Analyse des groupes (Statistique)

Chemical linkage — Liaison chimique

Linked veins — Filons réticulés, en gradins, anastomosés

Linking — Liaison

Linn — Chute d'eau, petite cataracte

Linnaeite — Linnéite (Minéral.)

Linophyric structure — Structure à phénocristaux alignés

Lip — Lèvre, bord, rebord

Inner lip — Bord interne ou columellaire (Paléontol.)

Outer lip — Bord externe, labre, péristome (Paléontol.)

Liparite — 1) liparite (Pétrogr., var. de rhyolite); 2) liparite (Minéral., var. de talc)

Liparitic — Liparitique

Liquefaction — Liquéfaction

Liquefiable — Liquéfiable

Liquefied natural gas — Gaz naturel liquéfié

Liquefy (to) — 1) liquéfier, fluidifier; 2) se liquéfier

Liquescency — Liquescence

Liquid — 1) adj: liquide; 2) n: liquide

—head — Pression hydrostatique

—hydrocarbon — Hydrocarbure liquide

—inclusion — Inclusion liquide

—limit — Limite de liquidité

—paraffin — Huile de paraffine

—seal — Joint hydraulique

Liquidity limit — Limite de liquidité

Liquidus — Liquidus

Liquor — 1) liqueur; 2) solution

Heavy liquor — Liqueur dense

Listric fault — Faille courbe (en forme de cuiller), listrique

Litharge — Litharge artificiel, oxyde de plomb

Lithia emerald — Hiddénite (Minéral.)

Lithia mica — Mica lithinifère, lépidolite

Lithic — Dépôt à nombreux fragments de roches plus anciennes; ex. pyroclastique

—tuff — 1) conglomérat volcani-

	que, tuf volcanique; 2) brèche de roches éruptives
Lithiclast (syn. Lithoclast)	Débris carbonaté (remanié)
Lithification	Lithification (Diagénèse)
Lithionite	Lithionite, lépidolite
Lithify (to)	Se transformer en roche, se cristalliser, se consolider
Lithium	Lithium
—mica	Lépidolite
—tourmaline	Tourmaline lithinifère, elbaïte
Lithoclast (syn. Lithiclast)	Lithoclast, débris carbonaté (remanié)
Lithofacies	Lithofaciès
—map	Carte de lithofaciès
Lithofraction	Fragmentation des roches (par action des vagues ou des eaux courantes)
Lithogenesis	Lithogénèse
Lithogenic, lithogenetic	Lithogénétique
—sequence	Lithoséquence
Lithologic, lithological	Lithologique
Lithologist	Pétrographe
Lithographic	Lithographique
—limestone	Calcaire lithographique
—stone	Calcaire lithographique
—texture	À cristallinité très fine (micritique)
Lithology	1) pétrographie; 2) étude microscopique, étude pétrographique
Lithomarge	Lithomarge: var. de Kaolin (avec halloysite)
Lithophile, lithophilic, lithophylic	Lithophile (élèment géochimique à forte affinité pour l'oxygène)
Lithophosphor mineral	Minéral thermoluminescent
Lithophyl	Feuille pétrifiée ou son moulage
Lithophysa	Lithophyse, sphérolite creuse
Lithosol	Lithosol, sol squelettique
Lithosolic soil	Lithosol
Lithosphere	1) lithosphère (opposé à atmosphère . . .); 2) croûte terrestre
Lithospheric	Lithosphérique
Lithostatic pressure	Pression géostatique exercée par les terrains sus-jacents
Lithostratigraphic unit	Unité lithostratigraphique
Lithostratigraphy	Lithostratigraphie
Lithotope	Lithotope (Sédiment ou roche d'un biotope)
Lithotype	Lithotype, catégorie ou type de charbon
Lithozone	Lithozone (unité non formelle de chronostratigraphie)
Litmus paper	Papier au tournesol
Lit-par-lit injection	Migmatisation, injection lit-par-lit
Litre	Litre
Litter	Litière (Pédol.)
Little fold	Plissotement
Little Ice Age(s)	Petit Âge(s) Glaciaire(s) (Subboréal ou Subatlantique)
Littoral	Littoral
—current	Courant de dérive littorale
—drift	Dérive littorale
—zone	Zone littorale (estran + zone de déferlement)
Live lode	Filon richement minéralisé
Liver opal	Ménilite (var. d'opale grise)
Liver ore	1) cuprite (variété); 2) cinabre (parfois)
Liver peat	Sol lacustre acide
Liverstone	Var. de barytine
Living	Vivant
—chamber	Chambre, loge d'habitation (Paléontol.)
—fossil	Fossile vivant
—rock	Roche non exploitée
Lixiviate (to)	Lessiver (Pédol.)
Lixiviation	Lixiviation, lessivage
Llandeilian	Llandeilien (Étage, Ordovicien moy.)
Llandoverian	Llandovérien (Étage, Silurien inf.)
Llanvirnian	Llanvirnien (Étage, Ordovicien moy.)
Load	Charge
—capacity	Charge utile
—carrying ability	Capacité de charge
—cast	Figure, marque de charge
—curve	Courbe de charge
—metamorphism	Métamorphisme régional
Bed load	Charge de fond (fluv.)
Bottom load	Charge de fond (fluv.)
Dead load	Charge statique
Solid load	Charge solide (fluv.)
Suspended load	Charge en suspension
Traction(al) load	Charge de fond (fluv.)
Useful load	Charge utile
Load (to)	Charger

Loaded stream	Fleuve ayant atteint sa charge limite	**—strip**	Bande d'enregistrement
Loading	Chargement	**Acoustic log**	Diagramme acoustique
—dig	Pelle excavatrice	**Acoustic velocity log**	Diagramme de vitesse acoustique
—point	Limite de charge		
—terminal	Station de chargement	**Calcilog**	Diagramme de cal- cimétrie
Loadstone	1) magnétite; 2) aimant naturel	**Continuous velocity log**	Diagramme continu de vitesse
Loam	1) limon; 2) terre glaise; 3) torchis, pisé	**Electric log**	Diagramme électrique
—clay	Glaise	**Gamma ray log**	Diagramme du rayonne- ment gamma
—rim	Dune argileuse	**Geothermal log**	Diagramme géothermique
Loamy	Limoneux	**Inductolog**	Inductolog, diagraphie par induction
—fine soil	Sol fin limoneux		
—sand	Sable limoneux	**Laterolog**	Latérolog
—soil	Limon	**Neutron log**	Diagramme neutronique
Lob (to)	Scheider	**Neutron-gamma log**	Diagramme neutron- gamma
Lobe	Lobe (Paléontol.; Botani- que; Glaciol.)	**Neutron-neutron log**	Diagramme neutron-neu- tron
Local metamorphism	Métamorphisme de con- tact	**Nuclear log**	Diagramme nucléaire
Locate (to)	Localiser, repérer, situer, déterminer	**Permeability log**	Diagramme de per- méabilité
Location	Localisation, repérage, emplacement	**Photoelectric log**	Diagramme photoélectri- que
—survey	Tracé topographique	**Resistivity log**	Diagramme de résistivité
Loch (an)	Loch, petit lac (Ecosse)	**Self-potential log**	Diagramme de polarisa- tion spontanée
Sea loch	Fjord		
Lock	Écluse	**Spontaneous potential log**	Diagramme de polarisa- tion spontanée
Lockportian (N.Y. State)	Lockportien (Étage, Si- lurien moy.)	**Temperature log**	Diagramme de variation thermique
Lode	Filon	**Well log**	Diagramme de forage
Lode claim	Concession minière	**Logging**	1) diagraphie de son- dages; 2) exploitation des forêts
—deposit	Gisement filonien		
—filling	Remplissage filonien	**Chlorine logging**	Diagraphie de teneur en chlorure
—mining	Exploitation de filons		
—ore	Minerai filonien	**Induction logging**	Diagraphie par induction
—plot	Filon horizontal	**Electric logging**	Diagraphie électrique
—stone	1) magnétite; 2) aimant naturel	**Mud analysis logging**	Détection des indices dans les boues (fo- rage)
—stuff	Matière filonienne		
Lodgement till	Till (moraine) de fond	**Radioactive logging**	Diagraphie nucléaire
Loellingite	Löllingite, leucopyrite (Minéral.)	**Long**	Long
Loess	Loess	**—clay**	Argile très plastique
—doll	Poupée du loess	**—flame coal**	Houille flambante
—kindchen	Concrétion calcaire, poupée du loess	**—limb**	Flanc long (d'un pli dis- symétrique)
—soil	Sol loessique	**—profile**	Profil longitudinal
Fluvial loess	Limon fluvio-glaciaire	**—range order**	État cristallin idéal
Logan stone, loggan stone, logging stone	Roche branlante	**—ton**	Tonne forte = 1016 kg
		Longitude	Longitude
Logarithmic	Logarithmique	**Longitudinal**	Longitudinal
Log	1) diagraphie, dia- gramme, enregistre- ment continu; 2) grume, tronc d'arbre	**—dune**	Dune longitudinale
		—fault	Faille longitudinale
		—moraine	Moraine longitudinale
—book	Journal de sondage	**—section**	Coupe longitudinale

—stream | Cours d'eau subséquent
—wave | Onde longitudinale
Longmyndian | Longmyndien (Subdivision, Précambrien d'Angleterre)
Longshore | Parallèle au littoral
—bar | Cordon littoral sableux dans la zone intertidale
—current | Courant de dérive littorale
—drift | Dérive littorale
Loop | Boucle, maille
Closed loop | Maille fermée (Sism.)
Morainic loop | Rempart morainique
Oscillation loop | Ventre de vibration
Loose | 1) meuble, inconsistant; 2) détendu, mal fixé, libre; 3) flou, vague
—ground | Terrain meuble, ébouleux
—sediment | Sédiment meuble, non consolidé
—sand | Sable meuble, boulant
Loosen (to) | 1) ameublir; 2) dégager, desserrer, libérer
Lophophore | Lophophore (Paléontol.)
Lopolith | Lopolite
Lopsided | Déjeté, déversé
Loss | Perte
—of circulation | Perte de circulation
—of head | Perte de charge
—of pressure | Perte de charge
—on ignition | Perte au feu
Fluid loss | Perte de fluide
Gross loss | Perte totale
Power loss | Perte d'énergie
Lost | Perdu
—head | Perte de charge
—oil | Pétrole perdu, irrécupérable
—pressure | Chute de pression
—record | Lacune stratigraphique
—river | Perte karstique
—volcano | Volcan éteint
Lotharingian | Lotharingien (sous-étage, Jurassique inf.)
Lough | 1) lac, bras de mer (Irlande); 2) cavité irrégulière de mine de fer (Lancashire)
Love waves | Ondes sismiques de Love
Low | 1) bas, de faible altitude; 2) à faible teneur
—angle fault | Faille subhorizontale
—dip | Pendage faible
—energy environment | Milieu à faible énergie

—grade ore | Minerai à faible teneur
—gradient | Pente faible
—ground | Bas fond
—humic gley soil | Sol à gley peu humifère
—lands | Bas pays, plaines littorales
—lime much | Sol organo-minéral pauvre en calcaire
—moor | Tourbière basse
—moor soil | Sol tourbeux neutre
—quartz | Quartz de basse température (Quartz α)
—rank graywacke | Grauwacke sans feldspath
—rank metamorphism | Faible degré de métamorphisme
—tide | Marée basse
—velocity zone | Asthénosphère
—water | Basses eaux, marée basse
Lower | 1) inférieur (en position); 2) inférieur, plus ancien (chronologiquement)
—limb | Flanc inférieur
—subsoil | Sous-sol profond
—track of a river | Tronçon inférieur (d'une rivière)
Lower (to) | Abaisser, descendre
Lowering | Abaissement, diminution, descente
Lows | 1) dépression barométrique; 2) bassin, synclinal (terme général)
Lubricant | Lubrifiant
Ludhamian | Ludhamien (interglaciaire Biber-Danube)
Ludian | Ludien (Étage, Éocène sup.)
Ludlovian | Ludlovien (Étage, Silurien sup.)
Lugarite | Lugarite (var de théralite)
Luisian | Luisien (Étage, Miocène)
Lumachelle | Lumachelle, calcaire très riche en coquilles de mollusques (ex. huîtres)
Lumber | Bois de charpente
Luminance | Réflectance (Télédétection)
Luninescence | Luminescence
Luminous | Lumineux
Lump | Masse, morceau, bloc, motte, aggrégat
—aggregate structure | Structure en mottes (Pédol.)
—coke | Coke en morceaux

—limestone	Calcaire graveleux
—ore	Minerai en morceaux
—structure	Structure en aggrégats, en mottes
Lumpy	Formé de mottes, grumeleux
Lunar	Lunaire
—crater	Cratère lunaire
—geology	Géologie lunaire
—regolith	Sol lunaire
—soil	Sol lunaire
Lunule	Lunule (Paléontol.)
Luscladite	Luscladite (var. de théralite)
Lusitanian	Lusitanien (Étage, Jurassique sup.)
Lusitanite	Lusitanite (var. de syénite)
Luster, lustre	Éclat
Lustreless	Mat
Lustrous	Lustré, luisant
Lustrous shale	Schiste lustré
Lutaceous	Argileux
Lutecin, lutecite	Lutécite (var. calcédoine)
Lutecium	Lutécium (lanthanide ou terre rare)
Lutetian	Lutétien (Étage, Éocène moy.)
Lutite, lutyte	Lutite (particule ≤ 0,063 mm)
Luxullianite	Luxullianite ou Luxulyanite (granite à tourmaline sphérolitique)
Lydian stone	Lydienne
Lydite	Lydite
Lying wall	Mur (d'une couche) (mine)
Lyophilic	Hydrophile
Lyophobic	Hydrophobe
Lysimeter	Lysimètre

M

Maar (pl. maars) | Maar ou Maare (cratère volcanique)

Maastrichtian, maestrichtian | Maestrichtien (Étage, Crétacé sup.)

Macaluba (syn. mud volcano) | Volcan de boue (Sicile)

Macerate (to) | Macérer

Machine | Machine

—coal mining | Abattage mécanique du charbon

—drilling | Forage mécanique

—mining | Abattage mécanique

Machine (to) | Usiner, façonner

Macigno | Macigno (Flysch de l'Éocène supérieur des Alpes Italiennes)

Macle | Mâcle

Macled | Mâclé, hémitrope, mâclifère

Macled shale | Schiste mâclifère

Macro | Macro- (Préfixe signifiant grand)

Macroaggregate | Macroagrégat

Macroaxis | Axe b des systèmes orthorhombique et triclinique

Macroclimate | Macroclimat, climat d'ensemble

Macrocrystalline | Macrocristallin

Macrodome | Macrodôme (Cristallogr.)

Macrofacies, facies tract | Macrofaciès, faciès différents interdépendants

Macrofossil | Macrofossile

Macrography | Macrographie

Macrolepidolite | Macrolépidolite, lépidolite en grands feuillets (pegmatitiques)

Macromeritic (obsolete) | Macrocristallin

Macromolecular | Macromoléculaire

Macropinacoid | Macropinacoïde (Cristallogr.)

Macropolyschematic rock | Roche à diverses structures, roche à texture hétérogène

Macropore | Macropore (Paléontol.)

Macroprism | Macroprisme

Macropyramid | Macropyramide (Cristallogr.)

Macroscopic | Macroscopique

Macroseism (syn. Earthquake) | Macroséisme, tremblement de terre

Macroseismic | Macrosismique

Macrospore (syn. megaspore) | Mégaspore

Macrostructure | Macrostructure

Maculose | Tacheté (roche, etc)

Made ground | Sédiment récent

Madrepore | Madrépore

Madrepore marble | Marbre à madrépores (Dévonien)

Madreporia | Madréporaires

Madreporic | Madréporique

Madreporite | Madréporite, plaque madréporique (Paléontol.)

Maentwrogian | Maentwrogien (Étage, Cambrien sup.)

Maestrichtian | Maestrichtien (Étage, Crétacé sup.)

Mafic | Mafique (ferro-magnésien)

Mafite | Mafite, minéral ferromagnésien

Magarian | Silurien (E.U.)

Magdalenian (Eur.) | Magdalénien (Subdivision, Paléolithique récent)

Maghemite | Oxyde ferrique magnétique, maghémite

Magma | Magma

—blister | Intumescence, boursouflure magmatique

—chamber | Réservoir magmatique

—differenciation | Différenciation magmatique

—granite | Granite d'origine magmatique

Low-pressure magma | Magma à faible pression

Magmatic | Magmatique

—differenciation | Différenciation magmatique

—emanations | Substances volatiles magmatiques

—segregation | Différenciation magmatique

—stoping | Digestion des terrains encaissants

—water | Eau juvénile

Magmatogene | Magmatogène

Magnesia | Magnésie (oxyde de magnésium)

—alum | Pickéringite

—cordierite | Cordiérite sans fer

—mica | Mica magnésien, phlogopite

Magnesian | Magnésien

—limestone	1) calcaire magnésien; 2) nom d'une formation stratigraphique du Permien anglais	—pole	Pôle magnétique
—lower	Ordovicien inférieur (Mississipi, U.S.)	—pyrite	Pyrrhotine, pyrite magnétique
—marble	Marbre à dolomite, calcaire magnésien marmorisé à dolomite	—reversal	Inversion magnétique
		—separator	Séparateur magnétique
		—storm	Orage magnétique
		—stripe	Bande de fond océanique à paléomagnétisme défini
Magnesioanthophyllite	Anthophyllite magnésienne (var. d'amphibole)	—survey	Prospection magnétique
Magnesiochromite	Picotite, chromite (var. de spinelle)	—susceptibility	Susceptibilité magnétique
Magnesiodolomite	Var. de dolomite magnésienne	Magnetism	Magnétisme
		Diamagnetism	Diamagnétisme
Magnesioferrite	Magnésioferrite (Minéral.)	Ferrimagnetism	Ferrimagnétisme, ferromagnétisme
Magnesite	Magnésite, giobertite	Paleomagnetism	Paléomagnétisme
Magnesium	Magnésium	Terrestrial magnetism	Magnétisme terrestre
—aluminium garnet	Grenat aluminomagnésien	Magnetite	Magnétite (Minéral.)
—diopside	Diopside magnésien	Magnetization	Aimantation
—iron mica	Mica ferro-magnésien	Magnetization graph	Courbe de magnétisme
—mica	Mica magnésien	Remanent magnetization	Aimantation rémanente
—rendzine	Rendzine magnésienne	Reversed magnetization	Aimantation inversée
Magnet	1) aimant; 2) masse ferro-magnétique aimantée	Thermo-remanent magnetization	Aimantation thermo-rémanente
—separator	Séparateur magnétique	Magnetize (to)	1) aimanter, magnétiser; 2) s'aimanter
Magnetic	Magnétique, aimanté	Magnetograph	Magnétographe
—anomaly	Anomalie magnétique	Magnetoilmenite	Magnétoilménite, ilménomagnétite, titanomagnétite (Minéral.)
—attraction	Attraction magnétique		
—bearing	Direction magnétique		
—compass	Boussole magnétique		
—concentrator	Concentrateur magnétique	Magnetometer	Magnétomètre
		Air-borne magnetometer	Magnétomètre aéroporté
—declination	Déclinaison magnétique	Astatic magnetometer	Magnétomètre astatique
—dial	Boussole	Horizontal magnetometer	Magnétomètre horizontal
—dip	Inclinaison magnétique	Proton magnetometer	Magnétomètre à protons
—disturbance	Perturbation magnétique	Vertical magnetometer	Magnétomètre vertical
—division	Strate définie par son paléomagnétisme	Magnetometric survey	Prospection magnétométrique
—equator	Équateur magnétique	Magnetometry	Magnétométrie (mesure du champ magnétique terrestre)
—field	Champ magnétique		
—flux	Flux magnétique	Magnetomotive	Magnétomoteur, magnétomotrice
—force	Force magnétique		
—inclination	Inclinaison magnétique	—force	Force magnétomotrice
—intensity	Intensité magnétique	—gradient	Intensité de champ magnétique
—interval	Période entre deux inversions magnétiques	Magnetosphere	Magnétosphère
		Magnetostriction	Magnétostriction
—iron	Magnétite (Minéral.)	Magnification	Grandissement, grossissement, amplification
—iron pyrite	Pyrrhotine (Minéral.)		
—meridian	Méridien		
—needle	Aiguille aimantée	Magnifier	Loupe grossissante
—north	Nord magnétique	Magnify (to)	Grossir, grandir, amplifier
—oxide of iron	Magnétite (Minéral.)		
—pattern	Réseau magnétique	Magnifying	Grossissant
—perturbation	Perturbation magnétique	—glass	Loupe grossissante

—lens	Oeilleton de visée (photographie)
Magnitude	1) grandeur; 2) magnitude (d'un tremblement de terre)
Magnochromite	Magnésiochromite (Minéral.)
Magnoferrite	Magnésioferrite (Minéral.)
Magnophyric	À gros phénocristaux
Maillechort	Maillechort
Main	1) adj: principal; 2) n: conduite principale
—airway	Galerie principale d'aérage
—chute	Couloir principal
—drive	Galerie principale
—gangway	Galerie principale
—lode	Filon-mère, filon principal
—road	Galerie principale
—rope	Cable de tête (Mine)
—shaft	Puits central, principal
—way	Galerie principale
Mainland	1) continent, terre ferme; 2) île principale
Main sea	Large, grand large
Maintenance	Entretien
Major	Principal
Make	Gisement de matériel filonien utilisable
—of quartz	Dépôt de quartz
—up gas	Gaz d'appoint (pétrole)
—up water	Eau d'appoint (pétrole)
Malachite	Malachite (Minéral.)
Malacology	Malacologie (étude des mollusques)
Malacolite	Malacolite (= variété de diopside translucide)
Malacon	Zircon altéré brun rouge, Malacon
Malaspina type glacier	Glacier de piedmont, glacier de type alaskien
Malchite	Malchite (microdiorite à grain très fin) (Pétrogr.)
Maldonite	Maldonite (var. de minerai aurifère bismuthé d'Australie)
Malleability	Malléabilité
Mallet	Maillet
Malm	Malm (Série, ou Époque Jurassique sup.)
Malpais	Région volcanique désolée (Espagne, Mexique, Sud-Ouest des E.U.)

Maltha	Malthe (var. de bitume)
Malthenes	Malthènes
Mamelon	Mamelon (Paléontol., Echinodermes)
Mamelonated	Mamelonné (Géogr.)
Mammal, mammalia (pl.)	Mammifère(s)
Mammillary	Mamelonné (pour agrégats minéraux)
Mammilated rock	Roche moutonnée
Mammilated surface	Surface mamelonnée (par action des glaciers)
Mammoth	Mammouth
Man	Homme
Man machine	Échelle mécanique (Mine)
Man-power	Main d'oeuvre
Management	Direction, gestion
Manager	Directeur
Mandible	Mandibule
Mandrel, mandril	1) pic à deux pointes (Mine); 2) mandrin
Manganese	Manganèse
—aluminium garnet, manganese garnet	Grenat spessartine (Minéral.)
—hydrate	Psilomélane (Minéral.)
—nodule	Nodule de manganèse
—spar	Dialogite, rhodonite (Minéral.)
—steel	Acier au manganèse
Manganesian	Manganésien
Manganiferous	Manganésifère
Manganite	Manganite, acerdèse (Minéral.)
Manganocalcite	Manganocalcite, dialogite calcique (Minéral.)
Manganosite	Manganosite (Minéral.)
Manganous	Manganeux
Mangrove	Mangrove
—tree	Palétuvier
—soil	Mangrove, sol de mangrove
Manhole	1) passage pour un homme (Mine); 2) regard
Manipulate (to)	Manipuler
Manipulation	Manipulation
Manjak	Manjak (var. de bitume)
Manometer	Manomètre
Manometric	Manométrique
Mantle	1) manteau terrestre; 2) manteau (du corps des Mollusques)
—line	Ligne palléale (cf 2)
—plumes	Points chauds du manteau
—rock	Sol formé de débris

	d'altération, régolithe		(Minéral.)
Inner mantle	Manteau interne	March	Marche (vers l'avant)
Outer mantle	Manteau externe	—of a glacier	Avancée d'un glacier
Waste mantle	Couverture détritique	Marching dune	Dune mobile
Manufacture (to)	Fabriquer	Mare	Mer lunaire
Manure	Fumier, engrais	—basin	Dépression des mers lu-
Many-celled	Pluricellulaire		naires
Map	Carte	—material	Matériel (ferromagnésien
—drawing	Minute cartographique		des mers lunaires)
—grid	Quadrillage	Margaritaceous	Nacré, perlé
—scale	Échelle de la carte	Margarite	Margarite (var. de mica
—series	Ensemble cartographique		dioctahédrique)
Aero-radioactivity map	Carte de radioactivité	Margaritiferous	Perlier
	levée par avion	Margin	Bord, limite, marge, rive
Base map	Fond de carte	Margin of a glacier	Rive d'un glacier
Contour map	Carte en courbes de	Continental margin	Marge continentale
	niveau	Sea margin	Zone littorale, littoral
Dissected map	Carte montée sur toile	Marginal	Marginal
Geologic map	Carte géologique	—crevasse	Crevasse marginale,
Hypsographic map	Carte hypsométrique		rimaye
Isogon map	Carte d'isogammes	—facies	Faciès marginal, côtier
Outline map	Fond de carte	—fissure	Fracture péri-intrusive
Paleogeographic map	Carte paléogéographique	—(= terminal) moraine	Moraine "marginale" =
Paleotectonic map	Carte paléotectonique		terminale, frontale
Raised map	Carte en relief	—sea	Mer bordière, limitrophe
Relief map	Carte topographique	—trench	Fosse océanique de la
Sketch map	Carte schématique		marge continentale
Structural map	Carte structurale	Marialite	Marialite (terme sodique
Topographic map	Carte topographique		de la série des wer-
Map projections	Projections cartographi-		nérites) (Minéral.)
	ques	Marigram	Marégramme
Conformal map projec-	Projection conforme	Marine	Marin
tion		—abrasion	Érosion marine
Conical map projection	Projection conique	—band	Intercalation marine
Cylindrical map projec-	Projection cylindrique	—bed	Couche marine, sédiment
tion			marin
Equal area map projec-	Projection équivalente	—cave	Grotte littorale
tion		—cut-terrace	Plaine d'érosion marine,
Equidistant map projec-	Projection équidistante		plate-forme littorale
tion		—denudation	Érosion, abrasion marine
Perspective map	Projection perspective	—deposit	Sédiment marin
Stereographic map	Projection stéréographi-	—ecosystem	Écosystème marin
	que	—erosion	Érosion marine
Map (to)	Cartographier	—facies	Faciès marin
Mapper	Cartographe	—formations	Formations marines
Mapping	Cartographie	—gyttja	Boue marine
—camera	Chambre métrique	—terrace	Terrasse marine
—photography	Photographie (aérienne)	Marinesian	Marinésien = Bartonien
	pour levé de carte		(Eocène sup.)
Aerial mapping	Cartographie aérienne	Maritime	Maritime
Marble	Marbre	Mariupolite	Mariupolite (var. de syé-
—pavement	Dallage de marbre		nite alcaline à
—quarry	Carrière de marbre		néphéline et albite)
Marbled	Marbré, jaspé	Mark	Marque, signe empreinte
—gley-like soil	Sol à pseudo-gley		(figure sédimentaire)
—soil	Sol bigarré, pseudo-	Backwash mark	Marque de retour de vague
	gley	Chatter mark	Rabotage glaciaire, mar-
Marcasite, marcassite	Marcasite, marcassite		ques en croissants

Glacial mark	"Coup de gouge"	Mass copper	Cuivre natif (E.U.)
Rill mark	Rigole de plage	Mass of ore	Amas de minerai
Ripple mark	Ride	Massicot	Massicot, litharge (Minéral.)
Swash mark	Marque de vague déferlante		
Wave mark	Marque de vagues	Massif	Massif montagneux
Mark (to)	Marquer, repérer	Massive	1) massif, ive; 2) homogène; 3) épais; 4) sans structure cristalline définie, homogène; 5) en amas
To mark on a map	Indiquer sur une carte		
To mark out a route	Tracer un itinéraire		
Marker	Marqueur, horizon repère, horizon sismique		
		Mast	Mât (de forage)
—band	Niveau repère	Master	1) principal; 2) mère
—bed, marker horizon	Lit repère, horizon repère	—joint	Diaclase principale
		—lode	Filon-mère, principal
Markfieldite	Markfieldite (var de diorite)	—river	Rivière principale
		—wind	Vent dominant
Markstone	Pierre de bornage	Mat	Mat (adj.)
Marl	Marne	Mat (to)	Clayonner (la berge d'une rivière, Hydraulique)
—lake	Lac à dépôts marneux		
—pit	Marnière		
—shale	Schiste argileux calcaire	Matched terrace (syn. paired terrace)	Terrasses couplées, appariées
—soil	Sol marneux		
Cherty marl	Marne à silex	Material	1) matière, matériau; 2) matériel
Dolomitic marl	Marne dolomitique		
Marlaceous	Marneux	Building materials	Matériaux de construction
Marling	Marnage		
Marlstone, marlite	Marne indurée	Mathematical	Mathématique
Marly	Marneux	Mathematician	Mathématicien
Marmoraceous	Marmoréen	Mathematics	Mathématiques
Marmorize (to)	Transformer en marbre (un calcaire par métamorphisme)	Matlockite	Matlockite (Minéral.)
		Matrix	Matrice, gangue
		Matrix-gem	Pierre précieuse liée à sa gangue
Marmorosis	Marmorisation		
Marsh	Marais	Matrix-rock	Nodules de phosphate
—gas	Gaz des marais, méthane	Matter	Matière
		Matterhorn	Pic montagneux pyramidal, en aiguille (nom du Cervin)
—land	Terrain marécageux		
—ore	Limonite		
Salt marsh	Marais salant	Mattock	Pioche, pic
Tidal marsh	Marais maritime	Mattress	Clayonnage
Marshy	Marécageux	Mature	Mûr, évolué (sédiment), parvenu au terme d'une évolution géomorphologique
Marshy waste land	Fagne, terrain marécageux		
Martite	Martite (pseudomorphose de magnétite en hématite)	—landscape	Paysage au stade de maturité
		—sandstone	Grès évolué, mature
Marshing	Broyage des minéraux	—sediment	Sédiment mature (ne contenant que des minéraux stables)
Masonry	Maçonnerie		
Mass	Masse, bloc amas, massif		
		—soil	Sol évolué, à horizons distincts
—flow	Écoulement en masse		
—movement	Mouvement de masse, glissement de terrain	Matureland	Région ayant atteint le stade de maturité
—number	Nombre de masse		
—spectrography	Spectographe de masse	Maturity	Maturité
—susceptibility	Susceptibilité magnétique par unité de masse	Late maturity	Maturité avancée
		Maundril	Pic à deux pointes
—wasting	Mouvement de masse	Maxilla	Maxillaire

Maximum	1) adj: maximum; 2) n: maximum
—capacity	Charge limite
—load	Limite de charge
—moisture capacity	Capacité en eau maximum
—thermometer	Thermomètre à maxima
Maxwell	Maxwell (unité électromagnétique de flux magnétique = 1 gauss/cm2)
Mayanian (North Am.)	Mayanien (Subdivision de l'Albertien, Cambrien moy.)
Maysvillian (North Am.)	Maysvillien (Étage, Ordovicien sup.)
Mazout	Mazout
M-boundary, M-discontinuity	Discontinuité de Mohorovicic
M-crust	Partie de la croûte sous-jacente à la discontinuité de Mohorovicic, épaisse de 8,3 km et basaltique
Meadow	Prairie
—bog soil	Sol de prairie marécageuse
—land soil	Sol marécageux noir
—ore	Minerai de fer des marais, limonite
—podzolic soil	Sol lessivé de prairie
—soil	Sol de prairie à gley (sol intrazonal formé sur plaine d'inondation)
Mealy sand	Sable limoneux
Mealy zeolite	Natrolite, mésolite (Minéral.)
Mean	1) adj: moyen; 2) n: moyenne
—latitude	Latitude moyenne
—sea level (M.S.L.)	Niveau moyen de la mer
—stress	Moyenne des tensions
Meander	Méandre
—aperture	Ouverture du méandre
—apex	Sommet du méandre
—arc	Arc du méandre
—belt	Zone à méandres, lit des méandres
—core	Lobe de méandre
—cross-over	Point d'inflexion du méandre
—curvature	Courbure du méandre
—cusp	Zone érodée par un méandre
—lobe	Lobe de méandre
—neck	Racine, pédoncule d'un méandre
—scar	Échancrure de méandre,

	concavité de méandre
—scroll	Lac d'ancien méandre
—terrace	Terrasse de concavité de méandre
—train	Train de méandres
—valley	Vallée à méandres
Abandoned meander	Méandre abandonné
Compound meander	Méandre composé
Cutoff meander	Méandre recoupé, réséqué
Enclosed meander	Méandre encaissé
Entrenched meander	Méandre encaissé, enfoncé sur place
Free meander	Méandre libre
Incised meander	Méandre encaissé
Inherited meander	Méandre hérité
Meander (to)	Serpenter, décrire des méandres
Meandering stream	Fleuve à méandres, fleuve dans sa maturité
Measure	1) mesure; 2) lit, couche
Coal measures	Couches houillères (Carbonifère supérieur)
Measures head	Galerie creusée dans diverses strates
Measure (to)	1) mesurer, arpenter; 2) doser
—a field	Arpenter un champ
—by the meter	Métrer
—solids	Cuber
Measured reserves	Réserves estimées
Measurement	1) mesure, mesurage; 2) dosage (chimie)
—of land	Arpentage
—in meters	Métrage
—of solids	Cubage
Meatus	Méat
Mechanical	Mécanique
—analysis	Analyse granulométrique
—efficiency	Rendement mécanique
—origin	Origine mécanique (par opposition à chimique)
—twinning	Mâcle d'origine tectonique, mécanique
—weathering	Désagrégation physique des roches
Medial	Médian
Medial moraine	Moraine médiane
Median	Médian
—mass	Zone axiale d'un orogène (moins déformée)
—particle diameter	Diamètre moyen des particules (d'un sédiment)
—ridge	Crête médio-océanique
—valley	Vallée centrale de la crête médio-océanique

Medinian (obsolete) (North Am.)	Médinien = Alexandrien (Série ou Époque, Silurien inf.)		plagioclases basiques, labradorite et bytownite)
Mediophyric	Roches porphyriques à phénocristaux (de taille maximum entre 1 et 5 mm)	Melaconite	Mélaconite, ténorite (Minéral.)
		Melanic	Sombre, de couleur foncée
Mediosilicic	Moyennement siliceux	Melanite	Mélanite (var. de grenat andradite)
Mediterranean red soil	Sol rouge méditerranéen		
Medium	1) adj: moyen; 2) n: milieu	Melanized	Humifère
		—gley loam	Limon humifère à gley
—grade	Teneur moyenne	—lateritic soil	Sol latéritique humifère
—grained	À grain moyen	—soil	Sol humifère
—sized grain	Grain de taille moyenne	Melanization	Noircissement par imprégnation d'humus (Pédol.)
—sand	Sable moyen (a) 0,250 à 0,500 mm (sédimentol.); (b) 0,420 à 2,000 mm (E.U., géotechnique)		
		Melanocratic	Mélanocrate
		Melanterite	Mélantérite (Minéral.)
Medusa	Méduse	Melaphyre	Méláphyre (roche éruptive felsitique foncée)
Meerschaum	1) magnésite ou giobertite (Minéral.); 2) sépiolite ou écume de mer (Minéral.)	Melilite	Mélilite (Minéral.)
		—basalt	Basalte alcalin (à mélilite, au lieu de feldspath)
Meeting	1) réunion, assemblée; 2) rencontre (de deux rivières)	Mellow	Meuble, poreux
		Mellowing	Ameublissement
Megacyclothem	Mégacyclothème	Melt (to)	Fondre, se fondre, se dissoudre
Megafauna	Macrofaune		
Megaflora	Macroflore	Melteigite	Melteïgite (var. syénite néphélinique)
Megafossil	Macrofossile		
Megalineament	Alignement, structure linéaire de grande dimension	Melting, melt	Fusion, fonte
		—ice	Glace fondante
		—point	Température de fusion
Megalith	Mégalithe	Snow melting	Fusion de la neige
Megalitic	Mégalithique	Melts	Produits fondus, laves
Megalospheric, megaspheric	Macrosphérique	Melt channel	Chenal d'eau de fonte
		Meltwater	Eau de fonte de neige ou de glace
Megaphenocrysts	Mégaphénocristaux		
Megaripple	Mégaride, macroride grande ride (≥ 0,6 ou 1 m selon auteurs)	Member	Membre (unité lithostratigraphique)
		Membranaceous	Membraneux
Megascopic	Mégascopique (à structure visible à l'oeil nu)	Membrane	Membrane
		Mendip	1) colline littorale, autrefois une île; 2) colline enfouie dégagée par l'érosion
Megashear	Faille à très grand déplacement horizontal (plus de 100 km)		
Megaspore	Macrospore	Mendozite	Mendozite, alun sodique (Minéral.)
Megatherium	Megatherium (Paléontol.)		
Meinzer, meinzer unit	Unité de perméabilité	Meneghinite	Meneghinite (Minéral.)
Meiocene (obsolete)	Miocène (Série ou Époque, Néogène inf.)	Menhir	Menhir
		Menilite	Ménilite (var. d'opale)
Meionite	Méionite (var. Wernérite) (Minéral.)	Meniscus	Ménisque
		Meotian	Méotien (Étage, Miocène inf.; région Mer Noire)
Meizoseismal	Meizoséismique		
Mela	(Préfixe) Noir, foncé	Mephitic	Méphitique, toxique
—basalt	Basalte mélanocrate	Mephitic gas	Gaz méphitique
—diorite	Diorite mélanocrate	Meramecian (North Am.)	Méramécien (Étage, Mississipien sup.)
—gabbro	Gabbro mélanocrate (à		

Mercator's projection	Projection de Mercator
Mercurial	Mercuriel
—barometer	Baromètre à mercure
—horn ore	Calomel
—thermometer	Thermomètre à mercure
Mercuric	Mercurique
—sulphide	Sulfure de mercure, cinabre
Mercuriferous	Mercurifère
Mercurify (to)	Extraire le mercure d'un minerai
Mercurous	Mercureux
—chloride	Calomel, chlorure mercureux
Mercury	Mercure
—ore	Minerai de mercure, cinabre
—sulphide	Cinabre
Merestone	Pierre de bornage
Merge (to)	Fusionner, se confondre
Meridian	Méridien
First meridian	Méridien-origine
Magnetic meridian	Méridien magnétique
Prime meridian	Méridien-origine
Principal meridian	Méridien principal (E.U.)
Standard meridian	Méridien-origine
Zero meridian	Méridien-origine
Mero	Préfixe: partie, fraction de
Merocrystalline (syn, Rypocrystalline)	Semi-cristallin (état d'une roche contenant à la fois des cristaux et une pâte amorphe)
Merohedral, merohedric	Mériédrique (Cristallogr.)
Merohedrism	Mérihédrie
Merostomota	Classe des Mérostomes (Paléontol.)
Mesa	Mesa, plateau
Mesenteries	Cloisons radiales (des Coralliaires)
Meseta	Meseta, plateau
Mesh	Maille
—analysis	Analyse granulométrique
—sieve	Tamis à mailles
—texture	Structure réticulée
Meshed	Réticulé
Meso	Préfixe: milieu de
Mesocratic	Mésocrate, mésotype
Mesocrystalline	Mésocristallin (diamètre des cristaux entre 0,20 et 0,75 mm)
Mesoderm	Mésoderme
Mesodevonian	Mésodévonien
Mesogene	Mésogène, issu de profondeur moyenne
Mesohaline	Mésohalin, saumâtre
Mesolite	Mésolite (var. de zéolite)
Mesolithic	Mésolithique (Subdivision de l'Âge de la pierre)
Mesolithic rock	Roche neutre
Mesolittoral zone	Estran
Mesonorm	Norme minéralogique des roches métamorphiques de mésozone
Mesophyte	Mésophyte (Botanique)
Mesosiderite	Météorite semi-ferrifère (fer, nickel + hypersthène, anorthite, etc)
Mesosilexite	Var. de silexite à minéraux foncés
Mesosphere	Mésosphère
Mesostasis	Mésostase (= ciment mylonitique entre les fragments d'une brèche)
Mesotheca	Mésothèque (Paléontol., Bryozoaires)
Mesothermal	Mésothermal
Mesotill	Sol glaciaire intermédiaire entre gumbotil et silttil
Mesotype	1) mésocrate, de constitution minéralogique équilibrée; 2) mésotype (var. zéolite)
Mesozoic	Mésozoïque (Ere)
Mesozonal	Mésozonal
Mesozone	Mésozone (dans le métamorphisme)
Meta-	Préfixe désignant le métamorphisme d'une roche
Metabasite	Métabasite (roche basique métamorphique)
Metachemical metamorphism	Métamorphisme chimique
Metaclay	Ancienne argile métamorphisée
Metacrystal	Porphyroblaste, phénoblaste (dans roches métamorphiques)
Metadiorite	1) diorite métamorphisée; 2) gabbro métamorphisé; 3) roche sédimentaire métamorphisée à structure de diorite
Metadiabase	Métadiabase
Metadolomite	Dolomie métamorphique
Metagabbro	Métagabbro
Metakaolin	Kaolin artificiellement déshydraté
Metal	1) métal; 2) minerai, roche (désuet)

—bearing	Métallifère	Retrograde metamorphism	Rétrométamorphisme
—drift	Galerie au rocher (mine)	Metamorphous	Métamorphique
—mine	Mine de métaux	Metapepsis (obsolete)	Métamorphisme régional, général (désuet)
—mining	Exploitation minière de métaux	Metaquartzite	Quartzite métamorphique
Road metal	Matériaux d'empierrement	Metargillite	Pélite faiblement métamorphisée (pas de schistosité)
Metalimestone	Calcaire métamorphique	Metarhyolite	Métarhyolite
Metalling	Empierrement (Génie civil)	Metasediment	Roche sédimentaire métamorphisée
Metallic	Métallique	Metashale	Schiste argileux, pélite faiblement métamorphisée (pas de schistosité)
—iron	Fer métal		
—luster	Éclat métallique		
—vein	Filon métallifère		
Metalliferous	Métallifère	Metasilicate	Métasilicate (désuet), sel d'acide métasilicique
Metalline	Métallin		
Metallization	Métallisation	Metasilicic	Métasilicique
Metallize (to)	Métalliser	Metasomatic	Métasomatique
Metallogenetic	Métallogénétique, métallogénique	Metasomatism, metasomatosis	Métasomatose, remplacement, substitution
—epoch	Époque favorable à la métallogénèse	Metasome	Métasome (Minéral.; Paléontol.)
—province	Province métallogénique	Metastable	Métastable, instable (équilibre chimique)
Metallogeny	Métallogénie	Metastase, metastasis, metastasy	1) déplacement latéral de la croûte terrestre (Tectonique des plaques); 2) transformation par recristallisation ou dévitrification
Metallographer	Métallographe		
Metallographic	Métallographique		
Metallography	Métallographie		
Metalloid	Métalloïde		
Metallurgic	Métallurgique		
Metallurgy	Métallurgie		
Metamerism	Métamérie (Biologie; Paléontol.)		
Metamict	Métamicte (minéral radioactif)	Metatropy	Métatropie (changement des caractères physiques d'une roche)
Metamorphic	Métamorphique	Metatype	Métatype (Paléontol.)
—aureole	Auréole de métamorphisme	Metavolcanics	Roches volcaniques métamorphisées
—differentiation	Différenciation métamorphique	Metazoa	Métazoaires
		Meteor	Météorite
—facies	Faciès de métamorphisme	Meteoric	Météorique
		—iron	Fer météorique
—grade, rank	Degré de métamorphisme	—stone	Météorite
		—water	Eau atmosphérique
—rock	Roche métamorphique	Meteorite	Météorite, aérolithe
—schist	Schiste métamorphique	Meteorite (or meteor) crater	Cratère météorique
—water	Eau associée au métamorphisme		
		Meteoritic	Météoritique
Metamorphism	Métamorphisme	Meteorologic, meteorological	Météorologique
—aureole	Auréole de métamorphisme	—station	Station météorologique
		Meteorology	Météorologie
Autometamorphism	Autométamorphisme	Meter	1) compteur, jaugeur; 2) mètre
Contact metamorphism	Métamorphisme de contact		
Dynamometamorphism	Dynamométamorphisme	Flow meter	Débitmètre
Dynamothermal metamorphism	Métamorphisme général	Meterage	Mesurage
Load metamorphism	Métamorphisme général	Methane	Méthane
Regional metamorphism	Métamorphisme général		

—series	Paraffènes	Microdiorite	Microdiorite
Methanometer	Grisoumètre	Microfabric	Microstructure
Method	Méthode	Microfacies	Microfaciès
—of working	Méthode d'exploitation d'un gisement	Microfault	Microfaille, micro-décrochement
Metric, metrical	Métrique	Microfauna	Microfaune
—carat	Carat métrique = 200 milligrammes	Microfelsitic (see micro-cryptocrystalline)	Microfelsitique
—quintal	Quintal métrique = 100 kilogrammes	Microfissuration	Microfissuration
—system	Système métrique	Microfluidal, micro-fluxion	Microfluidal
—ton	Tonne métrique = 1000 kilogrammes	Microfold	Micropli
Miargyrite	Miargyrite (Minéral.)	Microfoliation	Microschistosité
Miarolithic	Miarolithique	Microfossil	Microfossile
—cavity	Cavité miarolithique	Microgabbro	Microgabbro
Mica	Mica	Microgeology	Microgéologie
—book	Mica clivable	Microgranite	Microgranite
—diorite	Diorite micacée	Microgranitic	Microgranitique
—flake	Paillette de mica	Microgranitoid	Microgranitoïde
—sheet	Lamelle de mica	Microgranodiorite	Microgranodiorite
—syenite	Syénite à micas	Microgranular	Microgrenu
—trap	Lamprophyre	Microgranulitic	Microgranulitique
Rhombic mica	Mica phlogopite	—porphyry	Granulophyre
Micaceo-calcareous	Micacé et calcaire	Micrographic	Micrographique
Micaceous	Micacé	Microlite, microlith	Microlite (Minéral.)
—chalk	Tuffeau	Microlitic, microlithic	Microlitique
—flagstone	Grès micacé en plaquettes	Microlog(ging)	Microdiagraphie de la résistivité
—iron-ore	Hématite micacée, spécularite	Micromeritic (obsolete)	Microméritique (désuet = microcristallin)
—sandstone	Grès micacé	Micrometer	Micromètre
—structure	Structure feuilletée	—eye-piece	Oculaire micromètre
Micaphyre	Roche porphyrique à phénocristaux de mica	—screw	Vis micrométrique
Micaschist	Micaschiste	Micrometric, microme-trical	Micrométrique
Micaschistose, micaschistous	Micaschisteux	—screw	Vis micrométrique
Micaslate	Micaschiste	Micrometry	Micrométrie
Micatization	Micatisation, altération en mica	Micromineralogy	Minéralogie microscopique
Micrite	Micrite (boue calcaire)	Micron	Micron = 0,001 mm
Micro (prefix)	Micro- (Préfixe), petit	Micronutrient	Oligoélément
Microanalysis	Microanalyse	Microorganism	Microorganisme
Microbreccia	Microbrèche	Micropaleontology	Micropaléontologie
Microchemical	Microchimique	Micropegmatite	Micropegmatite
Microclastic	Microdétritique	Micropegmatitic	Micropegmatitique
Microclimate	Microclimat	Microperthite	Microperthite
Microcline	Microcline (Minéral.)	Microphenocryst	Phénocristal visible seulement au microscope
Microconglomerate	Microconglomérat		
Microcross lamination (cross-bedding)	Stratifications entrecroisées de petites dimensions	Microphone	Microphone
		Microphotograph, micro-photography	Microphotographie
Microcrystalline	Microgrenu	Microphyric, micro-porphyric	Microphyrique, micro-porphyrique
—limestone	Calcaire microcristallin	Micropore	Micropore
Microcryptocrystalline	Très finement cryptocristallin	Microporosity	Microporosité
		Microprobe	Microsonde
Microdiabase	Diabase aphanitique	Electron microprobe	Microsonde électronique

Microscope	Microscope	Middlings	Minerai de seconde qualité obtenu par lavage
—slide	Lame de verre pour examen microscopique		
Binocular microscope	Microscope binoculaire	Mid-gley soil	Sol à gley moyennement profond
Crushing microscope stage	Platine à écrasement	Midpoint	Milieu
Electron microscope	Microscope électronique	Midwall	Cloison moyenne (Mine)
Glass microscope slide	Lame de verre pour examen microscopique	Migma	1) mélangé (Préfixe); 2) matériel provenant de la différenciation granitique
Light microscope	Microscope optique		
Metallurgical microscope	Microscope métallographique	Migmatite	Migmatite
Mineragraphic microscope	Microscope à lumière réfléchie	Migmatization	Migmatisation
		Migrate (to)	Migrer
Photonic microscope	Microscope optique	Migration	Migration
Petrologic microscope	Microscope polarisant	—of divides	Migration des lignes de partage (Géogr.)
Polarization microscope	Microscope polarisant		
Reflected light microscope	Microscope à lumière réfléchie	Primary migration	Migration primaire
		Secondary migration	Migration secondaire
Scanning microscope	Microscope électronique à balayage	Migratory dune	Dune mobile
		Mil	Millième de pouce anglais = 0,025 mm
Microscopic, microscopical	Microscopique		
—examination	Examen microscopique	Mild	Doux, tempéré (Météorol.)
Microscopically	Microscopiquement	Mildness	Douceur (de la température)
Microscopy	Microscopie		
Phase contrast microscopy	Microscopie à contraste de phase	Mile	Mille
		Statute mile	Mille anglais = 1609,31 m
Microsection	Plaque mince		
Microseism	Microséisme	Nautical mile	Mille marin = 1852 m
Microseismic, microseismical	Microsismique	Mileage	Distance en milles, millage
Microskeleton	Squelette du sol	Milestone (to)	Jalonner, borner
Microsphere	Microsphère (Paléontol.)	Milky quartz	Quartz laiteux
Microspheric	Microsphérique	Milk of lime	Lait de chaux
Microspherulithic	Microsphérolithique	Mill	1) usine; 2) moulin; 3) broyeur; 4) cheminée à minerai; 5) concentrateur (minier)
Microsplitter	Microséparateur d'échantillons		
Microstructure	Microstructure	—hole	Cheminée à minerai
Microsyenite	Microsyénite	—result	Rendement du bocard
Microtectonics	Microtectonique	—stone	Pierre à aiguiser, pierre de meule
Microtexture	Microtexture, microstructure		
		Sea mill	Moulin de mer (Karstologie)
Microwave	Microonde		
Mid	Moyen	Mill (to)	1) moudre, broyer; 2) fraiser
—Atlantic ridge	Crête médio-atlantique		
—ocean ridge or oceanic ridge	Crête médio-océanique, chaîne médio-océanique	Mill (to) ore	Bocarder du minerai
		Milled ore	Minerai bocardé
		Millerite	Millérite (Minéral.)
—oceanic rift	Fossé médio-océanique, rift médian	Millibar	Millibar (Météorol.)
		Millidarcy	Millidarcy
—workings	Travaux à mi-pente (mine)	Milligram	Milligramme
		Milliliter	Millilitre
Middle	1) adj: moyen, intermédiaire, central, médian; 2) n: milieu	Millimeter	Millimètre
		Milling	Broyage, fraisage
—latitude	Latitude moyenne	—ore	Minerai de broyage, minerai traitable
—sized	De dimension moyenne		

Millman	Bocardeur, pique-mine
Millstone grit	1) grès meulier; 2) étage stratigraphique anglais correspondant au Namurien (Carbonifère moy.)
Mimetite	Mimétite, mimétésite, mimétèse (Minéral.)
Mindel (Eur.)	Mindel (glaciation de): Pléistocène
Mindel-Riss	Mindel-Riss: interglaciaire, cf Tyrrhénien
Mine	Mine, exploitation
—adit gallery	Galerie au jour
—captain	Chef-mineur
—can	Wagonnet de mine
—chamber	Chambre de mine, trou de mine
—dial	Boussole de mineur
—digger	Mineur
—engineer	Ingénieur civil des Mines (G.B.)
—face	Front de taille
—field	District minier
—fires	Feux de mines
—foreman	Contremaître de mines
—head	Front de taille
—hoist	Treuil d'extraction
—inspector	Ingénieur des Mines
—inspection	Service des Mines
—level	Galerie de niveau de mine
—levelling	Nivellement dans les mines
—master	Chef mineur
—resistance	Résistance de la mine (au passage d'un courant d'air)
—run	Tout venant
—salt	Sel gemme
—shaft	Puits de mine
—stone	Minerai
—surveying	Levé minier
—timber	Bois des mines
—transit	Théodolite à boussole
Mine (to)	Creuser, fouiller, exploiter
Mineable, minable	Exploitable
Miner	Mineur, ouvrier du fond
Miner's bar	Barre à mine
Miner's disease	Maladie du mineur
Miner's pick	Pic de mineur
Miner's shovel	Pelle de mineur
Mineragraphy	1) minéralogie; 2) étude microscopique des minerais métalliques
Mineral	1) minéral; 2) minerai (Mine)

—amber	Ambre
—bearing	Minéralisé
—belt	Zone minéralisée
—blossom (drusy quartz)	Quartz en géodes
—caoutchouc	Élatérite, bitume
—charcoal	Charbon fossile
—claim	Concession minière
—crop	Échantillon minéralogique
—deposit	Gisement minéral, gîte minéral
—facies	Faciès minéral; faciès métamorphique
—naphta	Pétrole
—oil	Pétrole
—parent rock	Roche mère minérale
—pitch	Asphalte minéral
—rights	Droits miniers
—spring	Source minérale
—tar	Goudron minéral
—vein	Filon minéralisé
—water	Eau minérale
—wax	Cire minérale, ozokérite
—white	Blanc de Meudon, gypse
Accessory mineral	Minéral accessoire
Authigenic mineral	Minéral authigène
Facies mineral	Minéral indicatif de faciès
Guest mineral	Métasome (Minéral.)
Heavy mineral	Minéral lourd ou dense
Host mineral	Palasome
Light mineral	1) minéral léger; 2) minéral clair
Mafic mineral	Minéral ferro-magnésien
Mineralizable	Minéralisable
Mineralization	Minéralisation
Mineralize (to)	Minéraliser
Mineralized zone	Zone minéralisée
Mineralizer	Agent minéralisateur
Mineralizing fluid	Fluide minéralisateur
Mineralogic, mineralogical	Minéralogique
Mineralogically	Minéralogiquement
Mineralogist	Minéralogiste
Mineralography	Minéralographie
Minerogenic	D'origine minérale
Minerogenetic, minerogenetical	Minérogénétique; métallogénique
Minery	Région minière
Minestuff	Pierre de mine, minerai
Minette	Minette (syénite micacée: var. de lamprophyre)
Minimum	1) adj: minimum; 2) n: minimum (thermique, etc.), faible valeur de gravité (anomalie)
—thermometer	Thermomètre à minima
—time path	Tracé le plus rapide de propagation (Sismique)

Mining	Exploitation minière, travaux miniers	Mix	Mélange
—act	Loi minière	Mix crystal	Cristal mixte (composé de divers constituants isomorphes), solution solide
—appliances	Matériel de mines		
—bucket	Benne d'extraction		
—claim	Concession minière	Mix (to)	Mélanger, mêler, malaxer
—code	Code minier		
—concession	Concession minière	Mixability	Miscibilité
—contractor	Entrepreneur de travaux	Mixable, mixible	Miscible
—crew	Équipe de mineurs	Mixed	Mixte
—debris	Rebuts d'exploitation	—base crude oil	Pétrole brut à base mixte
—district	Région minière		
—engineer	Ingénieur des mines	—rendzina	Sol rendziniforme mixte
—engineering	Technique minière	—soil	Sol mélangé
—hole	Trou de mine, chambre de mine	—volcanoe	Volcan mixte (à projections et coulées)
—field	Gisement minier	Mixing	1) mélange; 2) malaxage
—lease	Bail minier	Mixture	Mélange
—licence	Concession de mines	Mobile	Mobile
—outfit	Matériel de mines	—belt	Zone orogénique
—region	Région minière	—dune	Dune mobile
—regulation	Règlement minier	—sand	Sable mobile
—retreating	Exploitation en retraite, exploitation en retour, dépilage en retraite	Mock quartz	Quartz zoné (utilisé comme gemme)
		Mock lead, mock ore	Sphalérite, blende
—shaft	Puits de mine	Modal	Modal
—timber	Bois de mine	Uni-modal	Uni-modal
—village	Coron	Multi-modal	Multi-modal
—work	Travaux miniers	Modal analysis	Analyse modale
Miniphyric	Microporphyrique	Modal class	Classe modale
Minium	Minium (Minéral.)	Mode	1) mode (statistique); 2) méthode
Minor-element	Élément trace		
Minor feature	Forme mineure (Géogr.)	—of a rock	Composition minéralogique réelle exprimée quantitativement
Minute folding	Plissotement, plication		
Minverite	Minvérite (Pétrol.)		
Miocene	Miocène (Époque ou Série, Néogène inf.)	Moder gley soil	Sol à gley à humus de moder
Miogeosyncline	Miogéosynclinal	Modulate (to)	Moduler (une onde)
Miohaline	Saumâtre	Modulus	Module, coefficient
Mirabilite	Mirabilite, sel de Glauber	—of compression	Module de compression
Mire	1) bourbier, fondrière; 2) boue, vase	—of rupture	Module de rupture
		—of volume elasticity	Module d'élasticité
Mirror-stone	Muscovite, mica muscovite	Bulk modulus	Module de compression
		Elasticity modulus	Module d'élasticité
Miscibility	Miscibilité	Rigidity modulus	Module de rigidité
—gap	Immiscibilité	Shear modulus	Module de cisaillement
Miscible	Miscible, mélangeable	Mofette	Mofette, gaz nocifs (volcanisme)
Misfit stream	Rivière inadaptée (ou sur-adaptée)		
		Mogote	Relief résiduel calcaire
Mispickel	Mispickel, arsénopyrite	Mohawkian (North Am.)	Mohawkien (Étage, Ordovicien moy.)
Mississippian (North Am.)	Mississipien (Période du Carbonifère)		
		Mohnian (North Am.)	Mohnien (Étage, Miocène)
Missourian (North Am.)	Missourien (Étage, Pennsylvanien sup.)		
		Moho	Discontinuité de Mohorovičić
Missourite	Missourite (syénite alcaline)		
		Mohorovičić discontinuity	Discontinuité de Mohorovičić
Mist	1) brume, embrun; 2) buée	Mohs' scale	Échelle de dureté de

	Mohs
Moinian	Moinien (Suddivision du Précambrien d'Ecosse)
Moist	Humide
—soil	Sol humide, sol hydromorphe
Moisten (to)	Humidifier, mouiller, humecter
Moistness	Humidité
Moisture	Humidité
—capacity	Capacité en eau
—content	État hygrométrique
—equivalent	Équivalent d'humidité
—proof	À l'épreuve de l'humidité
—tension	Force de rétention de l'eau
Mol, mole	Molécule-gramme
Molar	Molaire
Molasse, molass	Molasse, sédiments clastiques postorogéniques
Mold	Moule, moulage
External mold	Moule externe
Internal mold	Moule interne
Natural mold	Moulage laissé après dissolution du fossile
Molding	Moulage
—sand	Sable de fonderie
Molecular	Moléculaire
—attraction	Attraction moléculaire
—bond	Liaison moléculaire
—replacement	Minéralisation molécule par molécule d'une substance organique
—weight	Poids moléculaire
Molecule	Molécule
Mollisol	Mollisol (Périglaciaire)
Mollusc, mollusca	Mollusque
—amphineura	Mollusques amphineures
—scaphopoda	Mollusques scaphopodes
—gastropoda	Mollusques gastéropodes
—lamellibranchiata	Mollusques lamellibranches
—pelecypoda	Mollusques lamellibranches
—cephalopoda	Mollusques céphalopodes
Mollweide projection	Projection cartographique de Mollweide
Molten	Fondu, en fusion
—magma	Magma fondu
—iron	Fonte en fusion
Molybdenite	Molybdénite
Molybdenum	Molybdène
Molybdite	Molybdite
Molybdic ocher	Molybdénocre
Moment	Moment
—of a force	Moment d'une force
Bending force	Moment de flexion

Magnetic force	Moment magnétique
Monadnock	Butte résiduelle, Monadnock
Monazite	Monazite (Minéral.)
Monchiquite	Monchiquite (Pétrogr.)
Monitor	Appareil de surveillance
Monitoring	Surveillance, prévention, contrôle
Monkey drift	Galerie de prospection (Mine)
Monmouthite	Monmouthite (syénite alcaline)
Mono	1) mono- (préfixe); 2) isolé, seul
Monoaxial	Uniaxe
—crystal	Cristal uniaxe
Monochromatic	Monochromatique
Monoclinal	Monoclinal
—flexure	Flexure monoclinale
—fold	Pli monoclinal
—scarp	Escarpement tectonique
—stream	Rivière subséquente
Monocline	1) monoclinal; 2) flexure de couches subhorizontales
Monoclinic	Monoclinique
—system	Système monoclinique
Monoclinous	Monoclinal
Monocots	Monocotylédones (Botanique)
Monocular	Monoculaire
Monocyclic	Monocyclique (Paléontol.)
Monogene rock	Roche monominérale
Monogenetic, monogenic	Monogénique
—breccia	Brèche monogénique
—conglomerate	Conglomérat monogénique
—soil	Sol monogénique
—volcano	Volcan monogénique
Monogeosyncline	Monogéosynclinal
Monoglaciation	Glaciation à une seule avancée glaciaire
Monometric system	Système cubique
Monomict rock	Roche détritique monominérale
Monomineral rock, monomineralic rock	Roche monominérale
Monomyarian	Monomyaire, à un seul muscle (Paléontol.)
Monophase	Monophasé
Monphyletic	Monophylétique
Monorefringence	Monoréfringence
Monorefringent	Monoréfringent
—crystal	Cristal monoréfringent
Monoschematic rock or deposit	Roche ou gisement minéral de structure

	identique dans toute sa masse
Monosymmetric system	Système monoclinique
Monothem	Unité stratigraphique (peu usité: ~ sous-étage)
Monotype	Monotype (= holotype décrit à partir d'un seul taxon)
Monotypical	Monotypique (relatif à un genre comprenant une seule espèce ou à une espèce décrite sur un seul spécimen)
Monovalent	Monovalent
Monsoon	Mousson
Montana Group (E.U.)	Groupe du Montana (Crétacé sup.)
Montebrasite	Montébrasite (Minéral.)
Montian	Montien (Étage, Paléocène inf.)
Monticellite	Monticellite (Minéral.)
Monticle	Monticule
Montmorillonite	Montmorillonite (groupe ou variété d'argile)
Monzonite	Monzonite (Pétrogr.)
Monzonitic	Monzonitique
Moon	Lune
Moonstone	Adulaire, pierre de lune
Moor	1) lande; 2) terrain marécageux
—band pan	Croûte pédologique ferrugineuse
—coal	Variété de lignite tendre
—land	1) adj: couvert de landes; 2) lande
—pan	Niveau concrétionné humique
—peat	Tourbe formée de mousses
—stone	Granite de Cornouailles
Moory	Marécageux, terrain couvert de landes
Morainal	Morainique
—lake	Lac morainique
Moraine	Moraine
Border moraine	Moraine marginale
Deposited moraine	Moraine déposée
Dump moraine	Moraine terminale
End moraine	Moraine frontale
Englacial moraine	Moraine interne
Flank moraine	Moraine riveraine, latérale
Frontal moraine	Moraine frontale
Glacial moraine	Moraine glaciaire (peu usité)
Ground moraine	Moraine de fond, till de fond
Intermediate or interlobate moraine	Moraine interlobaire
Lateral moraine	Moraine latérale
Medial moraine	Moraine médiane
Push moraine	Moraine de poussée
Recessional moraine	Moraine de retrait
Retreatal moraine	Moraine de retrait
Stadial moraine	Stade morainique
Subglacial moraine	Moraine de fond, till de fond
Superficial or superglacial moraine	Moraine superficielle
Surface moraine	Moraine superficielle
Transverse moraine	Moraine transversale
Terminal moraine	Moraine frontale
Terrace moraine	Moraine fluvio-glaciaire
Weathered moraine	Moraine altérée
Morainic, morainal	Morainique
—lake	Lac morainique
—loop	Vallum arqué
Morass	Marais, fondrière
—ore	Minerai de fer des marais
Morganite	Morganite (var. de Béryl)
Morion	Quartz morion (fumé)
Morphochronology	Morphochronologie, histoire géomorphologique
Morphogenesis	Morphogénèse
Morphogeny	Morphogénie
Morphographic map	Carte géomorphologique
Morphologic, morphological	Morphologique
Morphologically	Morphologiquement
Morphologic unit	1) strate définie par des caractères morphologiques; 2) surface de sédimentation, surface d'érosion
Morphology	Morphologie
Morphotectonic	Morphotectonique
Morrowan (North Am.)	Morrowien (Étage, Pennsylvanien inf.)
Mosaic	Mosaïque (de photographies aériennes)
—gold	Bisulfure d'étain
—texture	Structure en mosaïque
Moscovian (USSR)	Moscovien (Étage, Carbonifère moy.)
Mosor	Relief résiduel, monadnock
Moss	1) marais, tourbière; 2) mousse
—agate	Agate dendritique
—mor	Humus brut de mousse
—peat	Tourbe constituée de mousses
Raised moss	Tourbière haute

Mossy	Moussu	**—green**	Malachite
Mother	Mère	**—leather**	Amiante
—gate	Galerie principale (mine)	**—limestone**	Calcaire d'âge car-
—liquor	Solution résiduelle (après		bonifère inférieur
	cristallisation des mi-		(G.B.)
	néraux)	**—mahogany**	Obsidienne brune (G.B.)
—lode	Filon mère	**—meal**	Diatomite
—of coal	Charbon fossile	**—milk (lublinite)**	Var. spongieuse de cal-
—of emerald	Mère d'émeraude		cite
—of pearl	Nacre de perle	**—pediment**	Pédiment d'une mon-
—of rock	Roche mère		tagne
—water	Eaux mères	**—side**	Flanc de montagne
Motion	Mouvement, déplacement	**—slope**	Pente d'un versant mon-
Mottle	1) tache, marbrure; 2)		tagneux
	nodule sédimentaire	**—soap**	Var. d'halloysite hydratée
Mottled	Tacheté, bigarré, bariolé	**—soil**	Sol forestier de mon-
—clay	Argile bigarrée		tagne
—limestone	Calcaire à tubulures de	**—stream**	Torrent
	dolomite	**—tallow (Hatchettine)**	Hatchettite
—structure	Structure mouchetée	**—track (of a stream)**	Tronçon supérieur (d'un
Mottling	Marbrure (Pédol.)		cours d'eau)
Mould	1) moule; 2) moule (ex-	**—wood**	Amiante compacte
	terne)	**—waste**	Éboulis
External mould	Moule externe	**Mountainous**	Montagneux
Internal mould	Moule interne	**Mounting**	Monture, montage
Mouldered rock	Roche décomposée, al-	**—of a lens**	Monture d'un objectif
	térée	**Mouse-eaten quartz**	Quartz corrodé à cavités
Moulder's sand	Sable de fonderie, sable	**Moustierian (Eur.)**	Moustiérien (Subdivision
	de moulage		du Paléolithique moy.)
Moulding	Moulage	**Mouth**	1) orifice, embouchure,
—sand	Sable de moulage, sable		entrée; 2) bouche,
	de fonderie		gueule (Paléontol.)
Moulin, moulin kame	Moulin, accumulation	**—of a drift**	Entrée d'une galerie
	fluvioglaciaire conique,	**Bay mouth**	Embouchure d'une baie
	colline fluvioglaciaire	**Movable**	Mobile
Mound	Monticule, butte, tertre	**Move (to)**	Déplacer, remuer
Mount	1) mont, montagne; 2)	**Movement**	Mouvement
	montage microscopi-	**Epirogenic movement**	Mouvement épirogénique
	que; 3) monture (d'un	**Move-out (or stepout**	Augmentation du temps
	stéréoscope)	**time)**	dû à la distance du
Sea-mount	Guyot, volcan sous-ma-		point de tir à la trace
	rin		considérée (Géophysi-
Mount (to)	1) monter, remonter; 2)		que)
	monter, enchasser,	**Moving**	Mouvant, en mouvement
	emmancher	**—drift**	Moraine mouvante
—a lens on a camera	Monter un objectif sur	**Muck**	1) gadoue, déblais,
	un appareil photo-		fumier; 2) sol organi-
	graphique		que (avec 40% de
Mountain	Montagne		matières organiques),
—blue	Azurite, minerai bleu de		sol humifère; 3)
	cuivre		morts-terrains de re-
—brown ore	Limonite		couvrement
—building	Orogénèse	**Mucky peat**	Sol organique très dé-
—chain	Chaîne de montagne		composé
—cork	Amiante	**Mucky soil**	Sol humique à gley
—crystal	Cristal de roche	**Mucro (pl. mucrones or**	Mucron, pointe (Paléon-
—flax	Amiante	**mucros)**	tol.)
—glacier	Glacier de type alpin	**Mucronate**	Pointu, à mucron

Mud	Boue, vase	**Mullock**	1) roche non aurifère
—avalanche	Coulée de boue		(Austr.); 2) déblais,
—bit	Tarière à glaise		stériles
—cone	Volcan de boue, salse	**Mullocker**	Mineur au rocher
—crack	Fente de dessication, de	**Mullocking**	Travail au rocher (Mine)
	retrait	**Mullocky**	Stérile
—cracked	Fissuré par dessication	**Multicellular**	Pluricellulaire
—crack polygon	Polygone boueux de	**Multiple coast**	Littoral polycyclique
	dessication	**Multigelation**	Cycle répété gel-dégel
—flat	Slikke	**Multigranular particle**	Particule polycristalline
—flood	Coulée de boue	**Multipartite map**	Carte de variation ver-
—flow	Lave boueuse		ticale d'un lithofaciès
—geyser	Volcan de boue	**Multiphase**	Polyphasé
—lava	Lave boueuse	**Multiple**	Multiple
—lumps (of the	Ilôts de boue (du	—dike	Filon formé par plusieurs
Mississippi)	Mississipi)		phases intrusives (de
—pellet	Débris d'argile (etc		la même roche)
	. . .) remaniés	—faults	Failles multiples
—polygons	Sol polygonal (dans ma-	—geophones	Géophones multiples
	tériel fin)	—metamorphism	Métamorphisme multiple
—pot	Solfatare, source volcani-	—reflection	Réflection multiple
	que chaude et	—series connection	Montages en séries pa-
	boueuse		rallèles
—slide	Glissement boueux	**Multithrow fault**	Faille à rejets multiples
—spring	Source boueuse, volcan	**Multituberculate**	Multituberculés (Paléon-
	de boue		tol.)
—stone	1) terme général pour	**Murderian (N.Y. State)**	Murderien (Étage, Silu-
	argile, limon, "shale",		rien sup.)
	pélite, schiste argileux	**Muschelkalk**	Muschelkalk (Étage,
	(peu précis); 2) pélite		Trias moyen)
	(indurée); 3) micrite,	**Muscle**	Muscle (Paléontol.)
	calcilutite	**Adductor muscle**	Muscle adducteur
—stream	Avalanche de boue	**Muscovite**	Muscovite (mica)
—volcano	1) volcan de boue,	**Mushroom rock**	Roche champignon
	salse; 2) soufflard	**Mushy**	Spongieux, détrempé,
Mudding	Envasement		bourbeux
Muddy	Boueux	**Muskeg**	1) zone marécageuse
Mugearite	Mugéarite (Pétrol.)		mal drainée et boisée;
Mull	Mull, humus forestier		2) fondrière, marécage
—like mor	Humus intermédiaire		(Can.)
—like peat	Humus intermédiaire	—soil	Sol marécageux de
—soil	Sol brun fortement les-		toundra
	sívé	**Mussel**	Moule (Biologie; Paléon-
Mullion	Structure columnaire		tol.)
Mullion structure	1) structures linéaires	**Mutation**	Mutation
	(sillons et crêtes) de	**Mylonite**	Mylonite, structure
	roches plissées ou		bréchique
	métamorphiques; 2)	**Mylonitic**	Mylonitique
	striations sur plan de	**Mylonitization**	Mylonitisation, formation
	faille (parallèles à la		de mylonite
	direction du déplace-	**Myrmékite**	Myrmékite (interpénétra-
	ment)		tion quartz feldspath)
Mullite (syn. por-	Mullite (Minéral.)	—texture	Structure myrmékitique
celainite)			

N

Nablock	Nodule, rognon (de silex, etc . . .)
Nacre	Nacre
Nacreous	Nacré
Nacrite	Nacrite (minéral argileux)
Nadir	Nadir
Nagyagite	Nagyagite (Minér.)
Nail-head spar	Calcite "en tête de clou," calcite "à pointes de diamant"
Naked	Dénudé
—eye	À l'oeil nu
Namma hole	Puits naturel (Austr.)
Namurian (Eur.)	Namurien (Étage; Carbonifère)
Nannofossil	Nannofossile
Nannoplankton	Nannoplancton
Nansen bottle	Bouteille de Nansen (Océanogr.)
Napalite	Napalite (bitume fossile)
Naphta	1) naphta, essence lourde; 2) naphte
Heavy naphta	Essence lourde
Shale naphta	Naphte de schiste
Naphtabitumen	Naphtabitume
Naphtene	Naphtène
—base crude	Pétrole brut naphténique
—serie	Série naphténique
Naphtenic	Naphténique
Naphtenicity	Teneur en naphtène
Naphtine, naphtein	Naphtéïne (var. de hatchettite)
Naphtology	Étude du pétrole brut
Napoleonville (North Am.)	Napoléonville (Étage; Miocène)
Napoleonite	Napoléonite (Pétrol.), corsite, diorite orbiculaire
Nappe	Nappe de charriage
—inlier	Fenêtre
—outlier	Lambeau de recouvrement
—root	Racine de la nappe
Overlapping or overthrust nappe	Nappe de chevauchement
Narizian (North Am.)	Narizien (Étage; Éocène sup.)
Narrow	Étroit, encaissé
Nascent state	État naissant (d'un gaz, etc . . .)
Native	Natif, pur
—element	Élèment natif
—gold	Or natif
—paraffin	Ozokérite
—prussian blue	Vivianite
—silver	Argent natif
Natroborocalcite	Ulexite (Minéral.)
Natrolite	Natrolite (var. de zéolite)
Natron	Natron (Minéral.)
Natural	Naturel
—arch	Arche, voûte naturelle
—coke	Charbon cuit par intrusion de roches éruptives
—current	Courant tellurique
—earth current	Courant tellurique
—gas	Gaz naturel
—levee	Levée naturelle
—magnet	Magnétite
—oil	Pétrole brut
—selection	Sélection naturelle
—tilth	Bon état structural (du sol)
Naumanite	Naumannite (Minéral.)
Nautical	Nautique
Nautiloid	(a) ressemblant au Nautile, relatif au Nautile; (b) Nautïloidé (Paléontol.)
Nautilus	Nautile
Navarroan (North Am.)	Navarroien (Étage; Crétacé sup.)
Navite	Navite (Pétrogr.)
Neanderthal man	Homme de Néanderthal (Paléolithique moy.)
Neap tide	Marée de morte-eau
Near shore	Littoral
—circulation	Circulation océanique littorale
—current	Courant littoral
Neat	Pur, non mélangé
—line	Encadrement d'une carte
Nebraskan (North Am.)	Nébraskien (1ère glaciation; Quaternaire)
Nebula	Nébuleuse
Nebulite	Nébulite (roche métamorphique, à texture nébulitique)
Neck	1) "neck," remplissage de cheminée volcanique; 2) isthme, tombolo
Neck furrow	Sillon occipital
Necking	Rétrecissement
Needian (obsolete)	Needien (interglaciare européen Mindel-Riss)

Needle	Aiguille, piton, éperon
—**ironstone**	Goethite filamenteuse
—**ore**	Aciculite, aikinite (Minéral.)
—**shaped**	Aciculaire, en aiguille
—**spar**	Aragonite
—**stone**	Natrolite
—**tin**	Cassitérite en fins cristaux
—**zeolite**	Zéolite aciculaire
Compass needle	Aiguille de boussole
Ice needle	Aiguille de glace
Neep tide	Marée de morte-eau
Negative	Négatif
—**area**	Région subsidente
—**crystal**	Cristal négatif
—**element**	Région subsidente
—**gravity anomaly**	Anomalie négative de gravité
—**movement**	Subsidence
—**movement of sea level**	Mouvement négatif du niveau marin
Nekton	Necton (animal nageur)
Nektonic	Nectonique
Nektoplanctonic	Pélagique
Nelsonite	Nelsonite (Pétrol.)
Nemaline	Fibreux, filamenteux (Minéral.)
Nematoblastic	Nématoblastique (Métamorphisme)
Neocene (obsolete)	Néogène (Période; Cénozoïque)
Neocomian	Néocomien (Étage; Crétacé inf.)
Neodarwinism	Néodarwinisme
Neodevonic	Dévonien supérieur
Neogene	Néogène (Période; Cénozoïque)
Neogenic	Récemment formé (Pétrol.)
Neoglaciation (see Little Ice Age)	Néoglaciaire (voir Petit Âge glaciaire)
Neojurassic	Jurassique supérieur
Neolithic	Néolithique (fin de l'âge de la pierre)
Neomagma	Magma nouvellement formé
Neomineralization	Remplacement, substitution chimiques et minéralogiques dans une roche
Neomorphic	Néomorphique
Neon	Néon (gaz rare)
Neopaleozoic	Paléozoïque supérieur (Silurien, Dévonien et Carbonifère)
Neoteny, neotony (rare)	Néoténie
Neotype	Néotype (remplaçant l'holotype: Paléontol.)
Neovolcanic	Néovolcanique (volcanisme tertiaire ou quaternaire)
Neozoic (obsolete)	Cénozoïque, Tertiaire
Nephanalysis	Analyse des types de nuages par photographies de satellites météorologiques
Nepheline, nephelite	Néphéline (variété de feldspathoïde)
—**basalt**	Basalte à néphéline
—**syenite**	Syénite à néphéline
Nephelinite	Néphélinite (Pétrol.)
Nephelite	Néphéline (Minéral.)
Nephrite	Néphrite, jade
Nepionic	Post-embryonnaire, larvaire
Neptunian dyke (dike, U.S.)	Remplissage sédimentaire de fissures verticales d'une roche préexistante
Neptunian theory	Théorie neptunienne
Neptunic	Neptunique
Nereite	Piste de ver fossile
Neritic	Néritique
—**zone**	Zone néritique (0 à − 200 m)
Neritopelagic	Néritopélagique
Nesh (G.B.)	Friable, pulvérulent, poudreux
Nesosilicate	Nésosilicate, silicates à tetraèdres isolés
Ness (G.B.)	Cap, promontoire
Nest	Nid
—**of ore**	Poche de minerai
Nested calderas, nested craters	Caldeiras emboîtées
Nested cone	Cône volcanique emboîté
Net-like stone soil	Sol polygonal (à parois formées de pierres)
Net slip	Rejet net (= plus petite distance mesurée entre 2 points préalablement adjacents)
Netted	Réticulé
—**texture**	Structure réticulée (du sol)
Nettle cell	Cellule urticante
Network	Réseau, lacis
Neutral	Neutre
—**rock**	Roche neutre
—**soil**	Sol neutre
Neutralization	Neutralisation
Neutralize (to)	Neutraliser
Neutron	Neutron
—**logging**	Diagraphie par neutrons
—**neutron log**	Diagraphie neutrons-neu-

	trons		tasse
Nevadan orogeny (or: nevadian, nevadic)	Orogénèse névadienne (Jurassique et début Crétacé)	**—cake**	Sulfate de sodium brut
		Nitral	Couche de nitrate (Espagne)
Nevadite	Névadite (variété de rhyolite)	**Nitrate**	Nitrate
		Nitratine, nitratite	Nitrate de soude
Neve	Névé	**Nitre**	Salpêtre, nitrate de potasse
New field wildcat	Sondage d'exploration		
New land soil	Marais littoral récent, polder	**Nitric**	Nitrique
		Nitrification	Nitrification
New Red Sandstone	"Nouveaux grès rouges" (Permien et Trias)	**Nitrobarite**	Nitrobarite, nitrate de barium
New stone age (syn. neolithic)	Néolithique	**Nitrogen**	Azote
		—cycle	Cycle de l'azote
Newton's scale	Échelle de Newton	**—fixation**	Fixation de l'azote (par les bactéries des nodosités)
Niagaran (North Am.)	Niagarien (Série; Silurien moy.)		
Niccolite	Niccolite, nickéline (Minéral.)	**Nitrogenous**	Azoté
		Nitrous	Nitreux
Nick	Entaille, rupture de pente	**Nival**	Nival
Nickpoint	Rupture de pente	**Nivation**	Nivation
Nickel	Nickel	**—hollow**	Creux de nivation
—bloom	Annabergite (Minéral.)	**Niveo-eolian**	Nivéo-éolien
—glance	Gersdorffite (Minéral.)	**Nodal**	Nodal
—iron	Ferronickel	**—point**	Point nodal
—linnaeite	Polydymite (Minéral.)	**—zone**	Zone nodale
—ocher	Annabergite (Minéral.)	**Node**	Noeud
—silver	Alliage de zinc, nickel, cuivre	**Nodular**	Noduleux, nodulaire
		—limestone	Calcaire noduleux
—steel	Acier au nickel	**Nodule**	Nodule, rognon, concrétion
—vitriol	Morénosite (Minéral.)		
Nickeliferous	Nickelifère	**Nodulous**	Noduleux
Nicking	Forte flexure avec début de cassure	**—limestone**	Calcaire noduleux
		Noise	1) bruit, son; 2) perturbation magnétique superficielle
Nickings	Charbons en petits morceaux		
Niggli's classification	Classification de Niggli (Pétrol.)	**Ground noise**	Bruit de fond
		Nomen dubium	Nom douteux (Paléontol.)
Nicol	Nicol		
—prism	Polariseur	**Nominal**	Nominal
Nicopyrite	Nicopyrite, pentlandite, pyrite nickelifère	**—diameter**	Diamètre nominal
		—output	Débit nominal, production nominale
Nife	Nife (noyau en fer-nickel de la Terre)		
		Nomograph, nomogram	Abaque
Nigrine	Nigrine (var. ferreuse de Rutile)	**Nonbaking coal**	Charbon maigre
		Nonbedded	Non stratifié
Nigritine, nigrite	Nigrite (var. d'asphalté)	**Non-calcic**	Non calcaire
Niobium, nobium	Niobium, columbium	**—brown soil**	Sol brun non calcique
—tapiolite	Mossite (Minéral.)	**Non-capillary porosity**	Porosité non-capillaire, macroporosité
Niobpyrochlore	Pyrochlore (Minéral.)		
Niobtantalpyroclore	Néotantalite (Minéral.)	**Non-coherent soil**	Sol meuble divisé
Nip	Resserrement, étranglement	**Noncombustible**	Incombustible
		Noncondensable	Incondensable
—out	Disparition d'une couche, amincissement	**Nonconducting rock**	Roche non conductrice
		Nonconformable	Discordant
Nip (to)	Pincer, cisailler	**Nonconformity**	Discordance
Nipped bed	Couche amincie	**Nonconsolute**	Immiscible
Niter	Salpêtre, nitrate de po-	**Noncrystalline**	Non cristallin, amorphe

Nonferrous metals	Métaux non-ferreux
Nongaseous coal	Charbon maigre
Non-graded sediment	Sédiment mal trié, mal calibré
Non-indurated pan	Couche dure, friable du sous-sol, fragipan
Nonmagnetic	Non magnétique
Nonmarine	Continental
Nonoxidizable	Inoxydable
Nonpiercement salt dome	Dôme de sel non intrusif
Nonplunging fold	Pli à axe horizontal
Nonpolarizable	Non polarisable, impolarisable
Nonpolarizing	Impolarisable
Nonprocessed gas	Gaz non traité
Nonproducing well	Puits improductif
Nonrecoverable oil	Pétrole non récupérable
Non-sequence (G.B.)	Brève lacune stratigraphique, lacune simple
Nonsorted circle	Sol polygonal non trié
Nonsorted sets	Sols polygonaux non triés
Nonsorted stripes	Sols striés mal triés
Nontronite	Nontronite (= variété d'argile smectite)
Non-uniform pressure	Pression orientée
Nonwaxy crude oil	Pétrole brut non paraffinique
Nonwetted	Non mouillable
Nordmarkite	Nordmarkite (= syénite quartzitique hololeucocrate)
Norian	Norien (Étage; Trias sup.)
Norite	Norite (= gabbro à hypersthène)
Norm	Norme (exprimée sous forme de minéraux virtuels)
Norm system	Classification des roches éruptives d'après la norme (C.I.P.W.)
Normal	Normal
—anticlinorium	Anticlinorium normal
—atmospheric pressure	Pression atmosphérique normale (au niveau de la mer)
—class	Holohédrie, holosymmétrie
—dip	Pendage général, pendage normal
—displacement	Déplacement normal (d'une faille)
—erosion	Érosion normale, érosion géologique, érosion du sol
—fault	Faille normale
—fold	Pli normal, symétrique
—granite	Granite à biotite
—gravity	Pesanteur normale (au niveau de la mer)
—horizontal separation	Composante horizontale du rejet
—hydrostatic pressure	Pression hydrostatique normale
—limb	Flanc normal d'un pli
—metamorphism	Métamorphisme régional
—move out	Augmentation du temps dû à la distance du point de tir à la trace considérée
—position	Position normale (d'une couche)
—sequence	Séquence stratigraphique normale
—shift	Composante horizontale normale du rejet
—superposition	Superposition normale
—throw	Projection verticale du rejet
—zoning	Zonation normale (dans un feldspath)
Normative mineral	Minéral normatif, minéral virtuel
North	Nord
—Atlantic drift	Branche nord-atlantique du Gulf-Stream
— -east	Nord-est
—west	Nord-ouest
Magnetic north	Nord magnétique
True north	Nord géographique
Northerly	Vers le Nord
—aspect	Exposition au Nord
Northern	Septentrional
—dwarf podzol	Micropodzol, nanopodzol
Nose	1) pointe, promontoire, "nez," surplomb; 2) nez, saillant d'un anticlinal; 3) anticlinal à moitié formé (une extrémité ouverte); 4) courbure maximum d'une couche d'un pli sur une carte
Nosean	Noséane (= feldspathoïde)
—phonolite	Phonolite à noséane
Nose in (to)	S'incliner, plonger (pour un terrain)
Notch	1) encoche, entaille, cannelure; 2) défilé, gorge (U.S.)
Noumeite	Garniérite, nouméite (Minéral.)
Nourishment area	Région d'alimentation

	glaciaire	de rivière (Inde)
Nuclear	Nucléaire	**Numbering**	Comptage, dénombre-
—energy	Énergie nucléaire		ment
—fuel	Combustible nucléaire	**Numeral**	Chiffre, valeur numérique
—log	Diagraphie radiométrique	**Nummulite**	Nummulite (Paléontol.)
—power plant	Centrale nucléaire	**Nummulitic**	Nummulitique; syn. Pa-
Nucleation	1) nucléation, formation		léogène (Eur.)
	de germes cristallins;	**—limestone**	Calcaire à Nummulites
	2) accroissement des	**Nummulitids**	Nummulitidés
	continents (par ad-	**Nunatak**	Nunatak (Glaciologie)
	jonction d'orogènes	**Nutation**	Nutation (de l'axe de la
	marginaux)		Terre)
Nucleus	Germe, noyau	**Nutrient**	Élèment nutritif (Pédol.)
—crystal	Germe de cristallisation	**—content**	Teneur en substances
Nuevoleonian (North	Nuevoléonien (Étage;		nutritives
Am.)	Crétacé inf.)	**Nutriment**	Substance nutritive
Nugget	Pépite d'or		(Pédol.)
Null	Nul		
Nullah	Ravin, cours d'eau, lit	**Nutritive humus**	Humus nourricier

O

Oasis	Oasis	—bank	Guyot, mont sous-marin
Obduction	Obduction	—crust	Croûte océanique
Object	Objet	—island	Île océanique
—glass	Objectif	**Oceanicity**	Influence océanique, caractère océanique
—lens	Objectif		
—slide	Porte-objet (Microscopie)	**Oceanite**	Océanite (roche basaltique à phénocristaux d'olivine)
Objective	Objectif		
Oblate	Aplati (ellipsoïde)		
Oblique	Oblique	**Oceanographic**	Océanographique
—bedding	Stratification oblique	**Oceanography**	Océanographie
—extinction	Extinction oblique	**Oceanology**	Océanologie
—fault	Faille oblique	**Ocellar**	Ocellaire, ocellé
—lamination	Stratification oblique	—structure	Structure ocellaire
—air photograph	Photographie oblique	**Ocellus, ocelli (pl.)**	Ocelle
—projection	Projection oblique	**Ocher (U.S.), ochre (G.B.)**	Ochre
—system	Système monoclinique		
Obsequent	Obséquent (Géomorph.)	**Ocherous deposit**	Dépôt ferrugineux
—fault-line scarp	Escarpement obséquent de ligne de faille	**Ochoan (North Am.)**	Ochoéen (Étage; Permien sup.)
Observatory	Observatoire	**Ocoee (North Am.; Georgia . . . Virginia)**	Série d'Ocoee (Précambrien)
Obsidian	Obsidienne		
—lava	Lave d'obsidienne	**Odontolite**	Odontolite (var. de turquoise)
Obsidianite	Obsidianite: terme peu usuel (Pétrogr.)		
		Oersted	Oertsed (unité électromagnétique)
Obstruct (to)	Obstruer, barrer		
Obstruction dune	Dune d'obstacle	**Offing**	Large, pleine mer
Obtuse angle	Angle obtus	**Offlap**	Régression, en régressivité
Occidental diamond	Cristal de roche, quartz limpide (G.B.)		
		—deposit	Dépôt régressif
Occipital	Occipital (Paléontol.)	**Offset**	1) déplacement de masses contiguës; 2) composante horizontale du déplacement d'une faille; 3) distance entre le point de tir et le géophone (Géoph.); 4) imprimé photographique
—furrow	Sillon occipital (Trilobites)		
Occlude (to)	Fermer, obstruer, retenir dans les pores		
Occlusion	Occlusion (des gaz dans un solide)		
Occult mineral	Minéral occulte		
Occur (to)	Survenir, se produire, avoir lieu, arriver		
Occurence	1) gisement, venue, présence de; 2) évènement	**Offsetting**	Décalage de couches
		Offshoot	1) ramification, apophyse (d'un filon); 2) bifurcation d'un pli
Mode of occurence	Mode de gisement	**Offshore**	Au large du rivage
Ocean	Océan	—bar	Cordon littoralémergé)
—basement	Socle océanique	—current	Courant dirigé vers le large
—floor	Fond océanique		
—floor spreading	Extension, expansion des fonds océaniques	—drilling	Forage sous-marin
		—ramp	Talus continental
—bottom	Fond sous-marin	—slope	Talus continental
—current	Courant océanique	—through	Sillon d'avant-côte
—tide	Marée océanique	**Offtake**	Galerie d'écoulement (Mine)
—trench	Fosse océanique		
Oceanic	Océanique	**Ogive**	Ogive glaciaire

Ohm	Ohm
—meter	Ohm/mètre (unité de résistivité)
Oid	Suffixe: en forme de, ayant la structure de . . .
Oil	Pétrole
—accumulation	Gisement de pétrole
—bearing	Pétrolifère
—column	Hauteur imprégnée par le pétrole (forage)
—deposit	Gisement de pétrole
—field	Champ pétrolifère
—finding	Recherche pétrolière
—gas	Gaz d'éclairage produit par distillation
—geologist	Géologue pétrolier
—horizon	Niveau pétrolifère
—indication	Indice de pétrole
—layer	Couche pétrolifère
—lease	Concession de recherches pétrolières
—lens	Lentille de sable pétrolifère
—man	Pétrolier
—measures	Couches pétrolifères
—mining	Exploitation des gisements de pétrole
—producing deck	Pont producteur sur plate-forme flottante
—prospecting	Prospection pétrolière
—refinery	Raffinerie de pétrole
—region	Région pétrolifère
—reserves	Réserves pétrolifères
—reservoir rock	Roche réservoir
—rock	Roche pétrolifère
—sand	Sable pétrolifère
—seepage	Suintement de pétrole
—shale	Schiste bitumineux
—show	Indice de pétrole
—showings	Indices de pétrole
—spill	Fuite, décharge de pétrole
—spring	Source de pétrole
—string	Colonne de production
—structure	Structure pétrolifère
—tar	Goudron de pétrole
—trap	Piège de pétrole
—water	Eau de gisement
—water contact	Contact eau-pétrole
—water interface	Surface limite eau-pétrole
—water ratio	Proportion huile-eau
—well	Puits de pétrole
—well blowing	Jaillissement d'un puits de pétrole
—well derrick	Tour de forage de puits de pétrole
—wet	Imprégné de pétrole
—yielding	Pétrolifère
Crude oil	Pétrole brut
Oily	Graisseux, huileux
Okenite	Okénite (Minéral.)
Old	Vieux
—alluvium	Alluvions anciennes
—land	Craton
—red sandstone	Vieux grès rouge (Dévonien: Eur.)
—stage	Stade de vieillesse
Older Dryas (Eur.)	Dryas ancien (Intervalle entre Bølling et Allerød)
Oldest Dryas (Eur.)	Dryas le plus vieux (Précédent l'intervalle Bølling)
Olefiant gas	Ethylène
Olenekian (East Eur.)	Olénékien (Trias)
Oleostatic	Oléostatique
Oligist	Oligiste, hématite (Minéral.)
Oligocene	Oligocène (Époque ou Série; Cénozoïque)
Oligoclase	Oligoclase (Minéral.)
Oligoclasite	Oligoclasite (diorite à oligoclase)
Oligohaline	Oligohalin
Oligomict	Roche détritique monominérale
Oligosiderite	Oligosidérite (var. de météorite)
Oligotrophic	Oligotrophique
—brown soil	Sol brun oligotrophe
—moor soil	Tourbière haute, marais oligotrophe
Olivine	Olivine
—basalt	Basalte à olivine
—bomb	Bombe à olivine
—diabase	Diabase à olivine
—gabbro	Gabbro à olivine
—leucitite	Basalte à leucite
—nephelinite	Basalte à néphéline
—nodule	Nodule d'olivine
—norite	Norite à olivine
—rock	Péridotite
Olivinite	Olivinite (péridotite riche en olivine)
Olivinophyre	Porphyre à phénocristaux d'olivine
Ombrogenous	Ombrogène; humidité dépendant des précipitations
Omission of beds	Supression de couches (par faille)
Omission solid solution	Réseau cristallin incomplet
Omphacite	Omphacite (variété de diopside riche en soude)

On (opp. off)	En exploitation, exploité
Onesquethawan (North Am.)	Onesquethawan (Étage; Dévonien inf.)
Onion weathering (onion-skin weathering)	Altération en écailles d'oignon
Onlap	1) chevauchement, débordement, transgression; 2) en transgressivité
Onset	Départ (d'une réaction chimique)
Onsetter	Ouvrier d'accrochage (Mine)
Onsetting	Accrochage, encagement (Mine)
Onshore (opp. Offshore)	Vers le rivage, à terre
—reef	Récif côtier
—shelf	Ancien plateau continental émergé
—wind	Vent de mer
Ontarian (USA: N.Y. St.)	Ontarien (Étage; Silurien moy.)
Ontogenesis	Ontogénèse
Ontogenetic stage	Stade ontogénétique
Ontogeny	Ontogénie, développement individuel
Onyx	Onyx 1) quartz cryptocristallin; 2) calcite en couches (Mexique)
Ooid	Oolithe
Oolite	Calcaire oolithique
Oolith	Oolithe (particule subsphérique)
Oolithic, oolitic	Oolithique
—iron ore	Minette, fer oolithique
Ooze	Vase, boue pélagique
Calcareous ooze	Boue calcaire (+ de 30% de débris d'organismes)
Ooze (to)	Suinter, s'infiltrer, filtrer
Oozing	Suintement
Oozy	1) vaseux, bourbeux; 2) suintant, humide
Opacite	Opacite (substance opaque)
Opacity	Opacité
Opal	Opale
—oil	Distillat lourd de pétrole
Jasper opal	Opale jaspe
Opalescence	Opalescence
Opalescent	Opalescent
Opaline	Opalin
Opalized wood	Bois silicifié
Opaque	Opaque
Opaqueness	Opacité
Open	Ouvert
—bay	Baie exposée au large

—cast	Exploitation à ciel ouvert
—country	Pays découvert
—cut	Exploitation à ciel ouvert
—fault	Faille ouverte
—flow capacity	Débit en écoulement naturel
—flow potential	Potentiel maximal d'un puits
—flow pressure	Pression de gisement en écoulement
—rock	Roche poreuse
—graded aggregate	Agrégat grossier poreux
—fold	Pli ouvert
—hole	Forage à découvert
—mining	Exploitation à ciel ouvert
—pack	Banquise fragmentée
—pit	Mine à ciel ouvert
—quarry	Carrière à ciel ouvert
—sand	Sable poreux
—stope	Taille sans remblayage (mine)
—work	Exploitation à ciel ouvert
—working	Exploitation à ciel ouvert
Open (to)	Ouvrir
Opening	Ouverture
—operations	Travaux de traçage (Mine)
—out of a ravine	Débouché d'un ravin
Operating	Ingénieur d'exploitation
Operation	Fonctionnement, exploitation
Operator	Exploitant (d'une mine)
Operculiform	Operculiforme
Operculum	Opercule (Botanique; Paléontol.; Palynologie)
Ophicalcite	Marbre à serpentine (cf. "vert antique")
Ophiolite	Ophiolite (roche ignée ultrabasique plutonique et volcanique très riche en serpentine)
Ophite	Ophite (diabase à texture ophitique)
Ophitic	Ophitique
—texture	Structure doléritique
Opistocoelous	Opistocèle (Paléontol.)
Ophiuridea	Ophiurides (Paléontol.)
Optical character	Signe optique d'un minéral
Optical constants	Constantes optiques (d'un minéral)
Optical pyrometer	Pyromètre optique
Optics	Optique
Optimum	Optimum
Orals	1) plaques interradiales (Crinoïdes); 2) examen universitaire
Orbicular	Orbiculaire

—diorite	Diorite orbiculaire	—magma	Magma minéralisé
—structure	Structure orbiculaire	—microscope	Microscope à minerais
Orbit	Orbite	—mine	Mine de minerais
Orbite	Orbite (variété	—mineral	Minéral métallique
	d'amphibolite)	—mining	Exploitation de minerais
Orbitoïd	1) Orbitoïnidae (Paléon-	—pipe	Cheminée de minerai
	tol.); 2) appartenant	—placer	Gîte de minerai
	aux Orbitoïnidae	—pocket	Poche de minerai
Ordanchite	Ordanchite (= Téphrite à	—separator	Séparateur de minerais
	haüyne) (Pétrogr.)	—sheet	Filon-couche de minerai
Order	Ordre	—shoot	Passe minéralisée
—of crystallization	Ordre de cristallisation	—sill	Passe minéralisée
Normal order of super-	Succession normale de	—sintering	Agglomération de mine-
position	couches		rais
Original order of suc-	Disposition originelle des	—slag	Scorie de minerai
cession	couches	—streak	Bande minéralisée
True superposition	Superposition normale	—vein	Filon minéralisé
Ordinary ray, O. ray	Rayon ordinaire	—washing	Lavage des minerais
Ordinate	Ordonnée	Bog-iron ore	Fer des marais
Ordovician	Ordovicien (Période; Pa-	Cockade ore	Minerai en cocarde
	léozoïque)	Crude ore	Minerai brut
Ore	Minerai	High-grade ore	Minerai à forte teneur
—apex	Sommet du gîte	Lean ore	Minerai pauvre
—bands	Zones minéralisées	Low grade	Minerai pauvre
—bearing	Métallifère, minéralisé	Organic	Organique
—bed	Couche minéralisée	—matter [muck (North	Matière organique
—belt	Zone métallifère	Am.)]	[décomposée]
—benefication	Enrichissement de mi-	—rock	Roche d'origine organique
	nerai	—slime	Sapropel
—bin	Trémie à minerai	—soil	Sol tourbeux
—body	Masse minéralisée, mas-	—weathering	Altération biologique
	sif de minerai	Organism	Organisme
—breaking	Abatage, concassage de	Euryhaline organism	Organisme euryhalin
	minerais	Stenohaline organism	Organisme sténohalin
—bringer	Venue minéralisante	Organogenic,	Organogène
—briquetting	Agglomérat de minerais	organogenous	
—bunch	Poche de minerai	Orient (to)	Orienter
—carrying	Minéralisateur	Oriental	Oriental
—channel	Fissure profonde miné-	—agate	Agate orientale
	ralisée	—emerald	Émeraude orientale
—chimney	Cheminée de minerai	—ruby	Rubis véritable
—chute	Cheminée de minerai	—topaz	Topaze jaune
—concentrate	Concentré de minerai	Orientation	Orientation
—content	Teneur en minerai	Oriented specimen	1) échantillon orienté; 2)
—course	Filon minéralisé		fossile à position ori-
—current	Courant de minéralisation		entée
—deposits	Gisement métallifère	Orifice	Ouverture, trou
—dike	Dyke de minerai	Flaming orifice	Fumerolle en flammes
—dressing	Traitement du minerai	Origin	Origine
—dump	Déblais de minerais,	Original	D'origine, primaire
	halde	—dip	Pendage primaire
—enrichment	Enrichissement du mi-	—stratification	Stratification primaire
	nerai	—horizontality	Horizontalité primaire (de
—flotation	Flottation du minerai		couches)
—horizon	Niveau minéralisé	Oriskanian (North Am.)	Oriskanien (Groupe; Dé-
—leaching	Livixation du minerai		vonien)
—leave	Droits miniers	Ornamentation	Ornementation (d'un fos-
—lode	Filon		sile)

Ornithischia	Ornithischiens (Paléontol.)		(Cartogr.)
		Orthophyre	Orthophyre (porphyre à orthose)
Ornoite	Ornoïte (var. de diorite)		
Orocline	Zone oroclinale	Orthophyric	Orthophyrique
Orocratic	Orocratique	Orthopinacoid	Orthopinacoïde (Cristallogr.)
Orogen	Orogène		
Orogenesis	Orogénèse	Orthoprism	Orthoprisme
Orogenic, orogenetic	Orogénique	Orthopyroxene	Pyroxène orthorhombique
—belt	Zone orogénique	Orthorhombic	Orthorhombique
—cycle	Cycle orogénique	Orthose	Orthose
—facies	Faciès orogénique	Orthosilicate	Orthosilicate
—phase	Phase orogénique	Orthosite	Orthosite (= syénite exclusivement orthosique)
—vulcanism	Volcanisme orogénique		
Orogeny	Orogénie, orogénèse		
Orographic, orographical	Orographique	Orthosymmetric system	Système orthorhombique
Orography	Orologie	Orthotectic	Orthotectique
Orohydrographic	Orohydrographique	Orthotectonic	Tectonique de type alpin
Orohydrography	Orohydrographie	Ortlerite	Ortlérite (désuet: diorite altérée en roche verte)
Orology	Orologie, étude de la formation des reliefs (montagnes)		
		Oryctogeology (obsolete)	Paléontologie ou minéralogie
Orometer	Oromètre (var. de baromètre)		
		Oryctognostic (obsolete)	Minéralogique
Oromorphic soil	Sol de montagne	Oryctognosy (obsolete)	Minéralogie
Orpiment	Orpiment (Minéral.)	Osagean, Osagian	Osagéen (Série; Mississipien inf.)
Orthamphibole	Amphibole orthorhombique		
		Osannite	Osannite (var. d'amphibole)
Orthaugite (G.B.)	Pyroxène orthorhombique		
Orthite	Orthite, allanite (= variété d'Épidote) (Minéral.)	Os (pl. Osar)	Os, esker (Etym. ås: Suède)
Ortho	Préfixe: droit, régulier	Oscillation	Oscillation
Ortho rocks	Roches métamorphiques dérivant de roches ignées	—cross-ripple marks	Rides de plages entrecroisées
		—ripple	Ride de plage à versant symétrique, ride d'oscillation
Orthoceratidea	Orthocératidés (Paléontol.)		
		—of beaches	Oscillation des rivages
Orthoclase	Orthose	Climatic oscillation	Oscillation climatique
Sanidized orthoclase	Orthose transformée en sanidine	Oscillatory current	Courant oscillatoire (marin)
Orthoclasite	Orthoclasite (Pétrogr.)	Oscillatory twinning	Mâcle polysynthétique (Cristallogr.)
Orthoclastic	Orthoclastique		
Orthochromatic	Orthochromatique	Oscillatory zoning	Zonation périodique (d'un cristal)
Orthodome	Orthodôme		
Orthodromy	Orthodromie	Oscillograph	Oscillographe
Orthofelsite	Orthofelsite, orthophyre (Pétrogr.)	Osculum	Oscule (Paléontol.)
		Ose (see Os)	Os, esker
Orthoferrosilite	Orthoferrosilite (var. de pyroxène)	Osmium	Osmium
		Osmosis	Osmose
		Osmotic	Osmotique
Orthogenesis	Orthogénèse	—pressure	Pression osmotique
Orthogeosyncline	Orthogéosynclinal	Osseous	Osseux, à ossements
Orthogneiss	Orthogneiss	—breccia	Brèche à ossements
Orthogonal	Orthogonal, perpendiculaire	Ossicle	Plaque (du squelette des Échinodermes)
Orthographic projection	Projection orthographique	Ossipite, or ossypite	Ossypite (var. de troctolite)
Orthomagmatic stage	Stade orthomagmatique (de la cristallisation)		
		Ostracod, Ostracoda	Ostracode
Orthomorphic projection	Projection conforme	Ostracodermi	Ostracodermes

Otolith	Otolithe (Paléontol.)
Ounce	Once
—avoir-du-poids	= 28,35 g
—troy	= 31,10 g
Outbreak	1) éruption; 2) affleurement d'un filon (Mine)
—coal	Affleurement de charbon
Outburst	1) explosion, dégagement, éruption; 2) affleurement
—of gas	Dégagement rapide de gaz
—of mud	Éruption de boue
Glacial outburst	Débâcle glaciaire
Outcrop	Affleurement
—bending	Fauchage des couches
—curvature	Fauchage des couches
—line	Ligne d'affleurement
—spring	Source d'affleurement
Outcrop (to)	Affleurer
Outcropping	Affleurement
Outdoor work	Travail en plein air
Outer	Extérieur
—bank	Rive concave extérieure (d'un méandre)
—core	Noyau externe du globe terrestre
—lip	Lèvre externe (Gastéropodes)
Outfall	1) embouchure, issue; 2) déversoir, décharge; 3) couche affleurant à un niveau inférieur (G.B.)
Outfit	Équipement
Outflow	1) écoulement, coulée (de laves); 2) débit, écoulement externe (pétrole)
Flank outflow	Effusion de flanc (d'un volcan), effusion latérale
Outflowing	Épanchement de laves
Outgas (to)	Dégager
Outgassing	Dégasage (produits volcaniques)
Outgush (to)	Répandre, épancher à l'extérieur
Outlet	Orifice, sortie, embouchure
Glacier outlet	Langue émissaire de glacier
Outlier	1) avant-butte; 2) lambeau de recouvrement
Outline	Contour, dessin, tracé (d'une côte)
Outtake	Puits de sortie d'air (Mine)

Outwash	Épandage fluvio-glaciaire
—apron, plain	Apports fluvio-glaciaires
—drift	Plaine d'épandage fluvio-glaciaire
Ouvarovite	Ouwarovite (variété de grenat chromifère)
Oven	Four
—coke	Four à coke
Over	Dessus, sur
Overbank deposit	Dépôt alluvial d'inondation, du lit majeur
Overburden	Morts-terrains, couverture de dépôts meubles
Overburdened stream	Fleuve surchargé
Overcast	1) adj: chevauché; couvert, nuageux; 2) n: croisement de manches à air (Mine)
Overdeep (to)	Surcreuser
Overfault (obsolete)	Pli-faille inverse
Overfeed (to)	Suralimenter (en neige, eau, etc . . .)
Overfloat (to)	Surnager
Overflow	Débordement, inondation
—spring	Source déversante, source de trop plein
—summit overflow	Effusion terminale (volcan)
Overflow (to)	Déborder, inonder
Overfold	Pli déversé
Overfrozen (frozen over)	Couvert de glaces
Overgrowth	Accroissement secondaire d'un cristal
Overhand	Gradins renversés (exploitation en)
—stopes	En gradins renversés (mines)
Overhang	Surplomb
Overhang (to)	Surplomber
Overhanging	En surplomb
Overland flow	Ruissellement pluvial en nappe
Overlap	Chevauchement, recouvrement
—fault	Faille inverse
Fold overlap	Flèche de recouvrement
Regressive overlap	Régression
Transgressive overlap	Transgression
Overlap (to)	1) chevaucher, recouvrir; 2) dépasser
Overlapping	Chevauchement, recouvrement
—folds	Plis en échelons
Overlay	Graphique, calque transparent
Overlay (to)	Recouvrir, couvrir, être superposé sur

Overlie (to)	Couvrir, recouvrir, re-poser sur, être sus-jacent sur	**Overwater**	Eau de toit
		Overweight	Surcharge
		Oviform	En forme d'oeuf
Overlying	Sus-jacent	**Oviparous**	Ovipare
Overload	Surcharge	**Ovoid**	Ovoïde, de forme ovale
Overloaded stream	Fleuve surchargé	**Oxbow lake**	Lac en croissant (dans méandre abandonné)
Overloading	Surcharge (d'un édifice)		
Overplacement	1) superposition; 2) morts-terrains (Mine)	**Oxfordian**	Oxfordien (Étage; Jurassique sup.)
Overriding	Chevauchement	**Oxidability**	Oxydabilité
Oversaturated rock	Roche hypersiliceuse, hypersaturée en silice	**Oxidable**	Oxydable
		Oxidates	Sédiments précipités par oxydation
Oversize	Refus d'un tamis		
Overstep (G.B.)	Discordance stratigraphi-que due à une transgression	**Oxidate (to)**	Oxyder
		Oxidation	Oxydation
		Oxide	Oxyde
Oversteepening	Surraidissement (d'une vallée glaciaire)	**Oxidizable**	Oxydable
		Oxidization	Oxydation
Overstress	Surcharge	**Oxidize (to)**	Oxyder
Overthrow fold	Pli déversé	**Oxidized zone**	Zone oxydée
Overthrust	Chevauchement, char-riage	**Oxisol**	Oxysol (sol tropical al-téré)
—**block**	Nappe de charriage	**Oxidizing**	Oxydant
—**fault**	Plan de charriage	**Oxybitumen**	Oxybitume
—**fold**	Pli-faille couché	**Oxygen**	Oxygène
—**nappe**	Nappe de charriage	**Oxymagnite**	Magnétite oxydée
—**sheet**	Nappe de charriage	**Oxygenate (to)**	Oxygéner
—**slice**	Lambeau de poussée	**Oxysphere**	Lithosphère
Overturn	Déversement, renverse-ment	**Oyster**	Huître
		—**shell**	Coquille d'huître
Overturn (to)	Renverser	**Ozarkian (obsolete)**	Ozarkien (entre Cambrien et Ordovicien)
Overturned fold	Pli déversé		
Overturned limb	Flanc inverse	**Ozocerite, ozokerite**	Ozocérite, ozokérite, cire fossile
Overwash	Débordement		
—**drift**	Épandage fluvio-glaciaire	**Ozone**	Ozone

P

Pacific suite — Province pacifique (Pétrol.)
Pack — Remblai (Mine)
Ice pack — Embâcle glaciaire
Pack ice — Glace de dérive
Packer — 1) remblayeur (Mine); 2) garniture d'étanchéité (Forage)
Packing — 1) tassement, compaction; 2) remblai, remblayage
Packs — Remblai (Mine)
Supporting packs — Piliers de support du toit (Mine)
Packwall — Mur de remblai (Mine)
Paedomorphose — Néoténie
Pahrump (USA, Cal.) — Série de . . . (Précambrien)
Paint pot — Source chaude à limons et argiles bariolées
Palagonite — Palagonite
Palagonite tuffs — Tufs à palagonite
Palagonitized — Altéré en palagonite
Palasome (syn. host) — Palasome
Palatinian orogeny (see Pfalzian orogeny) — Orogénèse palatine (Permien terminal)
Paleobotany, palaeobotany — Paléobotanique
Paleocene, palaeocene — Paléocène (Série; base du Cénozoïque)
Paleoclimatology, palaeoclimatology — Paléoclimatologie
Paleoecology, palaeoecology — Paléoécologie
Palaeogene, paleogene — Paléogène (Intervalle ou Période = Paléocène + Éocène + Oligocène)
Paleoichnology, palaeoichnology — Paléoichnologie
Palaeozoic, paleozoic era — Paléozoïque (Ère), Ère primaire
Paleochannel, palaeochannel — Paléochenal
Paleogeography, palaeogeography — Paléogéographie
Paleolithic, palaeolithic — Paléolithique (Division de l'âge de la pierre)
Paleolithologic, palaeolithologic map — Carte de paléofaciès lithologiques
Paleomagnetic, palaeomagnetic north pole — Pôle nord paléomagnétique

Paleomagnetic pattern — Structure paléomagnétique des zones parallèles à la crête médio-atlantique
Paleomagnetism, palaeomagnetism — Paléomagnétisme
Paleontologic, palaeontologic — Paléontologique
—facies — Faciès paléontologique
—province — Province paléontologique
—species — Espèce déterminée sur des échantillons fossiles
Paleontology, palaeontology — Paléontologie
Paleophytic, palaeophytic — Âge des Ptéridophytes (Division de paléobotanique)
Paleoplain, palaeoplain — Paléoplaine
Paleoslope, palaeoslope — Pente d'une ancienne surface continentale
Paleosoil, paleosol, palaeosoil — Paléosol
Paleotectonic, palaeotectonic — Paléotectonique
Paleotectonic map — Carte paléotectonique
Paleovolcanic, palaeovolcanic — Paléovolcanique
Paleozoology, palaeozoology — Paléontologie animale
Palimpsest structure — Structure résiduelle (roches métamorphiques)
Palin (Prefix) — A nouveau, renouvelé
Palingenesis — Palingénèse (cf. Anatexie)
Palinspastic map — Carte paléogéographique et paléotectonique
Palisade(s) — Falaise abrupte formée de roches à débit prismatique
Pallias sinus — Sinus palléal (Paléontol.)
Palmate — Palmé
Palsa (pl. palsen) — Palse: monticule de tourbe gelée
Paludal — Palustre, marécageux
Palustral, palustrine — Palustre
Palygorskite — Palygorskite (minéral argileux)
Palynology — Palynologie
Pan — 1) horizon induré, concrétionné (dans le sous-sol); 2) dépres-

	sion boueuse à sec lors des périodes sèches (Afrique du Sud); 3) battée, cuvette	Paraffin-base crude	Pétrole brut à base paraffinique
Panfan (syn. Pediplain)	Pédiment généralisé (sous climat désertique)	Paraffin dirt	Dépôt paraffinique
		—hydrocarbon	Hydrocarbure saturé paraffinique (à chaîne ouverte linéaire)
—humus	Horizon d'accumulation humifère	—series	Séries paraffiniques
		Paragenesis	Paragenèse; Séquence minérale
—plane	Plaine alluviale composite par coalescence de plaines d'inondation	Paragenetic	Paragénétique (cf. ordre de cristalisation des minéraux)
—soil	Sol à horizon d'accumulation	Parageosyncline	Paragéosynclinal (géosynclinal intracratonique)
Hardpan	Niveau concrétionné	Paragneiss	Paragneiss
Ironpan	Alios ferrugineux	Paragonite	Paragonite, muscovite sodique
Limepan	Horizon d'accumulation calcaire	Paraliageosyncline	Paraliagéosynclinal (géosynclinal profond installé près des marges continentales)
Settling pan	Bac à décantation		
Panchromatic	Panchromatique		
Panel	Panneau (Mine)	Paralic	Paralique (milieu de transition, . . .)
Pangaea	Pangea primitif, hypothétique: (Supercontient Laurasie + Gonwanaland)	Parallax	Parallaxe
		Parallel	Parallèle
		—drainage pattern	Réseau hydrographique composé de cours d'eau parallèles
Pandiomorphic, pan-idiomorphic	Pandiomorphique, pan-idiomorphique (à cristaux très bien formés)	—evolution	Évolution de phylums parallèles
		—extinction	Extinction droite
Panning	Lavage à la battée (prospection de l'or)	—faults	Failles parallèles de même pendage
Pannonian (Eur.)	Pannonien (Étage; Miocène sup. à Pliocène inf.)	—fold	Pli formé de couches ayant gardé la même épaisseur
Pantellerite	Pantéllerite (var. de rhyolite hyperalcaline)	—growth	Croissance de cristaux suivant la même orientation
Pantograph	Pantographe	—retreat	Érosion des versants suivant une pente parallèle à la pente originale
Paper	1) article, communication; 2) papier		
—coal	Houille carton		
—schist	Schiste carton	—shot	Tir parallèle (Géophysique)
—shale	Schiste carton		
Filter paper	Papier filtre	—transgression	Transgression concordante
Logarithmical paper	Papier logarithmique		
Scale paper	Papier millimétré		
Papilla	Papille	Paramagnetic	Paramagnétique
Parabolic	Parabolique	Paramagnetism	Paramagnétisme
—dune	Dune parabolique	Paramarginal resource	Ressources minérales presque (mais pas tout à fait) exploitables avec rentabilité
Paraclase (obsolete)	Paraclase (cf. faille)		
Paraconformity	Discordance simple, ''paraconcordance'' (à relief enterré)		
		Parameter	Paramètre (Cristallogr.)
Paracrystalline deformation	Changement structural contemporain de la recristallisation (Pétrol.)	Paramorph, paramorphic	Paramorphe
		Paramorphism	Paramorphose
Paraffin	Paraffine	Para rock (obsolete)	Roche métamorphique

Paraschist d'origine sédimentaire
Schiste d'origine sédimentaire
Parasitic cone Cône volcanique adventif
Parasitic crater Cratère adventif
Paratectonic recrystal- Recristallisation concomi-
lization tante de la déforma-
tion tectonique
Paratectonics Tectonique de régions
stables (de cratons)
Paratype Paratype (autre que
l'holotype)
Paraunconformity Discordance stratigraphique (consécutive à
une lacune strati-
graphique; pas de
changement de pen-
dage)
Parautochtonous rocks Roches subautochtones
(déplacées sur une
courte distance par
des nappes de char-
riage)
Pargasite Pargasite (var. d'amphi-
bole sodique)
Parental Originel, roche-mère
Parental magma Magma originel
Parent Parent, d'origine
—element Élément radioactif
—material Matériau originel
—rock Roche-mère
Parietal art Art pariétal (Préhistoire)
Park 1) parc herbu entouré
de bois (Montagnes
Rocheuses); 2) doline
évasée et peu pro-
fonde, poljé (Arizona)
Paroptesis Cuisson (des roches)
Paroxysm Paroxysme
Part Partie
Partial Partiel
Partial pressure Pression partielle (d'un
gaz dans un mélange)
Particle Particule
—shape Forme des particules
—size Granulométrie
—size analysis Analyse granulométrique
—size histogram Histogramme des classes
granulométriques
—velocity Vitesse des particules
(d'eau de mer dans
les vagues)
Particulates 1) adj: finement divisé,
pulvérulent, par-
ticulaire, colloïdal; 2)
n: particules col-
loïdales (ex: brouillard,
fumée)

Parting 1) petite diaclase; 2)
mince couche de
schiste intercalée dans
du charbon; 3) plan
de séparation d'un
cristal (autre qu'un
plan de clivage); 4)
décollement (Géogr.)
Parting plane Plan de stratification
Pasadenan orogeny Orogénèse pasadénienne
(Pléistocène, Californie)
Pass 1) col, défilé; 2) chenal
navigable; 3) passe,
goulet; 4) passe co-
rallienne
Passage beds Couches de transition
Past mature soil Sol sénile, dégénéré
Paste Pâte
Pasty Pâteux
Patch Morceau, lopin de terre
Patch reef Petites constructions
coralliennes
Paternoster lakes Lacs en chapelet
Path Trajectoire
Patine Patine (d'un silex, etc
. . .)
Pattern 1) modèle; 2) réseau,
structure
Patterned ground Sol polygonal, sol struc-
turé (Périglaciaire)
Paved land, paved soil Pavage désertique, ré-
golithe
Pavement Dallage
Desert pavement Pavage désertique
Paving stone Pierre pour pavés
Pay 1) paye; 2) concentra-
tion, gisement
(U.S.A.)
—ore Gisement minéral renta-
ble
—sand Sable productif
—streak Filon exploitable
—zone Zone productive
Payable 1) payable; 2) exploitable
(U.S.A.)
Pea Pois
—coal Houille fine
—iron 1) limonite; 2) pisolithe
ferrugineux
Pea-like Pisiforme
Pea-like iron Fer pisolithique
Pea ore Minerai pisiforme
—stone Pisolite
Peach stone (G.B.) Schiste chloritique
Peacock ore Bornite (Minéral.)
Peak 1) sommet, pic; 2)
pointe, pic (enregistre-
ment)

Peak flood	Maximum de crue (inondation du lit majeur)
Pearl	Perle
—ash	Carbonate de potassium
—diabase	Variolite
—spar	Dolomite, ankérite
—stone	Perlite
Pearly	Nacré
Peat	Tourbe
—bog	Tourbière
—bog soil	Sol de marais tourbeux
—bog clay	Vase de marais
—clod	Motte de tourbe
—coal	Charbon de tourbe
—gas	Gaz obtenu à partir de la tourbe
—hillock	Bombement dans une tourbière
—humus	Humus tourbeux
—moor	Tourbière
—podsol	Podzol tourbeux
—soil	Sol tourbeux
Limnic peat	Tourbe lacustre
Moss peat	Tourbe formée de mousse
Peaty	Tourbeux
—forest humus	Humus forestier tourbeux
—gley podzol	Podzol gleyifié à horizon concrétionné
—loam	Limon tourbeux
—meadow soil	Sol tourbiforme de prairie
—mor	Humus brut tourbeux
—muck	Sol tourbeux neutre, sol organique très décomposé
—podzolic soil	Podzol tourbeux
—soil	Sol tourbeux
Pebble	Galet (20 à 64 mm)
—armor	Pavement désertique
—beach	Plage de galets
—culture	Industrie humaine (début Paléolithique)
—gravel	Cailloutis
—jack	Blende
—phosphate	Phosphorites
—stone	Galet
Faceted pebble	Caillou à facettes
Rounded pebble	Galet émoussé
Striated pebble	Galet strié
Pebbly	Caillouteux
Pechblende	Pechblende (Minéral.) var. uraninite
Pechstein	Pechstein
Pecten	Pecten (Lamellibranche)
Pectinate	Pectiné
Pectolite	Pectolite (Minér.)
Ped	Agrégat de particules de sol
Pedalfer (cf Pedocal)	Pedalfer (terme ancien)
Pedestal	1) pente douce dans une roche; 2) roche champignon
—boulder, rock	Bloc perché, roche champignon
Pediment	Pédiment, glacis rocheux
—embayment	Golfe de pédiment
Inset pediment	Pédiment emboîté
Rock pediment	Pédiment
Desert pediment	Pédiment désertique
Pediplain, pediplane	Pédiplaine
Pedocal (cf. Pedalfer)	Pédocal (ancien terme)
Pedogenesis	Pédogenèse
Pedology	Pédologie, science des sols
Pedon	Plus petite unité pédologique avec tous les niveaux du profil
Peeling	Desquamation, écaillage
Peer (to)	Scruter, examiner (avec un appareil)
Pegmatite	Pegmatite
Pegmatitic	Pegmatitique
—stage	Phase pegmatitique de cristallisation
Pegmatization	Pegmatisation
Pegmatoid	Pegmatoïde, à faciès de pegmatite
Pegmatophyre	Pegmatophyre
Pelagic	Pélagique
—ooze	Vase pélagique à débris d'organismes (globigérines, radiolaires, diatomées, etc . . .)
Pelecypoda	Lamellibranches (Paléontol.)
Pele's hair	Cheveux de Pelée (produits pyroclastiques)
Pele's tears	Larmes de Pelée
Pelit, pelite, pelyte	Pélite (Equiv. Z lutite)
Pelitic	Pélitique, argileux
Pellet	Granule, petite concrétion, boulette
—limestone	Gravelle, calcaire graveleux
—structure	Structure en agrégats, structure micronoduleuse (des argiles)
Fecal pellet	Coprolithe
Pelletizing	Formation de nodules, de boulettes
Pellicle	Pellicule, film
Pellicular	Pelliculaire
—water	Eau pelliculaire
Pelmatozoa	Pelmatozoaires (Biologie)

Pencil stone	Pyrophyllite (Minéral.)	Percolate (to)	S'infiltrer, filtrer
Pendant	Apophyse de roches encaissante dans roche intrusive, enclave	Percolation	Percolation, infiltration
		Percrystalline (obsolete)	Percristallin (porphyrique)
Pendular	Pendulaire	Percussion	Percussion
Pendulum	Pendule	—boring	Sondage par percussion
Penecontemporaneous	Pénécontemporain (après déposition; avant lithification)	—drilling	Forage à percussion
		—mark	Marque de percussion (d'un galet contre un autre)
Peneplain	Pénéplaine		
Incipient peneplain	Pénéplaine embryonnaire	Perdigon (obsolete)	Concrétion ferrugineuse
Rejuvenation of peneplain	Rajeunissement d'une pénéplaine	Perennial	Pérenne
		—stream	Cours d'eau permanent
Stripped peneplaine	Pénéplaine dégagée	Perennially frozen ground	Pergélisol
Peneplanation	Pénéplanation		
Penetrate (to)	Pénétrer, percer	Perfect	Parfait
Penetration	Pénétration, intrusion	—elasticity	Élasticité parfaite
Penetration twin	Mâcle d'interpénétration (Cristallogr.)	—gas	Gaz parfait
		—plasticity	Plasticité parfaite
Penetrative rock	Roche intrusive	Perforate (to)	Perforer
Penetrometer	Pénétromètre	Perforation	Perforation
Peninsula	Péninsule	Pergelisol	Pergélisol
Pennite, penninite	Pennite, penninite (minéraux du groupe des chlorites)	Periclase	Périclase (Minéral.)
		Periclinal	Périclinal (Tectonique; Botanique)
Pennsylvanian (North Am.)	Pennsylvanien (Période; Carbonifère sup.)	Pericline	Péricline
		Peridot	Péridot, olivine (Minéral.)
Pennystone	Sphérosidérite		
Pentagonal dodecahedron	Dodécaèdre pentagonal (Cristallogr.)	Peridotite	Péridotite (Pétrogr.)
		—shell	Manteau terrestre
Pentamerous symmetry	Symétrie de type cinq, pentagonale	Perigee	Périgée
		Periglacial	Périglaciaire
Pentlandite	Pentlandite, pyrite nickelifère ou nicopyrite	—geomophology	Géomorphologie périglaciaire
Pepino hill (syn.: Mogote)	Butte témoin (Puerto-Rico)	Perihelion	Périhélion
		Perimagmatic	Périmagmatique
Pepita	Pépite	Period (i.e. Jurassic period)	Période (ex. période jurassique)
Peptization	Peptisation		
Peptize (to)	Maintenir en suspension une solution colloïdale	Periodic	Périodique
		—table	Tableau périodique des élèments
Peptizer	Défloculant		
Peraluminous rock	Roche hyperalumineuse (classif. de Shand)	Periodicity	Périodicité (climatique)
		Periostracum	Périostracum (Paléontol.)
Percentage	Pourcentage	Peripheral	Périphérique
Percentage log	Diagraphie de forage basée sur des pourcentages pétrographiques des déblais ("cuttings")	Periphery	Périphérie
		Periproct	Périprocte, anus (Paléontol.)
		Perissodactyla	Périssodactyles (Paléontol.)
Perched	Perché		
—block	Bloc perché	Peristerite	Péristérite (variété translucide d'albite)
—boulder	Bloc perché		
—ground water	Nappe phréatique perchée	Peristome	Péristome (Biologie)
		Perlite	Perlite (Pétrol.)
—valley	Vallée perchée	Perlitic	Perlitique
—water	Eau perchée	Permafrost	Pergélisol
—water table	Nappe phréatique perchée	—subsoil	Pergélisol
		—table	Niveau supérieur du pergélisol

Permanent frozen ground, frozen soil	Pergélisol
Permeability	1) perméabilité (à un fluide); 2) perméabilité magnétique
—coefficient	Coefficient de perméabilité
—trap	Piège stratigraphique (à toit imperméable)
Lateral permeability	Perméabilité latérale
Relative permeability	Perméabilité relative
Vertical permeability	Perméabilité verticale
Permeable	Perméable
Permeate (to)	Filtrer à travers, imprégner
Permeation	Imprégnation, pénétration (d'un fluide)
Permian	Permien (Période; Paléozoïque)
Permineralization	Minéralisation secondaire (des fossiles, etc. . .) par infiltration et précipitation dans les pores
Permineralized plant	Végétal minéralisé (en silice, etc . . .)
Permit	Permis (d'exploitation, de forage, etc . . .)
Permo-Triassic	1) adj: permo-triasique; 2) n: Permo-Trias
Perovskite	Pérovskite (Minéral)
Peroxide	Peroxyde
Perpendicular	Perpendiculaire, vertical
—separation	Rejet perpendiculaire
—slip	Composante perpendiculaire du rejet net
—throw	Rejet vertical mesuré perpendiculairement aux couches
Perpetually frozen soil	Pergélisol
Persistent water-table soil	Sol perpétuellement imbibé d'eau, sol à gley
Perthite	Perthite, association de feldspath potassique, et sodique par interpénétration (cf. microcline)
Pervade (to)	S'infiltrer dans, pénétrer
Pervious	Perméable
Perviousness	Perméabilité
Pestle (to)	Broyer au mortier
Petalite	Pétalite (Minéral.)
Petaloid	Pétaloïde
Peter (saltpeter, petre)	Pierre
Peter out (to)	S'épuiser, disparaître en biseau
Petrean (obsolete)	Rocheux
Petrescence (obsolete)	Pétrification

Petrification, petrifaction	Pétrification, lapidification
Petrified (desert) rose	Rose des sables (en gypse ou en barytine)
Petrified wood	Bois silicifié
Petrify (to)	Pétrifier, fossiliser
Petrochemical	Pétrochimique
Petrochemistry	Pétrochimie
Petrofabric	Pétrographie structurale, structurologie
—analysis	Pétrographie structurale
—diagram	Diagramme structural
Petrofacies	Lithofaciès
Petrogenesis	Pétrogenèse
Petrogenetic	Pétrogénétique, lithogénétique
Petrogenic grid	Diagramme pression-température d'équilibre de phases minérales
Petrogeny	Pétrogenèse
Petrograph, petrographer	Pétrographe
Petrographic(al)	Pétrographique
—microscope	Microscope polarisant
—province	Province pétrographique
Petrography	Pétrographie
Petrolatum	Pétrolatum
Petroleum	Pétrole
—basin	Bassin pétrolifère
—crude	Pétrole brut
—deposit	Gisement de pétrole
—geologist	Géologue pétrolier
—geology	Géologie du pétrole
—seep	Suintement de pétrole
—well	Puits de pétrole
Petroliferous	Pétrolifère
—bed	Couche pétrolifère
—province	Région pétrolifère
—shale	Schiste bitumineux
—structure	Structure pétrolifère
Petrologic	Pétrographique, pétrologique
—microscope	Microscope polarisant
Petrologist	Pétrographe
Petrology	Pétrographie, pétrologie
Petromict, petromictic (obsolete)	Hétérogène, polygénique
Petrophysics	Pétrophysique
Petrous (obsolete)	Pierreux
Petzite	Petzite (Minéral.)
Pewter	Étain
Pewtery	Stannifère
Phacelloid	Fasciculé
Phacoid, phacoides (inusited)	Phacoïde (massif intrusif lenticulaire)
Phacoidal	Lenticulaire
Phacolite	Phacolite (var. de chabasite) (Minéral.)
Phacolith	Phacolite (massif intrusif)

Phaneric, phaneritic	Phanéritique, phanéro-cristallin
Phanero (Prefix)	Visible
Phanerocrystalline	Phanérocristallin (à cristaux visibles à l'oeil nu)
Phanerogams	Phanérogames (Paléo-botanique)
Phanerozoic	Phanérozoïque (La vie est visible)
Phantom	Fantôme
—horizon	Horizon fantôme
—reflection	Réflection fantôme, réflection interne (Optique; Métallogr.)
Pharmacolite	Pharmacolite (Minéral.)
Phase	Phase
—boundary	Limite de phase
—change	Déphasage
—diagram	Diagramme d'équilibre de phases
—equilibria	Équilibre de phases
—shift	Changement de phase
—velocity	Vitesse de phases
Phenacite	Phénacite (Minéral.)
Phenoclast	Grand fragment détritique dans une matrice sédimentaire plus fine
Phenocryst	Phénocristal
Phial	Fiole, flacon
Phi grade scale	Échelle granulométrique logarithmique des unités "Phi"
Phillipsite	Phillipsite (var. de Zéolite)
Phlogopite	Phlogopite, mica magnésien
Phonolite	Phonolite (Pétrogr.)
Phosgenite	Phosgénite (Minéral.)
Phosphate	Phosphate
Phosphatic	Phosphaté
—conglomerate	Conglomérat phosphaté
—deposits	Dépôts phosphatés, phosphorites
—foecal pellet	Coprolite
—nodule	Nodule
—oolite	Oolithe phosphatée
—sand	Sable phosphaté
—sandstone	Grès phosphaté
Phosphor	Phosphor
Phosphorescence	Phosphorescence
Phosphorescent decay	Radiophosphorescence
Phosphoric	Phosphoré
Phosphorite	1) phosphorite; 2) phosphates
Phosphorous	Phosphoreux
Phosphorus	Phosphore
Photic zone	Zone photique (0 à −200 m)
Photocontour	Carte topographique obtenue par photorestitution
Photogeology	Photogéologie
Photogeomorphology	Photogéomorphologie
Photogrammetric	Photogrammétrique
—mapping	Cartographie photogrammétrique
Photogrammetry	Photogrammétrie
Photomap	Photoplan
Photometer	Photomètre
Photometry	Photométrie
Photomicrograph, photomicrography	Microphotographie
Photosynthesis	Photosynthèse
Phragmocone	Phragmocône (Paléontol.)
Phreatic	Phréatique
—activity	Manifestation phréatique volcanique
—eruption	Éruption volcanique phréatique
—water	Eau souterraine (sous la nappe phréatique)
—zone	Zone de saturation
Phtanite	Phtanite (Pétrogr.)
Phyla	Pluriel de phylum
Phyletic	Phylétique
—evolution	Évolution phylétique
Phylliform	Feuilleté
—structure	Structure feuilletée
Phyllite	Phyllite
Phyllitization	Formation de roches feuilletées
Phylloid	Foliacé
Phyllonite	Mylonite recristallisée
Phyllose	Foliacé
Phyllosilicates	Phyllosilicates
Phylogeny	Phylogénie
Phylogerontism	Dégénérescence d'un phylum
Phylum	Phylum
Phyric	Phyrique, porphyrique
Physical	Physique
—geography	Géographie physique
—weathering	Désagrégation mécanique
Physiographic	Géomorphologique
—province	Région géographique à climat et structure homogènes
Physiography	Géographie physique, géomorphologie
Phytogenic	D'origine végétale
—soil	Sol phytogène
Phytolith	Phytolite (structure minérale formée par une plante)

Phytomorphic soil	Sol d'origine végétale		opside)
Phytoplankton	Phytoplancton	**Pike**	Pic, pioche
Piacentian (. . . zian)	Plaisancien (Étage;	**Pikeman**	Abatteur, piqueur (Mine)
(see Plaisancian)	Pliocène inf.)	**Pile**	1) amas, pile; 2) pilotis;
Pick	1) pic, pioche; 2) pic		3) réacteur nucléaire
	(d'un diagramme)	**Pile up (to)**	Amonceler, entasser
Stone dressing pick	Pic de tailleur de pierre	**Pillar**	Pilier
Picked ore	Concentré de triage	**—drawing**	Dépilage (Mine)
Picker	1) trieur (Mine); 2) pic,	**—mining**	Exploitation par piliers
	pioche	**—rock**	Roche champignon
Pickhammer	Marteau piqueur	**Pillar (to)**	Soutenir, consolider par
Picking	Piochage, triage à main		des piliers
Pickle (to)	Décaper	**Pillow**	Coussinet, oreiller
Picotite	Picotite, spinelle chro-	**—lava**	Lave en oreiller
	mifère (Minéral)	**—structure**	Désagrégation en boules
Picrite	Picrite (roche ultrabasi-	**Salt pillow**	Coussinet de sel
	que)	**Pillowed unit**	Formation en coussinet
Picritic	Picritique	**Pilotaxitic**	Pilotaxitique
Picromerite	Picromérite (Minéral)	**Pilot balloon**	Ballon sonde
Pictograph	Diagramme de variabilité,	**Pimple mound**	Petit monticule
	diagramme de disper-	**Pimple plain**	Plaine mamelonnée
	sion		(Texas et Louisiane)
Piecemeal stoping	Assimilation magmatique	**Pinacoid**	Pinacoïde
	(par digestion des en-	**Pinch, pinch out**	1) amincissement en
	claves)		coin, rétrécissement;
Piedmont	Piédmont		2) biseau (Stratigr.)
—alluvial plain	Plaine alluviale de pié-	**Pinch and swell**	Boudinage
	mont	**Pinching**	Rétrécissement, amin-
—slope	Glacis de piédmont		cissement
—steps	Gradins de piédmont	**Pinch out (to)**	Disparaître progressive-
Piedmontite	Piémontite, épidote man-		ment en biseau (Stra-
	ganésifère		tigr.)
Pierce (to)	Transpercer, pénétrer	**Pinger**	Émetteur d'ultra-sons
Piercement fold	Pli diapir	**Pingo, pingok (pl.:**	Pingo(s), monticule de
Piercing fold	Diapir intrusif	**pingos)**	glace couvert de sédi-
Piercement salt dome	Diapir perçant		ment
Piezoclase	Fracture de pression,	**—remnant**	Mardelle (dépression
	piézoclase		ovale laissée après fu-
Piezocrescence	Piézocristallisation (ac-		sion de la lentille de
	croissement de miné-		glace)
	raux suivant une	**—ridge**	Rebord d'un pingo an-
	direction cristallo-		nulaire
	graphique déterminée	**Pink soil**	Sol rosé calcaréo-ar-
	sous l'influence de		gileux, terra-rossa
	pressions)	**Pinnacle**	Pic, cime, pinacle, pyra-
Piezocrystallization	Piézocristallisation		mide
Piezoelectric	Piézoélectrique	**—rock**	"Pénitent"
—detector	Détecteur piézoélectrique,	**Pinite**	Pinite
	sismographe piézo-	**Pinnule**	Pinnule (Paléontol.)
	électrique	**Pipage**	Transport par conduites
Piezoelectricity	Piézoélectricité	**Pipe**	1) conduite, canalisation,
Piezometer	Piézomètre		tuyau; 2) cheminée
Piezometric	Piézométrique		volcanique
—level	Niveau piézométrique	**—clay**	Nodule d'argile réfrac-
—surface	Niveau piézométrique		taire remaniée
Pig-iron ladle	Cornue Bessmer	**—ore**	Limonite en remplissage
	basculante		vertical dans matrice
Pigeonite	Pigeonite (variété de di-		argileuse, dans fis-

—stone | Catlinite
Ore pipe | Colonne minéralisée, "cheminée" de minerai
Pipelaying barge | Bateau poseur de conduites sous-marines
Pipeline | Oléoduc, pipe-line
—flow efficiency | Débit de l'oléoduc
—run | Quantité transportée
Gas pipeline | Gazoduc
Oil pipeline | Oléoduc
Pipeline (to) | Transporter par pipeline
Piper | Soufflard
Pipette | Pipette
Piping | 1) canalisation; 2) abatage hydraulique (Mine)
Pipkrake (Swedish) | Pipkrake, aiguille de glace
Piracy | Capture (du cours supérieur d'une rivière)
Pirate stream | Rivière qui capte le cours supérieur d'une autre rivière
Pisces | Poissons (Paléontol.)
Pisolite, pisolith | Pisolite
Pisolitic, pisolithic | Pisolithique
—iron | Minerai de fer en grains
—limestone | Calcaire pisolithique
—tuff | Tuf volcanique pyroclastique composé de lapillis agglomérés
Pistazite, pistacite | Épidote finement cristallisée
Pit | 1) trou, cavité, alvéole; 2) puits de mine, mine; 3) carrière; 4) fosse de coulée (Métallurgie)
—and mound soil | Sol à microrelief accidenté
—fire | Feu de mine
—gas | Grisou
—headframe | Chevalement
—man | Mineur
—timber | Bois de mine
Clay pit | Glaisière
Coal pit | Mine de charbon
Marl pit | Marnière
Mud pit | Bac à boue
Sand pit | Sablière
Settling pit | Bassin de décantation
Pit (to) | Corroder, piquer, ronger
Pitch | 1) poix, brai, asphalte; 2) plongement de l'axe d'un pli; 3) angle formé entre un

sures karstiques

—coke | Coke de brai
—length | Longueur d'une apophyse filonienne
Earth pitch | Asphalte
Mineral pitch | Asphalte
Tar pitch | Brai de goudron
Pitchblende | Pechblende, uraninite (Minéral)
Pitching | 1) descente, inclinaison, pente; 2) incliné (adj.)
—of slope | Perré
Pitchstone | Pechstein, rétinite (Pétrogr.)
Pitchy | Poisseux
Pitted | Corrodé, dépoli
—plain | 1) plaine fluvio-glaciaire à dépressions dues à la fusion de la glace; 2) plaine à nombreuses petites dolines rapprochées
—surface (of a grain) | Surface picotée (d'un grain de sable)
Pivot fault | Faille "à charnière" (faille normale dont le rejet diminue progressivement)
Placentals | Mammifères placentaires (Paléontol.)
Placer | Gisement alluvial, placer
—claim | Concession minière dans les alluvions ou autre dépôt meuble
—deposit | Gîte alluvionnaire
—mining | Exploitation de gisements minéraux dans les terrains superficiels par lavage
Placoderm | Placodermes (Paléontol.)
Plagioclase | Plagioclase
—feldspars | Feldspaths plagioclases
Plagioclasite | Plagioclasite (Pétrogr.)
Plagionite | Plagionite (Minéral.)
Plagiophyre | Plagiophyre (Petrogr.)
Plain | 1) adj: plat, plan; 2) n: plaine
—of denudation | Niveau d'aplanissement
—tract | Lit majeur, large, du cours inférieur d'un fleuve
Abyssal plain | Plaine abyssale
Coastal plain | Plaine côtière
Outwash plain | Plaine d'épandage proglaciaire
Plaisancian (Eur.) | Plaisancien (Étage; Pliocène)

filon principal et une ramification; 4) puits vertical (Spéléo.)

Planar	Plan, plat	**(G.B.)**	ticité
—cross-stratifications	Stratifications en- trecroisées planes	**Upper plastic limit (G.B.)**	Limite supérieure de plasticité
Planar	Plan	**Plasticity**	Plasticité
—flow structure	Structures planes, litées ou feuilletées de roches magmatiques	**—index**	Indice de plasticité
		—limit	Limite de plasticité
		Plate	1) plaque lithosphérique (Tectonique); 2)
—water	Eau laminaire		plateau (industrie)
Planation	1) aplanissement; 2) élargissement des val- lées par érosion laté- rale	**—boundary**	Limite d'une plaque
		—like structure	Structure en plaquettes
		—margin	Marge d'une plaque lithosphérique
—surface	Surface d'aplanissement	**—shale**	Schiste en plaquettes
Plane	Plan	**—tectonics**	Tectonique des plaques
—of cleavage	Plan de clivage	**Thin plate**	Plaque mince
—of polarization	Plan de polarisation	**Plateau**	Plateau
—of stratification	Plan de stratification	**—basalt**	Basalte des plateaux
—of symmetry	Plan de symétrie	**—glacier**	Inlandsis tabulaire
—of unconformity	Plan de discontinuité	**Platform**	Plateforme
—polarized light	Lumière polarisée dans un plan	**Abrasion platform**	Plateforme d'abrasion
		Solution platform	Plateforme de dissolution
—survey	Levé à la planchette	**Wave-built platform**	Plateforme d'accumu- lation
—table	Planchette		
—table survey, plane tabling	Levé à la planchette	**Wave-cut platform**	Plateforme d'érosion ma- rine
Axial plane	Plan axial		
Bedding plane	Plan de stratification	**Platinum**	Platine
Boundary plane	Surface limite	**Platy**	Aplati, en plaquettes
Slip plane	Surface de glissement	**—flow structure**	Structure pétrographique ou minéralogique en feuillets
Planet	Planète		
Planetary	Planétaire		
Planetoid	Astéroïde	**—fracture**	Débit en plaquettes
Planimeter	Planimètre	**—parting**	Débit en plaquettes
Planimetric map	Carte planimétrique	**—structure**	Structure en plaquettes
Planimetry	Planimétrie	**Playa**	Playa
Planispiraled shell	Coquille enroulée dans un plan	**—lake**	Lac temporaire (se transformant en zone boueuse ou playa par évaporation)
Plankton	Plancton		
Planktonic	Planctonique		
Planosol	Planosol	**Pleistocene**	Pléistocène (Série ou Époque du Céno- zoïque) (Période du Quaternaire)
Plant	1) plante; 2) usine, établissement		
—cover	Couverture végétale		
Power plant	Centrale électrique	**Pleochroic**	Pléochroïque
Refining plant	Raffinerie	**—haloe**	Halo pléochroïque
Thermal plant	Centrale thermique	**Pleochroism**	Pléochroïsme
Plasma	Plasma (calcédoine vert- foncé)	**Pleomorphous, pleomorphic**	Polymorphe
		Plesiosauria	Plésiosaures (Paléontol.)
Plaster	Plâtre	**Pleura (pl.: pleurae)**	Pleural (Biologie)
Plastic	Plastique	**Plicate, plicated**	1) plissé, plissoté; 2) présentant des côtes (Paléontol.)
—clay	Argile plastique		
—deformation or flow	Déformation plastique		
—index	Indice de plasticité	**Plication**	Plication, involution
—limit	Limite de plasticité	**Pliensbachian**	Pliensbachien (Étage; Lias)
—relief map	Carte en relief sur plasti- que		
—strain	Déformation plastique	**Plinian (see Vulcanian)**	Plinien (Vulcanologie)
Lower plastic limit	Limite inférieure de plas-	**Pliocene**	Pliocène (Série ou Épo-

Plot	1) tracé, graphique; 2) restitution (Photogr. aérienne)
Plot (to)	1) reporter des données sur une carte; faire un levé de terrain; dresser un plan; tracer une courbe; 2) restituer (Photogr. aérienne)
Plotter	Appareil de restitution, restituteur (Photogr. aérienne)
Photographic plotter	Stéréographe
Stereoplotter	Stéréorestituteur
Plotting	Levé, tracé, restitution
—scale	Échelle de restitution
Pluck (to)	1) écailler, détacher des fragments; 2) déloger (glacier)
Plucking	1) éclatement, débitage par le gel ou par la glace en mouvement; 2) arrachement de blocs du substratum par les glaciers ou les fleuves
Plug	Bouchon, obturateur
—dome	Cumulo-volcan, dôme volcanique
Plug (to)	Boucher, colmater
Plugging	Obturation, colmatage
Plumasite	Plumasite (var. d'anorthosite à corindon) (Pétrogr.)
Plumbagina	Graphite
Plumbaginous	Graphiteux
Plumbago	Graphite
Plumbiferous	Plombifère
Plumbogummite	Plumbogummite (Minéral.)
Plume agate	Agate dendritique
Plumose antimonial ore	Jamesonite, stibnite (Minéral.)
Plunge	Plongement, inclinaison (de l'axe d'un pli)
—point	Rupture de pente sur l'estran
—pool	Grande marmite de géant (au pied du chutes d'eau)
Plunging	Plongeant
—fold	Pli plongeant
Plush copper	Chalcotrichite, (= cuprite à faciès aciculaire) (Minéral.)
Pluton	Pluton, intrusion ignée que; Cénozoïque)

Plutonic	Plutonique
—emanations	Substances magmatiques volatiles
—rock	Roche plutonique
—series	Séries de roches formées à partir d'un magma originel
—water	Eau juvénile, eau endogène
Plutonite	Plutonite
Pluvial	Pluvial (Géomorph.; Météorol.)
—period, pluvial stage	Période pluviale, époque pluviale
Pluviometer	Pluviomètre
Pluviometric	Pluviométrique
Pluviometry	Pluviométrie
Pneumatic	Pneumatique
—drill	Marteau pneumatique
—pick	Marteau-piqueur
Pneumatogenic	Pneumatogène, formé par agent gazeux
Pneumatolysis, pneumatolysm	Pneumatolyse
Pneumatolytic	Pneumatolytique
—metamorphism	Métamorphisme de contact modifié par pneumatolyse
—mineral	Minéral pneumatolytique
Pneumotectique	Cristallisation du magma modifiée par pneumatolyse
Pocket	Poche, amas
Pockety	A poches richement minéralisées
Pod	Masse minéralisée allongée ("en cigare") (Mines)
Podsol	Podzol (Pédol.)
—loam	Limon podzolisé
Podsolic	Podzolique
—horizon	Horizon cendreux ou horizon décoloré
—peat	Sol tourbeux podzolique
—soil	Sol podzolique
Gray brown podzolic soil	Sol lessivé
Podsolization	Podzolisation
Podsolized	Podzolisé
—lateritic soil	Sol latéritique
—red earth	Sol rouge lessivé
—rendzina	Rendzine podzolisée
—soil	Sol podzolisé
Poecilitic (obsolete), poikilitic	Poecilitique (Pétrol.)
Poeciloblastic, poikiloblastic	Poeciloblastique, texture à gros cristaux dans les roches métamorphiques

Point	1) point; 2) pointe (Préhistoire)
—diagram	Diagramme structural en points
—of the horse	Point de ramification d'un filon
Dew point	Point de rosée
Melting point	Point de fusion
Yield point	Point de rupture
Poised stream	Cours d'eau en équilibre de charge (pas d'érosion, pas de sédimentation)
Poisonous	Toxique
Poisson's ratio	Coefficient de Poisson
Polar	Polaire
—circle	Cercle polaire
—projection	Projection polaire
—wandering	Migration des pôles
—wandering curve	Ligne de déplacement des pôles paléomagnétiques
—zenithal gnomonic projection	Projection polaire
Polarity	Polarité
—period	Période de polarité géomagnétique
Polarization	Polarisation
—microscope	Microscope polarisant
Self polarization, spontaneous polarization	Polarisation spontanée
Polarize (to)	Polariser
Polarized	Polarisé
—light	Lumière polarisée
Polarizer	Polariseur
Polarizing	Polarisant
—angle	Angle de polarisation
—microscope	Microscope polarisant
Polarisation colours	Couleurs de polarisation
Polder	Polder (Hollande; Belgique)
Pole	1) pôle; 2) poteau
Magnetic pole	Pôle magnétique
Polianite	Polianite, pyrolusite (Minéral.)
Polish	Poli, luisant
Polish (to)	Polir
Polished pebble	Galet poli (ex. éolisé)
Polje, polye	Poljé (Serbo-croate)
Pollen	Pollen
—analysis	Analyse pollinique
—diagram	Diagramme pollinique
—spectrum	Spectre pollinique
Nonarboreal pollen (N.A.P.)	Pollen de végétaux herbacés
Pollutant	Substance polluante
Pollute (to)	Polluer
Pollution	Pollution
Polybasite	Polybasite (Minéral.)
Polychromatic	Polychromatique
Polyconic map projection	Projection polyconique ordinaire
Polycristal	Assemblage de cristaux, nodule cristallin
Polycyclic	Polycyclique
—landscape	Relief, paysage polycyclique
Polygenic, polygenous, polygenetic	Polygénique
—breccia	Brèche polygénique
—conglomerate	Conglomérat polygénique
—soil	Sol complexe polygénique
Polygeosyncline	Polygéosynclinal (le long d'une bordure continentale)
Polygonal fissure soil, polygonal ground	Sol polygonal (périglaciaire)
Polygonal soil	Sol polygonal
Polygonal structured soil	Sol polygonal
Polyhalite	1) adj: polyhalin; 2) n: polyhalite (Minéral.)
Polyhedral structure	Structure polyédrique (Pédol.)
Polyhedrous fabric	Structure polyédrique
Polymer	Polymère
Polymeric	Polymérique
Polymerization	Polymérisation
Polymerize (to)	Polymériser
Polymetamorphism	Polymétamorphisme
Polymict	Hétérogène
—breccia	Brèche hétérogène, polygénique
Polymictic	Polygénique
—conglomerate	Conglomérat polygénique
—lake	Lac à brassage continuel des eaux
—rocks	Roches polygéniques (arkoses, etc . . .)
Polymodal sediment	Sédiment à courbe granulométrique plurimodale
Polymorh, polymorphic, polymorphous	Polymorphe
—transitions	Transitions (atomiques), polymorphes (deux formes d'un minéral)
Polymorphism	Polymorphisme (existence de plusieurs formes cristallines pour une espèce minérale)
Polyp	Polype (Paléontol.)
Polyparium	Colonie de polypiers
Polyphase	Polyphasé

—deformation	Orogénèse polyphasée
Polyphyletic	Polyphylétique
Polysynthetic	Polysynthétique
—twinning	Mâcle polysynthétique, mâcles multiples (Cristallogr.)
Polytypic species	Espèce formée d'un groupe de sous-espèces
Polyzoan (see Bryozoan)	Bryozoaires
Pond	Mare, étang
Ponding	Formation de lac par barrage naturel (soulèvement tectonique, glacier, glissement de terrain, etc . . .)
Pondlet	Petit marécage, petit étang
Pontian	Pontien (Étage; Miocène)
Pontic (cf. Euxinic)	Euxinique
Pool	Gisement (de fluide liquide)
Pool and riffles	Topographie de lit fluviatile en bancs et en bassins
Poor	Pauvre
—coal	Charbon pauvre
Poorly drained soil	Sol mal draîné
Population	Population (Statistique)
Porcelain	Porcelaine
—clay	Kaolinite, kaolin
Porcelaneous, porcellainous	Porcellainé
Porcellanite	Porcellanite (Pétrol.)
Pore	1) pore, interstice, vide; 2) pore (Paléontol.), foramen
—pressure	Pression interstitielle
—size	Diamètre des pores
—space	Volume des pores, porosité
Poriferan (cf. sponge)	Spongiaires
Poriferous	Poreux
Porosimeter	Porosimètre
Porosity	Porosité
—log	Diagramme de porosité
Absolute aeration	Porosité absolue
Fracture porosity	Porosité de fracture (U.S.A.)
Effective porosity	Porosité effective
Intergranular porosity	Porosité intergranulaire
Primary porosity	Porosité primaire
Secondary porosity	Porosité secondaire
Porous	Poreux, perméable
—soil	Sol poreux
Porphyraceous	Porphyroïde (= structure de roche ignée)
Porphyre	Porphyre

Porphyrite	Porphyrite, roche ignée à phénocristaux
Porphyritic	Porphyrique, porphyroïde
Porphyroblast	Porphyroblaste
Porphyroblastic	Porphyroblastique
—texture	Structure porphyroblastique
Porphyroid	Porphyroïde
Porphyry	Porphyre (roche éruptive à phénocristaux)
—copper	Minerai de cuivre porphyrique
Portal	1) détroit; 2) entrée d'une mine
Porterfield (North Am.)	Groupe ou étage de. . . (Ordovicien)
Portland cement	Ciment portland
Portlandian	Portlandien (Étage; Jurassique sup. ou Malm)
Position	Position, localisation
Positive	1) adj: positif; 2) n: voûte d'un craton
—area	Craton, zone terrestre longtemps émergée
—crystal	Cristal à allongement positif
—element	Craton, région ayant tendance au soulèvement
—elongation	Allongement positif (Cristallo.)
—gravity anomaly	Anomalie gravimétrique positive
—movement	Soulèvement
—movement of sea level	Soulèvement du niveau marin
—ore	Réserves prouvées de minerai
—segment	Craton
—shoreline	Rivage de submersion (par transgression marine, ou enfoncement littoral)
Possible ore	Gisement éventuel de minerai, minerai probable
Possible reserves	Réserves minérales probables
Post	Poteau, pilier (Mine)
Substructure post	Poteau de soutènement (Mine)
Post-drill	Perforatrice à colonne
Postglacial	Postglaciaire
Post-kinematic mineral	Minéral formé par métamorphisme après déformation
Post magmatic	Tardimagmatique, hydrothermal

Post orogenic	Post tectonique
Post tectonic	Post tectonique
Posthumous fold	Pli posthume
Posthumous structure	Structure affectant des roches jeunes, apparaissant sur une structure ancienne
Pot	1) chaudière, creuset; 2) cryoturbation, allem. broadelboden
—clay	Argile réfractaire
Melting pot	Pot de fusion
Potamic	Fluvial, fluviatile
Potamology	Potamologie (Étude des rivières; étym. grecque)
Potash	Potasse
—feldspar	Feldspath potassique
—fixation	Adsorption de potasse par les argiles
—mica	Mica potassique (muscovite)
Potassic	Potassique
Potassium	Potassium
—bentonite	Metabentonite
Potato stone	Géode
Potential	1) adj: potentiel, susceptible de; 2) n: potentiel électrique, potentiel énergétique
—barrier	Barrière de potentiel
—difference	Différence de potentiel
—drop	Chute de potentiel
—electrode	Électrode de potentiel
—energy	Énergie potentielle
—gradient	Gradient de potentiel
—ratio method	Méthode des rapports de chute de potentiel
—sonde	Sonde de potentiel
—test	Essai d'écoulement (d'un puits de pétrole)
Magnetic potential	Force magnétomotrice
Membrane potential	Potentiel de membrane
Open flow potential	Débit maximum d'un puits
Oxido-reduction potential	Potentiel d'oxydo-réduction
Potentiometer	Potentiomètre
Potentiometric map	Carte de résistivité, ou d'équipotentiel
Pothole	1) marmite de géant (petit kettle); 2) trou rempli de sels ou de saumure (Vallée de la Mort); 3) doline, dépression karstique; 4) fondis, éboulement du toit d'une mine; 5) glaisière abandonnée
Potsdamian (North Am.)	Potsdamien (ancien étage; Cambrien sup.)
Potter	Potier
Potter's clay	Argile plastique
Potter's ore	Galène
Pottery clay	Argile plastique
Pounce	Ponce
Pounce (to)	Poncer, polir, frotter
Pound	Livre
—avoirdupois	= 0,45359 kg
—troy	= 0,37324 kg
Pounding	Broyage, concassage
Pour	Averse, grosse pluie
Pour (to)	Verser, déverser
Powder	Poudre
—diffraction method	Méthode des poudres Debye-Scherrer (diffractométrie rayons X)
—ore	Minerai disséminé pulvérulent
—snow	Neige poudreuse
Powdered	A l'état de poudre, en poudre
Powdery	Pulvérulent, poudreux
Power	1) énergie, puissance; 2) pouvoir grossissant
—drill	Perforateur mécanique
—plant	Centrale nucléaire
Dispersive power	Pouvoir dispersif
Low power	Faible pouvoir grossissant
Magnifying power	Pouvoir grossissant
Nuclear power	Puissance nucléaire
Resolving power	Pouvoir de résolution
Pozzuolana, pozzolan, pozzolana, pozzuolane (Italy)	Pouzzolane, tuf
Prairie grey soil	Sol gris de prairie
Prairie soil	Sol brun-gris
Prairie-steppe brown soil	Sol brun steppique
Prase	Prase (variété de quartz vert)
Prasinite	Prasinite (variété de schistes verts)
Pratt isostasy	Théorie isostatique de Pratt
Preboreal (Eur.)	Préboréal (intervalle; entre Dryas récent et Boréal)
Precambrian	Précambrien (ensemble des temps antépaléozoïques)
Precession	Précession
—camera	Chambre photographique de diffraction aux rayons X

Precious	Précieux	
—garnet	Grenat pyrope	
—metal	Métal précieux	
—stone	Pierre précieuse	
Precipitate	Précipité	
Precipitates	Calcaires d'origine chimique, calcaires de précipitation	
Precipitate (to)	Précipiter	
Precipitation	Précipitation	
—variability	Variation de la moyenne pluviométrique annuelle	
Precipitous	Escarpé, abrupt, à pic	
Preconsolidation pressure	Pression des sédiments sus-jacents (tassement diagénétique)	
Predator	Prédateur (Paléontol.)	
Predazzite	Prédazzite (marbre magnésien)	
Preferred orientation	Orientation préférentielle (de minéraux)	
Pregeologic	Antérieur à l'histoire géologique de la Terre (imprécis)	
Preglacial	Préglaciaire, antéglaciaire (spécifiquement antépléistocène)	
Prehensile	Préhensile	
Prehistoric	Préhistorique (avant les données historiques)	
—tool assemblage	Industrie préhistorique	
Prehnite	Prehnite (Minéral)	
Pre-Imbrian	Pré-Imbrien (Plus vieille division des temps lunaires)	
Prekinematic mineral	Minéral formé avant déformation tectonique	
Preliminary survey	Etude préliminaire	
Preorogenic	1) antérieur à l'orogenèse; 2) datant du début d'une phase orogénique	
Press	1) pression; 2) presse	
Hydraulic press	Presse hydraulique	
Press (to)	Comprimer, serrer	
Pressure	Pression	
—arches	Ogives glaciaires	
—decline	Baisse de pression	
—drilling	Forage sous pression	
—gauge	Manomètre	
—gradient	Gradient de pression	
—head	Pression hydrostatique	
—loss	Perte de pression	
—metamorphism	Métamorphisme de pression	
—release	Diminution de pression, décompression tectonique	
—release jointing	Fissuration par décompression	
—shadow	Ombre de pression tectonique	
—texture	Structure cataclastique	
—wave	Onde P, onde de compression	
—well	Puits d'injection	
Geostatic pressure	Pression géostatique	
Hydrostatic pressure	Pression hydrostatique	
Input pressure	Pression d'injection	
Pressured	Comprimé	
Overpressured	Surcomprimé	
Prestressed	Précontraint	
—concrete	Béton précontraint	
Pretectonic pluton	Intrusion antéorogénique	
Pretectonic recrystallization	Recristallisation antéorogénique	
Prevailing wind	Vent prédominant	
Priabonian	Priabonien (Étage; Éocène sup.)	
Prian (obsolete)	Argile blanche	
Primary	1) primaire, originel; 2) paléozoïque, primaire (Stratigr.)	
—basalt	Magma basaltique originel	
—dip	Pendage originel	
—dolomite	Dolomie primaire (formée par précipiation en milieu marin)	
—flowage	Déformation magmatique des roches éruptives à l'état plastique	
—magma	Magma primitif	
—mineral	Minéral primaire	
—openings	Pores, cavités primaires	
—recovery	Récupération primaire (Pétrole)	
—soil	Sol autochtone	
—stratification	Stratification primaire	
—wave	Onde P (Sismologie)	
Primate	Primate	
Prime meridian	Méridien d'origine (Greenwich)	
Prime white oil	Variété de kérosène	
Primitive	Primitif, primaire	
—soil	Sol embryonnaire, lithosol	
—water	Eau juvénile	
Principal	Principal	
—axis	Axe de symétrie principale (système hexagonal); axe optique (cristaux uniaxes)	
—stresses	Composantes de la tension suivant trois axes perpendiculaires	

—shock	Secousse principale d'un séisme
Print	Empreinte, marque
Prism	Prisme, solide cristallin à faces parallèles à l'axe vertical
Prism-like fabric	Microstructure prismatique (Pédol.)
Prism-like structure	Structure prismatique (Pédol.)
Prismatic	Prismatique
—arsenious acid	Claudétite
—iron pyrite	Marcasite
—jointing	Fissuration prismatique (des basaltes)
—manganese ore	Pyrolusite
—structure	Structure prismatique (Pédol.)
Probability	Probabilité
Probable ore	Gisement minéral probable
Probe	Sonde
Proboscidea	Proboscidiens
Proceeding	Compte-rendu, rapport
Process	1) processus, procédé, méthode; 2) traitement
Process (to)	Traiter, faire subir une opération
Processing	Traitement (d'une matière, d'un minerai ou d'une donnée mathématique)
Prodelta clays	Argiles, limons, vases déposées en avant d'un delta
Prod mark	Marque de frottement
Produce (to)	Créer, produire, extraire
Producer	1) puits de pétrole productif; 2) gazogène; 3) générateur
Producing	Productif
—expenses	Frais d'exploitation
—horizon	Couche productrice de pétrole, roche réservoir
Product	Produit
Production	Production
—figures	Chiffres de production
—rate	Taux de production
—sand	Sable pétrolifère
—well	Puits productif
Productive pool	Gisement productif
Productive well	Puits productif
Productivity	Productivité
—index (P.I.)	Indice de productivité
—test	Essai de productivité
Profile	Profil, coupe
—section	Coupe transversale géologique
—paper	Papier quadrillé
—recorder	Enregistreur de profils
Bore profile	Profil d'un sondage
Cross profile	Profil transversal, coupe
Longitudinal profile	Profil longitudinal
Soil profile	Profil pédologique
Proglacial	Proglaciaire
—lake	Lac proglaciaire
Progradation	Avancée, progression du rivage vers la mer
Prograde (to)	S'avancer, progresser (vers la mer)
Prograding shore-line	Rivage en progression vers la mer
Progressive	Progressif
—development	Anagenèse
—evolution	Évolution progressive
—overlap	Transgression
Projection	Projection (Cartogr.)
Promontory	Promontoire, cap
Proof stress	Limite élastique
Prop	Étai, support, poteau
—drawing	Déboisage (Mine)
—stay	Étai (Mine)
Prop (to)	Boiser, étayer (mine)
Propagation	Propagation
—of waves	Propagation des ondes
Propane	Propane
Property	Propriété
Proportion	Proportion, taux, dosage
Propylite	Propylite (= variété d'andésite altérée)
Propylitic alteration	Propylitisation
Propylitization	Propylitisation (altération hydrothermale de roches éruptives à grain fin)
Prospect	1) prospection; 2) région en cours de prospection
—hole	Puits d'exploration
—well	Puits d'exploration
Prospect (to)	Prospecter
Prospecting	Prospection
—hammer	Marteau de géologue-prospecteur
—licence	Permis de prospection, permis de recherche
Prospection	Prospection, exploration
Prospective	Prometteur, susceptible de contenir des réserves
Prospector	Prospecteur
Proterophytic (or Archeophytic), Pteridophytic (or Paleophytic)	Temps des Algues (Division de Paléobotanique)
Proterozoic	Protérozoïque (division

	du Précambrien)
Protist, protista, pro-tistans	Protistes
Protoclase	Protoclase
Protoclastic	Protoclastique
Protogenic, protogenous	Protogénique
Protogine	Protogine (Pétrogr.)
Protomylonite	Protomylonite (mylonite de contact méta-morphique)
Protopetroleum	Protopétrole
Protore	Gisement minéral à trop faible teneur pour être exploité (sauf s'il y a enrichissement secon-daire)
Protozoa, protozoan	Protozoaire (unicellulaire)
Protract (to)	Faire le relevé, établir un plan, une carte
Protractor	Rapporteur (pour mesure d'angles)
Protrude (to)	Sortir, faire sortir, faire saillie, déborder
Protrusion	Protrusion, saillie, pro-tubérance
Proustite	Proustite (Minéral.)
Proved, proven	Prouvé
—oil land	Terrain pétrolifère re-connu
—ore	Gisement minéral prouvé
—reserves	Réserves prouvées
Province	Province (Pétrol.)
Provincial stage	Unité stratigraphique lo-cale
Proximate analysis	Analyse quantitative ap-proximative
Psammite	Psammite, grès micacé
Psammitic texture	Texture psammitique
Psammoblastic	Psammoblastique
Psephitic	Pséphitique
—rock	Rudite métamorphisée
Psepho (prefix)	Faux
Psephyte, psephite	Pséphite (Pétrogr.)
Pseudoanticline	Pseudoanticlinal
Pseudo-bedding	Pseudo-stratification
Pseudobreccia	Pseudobrèche, fausse-brèche
Pseudo-clivage	Pseudo-clivage
Pseudocrossbedding	Structure ressemblant à la stratification en-trecroisée
Pseudocrystalline	Pseudocristallin
Pseudofossil	Pseudofossile
Pseudo galena	Sphalérite, blende (Mi-néral)
Pseudogley	Pseudogley
Pseudogleyed	A pseudogley, pseudogleyifié

Pseudokarst	Pseudo-karst
Pseudo lamination	Pseudoschistosité
Pseudomanganite	Pyrolusite (Minéral)
Pseudomorph	Pseudomorphe
Pseudomorphism	Pseudomorphisme
Pseudonodule	Structure concrétionnée
Pseudopodium, pseudopodia (pl.)	Pseudopode
Pseudosolution	Pseudosolution, fausse solution
Pseudostratification	Structure litée de roche ignée
Pseudotachylite	Pseudotachylite (variété de mylonite)
Pseudovolcano	Cratère d'origine dou-teuse (astroblème, cratère d'explosion phréatique?)
Psi	Abrév. de livre par pouce carré
Psilomélane	Psilomélane (Minéral.)
Psilopsida	Psilopsidés (Botanique)
Psycrometer	Psychromètre
Psylophyte	Psylophytale
Pteridophyta	Ptéridophytes (Botanique)
Pteridospermae	Ptéridospermées (Paléo-botanique)
Pterocerian	Ptérocérien (faciès du Kimméridgien in-férieur)
Pterodactyl	Ptérodactyle (Paléontol.)
Pteropod	Ptéropode (Zoologie)
—ooze	Vase calcaire abyssale à Ptéropodes
Pterosaur, pterosauria	Ptérosauriens (Paléon-tol.)
Ptygmatic fold	Pli ptygmatique
Puckering	Plissotement
Pudding ball	Concrétion argileuse dur-cie
Pudding stone	Poudingue
Puddle	Flaque d'eau, petite mare (sur glace ou glacier)
Puddle (to)	Glaiser (le coeur d'une digue)
Puddled	Compacifié, damé (sol)
Puff	1) grisou; 2) explosif, explosion (U.S.A.)
Puffed soil	Sol à microrelief acci-denté
Puffing hole	Trou souffleur, soufflard
Pug	Argile, glaise
—mill	Broyeur, malaxeur
Pug (to)	1) malaxer, pétrir; 2) glaiser
Puke (to)	Jaillir, vomir
Pulaskite	Pulaskite (= syénite à

	néphéline hololeuco- crate)
Pull	Traction, poussée, effort
Pull (to)	1) traîner, tirer, extraire; 2) détuber ou remon- ter des tiges (forage)
Pull rod	Tige d'entraînement
Pulling	Remontée, extraction, enlèvement
—casing	Décuvelage
—test	Essai de traction (forage)
Pulsate (to)	Entrer en vibrations, avoir des pulsations
Pulsation	Pulsation, vibration
Pulse	Vibration, signal, impul- sion
Seismic pulse	Onde sismique
Pulverize (to)	Pulvériser
Pulverulite, pulverite	Calcaire pulvérulent, roche sédimentaire formée d'aggrégats construits (silteuse ou argileuse)
Pumice	Pierre ponce
—fall	Chute de fragments de pierre ponce
—flow	Avalanche de ponce en suspension
—tuff	Tuff pyroclastique con- solidé formé de frag- ments de pierre ponce
Pumiceous	Ponceux
Pumicite, pumilith	Pumicite, cendres vol- caniques lithifiées
Pump	Pompe
—out	Assèchement, épuise- ment
—station	Station de pompage
Drainage pump	Station d'exhaure
Slush pump	Pompe à boue
Pump (to)	Pomper
To pump a well dry	Assécher un puits
Pumpellyite	Pumpellyite (Minér.)
Pumping	Pompage, assèchement, exhaure
Punch (to)	Perforer (une fiche pour ordinateur)
Puncher	Haveuse à pic
Puppet	Poupée calcaire (dans un sol loessique)
Purbeckian	Purbeckien (faciès; Jurassique sup.)
Pure	Pur
—quartz sandstone	Grès pur (très riche en quartz)
Purifier	Purificateur
Purify (to)	Purifier, épurer
Purple copper ore	Bornite (Minéral.)

Push	Poussée, impulsion
Push moraine	Moraine d'avancée glaciaire, de poussée
Push wave	Onde P
Ice push	Poussée de gel
Pustule	Pustule (Biologie)
Pustulose	Pustuleux
Put (to)	Mettre, placer
To put a well on	Mettre un puits en pro- duction (forage)
To put down a shaft	Creuser un puits (mine)
Putrefy (to)	Putréfier
Putrid	Putride
Puzzolan (see: pozzolan)	Pouzolane
Pycnometer	Pycnomètre
Pygidium	Pygidium (Paléontol.)
Pyralspite	Pyralspite (variété de grenat)
Pyramid	Pyramide, prisme pyra- midal (Cristallogr.)
Pyramidal garnet	Idocrase (Minéral.)
Pyramidal manganese ore	Hausmannite (Minéral.)
Pyramidal peak	Pic abrupt, massif es- carpé
Pyramidal zeolite	Apophyllite (Minéral)
Pyrargyrite	Pyrargyrite (Minéral.)
Pyrene	Pyrène (Botanique)
Pyrenean orogeny	Orogénèse pyrénéenne (Éocène terminal)
Pyribole	Pyribole (ensemble pyroxène + amphibole indifférencié)
Pyritaceous	Pyriteux
Pyrite	Pyrite (Minéral.)
—cockscomb	Marcassite (Minéral.)
—copper	Chalcopyrite (Minéral.)
Magnetic pyrite	Pyrrhotite (Minéral.)
Spear pyrite	Marcassite
Tin pyrite	Stannite (Minéral.)
White iron	Marcassite (Minéral.)
Pyritic	Pyriteux
—smelting	Fusion pyriteuse
Pyritiferous	Pyriteux
Pyritization	Pyritisation
Pyritize (to)	Pyritiser
Pyrithohedron	Pyritoèdre, dodécaèdre pentagonal
Pyritous copper	Chalcopyrite (Minéral.)
Pyrobitumen	Pyrobitume
Pyritobituminous	Pyrobitumineux
Pyrochlore	Pyrochlore (Minéral)
Pyroclast	Fragment pyroclastique
Pyroclastic	Pyroclastique
—breccia	Brèche volcanique
—flow	Ignimbrite
—rock	Roche pyroclastique
—tuff	Tuf volcanique

Pyrocrystalline — Pyrocristallin (cristallisé à partir d'un magma fondu)
Pyrogenese — Pyrogénèse
Pyrogenic, pyrogenetic — Pyrogénétique, pyrogène
—mineral — Minéral pyrogénétique (formé à haute température)
Pyrogenous — Pyrogène, igné
Pyrognostic — Pyrognostique
Pyrolusite — Pyrolusite (Minéral)
Pyrolysis — Pyrolyse
Pyromagnetic — Pyromagnétique
Pyrometamorphism — Pyrométamorphisme
Pyrometasomatic — Pyrométasomatique

Pyromorphite — Pyromorphite (Minéral.)
Pyronaphta — Pyronaphte
Pyrope — Pyrope (= variété de grenat)
Pyrophyllite — Pyrophyllite (Minéral.)
Pyroschist — Schiste bitumineux
Pyroshale — Schiste bitumineux
Pyrosphere — Pyrosphère
Pyroxene — Pyroxène
—hornfels facies — Faciès de cornéennes à pyroxène
Pyroxenite — Pyroxénite (Pétrogr.)
Pyrrhotite — Pyrrhotine, pyrrhotite (Minéral)

Q

Quadrate	Carré
Quadrifid	Divisé en quatre parties
Quadrille paper	Papier millimétré
Quadruped	Quadrupède
Quaggy	Marécageux
Quagmire	Fondrière, marécage
Quake	Tremblement
Earthquake	Tremblement de terre
Quake (to)	Trembler
Qualitative	Qualitatif
Quantitative	Quantitatif
—analysis	Analyse quantitative
Quantity	Quantité
Quaquaversal (old term)	Dirigé dans tous les sens
—dip	Pendage rayonnant dans tous les sens
—fold	Dôme
—structure	Structure périclinale, dôme, coupole
Quarfeloid on feldspaths	Roche contenant quartz, feldspaths, et feldspathoïdes
Quarrier	Ouvrier carrier
Quarry	Carrière
—face	Front de carrière
—spall	Débris de carrière
—stone	Moëllon, pierre de taille
—wastage	Déblais de carrière
—water	Eau de carrière
Open quarry	Carrière à ciel ouvert
Quarry (to)	Extraire la pierre, exploiter une carrière, creuser
Quarryman	Carrier
Quartation	Quartation (séparation de l'or et de l'argent dans un minerai)
Quarter	1) quart; 2) unité de mesure U.S.A. = 11,34 kg; système livre-avoir-du-poids = 12,7 kg
Quartering	Méthode d'échantillonage du minerai
—down	Division, fragmentation
Quarter-wave plate	Lame mica quart d'onde
Quartile	Quartile
Quartz	Quartz
—anorthosite	Anorthosite avec un peu de quartz
—arenite	Quartzite sédimentaire
—basalt	Basalte à quartz
—claim	Concession minière dans roches éruptives à filons
—conglomerate	Poudingue siliceux
—diabase	Diabase quartzique
—diorite	Diorite quartzique
—drift	Dépôt détritique quartzeux
—felsite	Rhyolite ou porphyre quartzeux
—gabbro	Gabbro avec un peu de quartz
—mine	Mine d'or filonien
—monzonite	Monzonite quartzifère
—porphyry	Porphyre quartzifère, microgranite
—reef	Filon de quartz
—trachyte	Rhyolite
—rock	Quartzite
—vein	Filon de quartz, souvent aurifère
—wedge	Coin lame de quartz
Free-milling quartz	Quartz à or libre
Milky quartz	Quartz laiteux
Rutilated quartz	Quartz à aiguille de rutile
Smoky quartz	Quartz enfumé
Quartziferous	Quartzifère
Quartzite	1) quartzite (métamorphisme des grès, etc . . .); 2) grès quartzitique (cimenté par silice secondaire) ou quartzite
Quartzitic sandstone	Grès quartzite
Quartzoid	Cristal de quartz bipyramidé (cristal à 6 faces)
Quartzose	Quartzeux
—sand	Sable quartzeux
—grès	Grès quartzeux
Quartzous (rare)	Quartzeux
Quartzy (rare)	Quartzeux
Quaternary	Quaternaire (Période; Cénozoïque)
—period	Quaternaire
Quench (to)	Tremper, plonger le métal dans l'eau
Quenching	1) trempe (Pétrol.); 2) extinction (d'un feu)
Quest (to)	Prospecter
Quick	Rapide

—ground   Sol mouvant
—hardening cement   Ciment à prise rapide
—lime   Chaux vive
—sand   Sable boulant, mouvant

—silver   Mercure
—vein   Filon productif
Quiescence   Repos (sismisque)

R

Rabban (rare) — Chapeau ferrugineux
Race — 1) raz, ras (de courant); 2) course (du soleil); 3) race

Rachis — Rachis, axe (Paléontol.)
Rack — Râtelier
Pipe rack — Parc à tiges (forage)
Rack (to) — Ranger les tiges dans le derrick
Raddle — Hématite (terreuse) (terme peu fréquent)
Radial — Radial
—drainage — Réseau hydrographique radial
—dyke — Dyke irradiant à partir de l'orifice d'un volcan punctiforme à cratère
—fault — 1) faille radiale; 2) faille à mouvement vertical prédominant
—symmetry — Symétrie radiale
Radian — Radian
Radiate (to) — Irradier, rayonner
Radiated — Radié, à structure rayonnante
Radiated pyrite — Marcassite (Minéral)
Radiation — Irradiation, radiation, rayonnement
—balance — Équilibre avec rayonnement transmis et réfléchi
—logging — Diagraphie par radiation
—meter — Détecteur de radiations
—rate — Intensité de rayonnement
Radical — Radical (atomique)
Radicular — Radiculaire
Radii — Côtes (des coquilles de Lamellibranches)
Radioactive — Radioactif
—age determination — Datation radiométrique
—dating — Datation radiométrique
—decay — Désintégration radioactive
—element — Élément radioactif
—pollutant — Polluant radioactif
—series — Séries d'éléments radioactifs
Radioactivity — Radioactivité
Radioactivity log — Diagraphie par radioactivité (naturelle)
Radiocarbon dating — Datation au carbone radioactif
Radioelement — Élément radioactif
Radiogenic — Radiogénique, formé par décomposition radioactive
—isotope — Isotope formé par décomposition radioactive
—lead — Plomb provenant de la décomposition radioactive
Radiography — Radiographie
Radio halo — Halo pléochroïque
Radioisotope — Radioisotope
Radiolaria — Radiolaires
Radiolarian — Radiolaire
—chert — Radiolarite
—ooze — Boue océanique à Radiolaires
Radiolarite — Radiolarite (roche à Radiolaires)
Radiole — Radiole (Paléontol.)
Radiolitic structure — Structure radiée
Radiology — Radiologie
Radiometallography — Radiométallographie
Radiometer — Radiomètre
Scanning radiometer — Radiomètre à balayage
Radiometric datation — Datation radiométrique
Radiophotography — Radiophotographie
Radiosonde — Radiosonde
Radium — Radium
Radius — Rayon
—ratio — Rapport de deux rayons ioniques
Radstockian (Eur.) — Radstockien (Étage; Carbonifère moy.)
Radula — Radula (Paléontol.)
Rafted ice block — Gros bloc de pierre transporté par radeaux de glace
Rafting — 1) transport de matériaux par la glace, les plantes ou autre matériel flottant; 2) chevauchement de plaques de glace
Rag (G.B.) — Roche dure (siliceuse)
Ragstone — 1) roche à grain grossier; 2) parfois, calcaire oolithique fossilifère (G.B.); 3) pierre débitée en minces dalles
Ragged — Déchiqueté
Rain — Pluie
—bow — Arc en ciel

—bow chalcedony	Calcédoine zonée irisée	—orientation	Orientation au hasard
—chart	Carte pluviométrique	—stone	Blocs de toutes dimen-
—drop	Goutte de pluie		sions
—drop imprint	Empreinte de gouttes de	Range	1) série, rangée, file; 2)
	pluie		gamme, étendue; 3)
—fall	Chute de pluie		distance, portée; 4)
—gauge	Pluviomètre		intervalle
—glass	Baromètre	Range resolution	Précision dans l'appré-
—pits	Empreintes d'impact de		ciation des distances
	gouttes de pluie		(écho-sondage)
—print	Empreinte d'une goutte	Range zone	Unité biostratigraphique
	de pluie		définie par la réparti-
—shadow	Zone abritée des pluies		tion d'un taxon
—shower	Averse	Mountain range	Chaîne de montagnes
—splash	Impact des gouttes de	Stratigraphic range	Répartition stratigraphi-
	pluie		que
—wash	Ruissellement	Tidal range	Amplitude de la marée
Raise (to)	Élever, dresser, soulever		(entre haute et basse
Raised	Soulevé, élevé		mer)
—beach	Plage soulevée	Range (to)	S'étendre de . . . à,
—bog	Sol de tourbière		varier entre
—reef	Récif situé au-dessus du	Rank	Classe (d'un charbon),
	niveau de la mer		pourcentage de car-
—shoreline	Ligne de rivage sou-		bone d'un charbon à
	levée, côte soulevée		l'état sec
Raising	1) remontée des ouvriers	Rank variety	Gamme de catégories de
	(Mine); 2) extraction,		charbon
	remontage	Rapakivi	Granite, ou monzonite
Rake	Inclinaison d'une couche		quartzique contenant
Ram (to)	Battre, damer, tasser (le		des phénocristaux
	sol)		d'orthose revêtus de
Ram in (to)	Enfoncer (un pieu)		plagioclase
Ramification	Ramification	Rapid	Rapide
Ramifying	Ramification	Rare	Rare
Rammer	Damoir, pilon, mouton	—earths	Terres rares
Ramose	Branchu	Rashing	Schiste houiller (tendre,
Ramp	1) rampe, pente, talus;		contenant de la
	2) plateau continental;		matière carbonée)
	3) compartiment sou-	Rasp (to)	Racler, frotter
	levé; 4) faille normale	Rat hole	Trou pour tige carrée
	en surface, mais à		(Forage)
	pendage inverse en	Ratio	Rapport, teneur, taux
	profondeur	Rate	Vitesse, taux, rapport
Ramp valley	Vallée limitée par 2	—of production	Taux de production
	failles de chevauche-	Drillage rate	Avancement (Forage)
	ment	Flow rate	Débit
Rampart	Rempart, levée (de terre,	Rate (to)	Estimer, évaluer, régler,
	de galets)		classer
Rancholabrean (USA.	Rancholabrien (Étage;	Rattle stone	Concrétion stratifiée
Cal.)	Pléistocène sup.)		creuse
Rand	1) suite de collines; 2)	Rauracian	Rauracien (Sous-étage;
	le Rand, district mi-		Oxfordien)
	nier aurifère d'Afrique	Ravenian (USA. Wash.	Ravénien (Étage floral;
	du Sud	St.)	Éocène sup.)
Randanite	Variété sombre de di-	Ravine	Ravin
	atomite	Ravine (to)	Raviner
Random	Hasard	Raw	Brut
—noise	Bruit de fond	—humus	Matte

—materials, stocks · Matières premières
—soil · Sol jeune (profil AC)
Ray · 1) rayon (lumineux, etc.); 2) bras (d'un Crinoïde)
—path · Trajectoire d'un rayon lumineux
Rayleigh waves · Ondes de Rayleigh (var. d'ondes superficielles)
Razorback · Crête aiguë (à sommet tranchant)
Reach · 1) portée, atteinte; 2) bief (d'un canal); 3) partie rectiligne d'un fleuve
React (to) · Réagir
Reactant · Réactif
Reaction · Réaction
—boundary, curve, line · Ligne cotectique
—point · Point de réaction péritectique
—rim · Auréole kélyphitique, bordure réactionnelle
—velocity · Vitesse de réaction
Balanced reaction · Réaction équilibrée
Reversible reaction · Réaction réversible
Side reaction · Réaction parasite
Recapitulation · Récapitulation
Reactivation · Réactivation
Reading · Lecture (d'une carte)
Readout · Lecture d'instrument
Reagent · Réactif
Realgar · Réalgar (Minéral.)
Reamer · Trépan aléseur (Forage)
Reaming · Reforage, alésage
Rebore (to) · Réaléser
Recase (to) · Recuveler
Recede (to) · Reculer
Recent · Récent; syn. de Holocène
Receptor · Géophone
Recess · Rentrant (d'un pli, etc . . .)
Recess (to) · Encastrer, enfoncer
Recession · Régression (marine)
Ice recession · Recul glaciaire, retrait glaciaire
Recessional moraine · Moraine de retrait
Recessive character · Caractère récessif
Recharge · Apport, alimentation d'eau (à la nappe phréatique)
Reclamation (of coal) · Récupération
Reconnaissance · Exploration, reconnaissance
Reconnaissance map · Carte de reconnaissance
Reconnaissance survey · Étude de reconnaissance
Record · Archives, documents, enregistrement, film (Géophysique)
Record (to) · Enregistrer, relever
Recorder · Appareil enregistreur, enregistreur
Recording · Enregistrement
—cylinder · Cylindre enregistreur
—truck · Camion laboratoire
Recover (to) · Récupérer (du pétrole)
Recoverable · Récupérable
Recovery · Récupération
—factor · Facteur de récupération (du pétrole)
—ratio · Taux de récupération (de charbon, de minerai)
Recrystallization · Recristallisation
Recrystallize (to) · Recristalliser
Rectangular drainage · Réseau hydrographique orthogonal
Rectification · Redressement (de photographies aériennes obliques)
Rectify (to) · 1) redresser (un courant électrique); 2) redresser (une photographie); 3) éliminer les parasites (d'un sismogramme, etc. .)
Rectilinear · Rectiligne
Recumbency · Renversement, position couchée
Recumbent · Couché, renversé
—anticline · Anticlinal renversé
—fold · Pli couché
Recurrent fauna · Faune récurrente (réapparaissant)
Recurrent faulting · Rejeu de la faille
Recurved spit · Flèche littorale recourbée
Red · Rouge
—antimony · Kermésite (Minéral.)
—arsenic · Réalgar (Minéral.)
—beds · Formations rouges (Permo-Trias)
—chalk · Hématite (Minéral.)
—clay · Argile rouge des grands fonds
—cobalt · Érythrite (Minéral.)
—copper ore · Cuprite (Minéral.)
—earth · Terre rouge latéritique
—hematite · Hématite rouge
—iron ore · Hématite rouge
—iron vitriol · Botryogène
—lead · Minium de plomb
—manganese · Rhodonite, rhodochrosite (Minéral.)
—measures · Couches permo-triasiques

—mud	Boue rouge
—ochre	Hématite (Minéral.)
—oxide of iron	Hématite (Minéral.)
—oxide of zinc	Zincite (Minéral.)
—silver ore	Pyrargyrite, proustite (Minéral.)
—sulphuret of arsenic	Realgar
—tide	Eaux rouges (de micro-organismes)
—vitriol	Biéberite (Minéral.)
—vitriol	Zincite (Minéral.)
Reddish	Rougeâtre
Reddle	Ochre rouge, hématite
Redeposit (to)	Redéposer
Redistribution	Répartition
Redrill (to)	Reforer
Reduce (to)	Réduire
Reducible	Réductible
Reducing	Réduction
—agent	Agent réducteur
Reducibility	Réductibilité
Reduction	Réduction (enlèvement d'oxygène)
—index	Taux d'abrasion d'un matériel
—of rocks	Émiettement des roches
Free-air reduction	Correction à l'air libre
Isostatic reduction	Correction isostatique
Reduzates	Roches sédimentaires formées par réduction ou dans un milieu réducteur (charbon, pétrole)
Reef	1) récif, formation récifale; 2) filon, minéralisé
—atoll	Atoll récifal
—belt	Ceinture récifale
—breccia	Brèche récifale
—builder	Animal constructeur de récif
—complex	Complexe récifal
—drive	Galerie de prospection (Austr.)
—facies	Faciès récifal
—flat	Platier
—knoll	Pinacle corallien
—limestone	Calcaire construit
—wash	Exploitation de moraines aurifères
Apron reef	Biostrome
Back reef	Arrière récif
Bank reef	Banc corallien
Barrier reef	Récif barrière
Fore reef	Avant récif
Fringing reef	Récif frangeant
Inner reef	Récif interne
Platform reef	Banc corallien
Sand reef	Banc de sable (haut fond)
Shore reef	Récif littoral
Table reef	Banc corallien
Reefing	1) exploitation des filons aurifères; 2) formation de récifs
Reentrant	Rentrant, indentation, cavité
Reference	Référence
—axes	Axes principaux de l'ellipsoïde de déformation
—plane	Plan de référence
Refill (to)	Remplir
Refine (to)	1) raffiner (pétrole); 2) affiner (les métaux)
Refined	Raffiné
—copper	Cuivre fin
—steel	Acier fin
Refinery	Raffinerie
Refining	Raffinage
Refining plant	Raffinerie
Reflect (to)	Réfléchir (la lumière), renvoyer, refléter
Reflectance	Réflectance (taux de réflexion)
Reflected wave	Onde réfléchie
Reflecting	Réfléchissant
—horizon	Miroir
—surface	Surface réfléchissante
Reflection	Réflexion
—profile	Profil de sismique réflexion
—shooting	Sismique réflexion
—wave	Onde réfléchie
Seismic reflection method	Méthode de sismique réflexion
Reflector	Réflecteur
Reflux	1) reflux (distillation); 2) reflux (mer)
Tide reflux	Jusant
Refolded	Replissé
Refolding	Replissement
Refract (to)	Réfracter
Refracted wave	Onde réfractée
Refraction	1) réfraction (Optique); 2) sismique réfraction
Refraction shooting	Sismique réfraction
Broadside refraction	Réfraction en arc
Refractive index	Indice de réfraction
Refractivity	Réfringence
Refractometer	Réfractomètre
Refractories, refractory materials	Produits réfractaires
Refractoriness	Qualité réfractaire
Refractory	Réfractaire
—clay	Argile réfractaire

—ore	1) minerai difficile à traiter; 2) minerai réfractaire	
—sand	Sable réfractaire	
Refreeze (to)	Regeler	
Refrigerant	Réfrigérant	
Refringence	Réfringence	
Refringent	Réfringent	
Refugian (North Am.)	Refugien (Étage; Éocène–Oligocène)	
Refuse	1) rebuts, déchets (de carrière); 2) refus d'un tamis	
Refuse dump	Terril, halde	
Refusion	Fusion	
Reg	Reg, surface désertique à pavage de cailloux	
Regelation	Regel	
Regenerated crystal	Grand cristal recristallisé (dans une brèche)	
Regenerated rock	1) roche régénérée; 2) roche détritique	
Regime, regimen	1) régime (fluviatile); 2) régime (alimentation, écoulement, déclin) d'un glacier	
Region	Région	
Regional	Régional	
Regolite, regolith	Régolithe (roches ou sédiments altérés sur place)	
Regosol (USA)	Régosol (sans horizon défini)	
Register (to)	1) enregistrer; 2) impressionner une image sur une pellicule photographique	
Regression	Régression	
Depositional regression (marine)	Régression stratigraphique	
Regressive	Régressif	
Regressive overlap (better: offlap)	En régressivité	
Regular	Régulier	
Regular system	Système cubique (Cristallogr.)	
Regulus antimony	Antimoine métallique	
Regulus metal	Plomb antimoine	
Reheat (to)	Réchauffer	
Reinforced timbering	Boisage armé	
Reinjection	Réinjection (forage)	
Rejuvenate (to)	Rajeunir (par reprise d'érosion)	
Rejuvenated water	Eau remise en circulation	
Rejuvenation	Rajeunissement, rejeu (d'une faille)	
—head	Point de rupture du profil	

—of crystals	Recristallisation
Related rocks	Roches en rapport mutuel, en relation
Relative	Relatif
—age	Âge relatif, datation relative
—chronology	Chronologie relative
—dating	Datation relative
—humidity	Degré hygrométrique
—permeability	Perméabilité relative
Release	Dégagement, détente
—joints	Fissures de décompression
—of strain	Détente des contraintes
Release (to)	Libérer (de l'énergie)
Relevance (of data)	Validité, pertinence (d'une donnée)
Relevant	Significatif
Reliability	Fiabilité
Reliable	Fiable
Relic, relict	Résidu d'érosion, structure résiduelle
—permafrost	Pergélisol résiduel
—texture	Structure résiduelle (Pétrol.)
—sediments	Sédiments résiduels (formés dans un autre milieu que le milieu actuel)
—structure	Structure résiduelle
Reliction	Émersion des terres (régression), découvrement, retrait des eaux (non saisonnier)
Relief	1) relief (terrestre); 2) relief (des minéraux sous le microscope)
—map	Carte en relief
—well	Puits de secours, puits d'intervention
Optical relief	Relief d'un minéral observé en lame mince
Relative relief	Rapport du relief d'un bassin hydrographique à son périmètre
Reliquiae	Organismes fossiles, reliques paléontologiques
Remanence	Rémanence
Relizian (North Am.)	Relizien (Étage; Miocène; équiv. Burdigalien)
Remanent	Rémanent
—magnetization	Aimantation rémanente
Remelting	Nouvelle phase de fusion, refonte
Remnant	Résidu, reste
—magnetism	Magnétisme rémanent
Remote	Éloigné, lointain
—control	Télécommande aéro-

	portée
—sensing	Télédétection (par satellite)
—sensor	Télédétecteur
Remove (to)	Enlever, extraire
Rend rock	Variété de dynamite
Rending effect	Effet brisant
Rendzina	Rendzine (Pédol.)
Reniform	En forme de rein
Rent	1) fente, fissure, fracture; 2) loyer, rente
Reopened vein	Filon de remplissage secondaire
Repeated reflections	Réflexions multiples
Repeated twinning	Mâcle polysynthétique
Repettian (North Am.)	Répettien (Étage; Pliocène inf.)
Replacement	Remplacement, substitution
—deposit	Gîte de substitution
—vein	Filon de substitution
Replete	Rempli, plein
Report	Comte-rendu, rapport
Repose	Repos
Angle of repose	Angle d'éboulement
Representative fraction (R.F.)	Échelle d'une carte
Reprint (Offprint, U.K.)	Tiré à part
Reprocessing	Retraitement
Reptile, Reptilia	Reptiles
Reptilian	Reptilien
Rerun (to)	Redistiller
Resampling	Échantillonage répété
Research	Recherche
Resection	1) relèvement (Topographie); 2) recoupement
Resequent	Reséquent (Géomorph.)
—stream	Rivière reséquente, enfoncée dans le lit antérieur
Reserves	Réserves
Primary reserves	Réserves primaires
Proved reserves	Réserves prouvées
Secondary reserves	Réserves secondaires
Reservoir	Roche réservoir (de pétrole)
—engineering	Étude de réservoir
—pressure	Pression de réservoir
—rock	Roche réservoir
—water	Eau de formation
Multilayer reservoir	Réservoir multicouches
Residual	Résiduel
—clay	Argile résiduelle d'altération
—deposit	Gîte résiduel
—liquid	Magma résiduel
—magma	Magma résiduel
—magnetism	Magnétisme rémanent
—soil	Sol résiduel d'altération
Residuary	Résiduel, qui reste
Residue	Résidu, reste
Weathering residue	Éluvions
Residuum	Résidu
Resilience	Résilience (Mécanique des roches)
Resistates	Roches sédimentaires "résistantes à l'altération" (telles que roches détritiques arénacées)
Resin	Résine
True resin	Résine naturelle
Resinous	Résineux
—shale	Schiste bitumineux
Resistance	Résistance
Resistant	Résistant
Resistivity	Résistivité
—method	Méthode de résistivité des roches (Géophysique)
Actual resistivity	Résistivité vraie
Resolution	1) résolution, dissolution, décomposition; 2) pouvoir de résolution (Optique)
Resolve (to)	Résoudre
Resonance	Résonance
Electron paramagnetic resonance	Résonance paramagnétique électronique
Resorb (to)	Résorber
Resorption	Résorption, dissolution (d'un minéral dans un magma)
Resource	Ressource
—concepts	Notion de ressource minérale (épuisable, inépuisable, etc . . .)
Rest magma	Magma résiduel
Resplendent	Éblouissant
Result	Résultat
Resurgent	Résurgent (sens varié; cf contexte)
Resurgent spring, river (karst)	Résurgence (de rivière)
Retaining wall	Mur de retenue
Retardation	1) retard, ralentissement; 2) évolution régressive (Paléontol.)
Optical retardation	Retard de longueur d'onde
Reticular	Réticulé, maillé
Reticle	Réticule
Reticulate	Réticulé
—structure	Structure réticulaire (Pétrol.)

Reticulate (to)	Former un réseau	
Reticulated veins	Filons anastomosés en réseau	
Reticulite	Ponce basaltique	
Reticulation	Réticulation	
Retimber	Reboiser (mine)	
Retinite	Rétinite, pechstein (roche volcanique vitreuse riche en eau)	
Retouch	Retouche (sur outil préhistorique)	
Retreatal moraine	Moraine de retrait	
Retrievable	Récupérable	
Retrograde	Métamorphisme régressif	
Retrogressive metamorphism	Rétromorphose, diaphtorèse	
Retrogressive erosion	Érosion régressive	
Retrograding shoreline	Rivage en recul, d'abrasion (par suite de l'érosion)	
Retrosiphonate	Rétrosiphoné	
Reversal	Changement, inversion	
—of dip	Changement de pendage (local)	
Magnetic reversal	Inversion magnétique	
Reverse	Inverse	
—bearing	Visée arrière	
—dip	Pendage inverse	
—fault	Faille inverse	
—limb	Flanc inverse	
—stream	Fleuve obséquent	
Reverse (to)	Inverser	
Reversible	Réversible	
—process	Processus réversible	
Reversing thermometer	Thermomètre à renversement	
Revived stream	Fleuve réactivé, surimposé (par soulèvement)	
Revolution	Révolution (orogénique)	
Revolving nosepiece (with the objectives)	Monture tournante d'un microscope	
Rework (to)	Remanier (des sédiments)	
Rhabdosome	Rhabdosome (colonie de graptolithes)	
Rhaetian (syn. Rhaetic)	Rhétien (Étage: Trias sup. ou Lias inf.)	
Rheid	Substance déformée par écoulement visqueux	
Rheology	Rhéologie (étude des déformations de la matière)	
Rheomorphism	Rhéomorphisme, déformation à l'état visqueux ou plastique	
Rhizopoda	Rhizopodes (Biologie)	
Rhodanian Orogeny	Orogénèse rhodanienne	

	(fin du Miocène)
Rhodocrosite	Rhodocrosite, dialogite (Minéral.)
Rhodolite	Rhodolite (var. rose de grenat)
Rhodonite	Rhodonite (Minéral.)
Rhomb	Abréviation de rhomboèdre
—porphyry	Porphyres à phénocristaux (Norvège)
—spar	Dolomite
Rhombenporphyric	Rhomboporphyre
Rhombic dodecahedron	Dodécaèdre rhomboïdal
Rhombic mica	Phlogopite
Rhombic symmetry	Système orthorhombique
Rhombochasm	Fossé tectonique dans la croûte continentale rempli par la croûte océanique
Rhombohedral	Rhomboédrique
Rhombohedron	Rhomboèdre
Rhomboidal	Rhomboédrique
Rhumb line	Loxodromie
Rhums	Schistes bitumineux (Écosse)
Rhyacolite	Sanidine (feldspath potassique)
Rhynchonelloid	Rhynchonellacés (brachiopodes)
Rhynchocephalia	Rhynchocéphales
Rhyodacitic	Rhyodacitique
Rhyodacite	Rhyodacite (Pétrogr.)
Rhyolite	Rhyolite (roche effusive)
Rhythmic sedimentation	Série sédimentaire rythmique
Rhythmite	1) roche litée (dans une séquence sédimentaire); 2) séquence sédimentaire
Ria	Ria, vallée submergée
—coast	Côte à rias
Rib	1) pilier de support de galerie (Mine), charbon solide le long d'une paroi; 2) minerai solide d'un filon; pilier pour supporter le toit d'une exploitation de filon; 3) mince lit de pierre dans une couche de charbon (Écosse); 4) veinule de minerai dans un filon; 5) résidu de dissolution dans un passage (Spéléol.)
Ribbed	Strié, cannelé, nervuré
Ribbon	Ruban

—diagram	Coupes géologiques transversales perspectives et sériées	—floor	Plancher de forage du derrick
—injection	Apophyse de roche éruptive injectée suivant plans de schistosité	—time	Temps de forage
		Rigging up	Aménagement du derrick
		Right	Droit, dextre
—jasper	Jaspe zoné	—angle	À angle droit
—rock	Roche rubanée, litée	—handed separation	Faille à déplacement dextre
—structure	Structure rubanée		
Rice coal	Poussier d'anthracite	—lateral fault	Décrochement dextre
Rich	Riche	—lateral separation	Faille à déplacement dextre
—coal	Houille grasse		
—lime	Chaux grasse	—strike-slip fault	Décrochement dextre
Richmondian (North Am.)	Richmondien (Étage; Ordovicien sup.)	Rigid	Rigide
		—crust	Niveau crustal rigide (granitique)
Richterite	Richtérite (Minéral.)		
Richter scale	Échelle de Richter	Rigidity	Rigidité
Ricolite	Serpentine (Nouveau Mexique)	Rill	1) sillon, rigole; 2) petit ruisseau; 3) filet de courant de retour de vagues
Rid (to)	Débarrasser, déblayer		
Riddle	Tamis, crible à main		
Riddle (to)	Tamiser, cribler	Rillmark	Ravinement de courant
Riddling	Criblage, tamisage	Rainrill	Rigole de ruissellement
Rider	1) couche mince de houille sus-jacente à une plus épaisse; 2) gîte minéral sus-jacent au filon principal	Rillenstein (Germ.)	Roches à très petites cannelures de dissolution
		Rim	Frange, liseré, bord, rebord
Ridge	Chaîne, crête, dorsale (sous-marine)	—cement	Ciment recristallisé avec la même orientation cristallographique que les grains (Pétrogr.)
—fold	Dôme allongé, anticlinal symétrique		
Medio-Atlantic ridge	Ride médio-atlantique	—rock	1) limite naturelle d'une région (ex: falaise escarpée); 2) remontée du substratum
Riebeckite	Riébeckite (Amphibole sodique)		
Riedel fracture (shear)	Faille de Riedel (en échelon, précoce)	—stone	Travertin calcaire (dans alluvions)
Riffle	1) chenal, sillon; 2) ride sous-aquatique; 3) haut-fond; 4) cavité au fond d'un sluice (pour arrêter l'or)	—syncline	Synclinal bordier (autour de diapirs)
		Rime	Givre, gelée blanche
		Rind	Écorce
		Ring	Anneau, cercle
Rift	1) grande faille à décrochement horizontal; 2) intersection d'un plan de faille avec la surface; 3) plan de fissilité (granites); 4) crevasse, fissure; 5) haut-fond (N.E. des U.S.A.)	—coal	Charbon bitumineux
		—complex	Complexe annulaire
		—dikes	Filons annulaires en cônes
		—hydrocarbon	Hydrocarbure cyclique
		—ore	Gisement à couches concentriques
		—structure	Structure annulaire
—trough	Fossé tectonique, graben	—structures	Sorosilicates, silicates en chaines fermées
—valley	Fossé central de la crête		
Central rift	Fossé central d'une dorsale médio-atlantique	Rip	Clapotis, bouillonnement
		—current	Courant d'arrachement, de déchirure
Wall rift	Paroi d'un fossé tectonique	—tide	Courant de marée
		Riparian	Riverain
Rig	Tour de forage	Riphean (USSR)	Riphéen (Ère; Pré-

cambrien récent;
Équiv. Sinien, Beltien,
Éocambrien)

Ripple Ride, ondulation
—bedding Stratification entrecroisée
à petite échelle
—mark Ride de plage
Rippled Ridé, ondulé
Rippling stream Ruisseau murmurant,
gazouillant
Ripply Couvert de rides
Rip-rap Enrochement
Rise 1) pente océanique (re-
liant les grands fonds
fonds au talus conti-
nental); 2) crête
océanique (sans fossé
central); 3) source
(dans terrains cal-
caires); 4) résurgence
(d'eau souterraine); 5)
crue; 6) galerie ascen-
dante (Mine), chemi-
née (Mine)
Rise (to) 1) se lever, se soulever;
2) creuser ou exploiter
vers le haut (Mine)
Riser 1) talus (de terrasse
fluviatile, etc), élèment
vertical; 2) galerie
montante (Mine); 3)
faille inverse
Riser pipe Colonne montante (pétrole), tube de forage
à double circulation de
fluides
Rising Ascension, montée
Riss (Eur.) Glaciation de Riss (avant
dernière; Pléistocène)
Rissian Rissien
River Rivière, fleuve
—bank Berge, rive
—bar Banc d'alluvions
fluviatiles
—bar placer Gîte alluvionnaire
—basin Bassin fluvial
—bed Lit du fleuve
—bottom Plaine alluviale
—capture Capture fluviatile
—cut-plain Plaine d'érosion fluviale
—drift Alluvions fluviatiles
—flat Lit majeur, plaine alluviale
—load Charge fluviatile
—mouth Embouchure
—system Réseau hydrographique
—terrace Terrasse fluviatile
—valley Vallée fluviatile

Riving seams Fissures ouvertes entre
les couches affleurant
dans une carrière
Rivulet (obsolete) Ruisseau
Roadbed Soubassement, assiette
d'une route
Road metal, rock Matériaux de revêtement
routier
Roaring forties ''Quarantièmes rugis-
sants''
Roast (to) ore Griller, calciner le minerai
Roasting Calcination, souvent avec
oxydation
Rob (to) Déboiser, extraire les piliers laissés antérieure-
ment (dépiler)
Robbing pilars Dépilage
Robble (G.B.) Faille
Roche moutonnée Roche moutonnée (Géo-
(French) morph. glaciaire)
Rock Roche
—bar Verrou
—bench Plate-forme d'abrasion
—bend Pli
—breaker Broyeur à pierres
—breaking Désagrégation de roches
—burst Coup de toit
—clay Argilite
—color chart Code des couleurs des
roches
—cork Amiante
—crystal Cristal de roche
—failure Fissuration de la roche
—fall Glissement d'éboulis
rocheux
—fall chute Couloir d'avalanches
—filling Remblayage avec des
déblais
—flour Poussière de roche
effritée par les glaciers
—gangway Galerie au rocher
—gas Gaz naturel
—glacier Glacier rocheux
—hound Minéralogiste amateur
—in place Substratum rocheux
—knob Éperon rocheux de dé-
nudation
—leather Amiante
—meal Poussière de roches
—mechanics Mécanique des roches
—milk Poussière de roche
—oil Pétrole
—pediment Glacis rocheux désertique
—plane Glacis rocheux désertique
—phosphate Phosphorite

—quartz	Cristal de roche
—rubble	Brèche de faille
—salt	Sel gemme
—sample	Carotte d'échantillon
—series	Séries de roches éruptives
—shaft	Puits à remblais
—shelter	Abri sous roche
—silk	Amiante soyeuse
—slide	Glissement de terrain
—soap	Montmorillonite, saponite
—step	Seuil rocheux
—stratigraphic unit	Unité lithostratigraphique
—stream	Glacier rocheux
—tar	Pétrole brut
—terrace	Niveau d'érosion
—unit	Unité lithostratigraphique
—waste	Débris rocheux
Cap rock	Roche couverture
Roof rock	Roche couverture
Sealing rock	Roche couverture
Source rock	Roche mère
Rockallite	Rockallite (granite sursaturé à aegyrine)
Rocker	Crible-laveur
Rocking	Criblage, lavage par balancement
Rocky	Rocailleux, rocheux
Rocky Mountain Orogeny (Can. B.C.)	Orogénèse des Montagnes Rocheuses (Crétacé terminal et Paléocène; équiv. de l'Orogénèse Laramide)
Rod	1) tige; 2) baguette (Sédiment.); 3) unité de longueur ou perche = 5,0292 m; 4) rouleau (tectonique)
Rodding	Rouleau (Tectonique)
Roentgen	Roëntgen (unité de radiation)
Roestone	1) oolithe; 2) étym.: forme d'oeuf de poisson
Roily oil	Pétrole brut émulsionné (avec de l'eau)
Roke	Filon de minerai
Roll mill	Laminoir
Rolled	Laminé
Roller bit	Trépan à molettes
Rolling ground	Terrain ondulé
Roll-over (U.S.A.)	Flexure
Rollover (syn.: dip reversal) (USA)	Retournement des couches contre faille
Roof	Toit, plafond (Mine)
—arch	Voûte
—foundering	Effondrement du toit dans un réservoir

	magmatique
—limb	Flanc supérieur (d'un pli couché)
—pendant	Enclave géante, apophyse de roche encaissante dans roche éruptive sous-jacente
—rock	Roche de couverture
Roofing slate	Ardoise de couverture
Roofing tile	Tuile de couverture
Room	Salle souterraine (Spéléologie)
Room and pillar system	Exploitation par chambres et piliers (mines)
Room timbering	Boisage de chambres (Mine)
Root	Racine
—of a crinoid	Partie basale de la tige d'un Crinoïde
—of a fold	Racine d'un pli, d'une nappe
—zone	Zone d'enracinement (d'un pli couché)
Rope	Corde, câble
—drilling	Sondage, forage au câble
—haulage hoist	Treuil de traction au câble
—roll	Tambour d'extraction
—winch	Treuil à câble
Ropy lava, ropey lava	Lave cordée, pahoehoe
Rose diagram	Diagramme circulaire, ou semi-circulaire
Roselite	Rosélite (Minéral.)
Rosette	1) rose des sables (gypse); 2) autre forme minérale ressemblant à une rose (barite, etc . . .)
Rosin, resin	Colophane, résine
—jack	Sphalérite, blende
—tin	Cassitérite (var. rougeâtre)
Rostrum	Rostre (Paléontol.)
Rot (to)	Pourrir, se décomposer
Rotary	Rotatif
—boring	Forage rotary
—fault	Faille rotationnelle
—drilling	Faille rotationnelle
—table	Table de rotation (forage)
Rotate (to)	Tourner, pivoter
Rotation	Rotation
Rotational	De rotation, rotationel
—fault	Faille rotationelle
—flow	Écoulement turbulent
—movement	Mouvement de rotation (d'un compartiment d'une faille)

—wave	Onde transversale	
Rotliegende (Eur.)	Rotliegende (Série; Permien inf. et moy.)	
Rotten rock	Roche pourrie, décomposée	
Rotten stone	Résidu d'altération siliceux des roches calcaires (mais cohérent)	
Rough	1) brut; 2) rugueux, accidenté; 3) grossier, approximatif	
—coal	Charbon tout-venant	
—diamond	Diamant brut	
Roughness	Rugosité	
Round	Rond, arrondi	
Rounding	Degré d'émoussé (d'un galet), arrondi	
Roundness	Émoussé, Émoussage	
—ratio	Degré d'émoussage, d'abrasion	
Roundstone	Galet émoussé, usé	
Row	Rangée, rang, ligne, alignement	
Royal agate	Variété d'obsidienne (tachetée)	
Rub (to)	Frotter	
—away	User par frottement	
Rubber	Caoutchouc	
Rubbing	Frottement, polissage	
Rubbish	Décombres, déblais, déchets, remblais	
Rubble	Blocaille, moëllons	
—drift	1) dépôt de cryoturbation soliflué; 2) dépôt grossier et anguleux d'origine glaciaire, à matrice terreuse	
—ice	Glace en fragments	
Volcanic rubble	Produits pyroclastiques non consolidés	
Rubbly	Blocailleux	
—reef	Filon très fragmenté (Austr.)	
Rubefaction	Rubéfaction (Pédol.)	
Rubellite	Rubellite (var. rouge de Tourmaline)	
Rubicelle	Rubicelle (variété de spinelle magnésien)	
Rubidium	Rubidium	
Ruby	Rubis, corindon	
—blende	Sphalérite rouge	
—copper	Cuprite	
—silver ore	Pyrargyrite, proustite	
—spinel	Rubis, spinelle	
—sulphur	Réalgar	
—zinc	Sphalérite transparente et rouge	

Rudaceous rocks	Roches sédimentaires détritiques à élèments grossiers, rudites
Ruddle	Ochre rouge
Rudistae, rudistids	Rudistes (Paléontol.)
Rudite, rudyte	Rudite (particule plus grande que 2 mm)
Rugose	Rugueux, ridé
—coral	Tétracoralliaire
Rugosa	Tétracoralliaires (Paléontol.)
Rugged	Anfractueux, accidenté
Rule	Règle
Run	1) petit ruisseau; 2) filon subhorizontal interstratifié; 3) direction d'un filon; 4) terrain meuble mouvant; 5) éboulement de terrain; 6) tout venant (charbon)
Run-off	1) débit; 2) eau de ruissellement
Ground water runoff	Écoulement souterrain
Run (to)	1) parcourir; 2) s'écouler (liquide)
Run derrick (to)	Monter un derrick
Run in (to)	Redescendre le train de tiges
Runnel	1) ruisseau (petit); 2) petite dépression littorale
Running ground	Terrain boulant
Running sand	1) sable mouvant; 2) sable en suspension (dans eau ou pétrole)
Running water	Eau courante
Runs	Poucentage de métal dans un minerai
Rupelian	Rupélien (Étage; Oligocène moy.; syn. Stampien)
Rush	1) mouvement brusque; 2) affaissement du toit (Mine)
Rush gold	Or revêtu d'oxyde de fer ou de manganèse
Rush spring	Source jaillissante
Rust	Rouille
Rusty	Rouillé
Rutile	Rutile (Minéral.)
Ruttles (rare)	Brèche de faille
R wave	Onde de Rayleigh (de surface) (Sismol.)

S

Saalband	Salbande (mine)
Saalian, Saale (Eur.)	Glaciation saalienne: équiv. du Riss
Saalic Orogeny	Orogénèse saalienne (début du Permien)
Saamian	Saamien (Partie du Précambrien)
Sabana	Mine dans alluvions fluviatiles émergées (U.S.)
Sabinas (North Am.)	Série de . . . (Jurassique sup.)
Sabinian (North Am.)	Sabinien (Étage; Éocène inf.)
Sabkha (var. of Sebkha)	Sebkha
Sabuline	Sableux
Sabulous	Sablonneux
Saccharoid, saccharoidal	Saccharoïde
—fracture	Cassure saccharoïde
—marble	Marbre saccharoïde
—texture	Structure saccharoïde
Saddle	1) selle (courbure vers l'avant de la ligne de suture des Ammonites); 2) voûte, pli anticlinal; 3) col
—back	Courbure en dos d'âne
—bend	Charnière anticlinale
—fold	Flexure anticlinale transverse
—reef	Voûte anticlinale (Austr.)
—shaped	En forme de pli anticlinal
Inverted saddle	Courbure en forme de synclinal
Saddle-backed	En dos d'âne
Safety board	Passerelle d'accrochage (Forage)
Safety lamp	Lampe de sûreté (mine)
Safe yield	Taux (ou vitesse) tolérable de prélèvement d'eau d'une nappe phréatique (sans introduire de nuisance)
Safranite	Safranite, quartz jaune
Sag	Abaissement, niveau bas (d'une couche), affaissement, fléchissement
Down-sagging	Tassement
Sag-and-swell topography	Topographie en creux et en bosses
Sag (to)	S'affaisser, fléchir, ployer
Sagenite	Sagénite (variété de rutile)
Sagenetic quartz	Quartz à inclusions aciculaires de rutile
Sagging	Affaissement
Sagittal	Sagittal (Zoologie)
Sagittate	Sagitté
Sagpond	Affaissement tectonique
Sagvandite	Sagvandite (carbonatite à giobertite et bronzite)
Sahlite	Sahlite (var. de pyroxène)
Sakmarian (Eur.)	Sakmarien (Étage; Permien inf.)
Salamander's hair	Amiante
Sal ammoniac	Chlorure d'ammonium
Salamstone	Saphir de Ceylan
Salband	Salbande (mine)
Sal gemmae	Sel gemme, halite
Salic (minerals)	Aluminosilicates (classif. CIPW)
Salient	En saillie
Saliferous	Salifère
—system	Trias (désuet)
Salimeter	Salimètre, doseur de sels
Salina	Marais salant, saline
Saline	Salin, sel de
—clay soil	Sol argileux salé
—dome	Diapir
—lake	Lac salé, chott
—peaty soil	Sol organique salin
—soil	Sol salin
—spring	Source salée, saumâtre
—turfy soil	Sol organique salin
—water	Eau salée, saumâtre
Salines	1) terrain salin; 2) dôme de sel
Saliniferous	Salinifère, salifère
Salinity	Salinité
Salinization	Salinisation (d'un sol)
Salinometer	Salinomètre
Salite	Salite (Minéral.)
Saliter	Nitrate de soude
Salmiak	Salmiac, chlorure d'ammonium
Salmian	Salmien (Étage = Trémadoc; Ordovicien inf.)
Sal mirabile	Mirabilite, sel de Glauber
Sal natro, sal natron	Carbonate de sodium brut anhydre

Salopian (Eur.)	Salopien (Étage; Silurien moy. à sup.)	
Salpeter, salpetre	Salpêtre (nitrate de potassium)	
Salse	Salse, volcan de boue	
Salt	1) adj: salé; 2) n: sel	
—bearing	Salifère	
—bed	Couche de sel	
—block	Usine à sel	
—bottom	Bassin salifère, chott	
—brine	Saumure	
—content	Salinité	
—crust	Croûte de sel	
—dome	Dôme de sel	
—flat	Étendue salifère, plaine de sel	
—flour	Nitrate de potassium	
—intrusion	Intrusion (diapir) de sel	
—lake	Lac salé	
—marsh	Marais salant	
—mine	Mine de sel	
—pan	1) lac saumâtre peu profond; 2) grande battée à évaporer; 3) couche dure salée	
—pasture	Pré salé	
—pit	Saline, mine de sel	
—plug	Culot de sel	
—refinery	Saunerie	
—rock	Halite, sel gemme	
—salt	Sel marin	
—spring	Source salée	
—swamp	Marais salant	
—water	Eau salée	
—well	Puits de saumure (donnant de l'eau salée)	
—works	Saline	
Saltation	Saltation	
Saltative evolution	Évolution par sauts, par bonds	
Saltatory	Saltatoire	
—evolution	Évolution par bonds	
Salted	Salé	
—soil	Sol salé	
Saltern	Saline	
Saltness	Salinité, salure	
Salpeter	Salpêtre, nitre	
—bed	Salpêtrière, nitrière	
—works	Salpêtrerie	
Salpetrous	Salpêtreux	
Salty rock	Roche saline	
Sample	Échantillon	
Core sample	Carotte	
Sample-splitting device	Séparateur de matériaux meubles	
Sampler	Échantilloneur (personne), échantilloneuse (appareil), carottier, dispositif de prélèvement	
Sampling	Échantillonage, prise d'échantillons	
—machine	Échantilloneuse	
—works	Laboratoire d'essais	
Sand	Sable	
—bank	Banc de sable	
—bar	Cordon littoral sableux	
—bath	Bain de sable (laboratoire)	
—dredge	Drague à sable	
—drift	Vent de sable	
—dune	Dune de sable	
—flag	Grès à débit en dalles	
—flood	Masse de sable mouvant	
—gall	Tubulure de sable	
—hill	Dune	
—lens	Lentille sableuse	
—pack	Remblai d'ensablage	
—pipe	Cavité tubulaire sableuse	
—pit	Sablière	
—ripple	Ride éolienne sur sable	
—rock	Grès	
—scratches	Stries éoliennes	
—spit	Flèche sableuse littorale	
—storm	Tempête de sable	
—streak	Filonnet de muscovite et quartz	
—stream	Dépôt sableux alluvial marin	
—volcano	Injection de sable	
—waves	Dune sous marine	
—well	Puits creusé dans couche sableuse	
Air borne sand	Sable éolien	
Barren sand	Sable stérile	
Coarse grained sand	Sable grossier	
Cross bedded sand	Sable à stratifications entrecroisées	
Dirty sand	Sable argileux	
Drifting sand	Sable mouvant	
Flying sand	Sable éolien	
Impregnated sand	Sable imprégné	
Oil sand	Sable pétrolifère	
Open sand	Sable poreux, perméable	
Quick sand	Sable fluent	
Running sand	Sable mouvant	
Shaly sand	Sable argileux	
Shelly sand	Sable coquillier	
Tar sand	Sable bitumineux	
Tight sand	Sable compact	
Sandblasted pebble	Galet façonné par le vent, galet à facettes	
Sanding up	Ensablement	
Sandr (Sandur)	Plaine d'épandage proglaciaire (Islande)	
Sandstone	Grès	

—dike	Filon de grès
—grit	Grès grossier
—lens	Lentille sableuse
—quarry	Grésière
Argillaceous sandstone	Grès argileux
Arkosic sandstone	Grès arkosique
Bituminous sandstone	Grès bitumineux
Calcareous sandstone	Grès calcaire
Coquina sandstone	Grès lumachellique
Dolomitic sandstone	Grès dolomitique
Ferruginous sandstone	Grès ferrugineux
Gypsiferous sandstone	Grès gypseux
Micaceous sandstone	Grès micacé
Phosphatic sandstone	Grès phosphaté
Quartzitic sandstone	Grès quartzite
Quartzose sandstone	Grès quartzeux
Shelly sandstone	Grès coquillier
Siliceous sandstone	Grès siliceux
Sandstorm	Tempête de sable
Sand up (to)	S'ensabler
Sanded up	Ensablé
Sandwich layer	Couche intermédiaire
Sandy	Arénacé, sableux, sablonneux
—clay	Argile sableuse
—limestone	Calcaire sableux
—loam	Limon sableux
—marl	Marne sableuse
—muck	Sol organo-minéral sableux
—mud	Vase sableuse
—rock	Roche arénacée
—soil	Sol sableux
Sangamonian (North Am.)	Sangamonien (inter-glaciaire)
Sanguinaria	Hématite (Espagne)
Sanidine	Sanidine (Feldspath)
Sannoisian	Sannoisien (Étage; Oligocène; Équiv. Tongrien)
Santonian	Santonien (Étage; Crétacé sup.)
Sap (to)	Saper, miner
Saponite	Saponite (= variété d'argile smectite)
Sapper	Disthène
Sapphire	Saphir
—quartz	Quartz saphirin bleuté, pseudo-saphir
Sapphirine	1) adj: saphirin; 2) n: sapphirine (Minéral)
Sapping	Sapement
Saprogenous endo-humus	Humus doux
Saprolite	Roche résiduelle, décomposée, altérée saprolite
Saprolith	Régolithe (riche en ar-gile)
Sapropel	Sapropel, sapropèle
Sapropelic coal	Charbon sapropélique (charbon d'algues)
Sapropelite	Sapropélite
Sard	Sardoine (silice calcédonieuse)
Sardachate	Agate zonée de calcédoine (rouge)
Sardic Orogeny	Orogénèse sarde (fin du Cambrien)
Sardonyx	Sardoine, sardonyx (= variété de calcédoine translucide brun-rouge)
Sarmatian	Sarmatien (Étage; Miocène sup.)
Sarsen stone	Pierre monolithique, menhir en grès (Angleterre)
Satellite	1) satellite (artificiel; 2) filon-satellite d'un massif éruptif
Satin spar	1) spath satiné; 2) var. fibreuse d'aragonite; 3) var. fibreuse de gypse
Saturate (to)	Saturer
Saturated	Saturé
—core	Carotte imprégnée
—hydrocarbon	Hydrocarbure saturé
—steam	Vapeur d'eau saturée
—vapour pressure	Pression de vapeur saturante
—zone	Zone souterraine saturée d'eau
Saturation	Saturation
—degree	Degré de saturation
—factor	Facteur de saturation
—indice	Taux de saturation
—level	Nappe aquifère, nappe phréatique
—line	1) sommet de la nappe phréatique; 2) ligne de saturation (en silice)
—pressure	Pression de saturation
—zone	Zone de saturation
Oil saturation	Saturation en pétrole
Water saturation	Saturation en eau
Saucesian (North Am.)	Saucesien (Étage; Oligocène à Miocène)
Sauconite	Sauconite (minéral argileux du groupe des montmorillonites)
Saurischia	Dinosauriens saurischiens
Sauropterygia	Sauroptérygiens (Paléontol.)

Saussurite	Saussurite, zoïsite (minéral d'alteration des feldspaths)	**Scalenohedron**	Scalénoèdre
		Scales	Balance
—gabbro	Gabbro à feldspaths altérés, saussuritisés	**—beam**	Fléau de balance
		Scaling	1) écaillage, exfoliation, desquamation; 2) détartrage; 3) comptage électronique de pulsation; 4) relatif à l'échelle d'une carte
Saussuritization	Saussuritisation		
Savane red soil	Sol rouge de savane		
Savanna(h)	Savane (savanna = forêt; Savannah, Georgia, U.S.A. = ville)		
		Scallop	1) pecten, pétoncle; 2) échancrure, cavité, cupule
Savic Orogeny	Orogénèse save (Oligocène terminal)		
Sawback	Chaîne montagneuse accidentée, déchiquetée	**Scallop (to)**	Festonner, découper, denteler
Saw toothed	Déchiqueté, en dents de scie (relief)	**Scalped anticline**	Anticlinal érodé avant dépôt de couches discordantes
Saxatile	Saxatile		
Saxicavous shell	Mollusque destructeur	**Scaly**	Écailleux, en écailles
Saxonian	Saxonien (Étage; Permien moy.)	**—fracture**	Cassure écailleuse, cassure esquilleuse
Scabble (to)	Tailler, dégrossir (la pierre de carrière)	**Scamy post**	Grès micacé lité (psammite) (G.B.)
Scabbler	Tailleur de pierres	**Scan (to)**	Balayer, explorer, parcourir (opt.)
Scabbling hammer	Marteau de carrier		
Scabland	1) terre érodée par le vent et le ruissellement; 2) terrain recouvert de fragments rocheux anguleux, sans sol	**Scanning microscope**	Microscope électronique à balayage
		Scanning system	Dispositif d'étude à balayage (microscope, sonde)
		Scan lines	Lignes de balayage (Télédection)
—topography	Relief irrégulier		
Scad	Pépite	**Scanner**	Capteur, détecteur à balayage (télédection)
Scalar	Scalaire		
Scald	Moucheture	**Multispectral scanner**	Détecteur à balayage multispectral
Scale	1) écaille (Zoologie), fragment rocheux; 2) tartre, incrustation, dépôt calcaire; 3) échelle; 4) paraffine brute	**Scaphopoda**	Scaphopode (Zoologie et Paléontol.)
		Scapolite	Scapolite, wernérite (Minéral.)
		Scar	1) cicatrice; 2) rocher escarpé, piton rocheux isolé (Écosse); 3) scorie de cuisson de pyrite (G.B.)
—coated	Entartré		
—copper	Cuivre en paillettes		
—crust	Tartre		
—deposit	Tartre	**Scarcement**	Ressaut, saillie
Scale drawing	Dessin à l'échelle	**Scares**	Feuillets de pyrite dans le charbon (G.B.)
—model	Maquette, modèle réduit		
—of hardness	Échelle de dureté	**Scarn**	Skarn, tactite (roche métamorphique carbonatée)
—of height	Échelle des hauteurs		
—stone	Wollastonite		
—wax	Paraffine brute (en écailles)	**Scarp**	Escarpement, gradin (parfois d'origine tectonique, faille)
—unit	Unité de l'échelle		
According to scale	À l'échelle		
Scale (to)	1) détartrer, nettoyer; 2) écailler (mine); 3) s'écailler, se desquamer	**Fault-line scarp**	Escarpement de ligne de faille
		Fault scarp	Escarpement de faille
		Inward-facing scarps	Escarpements internes en vis à vis (de part
Scaled	Écailleux		

	et d'autre d'un rift sous-marin)
Resurrected fault-scarp	Escarpement de faille dégagé par l'érosion
Scarped	Escarpé, abrupt
Scarped face (of cuesta)	Front (de cuesta)
Scarplet	Ressaut de faille
Reverse scarplet	Ressaut inverse
Scarring	Formation de scories par brûlage de pyrite (G.B.)
Scatter	Dispersion, éparpillement
—light	Lumière diffuse
Scatter (to)	Disperser, éparpiller, disséminer
Scattering	1) dispersant; 2) diffusion, dispersion
Scent	Odeur
Scentless	Inodore
Scheelite	Scheelite (Minéral.)
Schematic, schematical	Schématique
Schematically	Schématiquement
Scheme	1) projet, plan; 2) schéma
Schiller spar	Schillerspath (enstatite ou bronzite altérée)
Schist	Schiste (métamorphique)
—rock	Roche schisteuse
Amphibolitic schist	Schiste à amphibole
Bituminous schist	Schiste bitumineux
Chloritic schist	Schiste chloritique
Clay schist	Schiste argileux
Crystalline schist	Schiste cristallin
Garnitiferous schist	Schiste grenatifère
Graphitic schist	Schiste graphitique
Mica schist	Micaschiste
Sericitoschist	Séricitoschiste
Spotted schist	Schiste tacheté
Schistic rock	Roche schisteuse
Schistoid	Schistoïde
—fracture	Cassure schistoïde
Schistose	Schisteux
—crystalline rocks	Roches cristallophylliennes
Schistosity	1) foliation (des schistes cristallins); 2) schistosité
Schistous	Schisteux
Schmidt net	Projection, réseau de Lambert (Cartogr.)
Schizodont	Schizodonte (Zoologie et Paléontol.)
School of mines	École des mines
Schorl	Schorl, tourmaline
—rock	Roche à tourmaline et à quartz
Schorlaceous, schorlous	Schorlacé
Schorliferous	Schorlifère
Schorlite	Tourmaline
Schorlomite	Schorlomite (var. de grenat)
Schorl rock (G.B.)	Schorlite
Schuppen structure	Structure imbriquée
Science	Science
—of engineering	Science de l'ingénieur
Scientific	Scientifique
—research	Recherche scientifique
Scientifically	Scientifiquement
Scientist	Savant
Scintillation	Scintillation
—counter	Compteur à scintillation
—layer	Couche luminescente
Scintillometer	Scintillomètre
Scissors fault	Faille en ciseaux
Scleractinian coral	Madréporaire (Trias moy. à actuel)
Sclerenchyma	Sclérenchyme (cf coraux)
Scleroclase	Scléroclase, sartorite
Sclerometer	Scléromètre
Scolecite	Scolécite
Scolecodont	Scolécodonte (mâchoire d'annélide)
Scoop	Godet, cuiller (mine)
Scoop dredger	Drague à godets
Scoop (to)	Excaver, évider, puiser, épuiser
Scooping	Dragage
Scope	Gamme, panorama, étendue, champ d'applications, etc
Scoria, scoriae (pl.)	1) scorie (volcanique ou industrielle); 2) laitier
—cone	Cône de scories
Scoriaceous	Scoriacé
Scoriated	Scoriacé
Scoring (glacial)	Marque glaciaire
Scorious	Scoriacé
Scorodite	Scorodite (Minéral.)
Scour	Affouillement, érosion, creusement, dégradation
—and fill	Creusement et remblayage
—side	Face érodée d'un verrou
Crescent scour	Marque en croissant
Flute scour	Marque en creux allongé
Tidal scour	Affouillement dû aux courants de marée
Scour (to)	Décaper, affouiller, nettoyer
Scout	Ingénieur prospecteur, informateur (Pétrole)
Scouting	Reconnaissance, prospection
Scrap	Déchet, débris, rebut
Scrap (to)	Mettre au rebut, se dé-

	barrasser de	Scrubstone (G.B.)	Grès calcaire
Scrape (to)	Gratter, racler	Scud	1) minces couches
Scraper	Grattoir, racloir, dé-		d'argile ou de charbon
	capeur, curette		(mine); 2) pyrite inter-
Dragline scraper	Drague à cables		stratifiée dans les
Scratch	1) strie, rayure, raie; 2)		couches de charbon;
	dépôt d'ébullition		3) fractostratus (météo-
	d'eau de mer		orol.)
Scratch (to)	Gratter, rayer, tracer	Scum	Écume, mousse
Scratched	Strié	Scum (to)	Se couvrir d'écume
—boulder	Bloc strié	Scyphozoa	Scyphozoaire (Paléontol.;
—pebble	Galet strié		Zoologie)
Scratching	Rayure, striage	Scythic stage, scythian	Scythien (Étage; Trias
Scree	Éboulis, talus		inf.)
—breccia	Brèche d'éboulis	Sea	Mer
—of frost-shattered de-	Éboulis de matériel	—arm	Bras de mer
bris	gélivé	—basin	Bassin océanique
Screen	1) écran; 2) tamis, cri-	—beach	Plage, grève
	ble, filtre	—board	Littoral, côte
—analysis	Analyse granulométrique	—bottom	Fond marin
—pipe	Tube filtre	—cave	Grotte littorale
—sizing	Calibrage au tamis	—cliff	Falaise littorale
Jigging screen	Crible à secousses	—coast	Côte, littoral
Mud screen	Filtre à boue	—flood	Inondation, raz de marée
Vibrating screen	Tamis vibrant	—floor	Fond marin
Screen (to)	Cribler, passer au crible	—floor spreading	Expansion océanique
Screened	Criblé, tamisé	—foam	Sépiolite
—coal	Charbon criblé	—gate	Détroit
—ore	Minerai classé	—level	Niveau marin
—sand	Sable nettoyé, classé par	—line	Conduite sous-marine
	l'action des vagues	—mount	Guyot, mont sous-marin
Screening	Criblage, tamisage, fil-	—mud	Vase marine
	trage	—quake	Séisme sous-marin
—drum	Trommel classeur	—salt	Sel marin
—machine	Crible mécanique	—sand	Sable marin
—plant	Installation de criblage	—slide	Glissement sous-marin
Screenings	Déchats de criblage, re-	—stack	Éperon d'érosion marine
	fus de tamisage	—valley	Canyon sous-marin
Screenman	Cribleur	—wall	Rempart de cordon lit-
Screw	Vis		toral
—auger	Tarière rubanée, à vis,	—way	Détroit
	tarière torse	Choppy sea	Mer dure
Screw (to)	Visser	Enclosed sea	Mer fermée
To screw the rods	Visser les tiges de fo-	Eperic shelf sea	Mer épicontinentale
	rage	Epicontinental sea	Mer épicontinentale
Scrobicular	Scrobiculaire (Échino-	Heavy sea	Grosse mer
	dermes)	High sea	Haute mer, grand large
Scroll	Croissant	Hollow sea	Mer creuse, mer à
	d'alluvionnement,		grands creux
	méandre à croissant	Inland sea	Mer intérieure
Scrub	Brousse, savane	Land locked sea	Mer intérieure
Scrub (to)	Nettoyer, épurer	Main sea	Grand large (marin)
Scrubbed gas	Gaz purifié	Marginal sea	Mer bordière
Scrubber	Épurateur	Minor sea	Mer secondaire
Scrubber plant	Usine d'épuration de gaz	Shelf sea	Mer épicontinentale
	naturel	Sub sea drilling	Forage sous-marin
Scrubbing	Épuration	Wild sea	Mer démontée
Gas scrubbing	Épuration du gaz naturel	Seal	1) scellement. obtura-

	tion, dispositif d'étanchéité; 2) barrage étanche
Seal fluid	Fluide obturateur
Water seal	Fermeture hydraulique
Seal (to)	Sceller, obturer, étanchéifier
To seal off a water bearing formation	Obturer un aquifère
Sealed	Étanche, scellé
Sealing	Scellement, procédé d'étanchéité
Seam	Filon, veine, couche
Coal seam	Couche de charbon
Seam of high dip	Dressant (mine)
Seam work	Travaux en couche (mine)
Seamy rock	Roche fissurée
Search	Prospection, recherche
Search work	Travaux de recherche
Search (to)	Chercher, rechercher
Searcher	Chercheur
Searching	Recherche, prospection
Seashore	Bord de mer, littoral
Seasonal	Saisonnier
—run-off	Écoulement périodique, saisonnier
Seat rock	Mur (mine), semelle (d'une mine)
Sebkha (sabkha, Arabie)	Sebkha (Afrique)
Secondary	Secondaire
—clay	Argile remaniée
—enlargement	Accroissement secondaire (Cristallogr.)
—enrichment	Enrichissement secondaire
—era	Ère secondaire
—gley like soil	Sol à simili gley secondaire
—limestone	Calcaire redéposé secondairement
—migration	Migration secondaire
—mineral	Minéral d'altération
—podzol	Sol podzolique secondaire
—recovery	Récupération secondaire
—reflections	Réflexions secondaires multiples
—soil	Sol allochtone
—structures	Structures secondaires
—waves	Ondes secondaires transversales
Secondary Era (obsolete), better: Mesozoic	Secondaire; mieux: Mésozoïque (Ère)
Second bottom	Basse terrasse
Second mining	Abatage, dépilage
Second working	Abatage, enlèvement des

	piliers, dépilage
Secretion	1) secrétion (Zoologie, Paléontol.); 2) concrétion (Minéral.)
Section	1) coupe, profil (Cartogr.); 2) coupe (d'une carrière); 3) plaque mince (Minéral.)
Columnar section	Profil stratigraphique
Cross section	Coupe transversale
Geological section	Coupe géologique
Polished section	Section polie
Sectional	En profil, en coupe
—paper	Papier quadrillé
Secular	Séculaire
—variation	Variation séculaire du champ magnétique
Secunda oil	Pétrole provenant de schistes bitumineux
Sedentary	Sédentaire
—detrital soil	Sol détritique autochtone
—soil	Sol autochtone, sol authigène, sol en place
Sediment	Sédiment
—trap	Piège à sédiments, piège sédimentaire
—vein	Filon rempli de sédiments sous-jacents
Clastic sediment	Sédiment détritique
Neritic sediment	Sédiment néritique
Sedimental	Sédimentaire
Sedimentary	Sédimentaire
—basin	Bssin sédimentaire
—break	Lacune de sédimentation
—cycle	Cycle sédimentaire
—deposit	Sédiment
—mantle	Manteau sédimentaire (structure)
—rock	Roche sédimentaire
—structure	Structure sédimentaire
—trap	Piège sédimentaire
Sedimentation	Sédimentation
—analysis	Analyse par sédimentation
—balance	Balance à sédimentation
—curve	Courbe de sédimentation
—tank	Bassin de sédimentation
—test	Essai de sédimentation
Seed	Graine
Seed-bearing plants	Plantes à graines
—fern	Ptéridospermée
Seelandian (Eur.)	Seelandien (Étage; Paléocène inf.)
Seep	Suintement, infiltration
Seep (to)	Suinter, filtrer, s'infiltrer
Seepage	1) suintement, infiltration; 2) fuite, déperdi-

	tion; 3) indice de pétrole ou de bitume
Seeping	Suintement, filtration, infiltration
Seepy	Suintant
Seethe (to)	Bouillonner, bouillir, faire bouillir
Segment	Segment (Paléontol.)
Segregate (to)	Se déposer, se cristalliser
Segregated vein	Filon de segrégation
Segregation	1) agrégat minéral authigène; 2) ségrégation; 3) séparation
Magmatic segregation	Ségrégation magmatique
Segregation vein	Filon de ségrégation
Seiche	Seiche (Géogr. physique)
Seif	Seif, dune longitudinale
Seism	Séisme
Seismic, seismical, seismal	Sismique
—activity	Séismicité
—array	Rangée de séismomètres
—detector	Détecteur sismique (séismographe)
—discontinuity	Discontinuité sismique (entre 2 couches)
—event	Tremblement de terre, secousse sismique
—map	Carte sismique
—noise	Bruit sismique
—prospection	Prospection sismique
—record	Enregistrement sismique
—reflection	Réflection sismique
—refraction	Réfraction sismique
—velocity	Vitesse d'une onde élastique
—wave	Onde élastique (crée par un tremblement de terre)
—zone	Zone sismique
Seismicity	Sismicité
Seismism	Séismicité
Seismogram	Sismogramme, séismogramme
Seismograph	Séismographe
Seismographic	Sismographique, séismographique
Seismography	Sismogrphie
Seismologic, seismological	Séismologique
Seismologist	Sismologue, séismologue
Seismology	Séismologie
Seismometer	Séismomètre
Selbornian	Selbornien (Étage; Crétacé inf.; = Albien)
Seldovian (USA. Al.)	Seldovien (Étage floral; Oligocène à Miocène)

Selenide	Séléniure (composé minéral)
Seleniferous	Sélénifère
Selenious	Sélénieux
Selenite	Sélénite (var. de gypse)
Selenitic	Séléniteux
Selenogeomorphology	Géomorphologie de la lune
Self-potential method	Méthode électrique de polarisation spontanée
Self-registering apparatus	Appareil enregistreur
Self rain-gauge	Pluviomètre enregistreur
Selfedge	Salbande
Selvage	Salbande
Semianthracite	Houille anthraciteuse
Semi-arid	Semi-aride
—soil	Sol semi-aride
Semibituminous coal	Houille demi-grasse
Semi-crystalline	Semi-cristallin
Semi-mature soil	Sol à demi évolué, sol jeune
Semi-opacity	Demi-opacité
Semi-opal	Opale commune
Semi-planosol	Semi-planosol
Semiprecious stone	Pierre fine
Semistratified	Demi-stratifié
Semitransparent	Demi-transparent
Semi-swamp soil	Sol semi-marécageux à gley
Senecan series (North Am.)	Série de Senecan (Dévonien sup.)
Scenery	Paysage
Senile	Sénile (Géogr. Physique)
Senility	Sénilité (Géogr. Physique)
Senonian	Sénonien (Étage; Crétacé sup.)
Sense (to)	Détecter
Sensibility	Sensibilité
Sensible	Sensible
Sensitive	1) sensitif; 2) sensible
—plaque	Plaque sensible (photo)
—tint (gypsum plate)	Gypse teinte sensible
Sensitiveness	Sensibilité
Sensor	Détecteur (télédétection)
Separate (to)	Séparer, extraire
Separation	Séparation
—funnel	Entonnoir à séparation
Separator	Séparateur
—funnel	Entonnoir à séparation
Sepiolite	Sépiolite, magnésite (argile)
Septal	Septal
Septarium, septaria (pl.)	Concrétion, nodule, septaria
Septate	Cloisonné, à septum
Septum, septa (pl.)	Cloison, septum, septe (Paléontol.)

Sequanian (G.B. & Fr.)	Séquanien (Sous-étage; Kimméridgien)
Sequence	Séquence, suite, série en succession
Serac	Sérac (glaciologie)
Serial samples	Échantillons sériés
Seriate, seriated	Sérié, en série
Sericite	Séricite
—gneiss	Gneiss à séricite
—schist	Sérico-schiste
Sericitic	Séricitique, sériciteux
Sericitization	Séricitisation
Series	Série
—of strata	Ensemble de couches (de même âge)
Geological series	Série géologique
Serpentine	Serpentine (Minéral.)
—marble	Marbre serpentin (marbre vert antique)
Serpentinic	Serpentineux
Serpentinite	Serpentinite
Serpentinization	Serpentinisation
Serpentinous	Serpentinisé
Serpula	Serpule (annélide)
Serrate	Accidenté, dechiqueté (relief)
Serrated	Strié, cannelé, dentelé
Serration	Dentelure
Sessile	Sessile, fixe
Set	Série, ensemble
—of faults	Ensemble de failles
Set (frame)	Cadre, châssis de mine
Set (to)	Placer, poser, monter
Setting	Compaction (du sol)
Settle (to)	1) se déposer, sédimenter, précipiter; 2) se tasser, tasser
Settled production	Production stable de pétrole d'un puits quelque temps après le début de production
Settlement	1) précipitation, dépôt; 2) peuplement, colonisation, implantation
—rate	Vitesse de précipitation
Settler	Cuve de lavage (traitement des minerais)
Settling	Sédimentation, décantation, dépôt, séparation, tassement, affaissement
—basin	Bassin de décantation
—tube	Tube à sédimentation
Sever (to)	Se séparer, casser en deux
Sewage	Eau d'égoût
Sextant	Sextant
Sexual dimorphism	Dimorphisme sexuel

Shade	1) teinte, nuance de couleur; 2) ombre
Shadow zone	Zone d'ombre sismique
Shady side	Ubac
Shaft	Puits (mine), excavation verticale, cheminée
—bottom	Fond du puits
—boring	Fonçage d'un puits
—frame	Cadre du puits
—head	Chevalement du puits
—hoist	Treuil d'extraction
—set	Cadre de puits
—sinking	Fonçage de puits
—tackle	Chevalement
—timbering	Boisage du puits
—tower	Chevalement
Shake	1) secousse; 2) caverne (dans calcaire); 3) fissure
Shake (to)	1) secouer, ébranler; 2) trembler, chanceler, branler
Shaker conveyor	Convoyeur de secousses
Shaking	Secousse
—screen	Crible oscillant
—sieve	Tamis à secousses
—table	Table à secousses
Shale	Schiste argileux, argile feuilletée, argile à feuillets
—naphta	Naphte de schistes
—oil	Pétrole de schistes bitumineux
—rock	Roche shisteuse
Bituminous shale	Schiste bitumineux
Carbonaceous shale	Schiste charbonneux
Oil shale	Schiste bitumineux
Sandy shale	Argilite sableuse
Shallow	Peu profond
Shallow-focus earthquake	Tremblement de terre peu profond (inférieur à 65 km)
Shallow ground	Terrain superficiel aurifère (Austr.)
Shallows	Bas-fond, banc de sable
Shaly	Schisteux
—bedded	Sédiment schisteux
—lamination	Schistosité
—parting	Débit schisteux
Shape	Forme
Shaping	Façonnement, modelé (du relief)
Shard	1) fragment courbe et aciculaire de roche volcanique; 2) fragment, éclat
Sharpness	Finesse, netteté (optique)
Sharpstone	Roche sédimentaire for-

	mée de fins fragments anguleux	—edge	Limite supérieure du talus continental
Shasta (USA. Cal.)	Série de . . . (Crétacé inf.)	—facies	Faciès continental
		—sea	Mer épicontinentale
Shatter	Fragment, morceau	Continental shelf	Plate-forme continentale
Shatter breccia	Brèche de dislocation	Sheet	1) feuille, feuillet; 2)
Shatter (to)	Fracasser, briser, frag-		couche, nappe; 3)
	menter		amas mince de galène
Shattering	Éclatement, fragmenta-		(U.S.)
	tion, broyage	—deposit	Gîte, minéral stratiforme
Frost shattering	Gélivation		(U.S.)
Shave (to)	Raboter, aplanir	—erosion	Érosion en nappes
Sheaf of fold	Faisceau de plis	—flood	Inondation en nappes
Sheaf-like structure	Structure en gerbes	—flow	Écoulement laminaire
Shear	Cisaillement	—ground	Filon-couche
—cleavage	Clivage par pli-fracture	—jointing	Séparation en bancs
—fold	Pli de cisaillement	—joints	Diaclases horizontales
—fracture	Fracture de cisaillement	—like-intrusion	Intrusion stratiforme
—joint	Fracture de cisaillement	—mineral	Minéral en feuillets stra-
—surface	Plan de cisaillement		tifiés
—structure	Structure de cisaillement	—sand	Couche de grès marin
—thrust	Charriage de cisaillement	—structure	Structure lamellaire
—waves	Ondes transversales	—vein	Filon-couche
	(onde S)	—wash	Ruissellement en nappes
—zone	Zone cisaillée (Géophysi-	—water	Eaux des nappes
	que)	Intrusive sheet	Filon-couche intrusif
Shear (to)	1) couper, trancher,	Thrust sheet	Nappe de charriage
	cisailler; 2) pratiquer	Sheeted	Stratifié
	des rouillures (mine	—vein	Groupe de filons séparés
	de charbon)		de stériles
Shearing	Cisaillement	—zone	Zone fracturée
—displacement	Cisaillement	Sheeting	1) découpage en strates,
—force	Force de cisaillement		découpage par dia-
—strain	Contrainte due au		clases et joints de
	cisaillement		stratification, stratifica-
—strength	Résistance au cisaille-		tion; 2) débit, dé-
	ment		bitage superficiel des
—stress	Effort de cisaillement		roches
Sheath	Enveloppe, manteau pro-	—pile	Palplanche
	tecteur, gaine	—plane	Plan de stratification
Sheating	Revêtement	Shell	1) coquille, coquillage;
Shed line	Ligne de partage des		2) enveloppe
	eaux	—band	Argile ferrugineuse fos-
Sheen	Luminosité, reflet, bril-		silifère
	lant, éclat	—breccia	Lumachelle
Sheepback rocks,	Roches moutonnées	—-like	Conchoïdal
sheepbacks		—limestone	Calcaire coquillier
Sheep-tracks	''Pieds de vaches'' (Géo-	—marl	Vase calcaire lacustre
	morph.)		fossilifère
Sheer	1)adj: abrupt; 2) adv:	—rock	Lumachelle
	abruptement, perpen-	—sand	Sable à coquilles
	diculairement	Coiled shell fossil	Fossile à coquille en-
Shelf	1) plateau continental; 2)		roulée
	hauts-fonds, banc de	Earth's shell	Écorce terrestre
	sable	Saxicavous shell	Mollusque destructeur
—ice	Plate-forme flottante de	Shelled animal	Mollusque
	glace d'origine conti-	Shellfish	Invertébré aquatique, à
	nentale		coquille ou carapace

Shelly	Coquillier		fragment meuble de
—limestone	Calcaire coquillier		filon (Cornouailles)
—sand	Falun	**Shod soil**	Sol à sous-sol rocheux
Shelter	Lieu de refuge, abri	**Shoestring**	Cordon (littoral)
Shelter-cave	Abri sous roche	—gully erosion	Érosion en rigoles
Shelter (to)	Abriter	—sand	Grès en bandes
Shelving	En pente, incliné		allongées
Shield	Bouclier (Tectonique)	**Shonkinite**	Shonkinite (var. de syé-
Shield volcanoe	Volcan surbaissé, en		nite)
	bouclier	**Shoot**	1) mise à feu (d'un ex-
Canadian shield	Bouclier canadien		plosif); 2) couloir
Shift	Composante horizontale		(d'avalanches); 3)
	du rejet d'une faille		cheminée (Mine)
Shift (to)	Déplacer, changer, re-	—of ore	Filon oblique minéralisé
	muer	**Shoot (to)**	Mettre à feu, abattre à
Shiftable	Mobile, déplaçable		l'explosif
Shifting	Déplacement (des côtes),	**Shooter**	Boutefeu
	migration	**Shooting**	Tir (Géoph.)
—river bed	Lit fluviatile mobile,	—boat	Bateau boutefeu
	changeant	—flow	Écoulement torrentiel
—dune	Dune mobile	—off the solid	Abatage par des ex-
—sand	Sable mouvant		plosifs (Mine)
—soil	Sol mouvant	—truck	Camion boutefeu
Lateral shifting	Décrochement	—a well	Explosion de dynamite à
Monoclinal shifting	Glissement monoclinal		l'entrée d'un puits
Shine	Brillant, éclat, luisant,	**Reflection shooting**	Réflexion sismique
	lumière	**Refraction shooting**	Réfraction sismique
Shine (to)	Briller, luire	**Seismic shooting**	Tir sismique
Shingle	Galet, caillou	**Well shooting**	Carottage sismique
—bar	Cordon de galets	**Shore**	Rivage, littoral, côte
—beach	Plage de galets	—cliff	Falaise littorale
—spit	Levée de galets	—deposit	Dépôt littoral
—structure	Structure filonienne im-	—drift	Dérive littorale
	briquée, en échelons	—dune	Dune littorale
Shingling	Structure imbriquée	—face	Zone infratidale
Shingly	A galets, cailouteux	—platform	Plate-forme littorale, ter-
Shininess	Luisance, éclat, brillance		rasse d'abrasion
Shiny	Brillant	—profil	Profil littoral
Shipboard magnetome-	Magnétomètre marin	—terrace	Terrasse littorale
ter		**Back shore**	Arrière plage
Shipping ton	Tonneau (= 1,132.674	**Fore shore**	Avant plage
	m³)	**Ashore**	À terre
Shiver	1) éclat, fragment; 2)	**Offshore**	Au large
	pierre schisteuse	**On shore**	À terre
Shoad	Guidon (Mine)	**Shoreline**	Ligne de rivage
Shoal	Haut-fond, banc, gué	—of depression	Côte de submersion
—reef	Banc récifal	—of elevation	Côte d'émersion
—water	Eau peu profonde	—of emergence	Côte d'émersion
Shoaliness	Caractère peu profond	—of progradation	Côte d'accumulation
	(d'une eau)	—of retrogradation	Côte d'abrasion
Shoaly	Plein de hauts-fonds	—of submergence	Côte de submersion
	(cours d'eau)	**Cliffy shoreline**	Côte à falaise
Shock	Secousse, choc sismique	**Depressed shoreline**	Côte affaissée
—breccia	Brèche sismique, tectoni-	**Fault shoreline**	Côte de faille
	que	**Graded shoreline**	Côte régularisée
—metamorphism	Dynamométamorphisme	**Raised shoreline**	Côte soulevée
—wave	Onde de choc	**Smooth graded**	Rivage à tracé régularisé
Shode	1) guidon (mine); 2)	**shoreline**	

Submerged shoreline	Côte submergée
Shoring	Étayage, étaiement, étais
Short	1) court; 2) cassant
—coal	Charbon friable
—cut	Court-circuit d'un méandre
—limb	Flanc inverse
—range order	Désordre atomique (état amorphe)
Shortage	Insuffisance, manque
Shortening	Rétrécissement, raccourcissement (de la lithosphère, etc . . .)
Shot	Coup de feu, mine, tir, explosion
—break	Signal enregistré de l'explosion
—boring	Sondage à la grenaille
—depth	Profondeur de tir
—drill	Explosion à la grenaille
—exploder	Exploseur
—firer	1) ouvrier boutefeu, tireur de coups de mines; 2) allumeur
—firing	Tirage des coups de mine
—hole	Trou de tir
—instant	Moment de l'explosion
—hole drilling	Forage sismique
—metal	Alliage de plomb et d'arsenic
—point	Point de tir
Offset shot	Tir déporté
Shotty gold	Or en granules
Shoulder	Épaulement
Shove	Poussée
Shoved moraine	Moraine de poussée
Shovel	Excavateur, pelle mécanique
Shovel (to)	Pelleter, ramasser à la pelle
Shovelful	Pelletée
Shovelwork	Travaux de pelletage
Show	Indice, traces
Oil show	Indice de pétrole
Shower	Pluie, averse
Ash shower	Pluie de cendres
Showings	Traces
Oil showings	Indices de pétrole
Shrave	Concrétion ferrugineuse
Shred	Fragment, filament
Shreddy	Filamenteux
Shrink	Rétrécissement, retrait
Shrink (to)	(Se) rétrécir, (se) contracter, (se) resserrer
Shrinkage	Contraction, retrait, tassement
—crack	Fissure de retrait
—hole	Cavité de retrait
—stope	Chambre magasin
Shrink-swell	Sols ou argiles alternativement rétractés ou gonflés
Shrub	Buisson, broussaille
Shut in	Défilé, gorge fluviatile
Shut in pressure	Pression statique (dans un puits)
Shut-in well	Puits fermé
Shut-off	Vanne, fermeture
Water shut-off	Fermeture des eaux (forage)
Shut off (to)	Fermer, obturer
Shutter	1) vanne; 2) obturateur (Photogr.)
Sial	Sial
Siallitic soil	Sol à fort rapport silice alumine
—terra rossa	Limon rouge calcaire
Sialma	Couche terrestre comprise entre Sial et Sima
Siberian ruby	Rubellite (var. rouge)
Siberite	Rubellite (var. rouge-violet)
Sicilian	Sicilien (Formation de la Méditerranée; Pléistocène)
Side	1) côté; 2) flanc, paroi; 3) versant; 4) lèvre (d'une faille)
—dump car	Wagonnet basculant de côté
—entry	Galerie latérale
—moraine	Moraine latérale
—of shaft	Paroi d'un puits
—stoping	Abatage latéral
—tracked hole	Forage dévié (pétrole)
—wall	Paroi latérale
—wall coring	Carottage latéral
—wall sampler	Carottier latéral
Fault side	Lèvre d'une faille
Fold side	Flanc d'un pli
Siderite	Sidérite: 1) minéral; 2) météorite
Siderolite	Sidérolite
Sideromagnetic	Sidéromagnétique, paramagnétique
Sideromelane	Verre basaltique (dans tufs palagonitiques)
Siderophyllite	Sidérophyllite (biotite noire ferrique)
Sideroscope	Détecteur magnétique de fer
Siderosphere	Noyau ferreux central de la terre
Siderurgy	Sidérurgie

Sidewall core	Échantillon (ou carotte) prélevé latéralement dans un forage
Side wall sampling	Prélèvement latéral (dans un forage)
Siegenian	Siegénien (Étage; Dévonien inf.)
Sienna	Terre de Sienne (argile jaune orangée)
Sierozen, serozen	Sol gris désertique
Sierra	Sierra (Géomorph.)
Sieve	Tamis, crible
—analysis	Analyse granulométrique
—filter	Filtre à tamis
—flange	Rebord de tamis
—plate	Plaque criblée
—test	Essai de criblage
—texture	Structure diablastique
Bolting cloth sieve	Tamis à trous filtrants
Mesh sieve	Tamis à mailles
Woven wire sieve	Tamis à fil métallique
Sieve (to)	Tamiser, cribler
Sieving	Tamisage, criblage
Wet sieving	Tamisage à l'eau
Sif	Seif, dune longitudinale
Sifflet bed	Couche en biseau
Sift (to)	Passer au tamis, tamiser, cribler
Sifter	1) tamis, crible; 2) ouvrier cribleur
Sifting	1) tamisage, criblage; 2) produit de tamisage
Sight	1) vue; 2) aspect, apparence; 3) visée (avec un appareil); 4) appareil de visée, oeilleton
—-bar	1) alidade; 2) aiguille de mire du viseur (Photogr.)
—-compass	Boussole à pinnule
—distance	Distance de visée
Sighter	Aiguille de mire d'un viseur
Sighting	Vue, visée, pointage
—apparatus	Appareil de visée
—aperture	Voyant d'un instrument
—board	Alidade, voyant
—tube	Viseur
—line	Ligne de visée
Sigmoidal fold	Pli à axe longitudinal en S
Signal	Signal (géophysique)
Significance	1) signification, sens; 2) importance, portée
Significant	Important, significatif
Silcrust	Croûte siliceuse
Silesian	Silésien (Carbonifère sup.)
Silex	Silex
Silexite	Silexite
Silica	1) silice; 2) roche siliceuse pulvérulente (U.S.)
—alumina ratio	Quotient silicealumine
—pan	Horizon dur silicifié (pédologie)
—sand	Sable siliceux
—saturation	Saturation en silice
Silicarenite	Silicarénite, grès quartzeux
Silicate	Silicate
—rock	Roche silicatée
Inosilicate	Inosilicate
Nesosilicate	Nésosilicate
Orthosilicate	Orthosilicate
Phyllosilicate	Phyllosilicate
Tectosilicate	Tectosilicate
Silicated	Silicaté
Silicatization	Silicatisation, transformation en silicates
Siliceous	Siliceux
—concretion	Concrétion siliceuse
—earth	Diatomite
—laterite	Latérite siliceuse
—limestone	Calcaire siliceux
—matrix	Ciment siliceux
—ooze	Boue siliceuse
—sinter	Geysérite, opale
—shale	Schiste siliceux
—soil	Sol siliceux
—rock	Roche siliceuse
Silisic	1) siliceux (Pétrol.); 2) silicique (Chimie)
—acid	Acide silicique
—rock	Roche siliceuse
Silicalcareous	Silicocalcaire
Siliciferous	Siliceux
Silicification	Silicification
Silicified	Silicifié
—wood	Bois silicifié
Silicify (to)	Silicifier, imprégner de silice
Silicious	Siliceux
Silicispongiae	Éponges siliceuses
Silicium	Silicium
Silicocalcareous	Silicocalcaire
Silicon	Silicium
—steel	Acier au silicium
Silkness	Douceur (au toucher)
Silky luster	Éclat soyeux
Sill	Filon-couche
—drift	Galerie de fond (mine)
—floor	Niveau de fond (mine)
Sillimanite	Sillimanite (Minéral.)
Silt	1) G.B.: limon (0,02-

0,002 mm), U.S.: limon (0,05-0,002 mm), normal: (0,0625-0,004 mm); 2) sol à 80% ou plus de limon; 3) envasement

—agglomeration — Formation de grumeaux de limon

—loam — Lehm (limono-argileux)

—pan — Horizon pédologique concrétionné souvent siliceux

Siltil — Limon morainique, sol glaciaire (avec sous-sol perméable)

Silting up — Envasement, colmatage, remblayage par embouage (mine)

Siltstone — Aleuronite, microgrès

Silt up (to) — Envaser

Silty — Silteux, vaseux, boueux

—bog soil — Sol marécageux noir

—clay soil — Sol limono-argileux

—clay loam — Limon argileux fin

—clayed much — Sol organo-minéral limono-argileux

—gravel soil — Sol limono-caillouteux

—loam — Lehm

Silurian — Silurien (Période; Paléozoïque)

Silver — Argent

—bearing — Argentifère

—chloride — Chlorure d'argent

—glance — Argentite, argyrite

—lead — Plomb argentifère

—mine — Mine d'argent

—ruby — Pyrargyrite

—state — Névada

Silvery — Argenté

Sima — Sima

Similar folding — Pli isoclinal

Simoon — Simoun

Simple vein — Filon monominéral

Sine — Sinus

—wave — Onde sinusoïdale

Sinemurian — Sinémurien (Étage; Lias)

Single — Unique, simple

—vein — Filon simple

Single grain structure — Structure monoparticulaire à grains indépendants

Sinistral — Sénestre

—fault — Faille à déplacement latéral gauche

—fold — Pli sénestre (déversé vers la gauche)

Sink (in limestone) — Doline, creux, poljé

—hole — Effondrement, puisard, doline

—hole pond — Lac de doline

—hole lake — Lac de doline

Solution sink — Doline

Sink (to) — Tomber, s'enfoncer, sombrer, s'effondrer, s'affaisser

To sink a hole — Faire un sondage

—a shaft — Foncer un puits

Sinker — Ouvrier fonçeur (mine)

—bar — Barre de surcharge (mine)

Sinking — 1) fonçage, foncement, creusement; 2) affaissement, tassement; 3) agent agglutinant

—a shaft — Creusement d'un puits

—a well — Creusement du puits

—by boring — Fonçage au trépan

—creek — Canyon

—of bore hole — Perforation du trou de mine

—of the roof — Affaissement du toit de la mine

—of water — Infiltration des eaux

—pump — Pompe de fonçage (mine)

Sinople — Sinople (argile ferrugineuse)

Sinter — Tuf, travertin, geysérite

—deposit — Concrétion

Calcareous sinter — Tuf calcaire

Siliceous sinter — Tuf siliceux

Sintered — Aggloméré

Sintering — Agglomération

Sinuate — Sinueux, onduleux

Sinuosity — Sinuosité

Sinuous — Sinueux

Siphon — Siphon (Paléontol.)

Excurrent siphon — Siphon exhalant

Incurrent siphon — Siphon inhalant

Siphonal funnel — Canal siphonal (Paléontol.)

Siphuncle — Canal siphonal

Sit — Affaissement (mine)

S.I. units — Système d'unités internationales

Site — Emplacement, site

Size — Grandeur, taille, dimension

—frequency curve — Courbe de fréquence granulométrique

—grade — Classe granulométrique

Natural size — Grandeur nature

Sized — Calibré, dimensionné

Sizing — Classement granulométrique, criblage

—screen	Crible classeur
—trommel	Trommel classeur
Skapolith	Scapolite (Minéral.)
Skarn	1) skarn (calcaire argileux de métamorphisme de contact); 2) gangue silicatée (Suède)
Skeletal soil	Sol squelettique
Skeleton	Squelette
Skerry	Récif, rocher isolé, ilôt rocheux
Sketch map	Croquis de reconnaissance
Skew	Oblique, de biais
Skid the derrick (to)	Déplacer une tour de forage sans la démonter
Skim	Écume (Métallurgie)
Skimming plant	Installation de distillation non poussée (jusqu'aux fractions légères)
Skimpings	Refus du crible (traitement des minerais)
Skin	Pellicule, croûte, film d'eau
—dust	Mince croûte de poussière
—effect	Effet pelliculaire
Skip	Monte-charge à godets, benne, skip (mine)
—hoist	Monte-charge à godets
Skirting	Écobuage
Sky line	Profil de l'horizon
Skythian (see Scythian)	Scythien (étage du Trias)
Skytic stage (obsolete sp.)	Scythien (étage du Trias)
Slab	Plaquette, dalle
Slabstone	Pierre à débit en dalles, en plaquettes (3 à 12 cm d'épaisseur)
Slab (to)	Trancher (une roche)
Slabbing	Tranchage
Slack coal	Charbon fin, fines
Slack	Mou, lâche
—lime	Chaux vive
—sea	Mer étale
—tide	Marée étale, étal
—water	Eau étale
Slack (to)	1) ralentir; 2) éteindre de la chaux
Slade	Vallon, clairière
Slag	Scorie, laitier
—shingle	Scorie d'empierrement
Slaggy	Scoriacé
Slaked lime	Chaux
Slaking	Émiettement et décom-

	position de matériaux par altération atmosphérique (U.S.)
Slant	1) adj: oblique, en biais, incliné; 2) n: inclinaison, pente, pendage, dénivellation
—drilling	Forage oblique
—time	Temps de trajet oblique (Sismol.)
Slant (to)	1) être en pente, être incliné; 2) s'incliner
Slanted drill hole	Forage oblique
Slanting	Oblique
Slash	Slash: 1) ancien sillon de plage, sillon d'estran (maréca geux); 2) taillarde
Slat	Lame, lamelle, ardoise mince
Slate	Ardoise, schiste
—clay	Argile schisteuse
—coal	Charbon schisteux
—oil	Pétrole de schistes bitumineux
—pit	Ardoisière, carrière d'ardoise
—quarry	Carrière d'ardoise, ardoisière
—quarryman	Ardoisier
Slaty	1) ardoisier; 2) schisteux
—clay	Argile schisteuse
—cleavage	Schistosité, clivage ardoisier
—coal	Charbon schisteux
—structure	Structure schisteuse
Sledge hammer	Masse, marteau à frapper devant
Sleek	Lisse, luisant, poli
Sleet	1) neige fondue; 2) nodules de glace (U.S.A.)
Slice	1) tranche, lame, écaille; 2) coup en biais
Thrust slice	Lambeau de charriage
Slice (to)	Découper en tranches
Sliced structure	Structure finement particulaire
Slicing	Exploitation par tranches (mine)
Slick	Glacé, luisant
Slickenside	Surface de friction, miroir de faille
Slide	1) glissement, éboulement; 2) matériel glissé; 3) diapositive, vue
—debris	Matériel éboulé

—fault	Faille subhorizontale	Slip (to)	Glisser, s'ébouler
—furrow	Couloir d'avalanche	Slippage	Glissement
—gauge	Pied à coulisse	Slipping	Glissement
—projector	Projecteur à diapositives	Slipp-off	Décollement
—rock	Éboulis, cône de déjec-	—correction	Correction de pente
	tion	—decline	Érosion des versants
Slide (to)	Glisser, faire glisser,	—erosion	Érosion par glissement
	coulisser	—slope	Décollement
Sliding	Glissant, coulissant	Slippy (G.B.)	Fissuré
—caliper	Pied à coulisse	Slips	Surface de glissement,
—erosion	Érosion par glissement		miroir de glissement
—object stage	Platine porte-lames (mi-	Slit	Fente, fissure, rainure
	croscopie)	Slit (to)	Fendre
—tectonics	Tectonique de glissement	Slitter	Pic
Slikke	Slikke (partie vaseuse in-	Sliver	Tranche, éclat, fragment
	férieure de l'estran)	Sloam	Couche d'argile inter-
Slim hole	Forage à diamètre réduit		calée (dans le charbon)
Slime	Limon, vase, boue,	Slob	Vase, limon
	poussière de minerai	Slop	Fondrière, boue, fange
—concentration table	Table à secousse (mine)	Slope	1) pente, inclinaison; 2)
—pit	Bassin de dépôt de		talus; 3) versant
	boues (forage)	—concavity	Partie inférieure concave
—separator	Séparateur de schlamms		d'un versant
—water	Eau trouble	—convexity	Partie supérieure con-
Slimming	Broyage fin à l'état		vexe d'un versant
	humide	—deposit	Dépôt de pente
Slimy	Limoneux, vaseux,	—of equilibrium	Pente d'équilibre
	boueux	—line	Ligne de plus grande
Slip	1) glissement, éboule-		pente
	ment; 2) faille (U.S.);	—loam	Limon de pente
	3) rejet d'une faille	—stability	Stabilité des pentes
—bedding	Plissotement de cou-	—wash	Matériel solifluié
	ches, formé par glis-	Alluvial slope	Glacis alluvial
	sement	Back slope	Revers, contre-pente
—cleavage	Clivage de crénulation	Break of slope	Rupture de pente
—erosion	Érosion par glissement	Continental slope	Talus continental
—face	Face sous le vent	Counter slope	Contre-pente
—fault	Faille de cisaillement	Reversed slope	Contre-pente
—fold	Pli de cisaillement	Sloped	En pente, incliné
—plane	Plan de glissement	Sloping	En pente
—sheet	Couche formée par af-	Sloppy	Détrempé, bourbeux,
	faissement		fangeux
—vein	1) filon de faille; 2) filon	Slot	Encoche, entaille, fente,
	fissure		rainure, saignée
—tectonite	Glissement majeur selon	Slot (to)	Entailler, fendre, haver
	les plans S dominants		(mine)
Dip slip	Projection du rejet net	Slotted	A fente, à encoche, à
	d'une faille		rainure
Land slip	Glissement de terrain	Slotting	Entaillage, rainurage
Net slip	Rejet net	Slough	1) bourbier, fondrière; 2)
Perpendicular slip	Projection du rejet net		mue (d'un reptile)
	sur une perpen-	Sloughy	Bourbeux, marécageux
	diculaire aux bancs	Sludge	Boue, bouillie, vase,
	dans le plan de faille		limon, déchets de
Trace slip	Projection du rejet net		sondage
	sur une parallèle aux	Sludger	Pompe à boue, pompe à
	bancs dans le plan de		sable, désensableur
	faille		(mine)

Sludgy	Vaseux, fangeux, bourbeux	Smoking coal	Houille grasse, charbon bitumineux
Sluggish	Lent, paresseux	Smoky	Fuligineux
—stream	Cours d'eau paresseux	—quartz	Quartz enfumé
Sluice	Écluse, bonde, canal	—topaz	Topaze enfumée
Sluice (to)	Laver au sluice (mine)	Smooth	Doux, lisse, uni, sans
Sluicing	Concentration de minéraux lourds et minerai par lavage au sluice		aspérité
		Smoothing	Aplanissement, égalisation, polissage
Slump	1) glissement, éboulement, effondrement; 2) matériel glissé	Smut	1) suie; 2) charbon terreux
		Snail	Gastéropode, escargot
—bedding	Stratification déformée (terme général)	Snap (to)	Casser, rompre
		Snapshot	Vue, photographie instantanée
—fault	Faille normale		
—fold	Plissement intraformationnel, (par glissement sur talus continental)	Snip (to)	Couper, cisailler
		Snout	Nez
		Glacial snout	Front glaciaire
		Snow	Neige
Slump (to)	S'enfoncer, s'effondrer, glisser	—avalanche	Avalanche de neige
		—bank	Tache de neige
Slumping	Glissement de terrain	—drift	Amas de neige, congère
Slurry	Bouillie, boue	—fall	Chute de neige, enneigement
Slush	1) neige à demi-fondue, fange, bourbe, boue glacée; 2) remblai d'embouage		
		—free	Sans neige
		—field	Névé
		—glacier	Glacier de névé
—pit	Bac à boue (forage)	—line	Limite des neiges persistantes
Slushing	Remblayage hydraulique par embouage		
		—melt	Fonte nivale
Slushy	Détrempé par la neige, boueux, bourbeux	—patch	Congère
		—patch erosion	Nivation
Small	Petit	—settling	Tassement de la neige
—coal	Charbon pulvérulent	—slide	Avalanche
—ore	Minerai pulvérulent	—slip	Avalanche
Smalls	Fines, menus (de minerais)	Dry snow	Neige sèche
		Powdery snow	Neige poudreuse
Smaltite	Smaltite (Minéral.)	Snowy	Enneigé, neigeux
Smash (to)	1) cogner, heurter; 2) briser en morceaux, fracasser	Soak	1) imbibition; 2) bassin de réception pluvial, lac, dépression (Austr.)
Smasher	Broyeur		
Smectite	Smectite (variété d'argile)	Soak (to)	Tremper, imbiber, détremper, imprégner
Smell	Odeur	—away	Disparaître par infiltration
Smelt (to)	Fondre (le minerai)	—in water	Absorber de l'eau
Smeltable	Fusible	Soakage water	Eau d'infiltration, eau d'imbibition
Smelter	1) fondeur; 2) fonderie		
Smeltery	Fonderie	Soaker	Pluie battante, déluge
Smelting	Fusion, fonte	Soaking	Trempage, imbibition
—plant	Fonderie	Soapstone	1) stéatite, talc; 2) toute roche tendre au toucher gras
—works	Fonderie		
Smith (to)	Forger		
Smithery	Forge	Soapy luster	Éclat gras
Smithsonite	Smithsonite (Minéral.)	Socket	Fossette (d'une dent de la valve opposée, Paléontol. Lamellibranches)
Smithy	Forge		
—coal	Charbon de forge		
Smokestone	Quartz fumé		

Soda	1) soude; 2) carbonate de soude; 3) préfixe indiquant une teneur en pyroxènes ou amphiboles sodiques
—**alum**	Alun sodique
—**ash**	Carbonate de sodium anhydre
—**deposit**	Gisement de soude
—**feldspar**	Feldspath sodique, albite
—**lake**	Lac salé
—**lime**	Chaux sodée
—**lime feldspar**	Feldspath calco-sodique
—**microcline**	Anorthose
—**niter**	Salpêtre (du Chili), nitrate de sodium
—**orthoclase**	Anorthose
—**rhyolite**	Rhyolite à pyroxènes sodiques
—**salt**	Sel sodique
—**syenite**	Syénite sodique à albite
Sodalite	Sodalite (= feldspathoïde) (Minéral.)
Sodium	Sodium
—**alum**	Alun de sodium
—**chloride**	Chlorure de sodium
—**feldspar**	Feldspath sodique
—**hydroxide**	Hydroxyde de sodium
—**salt**	Sel sodique
Soft	Mou, malléable, tendre
—**bodied animal**	Animal à corps mou
—**clay**	Argile plastique
—**coal**	Charbon gras
—**ground**	1) terrain mauvais à consolider; 2) minerai meuble
—**negative**	Cliché doux (Photo.)
—**ore**	Hématite meuble (U.S.)
—**rock**	Roche tendre
—**tertiary sandstone**	Molasse tendre
—**water**	Eau dépourvue de sels de calcium et de magnésium
Softening	Adoucissement, amollissement
—**of lead**	Enlèvement de l'antimoine du minerai de plomb
Water softening	Adoucissement des eaux
Soil	1) sol, terrain; 2) morts-terrains de recouvrement
—**analysis**	Analyse de sol
—**auger**	Tarière pédologique
—**auger sample**	Échantillon pris à la tarière
—**cap**	Morts-terrains de recouvrement
—**cementation**	Stabilisation du sol
—**compaction**	Compactage du sol
—**creep**	Lent glissement du sol
—**densification**	Compactage du sol
—**discharge**	Taux d'évaporation
—**engineering**	Technique des sols
—**flow, soil flowage**	Solifluxion
—**horizon**	Horizon pédologique
—**improvement**	Amélioration des sols
—**map**	Carte pédologique
—**mechanics**	Mécanique des sols
—**profile**	Profil pédologique
—**sampler**	Échantillonage des sols
—**science**	Pédologie
—**scientist**	Pédologue
—**separate**	Constituant granulométrique
—**series**	Série de sols
—**skeleton**	Squelette du sol
—**slip**	Glissement de terrain
—**solution**	Solution du sol
—**stripes**	Sol strié
—**type**	Type de sol
—**with impeded drainage**	Sol mal drainé
—**with pattern design**	Sol structuré, sol polygonal
Azonal soil	Sol azonal
Brown soil	Sol brun
Brown forest soil	Sol brun forestier
Fen soil	Tourbière basse
Fossil soil	Paléosol
Gleyed forest soil	Sol forestier à gley
Gray brown podzolic soil	Sol lessivé
Gray wood soil	Sol gris forestier
Intrazonal soil	Sol intrazonal
Laterite soil	Sol latéritique
Polygonal soil	Sol polygonal
Prismatic soil	Sol polyédrique
Secondary soil	Sol allochtone
Solonetz soil	Sol désertique
Stationary soil	Sol superficiel
Top soil	Sol superficiel
Zonal soil	Sol zonal
Solar	Solaire
—**cell**	Cellule solaire
—**collector**	Collecteur solaire
—**constant**	Constante solaire
—**energy**	Énergie solaire
—**heat**	Chaleur solaire
—**salt**	Sel obtenu par évaporation au soleil
Sole	1) semelle, sole (d'une mine); 2) plan de chevauchement inférieur dans une série de nappes

—fault   Faille chevauchante sub-
                          horizontale
—injection   Intrusion plutonique sub-
                          horizontale
Soled cobble   Galet glaciaire à facettes
Soled pebble   Galet à facettes
Solenhofen stone   Calcaire lithographique
                          de . . . (Jurassique
                          sup.; Allem.)
Solfatara   Solfatare, fumerolle
Solfataric   Solfatarique
Solid   1) adj: solide, dur, con-
                          sistant; 2) n: corps
                          solide, solide
—beds   Couches dures
—fuel   Combustible solide
—geology   Géologie du substratum
—ground   Terrain ferme
—inclusion   Inclusion solide (Mi-
                          néral.)
—load   Charge solide
—soil   Sol dur, ferme
—solution   Solution monocristalline
—stage   État solide
—waste   Débris, déchets solides
Solidification   Solidification
Solidify (to)   Solidifier, se solidifier
Solidifying point   Point de solidification
Solidus   Solidus
Solifluction   Solifluxion
—bench   Banquette de solifluxion
—deposit   Dépôt de solifluxion
—festoon   Guirlande de solifluxion
—flow   Coulée de solifluxion
—lobe   Lobe de solifluxion
—loess   Loess soliflué
—pocket   Poche de solifluxion
—sheet   Manteau de solifluxion
—slope   Pente formée par soli-
                          fluxion
—stream   Coulée de solifluxion
—terrace   Replat de solifluxion
—wrinkle   Bourrelet de solifluxion
Checked solifluction   Solifluxion entravée
Impeded solifluction   Solifluxion entravée
Solitary coral   Coralliaire isolé
Solitary wave   Vague solitaire, lame de
                          fond
Sollar   Palier
Solod   Podzol de terrain salé
Solodization   Solodisation
Solodized solonetz   Solonetz solodisé
Solonchak   Solonchak (sol salin
                          blanc)
Solonetz   Solonetz (sol alcalin
                          noir)
Solstice   Solstice
Solubility   Solubilité

—curve   Courbe de solubilité
Solubilize (to)   Solubiliser
Soluble   Soluble
Solum   Partie supérieure du pro-
                          fil pédologique
Solute   1) adj: dissous; 2) n:
                          soluté
Solute (to)   Dissoudre
Solution   1) dissolution, solution;
                          2) altération chimique
                          pédologique
—basin   Cuvette de dissolution
—cavity   Cavité de dissolution
—facet   Facette de dissolution
—pan   Alvéole de dissolution
—pit   Cupule de dissolution
—residue   Résidu de dissolution
—valley   Vallée karstique
Aqueous solution   Solution aqueuse
Solutrean   Solutréen (industrie hu-
                          maine; Paléolithique
                          récent)
Solvan (Eur.)   Solvien (Étage; Cambrien
                          moy.)
Solve (to)   Résoudre (une équation)
Solvent   Solvant, dissolvant
—extraction   Extraction au solvant
—power   Pouvoir solvant
—treating   Raffinage par solvants
Solvus   Courbe de solvus
                          (Cristallogr.)
Sonar   Sonar
—target   Écho sismique
Long range sonar   Sonar à longue portée
Sonic altimeter   Écho sonde
Sonic drill   Appareil de forage par
                          vibrations
Sonic log   Enregistrement acousti-
                          que dans un forage
Sonobuoy   Bouée sonore
Sonograph   Sonographe (enregistreur
                          de sismique réflexion)
Sonometer   Sonomètre
Sonoprobe   Sonde acoustique, écho-
                          sondeur enregistreur
Sonorous   Sonore
Soot   Suie
Sooty   Fuligineux
—coal   Charbon gras
Sorb (to)   Adsorber
Sorosilicate   Sorosilicate, silicates en
                          chaînes
Sorption   Adsorption
Sorptive   Adsorbant
Sort (to)   Trier, classer, cribler,
                          séparer
Sortable   Triable
Sorted circles   Sols polygonaux (à

	bords de pierres tri-ées)	**Life span**	due de terrain, inter-valle Durée de vie
Sorting	Triage, classement	**Spangle**	Paillette
—coefficient	Coefficient de triage	**Spar**	Spath
—hammer	Massette de sheidage	**Adamantine spar**	Spath adamantin, corin-don
—index	Indice de triage granu-lométrique	**Diamond spar**	Spath adamantin
Sound	1) adj: solide, sain; 2) n: son; 3) n: détroit, bras de mer	**Fluor spar** **Greenland spar**	Fluorine Cryolithe
—velocity	Vitesse du son	**Heavy spar**	Barytine
—velocity log	Diagraphie de vitesse	**Satin spar**	Gypse fibreux
—wave	Onde sonore	**Slate spar**	Argentite
Sounding	Sondage	**Tabular spar**	Wollastonite
—balloon	Ballon sonde	**Sparagmite**	Sparagmite (Pétrogr.)
—borer	Tarière pédologique	**Sparite**	Sparite (Pétrogr.)
—line	Ligne, fil de sondage (hydrographie)	**Spark** **Sparker**	Étincelle Étinceleur, sparker (ap-pareil de sismique marine)
Soundness	Exactitude, solidité, va-lidité	**Sparkle (to)**	Étinceler, produire des étincelles
Soundstone	Phonolite (Pétrogr.)	**Sparnacian**	Sparnacien (Étage; Pa-léocène sup.)
Sour	1) corrosif, contenant du soufre; 2) acide, aigre	**Sparry**	A cristaux de spath, spathique
—humus	Humus acide		
—natural gas	Gaz naturel corrosif non désulfuré	**—coal**	Charbon à diaclases remplies de calcite
—oil	Pétrole sulfuré	**—iron**	Sidérite, sidérose
Source	1) source (d'un fleuve); 2) foyer (d'un trem-blement de terre); 3) origine d'un tir (sismi-que)	**—lode** **—limestone**	Filon de fluorine, calcite ou barytine 1) marbre à gros grains; 2) calcaire cristallin
—beds	Roches formatrices de pétrole	**Spate**	Crue, avalaison
—rock	Roche mère	**Spathic**	Spathique
South	Sud	**—iron**	Sidérose
Southerly	Au Sud, du Sud, vers le Sud	**Spathose** **Spatter**	Spathique Éclaboussure
—exposure	Adret, versant exposé au Sud	**—cone**	Cône volcanique secon-daire surbaissé formé de laves
Southern (adj.)	Sud, du Sud, méridional		
Southward	Vers le Sud	**—lava**	Lave projetée à l'état li-quide
Spa	Eau minérale		
Space	Espace	**—works**	Abatage hydraulique (mine)
—lattice	Réseau cristallin		
Spacing	Espacement, écartement	**Spatter (to)**	Éclabousser, jaillir
Spade	Bêche, pelle	**Spear pyrite**	Marcassite crêtée, pyrite crêtée
Spall	Fragment, éclat		
Spall (to)	1) faire éclater, briser; 2) broyer; 3) s'écailler, s'effriter, se desquamer	**Speciation** **Species** **Specific** **—capacity (of a well)**	Spéciation (Paléontol.) Espèce (Paléontol.) Spécifique Débit d'un puits
		—conductance	Conductivité spécifique
Spalling	1) effritement, de-squamation; 2) broyage; 3) scheidage	**—gravity** **—heat** **—name**	Densité Chaleur spécifique Nom d'espèce, nom spécifique
Spalls	Minerais de sheidage		
Span	1) court espace de temps; 2) petite éten-	**—retention**	Rétention d'eau (d'un sol)

Specimen	Spécimen, échantillon
Speck	1) tache, point, goutte, moucheture; 2) grain, particule
Speckled	Tacheté, moucheté, marbré
Spectral	Spectral
—analysis	Analyse spectrale
Spectral gamma-ray log	Diagraphie spectrale par rayons gamma (dans un forage)
Spectrogram	Spectrogramme
Spectrograph	Spectrographe
Spectrographic analysis	Analyse spectrographique
Spectrometer	Spectromètre
Grating spectrometer	Spectromètre à réseau
Spectrometric	Spectrométrique
Spectrometry	Spectrométrie
Spectrophotography	Spectrophotographie
Spectrophotometer	Spectrophotomètre
Spectrophotometry	Spectrophotométrie
Spectroscope	Spectroscope
Prism spectroscope	Spectroscope à prisme
Spectroscopic	Spectroscopique
Spectrum	Spectre
Diffraction spectrum	Spectre de diffraction
Magnetic spectrum	Spectre magnétique
Specular	Spéculaire, miroitant
—coal	Houille piciforme, pechkohle
—hematite	Oligiste
—iron	Hématite
—iron ore	Fer spéculaire, hématite
—schist	Itabirite
—slate ore	Itabirite
—stone	Mica
Specularite	Fer spéculaire, oligiste
Speed	Vitesse
Drilling speed	Vitesse de forage
Speiss cobalt	Cobalt arsenical
Speleogical	Spéléologique
Speleologist	Spéléologue
Speleology	Spéléologie
Speller	Zinc (du commerce)
Spent	Épuisé, usé
Sperrylite	Sperrylite (Minéral)
Spessartite	Spessartite (var. de grenat)
Spew ice	Aiguille de glace, pipkrake
Sphagnum	Sphaigne (tourbe de. . .)
Sphalerite	Sphalérite, blende
Sphene	Sphène, titanite
Sphenoid	Sphénoèdre (Cristallogr)
Sphenolith	Sphénolite; 1) coccolite; 2) lame intrusive
Sphenopsida	Sphénopsidés (Paléo-

	botanique)
Sphere	Sphère
Spheric, spherical	Sphérique
—weathering	Désagrégation en boules
Sphericity	Sphéricité
Spheroid	Sphéroïde
Spheroidal	Sphéroïdal
—jointing	1) prismation basaltique; 2) fissuration sphéroïdale
—structure	Structure orbiculaire
—weathering	Désagrégation en boules
Spherolite	Sphérolite
Spherosiderite	Sphérosidérite
Spherule texture	Texture sphérolitique
Sperulite	Sphérolite
Spherulitic	Sphérolitique
—ore	Particule de minerai à structure radiale
—texture	Structure de dévitrification (de verres volcaniques)
Spicule	Spicule (Paléontol.)
Spilite	Spilite (basalte altéré)
Spilitic	Spilitique
Spill (to)	1) répandre, renverser (un liquide), déborder; 2) s'écouler, se répandre
Spill point	Point de débordement
Spillage	1) débordement; 2) déchet
Spilling	1) débordement; 2) palplanches (Construction)
—flow lines	Directions d'échappement de gaz ou de pétrole à partir d'un gisement
—point	Point de débordement
Spillway	Canal de trop plein
Spin	Rotation, tournoiement
Spindle bomb	Bombe en fuseau
Spine (vocanic)	Aiguille (volcanique)
Spinel	Spinelle
—twin	Mâcle des spinelles
Spiniform	En forme d'épine
Spinning	1) mouvement de tournoiement; 2) affolement de l'aiguille aimantée d'une boussole
Spinning fiber	Asbeste (variété)
S.P. interval	Intervalle de temps entre les arrivées des ondes P et S
Spiracle	Spiracle (Paléontol.)
Spiral	Spiral, en spirales
Spiralium	Lophophore (Paléontol.)

Spire	Spire (Paléontol.)
Spirit	Alcool, essence
—of alum	Solution aqueuse de SO_2
—salt	Acide chlorhydrique
—of tin	Chlorure stannique
Splash (to)	Éclabousser, jaillir en éclaboussures
Splashy	Bourbeux
Splendent luster	Éclat resplendissant
Spliced veins	Filons anastomosés
Squamous	Écailleux
Square	Carré (n. et adj.)
—foot	Pied carré = 9,2903 décimètres carrés
—measure	Mesure de superficie
—work	Exploitation par piliers (mine)
Squat of ore (G.B.)	Nid de minerai
Squeeze	Compression, tassement
Squeeze out (to)	Comprimer, extraire
Squeezing	Compression
Squib	Canette, raclette (tir de mine)
Squibbing	Agrandissement par explosion (d'un trou de mine)
S surface	Surface de foliation, surface plane
Stab pipe (to)	Ajouter une nouvelle longueur de tige
Stability	Stabilité, solidité
—field	Domaine de stabilité (d'un minéral)
—series	Classement des minéraux en fonction de leur résistance à l'altération
Stabilize (to)	Stabiliser
Stabilized dune	Dune fixée
Stable	Stable
Stack	1) pilier, pinacle, éperon rocheux; 2) cheminée; 3) données sismiques devant subir une sommation
—gases	Gaz brûlés
Stacking	1) entassement, empilage; 2) sommation (Sism.)
Staddle (to)	Boiser, étayer
Stade (syn. stadial)	Sous-stade (glaciaire), stade secondaire, stadiaire
Stadial	Stadiaire
—moraine	Moraine de recul
Staff	1) équipe de recherches; 2) mire
—holder	Porte mire
Cross staff	Équerre d'arpenteur

Staffordian (Eur.)	Staffordien (Étage; Carbonifère sup.)
Stage	1) phase, stade, degré; 2) étage géologique; 3) palier (mine; 4) platine d'un microscope
—flotation	Flottation étagée
—of maturity	Stade de maturité (du relief)
—working	Exploitation en gradins, exploitation à ciel ouvert
Late stage crystallization	Dernier stade de cristallisation
Stagger (to)	Décaler, disposer en quinconce
Staggered wells	Puits disposés en quinconce
Stagnant	Stagnant, dormant
Stagnation	Stagnation (d'un glacier)
—degree	Degré de stagnation (de l'eau dans un sol)
Stain	1) tache, souillure; 2) couleur, colorant
Stain (to)	1) tacher, souiller; 2) colorer, teinter
Staining test	Test, essai de coloration (de minéraux)
Stake	Piquet, pieu, poteau
Stake (to)	Jalonner, piqueter, borner
Stalagmite	Stalagmite (Spéléologie)
Stalactite	Stalactite (Spéléologie)
Stalagtitic	Stalagtitique
Stall	1) chambre de grillage du minerai; 2) taille (mine)
Stall (to)	1) s'embourber, s'enliser; 2) caler (un moteur)
Stamp (to)	1) broyer, briser, concasser, bocarder (le minerai); 2) estamper (le métal), emboutir
Stampian	Stampien (Étage; oligocène; équiv. Rupélien)
Stamping	Bocardage
Stamp mill	Boccard, pilon
Stamp milling	Bocardage, broyage au bocard
Stanchion	Étai, appui, béquille
Stanchness	Étanchéité
Stand	1) longueur de tiges de forage vissées; 2) supppport, socle; 3) statif d'un microscope

Stand pipe	Colonne montante, circuit de refoulement d'une pompe à boue		(hydraulique)
Standage	Puisard (mine), collecteur d'eau	—metamorphism	Métamorphisme régional
		—pressure	Pression statique
Standard	1) adj.: de série, ordinaire; 2) n.: norme, étalon	—zone	Zone inférieure à la source d'une nappe d'eau
—barometer	Baromètre, étalon	Statics	1) perturbations atmosphériques; 2) mécanique statique
—deviation	Écart type		
—mineral	Minéral normatif, minéral virtuel	Station	1) station, usine électrique; 2) position (au sol d'un instrument)
—parallel	Parallèle de latitude		
—solution	Solution titrée	Nuclear power station	Centrale nucléaire
—stratum	Couche de référence	Stationary	Stationnaire
Stand of tide	Étale de la marée, marée étale	—rig	Installation de forage fixe
		—wave	Onde stationnaire
Standardization	1) normalisation; 2) étalonnage, titrage (chimie)	Statist	Statisticien
		Statistical	Statistique
		Statistics	Statistique
Standardize (to)	1) standardiser; 2) étalonner; 3) titrer (chimie)	Statute mile	Mille terrestre = 1609,31 m
		Staurolite	Staurotide (Minéral.)
Standing	A l'arrêt, au repos, fixe	Stave in (to)	Défoncer, enfoncer, effondrer
—mine	Mine au chômage		
—water	Eau stagnante	Stay	Support, étai, hauban
—water table	Nappe phréatique	Stay (to)	1) haubanner, étayer; 2) s'arrêter, demeurer
—waves	Ondes stationnaires		
Stannary	Mine d'étain	Stayer	Puits à production stable
Stannate	Stannate	Steady	Régulier, constant
Stannic	Stannique	Steady (to)	Fixer, ancrer
Stanniferous	Stannifère	Steady-state stream	Rivière régularisée
Stannite	Stannite	Steam	Vapeur
Stannous	Stanneux	—coal	Charbon pour production de vapeur
Stannum	Étain		
Star	1) adj.: étoilé; 2) n.: étoile, astre	—gauge	Manomètre
		—pressure	Pression de vapeur
—antimony	Antimoine métallique	—power station	Station thermique
—connection	Montage en étoile	Stearic acid	Acide stéarique
—metal	Antimoine métallique	Steatite	Stéatite, talc
—quartz	Quartz étoilé	Steatitic	Stéatiteux
—ruby	Rubis étoilé	Steatitization	Altération avec formation de talc
—sapphire	Saphir astérique		
Shooting star	Étoile filante	S tectonite	Roches présentant des structures planes
Starfish	Astérie, étoile de mer		
Start (to)	Commencer, faire démarrer	Steel	Acier
		—band	Lit de pyrite dans charbon (Illinois, U.S.A.)
Start (to) drilling	Commencer un forage		
Starting place	Point de départ (d'une avalanche)	—foundery	Fonderie d'acier
		—mill	Aciérie
Starved basin	Bassin sédimentaire à faible remplissage sédimentaire	—plant	Aciérie
		—works	Fonderie d'acier
		Steep	Escarpé, raide, à forte pente
State	État (physique)		
Liquid state	État liquide	—seam	Couche fortement inclinée
Static	Statique		
—gravimeter	Gravimètre non astatisé	Steephead	Niche (de source), surplomb, reculée
—head	Hauteur d'élévation		
		Steeply	En pente forte

—dipping lode	"dressant", filon forte-ment redressé	—vision	Vision en relief, stéré-oscopique
Steer	À fort pendage, forte-ment incliné (G.B.)	Stereoscopy	Stéréoscopie
Stegocephalia	Stégocéphales (Paléon-tol.)	Stereotriangulation	Triangulation aérienne
		Sterile	Stérile, terre stérile
Stegosauria	Stégosauriens (Paléon-tol.)	—coal	Schiste noir et argile sus-jacent au charbon (G.B.)
Stellate	Étoilé		
Stellated structure	Structure en étoile	Stevenson screen	Abri météorologique de Stevenson
Stellerite	Stéllerite (Minéral.)	Stibial	Antimonieux
Stem	Tige (de trépan)	Stibic	Stibique, antimonique
—stream	Axe fluvial	Stibium	Antimoine
Drill stem	Train de tiges	Stibnite	Stibine (antimoine sulfuré)
Drilling stem	Maîtresse tige	Stickiness	Viscosité
Stemmer	Bourroir (mine)	Sticky	Collant, visqueux, gluant
Stenohaline	Sténohalin	—point	Point d'adhésivité
Step	1) gradin, marche; 2) graduation; 3) phase, stade	Stiff	Raide, dur
		—clay	Argile peu plastique
		Stiffness	1) rigidité, dureté; 2) raideur (d'une pente)
—bit	Trépan à redans		
—fault	Faille en gradins, en es-calier	Stilbite	Stilbite (Zéolite)
		Still	1) adj.: calme, tran-quille; 2) n.: alambic, appareil à distillation
—fold	Flexure, pli monoclinal		
—out well	Puits d'extension		
—vein	Filon en gradins	—coke	Résidu de distillation de pétrole de schiste bi-tumineux
Confluence step	Gradin de confluence glaciaire		
Rock step	Gradin structural	—gas	Gaz de distillation
Stephanian	Stéphanien (Étage; Car-bonifère sup.)	—residue	Résidu de distillation
		—water	Eau stagnante
Stephanite	Stéphanite (Minéral.)	—water level	Niveau marin en eaux calmes
Steppe	Steppe		
—black earth	Sol noir steppique, tchernozem	Tar still	Cornue à goudron
		Stilpnomelane	Stilpnomélane (Minéral.)
—bleached earth	Sol salin lessivé acide	Stilpnosidérite	Limonite
—soil	Sol steppique	Stink coal	Résine fossile soufrée (dans lignite)
—solonchak	Sol salin blanc de steppe		
		Stink damp	1) gas d'explosion; 2) hydrogène sulfuré
Stepped	À gradins, en gradin, échelonné		
Steptoe	Relief résiduel, ilôt (en-touré de laves volcani-ques)	Stinking	Nauséabond, fétide
		Stinking schist	Schiste fétide
		Stinkstone	1) calcaire bitumineux; 2) roche fétide; 3) an-thraconite
Stereoautograph	Appareil de restitution photogrammétrique		
		Stirrer	Agitateur
Stereocomparator	Stéréocomparateur	Stock	1) stock, matière pre-mière; 2) petit massif intrusif
Stereocompilation	Stéréorestitution		
Stereographic projection	Projection stéréographi-que		
		—pile	Empilement de minerai
Stereo net	Stéréogramme (de Wulff)	—tank	Réservoir de stockage
Stereophotogrammetry	Stéréophotogrammétrie	Stockwork	Ensemble, réseau de fis-sures minéralisées dans la roche hôte
Stereoscope	Plaquette stéréoscopique, stéréoscope		
Scanning stereoscope	Stéréoscope à balayage	Stoichiometric	Stochimétrique
Stereoscopic	Stéréoscopique	Stoichiometry	Stechiométrie
—pair	Couple de photographies pour stéréoscopie	Stokes' law	Loi de Stockes (de chute des particules)

Stolon	Stolon (Paleóntol.)
Stomach stone	Gastrolite
Stone	1) pierre, caillou; 2) unité de poids = 6348 kg
—age	Âge de la pierre
—beach	Galet
—brash	Amas de pierres
—bubbles	Sphérolithes
—circle	Polygone de pierres
—coal	Anthracite
—crusher	Concasseur de pierres
—dresser	Tailleur de pierres
—drift	Galerie au rocher (mine)
—dust	Pulvérin rocheux
—flax	Amiante
—field	Perrier, chaos de blocs
—fragment	Débris pierreux
—gall	Concrétion d'argile dans des grès
—garland	Guirlande de pierres (périglaciaire)
—iron	Sidérolite
—lattice	Chaos de blocs
—man	Mineur au rocher
—mill	Concasseur de pierres
—net	Polygone de pierres
—oil	Pétrole
—packing	Perré
—pavement	Dallage de pierres (périglaciaire)
—pick	Pic au rocher
—pit	Carrière de roche
—polygon	Polygone de pierres
—polygon soil	Sol polygonal
—quarry	Polygone de pierres
—roofing slab	Lauze
—saw	Scie à pierres
—sawyer	Scieur de pierres
—slide	Éboulement, avalanche de pierres
—stripe	Sol strié
—work	1) travail au rocher; 2) maçonnerie
—wreath	Polygone de pierres
—yellow	Ochre jaune
Drip stone	Stalactite
Meteoric stone	Aérolithe
Stoniness	Abondance en fragments pierreux
Stoneware	Grès, poterie de grès
Stony	Pierreux, rocailleux
—desert	Désert pierreux
—land	Pays à sous-sol rocheux
—loam	Limon pierreux
—marl	Marne caillouteuse
—meteorite	Météorite silicatée
—soil	Sol pierreux

Stoop	Pilier (mine)
—and room system	Méthode des piliers et galeries
Stopcoking	Fermeture périodique d'un puits de pétrole
Stope	1) gradin; 2) exploitation en gradin
—face	Front d'abatage, front d'attaque
Underhand stope	Gradin droit
Overhand stope	Gradin renversé
Stope (to)	1) exploiter une mine en gradins; 2) abatre le minerai
Stoped out workings	Chantiers épuisés
Stoppage	1) arrêt; 2) obstruction, fermeture
Stoping, Stopping	1) abatage, exploitation; 2) barrage
—ground	Minerai prêt à être extrait
Cliff stoping	Sapement de falaise
Magmatic stoping	1) assimilation magmatique; 2) intrusion magmatique (acide)
Storage	Emmagasinage
Ground storage	Stockage en terre (de gaz)
Underground storage	Stockage souterrain
Storm	Orage, dépression, tempête
—beach	Levée de plage
—cloud	Nuée d'orage
—surge	Raz de marée
—tide	Raz de marée
—zone	Zone des tempêtes
—wave	Vague de tempête
—wave platform	Banquette de tempête
Magnetic storm	Orage magnétique
Stormy	Orageux
Stoss side	Côté en pente douce
Stoss and lee topography	Topographie glaciaire dissymétrique (roches moutonnées)
Stove	Étuve
—coal	Anthracite, charbon pour chauffage domestique
—sand	Sable étuvé
Stow (to)	Remblayer
Stowage	Remblayage
Stower	Remblayeur
Stowing	Remblayage
Straight	Droit, rectiligne
—chain hydrocarbon	Hydrocarbure à chaine droite
—down	À la verticale
—extinction	Extinction droite (minéral.)

—hole	Forage vertical
—run product	Produit de distillation directe
—through flow	Écoulement direct (de pétrole)
—well	Puits vertical
Straighten a drill hole (to)	Redresser un forage dévié
Strain	1) contrainte, effort; 2) déformation
—breaks	Fractures de compression
—ellipsoid	Ellipsoïde des déformations
—gauge	Tensiomètre
—hardening	Résistance progressive des roches à la déformation
—limit	Limite d'allongement
—shadows	Extinction ondulante (du quartz mylonitisé)
—slip cleavage	Clivage par pli-fracture
—waves	Ondes de déformation
Plastic strain	Déformation plastique
Strain (to)	1) exercer un effort, tendre, surtendre; 2) filtrer, passer (un liquide)
Strainer, strainer screen	Tamis, filtre, crépine, tamis
Straining	1) tension, filtration; 2) filtrage
Strait	1) adj.: étroit; 2) n.: détroit
Strand	1) rive, grève; 2) estran, plage; 3) fil, fibre, toron
—dune	Dune d'estran
—flat	Plate-forme côtière
—line	Ligne de rivage
—plain	Plaine littorale
Strand (to)	1) échouer, s'échouer; 2) toronner (un cordage)
Stranded moraine	Moraine latérale perchée
Strap (to)	1) déterminer le volume d'un réservoir (pétrole); 2) mesurer la profondeur d'un puits
Strap in (to)	Mesurer les longueurs de tubes d'un sondage
Strath	1) vallée large régularisée (U.S.A.); 2) vallée remplie de dépôts fluvio-glaciaires (Écosse)
—terrace	Terrasse rocheuse recouverte d'un mince placage alluvial (U.S.A.)
Stratic	Stratigraphique
Straticulate	Finement stratifié, zoné
Stratification	Stratification
—foliation	Disposition en feuillets de minéraux parallèlement au litage
—plane	Plan de stratification
Stratified	Stratifié
—cone	Strato-volcan
—debris slope	Éboulis stratifié
—drift	Moraine fluvio-glaciaire
—rock	Roche sédimentaire
—water	Eau composée de couches de densité variable
Stratiform	Stratiforme
Stratify (to)	Être stratifié
Stratigrapher	Stratigraphe
Stratigraphic, stratigraphical	Stratigraphique
—break	Lacune stratigraphique
—classification	Classification stratigraphique
—column	Colonne stratigraphique
—control	Contrôle stratigraphique
—correlation	Corrélation stratigraphique
—gap	Lacune stratigraphique
—hiatus	Lacune stratigraphique
—leak	Infiltration de fossiles dans strates inférieures
—map	Carte structurale
—paleontology	Paléontologie stratigraphique
—pile	Colonne stratigraphique
—range	Répartition stratigraphique
—section	Coupe structurale
—separation	Rejet stratigraphique
—sequence	Séquence stratigraphique
—throw	Rejet stratigraphique
—trap	Piège stratigraphique
—unit	Unité stratigraphique
Stratigraphy	Stratigraphie
Stratocone	Stratocône, volcan stratifié
Stratocumulus cloud	Strato-Cumulus (Météorol.)
Stratosphere	Stratosphère
Stratovolcano	Stratovolcan
Strat-trap	Piège stratigraphique
Stratum, strata (pl.)	Couche géologique, strate, lit
—plain	Pénéplaine structurale

Overlying stratum	Couche sus-jacente	**Streamer**	Flûte sismique, traîne sismique (cable enregistreur sismique tracté par bateau)
Underlying stratum	Couche sous-jacente		
Stratus	Stratus		
Stray	1) adj.: diffus, dispersé; 2) n.: dispersion (électricité)	**Streaming**	1) séparation du minerai du gravier par eau courante; 2) exploitation d'étain alluvionnaire
—**block**	Block erratique		
—**lines**	Lignes de dispersion		
—**current**	Courant vagabond		
Streak	1) raie, strie; 2) trait, couleur de la poudre de minerai; 3) bande de minerai, lentille de sable; 4) panachure (Pédol.)	**Streamlet**	Petit ruisseau, ruisselet
		Streamline flow	Écoulement laminaire
		Streamy	Riche en cours d'eau
		Strength	1) résistance, rigidité, force; 2) richesse en minerai; 3) intensité
—**plate**	Plaque de porcelaine pour essai à la touche	—**of a lode**	Richesse d'un filon
Streak (to)	Rayer, strier	—**of magnetic field**	Intensité du champ magnétique
Streaked	1) rayé, rayuré; 2) zoné		
Streakiness	1) linéation; 2) état rayé	**Breaking strength**	Résistance à la rupture
Streaky	1) rayé, rayuré; 2) zoné, bariolé	**Compressive strength**	Résistance à la compression
—**structure**	Structure zonée, bariolée	**Impact strength**	Résistance au choc
Stream	1) fleuve, rivière; 2) courant, cours d'eau, filet d'eau	**Shearing strength**	Résistance au cisaillement
—**bank erosion**	Érosion des berges	**Yield strength**	Limite d'élasticité
—**bed**	Lit d'un fleuve	**Wind strength**	Force du vent
—**bottom soil**	Sol fluviatile	**Stress**	Effort, tension, contrainte
—**capacity**	Capacité fluviatile		
—**frequency**	Densité de drainage fluviatile	—**diagram**	Diagramme des forces
		—**ellipsoid**	Elipsoïde des pressions
—**gradient**	Pente d'un fleuve	—**mineral**	Minéral de pression
—**flow**	Écoulement fluviatile	—**pressure**	Pression orientée (tectonique, non hydrostatique)
—**gold**	Or alluvionnaire		
—**lava**	Coulée de lave		
—**load**	Charge fluviatile	**Bending stress**	Tension
—**order**	Ordre, catégorie d'un cours d'eau (ex: ruisselet = 1er ordre)	**Breaking stress**	Résistance à la rupture, effort de rupture
		Permissible stress	Contrainte admissible
—**piracy**	Capture d'un cours d'eau	**Tensile stress**	Effort de traction
		Yield stress	Effort de torsion
—**terrace**	Terrasse fluviatile	**Stretch**	1) allongement, extension; 2) étendue de pays, bande de terrain; 3) direction d'un filon (mine)
—**tin**	Cassitérite alluvionnaire		
—**transportation**	Transport fluviatile		
—**tributary**	Affluent		
—**works**	Exploitations alluvionnaires	**Stretch (to)**	1) tendre, tirer, étirer, élargir; 2) s'étirer, s'allonger
Boulder stream	Coulée de blocs		
Branch stream	Fleuve anastomosé	**Stretched**	Étiré
Collecting stream	Collecteur	—**limb**	Flanc étiré
Lava stream	Coulée de lave	—**modulus**	Coefficient d'élasticité
Main stream	Rivière principale	—**pebbles**	Galets étirés
Master stream	Rivière principale	—**texture**	Linéation
Side stream	Cours d'eau secondaire	—**thrust**	Flanc inverse étiré
Trunk stream	Axe fluvial	**Strewing sand**	Sablage
Stream (to)	Couler, s'écouler, ruisseler	**Stria, striae (pl.)**	Strie, rayure
		Striate (to)	Strier
		Striated	Strié

—boulder	Bloc strié
—pebble	Galet strié
—soil	Sol strié terreux
Striation	Striation
Strike	1) direction, orientation (d'une couche de terrain ou d'une faille); 2) découverte d'un nouveau gisement
—fault	Faille directionnelle longitudinale
—joint	Diaclase longitudinale
—line	Isohypse, ligne d'égale altitude
—separation	Rejet longitudinal d'une faille
—shift	Composante horizontale du rejet
—slip	Rejet horizontal d'une faille
—slip fault	Décrochement
—stream	Fleuve monoclinal
—valley	Vallée longitudinale
Line of strike	Direction
Strike (to)	1) frapper, faire jaillir des étincelles; 2) suivre la direction de; 3) découvrir (un filon)
To strike bed rock	Rencontrer le fond solide
String	1) filon, petite veine (de minerai), veinule; 2) tige, train de tiges (forage)
—galvanometer	Galvanomètre à fil
—of casing	Colonne de tubage
—of rods	Train de tiges
Oil string	Colonne de production
Water string	Colonne de tubage
Stringer	1) petit filon, veinule; 2) chef de chantier de pose
—zone	Zone d'écrasement à nombreux filonnets minéralisés
String up (to)	Appareiller (forage)
Stringing	1) alignement des tiges de forage placées bout à bout; 2) bardage (des tubes d'un pipeline)
Stringy	Fibreux
Strip	Bande
—cropping	Culture en bandes parallèles
—mine	Mine à ciel ouvert
—mining	1) exploitation par excavateurs; 2) déblaiement, décapage des

	morts-terrains
—of land	Bande de terre
Strip (to)	Dépouiller, extraire, enlever, décaper, découvrir, exploiter
Strip off (to)	Décaper
Stripe	Raie, rayure, bande, hachure
Striped ground	Sol strié
Stripped	Décapé
—plain	Plaine décapée des roches tendres, ayant pour soubassement une roche plus dure
—structural terrace	Terrasse structurale décapée de ses terrains superficiels
Stripper	Excavateur (mine), déboiseur (mine)
Stripper well	Puits marginal presque improductif
Stripping	1) extraction; 2) décapage des morts terrains, dépilage
Stripping plant	Installation de distillation primaire, de rectification (pétrole)
Glacial stripping	Ablation glaciaire
Strombolian eruption	Éruption de type strombolien
Stromatolite	Stromatolite
Stromatoporoids	Stromatoporoïdés (Paléontol.)
Strong	1) concentré, fort; 2) grand, important; 3) dur, difficile à casser (Écosse)
—acid	Acide concentré
Strontian	Strontianite (Minéral.)
Strontianiferous	Contenant du strontium
Strontianite	Strontianite
Strontium	Strontium
Structural	Structural
—basin	Cuvette synclinale
—bench	Atténuation de pendage
—bulge	Gonflement anticlinal
—contour	Isohypse (d'un niveau repère)
—contour line	Courbe de niveau
—contour map	Carte structurale
—control	1) contrôle structural; 2) gîtologie structurale (des minerais)
—discordance	Discordance tectonique
—geology	Géologie structurale
—high	Dôme anticlinal
—low	Synclinal
—nose	Saillant anticlinal

—plain	Pénéplaine structurale faiblement inclinée		anguleux
		Subaqueous	Subaquatique
—saddle	Abaissement axial	—gliding	Glissement sous-aquatique
—terrace	Terrasse tectonique		
—trap	Piège structural	—slide	Glissement sous-aquatique
—valley	Vallée tectonique		
Structure	Structure	Subarctic	Subarctique
—contour	Isohypse	Subarid	Subaride
—contour map	Carte structurale à courbes de niveau	Subarkose	Grès arkosique (ayant de IO à 25% de feldspath)
—hole	Sondage géologique		
—section	Diagramme structural	Subatlantic	Subatlantique (intervalle; ~ derniers 2500 ans)
Banded structure	Structure rubanée		
Columnar structure	Structure prismée (des basaltes)	Sub-bituminous coal	Lignite
		Subboreal	Subboréal (intervalle; ~ entre −5000 et −2500 ans)
Flow structure	Structure fluidale		
Folded structure	Structure plissée		
Homoclinal structure	Structure homoclinale	Subclass	Sous-classe
Imbricate structure	Structure en écailles	Subcoastal plain	Plate-forme continentale submergée
Laminated structure	Structure en feuillets		
Layer lattice structure	Structure réticulaire feuilletée	Subcrop	Contact de couches sous jacentes discordantes avec d'autres plus récentes, sous-affleurement
Monoclinal structure	Structure monoclinale		
On structure	Structure favorable (au gisement de pétrole)		
		Subcropping stratum	Couche sous-jacente à une discordance
Prismatic structure	Structure prismée		
Salt structure	Dôme de sel	Subcrustal	Subcrustal
Superimposed structure	Structure superposée	Subcrystalline	Subcristallin
Table-like structure	Structure tabulaire	Subdelta	Sous-delta
Thrust structure	Structure charriée	Subdivide (to)	Subdiviser, se subdiviser
Unconformable structure	Structure discordante	Subdivision	Subdivision
Structured salt soil	Solonetz (sol salin)	Subdrift	Galerie costresse (mine)
Structureless	Amorphe	Subduct (to)	Passer dessous
—saline soil	Sol salin blanc non structuré, solontchak	Subduction	Subduction (de plaques)
		—zone	Zone de subduction
Strunian (Eur.)	Strunien (Étage; Dévonien sup. terminal)	Subdued	Atténué, adouci, diffus
		—landscape	Relief adouci
Strut	Étai, traverse, arc-boutant	Subfacies	Sous-faciès, faciès secondaire
Strutting	Étaiement (mine)	Subfamily	Sous-famille
Stucco	Stuc	Subfluvial	Sous-fluvial
Stuff	1) minerai mélangé à la gangue; 2) produits d'extraction	Subgelisol	Subpergélisol (niveau non gelé sous pergélisol)
Stuffed mineral	Minéral à structure spongieuse		
		Sub-genus, sub-genera (pl.)	Sous-genre
Stulled stope	Taille étayée (mine)	Subglacial	Sous-glaciaire
Stump	Pilier (de charbon)	—planing	Rabotage glaciaire
Stylolith	Stylolite (joint irrégulier de pression-solution)	—polishing	Rabotage glaciaire
		—sapping	Rabotage glaciaire
Stylolitic	Stylolitique	—wash	Moraine
Subaerial	Subaérien	Subgrade	Soubassement
—erosion	Érosion subaérienne	Subgraywacke	Grauwacke appauvri en feldspath
Subalkali	Subalcalin		
Suballuvial bench	Pédiment sous-jacent au remblaiement de la bajada	Subgroup	Sous-groupe
		Subhedral	Hypidiomorphe
Subangular	Subanguleux, légèrement	Subhercynian Orogeny	Orogénèse sub-hercy-

	nienne (Crétacé terminal)
Subjacent	Sous-jacent
Subirrigation	Irrigation souterraine
Subkingdom	Sous-règne
Sublacustrine	Sous-lacustre
Sublayer	Couche sous-jacente
Sublevel	Galerie intermédiaire (mine)
Sublimate	Sublimé
Sublimate (to)	Sublimer
Sublimation	Sublimation
—vein	Gîte d'émanation
Sublittoral	Sublittoral, néritique
Submarine	Sous-marin
—bar	Crête sous-marine
—bulge	Delta sous-marin
—canyon	Canyon sous-marin
—coast	Côte de submersion
—fan	Delta de canyon sous-marin
—oil	Formation pétrolifère sous-marine
—rise	Haut-fond sous-marin
—valley	Canyon sous-marin
Submerge (to)	Submerger, noyer
Submerged shore line	Côte de submersion
Submergence	Submersion, affaissement
Submersion	Submersion
Submetallic luster	Éclat sub-métallique
Submorainic deposits	Moraine stratifiée
Suborder	Sous-ordre
Subpolar	Subpolaire
Subrosion	Dissolution de roches salines
Subrounded	Subarrondi, presque arrondi
Subsequent	Subséquent
—fault	Faille subséquente
—stream	Fleuve subséquent
—valley	Vallée subséquente
Subside (to)	1) tomber, s'affaisser, se tasser, s'enfoncer; 2) baisser, s'abaisser
Subsidence	1) affaissement, subsidence, effondrement, fondis; 2) décrue d'une rivière
Subsidiary	Subsidiaire, auxilliaire
—anticline	Anticlinal secondaire
—stream	Rivière tributaire
Subsiding area	Zone d'affaissement
Subsilicate	Silicate basique
Subsilicic rock	Roche basique (teneur en silice inférieure à 52½)
Subsoil	Sous-sol

Subsoiling	Soussolage
Subspecies	Sous-espèce
Substage	1) sous-étage (Stratigr); 2) sous-platine (Minéral.)
Substance	Substance
Substilize (to)	Sublimer, se sublimer
Substitution	Substitution, remplacement
—vein	Filon minéralisé de substitution
Substratum	Substratum, couche inférieure
Substructure	Infrastructure
Subsurface	Subsurface
—contours	Isohypses
—eluviation	Infiltration et écoulement souterrain
—geology	Géologie de subsurface
—irrigation	Irrigation souterraine
—storage	Stockage souterrain
—water	Eau souterraine
Subterposition	Sous-jacence
Subterrane	Substratum
Subterranean, subterraneous	Souterrain
—water	Eau souterraine
Subtilling	Soussolage
Subtranslucent	Semi-transparent
Subtransparent	Peu transparent
Subtropical	Subtropical
—high	Anticyclone subtropical
Subtrusion	Subtrusion
Sub-type	Sous-type (Paléontol.)
Subvitreous	Subvitreux
Subway	Passage souterrain
Succession of strata	Succession de couches
Succinite	Succinite, ambre
Sucked stone	Pierre poreuse
Sucker rod	Tige de pompage
Suck up (to)	Sucer, aspirer, pomper (un liquide)
Suction	Aspiration, succion
—dredge	Drague aspirante
—pump	Pompe aspirante
Sudetan (Sudetic) Orogeny	Orogénèse sudète (Carbonifère inf. à moy.)
Suffione	Soufflard
Sugar loaf	Relief en pain de sucre
Sugary grain	Saccharoïde
Sugary quartz	Quartz granuleux et friable (G.B.)
Suite	1) ensemble, cortège (Pétrogr., Minéral.); 2) série (Stratigr.)
Sulcus	Sinus, sillon (Paléontol.)
Sulfate	Sulfate
Sulfide	Sulfure

—zone	Zone sulfurée
Sulfur	Soufre
—bacteria	Thiobactérie
—balls	Concrétion de pyrite dans le charbon
—dioxyde	Anhydride sulfureux
Sullage	1) limon fluviatile; 2) eau d'égout
Sulphate	Sulfate
Sulphated	Sulfaté
Sulphation	Sulfatation
Sulphatize (to)	Transformer en sulfate
Sulphide	Sulfure
—mineral	Minéral sulfuré
—ore	Minerai sulfuré
—zone	Zone sulfurée (d'un minerai)
Antinomy sulphide	Stibine
Sulphidic	Sulfuré
Sulphohalite	Sulfohalite (Minéral.)
Sulphosalt	Sulphosel
Sulphur	Soufre
—ball	Rognon de pyrite
—bearing	Sulfurifère
—dioxide	Anhydride sulfureux
—fume	Vapeur sulfureuse
—mine	Soufrière
—mud	Boue sulfureuse
—ore	Pyrite
—pit	Soufrière
—water	Eau sulfureuse
—works	Raffinerie de soufre
Ruby sulphur	Réalgar
Sulphuretted	Sulfuré, soufré
Sulphuric	Sulfurique
—spring	Source sulfureuse
Sulphurite	Soufre natif
Sulphurous	Sulfureux
Sulphury	Sulfureux
Summation curve	Courbe granulométrique cumulative
Summation method	Méthode de sommation
Summit	Sommet, crête
Sump	1) puisard (mine); 2) bassin à boue (forage)
Sun	Soleil
—crack	Fissure de dessication
—opal	Opale de feu
—spot	Tache solaire
Sunken	1) noyé; 2) affaissé, enfoncé, abaissé
Sunny side	Adret, versant ensoleillé
Sunshine	Ensoleillement
Sunstone	Var. d'oligoclase
Supercool (to)	Surfondre
Supercooled	Surfondu
Supercooling	Surfusion
Superficial	Superficiel
—crust	Encroûtement superficiel
—deposits	Sédiments quaternaires ou actuels
—erosion	Érosion superficielle, érosion en nappe
—mull	Humus doux superficiel
Superfluent lava	Lave débordante (du cratère)
Supergene	Supergène (ex. dissolution, hydratation, oxydation)
Supergene enrichment	Enrichissement secondaire
Superglacial	Supraglaciaire (ex. transport)
Superheating	Surchauffe (magmatique)
Superimposed	Surimposé
—river	Rivière surimposée
—valley	Vallée surimposée
Superimposition	Surimposition, épigénie
Superincumbent	Superposé
Superindividual	Grain minéral isolé par fragmentation de minéral plus gros
Superjacent	Superposé
Supermorainic deposits	Moraine stratifiée
Supernatant	Surnageant
Superpose (to)	Superposer
Superposed stream	Fleuve surimposé
Superposition	Superposition (principe de . . .)
Supersaturate	Sursaturer
Supersaturated solution	Solution sursaturée
Supersaturation	Sursaturation
Superstage	Surplatine (de microscope)
Superstratum	Couche supérieure, couche sus-jacente
Superstructure	Plis superficiels
Superterranean	Subaérien
Supplementary contour	Courbe de niveau intercalaire
Support	Soutènement, support (mine)
Support (to)	Soutenir, étayer (mine)
Supporting	Point d'appui, soutènement, pilier
Supracapillary space	Macroporosité
Supracretaceous	Supracrétacé
Supragelisol	Suprapergélisol
Supralittoral zone	Zone supralittorale
Supratenuous folding	Plissottement par tassement différentiel
Surf	Ressac, brisants
—zone	Zone des brisants
Surfaceman	Ouvrier du jour
Superficial	Superficiel
Surface	Surface

—anomalies | Anomalies géophysiques de surface
—bed | Couche superficielle
—break | Affaissement de surface, fondis
—correction | Correction des mesures géophysiques relatives aux couches superficielles
—cover | Couverture végétale
—geology | Géologie des formations superficielles et des horizons supérieurs des couches sous-jacentes
—mine | Mine à ciel ouvert
—mining | Exploitation à ciel ouvert
—moraine | Moraine superficielle
—of no strain | Surface de contrainte nulle
—of unconformity | Surface de discordance
—plant | Installation de surface, carreau
—pressure | Pression superficielle
—runoff | Écoulement superficiel
—shooting | Tir en surface
—soil | Sol superficiel
—staff | Personnel du jour (mine)
—tension | Tension superficielle
—termination | Affleurement
—velocity | Vitesse superficielle des ondes
—water | Eau de ruissellement
—wave | Onde superficielle
—work | Travail au jour
—working | Exploitation à ciel ouvert
Surfuse (to) | Surfondre
Surfusible | Surfusible
Surfusion | Surfusion
Surge | 1) houle, lame de fond; 2) avancée rapide (d'un glacier)
—channel | Chenal, entaille (de récif) par déferlement
—zone | Zone de balayage sous-marin (entre 0 et 18 m)
Surging sea | Mer houleuse
Surimposition | Surimposition
Surrounding | Environnant
Survey | 1) étude, examen attentif; 2) levé, lever, relevé (topographique, cartographique); 3) bureau d'études
—company | Section topographique
—net | Canevas topographique
—vessel | Navire hydrographe

Aerial survey | Levé photogrammétrique
Geological survey | Bureau d'études géologiques
Survey (to) | 1) examiner, mettre une question à l'étude; 2) faire le levé de, arpenter; 3) inspecter, visiter
Surveying | Étude (topographique, géologique, géodésique, hydrographique), prospection, arpentage
—camera | Appareil de prises de vues
—compass | Boussole
—instrument | Instrument topographique
—rod | Jalon (d'arpenteur)
—ship | Navire hydrographique
Geophysical surveying | Prospection géophysique
Naval surveying | Hydrographie
Photographic surveying | Photogrammétrie
Surveyor | 1) ingénieur (topographe, géographe, hydrographe); 2) inspecteur; 3) arpenteur, géomètre
—chain | Chaîne d'arpenteur
—level | Niveau à lunette
—of mines | Inspecteur des mines
—transit | Théodolite à boussole
Susceptibility | Susceptibilité, sensibilité
Magnetic susceptibility | Susceptibilité magnétique
Suspended | 1) en suspension, flottant; 2) suspendu
—load | Matériaux transportés en suspension, charge en suspension
—sediment | Sédiment en suspension
—solids (S.S.) | Polluants solides restant en suspension
—water | Eau vadose
Suspension | Suspension
—current | Courant de turbidité
—load | Charge en suspension
Suture line | 1) ligne de suture (Paléontol.); 2) ligne téctonique, structurale majeure
Suture joint | Stylolite
Suturing | Soudure (de plaques lithosphériques)
Suecofennian | Suecofennien (division du Protérozoïque; bouclier baltique)
Swale | 1) dépression marécageuse; 2) bas-fond; 3) dépression morainique

Swallet	1) nappe d'eau souterraine (mine), irruption d'eau; 2) fissure aquifère karstique, aven
Swallow hole	1) aven, abîme, avaloire, bétoire, gouffre, puits naturel; 2) perte d'un fleuve
Swallow tail twin	Mâcle en fer de lance
Swamp	Marais, marécage, bas-fond
—much	Tourbe peu consolidée
—ore	Limonite
—theory	Théorie autochtone de formation du charbon
Swampy	Marécageux
—ground	Fondrière
—toundra soil	Sol marécageux de toundra
Swarm	Groupe, essaim
Fissure swarm	Groupe de fissures
Swash	1) jet de rive; 2) onde de translation; 3) chenal navigable
—mark	Marques de plage (par déferlement)
Swash (to)	Faire jaillir de l'eau, clapoter
S wave	Onde transversale
Sway	Balancement, oscillation, mouvement de va-et-vient
Sweat	Suintement, condensation
Sweep	Balayage (électronique)
Sweep away (to)	Emporter
Sweeping row	Ligne de balayage
—line	Ligne de balayage
Sweet	Doux
—crude	Pétrole brut non sulfuré
—gas	Gaz non corrosif
—soil	Sol neutre
—water	Eau douce
Swell	1) anticlinal à grand rayon de courbure; 2) bombement, renflement; 3) mont sous-marin; 4) houle
—length	Longueur d'onde de la houle
Ground swell	Houle de fond
Swell (to)	1) enfler, bomber, gonfler; 2) s'enfler
Swell and swale topography	Topographie en creux et bosse, topographie morainique bosselée
Swelling	1) adj.: gonflant; 2) n.: gonflement, renflement
—clay	Argile gonflante
Swimming stone	Variété d'opale de densité inférieure à 1
Swinestone	Calcaire fétide, bitumineux
Swing	Oscillation, va-et-vient
—moor	Marais tremblant
—sieve	Tamis oscillant
Swing (to)	Osciller, faire basculer, faire osciller
Swinging	Oscillation, balancement
—of meander	Déplacement du méandre
Swirl	Remous, tourbillon, tourbillonnement, brassage
Swirl (to)	Tourbillonner, faire tournoyer, brasser
Swirling	1) adj.: tourbillonnant; 2) n.: tourbillon
Swivel	1) touret; 2) tête de sonde
Swivelling	Pivotant
Syenite	Syénite (Pétrol.)
—aplite	Aplite syénitique
—pegmatite	Pegmatite syénitique
Syenitic	Syénitique
Syenodiorite	Monzonite (Pétrol.)
Syenogabbro	Gabbro alcalin (à orthose)
Syenoid	Syénite à felspathoïdes
Sylvanite	Sylvanite (Minéral.)
Sylvinite	Sylvinite (halite et sylvite)
Sylvite	Sylvite, Sylvine (Minéral.)
Sylvogenic soil	Sol forestier
Symbiosis	Symbiose
Symmetrical	Symétrique
—fold	Pli symétrique
Symmetry	Symétrie
—axis	Axe de symétrie
—plane	Plan de symétrie
Bilateral symmetry	Symétrie bilatérale
Pentamerous symmetry	Symétrie de type 5
Plane of symmetry	Plan de symétrie
Radial symmetry	Symétrie radiale
Symplektic intergrowth	Association symplectique (Pétrol.)
Synchronal, synchronous	Synchrone
—deposits	Dépôts synchrones
Synchroneity	Synchronisme (de 2 couches)
Synclase	Synclase, fissure de retrait
Synclinal	Synclinal
—axis	Axe du synclinal
—bend	Charnière synclinale
—closure	Cuvette synclinale

—limb	Flanc synclinal
—trough	Dépression synclinale
Upstanding synclinal	Synclinal perché
Syncline	Synclinal, pli synclinal
Closed syncline	Synclinal fermé
Synclinore, synclinorium	Synclinorium
Syneresis	Synérèse (départ d'eau au cours de la diagénèse d'une roche)
Synform	Structure synforme (sans connaissance de la polarité stratigraphique)
Syngenesis	Syngénèse (diagénèse précoce)
Syngenetic	Syngénétique
Syngenite	Syngénite (Minéral.)
Syngony	Syngonie
Synkinematic	Syntectonique
Synorogenic	Syntectonique
Synplutonic dike	Filon plus ou moins contemporain de la mise en place du pluton
Synsedimentary	Synsédimentaire
Syntaxis	Convergence de chaînes montagneuses
Syntaxy	Syntaxie (Minéral.)
Syntectic magma	Magma syntectique
Syntectonic	Syntectonique
Syntexis	Syntexis, assimilation magmatique
Synthesis	Synthèse
Synthetic	Synthétique
—crude	Pétrole synthétique
—fault	1) faille conforme; 2) faille secondaire parallèle à la faille principale (U.S.A.)
Syntype	Syntype (Paléontol.)
System	Système (Stratigr.)
Systematics	Classification et taxonomie (Paléontol.)

T

Tabetisol (cf talik) — Tabétisol, zone profonde du sol non gelée, (sous mollisol)

Table — Table, plateau
—land — Plateau
—like-structure — Structure tabulaire
—mount — Guyot, volcan sous-marin
—mountain — Montagne tabulaire
—slate — Schiste ardoisier
—spar — Wollastonite
Glacier table — Table de glacier
Inclined oil-water table — Surface de contact pétrole-eau
Tide tables — Annuaire des marées
Turn table — Table de rotation (forage)

Tabular — Tabulaire
—crystal — Cristal tabulaire
—jointing — Division en bancs
—spar — Wollastonite
—structure — Structure tabulaire
Tabulata — Tabulés (Paléontol.)
Tacheometer — Tachéomètre, tachymètre
Tacheometric survey — Levé tachéomètrique
Tacheometry — Tachymétrie
Tachygenesis — Tachygénèse
Tachylyte, tachylite — Tachylite (verre volcanique)
Tachymeter — Tachéomètre, tachymètre
Tachymetrical — Tachéomètrique
Tachymetry — Tachéomètre, tachymétrie

Taconic, taconian — Taconique
—orogeny — Orogénèse taconique (Ordovicien moy. à sup.)
Taconite — Taconite (minerai de fer)
Tactite — Tactite (Pétrol.)
Tag (to) — Marquer (radioactivité)
Tagged atom — Atome traceur
Taghanican (North Am.) — Taghanicien (Étage; Dévonien moy.)

Taiga (USSR) — Taïga
Tail — Extrémité, queue
—of a bar — Extrémité aval d'un banc de sable
Tailing out — Biseautage (d'une couche)
Tailings, tails — 1) Résidus de distillation; 2) Refuts, rebuts de tamisage ou de triage de minerais; 3) Résidu, rejet
—heap — Tas de résidu, halde
Take (to) — Prendre
—a core — Prélever une carotte
—down — Démonter
—out the pillars — Dépiler, enlever les piliers de charbon, déhouiller
Take-off post — Bras de balancier (pétrole)

Talc — Talc
—schist — Talcschiste
—slate — Talcschiste
Talcite — 1) talcite (minéral.); 2) talcschiste
Talcochloritic — Talcochloritique
Talcomicaceous — Talco-micacé
Talcose, talcous — Talqueux
—granite — Protogine
—schist — Schiste talqueux
Talcum — Talc
Talcy — Talqueux
Talus (scree, U.K.) — Talus
—accumulation — Cône d'éboulis
—cone — Cône d'éboulis
—creep — Solifluxion
—fan — Cône de déjection
—glacier — Talus d'éboulis mouvant, glacier rocheux

Tame landscape — Relief pénéplané
Tamiskamian (see Timiskamian) — Timiskamien (Précambrien)
Tamp (to) — Damer, pilonner, tasser, bourrer, compacter
Tamper — Bourroir
Tamping — Bourrage (mine)
—plug — Cartouche de bourrage
—rod — Bourroir
Tangent — 1) adj: tangent; 2) n: tangente
Tangential — Tangentiel
—fault — Faille subhorizontale, chevauchement
—stress — Effort tangentiel
—thrust — Poussée, charriage tangentiel
—wave — Onde de cisaillement
Tangled channels — Réseau fluviatile entrelacé, en tresse
Tangue (French) — Tangue (fines particules calcaires)
Tank — 1) réservoir, citerne; 2) dépression aquifère

234

Tankage	1) stockage (en réservoir); 2) contenance d'un réservoir	**T.D. (total depth)**	Profondeur totale (d'un forage)
Tanker	1) bateau citerne; 2) pétrolier	**t. direction**	Direction du mouvement d'un plan tectonique
Methane tanker	Méthanier	**Tear**	Déchirement
Tantalite	Tantalite (Minéral.)	**—fault**	Faille de déchirement, décrochement, faille transversale
Tantalum, tantal	Tantale		
Tape	Ruban		
—line	Décamètre magnétique	**Tear (to)**	Déchirer, arracher
—recorder	Enregistreur magnétique	**Technical**	Technique
Magnetic tape	Bande magnétique	**Technicality**	Technicité
Taper	1) adj: conique; 2) n: cône, conicité	**Technically**	Techniquement
		Technician	Technicien
Taper out (to)	S'effiler, se terminer en biseau	**Technology**	Technologie
		Tectiform	Tectiforme
Tapered	Conique, effilé	**Tectofacies**	Tectofaciès: faciès lié à l'évolution tectonique
Taphonomy	Taphonomie (spécialité de la paléoécologie)		
		Tectogene	Tectogène: zone faillée profonde
Taphrogenesis	Taphrogénèse (formation des rifts)		
		Tectogenesis	Tectogénèse (formation des montagnes)
Taphrogeny	Taphrogénie (cf taphrogénèse)		
		Tectomorphic	Tectomorphique, deutéromorphique
Taphrogeosyncline	Taphrogéosynclinal (géosynclinal entre failles)		
		Tectonic	Tectonique
		—basin	Dépression tectonique
Tapiolite	Tapiolite (Minéral.)	**—breccia**	Brèche tectonique
Tapping	Soutirage (fluviatile)	**—cycle**	Cycle orogénique
Tar	Goudron, bitume	**—fabric**	Faciès tectonique (ex: mylonite)
—pit	Lac, trou de bitume		
—pitch	Goudron de houille	**—facies**	Disposition structurale
—pool	Lac de bitume	**—framework**	Cadre tectonique
—sands	Sables bitumineux	**—map**	Carte tectonique
Bituminous tar	Goudron bitumineux	**Tectonics**	Tectonique
Coal tar	Goudron de houille	**Folding tectonics**	Tectonique de plissement
Wood tar	Goudron végétal	**Tectonite**	Mylonite, roche mylonitisée
Tarannon (Eur.)	Tarranien (Étage; Silurien inf.)		
		Tectonosphere	Tectonosphère (équiv.: croûte)
Tardiglacial	Tardiglaciaire (mal défini: entre dernière glaciation et post-glaciaire)		
		Tectosilicate	Tectosilicate (silicates, à tétraèdres en structure à 3 dimensions)
Tarn (Etym.: Icelandic)	Lac de cirque		
Tarnish	Terne	**Tectotope**	Tectotope: milieu de même condition tectonique (terme déconseillé)
Tarry	Goudronneux		
Tartarian (USSR) (or tatarian)	Tartarien (Étage; Permien sup.)		
Taurite	Taurite (var. de rhyolite)		
Tasmanite	Tasmanite (mineral résineux)	**Teeth**	1) dents, dentition (Paléontol.; Vertébrés); 2) dents (Lamellibranches)
Taxitic structure	Structure taxitique (roche volcanique)		
		Tektite	Tectite (Pétrol.)
Taxodont dentition	Taxondontie (Paléontol.)	**Telemagmatic rocks**	Roches magmatiques éloignées du centre instrusif
Taxon (pl.: taxa, taxons)	Taxon (Paléontol.)		
Taxonomic	Taxonomique	**Telemeter**	Télémètre
Taxonomy	Taxonomie, classification systématique	**Telemetering**	Télémesure
		Telemetry	Télémétrie
Tayloran (North Am.)	Taylorien (Étage; Crétacé sup.)	**Teleosts, teleostei**	Téléostéens (Poissons)
		Telescope	Téléscope

Telescopic	Téléscopique
Telescoping deposits	Sédiments chevauchant, recouvrant d'autres terrains
Teleseism	Téléseisme
Telethermal ore deposits	Gisements minéraux superficiels produits par solutions hydrothermales ascendantes
Telethermal water	Eau téléthermale, eau endogène d'origine lointaine
Tellurian	Tellurien (des profondeurs de la Terre)
Telluric	Tellurique
—acid	Acide tellurique
—current	Courant tellurique
Telluride	Tellurure (composé)
Telluriferous	Tellurifère
Tellurite	Tellurite (Minéral.)
Tellurium	Tellurium
—dioxide	Tellurite
Tellurobismuthite	Tellurobismuthite
Temblor (Spanish)	Tremblement de terre
Temper	Trempe
Temper (to)	1) tremper, durcir; 2) gâcher
—steel	Tremper l'acier
—plaster	Gâcher du plâtre
Temperate	Tempéré
—glacier	Glacier de type tempéré
Temperature	Température
—correction	Correction de température
—drop	Chute de température
—fluctuation	Fluctuation de température
—gradient	Gradient thermique
—range	Gamme de température
—recorder	Enregistreur de température
Average temperature	Température moyenne
Low temperature	Basse température
Mean temperature difference	Écart moyen de température
Tempering	1) trempe, durcissement; 2) gâchage
Template, templet	Jauge, calibre, cannevas
Template method	Méthode de triangulation radiale
Temporary hardness of water	Dureté d'une eau carbonatée
Tennantite	Tennantite (Minéral.)
Tenor	Teneur d'un minerai
Tenorite	Ténorite (Minéral.)
Tensibility	Extensibilité
Tensile	Extensible, extensile
—bending test	Essai de rupture par flexion
—force	Force de traction
—strain	Déformation due à la traction
—strength	Résistance à la traction
—stress	Effort de traction
—test	Essai à la traction
Tensility	Extensibilité
Tension	1) extension, traction, tension; 2) pression; 3) tension (électricité)
—bar	Éprouvette de traction
—cracks	Fissures d'extension
—fault	Faille normale d'extension
—fracture	Fracture d'extension
—gash	Fissure d'extension tectonique
—test	Essai de rupture
—of steam	Pression de vapeur
Tensional	D'extension
Tensile	Extensible, extensile
Tentacle	Tentacule (Invertébrés)
Tenuous	Mince, effilé, raréfié
Tephra	Projections volcaniques
Tephrite	Téphrite (roche effusive à caractère basaltique)
Tephrochronology	Téphrochronologie (datation par les cendres volcaniques)
Tephroite	Téphroïte (Minéral.)
Terebratula	Térébratule (Paléontol.)
Teredo attack	Corrosion par les tarets
Terminal moraine	Moraine frontale
Ternary diagram	Diagramme triangulaire
Ternary system	Système à trois composants (ex: CaO-Al203-SiO2)
Terra	Terre
—cotta clay	Argile réfractaire
—empelitis	Schiste ampéliteux
—ponderosa	Barytine
—rossa	Terra rossa
Terrace	Terrasse
—height	Altitude relative d'une terrasse
—level	Niveau de terrasse
—scarp	Talus de terrasse
Aggradational terrace	Terrasse alluviale construite
Alluvial terrace	Terrasse alluviale
Climatic terrace	Terrasse climatique
Eustatic terrace	Terrasse eustatique
Fill terrace	Terrasse d'accumulation
Fill and fill terrace	Terrasses emboîtées
Fluvial terrace	Terrasse fluviatile
Fluvio-glacial terrace	Terrasse fluvio-glaciaire
Inner valley terrace	Terrasse emboîtée

Inset terrace	Terrasse emboîtée
Matched terraces	Terrasses couplées
River terrace	Terrasse fluviatile
Rock terrace	Terrasse rocheuse
Slipp-off terrace	Terrasse polygénique
Stopped, stopping terrace	Terrasse étagée
Strath terrace	Terrasse rocheuse
Stream terrace	Terrasse fluviatile
Structural terrace	Replat structural
Tectonic terrace	Terrasse tectonique
Valley-plain terrace	Terrasse rocheuse
Terraced, terraciform	En terrasse
Terracette	Terrassette (gradin de solifluxion)
Terrain	1) terrain; 2) ensemble de strates
—analysis	Analyse de terrain
—correction	Correction topographique
—factors	Facteurs de terrain
Terrane (obsolete)	1) terrain, région; 2) formation géologique
Terraqueous water	Eau souterraine
Terrene (rare)	1) terreux; 2) terrestre
Terrestrial	Terrestre, continental
—magnetism	1) champ magnétique terrestre; 2) magnétisme terrestre
Terrigenous, terrigene	Terrigène
Territory	Territoire
Terrometer	Détecteur magnétique (d'objets souterrains)
Tertiary	Tertiaire (Période; Cénozïque)
Tervalent	Trivalent
Teschenite	Teschénite (Pétrol.)
Tesseral	Cubique
—system	Système cubique, régulier
Test	Essai, épreuve, expérience, test
—bar	Éprouvette (pour essai)
—boring	Songage d'exploration
—glass	Éprouvette (de laboratoire)
—paper	Papier réactif
—pit	Puits de recherche, trou d'exploration
—tube	Éprouvette, tube à essais
—well	Puits d'exploration
Bending test	Essai de flexion
Breaking test	Essai de rupture
Laboratory test	Essai en laboratoire
Production test	Essai de production (pétrole)
Tensile test	Essai de traction
Testing	Essai, épreuve
—drill	Sonde de prospection
Tethyan ocean	Téthys (géosynclinal: Permien à début Tertiaire)
Tethys	Téthys
Tetrachloride	Tétrachlorure
Tetracoral	Tétracoralliaire
Tetracorallia	Tétracoralliaires
Tetradymite	Tétradymite (Minéral.)
Tetragonal system	Système quadratique
Tetrahedral	Tétraédrique
—site	Emplacement d'un atome dans le tétraèdre silice oxygène
Tetrahedrite	Tétraédrite (Minéral.)
Tetrahedron	Tétraèdre
Tetrahexahedron	Tétrahexaèdre, cube pyramidé
Tetrapoda	Tétrapodes (Paléontol.)
Tetravalent	Tétravalent
Texture	1) structure, agencement des minéraux; 2) texture
Banded texture	Structure zonée
Brecciated texture	Structure bréchoïde
Dendritic texture	Structure dendritique
Foliate texture	Structure foliacée
Granule texture	Structure granulaire
Serrate texture	Structure engrenée
Textural	Textural
Thalassic	Thalassique
—rock	Roche abyssale
Thallasocratic	Thallasocratique
Thallophyta	Thallophytes (Algues et champignons)
Thalweg	Thalweg, fond de vallée
Thanatocoenose	Thanatocoenose (accumulation fossilifère post mortem)
Thanecian (obsolete)	Thanétien (Étage; Paléocène)
Thanetian	Thanétien (Étage; Paléocène)
Thanet sands	Sables thanétiens
Thaw	Dégel
—depression	Dépression thermo-karstique
—lake	Lac thermokarstique
Thaw (to)	Dégeler, fondre
Thawing	Dégel, fonte
Theca (pl. thecae)	Thèque (Paléontol.)
Thenardite	Thénardite (Minéral.)
Theodolite	Théodolite (Topographie)
Theoretical	Théorique
Theoretically	Théoriquement
Theory	Théorie, hypothèse
Theralite	Théralite (var. de gabbro)
Therm	Therm = 25200 calories

Thermae	Sources thermales
Thermal	1) thermal; 2) thermique
—analysis	Analyse thermique
—capacity	Chaleur spécifique
—depression	Dépression atmosphérique thermique
—efficiency	Rendement thermique
—equator	Équateur thermique
—expansion	Dilatation thermique
—gaze	Émanations gazeuses thermales
—gradient	Gradient thermique
—logging	Diagraphie thermique
—metamorphism	Thermométamorphisme
—pollution	Pollution thermique
—shrinkage	Retrait par refroidissement
—spring	Source thermale
—stratification	Stratification thermique
—unit	Unité thermique (calorie)
—water	Eau thermale
Thermality	Thermalité
Thermic	1) thermique; 2) thermal
Thermochemistry	Thermochimie
Thermocline	Thermocline (limnologie)
Thermodynamic, thermodynamical	Thermodynamique
—metamorphism	Thermométamorphisme
Thermodynamics	Thermodynamique
Thermograph	Thermomètre enregistreur
Thermography	Thermographie
Aerial thermography	Thermographie aérienne
Thermokarst	Thermokarst
—pit	Dépression thermokarstique
Thermohaline circulation	Circulation thermique des eaux marines
Thermoluminescence	Thermoluminescence
Thermolysis	Thermolyse
Thermometamorphism	Thermométamorphisme
Thermometer	Thermomètre
—calibration	Étalonnage du thermomètre
—screen	Abri météorologique
—well	Puits thermométrique
Bimetallic thermometer	Thermomètre à bilame
Recording thermometer	Thermomètre enregistreur
Thermometric, thermometrical	Thermométrique
—hydrometer	Densimètre à corrections thermométriques
—scale	Échelle thermométrique
Thermomineral	Thermominéral
Thermonatrite	Thermonatrite (Minéral.)
Thermosphere	Thermosphère
Thermostable	Thermostable
Thetis' hair-stone	Quartz à inclusions aciculaires d'actinolite
Thick	Épais, puissant
—bands	Lits de vitrain (cf charbon)
—beds	Couche épaisse
—seam	Gîte important
Thick-bedded	À lits épais (de 65 cm à 120 cm)
Thicken (to)	Épaissir
Thickening	Épaississement
Thickness	Épaisseur, puissance
Actual thickness	Épaisseur réelle
Working thickness	Ouverture de la taille (mine)
Thief formation	Formation fissurée, poreuse
Thill	1) mur (d'une couche), Écosse; 2) mince couche d'argile réfractaire
Thin	Mince, fin, ténu
—bedded	Finement stratifié (lits de 0,5 à quelques cm d'épaisseur)
—plate	Lame mince
—section	Lame mince
—sectioning	Confection de lames minces
—walled	À parois minces
Thin (to)	1) amincir, diminuer, amenuiser; 2) s'amincir, s'amenuiser
—down	Amincir, diluer
—out	Se terminer en biseau
Thinly bedded (thin bedded)	Finement stratifié
Thinness	Faible épaisseur, minçeur
Thinning	Amincissement
Thixotropic	Thixotropique
Thixotropy	Thixotropie (forte cohésion des sédiments fins non dérangés)
Tholeiite	Tholéiite, tholéyite
Tholeiitic	Tholéiitique
—basalt	Basalte tholéiitique
—magma	Magma tholéiitique
Thomsonite	Thomsonite (zéolite)
Thorianite	Thorianite (Minéral.)
Thorite	Thorite (Minéral.)
Thorium	Thorium
Thread of ore	Veinule de minerai
Thread of water	Filet d'eau
Three dimensional map	Carte en relief
Three-dimension dip	Pendage réel d'une couche souterraine (sismique)
Three-faceted stone	Galet à 3 facettes, galet éolisé, dreikanter

Three-layer structure	Phyllite à trois feuillets	—gauge	Marémètre, marégraphe
Threshold	Seuil, haut-fond	—island	Presqu'île
—pressure	Seuil de déformation	—lines	Laisses de marée
—velocity	Vitesse limite, vitesse minimale de transport (éolien, etc . . .)	—marks	Laisses de marées
		—pole	Marémètre
		Ebb tide	Jusant
Thrible board	Plate-forme d'accrochage (forage)	Falling tide	Marée descendante
		High tide	Marée haute
Throat	Cheminée magmatique	Low tide	Marée basse
Through	À travers	Neep tide	Marée de mortes-eaux
—coal	Charbon tout venant	Rising tide	Marée montante
Throughput	Débit, consommation	Spring tide	Marée de vives-eaux
Throw	1) rejet vertical d'une faille; 2) composante verticale du rejet	Tideland area	Terrain inondable
		Tideless	Sans marée
		Tideway	Chenal de marée
Throw (to)	Jeter, rejeter	Tiemannite	Tiemannite (Minéral.)
Throwing clay	Argile plastique	Tiff (U.S.A., S.W. Missouri)	Calcite cristalline
Thrown side	Compartiment affaissé, lèvre affaissée (d'une faille)	—S.E. Missouri	Barytine cristalline
		Tiger eye, tiger's eye	Oeil de tigre, crocidolite (ou sa pseudomor- phose en quartz)
Thrown wall	Lèvre abaissée		
Thrusting	Charriage, poussée	Tight	Étanche, serré, bien ajusté, imperméable
Thulite	Thulite (var. de Zoïsite)		
Thunder	Tonnerre	—fold	Pli fermé
—egg (popular: USA; Or.)	Concrétion siliceuse, gé- ode siliceuse dans laves	—sand	Sable compact, peu per- méable
		—sandstone	Grès compact, colmaté
Thunderbolt	Foudre	Tightly compressed fold	Pli fermé, serré
Thunderstorm	Orage	Tightness	Étanchéite
Thuringian (Eur.)	Thuringien (Étage; Per- mien sup.)	Tiglian	Tiglien
		Tile	Tuile, carreau, brique
Tickle (Can.)	Passe (dans un cordon littoral)	—earth	Terre à brique
		—ore	Cuprite terreuse, cuivre rouge
Tidal	De marée, à marée,		
—bore	Mascaret	—stone	Tuile, brique
—channel	Chenal de marée, passe	Tile clay	Argile à briqueterie
—compartment	Tronçon fluviatile à marée	Till	Till, moraine glaciaire, argile à blocaux (an- cien)
—current	Courant de marée		
—delta	Delta de marée	—fabric	Structure du till, struc- ture tridimensionnelle (des éléments grossiers)
—estuary	Estuaire de marée		
—flat	Estran		
—inlet	Passe		
—marsh	Marais littoral	Subglacial till	Moraine till de fond, sous-glaciaire
—pool	Sillon de plage, sillon prélittoral		
		Subaqueous till	Moraine till glacio-marine
—prism	Amplitude des marées, marnage	Upper till	Moraine till superficielle
		Tillage	Labourage, agriculture
—river	Rivière à marée	Tillite	Tillite, till consolidé
—scour	Affouillement, érosion de marée	Tilt	1) inclinaison, pente, basculement; 2) dis- torsion photogram- métrique due à l'inclinaison de prise de vue
—stream	Courant de marée		
—wave	Raz de marée		
—zone	Zone intertidale, zone de balancement des ma- rées		
		—meter	Clinomètre
Tide	Marée	—slide	Éboulis de pente, éboulis de gravité
—gage	Échelle de marée		

Tilt (to) — 1) incliner, pencher; 2) être incliné, se pencher

—up (to) — Basculer
Tilting of strata — Inclinaison des couches
Timber — Bois, bois de charpente
—drawer — Déboiseur (mine)
—drawing — Déboisage
—line — Limite de la zone forestière
—preservation — Traitement préventif des bois de mine
—set — Cadre de boisage (mine)
Mine timber — Bois de mine
Mining timber — Bois de mine
Timber (to) — Boiser (un puits de mine)
Timbering — Boisage
Time — Temps
—belt — Fuseau horaire
—correlation — Chronostratigraphie, chronologie
—depth curve — Courbe temps-profondeur
—distance curve — Courbe temps-distance
—gradient — Variation du temps de propagation avec la profondeur
—firing — Instant d'explosion
—lag — Retard
—span, lapse — Laps de temps
—of transit — Temps de propagation
Timiskamian (North Am.) — Timiskamien (Division du Précambrien: Archéen sup.)
Tincal, tinkal — Tincal (Borax brut natif)
Tinguaite — Tinguaïte (var. de phonolite)
Tinned — Étamé
Tinning — 1) étamage; 2) étamure
Tin — 1) étain; 2) fer blanc
—bearing — Stannifère
—deposit — Gîte stannifère
—dredge — Drague à étain
—dredging — Draguage stannifère
—dressing — Préparation du minerai d'étain
—ground — Terrain stannifère
—lode — Filon d'étain
—mine — Mine d'étain
—ore, placer — Gîte alluvionnaire de cassitérite
—plate — Fer blanc
—pyrite — Stannite
—smeltery — Fonderie d'étain
—spar — Cassitérite
—stone — Cassitérite
—stuff — Cassitérite mélangée à sa gangue

—white cobalt — Smaltite
—works — Smaltite
Tint — Teinte, nuance
Tintometer — Colorimètre
Tioughiogan (North Am.) — Tioughiogien (Étage; Dévonien moy.)
Tip — 1) extrémité, pointe; 2) basculeur, verseur; 3) dépôt de déblais; 4) accumulation de neige d'avalanche
Tip (to) — Basculer, renverser
Tipped block — Bloc basculé
Tipping car — Wagonnet basculant (mine)
Tipple car — Culbuteur (mine)
Titanate — Titanate
Titanaugite — Augite titanifère
Titangarnet — Grenat titanifère
Titanhornblende — Hornblende titanifère
Titanic — Titané
—anhydrite — Dioxyde de titane (rutile, brookite)
—iron ore — Ilménite, fer titané
—oxide — Titane oxydé, rutile
—schorl — Titane oxydé, rutile
Titaniferous — Titanifère
—iron ore — Fer titané, ilménite
Titanite — Titanite, sphène
Titanitic — Titanitique
Titanium — Titanium, titane
Titanmica — Mica titanifère
Titanoferrite — Ilménite, fer titané
Titanomagnetite — Titanomagnétite
Titanomorphite — Titanomorphite
Titanous — Titaneux
Titantourmaline — Tourmaline titanifère
Titer test — Essai de titrage
Tithonian (Eur.) — Tithonique (faciès du Portlandien)
Title of gold — Titre de l'or
Titrate (to) — Titrer
Titration — Titrage
Tjäle, (Swedish), Tjaele — Tjäle, gélisol
Toad's eye tin — Cassitérite en nodules zonés
Toadstone — 1) crapaudine, pierre de crapaud; 2) roches ignées ou pyroclastiques (Derbyshire)
Toarcian — Toarcien (Étage; Lias sup.)
Toe — Front d'éboulement, rebord d'éboulis
Glacier toe — Front d'une langue glaciaire (glacier de vallée)
Tombolo — Tombolo, isthme

Ton	Tonne
Ton avoir-du-poids (G.B.); long ton, gross ton	= 1016,05 Kg (tonne forte)
Short ton (U.S., Can.)	= 907,185 Kg (tonne courte)
Metric ton, tonne	= 1000 Kg (tonne métrique)
Tonalite	Tonalite, diorite quartzique
Tone	Ton, nuance
Tongrian	Tongrien (Étage; Oligocène inf.)
Tongue of land	1) langue de terre, péninsule; 2) biseau, lentille (de sédiments)
Mud tongue of land	Langue de boue (périglaciaire)
Tonnage	Tonnage
Tonne (Metric ton)	Tonne (= 1000 kg)
Tonolowayan (North Am.)	Tonolowayien (Étage; Silurien sup.)
Tonowandan (USA. N.Y.St.)	Tonowandien (Étage; Silurien moy.)
Tool	Outil
—mark	Marque de courant, figure sédimentaire en cavité parallèle au courant
Tooth	Dent (Paléontol.)
Toothing	Dentition (Paléontol.)
Top	Cîme, sommet, point le plus haut, limite supérieure d'une couche
—hole	Trou de toit (mine)
—pressure	Pression du toit
—rod	Tête de sonde
—set beds	Lits deltaïques sommitaux
—soil	Couche arable
—wall	Toit (mine)
Bed top	Toit de la couche
Formation top	Toit de la formation
Topaz	Topaze
—safranite	Citrine, quartz jaune
—quartz	Citrine
False topaz	Citrine, quartz jaune
Topazite	1) andradite (var. de grenat); 2) roche filonienne à quartz et topaze
Topazolite	Topazolite (Var. de grenat)
Topic	Sujet
Topographer	Topographe
Topographic, topographical	Topographique
—adjustment	Adaptation du réseau
—adolescence	Stade d'adolescence
—correction	Correction de terrain
—high	Hauteur
—infancy	Stade infantile
—low	Dépression
—map	Carte topographique
—maturity	Stade de maturité
—old age	Stade de sénilité, de pénéplanation
—sheet	Planchette topographique
—survey	Levé topographique
—unconformity	Discordance topographique
—youth	Stade de jeunesse
Topography	Topographie
Topotype	Topotype (Paléontol.)
Topping	Distillation fractionnée
—plant	Unité de fractionnement
—tower	Colonne de fractionnement
Topsoil	Sol superficiel, horizon A
Tor (G.B.)	1) pic, sommet, pinacle; 2) blocs, roches isolées par érosion
Tor (U.S., obsolete)	Roche moutonnée
Torbanite	Torbanite (var. de schiste bitumineux)
Torbernite	Torbernite (Minéral.)
Tornado (tornadoes, pl.)	Tornade
Torpedo (to) a well	Torpiller un puits
Torrent	Torrent, gave
—track	Trajet, tracé torrentiel
Torrential	Torrentiel
Torrentially	Torrentiellement
Torrid	Torride
Torsion	Torsion
—balance	Balance de torsion
—coefficient	Coefficient de torsion
—period	Période d'oscillation
—shear test	Essai de cisaillement par torsion
—wire	Fil de torsion
Torsional	De torsion
—strain	Déformation due à la torsion
—strength	Résistance à la torsion
—test	Essai de torsion
Torridonian (Scotland)	Torridonien (Division du Précambrien sup.)
Tortonian	Tortonien (Sous-étage; Miocène moy.)
Toscanite	Toscanite (Pétrol.)
Total	Total
—depth	Profondeur limite d'un puits
—displacement	Rejet net
—recovery	Quantité totale de pétrole extrait d'un puits

—reflection	Réflexion totale
—solids	Résidus
—throw	Rejet total
—time correction	Correction globale du temps de propagation
Touchstone	Pierre de touche, lydienne
Tough	Tenace, résistant
Toughness	Ténacité, résistance
Tourmaline	Tourmaline
—granite	Granite à tourmaline
—rock	Roche à quartz et tourmaline
Tourmalinization	Tourmalinisation
Tournaisian	Tournaisien (Sous-étage ou étage; Carbonifère inf.)
Toxic, toxical	Toxique
Toxicity	Toxicité
Tower (U.S.A.: Wyo.)	Pic, piton
T. plane	Plan de réarrangement cristallophyllien (des gneiss)
Trace	1) enregistrement graphique, trace, spot; 2) trace, tracé (d'une faille); 3) trace, petite quantité infinitésimale
—element	Élément trace
—fossil	Empreinte fossile, structure fossile
—intensity	Intensité minimum (d'enregistrement sismique)
Trace (to) a lode	Suivre un filon
Tracer	Traceur
Radioactive tracer	Traceur radioactif
Trachiae	Trachée (Paléontol.)
Trachyandesite	Trachyandésite (Pétrol.)
Trachybasalt	Trachybasalte
Trachyte	Trachyte (Pétrol.)
Trachytic	Trachytique
—lava	Lave trachytique
Trachytoid	Trachytoïde
—phonolite	Phonolite à néphéline
—structure	Structure trachytoïde
Track	Tracé, piste, voie
Avalanche track	Couloir d'avalanche
To lay the track	Poser la voie (mine)
Trackless system	Système sans rails (mine)
Traction	Transport de fond (ex: fluviatile), transport par traction
Tractional load	Charge de fond, charge fluviatile transportée au fond
Tractive current	Courant de traction, de

	transport fluviatile de fond
Trade-wind, trades	Alizé
Trail	Trace, piste, sentier
—of fault	Brèche de faille indiquant la direction de la faille
Train	1) alignement de blocs glaciaires; 2) train (d'ondes); 3) série de réflections (sur séismogramme)
Train (to)	Tracer, suivre (mine)
—a lode	Suivre un filon
Training	1) entraînement; 2) éducation, instruction
Tram, for ore	Berline, benne à minerai
Tram (to)	Rouler, pousser (mine)
Trammer	Rouleur (mine)
Transcrystalline	Intracristallin, transcristallin
Transcurrent fault	Décrochement, faille à déplacement horizontal, faille d'arrachement, faille transversale
Transection glacier	Glacier réticulé, transfluent
Transformation	Changement de phases, transformation (ex: quartz quartz B)
Transform fault	Décrochement, faille transformante, faille transversale
Transformism	Transformisme (théorie du . . .)
Transient methods	Méthodes électriques
Transgression	1) G.B. discordance; 2) U.S. transgression
Transgressive	1) G.B. discordant; 2) U.S. transgressif
Transit compass	Théodolite à boussole
Transit instrument	Lunette méridienne
Transition	Transition, état intermédiaire
—bed	Couche de transition
Translated rock-sheet	Nappe de charriage
Translatory wave	Vague de translation
Translucent	Translucide
Transmutation	Transmutation, décomposition radioactive
Transparent	Transparent
Transport	Transport (fluviatile, etc.)
Transportation by water	Transport par les eaux
Transported soils	Sols alluviaux peu évolués
Transporting power	Puissance de transport
Transvaal jade	Grenat grossulaire
Transversal	Transversal

Transversally	Transversalement		trépidation
Transverse	Transversal	—earth	Secousse sismique
—crevasse	Crevasse transversale	Trempealeauan (North	Trempéaléanien (Étage;
—dune	Dune transversale	Am.)	Cambrien terminal)
—fault	Faille transversale	Trench	1) fosse sous-marine,
—fold	Pli croisé		fosse de subduction;
—lamination	Stratification entrecroisée		2) fossé, tranchée
—section	Coupe transversale	—excavator	Excavatrice
—valley	Cluse, vallée transversale	Trenching	Excavation de trenchée,
—wave	Onde transversale		terrassement
Trap	1) piège (de pétrole),	Trend	1) direction (d'un pli);
	réservoir fermé,		2) tendance, direction
	étanche; 2) trapp,		générale
	roche éruptive sombre	Fault trend	Direction d'une faille
—door	Porte d'aération (mine)	Change in trend	Changement de direction
—fault (U.S.)	Faille circulaire	Trentonian (North Am.)	Trentonien (Étage; Or-
—rock	Roche effusive, ou intru-		dovicien moy.)
	sive (diabase)	Trepan	Trépan
Fault trap	Piège de faille	Trestle	Chevalet (mine)
Oil trap	Piège à pétrole	Trial	Essai, expérience
Reservoir trap	Piège à pétrole	—boring	Sondage de reconnais-
Stratigraphic trap	Piège stratigraphique		sance
Structural trap	Piège structural	—hole	Sondage d'exploration
Trapezohedron	Trapézoèdre	—pit	Puits d'exploration
Trapped oil	Pétrole piégé	Triangular	Triangulaire
Trash	Détritus, déchets, dé-	—diagram	Diagramme triangulaire
	combres	Triangulate (to)	Trianguler
—ice	Débris de banquise	Triangulation	Triangulation
Trass	Trass (Pétrol.)	—point	Point géodésique
Travel time	Temps de propagation	Trias	Trias (Période;
Travelled boulder	Bloc erratique		Mésozoïque)
Traverse	Ligne transversale (levé)	Triassic	Triasique
Travertine	Travertin, tuf calcaire	Triboluminescence	Triboluminescence
Tray	Plateau de colonne (pé-	Tributary river	Affluent
	trole)	Trichite	Trichite (Pétrol.)
Tread	Marche horizontale	Trickle (to)	Couler, suinter, s'infiltrer
	(d'une pente en gra-	Trickling	Écoulement goutte à
	dins)		goutte
Treasure finder	Détecteur magnétique	Triclinic	Triclinique
Treat (to)	Traiter, purifier	—system	Système triclinique
Treating	Traitement, purification	Tricone rock bit	Trépan tricône
—plant	Usine de purification	Tridymite	Tridymite (Minéral.)
Treatment	Traitment, purification	Trigonal system	Système rhomboédrique
Tree agate	Agate arborescente	Trigonometric, trigono-	Trigonométrique
Tree-like river system	Réseau hydrographique	metrical	
	dendritique	—survey	Triangulation trigono-
Trellis drainage pattern	Réseau orthogonal, type		métrique
	appalachien	Trilobita, trilobite	Trilobite (Paléontol.)
Trellised drainage	Réseau fluviatile rec-	Trigonometry	Trigonométrie
	tangulaire, en grillage	Trimetric	Orthorhombique
Tremadocian (Eur.)	Trémadocien, Trémadoc	Trimorphism	Trimorphisme (Cristal-
	(Étage; Ordovicien		logr.)
	inf.)	Trinitian (North Am.)	Trinitien (Étage; Crétacé
Tremolite	Trémolite		inf.)
—actinolite series	Série d'amphiboles	Triphane	Spodumène, triphane
	(trémolite-actinote)	Trioctahedral	Trioctaédrique
Tremometer	Sismographe	Triphyline, triphylite	Triphylite (Minéral.)
Tremor	Tremblement, secousse,	Triple	Triple

—junction | Rencontre de trois plaques lithosphériques
—point | Point triple (Thermodynamique)
Triploidite | Triploïdite (Minéral.)
Tripoli | Tripoli, diatomite
Tripolite | Tripoli, diatomite
Trisoctahedron | Octaèdre pyramidé
Tristetrahedron | Tétraèdre pyramidé
Tritium | Tritium
Triturate (to) | Triturer, réduire en poudre
Trituration | Trituration
Trivalent | Trivalent
Trivial name | Nom d'espèce (Paléontol.)
Trochiform | Conique (Paléontol.)
Troctolite, troctolyte | Troctolite (var. de gabbro)
Troglodytic, troglodytical | Troglodytique
Troilite | Troïlite (minéral des météorites)
Trommel | Trommel, trieur, crible rotatif
Trommel (to) | Passer au trommel
Troostite | Troostite (Minéral.)
Tropic, tropical | 1) adj: tropical; 2) n: tropique
—cyclone | Cyclone tropical
—easterlies | Alizés tropicaux
Tropopause | Tropopause
Troposphere | Troposphère
Trouble | 1) faille, dislocation; 2) difficulté, panne
Trough | 1) dépression, axe synclinal, gouttière synclinale; 2) auge glaciaire; 3) creux de vague
—axis | Axe synclinal
—bend | Charnière synclinale
—limb | Flanc inverse d'un pli
—of a syncline | Charnière synclinale
—valley | Vallée en auge, vallée synclinale
Fault trough | Fossé tectonique
Glacial trough | Auge glaciaire
Oceanic trough | Fosse océanique
Trowel | Truelle
Truck | Camion, wagon
Recording truck | Camion laboratoire
True | Vrai, véritable, réel
—dip | Pendage vrai
—folding | Flexure
—lode | Fissure minéralisée
—north | Nord astronomique
—ruby | Rubis oriental

Truncate (to) | Tronquer
Trucation | Truncature
Trunk glacier | Glacier principal
Trunk stream | Fleuve principal (central par rapport au réseau fluviatile)
Tschernosem, tschernozem (of chernozem) | Chernozem (Pédol.)
Tsunami | Raz de marée, tsunami
Tub | Benne, berline, wagonnet
Tube | Tube, tuyau
—extractor | Extracteur de tubes
Decantation tube | Tube à décantation
Settling tube | Tube à sédimentation
Tubing | Colonne d'exploitation, tube de pompage
—a well | Scellement du train de tiges
—board | Plate-forme de garage des tiges
—head | Tête de colonne de production
Tubular | Tubulaire
—spring | Source karstique
Tubule | Concrétion calcaire, poupée du loess
Tufa | Tuf sédimentaire calcaire ou siliceux, travertin
Tufaceous, tuffaceous | Tufacé
Tuff | Tuf (volcanique), cendre volcanique cimentée
—ball | Cinérite
—breccia | Brèche volcanique pyroclastique
—cone | Cône de cendres, cinérite
—lava | Ignimbrite, tufs soudés
—palagonite | Brèche éruptive, palagonite
Welded tuffs | Tufs soudés, ignimbrite
Tuffite | Tuffite, roche volcano-détritique
Tugger | Treuil
Air tugger | Treuil pneumatique
Tumble | Chute, éboulis
Tumble (to) | Tomber, culbuter s'ébouler
Tumescence | Gonflement, bombement, intumescence (volcan)
Tumulose | Accidenté, bosselé, à monticules
Tumulus (tumuli, pl.) | 1) petit dôme de lave; 2) tumulus (tombeau)
Tundra | Toundra
—placer | Gisement de moraines ou d'alluvions
—polygon | Grand polygone de toundra

Tungstate	Tungstate
Tungsten	Tungstène
Tungstenium	Tungstène
Tungstite	Tungstite
—ocher	Tungstite
Tunnel	Galerie à flanc de coteau (mine), tunnel, travers-banc, souterrain
—disease	Maladie des mineurs
—heading	Extrémité de fendue
—valley	Ravin sous-glaciaire
Tunnel (to)	Percer un tunnel à travers une colline
Turbary (G.B.)	Tourbière
Turbid	Trouble, bourbeux, épais, dense
Turbidimeter	Opacimètre, turbidimètre
Turbidite	Dépôt de courant de turbidité
Turbidity	Turbidité, opacité
—current	Courant de turbidité
—size analysis	Analyse densimétrique
Turbodrill	Trépan à turbine hydraulique
Turbodrilling	Turboforage
Turbulence	Turbulence
Turbulent flow	Écoulement turbulent
Turf	1) tourbe séchée; 2) gazon
—pit	Tourbière
Turfary (G.B.)	Tourbière
Turgite	Limonite (variété de)
Turkey-fat ore (USA: Arkansas and Missouri)	Smithsonite
Turkey stone	1) schiste (variété); 2) turquoise
Turmalin	Tourmaline (Minéral.)
Turn	Tour, révolution
—table	Table de rotation
Turnover	Brassage (de couches d'eaux)
Turonian	Turonien (Étage; Crétacé sup.)
Turpentite	Thérébentine
Turquoise	Turquoise
Turrelite (U.S.A.: Texas)	Schiste bitumineux
Turitella	Turitelle (Paléontol.)
Turtle stone	Nodule, concrétion, septaria (grande taille)
Tusculite	Tusculite (Pétrol.)

Twin	Mâcle, cristal mâclé
—axis	Axe de mâcle
—crystals	Cristaux mâclés
—crystallization	Hémitropie
—dolines	Dolines jumelées
—plane	Plan de mâcle
Albite twin	Mâcle de l'albite
Carlsbad twin	Mâcle de Carlsbad
Contact twin	Mâcle par accolement
Interpenetrant twin	Mâcle d'interpénétration
Juxtaposition twin	Mâcle par accolement
Penetration twin	Mâcle d'interpénétration
Repeated twin	Mâcle polysynthétique
Rotation twin	Mâcle par rotation autour d'un axe
Swallow-tail twin	Mâcle en fer de lance
X-shaped twin	Mâcle en croix
Twin (to)	Mâcler, se mâcler
Twinned	Mâclé, hémitrope
Twinning	Formation de mâcles
—axis	Axe d'hémitropie
—lamella	Lamelle de mâcle
—plane	Plan de mâcle
Polysynthetic twin	Mâcle polysynthétique
Twist	Torsion
Twist (to)	Tordre, se tordre
Twister	Foreur
Twisting	Torsion, rotation
Twitch	Étranglement (d'un filon)
Two-cycle valley	Vallée façonnée par deux cycles d'érosion
Two-layer structure	Phyllite à deux couches
Two-phase flow	Écoulement diphasé
Tyler standard grade scale	Échelle granulométrique de Tyler
Type	Type (Paléontol.)
—fossil	Fossile stratigraphique
—genus	Genre type
—locality	Localité type
—section	Stratotype
—species	Espèce type
—specimen	Échantillon type, holotype
Typhon, typhoon	Typhon
Typic, typical	Typique
Typology	Typologie
Typomorphic	Typomorphique (Minéral.)
Tyrhenian (I and II)	Tyrrhénien (I et II: formations méditerranéenes, Pléistocène)

U

Udometer	Pluviomètre, pluviographe
Udometric	Pluviométrique
Udometry	Pluviométrie
Ulatisian (North Am.)	Ulatisien (Étage; Éocène moy.)
Ulexite	Ulexite (Minéral.)
Ulsterian (North Am.)	Ulstérien (Série; Dévonien inf.)
Ultimate base level	Niveau de base final
Ultimate load	Charge limite
Ultimate recovery	Production totale (du début à la fin d'un puits)
Ultimate strength	Résistance limite (à la rupture)
Ultimate bending strength	Résistance limite à la rupture par flexion
Ultrabasic	Ultrabasique (Pétrol.)
Ultrahaline	Hypersalin
Ultramafic	Ultrabasique, ultramafique
Ultramafites	Roches ultrabasiques
Ultrametamorphic rock	Roche ultramétamorphique
Ultrametamorphism	Anatexie
Ultramylonite	Ultramylonite
Ultrared	Infrarouge
Ultrasonics	Méthode des ultrasons
Ultrasound	Ultrason
Ultraviolet	Ultraviolet
Umber	Ombre, terre d'ombre, terre de Sienne
Umbilicus	Umbilic (Zoologie)
Umbo	Crochet
Umbonal region	Région du crochet (Zoologie; Paléontol.)
Unaffected	Inaltéré
Unalterable	Inaltérable
Unaltered	Inaltéré, non altéré
Unary system	Système à un seul composant
Unassisted eye	A l'oeil nu
Unattackable	Inattaquable
Unbalance	Déséquilibre
Unbalanced	Non équilibré
Unbedded	Non stratifié
Unbroken ore	Minerai non-abattu
Uncap (to)	Découvrir, décaper (les morts-terrains)
Uncased	Non tubé (forage)
Unchambered	Sans loge, non cloisonné
Unchanged	Inaltéré, non modifié
Unclassified	Non classé
Uncoiling	Déroulement
Uncoloured	Incolore
Unconformability	Discordance
—by erosion	Discordance d'érosion
—by dip	Discordance angulaire
—of overlap	Transgression
—of transgression	Transgression
Unconformable	Discordant
—bed	Couche discordante
—stratification	Discordance statigraphique
Unconformity	Discordance
Angular unconformity	Discordance angulaire
Erosional unconformity	Discordance d'érosion
Mechanical unconformity	Discordance mécanique
Non-angular unconformity	Discordance simple
Non-depositional unconformity	Lacune stratigraphique
Parallel unconformity	Discordance parallèle, discordance simple: strates parallèles
Stratigraphic unconformity	Discordance stratigraphique
Structural unconformity	Discordance angulaire
Topographic unconformity	Discordance toppographique
Unconsolidated	Meuble, non consolidé, non cimenté
Uncorrected	Non corrigé, brut
Uncover (to)	Découvrir, mettre à découvert (un filon, etc . . .)
Uncovered area	Région découverte, sans formations superficielles
Uncrystalline	Amorphe
Unctuous clay	Argile "grasse"
Uncut diamond	Diamant non taillé
Undaform zone	Zone infratidale, deltaïque distale
Undation	Ondulation terrestre à grand rayon de courbure
—theory	Théorie des ondulations de la croûte terrestre
Undecomposed	Non décomposé
Underbed	Couche sous-jacente, "mur"
Underclay	"Mur" argilo-schisteux d'une couche de char-

	bon (ancien sol)
Undercliff (G.B.)	Falaise éboulée en masse
Undercool (to)	Surfondre
Undercooling	Surfusion
Undercut	1) adj.: havé, sous-cavé; 2) n.: havage, sous-cavage
—etching	Affouillement inférieur
—slope	Versant de lobe concave de méandre
Undercut (to)	Sous-caver, haver
Undercutter	1) machine: haveuse, déhouilleuse; 2) personne: haveur
Undercutting	Sapement, excavation, havage
Underearth	1) couche d'argile formant le mur d'une couche de charbon; 2) sol sous la surface); 3) profondeur de la terre
Underfit river	Rivière inadaptée
Underflow	Sous-écoulement
Underground	1) adj: souterrain; 2) adv: souterrainement
—drainage	Drainage souterrain
—hands	Ouvriers du fond
—haulage	Roulage souterrain
—staff	Personnel au fond
—storage	Stockage souterrain
—stream	Cours d'eau souterrain
—tapping	Dérivation souterraine (Karstique)
—water	Eaux souterraines, nappe souterraine
—workings	Travaux de fond
—workman	Ouvrier de fond
Underhand stope	Gradin droit (Mine)
Underhand stoping	Abatage, dépilage par gradins droits, abatage descendant
Underhole (to)	Haver, sous-caver
Underlay	Inclinaison (par rapport à la verticale)
Underlay (to)	Être incliné par rapport à la verticale
Underlay shaft	Puits incliné
Underlie (to)	Être sous-jacent à
Underlier (G.B.)	Puits incliné
Under limb	Flanc inférieur (d'un pli déversé)
Underlying	Sous-jacent
—bed	Couche sous-jacente
—rock	Soubassement
Undermine (to)	Caver, sous-caver, miner, saper

Underream (to)	Élargir un trou tubé
Underreamer	Trépan élargisseur
Undersaturated rock	Roche non saturée (sous-saturée)
Undersea	Sous-marin
Under seam	Filon inférieur, profond
Underset	1) adj: déversé (mine); 2) n: déversement
Underside	Lèvre inférieure, face inférieure
Undersoil	Sous-sol
Understratum	Couche inférieure
Underthrust	Sous-charriage
Undertow	Courant de retour, flot de fond
Underwater	Sous l'eau, marin
Undeveloped	Non développé, non exploité
Undifferentiated	Non différencié
Undiscovered resources	Gisements présumés, non identifiés
Undissolved	Non dissous
Undisturbed	Non modifié
Undrained	Non draîné
Undressed stone	Pierre non taillée
Undulate (to)	Onduler
Undulating country	Région accidentée
Undulation	1) ondulation, accident de terrain; 2) ondulation (Physique)
Undulatory	Ondulatoire (Physique)
—extinction	Extinction onduleuse, roulante
Unearth (to)	Déterrer, découvrir
Unequal	Inégal
Unequigranular	A grain inégal
Uneven	Inégal, irrégulier, accidenté, anfractueux
Unevenness	Inégalité, anfractuosité
Unexhausted	Inépuisé
Unexploited	Inexploité
Unexplored	Inexploré
Unfailing spring	Source intarissable
Unfilled	Vide, non remblayé
Unfossiliferous	Non fossilifère
Unfossilized	Non fossilisé
Ungulate	Ongulé (Zoologie)
Unguligrade	Onguligrade
Unhewn stone	Pierre brute, non taillée
Uniaxial	Uniaxe
Unicellular	Unicellulaire
Uniclinal	Monoclinal
—fold	Flexure, pli monoclinal
Uniform	Uniforme
Uniformitarianism	Uniformitarisme, actualisme (théorie de. . .)
Uniformity	Uniformité

Unilocular	Uniloculaire, à une seule loge	Unstratified	Non stratifié
Unindurated	Non consolidé	Unsymmetric, unsymmetrical	Asymétrique, dissymétrique
Uniserial	Unisérié (Zoologie)	Untested	Non essayé
Unit	1) unité de mesure; 2) installation, unité de fabrication	Untimber (to)	Déboiser (mine)
		Untop (to)	Enlever les terrains superficiels, découvrir
—cell	Maille d'un réseau cristallographique	Unutilized	Inutilisé (minerai)
Unite (to)	Unir, se combiner (chimie)	Unwashed	Non lavé
		Unwater (to)	Assécher (mine)
Univalent	Monovalent	Unweathered	Non altéré
Univalve	Univalve (Zoologie)	Unworkable	Inexploitable
Universal stage	Platine universelle	Unworked	1) inexploité; 2) non étudié
Universe	Univers		
Unkindly lode (Austr.)	Filon peu prometteur	Unwrought	Non façonné, inexploité
Unlike	Différent, dissemblable	Uparching	Courbure vers le haut, voussure
Unlined	Sans revêtement, non boisé		
		Upburst (rare)	Éruption
Unmelted	Non fondu	Upcast	Soulevé
Unmined	Non exploité	—side	Lèvre de faille soulevée
Unoriented texture	Texture non orientée	—shaft	Puits de retour d'air
Unoxydized	Inoxydé, inaltéré	—ventilation	Sortie d'air
Unpenetrated	Non traversé, non perforé	Up-dip	Amont-pendage
		—block	Compartiment soulevé (tectonique)
Unpolished stone	Pierre non polie	Updoming	Bombement, renflement
Unproductive	Improductif, stérile	Up-fault	Faille inverse
Unproved territory	Région non étudiée par forages	Up-fold	Pli anticlinal, voûte
		Upgrade (to)	Améliorer
Unram (to)	Débourrer	Upgrading	Accroissement (artificiel) de teneur
Unreactive	Inerte (chimie)		
Unrecoverable	Irrécupérable (pétrole)	Upheaval	Soulèvement
Unrefined	Non raffiné	Uphill	En montant, en côte
Unrelated	Distinct, séparé	Upland	Hauteur, terrain élevé, moyenne montagne
Unreliable	Non fiable, douteux		
Unroasted ore	Minerai non grillé	Upleap	Lèvre soulevée
Unroofed arche	Articlinal érodé	Uplift	Soulèvement, redressement
Unsaturated	Non saturé		
—hydrocarbon	Hydrocarbure non saturé	—block	Compartiment soulevé
Unsaturation	Non saturation	Uplifted	Soulevé
Unscreened	Non criblé, non tamisé	—side	Compartiment, bloc soulevé
Unsealed	Non fermé, non étanche		
Unset (to)	Démonter, dessertir (un diamant)	Upper	Supérieur
		—bend	Charnière anticlinale
Unsettled	Trouble, non sédimenté	—layer	Couche supérieure
Unshaded	Sans nuances	—side	Lèvre supérieure
Unsifted	Non tamisé	Upper Carboniferous (Eur.)	Carbonifere sup. (~ Pennsylvanien)
Unslaked lime	Chaux vive		
Unsoiling	Découverte (mine), découverture, enlèvement du terrain de couverture	Upraise	Remontée
		Upraising	Remontage, remontée (mine)
Unsolidified	Non solidifié	Upright	Droit, vertical
Unsorted	Non trié, tout venant	—fold	Pli droit
Unstable	Instable	Uprising	Soulèvement
—equilibrium	Équilibre instable	Uprush	Jet de rive
Unsteady	Irrégulier	Up-shaft	Puits de retour d'air (mine)
Unstem (to)	Débourrer	Up-side	Lèvre soulevée

Upstanding	En relief, dégagé par l'érosion
Upstream	En amont
Upswelling	Gonflement, bombement
Uptake shaft	Puits de sortie d'air
Upthrown	Soulevé (compartiment)
—fault	Faille inverse
—lip	Lèvre soulevée
—side	Compartiment soulevé
—wall	Compartiment soulevé
Upthrust	Soulèvement
Uptrusion	Intrusion vers le haut
Upturned	Retourné, rebroussé
Upturning	Rebroussement
Upward	1) adj: ascendant
Upwarp	Bombement (anticlinal)
Upwarping	Bombement
Upwelling	Remontée d'eau marine
—current	Courant marin ascendant
—spring	Source jaillissante
Up-wind side	Face au vent (d'une dune)
Uralien (USSR)	Ouralien (Étage; Carbonifère terminal)
Uralite	Ouralite (Minéral.)
—diorite	Diorite ouralitisée
—gabbro	Gabbro ouralitisé
Uralitization	Ouralitisation
Uranate	Uranate
Uraninite	Uraninite (pechblende)
Uraniferous	Uranifère
Uranite	Uranite (Minéral.)
Uranium	Uranium
—galena	Galène uranifère
—minerals	Minéraux d'uranium
Uran mica	Uranite
Uranophane	Uranophane
Urgonian (Fr.)	Urgonien (faciès; Crétacé inf.)
Uriconian (G.B.)	Uriconien (Division du Précambrien)
Urinestone	Anthraconite
Urtite	Urtite (var. d'Ijolite)
Use up (to)	Épuiser
Useful	Utile
U-shaped profile	Profil transversal en U
—valley	Vallée en U
Utility	Construction annexe, dépendance
Uvala (Serbo-Croate)	Uvala: grande dépression fermée
Uvarovite	Ouvarovite (Minéral.)

V

Vacuum	Vide	Wide valley	Vallée évasée
Vadose water	Eau vadose	Valmeyeran (USA Illinois)	Série de . . . (Mississippien)
Valance	Valence		
Valanginian	Valanginien (Étage; Crétacé inf.)	Value	Valeur, indice
		Mean value	Moyenne
Vale	1) vallon, vallée; 2) gouttière, canal; 3) dépression tectonique	Octane value	Indice d'octane
		Valuable	Précieux
		Valuation	Évaluation, estimation
Valentian (Llandoverian)	Valentien (Étage; Silurien inf.)	Value of an ore	Richesse d'un minerai
		Valueless	Sans valeur
Valentinite	Valentinite (Minéral.)	Valvate	Valvé, possédant une valve (Paléontol.; Zoologie)
Valley	Vallée		
—bottom	Fond de vallée		
—drift	Matériaux fluvioglaciaires	Valve	Valve (Paléontol., Zoologie)
—fill	Remblayage d'une vallée par des matériaux meubles	Van	1) pelle à vanner, van; 2) essai de valeur d'un minerai (G.B. Cornouailles)
—flat	Fond de vallée		
—floor	Fond de vallée	Van (to)	Vanner (le minerai)
—glacier	Glacier de vallée (alpin)	Vanadate	Vanadate
—head	Partie amont d'une vallée	Vanadic	Vanadique
		—ocher	Vanadinite
—profile	Profil (longitudinal) d'une vallée	Vanadiferous	Vanadifère
		Vanadinite	Vanadinite (groupe des apatites)
—side	Versant de vallée		
—sink	Dépression allongée	Vanadium	Vanadium
—system	Réseau fluviatile	Vanishing point	Point de fuite
—tract	Cours moyen d'un fleuve	Vanthoffite	Vanthofite (Minéral.)
—train	Moraine glaciaire	Vapor, vapour	Vapeur
—drift	Matériaux fluvioglaciaires	—phase	Phase vapeur
		—pressure	Pression de vapeur
Anticlinal valley	Vallée anticlinale, combe	—tension	Pression de vapeur
Collapse valley	vallée d'effondrement	—tight	Étanche à la vapeur
Construction valley	Vallée structurale	Vaporizability	Pouvoir vaporisant
Destructional valley	Vallée d'érosion	Vaporizable	Vaporisable
Entrenched valley	Vallée encaissée	Vaporization	Vaporisation
Epigenetic valley	Vallée épigénétique	—specific temperature	Chaleur spécifique de vaporisation
Fault valley	Vallée de faille		
Flat-floored valley	Vallée en fond de bateau	Vaporize (to)	Vaporiser, évaporer
Glacial valley	Vallée glaciaire	Vaporous	Vaporeux
Glaciated valley	Vallée glaciée	Vapour	Vapeur
Hanging valley	Vallée suspendue	Variability	Variabilité
Incised valley	Vallée encaissée	Variable	Variable
Inner valley	Vallée emboîtée	Variance	Variance (Chimie; Math.)
Inset valley	Vallée emboîtée	Variation	Variation, écart
Perched valley	Vallée suspendue	—of the compass	Déclinaison magnétique
Polycyclic valley	Vallée polycyclique	—recording	Enregistrement des variations
Rift valley	Vallée (ou fossé) d'effondrement		
		Abnormal variation	Anomalie magnétique
Transverse valley	Vallée transversale	Variegated	Bariolé, bigarré
Trough valley	Vallée en auge	—copper ore	Cuivre panaché, bornite
U-shaped valley	Vallée en U	—pyrite	Bornite, bornine

250

Variety	Variété	—discontinuity	Discontinuité de vitesse sismique
Variolated structure	Structure variolitique (dans roche ignée basique)	—function	Loi de vitesse
		—hole	Forage pour sismo-son-dage
Variolite	Variolite	—log	Diagraphie de vitesse
Variolite structure	Structure variolitique	—of flow	Débit
Variometer	Variomètre, magné-tomètre	—of propagation	Vitesse de propagation
Gravity variometer	Variomètre de gravité, gravimètre	—survey	Sismo-sondage
		Propagation velocity	Vitesse de propagation
Magnetic variometer	Variomètre magnétique, magnétomètre	Terminal velocity	Vitesse limite
		Veneer	Plaquage, pellicule
Various	Divers	Veneris crinis	Cheveux de Vénus, sagénite
Variscan, variscian Orogeny	Orogénèse varisque: Car-bonifère et Permienne (Équiv.: orogénèses hercynienne, armori-caine, des Altaïdes)	Vent	1) orifice volcanique, cheminée volcanique; 2) ouverture, évent
Vari-size grained	De granulométrie variable	—breccia	Brèche volcanique
Varnish	Vernis	—hole	Évent
Varve (Swedish)	Varve: dépôt glacio-la-custre	Eruption vent	Orifice éruptif
		Ventifact	Caillou façonné par le vent
Varved	Varvé, à varves	Ventilate (to)	Ventiler, aérer
—clay	Argile à varves	Ventilating	Ventilant, aérant
—slate	Schiste varvé (argile à varves métamorphisée)	—fan	Ventilateur
		—furnace	Foyer d'aérage
Varvity	Disposition en varves	—shaft	Puits d'aérage
Varying in grade	À teneur variable	Ventilation	Aérage, aération
Vascular plant	Plante vasculaire	—bore hole	Trou d'aération
Vaselin, vaselene	Vaseline	—funnel	Cheminée d'aération
Vat	Cuve, bac	—pipe	Conduit d'aération
Vault	Voûte	—shaft	Puits d'aération
V bar	Cordon littoral en V (en pointe de flèche)	Ascensional shaft	Aérage ascendant
		Descensional shaft	Aérage descendant
Vectian (Aptian)	Vectien (Étage; Crétacé inf.)	Ventilator	Ventilateur
		Ventral	Ventral (Zoologie)
Vegetable soil	Terre végétale	Venturian (North Am.)	Venturien (Étage; Pliocène moy.)
Vegetal kingdom	Règne végétal		
Vegetation	Végétation	Venus' hair crystals	Cristaux filamenteux de rutile (dans cristaux de quartz)
Vein	Veine, filon		
—breccia	Brèche filonienne	Verd-antique, verde-an-tique	Vert antique
—dyke	Filon instrusif		
—filling	Remplissage de filon	Vermicular	Vermiculaire
—gold	Or filonien	—quartz	Quartz de corrosion
—matter	Remplissage de filon	Vermiculite	Vermiculite (argile)
—mineral	Minéral filonien	Vernier caliper	Pied à coulisse
—mining	Exploitation filonienne	Versability	Possibilité d'inversion d'un phénomène
—ore	Minerai en filon		
—wall	Salbande	Versant	Versant (Géomorph.)
Veined	Veiné	Versus	Par rapport à
Veinlet	Petit filon, veinule	Vertebrate, vertebrata	Vertébré
Veinstone	Gangue	Vertical	Vertical
Veinstuff	Gangue	—deformation	Amplitude de déplace-ment
Veinule	Veinule, filet		
Veiny	Veiné	—dip	Pendage vertical
Velocity	Vitesse	—displacement	Rejet vertical
—change	Variation de vitesse	—fault	Faille verticale
—determination	Calcul de la vitesse		

—photograph	Photographie aérienne verticale	—gold	Or natif
—scale	Échelle des hauteurs	—land	Terre vierge
—section	Coupe verticale	Virglorian	Virglorien = Anisien (Étage; Trias moy.)
—separation	Rejet vertical		
—shift	Composante verticale du rejet	Virgulian	Virgulien (Sous-étage; Kimméridgien)
—throw	Rejet vertical	Viscid	Visqueux
—time propagation	Temps de propagation verticale	Viscoelastic	Viscoélastique
		Viscometer	Viscosimètre
—well	Forage vertical	Viscoplasticity	Viscoplasticité
Verticals	Photographies aériennes verticales	Viscosimeter	Viscosimètre
		Viscosity	Viscosité
Verticality	Verticalité	—chart	Abaque de viscosité
Vertisol	Vertisol (Pédol.)	—coefficient	Coefficient de viscosité
Vesicle	Vésicule, vacuole, cavité, vide (des roches magmatiques)	—gage	Jauge de viscosité
		—index	Indice de viscosité
		Viscous	Visqueux
Vesicular	Vésiculaire, vacuolaire	—flow	Écoulement visqueux
Vestigial	Vestigial (organe)	Visean (Eur.)	Viséen (Étage; Carbonifère inf.)
Vesulian (G.B.)	Vésulien (Étage; Jurassique moy.)		
		Vishnu (North Am.)	Schistes de . . . (groupe du Précambrien)
Vesuvian garnet (old term)	Leucite		
		Visible	Visible
Vesuvianite	Vésuvianite, idocrase (Minéral.)	Visual examination	Étude à l'oeil nu
		Vitrain	Vitrain (cf. Charbon)
Vial	Fiole	Vitreasity	Vitrosité
Vibration	Vibration	Vitreous	Vitreux
Blasting vibration	Vibration d'explosion	—copper	Chalcosine
Sound vibration	Vibration sonore	—luster	Éclat vitreux
Vibrational	Vibratoire	—silver	Argentinite
Vibrating	Vibrant	Vitric	Vitreux
—screen	Tamis vibrant	—tuff	Cinérite (de fragments de verre)
Vibro-classifier	Vibro-classeur		
Vice, vise	Étau	Vitrification	Vitrification
Pipe vice	Étau pour tubes	Vitrinite	Vitrinite (cf charbon)
Vicksburgian (North Am.)	Vicksburgien (Étage; Oligocène moy.)	Vitriol	Vitriol
		Blue vitriol	Sulfate de cuivre
View	Vue	Green vitriol	Sulfate de fer
Front view	Vue de face	White vitriol	Sulfate de zinc
Sectional view	Vue en coupe	Vitrite	Vitrite (cf charbon)
Top view	Vue d'en haut	Vitrophyre	Vitrophyre (roche porphyrique à pâte vitreuse)
Viewing	Visée		
Villafranchian (Eur.)	Villafranchien (Étage continental, Équiv. de Calabrien; Pléistocène inf.)		
		Vitrophyric	Vitrophyrique
		Vivianite	Vivianite (Minéral.)
		Vlei, vley, vliy (Etym. Dutch)	Petit marécage (USA; Afrique du Sud)
Vindobonian	Vindobonien (Étage; miocène moy.)		
		Void	Vide, pore
Vinean	Vinéen (sous-étage; Carbonifère sup.)	—ratio	Taux de porosité
		Voidage	Porosité
Violet	Violet	Volatile	Volatil
Virgation	Virgation (Géomorph; tectonique)	—combustible	Gaz combustible (de charbon)
Virgilian (North Am.)	Série de . . . (Pennsylvanien terminal)	Volatiles	Composants volatils résiduels du magma
Virgin	Natif, pur, vierge	Volatility	Volatilité
—field	Gisement vierge	Volatilizable	Volatilisable

Volatilization	Volatilisation
Volatilize (to)	Volatiliser
Volcanello	Petit volcan (souvent secondaire)
Volcanic	Volcanique
—activity	Activité volcanique
—ash	Cendre volcanique
—belt	Zone volcanique
—bomb	Bombe volcanique
—breccia	Brèche volcanique
—chimney	Cheminée volcanique
—conduit	Cheminée volcanique
—cone	Cône volcanique
—conglomerate	Tuf volcanique
—crater	Cratère volcanique
—dome	Dôme volcanique
—ejecta	Projections volcaniques
—eruption	Éruption volcanique
—flow	Coulée de laves
—foam	Ponce volcanique
—funnel	Cheminée volcanique
—gases	Gaz volcaniques
—glass	Verre volcanique, obsidienne
—intrusion	Intrusion volcanique
—lake	Lac de barrage volcanique
—mudflow	Lahar
—neck	Culot volcanique
—plug	Culot volcanique
—scoria	Scories volcaniques
—sink	Caldeira
—slag	Scories volcaniques
—spine	Aiguille volcanique
—tuff	Tuf volcanique
—vent	Orifice volcanique
Volcanicite	Volcanicité, volcanisme
Volcanist	Vulcanologue
Volcanize (to)	Volcaniser
Volcano, volcanoe	Volcan
Abortive volcano	Volcan avorté
Active volcano	Volcan actif
Central volcano	Volcan punctiforme
Dormant volcano	Volcan assoupi
Embryonic volcano	Volcan embryonnaire
Explosive volcano	Volcan de type explosif
Extinct volcano	Volcan éteint
Mixed volcano	Volcan mixte
Monogenic volcano	Volcan monogénique
Mud volcano	Volcan de boue
Stratified volcano	Volcan stratifié, stratovolcan
Volcanogenic	D'origine volcanique
Volcanologist, vulcanologist	Vulcanologue
Volcanology	Vulcanologie
Volt	Volt
Voltage	Voltage, tension
Voltmeter	Voltmètre
Volume	Volume
—control	Réglage de gain (sismique)
—flow rate	Débit volumique
—susceptibility	Susceptibilité magnétique, taux de magnétisation
River volume	Débit
Tidal volume	Débit du flot ou du jusant
Volumetric	Volumétrique
Gas volumetric analysis	Analyse volumétrique
Volumetric flask	Fiole jaugée
Voog	Géode, druse, cavité cristallisée
Vortical	Tourbillonnaire
Vosegite	Voségite
Vough (obsolete, see vug)	Druse, géode
Vraconian	Vraconien (Étage; Crétacé sup. basal)
V-shaped valley	Vallée en V
Vug, Vugh	Druse, géode, poche à cristaux
Vugular	Vacuolaire, caverneux
Vulcanian	Vulcanien, plutonien
Vulcanism	Volcanisme

W

Waalian	Waalien (interglaciaire Donau-Günz)
Wad	Wad 1) (hydroxyde de manganèse); 2) pl. Wadden (Hollandais): estran
Wadi (Arabic) (pl. Wadis, etc . . .)	Oued (Afrique du Nord, . . .)
Walk a bed (to)	Suivre un banc
Walking beam	Balancier (pétrole), levier de battage
Wall	1) paroi, versant, éponte; 2) salbande; 3) mur (d'une couche); 4) lèvre de faille
—face	Front de taille
—pillar	Pilier du mur (mine)
—rock	Roche encaissante
—salpetre	Nitrate de calcium
—sample	Carotte latérale
Back wall	Mur de rimaye
Boulder wall	Levée de blocs glaciaires
Crater wall	Paroi du cratère
Foot wall	Mur, lèvre inférieure de faille
Hanging wall	1) compartiment soulevé; 2) toit d'une faille oblique
Head wall	Mur de rimaye
Morainic wall	Rempart morainique
Ring wall	Enceinte, vallum volcanique
Wallachian Orogeny	Orogénèse Wallache (Pliocène terminal)
Walled	Colmaté
Walling	Revêtement de puits
Wandering	Migration, déplacement, méandrisation
—coal	Petite couche de charbon (Écosse)
Polar coal or pole coal	Migration des pôles
Want, wants (G.B.)	Lacune sédimentaire ou d'érosion par un chenal (avec colmatage par d'autres matériaux)
Warm	Tiède
Warm (to)	Chauffer, réchauffer
Warmth	Chaleur
Warner	Détecteur de grisou, indicateur de grisou, grisoumètre
Warp	1) gauchissement, courbure, flexure; 2) dépôt vaseux alluvionnaire, limon pédologique, limon périglaciaire
Warp (to)	1) déformer, déjeter, déverser; 2) se déformer
Warpage	Gauchissement, déformation
Warped	Déformé, gauchi, ondulé, plissoté
Warping	Gauchissement, déformation, ploiement, plissement
—up	Bombement
Wasatchian (U.S.)	Wasatchien (= Yprésien)
Wash	1) produits de lavage, produits lavés; 2) U.S.: dépôt meuble détritique superficiel; 3) U.S.: gravier aurifère; 4) U.S. alluvions grossières, cône alluvial; 5) limon de ruissellement; 6) dégradation, affouillement
—boring	Forage à injection
—dirt	Terrain, gravier aurifère
—fault (G.B.)	Filon de charbon remplacé par des schistes
—gravel	Graviers d'alluvions à laver
—load	Limon fin
—pan	Batée
—plain	Plaine fluvio-glaciaire
Rain wash	Ruissellement diffus
Rill wash	Ruissellement en filets
Sheet wash	Ruissellement en nappe
Wash (to)	1) laver, débourber; 2) affouiller (les berges)
—away (to)	Emporter
—out (to)	Épuiser
Washboard moraine	Moraine bosselée (étym.: en planche à laver)
Washed moraine	Moraine délavée
Washerman	Laveur, débourbeur
Washery	Atelier de lavage, installation de lavage
Washing	1) lavage, débourbage; 2) chantier de lavage
—dish	Batée de lavage
—drum	Tambour laveur (trommel

	débourbeur)
—of ore	Lavée de minerai
—stuff	Terrain aurifère à laver
—table	Table de lavage
—trommel	Trommel débourbeur
Gold-washings	Chantier de lavage de mineral aurifère
Washitan (North Am.)	Washitien (Étage; limite Crétacé inf. à sup.)
Washlands (wetlands)	Terres inondables
Washout	Chenal, ou paléochenal sédimentaire, poche de dissolution, partie érodée d'une couche de charbon
Washover	1) surforage; 2) delta intérieur dans un lagon
Washover (to)	Surforer
Wastage	1) ablation, 2) érosion, ou ablation, glaciaire; 3) décrue; 4) perte
—area	Zone d'ablation nivale
Waste	1) débris, déchets, rebuts stériles; 2) remblai, vieux travaux; 3) perte
—chute	Cheminée à remblais
—coal	Charbon récupéré sur les déblais
—dump	Terril, halde
—fill	Remblayage
—gas	Gaz brûlés
—heap	Halde
—material	Déchets
—ore	Minerai de rebut
—plain	Nappe alluviale de piedmont, talus d'éboulis, glacis montagneux
—rocks	Déchets stériles
—shaft	Puits de remblai
Wasting	Gaspillage
—process	Processus destructeur
Water	Eau
—adit	Galerie d'écoulement
—balance	Équilibre hydrique
—bearing	Aquifère
—bearing formation	Formation aquifère
—body	Nappe d'eau
—cement	Ciment hydraulique
—concentration	Concentration à l'eau de minerai
—content	Teneur en eau
—course	Cours d'eau, drain, chenal
—cycle	Cycle hydrologique
—feeder	Poche d'eau
—flooding	Injection d'eau dans un forage
—flush drilling	Sondage à injection d'eau
—free	Sec, anhydre
—gauge	Indicateur de niveau, échelle d'étiage
—gap	Cluse, vallée transversale
—grade	Pente d'un drain, niveau d'eau
—hole	1) Taffoni; 2) trou d'eau sur glace
—humus	Matière organique aquatique
—inflow	Venue d'eau
—injection	Injection d'eau
—insoluble	Insoluble dans l'eau
—jump	Chute d'eau
—level	1) niveau hydrostatique; 2) niveau de l'eau; 3) niveau d'eau (instrument); 4) galerie d'écoulement (mine)
—lime	Chaux hydraulique
—load	Pression hydrostatique
—logged bed	Couche imbibée d'eau
—mark	Laisse de marée (sur plage)
—of constitution	Eau de constitution
—of external origin	Eau d'origine externe
—of hydration	Eau d'hydratation
—of imbibition	1) eau de saturation; 2) eau de carrière
—of retention	Eau connée
—of saturation	Eau de saturation
—oil contact	Contact eau-pétrole
—opal	Hyalite
—pack	Remblai hydraulique
—packing	Remblayage
—parting	Ligne de partage des eaux
—plane	Sommet d'une nappe phréatique
—pocket	Taffoni, trou dans la roche (le long de cours d'eau)
—pollution	Pollution des eaux
—power	Force hydraulique
—proof	Imperméable, hydrofuge
—rolled	Roulé par les eaux
—sand	Sable aquifère
—sapphire	Cordiérite
—saturation	Saturation en eau
—shaft	Puits d'exhaure
—sink	Marmite de géant
—slip	Fissure aquifère
—soluble	Soluble dans l'eau
—source	Source d'eau
—supply	Apport en eau, ressources en eau

—surface	Contact eau-pétrole (forage)	Watered area	Région arrosée
—table	Surface de nappe d'eau (phréatique)	Water-bearing	Aquifère
		—bed	Terrain aquifère
—tight	Étanche	—strata	Terrain aquifère
—tightness	Étanchéité	Waterfall	Chute d'eau
—vapour	Vapeur d'eau	Waterless	Sans eau, dépourvu d'eau
—vein	Petit cours d'eau souterrain, fissure aquifère	Waterlogging	Engorgement du sol par l'eau
—wash	Lavage à l'eau d'un minerai	Waterproof (to)	Imperméabiliser
—well	Puits produisant de l'eau	Watershed	1) ligne de partage des eaux; 2) bassin versant (U.S.), bassin hydrographique
—witch	Sourcier		
—worn	Usé par l'eau		
Atmospheric water	Eau atmosphérique		
Artesian water	Eau artésienne	Waterway	1) cours d'eau; 2) voie d'eau; 3) voie d'eau navigable
Brackish water	Eau saumâtre		
Capillary water	Eau capillaire		
Confined ground water	Eau captive	Watery	Humide, aqueux, aquifère
Connate water	Eau connée, eau de constitution		
		Watt	Watt (Électricité)
Film water	Eau pelliculaire	Waucoban (North Am.)	Série de Waucoban (Cambrien inf.)
Fresh water	Eau douce		
Ground water	Eau souterraine, de fond	Wave	1) onde; 2) vague
Hygroscopic water	Eau hygroscopique	—amplitude	Amplitude d'une vague
Infiltration water	Eau d'infiltration	—attack	Érosion par les vagues
Interstitial water	Eau interstitielle	—base	Niveau de base des vagues
Juvenile water	Eau juvénile		
Karst water	Eau karstique	—built terrace	Terrasse construite, d'accumulation
Magmatic water	Eau magmatique		
Mean water	Eau moyenne	—camber	Cambrure de la vague
Melt water	Eau de fusion	—crest	Crête de vague
Meteoric water	Eau atmosphérique, météorique	—current	Courant de vagues
		—current ripple mark	Ride de courant
Mineral water	Eau minérale	—cut bench	Banquette littorale
Native water	Eau d'origine	—cut notch	Entaille de sapement
Percolation water	Eau d'infiltration	—cut shelf	Plate-forme d'abrasion
Phreatic water	Eau phréatique	—cut terrace	Plate-forme littorale d'érosion
Quarry water	Eau de roche, de carrière		
		—delta	Delta de tempête, delta intérieur
Rain water	Eau de pluie		
Run off waters	Eaux de ruissellement	—height	Hauteur de la vague
Running water	Eau courante	—hollow	Creux de vague
Salt water	Eau salée	—impact	Impact, attaque des vagues
Slack water	Étale (de marée)		
Spring water	Eau de source	—incidence	Incidence des vagues
Standing water	Eau stagnante	—length	Longueur d'onde, des vagues
Subsurface water	Eau souterraine, eau lithosphérique (U.S.)		
		—load	Charge des vagues
Sulfurous water	Eau sulfureuse	—mark	1) laisse de marée; 2) trace des vagues
Surface water	Eau superficielle, eau hydrosphérique (U.S.)		
		—path	Trajet des ondes
Suspended water	Eau vadose	—period	Période des vagues
Resurgent water	Eau de résurgence	—platform	Terrasse d'abrasion
Vadose water	Eau vadose, eau de percolation	—propagation	Propagation des ondes
		—refraction	Réfraction d'ondes
Water (to)	1) arroser; 2) diluer avec de l'eau; 3) ap-	—ripple-marks	Rides symétriques
		—set	Train de vagues

—spilling	Déversement de la vague
—trough	Creux de vague
—velocity	Vitesse d'une onde
Air-borne wave	Onde sonore
Breaking wave	Vague déferlante
Collapsing wave	Vague déferlante
Compressional wave	Onde de compression
Current wave	Vague de courant
Direct wave	Onde directe
Distortional wave	Onde de distortion
Earthquake wave	Onde sismique
Longitudinal wave	Onde longitudinale
Plunging wave	Vague déferlante
Primary wave	Onde primaire
Reflected wave	Onde réfléchie
Seaquakes waves	Ondes sismiques
Standing wave	Onde stationnaire
Storm wave	Vague de tempête
Translation wave	Onde de translation
Wind-driven wave	Vague de vent
Refracted wave	Onde réfractée
Secondary wave	Onde secondaire
Seismic wave	Onde sismique
Sound wave	Onde sonore
Transverse wave	Onde transversale
Wavellite	Wavellite (Minéral.)
Wavy	Ondulé, onduleux
—extinction	Extinction ondulante, roulante
—vein	Filon d'épaisseur irrégulière
Wax	Paraffine, cire minérale
—coal	Lignite
—opal	Opale jaune à éclat cireux
—shale	Schiste kérobitumineux
—tailings	Résidu de distillation du pétrole
Mineral wax	Cire minérale
Paraffin wax	Paraffine
Shale wax	Paraffine de shiste
Waxy	Cireux
—luster	Éclat cireux
Way	1) galerie, chemin; 2) méthode, procédé
—shaft	Descenderie (mine)
Way up criteria	Critères de polarité verticale (de stratification)
Weak	Faible, dilué, étendu
—solution	Solution diluée
Weakness planes	Plans, zones de faiblesse (mécanique)
Wealdian	Wealdien
Wealden (G.B.)	Crétacé inférieur fluviatile
Wear	Usure
—resistance	Résistance à l'usure
Wear (to)	1) user; 2) s'user
—away (to)	S'user, se ronger, se creuser
Wearing	Usure
Weather	Temps, intempérie
—conditions	Conditions météorologiques
—chart	Carte météorologique
—glass	Baromètre
—map	Carte météorologique
—pit	Cupule de dissolution
—stain	Coloration due à l'altération superficielle
—station	Station météorologique
Weather (to)	1) altérer; 2) s'altérer, se désagréger
Weathered granite	Granite décomposé, désagrégé
Weathering	Altération par les agents atmosphériques, altération climatique, désagrégation et altération
—agent	Agent d'altération
—correction	Correction d'altération (sismologie)
—deposits	Dépôts d'altération
—index	Indice d'altération
—layer	Couche altérée superficielle à faible vitesse sismique
—profile	Profil d'altération
—velocity	Vitesse sismique dans la zone superficielle d'altération
—zone	Zone d'altération
Cavernous weathering	Altération sous-cutanée
Honeycomb weathering	Désagrégation alvéolaire
Mechanical weathering	Désagrégation mécanique
Spheroidal weathering	Décomposition en boules
Webbed eyepiece	Oculaire à réticule
Websterite	Webstérite, aluminite
Wedge	Coin, biseau
—work of roots	Travail de fissuration des racines
Ice wedge	Fente de gel "en coin" à remplissage de glace
Loess wedge	Ancienne fente de gel à remplissage de limon
Wedge (to)	Coincer, caler, picoter, colleter (mine)
Wedge down the face (to)	Faire tomber le front de taille au moyen de coins (mine)
Wedge out (to)	Se terminer en biseau
Wedging out	Amincissement en biseau
Wedgework of ice	Fissuration par la glace
Weeper or weep hole	Barbacane (construction)
Weeping	Suintant

—rock	Roche suintante
Weichselian (Eur.)	Weichsélien (équiv. Wurmien ou Wisconsinien)
Weight	Poids, charge
Atomic weight	Poids atomique
Breaking weight	Charge de rupture
Molecular weight	Poids moléculaire
Specific weight	Poids spécifique, densité
Weigh (to)	Peser, charger
Weighing	Pesée, pesage
Weighty	Lourd, pesant
Weir	Barrage, déversoir, réservoir
Weld	Soudure
Weld (to)	Souder
Welded pumice, welded tuff	Ignimbrite, dépôts pyroclastiques lithifiés
Well	Puits, forage
—bore	Puits de forage
—boring	Forage de puits
—casing	Tubage de puits
—core	Carotte
—drilling	Forage de puits
—head, well pressure	Pression en hauts de puits
—log	Diagraphie de forage
—logging	Diagraphie de forage
—sample	Échantillon de forage
—shooting	Carottage sismique
—sinking	Fonçage de puits
—ties	Corrélations des données sismiques et géologiques de forages
—tubing	Tubage de puits
Artesian well	Puits artésien
Depleted well	Puits épuisé
Exploration well	Puits d'exploration
Flowing well	Puits jaillissant
Gas well	Puits de gaz
Gushing well	Puits jaillissant
Pumping well	Puits semi-artésien
Input well	Puits d'injection
Natural well	Puisard
Oil well	Puits de pétrole
Water well	Puits d'eau
Wild well	Puits à jaillissement non maitrisé
Well-graded soil	Sol bien calibré
Well-rounded pebble	Galet bien arrondi
Well up (to)	Sourdre (eau)
Welt	Bombement, géanticlinal
Wemmelian (U.S.)	Wemmélien (= Éocène supérieur)
Wenlockian	Wenlockien (Étage; Silurien moy.)
Wentworth scale	Échelle granulométrique logarithmique de Wentworth
Werfenian (= Scythian)	Werfénien (Étage; Trias inf.)
Wernerite	Wernérite, scapolite (Minéral.)
West	1) adj.: ouest, d'ouest; 2) n.: ouest, occident
Westerly	Ouest, de l'ouest, vers l'ouest
—wind, westerlies	Vent d'ouest (opp. alizé)
Westphalian (Eur.)	Westphalien (Étage; Carbonifère sup.)
Westward	Vers l'Ouest
Wet	Humide, mouillé
—analysis	Analyse par voie humide
—crushing	Broyage à l'eau
—essay	Essai par voie humide
—gas	Gaz humide
—grinding	Broyage à l'eau
—sorting	Triage à l'eau
—stamping	Bocardage à l'eau
—treatment	Traitement par voie humide
Wet (to)	Mouiller, humidifier
Wetlands	Terres inondables; schorre
Wetness	Humidité
Wettability	Mouillabilité
Wetted	Mouillé
—nappe	Nappe noyée
—perimeter	Périmètre mouillé
Wetting agent	Agent de mouillage
Whaleback	1) roche moutonnée (Géomorph. glaciaire); 2) rélief allongé et arrondi
—dune	Mégadune longitudinale
Wheelerian (North Am.)	Wheelérien (Étage; Pliocène sup.) (Équiv. Calabrien)
Wheelerite	Wheelérite (var. de résine)
Whetstone	Pierre à aiguiser
Whim-shaft	Puits à cabestan
Whinstone	Roche foncée (basalte, dolérite)
Whirl	Tourbillon, remous
Whirl (to)	Tourbillonner
Whirling pillars of dust	Colonnes de poussières
Whirlpool	Tourbillon
Whirlwind	Tourbillon, trombe
Whitbian (G.B.)	Whitbien (Étage; Jurassique inf. terminal)
White	Blanc
—agate	Calcédoine
—antimony	Valentinite
—coal	Houille blanche
—cobalt	Smaltite
—damp	Oxyde de carbone

—frost	Gelée blanche	Willemite	Willémite (Minéral.)
—garnet	1) var. de grenat grossulaire; 2) leucite	Wimble	Tarière à glaise
		Win (to)	Extraire, récupérer
—iron ore	Sidérite	—ore	Extraire du minerai
—iron pyrite	Marcassite, pyrite blanche	Winch	Treuil
		—for raising ore	Treuil d'extraction
—Jura	Jurassique supérieur	—gage, gauge	Anémomètre
—lead ore	Cérusite	—gap	Cluse sèche, abandonnée
—lime	Lait de chaux	—grinding	Usure éolienne
—mica	Mica blanc	—polish	Poli éolien
—olivine	Forstérite	—ripple	Ride éolienne
—pyrite	Marcassite	—scale	Échelle de vitesse des vents
—scale	Paraffine en écaille		
—shorl	Albite	—scouring	Décapage éolien
—tellurium	1) sylvanite; 2) krennerite	—shadow	Partie abritée des vents
		—shaped	Façonné par le vent
Whitecap	Crête d'écume d'une vague, mouton	—ward side	Face au vent
		—wear	Usure éolienne
Whiterock (USA)	Série de . . .(Ordovicien moy. basal)	—worn pebble	Caillou éolisé
		Wind	Vent
Whiteware	Porcelaine	—action	Éolisation
Whitewash	Blanc de chaux, lait de chaux	—blown sand	Sable éolien
		—borne deposit	Dépôt éolien
Whitewashing	Blanchiment à la chaux, chaulage	—break	Brise-vent
		—carved pebble	Galet éolisé à facettes
Whitish	Blanchâtre	—carving	Corrosion éolienne
Whitneyan (U.S.)	Whitneyien (= Chattien)	—corrasion	Érosion éolienne
Whorl	Spire (Paléontol.)	—cut pebble	Galet à facettes
Wichita Orogeny	Orogénèse de . . . (Mississipien à Pennsylvanien)	—deposit	Dépôt éolien
		—dial	Anémomètre
		—drift	Dépôt éolien
Wide	Large	—erosion	Érosion éolienne
—meshed	À grosse maille	—faceted pebble	Galet éolisé à facettes
Widely	Largement	Wind (to)	1) extraire, enlever; 2) enrouler, dévider; 3) s'enrouler, se dévider; 4) serpenter (rivière)
Widen (to)	1) élargir, étendre; 2) s'élargir, s'étendre, s'évaser		
		Winding	1) adj.: sinueux, en lacet; 2) n.: extraction, remontée; 3) n.: enroulement, bobinage
Widening	Élargissement		
Width	Largeur		
Wilcoxian (North Am.) (= Sabinian)	Wilcoxien (Étage Éocène)		
Wild	Sauvage, non contrôlé, désordonné	—engine	Machine d'extraction
		—ore	Remontée de minerai
—coal	Schiste interstratifié dans une couche de charbon	—rope	Câble d'extraction
		—shaft	Galerie de descente, puits d'extraction
—lead	Blende	Windings	Sinuosités, méandres, détours
—sea	Mer démontée		
—well	Puits à éruption non maîtrisée	Windkanter	Caillou éolisé à facettes, caillou à poli éolien
Wildcat well	Forage de reconnaissance		
		Windlass	Treuil
Wildfire	Grisou, incendie, feu de mine	Windmill	Éolienne
		Window	Fenêtre tectonique (dans une nappe de charriage)
Wildflysch	Wildflysch (dépôt d'avalanche sous marine, au front des nappes de charriage)		
		Windway	Galerie d'aérage (mine)
		Wings	Flancs (d'un anticlinal)
		Winning	1) extraction, abatage;

—gold | Extraction de l'or
—headway, level | Galerie de traçage
Winnowing | Vannage, séparation (de particules de tailles différentes)
—gold | Vannage de l'or, poussière d'or (par soufflerie)
Winter | 1) adj.: hivernal; 2) n.: hiver
—dumps (U.S.) | Tas de minerai aurifère stocké en hiver pour traitement en été (Alaska)
—moraine | Moraine mineure de poussée hivernale
Winze | Descenderie, descente
Wire rope | Câble métallique
Wisconsin (North Am.) | Wisconsin (Dernière glaciation)
Wisconsinian | Wisconsinien (Étage; Pléistocène)
Withdraw (to) | Retirer, extraire, enlever
Withdrawal | Retrait, extraction, enlèvement
—of the ore | Enlèvement du minerai
—of the sea | Recul de la mer
Witherite | Withérite
Withstand a pressure (to) | Supporter une pression
Wold | 1) plateau, plaine ondulée; 2) U.S.: plateau terminé par une cuesta
Wolfcampian (North Am.) | Wolcampien (Série; Permien inf.)
Wolfram | Wolfram, tungstène
—ocher | Wolframocre, tungstite
—steel | Acier au tungstène
Wolframite | Wolframite (Minéral.)
Wolframium | Tungstène
Wollastonite | Wollastonite (Minéral.)
Wood | 1) bois; 2) bois silicifié
—agate | Bois silicifié
—charcoal | Charbon de bois
—coal | 1) charbon de bois; 2) lignite (U.S.A.)
—copper | Olivénite fibreuse
—hematite | Hématite zonée
—iron | Sidérite fibreuse
—opal | Bois opalisé, bois silicifié
—resin | Résine naturelle
—rock | Amiante fibreuse
—stone | Bois pétrifié
—tin | Cassitérite finement cristallisée en nodules

2) champ d'exploitation

Woodbinian (North Am.) | Woodbinien (Étage; Crétacé sup.)
Wooded | Boisé
Wooden | En bois
Woody | 1) ligneux; 2) boisé
Work | Travail, oeuvre, action
Surface work | Travaux de surface
Work in depth | Travaux en profondeur
Work (to) | Travailler, exploiter
—a coal seam (to) | Exploiter une couche de charbon
—a quarry | Exploiter une carrière
—in gassy places (to) | Travailler dans le grisou
—in the broken (to) | Déhouiller, dépiler les piliers
—open cast (to) | Travailler à ciel ouvert
—out a mine (to) | Épuiser une mine
—underground (to) | Travailler au fond
Workability | Exploitabilité
Workable | Exploitable
—nature | Exploitabilité
Workableness | Exploitabilité
Worked out | Epuisé
Working | Chantier, exploitation, abatage
—beam | Balancier (pétrole), levier de battage (mine)
—face | Front de taille, front d'abatage
—a gold mine | Exploitation d'une mine d'or
—in fiery seams | Travail dans couches grisouteuses
—in the whole | Travaux de traçage
—order (in) | En exploitation normale
—outwards | Exploitation par la méthode directe
—pit | Puits d'extraction
—shaft | Puits d'extraction
Worm | 1) ver; 2) serpentin
—auger | Tarrière rubannée
Worn | Usé
Water worn | Usé, façonné par l'eau
Wind worn | Usé, façonné par le vent
Worthless | Sans valeur
Wrench fault | Faille de décrochement
Wrench (to) | Tordre, arracher
Wrinkle | 1) ondulation, ride, sillon; 2) plissement
Wrinkle (to) | Rider, plisser
Wrinkling | Plissement, gauchissement
Wrought iron | Fer forgé
Wulfenite | Wulfénite (Minéral.)
Wulff net | Cannevas (stéréographique) de Wulff
Würm (Eur.) | Würm (glaciation de), la dernière

Wurmian (Eur.)	Wurmien (Étage; Pléistocène) (Équiv. Weichsel; Wisconsin)	**Wurtzilite**	Wurtzilite (var. de pyrobitume)
Würtherian	Scythien	**Wurtzite**	Wurtzite (Minéral.)
		Wyomingite	Wyomingite (Pétrol.)

X

Xanthophyllite	Xanthophyllite (Mica)
Xanthosiderite	Xanthosidérite, goethite
Xenoblast	Xénoblaste (Minéral.)
Xenoblastic	Xénoblastique
Xenocryst, xenocrystal	Xénocristal
Xenolith	Enclave, xénolite
Xenomorph	Xénomorphe (Minéral.)
Xenomorphic	Xénomorphe
Xenothermal	Xénothermal (hydrothermal de haute température et faible profon-

deur)

Xenotime	Xénotime (Minéral.)
Xerophyte	Xérophyte (Botanique)
Xerothermic period	Période xérothermique (de sécheresse)
X-rays	Rayons X
Xylanthite	Xylanthite (var. de résine fossile)
Xylanthrax	Charbon de bois
Xylopal	Bois silicifié

Y

Yank	Secousse	—strength	Limite élastique
Yard	Yard = 0,914 m	—stress	Limite élastique
Cube yard	Yard cube = 0,764555 m³	Yield (to)	1) céder, fléchir; 2) débiter, produire
Square yard	Yard carré = 0,836127 m²	Yielding	1) elasticité, déformation; 2) production, rendement
Yardage	Métrage, cubage		
Yardang, yarding	Yardang (Géomorph.)	Yielding point	Limite de fluage
Yarmouth (North Am.)	Yarmouth (interglaciaire)	Ynezian (North Am.)	Ynézien (Étage; Paléocène inf.)
Yarmouthian	Yarmouthien (entre glaciations du Kansas et de l'Illinois)	Yoldia sea (Eur.)	Mer à Yoldia (postglaciaire)
Yawning	Béant	Young	Jeune, récent
Yazoo stream (USA Missis.)	Affluent parallèle (au fleuve principal)	—plain (U.S.A.)	Plaine marécageuse à topographie irrégulière
Year round mining	Exploitation continue	—valley	Vallée à son stade de jeunesse
Yellow	Jaune		
—arsenic	Orpiment	Younger Dryas (Eur.)	Dryas récent (intervalle tardiglaciaire; entre Alleröd et Préboréal)
—brass	Laiton		
—copper	1) laiton; 2) chalcopyrite		
—copper ore	Chalcopyrite	Young's modulus	Module de Young (Mécanique)
—earth	Ocre jaune		
—ground	Kimberlite oxydée (Afrique du Sud)	Youth	Stade de jeunesse (fluviatile)
—lead ore	Wulfénite	Youthful stage	Stade de jeunesse (géomorphologique)
—metal	Or		
—ochre	Ocre jaune, limonite	—topography	Topographie au stade de jeunesse
—ore	Chalcopyrite		
—pyrite	Chalcopyrite	Ypresian	Yprésien (Étage; Éocène sup.; syn. Londinien)
—ratebane	Orpiment		
—spinel	Rubicelle	Yttrialite	Yttrialite (Minéral.)
Yellowish	Jaunâtre	Yttrium	Yttrium
Yeovilian (G.B.)	Yéovilien (Étage; sommet du Lias supérieur)	—apatite	Apatite yttrifère
		—garnet	Grenat yttrifère
Yield	1) limite élastique, fléchissement; 2) débit, production, rendement	Yttrocalcite	Yttrocalcite (Minéral.)
		Yttrocerite	Yttrocérite (Minéral.)
		Yttrofluorite	Yttrofluorite (var. de fluorite)
—limit	Limite élastique	Yttrotantalite	Yttrotantalite (Minéral.)
—point	Limite d'élasticité	Yttrotitanite	Yttrotitanite (Minéral.)

Z

Zaffer blue	Bleu de cobalt	Zoic	Fossilifère
Zechstein (Eur.)	Zechstein (Série; Permien sup.)	Zoisite	Zoïsite (Minéral.)
		Zonal	Zonal, zone
Zemorrian (North Am.)	Zémorrien (Étage; Oligocène à miocène)	—circulation	Circulation zonale (des vents)
Zenith	Zénith	—guide fossil	Fossile stratigraphique
—telescope	Lunette zénithale	—soil	Sol zonal
Zenithal projection	Projection azimuthale	—structure	Structure zonée
Zeolite	Zéolite (Minéral.)	—wind	Alizé
Zeolitic	Zéolitique	Zonation	Disposition en zones stratigraphiques, zonation (Paléontol.)
Zeolitization	Zéolitisation		
Zero	Zéro		
—bias	Polarisation nulle	Zone	1) zone 2) biozone
—level	Niveau zéro	Fossil zone	Fossile stratigraphique
—line	Trait zéro	Metamorphic zone	Zone de métamorphisme
—meridian	Méridien zéro	Stratigraphic zone	Zone stratigraphique (ex. biozone)
—setting	Remise à zéro d'un instrument		
		Zone of accumulation	1) zone d'accumulation (nivale); 2) horizon B (pédologie)
Zeuge (German)	Roche champignon, pyramide de fée		
Zigzag fold	Pli en zigzag, en accordéon	—aeration	Zone d'aération
		—eluviation	Horizon A (pédologie)
Zinc	Zinc	—flow	1) zone à écoulement plastique (géologie dynamique); 2) zone d'écoulement (d'un glacier)
—bearing	Zincifère		
—blend	Blende		
—bloom	Hydrozincite		
—deposit	Gisement de zinc		
—spar	Smithsonite	—fracture	Croûte terrestre cassante
—spinel	Spinelle zincifère, gahnite	—leaching	Horizon de lessivage des sols
—vitriol	Sulfate de zinc		
—white	Oxyde de zinc	—mobility	Asthénosphère
Zinciferous	Zincifère	—saturation	Zone saturée, nappe phréatique
Zincite	Zincite (Minéral.)		
Zincous	Zingueux	—weathering	Couches superficielles soumises à l'altération
Zincy	Zingueux		
Zinckiferous	Zincifère	Zoned	Zoné
Zincky	Zincifère	Zoning of crystals	Zonation des cristaux
Zinkiferous	Zincifère	Zooecium (see Zoecium)	Zoécie
Zinkite	Zincite	Zooecology	Écologie animale
Zinky	Zincifère	Zoogene	Zoogène, d'origine animale
Zinnwaldite	Zinnwaldite (mica lithifère)		
		Zoogenic rock	Roche d'origine biologique
Zircon	Zircon (minéral lourd)		
—pyroxenes	Silicates zirconifères	Zooid	Zooïde (Zoologie)
—syenite	Syénite à néphéline et à zircon	Zoolite, zoolith	Animal fossile
		Zooplankton	Zooplancton, plancton animal
Zirconium	Zirconium		
Zirconiferous	Zirconifère	Zuloagan (North Am.)	Zuloagien (Étage; Jurassique sup.; Équiv. Oxfordien)
Zoantharia	Zoanthaires (Biologie)		
Zoarcium	Colonie de Bryozoaires		
Zoecium, zoecia (pl.) (var. of Zooecium)	Zoécie (Zoologie)	Zweikanter (German)	Galet éolisé à deux facettes

Anglais-Français
Français-Anglais

Préface

Conçu initialement à l'usage des étudiants et chercheurs en géologie et géographie physique, ce dictionnaire bilingue des sciences de la terre s'adresse en fait à une très large audience. Ce n'est pas un dictionnaire de définitions mais seulement de traduction. Il comble une lacune dans le domaine des ouvrages de géologie et des dictionnaires spécialisés. Il rassemble les termes les plus usités des disciplines suivantes : géographie physique, géomorphologie, géodynamique, géologie générale et appliquée, géologie pétrolière et minière, minéralogie, paléontologie, sédimentologie, tectonique, etc. De nombreux termes anciens sont inclus et indiqués comme tels. Le choix des termes a été fait en raison de leur fréquence d'utilisation dans les traités classiques récents et autres publications de géologie tant anglais que français.

Cet ouvrage est le fruit de nombreuses années de recherche et de compilation de l'auteur, J. P. Michel, Docteur ès Sciences, Maître-Assistant à l'Université Pierre et Marie Curie (Paris VI). Le co-auteur, Professeur Rhodes W. Fairbridge, Dept. of Geological Sciences, Columbia University, New York City, a apporté la contribution de sa longue expérience acquise dans la publication de nombreux volumes de l'"Encyclopedia of Earth Science Series" ainsi que dans la collaboration à des revues professionnelles et à la "Benchmark Series", ajoutant un grand nombre de termes à ceux choisis initialement.

Nous avons largement bénéficié également du bilinguisme de nos collègues canadiens-français de l'Université de Québec à Montréal, Messieurs Gilbert Prichonnet, Claude Hillaire-Marcel et Bernard de Boutteray. Ainsi, l'anglais traditionnel et l'anglais spécifiquement nord-américain ont été pris en considération. Bien que nous ayions essayé de faire ce dictionnaire aussi complet que possible, il est certain que des erreurs et des omissions ont pu se glisser. N'hésitez pas à nous les signaler.

Nous espérons que le soin apporté à la rédaction de ce dictionnaire le rendra très utile à tous les géologues, amateurs et professionnels. Il devrait notamment permettre de mieux comprendre les travaux scientifiques et articles de périodiques. La langue anglaise devenant de plus en plus la *lingua franca* des congrès internationaux, même pour les délégués des pays nonanglophones, nous souhaitons que ce dictionnaire soit une aide précieuse pour tous.

A

Abaissement de la température	Fall in temperature, fall of temperature
Abaisser, s'abaisser	To decline, to fall, to be lowered
Abandonnée (carrière)	Disused (quarry)
Abandonné (méandre)	Abandoned meander
Abaque	Diagram, chart, nomograph
Abatre, abattre	To break down, to hew
—du minerai	To stope the ore
Aber	Drowned river valley
Abîme	Abyss
Ablation	Ablation, denudation
—glaciaire	Glacial ablation
Aboral	Aboral
Aborder (un continent)	To land
Abrasif	Abrasive
Abri	Shelter, rock-shelter
—sous-roche	Shelter-cave
Abrité	Sheltered, protected
Abrupt	Precipitous, scarped, steepy
—d'éboulement	Scar
Absarokite	Absarokite
Abscisse	Abscissa
Absence (d'une couche)	Lack, stratigraphic gap
Absolu	Absolute
Chronologie absolue	Absolute age
Datation absolue	Absolute datation
Absorbable	Absorbable
Absorbant	1) adj: absorbant; 2) n: absorber
Complexe absorbant	Absorption complex
Absorber	To absorb, to soak up
Absorption	Absorption
—atmosphérique	Atmospheric absorption
Coefficient d'absorption	Absorption coefficient
Raies d'absorption	—lines
Spectre d'absorption	—spectrum
Absorptivité	Absorptivity, absorptiviness
Abyssal	Abyssal
Profondeurs abyssales	Abyssal depths
Acadien (Cambrien moyen)	Acadian
Acanthite	Acanthite
Accélération de la pesanteur	Constant of gravitation, intensity of gravity
Accès (d'une mine)	Access, entrance, entry
Accessible (région)	Accessible
Accessoire (minéral)	Accessory (mineral)
—(lame)	—(plate)
Accident de terrain	Ground feature, undulation, unevenness
Accident (rejet de faille)	Throw
Accidenté (relief)	Uneven, rough, undulating, hilly, hillocky
Accordéon (plissement en)	Accordian folding
Accore (côte)	Steep coast
Accrétion (des continents)	Accretion
Accroissement	Growth, increase
Accroître, s'accroître	To increase, to grow
Accumulation	Accumulation, deposition
—de blocs, en bas d'une falaise	Rock fan
—d'éboulis	Rock fan, talus
—d'éboulis de gravité	Talus, debris fall
—de débris par soliflux-ion	Mass wasting
—de débris gélivés	Congelifract
—de pétrole	Petroleum accumulation
—détritique en bas de pente	Colluvium
—littorale	Shore deposit
Accumuler, s'accumuler	To pile up, to accumulate
Acerdèse	Acerdese, manganite
Acheuléen	Acheulian
Achondrite	Achondrite
Achroïte	Achroite
Achromatique	Achromatic
Aciculaire	Acicular, needle-shaped
Aciculé	Aciculate
Aciculite	Aikinite, aciculite
Acide	1) adj: acid; 2) n: acid
—carbonique (grisou)	Carbonic acid (choke damp)
—chlorhydrique	Hydrochloric acid
—faible	Weak acid
—fort	Strong acid
—fulvique	Fulvic acid
—humique	Humic acid
Roche acide	Acid rock
Sol acide	Acid soil
Traitement acide	Acid treatment
Acidification	Acidification
Acidifier, s'acidifier	To acidify
Acidité	Acidity
Acier	Steel
Aciérie	Steel works
Aclinique	Aclinic, aclinal
Acmite	Acmite

Acoustique	Acoustic(al)
Diagraphie acoustique	—well-logging
Écho-sondage	—echo-sounding
Fréquence acoustique	—frequency
Horizon acoustique	—horizon
Méthode acoustique	—method
Acquis (caractère)	Acquired (character)
Actif	Active
Cluse active	—gap
Faille active	—fault
Actinolite	Actinote, actinolite
Actinoschiste	Actinolite-schist
Actinote	Actinote, actinolite
Actinotique	Actinolitic
Actinoptérygiens	Actinopterygii
Action	Action
—chimique	Chemical action
—climatique du gel	Frost weathering
—du gel	Frost work
—éolienne	Wind action
—glaciaire	Glacial action
—tampon	Buffering, buffer action
Activité	Activity
—chimique	Chemical activity
—volcanique	Volcanic activity
Actuel	Recent, present
Adamantin	Adamantine
Adamellite (Pétro.)	Adamellite
Adamine	Adamine, adamite
Adaptation	1) adaptation (Pal.); 2) adjustment (Geogr.)
—au milieu (Pal.)	Adaptation
—structural	Structural adjustment
Adapter, s'adapter (rivière)	To fit, to adjust
Adduction (d'eau)	Water supply
Adhérence	Adhesion
Adhérent	Adherent
Adhérer	To adhere, to cling, to stick
Adhésivité	Stickiness, adhesive capacity
Adiabatique	Adiabatique
Adiabatique	Adiabatic
Adinole (Pétro.)	Adinole
Adipite (Minér.)	Chabazite
Adjacent	Adjacent
Adoucissement de l'eau	Water softening
Adret	Sunny southern slope
Adsorbant	Adsorbant
Adsorber	To adsorb
Adsorption	Adsorption
—chimique	Chemical adsorption
—d'eau	Water adsorption
Adulaire	Adularia, adular
Adventif (cône)	Parasitic cone, adventive (cone)
Aegyrine	Aegyrite, aegirite,

	aegyrine
Aérage (Mine)	Ventilation
Aération	Ventilation, aeration
Aérer	To aerate, to ventilate
Aérien	Aerial
Levé aérien	—mapping
Photogrammétrie aérienne	—survey
Photographie aérienne	—photography
Aérogéologie	Photogeology
Aérolite, aérolithe	Aerolite, meteoric stone, stony meteorite
Aérolithique	Aerolitic, meteoritic
Aérosite	Aerosite, pyrargyrite
Aérotriangulation	Stereotriangulation
Aéronomie	Aeronomy
Aérosol	Aerosol
Aetite	Eaglestone
Afeldspathique	Feldspar free
Affaissé (bloc)	Trough-fault block, graben
Affaissement	Collapse, downthrow, downwarp, sinking, subsidence
—isostatique	Isostatic subsidence
Affaisser, s'affaisser	To collapse, to subside, to sink
Affinement (d'un métal précieux)	Refinement
Affiner (du fer, de l'acier)	To refine, to fine
Affinité (chimique)	Chemical affinity
Affleurement	Exposure, outcrop, out-cropping
—altéré	Weathered outcrop, blossom
—caché	Buried outcrop, concealed outcrop
—oxydé	Blossom
Affleurer	To expose, to outcrop, to crop out
Affluent	Tributary river, affluent, inflowing stream
Sous-affluent	Subtributary
Affluer (fleuve)	To flow into
Affouillement	Undermining, erosion, scouring
Affouiller	To undermine, to under-cut, to scour, to erode, to wash
Agalmatolite	Agalmatolite, figure stone
Agate	Agate
—arborisée	Dendritic agate, tree ag-ate
—d'Islande	Obsidian
—jaspée	Jasper agate
—mousseuse	Moss agate

—noire	Obsidian
—rubanée	Banded agate
Agatifère	Agatiferous
Âge	Age
—absolu	Absolute age
—de la pierre polie	Neolithic age
—de la pierre taillée	(Chipped) stone age
—primaire	Paleozoic age
—relatif	Relative age
—secondaire	Mesozoic age
—tertiaire	Tertiary age
Agent	Agent
—atmosphérique	Atmospheric agent
—d'érosion	Erosion agent
—de dispersion	Dispersion agent
—de flottation	Flotation agent
—minéralisateur	Mineralizing agent
Agglomérat	Agglomerate
Agglomération	Agglomeration
—de minerai	Ore sintering
Aggloméré	Agglomerated, con- glomerated, sintered
Agglomérer, s'agglomérer	To agglomerate, to con- glomerate
Agglutinant	Agglutinant, binding
Agglutiner, s'agglutiner	To agglutinate, to stick together
Agitateur (Labo.)	Stirring rod, agitator
Agnathes	Agnatha
Agpaïte (Pétro.)	Agpaite
Agrandissement	Magnification, enlarge- ment
Agrégat	Aggregate, cluster
Agrégation	Aggregation
Agrégé (sédiment)	Aggregated
Agriculture	Agriculture
Agrologie	Agronomy
Aigue-marine	Aquamarine
Aiguille	Aiguille
(de cadran)	Needle, pointer, index
(Géogr.)	Needle; aiguille
—aimantée	Magnetic needle
—de glace	Icicle, pipkrake
Aimant	Magnet, lodestone
—naturel	Lodestone, magnetite
Aimantation	Magnetization
—inverse	Reversed magnetization
—rémanente	Remanent magnetization
—spontanée	Spontaneous magnetiza- tion
Aimanter	To magnetize
Aimanté	Magnetized, magnetic
Barreau aimanté	Bar magnet
Air	Air
Arrivée d'air	Air inlet
Extraction par l'air com- primé	Air hoisting
Forage à l'air comprimé	Air drilling
Injection d'air	Air lift
Airain	Brass
Aire	Area
—continentale	Continental area
—d'alimentation	Drainage area, catchment area
—de déflation éolienne	Blownout land
—d'inondation	Flood plain
Akérite	Akerite
Alabandine	Alabandite
Alabastrite	Gypseous alabaster
Alaskite	Alaskite
Albâtre	Alabaster
D'albâtre	Alabasterine
—calcaire	Travertine
—gypseux	Gypseous alabaster
Albertite	Albertite
Albien (Crétacé)	Albian
Albite	Albite, sodafeldspar
Albite-oligoclase	Albiclase
Mâcle de l'albite	Albite twin
Albitisation	Albitization
Albitite	Albitite
Albitisé	Albitized
Albitophyre	Albitophyre
Alcalin	Alkaline, alkalic, alka- linous, alkalous
Feldspath alcalin	—feldspar
Alcalinisation	Alkalization
Alcaliniser, s'alcaliniser	Alkalify
Alcalinité	Alcalinity
Alcalino-terreux	Earth alkali
Alcool	Alcohol
Alcyonaires	Alcyonaria
Alguaire	Algal
Algue	Alga
—bleue	—cyanophycea
—calcaire	Lime-secreting alga
—fossile	Fossil alga
—incrustante	Incrusting alga
Charbon d'algues	Algal coal
Algonkien	Algonkian
Alidade	Alidade, sighting board
Alignement de blocs (Périgl.)	Blocktrain
Alios	Ironpan, hardpan
—ferrugineux	Ironpan
—humique	Humic ironpan
Aliphatique	Aliphatic, open chain compound
Alizé	Trade wind
Allanite	Allanite
Alleröd	Allerod
Alliage	Alloy
—ferro-nickel	Permalloy
Allitisation (altération latéritique)	Allitization
Allivalite	Allivalite

Allochem	Allochem
Allochimique	Allochemical
Allochtone	Allochton, allochtonous, allogenic, allothigenous
Allochroïte	Allochroite
Allogène	Allogeneous, allogenic, allogenous
Allomorphe	Allomorphic
Allongé	Elongated
Allophane	Allophane
Allothigène	Allothigeneous
Allotriomorphe	Allotriomorphic
Allotrope, allotropique	Allotrope, allotropic
Allotropie	Allotropy
Alluvial	Alluvial
Cône alluvial	cone, alluvial fan
Glacis alluvial	slope
Nappe alluviale	apron
Piémont alluvial	piedmont
Plaine alluviale	plain
Terrasse alluviale	terrace
Alluvionnement	Alluviation
Alluvions	River deposits, alluvial deposits, alluvium
—anciennes	Old alluvium
—aurifères	Gold bearing alluvium
—côtières	Coastal deposits
—fluviatiles	River deposits
—fluvio-glaciaires	Fluvio-glacial deposits
—glaciaires	Glacial till, drift
—marines	Marine deposits
—modernes	Holocene deposits
—post-glaciaires	Post-glacial alluvium
—quaternaires	Pleistocene deposits
—récentes	Holocene deposits
—stannifères	Tin-bearing alluvium
Alluvionnaire	Alluvial
Alluvionnement	Alluviation
Almandin (grenat)	Almandine, almandite
Alnoïte (Pétro.)	Alnoite
Alouette (gypse pied d')	Twinned gypsum crystal, larkspur gypsum
Alpin	Alpine
Glacier alpin	—glacier
Alstonite	Alstonite
Altérable	Alterable
Altération	Alteration, weathering
—atmosphérique	Weathering
—chimique	Chemical weathering
—subaérienne	Weathering
—superficielle	Weathering
Altérer, s'altérer (roche)	To alter, to weather, to be weathered, to be decayed
Altéré	Altered, weathered
Altérite	Weathered and decayed rock

Alternance gel-dégel	Freeze and thaw cycle
Alterné	Alternate, alternating
Stratification alternée	—bedding
Altimètre	Altimeter, height gauge
Altimétrie	Altimetry
Altimétrique	Altimetric(al)
Altiplanation	Altiplanation
Altitude	Altitude, elevation, height
—absolue	Absolute altitude
—relative	Relative altitude
Altocumulus	Altocumulus cloud
Altostratus	Altostratus cloud
Alumine	Alumina, alumine oxide
Gel d'alumine	Alumogel
Silicates d'alumine	Aluminum silicates
Alumineux	Aluminous
Épidote alumineuse	Aluminum epidote
Grenat alumineux	—garnet
Schiste alumineux	Alum schist
Aluminière	Alum mine
Aluminifère	Aluminiferous, aluniferous
Aluminite	Aluminite
Aluminium	Aluminium
Aluminosilicate	Aluminosilicate
Alvéolaire	Alveolar, cellular, honeycomb
Alvéole	Alveolus, alveole, cell
Amalgame natif	Native amalgam
Amalgamer	To amalgamate
Amas	Accumulation, cluster, heap, pile, pocket
—cristallin	Crystalline nodule
—de gélifraction	Cryogenic deposit
—de minerai	Ore heap, ore pocket, mass of ore
—de neige (congère)	Snow drift
—de quartz	Mass of quartz
Amasser, s'amasser	To heap up, to pile up, to gather, to collect
Amazonite	Amazonite, amazonstone
Amblygonite	Amblygonite
Ambre	Amber, succinite
—jaune	Yellow amber
Ambrite	Ambrite
Ambulacraire	Ambulacrar
Aire ambulacraire	—area
Plaque ambulacraire	—plate
Zone ambulacraire	—area
Ambulacre	Ambulacrum
Aménagement (d'une pente)	Grading
Amendement	Manure
Amenée (d'eaux)	Conducting, bringing
Amenuisement (d'une roche)	Comminution
Améthyste	Amethyst
Quartz améthyste	Amethystine quartz

Ameublissement (d'un sol)	Mellowing, tillage
Amiante	Amianth, amianthus, asbestos, mountain cock
Amiantoïde	Amiantoid
Amincie (couche)	Thinned out bed
Amincissement	Thinning out, pinching
Ammoniac (gaz)	Ammonia
Ammoniacal	Ammoniacal
Ammoniaque	Ammonium hydroxide
Ammonisation	Ammonification
Ammonite	Ammonite
—enroulée	Involute ammonite
Ammonitidés	Ammonoidea, ammonoids
Ammonium	Ammonium
Ammonoïdés	Ammonoidea
Amonceler, s'amonceler	To heap up, to pile up, to bank up, to drift
Amoncellement	Accumulation, heap, pile
Amont	Upstream, upper part
—pendage	Back, backs, updip
Amorphe	Amorphous, amorphic, amorphose, uncrystalline, structureless
Amortissement (d'un pendule, d'oscillations)	Damping
Amortisseur d'oscillations	Pulsations dampener
Ampélite	Ampelite, bituminous black shale, carbonaceous shale
Ampélitique	Ampelitic
Ampère	Ampere
—mètre	Amperemeter
Amphibiens	Amphibia
Amphibole	Amphibole
Schiste à amphibole	Hornblende schist
Amphibolifère	Amphiboliferous
Amphibolique	Amphibolic
Amphibolite	Amphibolite
Amphiboloschiste	Hornblende schist
Amphigène	Leucite
Amphigénite	Leucitite
Amphineure	Amphineura
Amphotère	Amphoteric
Amplification	1) amplification (of a wave); 2) enlarging, enlargement, magnification (of a photograph)
Amplitude	Amplitude, extent
—des marées	Half-tidal range
Amygdalaire, amygdaloïde	Amygdaloid(al)
Anabatique	Anabatic
Anaclinal	Anaclinal
Anaérobie	Anaerobic
Anal	Anal
Analcime	Analcite
Basalte à analcime	—basalt
Analcitite	Analcitite
Analyse	Analysis
—au chalumeau	Blow-pipe assay, blow-pipe analysis
—densimétrique	Float and sink analysis
—diffractométrique	X-ray analysis
—granulométrique	Granulometric, particle size or sieve analysis
—macroscopique	Macroscopic analysis
—mécanique	Particle size analysis
—microscopique	Microscopic analysis
—quantitative	Quantitative analysis
—pollinique	Pollen analysis
—spectral	Spectral analysis
—thermique	Thermal analysis
Analyser	To analyse, to assay
Analyseur (Micro. pol.)	Analyser
Anamorphique	Anamorphic
Anamorphisme	Anamorphism
Anastomosée (rivière)	Anastomosed river
Anatase	Anatase, octahedrite
Anatexie	Ultrametamorphism
Granite d'anatexie	Ultrametamorphic granite
Anatexite	Anatexite
Ancien	Ancient, old
Alluvions anciennes	Old alluvium
Ancrage (d'un forage)	Anchorage, anchor
Andalousite	Andalusite, chiastolite
Cornéenne à andalousite	—hornstone
Andésine	Andesine
Andésite	Andesite, andesyte
—à augite	—with augite
Andésitique	Andesitic
Andradite	Andradite
Anémographe	Anemograph
—enregistreur	Recording anemograph
Anémographique	Anemographic
Anémographie	Anemography
Anémomètre	Anemometer, wind gauge
—enregistreur	Anemograph
Anémométrie	Anemometry
Anémométrique	Anemometric
Anéroïde (baromètre)	Aneroid (barometer)
Angiospermes	Angiospermae
Anfractueux	Craggy
Anfractuosité	Cragginess
Angle	Angle
—de direction	—of strike
—de discordance	—of unconformity
—de pendage	—of dip
—de pente	—of slope

—de réflection	—of reflection
—repos	—of repose
—stratification	—of bedding
—de talus	—of repose
—d'équilibre	—of rest, of repose
—d'extinction	Extinction angle
—d'inclinaison	—of hade
—du plan de pendage avec la verticale	—of hade
—entre faces	Interfacial angle
—limite	Limit angle
Anglésite	Lead, spar, anglesite
Angström	Angstrom = 10^{-8} cm
Angulaire	Angular
Discordance angulaire	Unconformity
Angularité	Angularity, angularness
Anguleux	Angular
Anhydre	Anhydrous, anhydric
Anhydride carbonique	Carbonic dioxyde
Anhydrite	Anhydrite, anhydrit
Anion	Anion
Anisien	Anisian, anisic
Anisométrique	Anisometric
Anisotrope	Anisotropic, anisotropal, anisotropous
Anisotropie	Anisotropy
Anisotropiquement	Anisotropically
Ankaramite	Ankaramite
Ankérite	Ankerite
Annabergite	Annabergite
Annélides (Pal.)	Annelida
Annuaire des marées	Tide tables
Annuel	Annual
Annulaire	Annular, ring shaped
Récif annulaire	—reef
Anode	Anode
Anodonte (Pal.)	Anodont
Charnière anodonte	Anodont dentition
Anomalie	Anomaly, anormal variation
—de Bouguer	Bouguer anomaly
—de gravité	Gravity anomaly
—de résistivité	Resistivity anomaly
—électrique	Electric anomaly
—électromagnétique	Electromagnetic anomaly
—gravimétrique	Gravity anomaly
—isostatique	Isostatic anomaly
—locale	Local anomaly
—magnétique	Magnetic anomaly
Anorthite	Anorthite
Anorthose	Anorthoclase
Anorthosite	Anorthosite
Anse	Cove, creek
Antarctique	Antarctic
Antécédence	Antecedence
Antécédent	Antecedent
Rivière antécédente	Antecedent stream
Antédiluvien	Antediluvian

Antéglaciaire	Preglacial
Antenne (Pal.)	Antenne
Antérieur (Pal.)	Anterior
Anthophyllite	Anthophyllite
Anthozoaire	Anthozoa
Anthracifère	Anthraciferous
Anthracite	Glance coal, hard coal, anthracite
Anthraciteux	Anthracitic, anthracitous
Anthracolitique (désuet)	Carboniferous and Permian
Anthraconite	Anthraconite, stinkstone
Anthropologie	Anthropology
Anthropologiste	Anthropologist
Anthropogène	Quaternary (Russian)
Anthropozoïque	1) adj: anthropozoic; 2) n: pleistocene
Anticathode	Anthicathode
Anticlinal	1) adj: anticlinal; 2) n: anticline
—asymétrique	Asymmetric anticline
—déversé	Overturned anticline
—droit	Upright anticline
—en forme de selle	Saddle anticline
—faillé	Faulted anticline
—fermé	Closed anticline
—plongeant	Plunging anticline
—renversé	Recumbent anticline
—symétrique	Symmetric anticline
Anticlinorium	Anticlinorium, composite anticline
Anticyclone	Anticyclone
Anticyclonique	Anticyclonic
Anti-épicentre	Anticentre
Antigorite	Antigorite
Antimoine	Antimony, stibium
—natif	—ore
—oxyde	Valentinite
—sulfure	Antimonite, antimony glance, stibnite
Antimonial	Antimonial
Antimonié	Antimoniated
Antimonieux	Antimonious, stibial
Antimonifère	Antimoniferous
Antimonique	Antimonic
Antimoniure	Antimonide, stibnite
Antiperthite	Antiperthite
Antipode	Antipode
Antithétique (faille)	Antithetic (fault)
Antlérite	Antlerite
Apatite	Apatite
Aphanitique	Aphanitic, aphyric
Aphotique	Aphotic, without light
Aphrite	Aphrite
Aplanir	To level
Aplanissement	Aplanation, planation, flattening, levelling
Aplati	Flattened, platy, tabular

Aplatissement	Flattening, flatness	—naturelle	Rock arch
Indice d'aplatissement	Flatness index, flatness ratio	Archéen	Archean
		Archipel	Archipelago
Aplite	Aplite	Architecture (d'une roche)	Texture
Aplitique	Aplitic		
Aplome	Aplome (var. of melanite)	Archives	Records, files
		Arctique	Arctic
Apogranite	Apogranite	Banquise arctique	Arctic pack
Apophyllite	Apophyllite	Ardente (nuée)	Glowing cloud
Apophyse	Apophysis, offshoot, outgrowth	Ardoise	Slate, roofing slate
		—tachetée	Spotted slate
Appalachien (relief)	Appalachian structure	Ardoisier (adj.)	Slaty
Appareil	Apparatus, device	Ardoisière	Slate quarry
—branchial	Branchial skeleton	Aréïque (sans écoulement)	Arid, without any river system
—de prises de vues aériennes	Aerial camera	Arénacé	Arenaceous, sandy
—de prises de vues en bandes continues	Continuous strip camera	Arène	Granitic sand
		Arénite	Arenite
—de prises de vues cartographiques	Mapping camera	Arénolutite	Arenolutite
		Arénorudite	Arenorudite
—de sondage	Drilling rig	Aréolaire (altération)	Superficial weathering
—enregistreur	Recording instrument	Aréole	Areola (Pal.)
Apparent	Apparent	Aréomètre	Araeometer
Pendage apparent	Apparent dip	Aréométrie	Araeometry
Appauvrissement (du sol, etc)	Impoverishment	Arenig	Arenigian
		Arête (de montagne)	Crest, edge, ridge
Appliquée (géologie)	Applied geology	—(de poisson)	Fishbone
Apport (fluviatile)	River drift, river deposits	—anticlinale	Anticlinal crest
Apporter (des sédiments)	To drift, to lay down	—d'un polyèdre	Edge of a polyhedron
		—vive (tranchante)	Sharp edge
Approfondir (le lit d'une rivière)	To deepen, to excavate	Argent (métal)	Silver
		—arsenical	Proustite
Aptien	Aptian	—corné	Hornsilver, cerargyrite
Aptitude	Ability, capacity	—natif	Native silver
—au gel	Freezability	—rouge	Red silver, ruby silver
Aqueduc	Aqueduct	—rouge antimonial	Pyrargyrite
Aqueux	Aqueous, hydrous	—rouge arsenical	Proustite
Solution aqueuse	Aqueous solution	—sulfuré	Argentite
Aquifère	1) adj: aquiferus, water-bearing; 2) n: aquifer, nappe	Argentée (couleur)	Silvery
		Argentifère	Argentiferous
		Pyrite argentifère	Argentopyrite
Aquo-igné	Aqueo-igneous, hydro-thermal	Argentite, argentine	Argentite, argyrite
		Argentopyrite	Argentopyrite
Aragonite	Aragonite	Argile	Clay
Aquifuge	Aquifuge	—à blocaux	Boulder clay
Aquitanien	Aquitanian	—à briques	Brick clay
Araser	To level down, to wear flat, to plane	—à chailles	Oxford clay (Jura)
		—à poterie	Potter's clay
		—à silex	Flint clay
Arasé	Levelled, truncated	—de frottement tectonique	Gouge, fault-clay, shale
Arborescence (Minér.)	Dendrite		
Arborescent	Dendritic, arborescent, tree-like	—ferrugineuse	Iron clay
		—feuilletée	Shale
Arborisation (Minér.)	Dendrite	—figuline	Pottery clay
Arborisé	Arborized, dendritic	—glaciaire	Glacial till
Arc (insulaire)	Island arc	—gonflante	Swelling clay
Arc-boutement	Arching	—grasse	Unctuous clay
Archaeocyathidé	Archaeocyathid	—gypseuse	Gypsiferous clay
Arche	Arch		

—latéritique	Lateritic clay
—limoneuse	Silty clay
—litée	Bedded clay
—lourde	Heavy clay
—marneuse	Marly clay
—plastique	Plastic clay, potter's clay
—réfractaire	Fire clay, refractory clay
—rouge des grands fonds	Red ooze clay
—rouge des plateaux	Decalcification clay
—sableuse	Sandy clay
—schisteuse	Slaty clay, shale
—smectique	Fuller's earth
—stratifiée	Laminated shale
—téguline	Tile clay
—teneur (en)	Clay content
Argileux	Argillous, argilaceous, clayey
Argilière	Clay pit
Argilisation	Argillization
Argilique (horizon)	Argillic (horizon)
Argilite	Argillite, rock clay
Argilo-calcaire	Argillocalcareous
Argiloferrugineux	Argilloferruginous
Argilolithe	Mudstone
Argilomagnésien	Argillomagnesian
Argilo-sableux	Argilloarenaceous
Argon	Argon
Argovien	Argovian
Argyrite	Argyrite, argyrose
Argyropyrite	Argyropyrite
Argyrose	Argentite
Argyrythrose	Argyrythrose, pyrargyrite, dark-red silver ore
Aride	Aride, dry
Aridité	Aridity, aridness
Indice d'aridité	Arid index
Ariégite (Pétro.)	Ariegite (var. of pyroxenite)
Arkose	Arkose, granite wash
Arkosique	Arkosic
Arménite	Armenite
Aromatique	Aromatic
Hydrocarbure aromatique	Aromatic hydrocarbon, aromatics
Arpenter	To survey, to measure
Arpenteur	Surveyor, land surveyor
Arqué	Arched, bent, curved
Arrache-carottes (For.)	Core extractor, core lifter
Arrachement (par les eaux superficielles)	Washing out
Niche d'arrachement	Scar
Arrache-tube (For.)	Tubing spear
Arrière	Back
—pays	Back land
—plage	—shore
—plan	—ground
Arrivée (Sism.)	Arrival
—d'un fluide	Inlet, inflow, intake
—d'air	Air inlet
—d'eau	Water inlet
Arrondi	Rounded
Degré d'arondi	Roundness ratio
Arrondissement	Roundness
Indice d'arrondissement	Roundness ratio
Arrosé (à fortes pluies)	Watered
Arséniate	Arseniate
Arsenic	Arsenic
—blanc	White arsenic
—sulfuré rouge	Red arsenic, ruby arsenic
Arsenical	Arsenical
Argent arsenical	Arsenical silver blend
Arsénieux	Arsenious
Arsenifère	Arseniferous
Arséniosidérite	Arseniosiderite
Arséniosulfure de cobalt	Cobaltine
Arsénite	Arsenite, arsenolite
Arséniure	Arsenide
Arsénopyrite	Arsenopyrite
Artésien	Artesian
Aquifère artésien	—aquifer
Bassin sédimentaire artésien	—basin
Nappe artésienne	—water
Puits artésien	—well
Source artésienne	—spring
Structure artésienne	—structure
Arthrodires	Arthrodira
Arthropodes	Arthropoda
Articulation	Hinge, link, joint
Articulé	Articulate, jointed, hinged
Artinskien (Permien inférieur)	Artinskian
Artiodactyles	Artiodactyla
Asar	Osar
Asbeste	Asbestos
Asbestoïde	Asbestoid
Ascendante (source)	Ascending (spring)
Ascension	Ascent, climb, rising
—capillaire	Capillary ascent
Ascensionniste	Climber
Aséismique	Aseismic
Aspect extérieur (d'un cristal)	Habitus
Aspérité	Roughness, unevenness
Asphalte	Asphalt, glance pitch, mineral pitch, petroleum pitch
Asphalte naturel	Native, naturel asphalt
Gisement d'asphalte	Asphalt deposit
Goudron d'asphalte	Asphalt tar
Suintement d'asphalte	Asphalt seepage
Asphaltène	Asphaltene
Asphaltique	Asphaltic

Bitume asphaltique	Asphalt bitumen
Calcaire asphaltique	Asphaltic limestone
Charbon asphaltique	Asphaltic coal, albertite
Pétrole brut asphaltique	Asphalt base crude
Roche asphaltique	Asphaltic rock
Sable asphaltique	—sand
Schiste pyrobitumineux asphaltique	Pyrobituminous asphaltic shale
Asphaltite	Asphaltite
Asphaltoïde	Asphaltoid
Assèchement	Drainage, dewatering, drying
Assécher	To drain. ιo dry, to dewater, to pump out
Assiette (soubassement)	Basis, support, foundation, bottom, bed
Stabilité	Steadiness, stability
Assilines (calcaire à)	Assiline (limestone)
Assimilation	Assimilation
—magmatique	Magmatic assimilation
Assise	1) seating, laying (of foundation); 2) bed, stratum (geology); 3) course, layer (masonry)
Association	Association
—de minéraux	Mineral association
—symplectique	Symplecktic intergrowth
Assolement	Rotation of crops
Assoupi (volcan)	Quiescent (volcano)
Astartien (Jurassique supérieur)	Astartian
Astatique	Astatic
Asténolite	Asthenolith
Astéridés	Asteroidea
Astérie (à)	Asteriated
Astérisme	Asterism
Asthénosphère	Asthenosphere
Astérisme	Asterism
Astien	Astian
Astre	Star
Astroblème	Astrobleme
Astrolabe	Astrolabe
Astronomique	Astronomical
Astronomie	Astronomy
Asymétrique	Asymmetric(al)
Pli asymétrique	—fold
Atacamite	Atacamite
Ataxique	Ataxic
Ataxite (Pétro.)	Ataxite
Atmophile (élément)	Atmophile (element)
Atmosphère	Atmosphere
Atmosphérique	Atmospheric
Agent atmosphérique	—agent
Perturbations atmosphériques	Atmospherics
Pollution atmosphérique	Atmospheric pollution
Pression atmosphérique	—pressure
Radiation atmosphérique	—radiation
Atoll	Atoll
Atome	Atom
—marqué (par radioactivité)	Tagged atom
Atomicité	Atomicity
Atomique	Atomic
Liaison atomique	—bond
Masse atomique	—mass
Nombre atomique	—number
Poids atomique	—weight
Rayon atomique	—radius
Structure atomique	—structure
Attapulgite	Attapulgite
Attaque (chimique)	Etching
Attaquable	Attackable
Attaquer	To corrode, to etch
—à l'acide	To etch
Attraction	Attraction, pull
—de la gravité	Gravitation
—magnétique	Magnetic attraction
—moléculaire	Cohesive force
Attrition	Attrition
Aturien	Aturian
Au large	Offshore
Auge glaciaire	Glacial trough
Vallée glaciaire en auge	Trough valley
Augite	Augite
—aegyrinique	Aegirite augite
—titanifère	Titanaugite
Basalte à phénocristaux d'augite	Augitophyre
Augitique	Augitic
Augitite	Augitite
Auréole	Aureole
—de contact	Contact aureole
—métamorphique	Metamorphic aureole
—pléochroïque	Pleochroic halo
—réactionnelle	Reaction rim
Aurifère	Gold bearing
Auro-argentifère	Auri-argentiferous
Auroferrifère	Auroferriferous
Auroplombifère	Auroplumbiferous
Aurore polaire	Aurora borealis
Australite (Pétro)	Australite
Authigène, authigénique	Authigenic, authigenous, authigenic
Auto-capture	Self capture
Autocatalyse	Autocatalyse
Autochtone	Autochtonous, autochton
Autométamorphique	Autometamorphic
Autométamorphisme	Autometamorphism
Automorphe	Automorphic, auto-morphous, euhedral
Autopneumatolyse	Autopneumatolysis
Automne	Autumn, fall
Autunien	Autunian

Autunite	Autunite, lime uranite	—plage	—shore
Auversien (Eocène)	Auversian	—puits	—shaft
Aval (d'un fleuve)	Down stream	Aventurine	Aventurine
—pendage	Down dip, bottom	Averse	Rainfall
Face aval (d'une dune)	Downwind side, leeside	Axe	Axis
Avalaison	Freshet	—anticlinal	Anticlinal axis
Avalanche	Avalanche	—cinématique	Structural axis
—boueuse	Lahar, mud stream	—cristallographique	Crystal axis
—de neige	Snow slip	—d'hémitropie	Twin axis
—de neige poudreuse	Drift avalanche	—de rotation	Axis of rotation
—de rochers	Rock slide	—de symétrie	—of symmetry
—nivale de gravité	Snow avalanche	—d'un pli	Fold axis
—sèche	Dry avalanche	—hydrographique	Trunk-stream
Cône d'avalanche	Avalanche fan	—optique	Optic axis
Couloir d'avalanche	Avalanche chute, track	—synclinal	Synclinal axis
Avaleresse	Shaft, sinking	Axial	Axial
Avaloir	Swallow-hole	Lobe axial	—lobe
Avancement d'un forage (exprimé en pieds)	Footage	Plan axial	—plane
		Axinite	Axinite
Aven (karst)	Swallow hole, sink, aven, swallet, solution chimney, abyss	Azimut	Azimuth
		Azimutal	Azimuthal
		Azoïque	Azoic
Avant	Fore	Azonal (sol)	Azonal (soil)
—butte	Outlier	Azote	Azote, nitrogen
—dune	Fore dune	Azoté	Nitrogenous
—fosse	—deep	Azoteux	Nitrous
—mont	Foot-hills	Azotique	Nitric
—pays	Fore land	Azurite	Azurite

B

Bac	Jar
—à boue	Mud tank
—de lavage	Wash tank
Bacalite (Pétro.)	Bacalite
Bactérie	Bacterium, bacteria
Baddeleyite	Baddeleyite
Baguette de sourcier	Doodle bug
Bahada	Bahada
Bahamite (Pétro.)	Bahamite
Baie	Bay, embayment
Entrée de baie	Bay entrance
Fond de baie	Bay head
Bail minier	Mining lease
Bain	Bath
—de fusion	Melting bath
—marie	Laboratory bath, water bath
Baisse	Fall, falling, decline
—des eaux	Fall of flood, of water
—de pression	Pressure decline
—de production	Output fall
Baisser (rivière, température)	To fall
Bajocien	Bajocian
Balance (appareil)	Balance
—à fléau	Beam balance
—de précision	Analytical balance
—de torsion	Torsion balance
Balancier (de pompe)	Pumping beam
Balayage (sur un écran)	Sweep, sweeping
Ballast	Ballast
—de pierre cassée	Broken-stone ballast
Ballastière	Gravel-pit, ballast pit
Banatite (Pétro.)	Banatite
Banc	Bank, bar, bench
—à vérins	Campanile giganteum bed (Lutetian)
—corallien	Platform reef
—de graviers	Gravel bank, gravel bar
—de sable	Sand bank, sand bar
—fossilifère	Fossiliferous bed
—marin	Bar, shingle, shoal
—royal	Miliole bed (Middle lutetian bed)
Bande (de terrain)	Belt, stretch, strip
—d'absorption	Band
—de sédiments	Streak, stripe
—de boue (Glaciol.)	Dirt-band
—de spectre	Band
—de terrain	Land strip
—magnétique	Magnetic tape
—perforée	Punched tape
Spectre de bandes	Band spectrum

Banquette	Bench, bank
—d'érosion marine	Wave-cut bench
—littorale	Berm
Banquise	Ice-pack, pack, sea ice
Baril	Barrel = 42 US gallons
Bariolé	Variegated, mottled
Barkévicite (Minér.)	Barkevicite
Barkhane	Barchan, crescentic dune
Aile de barkhane	—arm
Groupe de barkhane	—swarm
Baromètre	Barometer
—altimétrique	Orometer, mountain barometer
—anéroïde	Aneroid barometer
—enregistreur	Barograph, self-recording barometer
Barométrie	Barometry
Barométrique	Barometric
Pression barométrique	—pressure
Barothermographe	Barothermograph
Barrage (construction)	Dam, weir
—de retenue	Retention dam
—de terre	Earth dam
—déversoir	Overflow dam
—naturel (d'une rivière par des rchers)	Barrier
Barranca	Barranca, dry ravine, gully (on volcanic cone)
Barre	Bar, barrier beach
—à mine	Miner's bar
—d'eau (mascaret)	Tidal bore
—de plage	Surf
—de roche	Rock bar
—de sable	Sand bar
—d'estuaire	Bar, tidal bore
Barrémien (Crétacé inférieur)	Barremian
Barrer	To dam, to bar
Barrière	Barrier, fence
—de glace	Ice-barrier
Récif-barrière	Barrier reef
Bartonien (Eocène supérieur)	Bartonian
Barycentre	Barycenter
Barylite	Barylite
Barysphère	Barysphere
Baryte	Baryta
Barytifère	Barytic
Barytine	Barite, heavy baryte, heavy spar, cawk
—crêtée	Crested barite
Barytique	Barytic

Barytocalcite	Barytocalcite
Barytocélestine, bary-tocélestite	Barytocelestite
Baryum	Barium
Bas	Low
—de pente	Foot slope
—de plage	Fore shore
—fond	Shallow, flat, low ground
—pays	Low land
Basses eaux	Low water
Basse mer	Low tide
Basse pression	Low pressure
Basse teneur	Low grade
Basal	Basal
Basalte	Basalt
—à leucite	Leucite basalt
—à néphéline	Nepheline basalt
—à olivine	Olivine basalt
—des plateaux	Plateau basalt
Basaltique	Basaltic
Lave basaltique	—lava
Orgue basaltique	Columnar basalt
Prismation basaltique	Basaltic jointing
Tuf basaltique	—tuff
Basaltoïde	Basaltiform
Basanite	Basanite
Basculement (de couches)	Tilting
Base (chimie)	Base
—(soubassement)	Basis, bottom, foot
Échange de bases	Base exchange
Niveau de base de l'érosion	Base level of erosion
Basicité	Basicity
Basique	Basic
—roche	—rock
Bassin	Basin
—alluvial	Alluvial basin
—areïque	Areic basin
—artésien	Artesian basin
—de surcreusement	River basin
—endoréique	Endoreic basin
—exoréique	Exoreic basin
—fluvial	River basin
—fluviatile	River basin
—géologique	Geological basin
—houiller	Coal field
—hydrographique	Watershed, drainage basin, catchment basin
—limnique	Limnic basin
—océanique	Ocean basin
—paralique	Coastal basin
—pétrolifère	Oil basin
—sédimentaire	Basin, sedimentary basin
—structural	Structural basin, synclinal
—tectonique	Fault basin, tectonic basin
—versant	Watershed, river basin
Bastite	Bastite, schiller-spar
Batée, battée	Pan, wash pan, batea, wash trough, washing dish
Batholite	Batholith
Batholithique	Batholithic
Bathonien	Bathonian
Bathyal	Bathyal
Bathygraphique	Bathygraphic
Bathymètre	Bathymeter, bathometer
Bathymétrie	Bathymetry
Bathymétrique	Bathymetric(al), bathometric(al)
Carte bathymétrique	—map
Bathypélagique	Bathypelagic
Bathyscaphe	Bathyscaphe
Battage au câble	Spudding
Battage d'or	Gold beating
Battement (d'ondes)	Beat
Baume du Canada	Canada balsam
Bauxite	Bauxite
Bauxitique	Bauxitic
Bauxitisation	Bauxitization
Bayou	Bayou
Béant, béante (fissure)	Gaping, yawning (fissure)
Beaufort (échelle de)	Beaufort scale
"Bec de l'étain"	Twinned cassiterite
Becke (frange de)	Becke line
Bédoulien	Bedoulian
Beerbachite (Pétro.)	Beerbachite
Beidellite	Beidellite
Bélemnite	Belemnite
Bélemnoïdés	Belemnoidea
Belvedere	Look-out, vantage point, plateau rim, terrace
Bénioff (plan de)	Benioff plane
"Bénitier" (Pal.)	Tridacna
Benne	Bucket
—à bascule	Tipping bucket
—de creusement	Sinking bucket
—excavatrice	Excavating or hoisting bucket
Benthique	Benthic
Benthonique	Benthonic
Benthos	Benthos
Bentonite	Bentonite, Denver mud
Benzène	Benzene
Berge	Bank
Berline	Mine car, colliery wagon
Berriasien (Néocomien)	Berriasian
Bertrand (lentille de)	Bertrand lens
Béryl	Beryl
B (horizon)	B horizon
Béryllium	Beryllium

Bêta (rayonnement)	Beta (radiation)
Bétain	Concretionary sand
Bétoire (karst)	Swallow-hole, sink-hole, sink
Béton	Concrete
—armé	Reinforced concrete, armoured ferroconcrete
—précontraint	Prestressed concrete
Biaxe	Biaxial
Cristal biaxe	Biaxial crystal
Bibliographie	Bibliography
Bicarbonate	Bicarbonate
Bichromate	Bichromate
Biéberite	Bieberite, cobalt vitriol
Bief (canal)	Reach, level
—à silex (picardie)	Clay with flints, decalcification residue
Bigarré	Variegated, mottled
Grès bigarré	Variegated sandstone "Buntsandstein" (Strati.)
Bijou	Jewel
Bilatéral	Bilateral
Symétrie bilatérale	Bilateral symmetry
Bindheimite	Bindheimite
Binoculaire	Binocular
Loupe binoculaire	—lens
Microscope binoculaire	—microscope
Binominal (système)	Binomial (system)
Biocénose	Biocoenose, biocoenosis, life association
Biochimie	Biochemistry
Biochimique	Biochemical
Sédiment biochimique	Biochemical deposit
Bioclastique	Bioclastic
Biodétritique (sédiment)	Biomechanical (deposit)
Biofaciès	Biofacies
Biogenèse	Biogenesis
Biogéochimie	Biogeochemistry
Biogéochimique	Biogeochemical
Bioherme	Bioherm
Biolithite	Biolithite
Biologique	Biologic(al)
Concentration biologique (d'éléments)	Biologic magnification
D'origine biologique	Biogenic
Espèce biologique	Biologic species
Biologie	Biology
Biomasse	Biomass
Biome	Biome
Biométrie	Biometry
Biomicrite	Biomicrite
Biosparite	Biosparite
Biosphère	Biosphere
Biostratigraphie	Biostratigraphy, biostratonomy
Biostratigraphique	Biostratigraphic
Zone biostratigraphique	—zone
Biostrome	Biostrome
Biotique	Biotic
Biotite	Biotite
Biotope	Biotope
Bioturbation	Bioturbation
Bioxyde	Dioxide
Biozone	Biozone
Bipolaire	Bipolar
Bipyramidal, bipyramidé	Bipyramidal
Bipyramidé	Bipyramid
Biréfringence	Birefringence
Biréfringent	Birefringent, double refracting
Biseau (cristallographique, stratigraphique)	Bevelment, wedge, pinching out, nip
Biseautage (d'une couche)	Pinching out, wedging out
Bisérié	Biserial
Bismuth	Bismuth
Bismuthifère	Bismuthiferous
Bismuthine	Bismuth glance
Bismuthique	Bismuthic
Bissectrice	Bisectrix
Bitume	Bitumen, asphalt
—de pétrole	Asphalt petroleum
—lacustre	Lake asphalt
—naturel	Natural bitumen
Bitumineux	—bituminous
Calcaire bitumineux	—limestone
Charbon bitumineux	—coal
Sable bitumineux	—sand
Schiste bitumineux	Oil shale, bituminous shale
Bivalence	Bivalence
Bivalent	Divalent, bivalent
Bivalves	Bivalvia, pelecypods
Blanc	White
—de chaux	Whitewash, limewash
—de plomb	White lead, ceruse
—de zinc	White zinc
Blanchâtre	Whitish
Blanchiment (décoloration d'une substance)	Bleaching
Blastèse	Blastesis
Blastoïdés	Blastoidea
Blastique (suffixe)	Blastic
Blende	Sphalerite, blend, blende, false galene, jack, black jack, zinc blend
Bleu	Blue
Algues bleues	Cyanophycées
Vase bleue	Blue mud
Bleuâtre	Bluish
Bloc (sédimentologie, tectonique)	Block, boulder block, fault block
—charrié	Overthrust block
—continental	Craton

—diagramme	Block diagram	—de mer	Seaboard
—erratique	Drift boulder, erratic block	—Bordière (faille)	Boundary (fault)
		—Bordure (d'un gisement)	Edge, border, margin, rim
—perché (glaciaire)	Perched rock, stray block	—d'un continent	Continental margin
—(cheminée de fée)	Chimney rock, earth pillar	—figée	Congealed rim
		—réactionnelle	Reaction rim
—soulevé	Up-thrown block	De bordure	Fringing
—transporté par glaces flottantes (bl. démesuré)	Ice-rafted block	Bore	Bore
		Boréal	Boreal, borealis
Blocaille	Rubble stone, scree	Borinage	Coal-mining district
Blocailleux	Rubbly	Borique (acide)	Boric (acid)
Bobine (d'induction)	Induction (coil)	Borure	Boride
Bocard	Stamp, ore-crusher	Bornage (d'un terrain)	Boundary
Bocard à minerai	Ore-stamp	Bornite	Bornite, erubescite, peacock copper, variegated copper ore
Bocardage	Milling, stamping		
Bocardage à l'eau	Wet stamping	Borosilicate	Borosilicate
Bocardage à sec	Dry stamping	Bort (diamant)	Bort
Bocarder	To mill, to stamp	Bosse (de terrain)	Mound, hill
Bocardeur	Millman	Botanique (n.)	Botany
Boehmite	Boehmite	Bothnien	Bothnian
Boghead	Boghead	Botryogène	Botryogen
Bois	Wood	Bouche (de cheminée volcanique)	Vent
—fossile	Fossil wood		
—opalisé	Opalized wood	Boucher (un puits de mine)	To seal (a shaft)
—pétrifié	Petrified wood, woodstone	Bouchon (de cheminée volcanique)	Plug, neck
—silicifié	Silicified wood		
Boisage (de galeries)	Timbering	Boucle (de méandre)	Loop
—de chambres	Room timbering	Bouclier	Shield
—de puits	Shaft timbering	—céphalique (Pal.)	Head-shield
—jointif	Close timbering	—continental	Continental shield
Boisé (puits, galerie), (région)	Timbered, wooded	—de laves	Lava shield
		Boudinage	Boudinage
Boisement (de terrain)	Afforestation	Boueux	Muddy, sludgy, silty
Boiser (une galerie), (une région)	To timber, to wood	Boue	Mud, sludge, slush, slime
Bojite	Bojite	—à diatomées	Diatom ooze
Bombé	Arched, bulged, cambered	—à globigérines	Globigerine ooze
		—à radiolaires	Radiolarian ooze
Bombe volcanique	Volcanic bomb	—argileuse	Clay mud
—en croûte de pain	Bread-crust bomb	—calcaire	Lime mud
Bombement	Upwarp, upwarping, upswell, bulge, camber, swelling	—d'injection	Mud fluid
		—de forage	Drilling mud
		—glaciaire	Glacier silt, boulder clay
—anticlinal	Anticline bulge	—marine	Ooze, sea mud
Bomber, se bomber	To bulge, to swell, to camber	Coulée de boue	Mud flow
		Cratère de boue	Mud crater
Bonne qualité (de minerai)	High grade	Volcan de boue	Mud volcano
		Bouguer (anomalie de)	Bouguer anomaly
Boronien	Bononian	Bouillant	Boiling
Boracite	Boracite	Bouillie (Périgl.)	Sludge
Borate	Borate	Bouillir	To boil
Boraté (lac)	Borax lake	Bouillonner	To boil, to bubble
Borax	Borax	Boulant (sable)	Quick (sand)
Bord	Edge, border rim	Boulbène (S.O. France)	Loam
—d'une rivière	Bank, riverside	Boule (désagrégation en)	Spheroidal weathering

Boulette	Pellet
Bouleversement (tectonique)	Convulsion
Bourbeux	Splashy, muddy, miry
Bourbier	Slough, mire, mud-pit
Bournonite	Bournonite
Bourrage (d'un trou de mine)	Bulling
Bourrelet de poussée glacielle	Ice-shoved ridge
Bourrelet de gélifluction	Gelifluction step, solifluction bench, terracette
Bourrer (Mine)	To stem, to tamp, to ram
Boursouflement	Heave, heaving
Boursouflure de gel, du sol	Upheaving
Boursouflure de lave (pustule)	Hornito
Boussole	Compass, dial
—d'inclinaison	Dipping compass
—géologique	Geologic compass
—de mine	Mine dial
Bout	End, toe
Bout-du-monde (Karst)	Closed valley, cul-de-sac, dead end
Boutefeu (ouvrier)	Fireman, blaster
Boutonnière (Géom.)	Exhumed and eroded anticlinal fold
Boyau (Mine)	Pipe, trench, breakthrough
Brachidium	Brachidium
Brachiopode	Brachiopod
Brachyanticlinal	Brachy-anticline, dome, quaquaversal fold
Brachysynclinal	Brachysyncline, centroclinal fold, basin
Bradygenèse	Bradygenesis
Bradyséisme	Bradyseism
Brai	Tar, pitch
—de houille	Coal tar
—de pétrole	Petroleum tar
Branche (d'un filon)	Offshoot, ramification branching
Branchial	Branchial
Branchie	Branchiae, gills (fish)
Bras	Arm
—de mer	Sound
—de rivière	Arm, distributary
—mort (rivière)	Oxbow-lake, cut-off meander
Braunite	Braunite
Bravais (réseau de)	Crystallographic lattice
Brèche	Breccia
—de faille	Fault breccia
—de friction	Friction breccia, crush breccia, friction gouge
—de pente	Avalanche breccia
—éruptive	Eruptive breccia
—intraformationelle	Intraformational breccia, pseudobreccia
—monogénique	Monogenic breccia
—osseuse	Bone bed, osseous breccia
—polygénique	Polygenic breccia
—pyroclastique	Pyroclastic breccia
—récifale	Reef breccia
—salifère	Saliferous breccia
—sédimentaire	Sedimentary breccia
—tectonique	Cataclastic breccia
—volcanique	Pyroclastic breccia
Formation de brèche	Brecciation
Fausse-brèche	Pseudo-breccia
Bréchiforme, bréchoïde	Brecciated
Bréchique	Brecciated
Conglomérat bréchique	Breccio-conglomerate
Brillance	Brightness, brilliancy
Brillant	1) adj: bright, shiny; 2) n: diamond
Brique	Brick
—cuite	Burnt brick
—réfractaire	Fire brick, refractory brick
Terre à briques	Brick earth
Briqueterie	Brickworks
Briquette	Brick, briquette
—de charbon	Cake of carbon
—de tourbe	Peat brick
Brisant (Océano.)	Breaker, reef
Brise	Breeze
Brise-glace	Icebreaker
Briser	To break, to shatter
Brisé	Broken, shattered
Brocatelle	Brecciated marble
Brochantite	Brochantite
Broiement (de minerai)	Crushing, grinding
Bromargyrite	Bromargyrite, bromyrite, bromite
Brome	Bromine
Bromite	Bromite
Bromoforme (liqueur dense)	Bromoform
Bromure	Bromide
Bromyrite	Bromyrite, bromite
Bronze	Bronze
Bronzite	Bronzite
Bronzitite	Bronzitite
Brookite	Brookite
Brouillard	Fog, mist
Broussaille	Scrub, brushwood
Brousse	Bush
Brownien	Brownian
Broyage	Grinding, crushing, milling, shattering
—humide	Wet crushing
—par cylindres	Crushing by rolls

—sec	Dry grinding	**Bruxellien**	Bruxellian
—secondaire	Regrinding	**Bryozoaires**	Bryozoa, bryozoair
Broyer	To crush, to grind, to mill	**Bulle**	Bubble
		Niveau à bulle	Bubble level
Broyeur	Mill, crusher, breaker	**Bulleux: à petites cavi-**	Vuggular, vuggy
—à cylindre	Rolling crusher, crushing rolls	**tés**	
		Formant des bulles	Bubbly
—à minerais	Ore-crusher	**Bunsen (bec)**	Bunsen (burner)
Brucelles (pince)	Tweezers	**Burdigalien**	Burdigalian
Brucite	Brucite	**Bureau d'études Géolo-**	Geological survey
Bruine	Drizzle	**giques**	
Bruit	Noise	**Burette**	Burette
—de fond	Ground noise, random noise	**Burette de Mohr**	Mohr pipet
		Burin: moderne	Chipper, chisel
—parasite	Background noise	—préhistorique	Burin
—superficiel	Random noise	**Buriner (Géogr.)**	To chisel
Brûler	To burn, to burn down, to calcine	**Burmite**	Burmite
		Bustite	Bustite
Brûleur	Burner	**Butane**	Butane
Brume	Thick haze, mist	**Butte**	Conical hill, butte, mound, knoll, hillock
Brumeux	Hazzy, foggy		
Brun	Brown	—à lentille de glace	Ice mound
Sol brun	Brown soil	—de terre	Earth hummock
—calcaire	Calcareous brown soil	—gazonnée	Earth mound, thufur
—forestier	Brown forest soil	—résiduelle (karstique)	Hum haystock, hum
—podzolique	Brown podzolic soil	—témoin	Residual hill
Brut	1) adj: raw; 2) n: crude (oil)	**Avant-butte**	Outlier
		Bysmalite	Bysmalith
Brut à base mixte	Mixed base oil	**Byssus**	Byssus
—léger	Light crude	**Bytownite**	Bytownite
—sulfuré	High sulfur crude		

C

Cabestan	Capstan
Câble	Cable, rope
—d'extraction	Hoisting cable, hoisting rope
—de curage (for.)	Bailing rope
—de forage	Drilling cable, drilling line
Cacher	To hide, to conceal
Cadastre	1) land register; cadastral map; 2) cadastral survey
Cadmifère	Cadmiferous
Cadmium	Cadmium
Cadran	Dial
Cadre	Frame, casing, timber set
—de boisage	Frame set
—de puits	Shaft frame, shaft set
Caesium	Caesium
Cage	Cage
—d'extraction	Drawing cage, hoisting cage
Caillasse	1) brackish marl and limestone of upper Lutetian (Paris Basin); 2) hard siliceous bed; 3) broken stones
Caillou	Pebble
—à facettes	Wind faceted pebble, wind worn pebble
—éolisé	Ventifact
—émoussé	Rounded pebble
—usé par les eaux	Water-worn pebble
—vermiculé	Vermiculated pebble
Caillouteux	Pebbly, gravelly
Plage caillouteuse	Shingly beach
Cailloutis	Gravel, broken stone
—d'empierrement	Ballast stone
—émoussés	Gravel
Cairn	Cairn
Caisse de criblage	Screening box
Caisson à minerai	Ore bin
Calabrien	Calabrian
Calaïte	Turquoise
Calamine	Calamine
Gisement de calamine	Calamine deposit
Calcaire	1) adj: calcareous, limy; 2) n: limestone
—à ciment	Cement stone
—à crinoïdes	Crinoidal limestone
—à entroques	Encrinitic limestone
—à polypiers	Coral limestone
—à silex	Cherty limestone
—argileux	Clayey limestone, argillaceous limestone
—asphaltique	Asphaltic limestone
—bitumineux	Bituminous limestone
—caverneux	Cavernous limestone
—compact	Compact limestone
—concrétionné	Ballstone
—construit	Reef limestone
—coquiller	Coquina, coquinoid limestone, shelly limestone
—corallien	Coral limestone, coralline limestone
—crayeux	Chalky limestone
—cristallin	Crystalline limestone
—détritique	Clastic limestone
—dolomitique	Dolomitic limestone
—fétide	Stinkstone
—fossilifère	Fossiliferous limestone
—glauconieux	Glauconitic limestone
—granuleux	Granular limestone
—gréseux	Cornstone limestone
—grossier	Lutetian limestone (Paris Basin)
—lacustre	Lacustrine limestone
—lithographique	Lithographic limestone
—lumachellique	Shelly limestone, coquinoid limestone
—magnésien	Magnesian limestone
—marneux	Marly limestone
—microcristallin	Microcrystalline limestone
—noduleux	Knobly limestone
—oolithique	Oolitic
—pétrolifère	Oil-bearing limestone
—phosphaté	Phosphatic limestone
—pisolithique	Pisolitic limestone
—poreux	Porous limestone
—récifal	Reef limestone
—sableux	Arenaceous limestone, sandy limestone
—siliceux	Siliceous limestone
—spathique	Spathic limestone
Calcarénite	Calcarenite
Calcaréo-argileux	Carcareo-argillaceous
Calcaréo-ferrugineux	Calcareo-ferruginous
Calcaréo-magnésien	Calcareo-magnesian
Calcaréo-siliceux	Calcareo-silicious
Calcareux	Calcariferous
Calcédoine	Chalcedony
Calcédonieux	Calcedonic
Calcification	Calcification
Calcifié	Calcified
Calcifier	To calcify

Calcilutite	Calcilutite
Calcimètre	Calcimeter
Calcimorphe	Calcimorphic
Calcin	Calcin, limestone hard-pan
Calcinable	Calcinable
Calcination	Calcination, calcining, roasting
Calciner	To roast, to calcine (ore)
Calciocélestine	Calciocelestite
Calcioferrite	Calcioferrite
Calcique	Calcic
Calcirudite	Calcirudite
Calcite	Calcite, calc spar
Calcium	Calcium
Calcomalachite	Calcomalachite
Calcschiste	Calcareous schist
Calcul	1) calculation, computation; 2) calculus (Math.)
Calculateur	Computer
—analogique	Analog computer
Calculer	To calculate, to compute, to reckon
Caldeira	Caldera
—d'affaissement	Collapse caldera
Caldérite	Calderite
Calédonien	Caledonian
Calédonides	Caledonides
Calédonite	Caledonite
Calibrage	Sizing
Calibre	Caliper, gage, gauge
Calibrer	To calibrate, to gauge, to measure
Calice	Calyx (Pal.)
Caliche	Caliche
Californite	Californite
Callaïnite	Callainite
Callovien	Callovian
Calomel	Calomel, mercurous chloride
Calorie	Calory
Grande calorie	Great calory, large calory
Petite calorie	Gram calory, lesser calory, small calory
Calorifique	Caloric
Calorimétrie	Calorimetry
Calotte glaciaire	Ice cap, ice sheet, glacial sheet
—continentale	Continental ice sheet
Calque	Tracing
Cambrien	Cambrian
Camion laboratoire	Recording truck
Campanien	Campanian
Canal	Canal
—fluviatile, marin	Channel
—de drainage	Drainage drain

—d'irrigation	Ditch
Canalisation	1) pipe, pipe-works, distribution system; 2) canalization (of a river)
—d'eau	Water pipe
—pétrolière	Oil line
—principale	Main line
—terminale	Terminal line
Canaliser	1) to canalize (a river); 2) to pipe (oil), to pipeline
Cancrinite	Cancrinite
Canevas stéréographique	Stereographic net
Cannelé	Grooved, fluted
Canneler	To flute, to groove, to corrugate
Cannelure	Groove, flute, corrugation, furrow
Canyon	Canyon
Cap	Cape, headland, foreland
Capacité	Capacity
—capillaire	Capillary capacity
—d'adsorption	Adsorbing capacity
—d'échange	Exchange capacity
—de production	Productive capacity
—de rétention d'eau	Water-holding capacity
—électrique	Capacitance
—en air	Air capacity
—en eau	Moisture capacity
Capillaire	Capillary
Eau capillaire	Capillary water
Capillarité	Capillarity
Captage d'eau	Water-catchment
Captation d'eau	Catching of water
Capter	1) to pipe, to catch (water); 2) to collect, to pick-up (electricity)
Captive (eau)	Confined water
Capture (Géogr.)	Capture, piracy
—d'un cours d'eau	Stream piracy
—par déversement	Spontaneous capture
Coude de capture	Elbow of capture
Point de capture	Point of capture
Capturer (Géogr.)	To capture
Caractère	Character, characteristic, feature, property
Caractériser	To characterize
Caractéristique	1) adj: characteristic, typical; 2) n: characteristic, feature
Caradocien	Caradocian
Carapace	1) Zool.: carapace; 2) Geol.: hardpan
—latéritique	Thin laterite crust
Carat	Carat
Carbonado	Bort, black diamond

Carbonatation	Carbonatation
Carbonate	Carbonate
—de chaux	Carbonate of lime
—de fer	Iron carbonate
—de sodium anhydre	Soda ash
Carbonaté	Carbonated
Carbonatite	Carbonatite
Carbone	Carbon
—fixe	Fixed carbon
—libre	Free carbon
Carboné	Carbonaceous
Carboneux	Carbonous
Carbonifère	1) adj: carboniferous, coal bearing; 2) n: Carboniferous
Carbonique	Carbonic
Anhydride carbonique	Carbon dioxyde
Gaz carbonique	Carbon dioxyde, carbonic gas
Carbonisable	Carbonizable
Carbonisation	Carbonization, charring, coking
Carbonisé	Carbonized, charred
Carboniser	To carbonize, to char
Carborundum	Carborundum
Carburant	Fuel
Carbure	Carbide
—de calcium	Carbide of calcium
Hydrocarbure	Hydrocarbon
Carburer	To carburize
Cardinal	Cardinal
Dent cardinale	Cardinal tooth
Point cardinal	Cardinal point
Carène	Carina, keel
Caréné	Carinated
Carnieule	Cellular dolomite
Carnallite	Carnallite
Carnet de levé	Survey book
Carnet de sondage	Bore-holing journal
Carnet de terrain	Field book
Carnien	Carnian
Carnivore	Carnivora
Carnotite	Carnotite
Carottage	Core drilling, coring
—au câble	Cable tool drilling
—continu	Continuous coring
—électrique	Electric well logging
—sismique	Well shooting
Carotte	Core, core sample, drill core, boring sample
—de forage	Drilling core
—latérale	Side well core
Carotter	To core
Carottier	Sampler, core barrel, core drill, core bit
Carpoïdés	Carpoidea
Carré	Square
Carreau (d'une carrière)	Head
Carreau (d'une mine)	Bank, bank-head, surface plant
Carrier	Quarryman, quarrier
Carrière	Quarry, pit
—à ciel ouvert	Open quarry
—d'argile	Clay pit
—de gravier	Gravel pit
—de pierre	Stone quarry
—de sable	Sand pit
Carroyage	Squaring
Carte	Map, chart
—bathymétrique	Bathymetric chart
—de formation	Formation map
—de surface	Areal map
—dépliante	Folding map
—des déclinaisons magnétiques	Magnetic chart
—en courbes de niveau	Contour map
—en relief	Three-dimensional map
—entoilée	Mounted on cloth map
—géologique	Geological map
—géomorphologique	Physiographic map
—gravimétrique	Gravimetric map
—hydrographique	Hydrographic map
—hypsographique	Hypsographical map
—isanomale	Isanomalic map
—isopaque	Isopach map
—marine	Nautical chart
—météorologique	Weather chart
—orographique	Orographic map
—paléogéographique	Paleogeographic map
—paléotectonique	Paleotectonic map
—pluviométrique	Rain chart
—structurale	Structural map, structural contour map
—subgéologique	Earthworm map
—topographique	Topographical map
Cartographe	Cartographer, mapper
Cartographie	Cartography, mapping
Cartographique	Cartographic, cartographical
Cartothèque	Map library
Cascade	Cascade, falls, waterfall
Cassant	Brittle, breakable
Casser	To break, to fracture
Cassitérite	Cassiterite
Cassure	Fracture, crack, break
—compacte	Compact fracture
—conchoïdale	Conchoidal fracture
—fibreuse	Fibrous fracture
—inégale	Uneven fracture
—lamelleuse	Lamellated fracture
—nette	clean fracture
—saccharoïde	Saccharoidal fracture
—schisteuse	Slaty fracture
Castorite	Castorite
Cataclastique	Cataclastic
Cataclinal	Cataclinal

Cataclysme	Cataclysm
Cataclysmique	Cataclysmic, cataclysmal
Catalyse	Catalysis
Catalyser	To catalyse
Catalyseur	Catalyst
Catalytique	Catalytic
Cataracte	Cataract, falls
Catastrophisme	Catastrophism
Catazone	Catazone
Cathode	Cathode
Cathodique	Cathodic
Rayons cathodiques	Cathodic rays
Cation	Cation
Catlinite	Catlinite, pipestone
Causse	Barren limestone plateau
Caustique	Caustic
Potasse caustique	Caustic potash
Caverne	Cave, cavern
Caverneux	Cavernous, vuggy
Cavitation	Cavitation
Cavité	Cavity, hole, pit, vough
—de dissolution	Solution cavity
—tourbillonnaire	Pothole
Cédarite	Cedarite
Céder	To yield, to give way
Céladonite	Celadonite
Célestine	Celestite, celestine
Cellulaire	Cellular
Cendre	Ash, cinder
Cendreux	Ashy, ash-like
Cénomanien	Cenomanian
Cénozoïque	Cenozoic, Cainozoic
Centigrade	Centigrade
Degré centigrade	Centigrade degree
Échelle centigrade	Centigrade scale, Celsius scale
Centigramme	Centigram
Centilitre	Centiliter
Centimètre	Centimeter
Centipoise	Centipoise
Central	Central
Centrale	Central station, plant
—électrique	Power plant, generating plant
—nucléaire	Nuclear plant
—thermique	Thermal plant
Centre	Center, centre, midpoint
—de gravité	Centre of gravity
—éruptif	Eruption point
—d'un séisme	Focus
—minier	Mining center
—de recherches	Research department
Center	To center
Centrifuge	Centrifugal
Centripète	Centripetal
Céphalique	Cephalic
Céphalopodes	Cephalopoda, cephalopods
Céramique	Ceramic
Industries céramiques	Pottery industry
Cérargyrite	Cerargyrite, horn silver
Cératite	Ceratite
Cercle	Circle
—avec triage du matériel	Sorted circle
—de pierre	Stone ring, stone circle
—de tourbe	Peat ring
—polaire	Polar circle
Cérine	Cerine, allanite
Cérium	Cerium
Céruse	Ceruse, white lead
Cérusite, cerussite	Cerusite, cerussite, lead spar
Césium	Cesium, caesium
Ceylanite, ceylonite	Ceylonite
Chabasie, chabacite	Chabazite, chabasite
Chaille	Chert, siliceous concretion
Chaînage	Chaining
Chaîne	Chain, ridge, range
—à godets	Bucket chain, conveyor chain
—anticlinale	Anticlinal range
—cyclique (chimie)	Ring chain
—d'arpentage	Measuring chain, surveying chain, land chain
—de liaison (chimie)	Binding chain
—de montagne	Mountain range
—de sols	Catenary soil association
Chaînon	Link
Chalcanthite	Chalcanthite, blue vitriol
Chalcocite	Chalcosite, chalcosine, copper glance
Chalcolite	Chalcolite, torbernite
Chalcophyllite	Chalcophyllite, copper mica
Chalcopyrite	Chalcopyrite, copper pyrite, yellow copper ore
Chalcosidérite	Chalcosiderite
Chalcosine	Chalcocite, copper glance
Chalcostibine, chalcostibite	Chalcostibite
Chalcotrichite	Chalcotrichite
Chaleur	Heat, warmth
—latente de cristallisation	Latent heat of crystallization
—latente de fusion	Latent heat of fusion
—latente de vaporisation	Latent heat of vaporization
—spécifique	Specific heat
Chalumeau	Blow pipe
Chalybite	Chalybite, spathic iron ore

Chambre	Chamber, cavity, camera
—de grillage	Roasting chamber
—de mine	Mine chamber
—de prise de vues photogrammétriques	Surveying camera
—d'habitation (Pal.)	Body chamber
—magmatique	Magmatic chamber
—noire (appareil photographique)	Camera
Chamoïsite, chamosite	Chamoisite
Champ	Field
—aurifère	Gold field
—de blocs	Block field
—de dunes	Dune field
—d'exploitation (mine)	Winning field
—de fractures	Cluster of faults
—de gaz naturel	Gas field
—de glace	Ice field
—de laves	Lava field
—de neige	Snow field
—de pétrole	Oil field
—de pierres	Stone field
—magnétique	Magnetic field
—pétrolifère	Oil field
—visuel	Field of vision
Changeant	Changing, variable
Changement	Change, variation
—de pendage	Dip reversal
Changer	To alter, to change
Chantier (Mine)	Working, workings, working place
—d'abatage	Stope
—à ciel ouvert	Open-cast working, openwork
—de lavage (de minerais)	Washings
—en gradins	Stope
—épuisés	Exhausted workings
Chaos	Chaos
—de blocs	Block field
Chaotique	Chaotic
Chape	1) cap, cover, lid; 2) coating
Chapeau	Cap, capping, cap rock
—de fer	Oxidized cap, gossan, ironstone, iron hat
—de gaz	Gas cap
Characées	Characea
Charbon	Coal
—à coke	Coking coal
—anthraciteux	Hard coal
—asphaltique	Asphaltic coal
—bitumineux	Bituminous coal
—de bois	Charcoal, wood coal
—demi-gras	Semi-bituminous coal
—de tourbe	Peat coal
—feuilleté	Foliated coal
—flambant	Flaming coal
—gras	Soft coal, bituminous coal, smoking coal
—maigre	Non-gaseous coal
—non lavé	Raw coal, unwashed coal
—pyriteux	Brassil, brazil
—tout venant	Run coal, unsorted coal
Charbonnage	1) coal mining; 2) colliery, coal mine
Charbonner	To carbonize, to char, to coal
Charge	Load, weight
—de fond	Bottom load
—de mine (explosif)	Blasting charge
—de rupture	Breaking load, breaking point, break point
—en suspension	Suspended load
—hydraulique	Pressure, water pressure, head, pressure head, static head, liquid head
—solide	Solid load
—statique	Static load
—transportée	Load, capacity (of a stream)
Chargement	Loading, charging
Charger	To load, to fill, to charge
Chargeur (ouvrier)	Loader, charging man
Chargeuse	Charger, loader
—mécanique	Mechanical loader
Charriot de mine	Mine truck
Charmouthien	Charmouthian
Charnière	Hinge
—anticlinale	Arch bend, saddle bend, upper bend, anticlinal crest
—des Lamellibranches	Hinge
—inférieure (d'un pli)	Trough, synclinal fold
—supérieure (d'un pli)	Anticlinal fold, saddle
—synclinale	Synclinal bend, synclinal trough, trough bend
Charnockite	Charnockite
Charriage	Thrusting, overthrust
—de cisaillement	Shear thrust
—tangentiel	Tangential thrust
Copeau de charriage	Thrust wedge, thrust slice
Faille de charriage	Overthrust fault
Nappe de charriage	Thrust sheet
Pli de charriage	Overfold
Surface de charriage	Thrust plane
Charrier	To carry along, to drift
Chatoyant	Chatoyant
Chatoiement	Chatoyancy
Chattien	Chattian

Chaud	Hot, warm
Chauffage	Heating, warming
Chauffer	To heat, to warm, to fire
Chaulage	Liming
Chaux	Liming, chalk
—carbonatée	Carbonate of lime, bitter spar
—éteinte	Slack lime, slaked lime, hydrated lime
—grasse	Fat lime
—hydratée	Slack lime, hydrated lime
—hydraulique	Water lime, hydraulic lime
—maigre	Poor lime
—vive	Quick lime, unslaked lime
Chef foreur	Boring master
Cheire	Spiny lava, aa lava
Chelléen	Chellean (Pleistocene, early Paleolithic)
Chéloniens	Chelonia
Chemin	Way, road, path
Cheminée	Chimney, vent, neck, pipe, throat
—à minerai	Chute, ore chute, ore pass, shoot
—de fées	Earth pyramid, chimney rock, earth pillar, erosion column
—diamantifère	Diamond pipe
—volcanique	Volcanic neck, volcanic pipe, diatreme
Cheminement	Creep, creeping
Chenal	Channel
—d'écoulement	Drainage channel
—fluviatile	Stream channel, channel way
—de marée	Tidal channel
—sous-marin	Submarine channel
—sous-lacustre	Sublacustrine channel
Chercher	To search, to seek for
Chercheur	Searcher
Chercheur d'or	Digger
Chernozem	Chernozem
Chert	Chert, hornstone, rock flint
Chessylite	Chessylite, azurite, blue copper carbonate
Chevalement	1) head frame, pit-head frame, headstock (Mines); 2) derrick, superstructure (Drill.)
Chevauchant	1) overlapping (slates); 2) overthrusting (Geol.)
Chevauchement	1) overlapping, overlap; 2) overthrust, thrust (Geol.)
—en retour	Back thrusting
Surface de chevauchement	Thrust plane
Chevaucher	1) to overlap; 2) to overthrust (Geol.)
Cheveux de Vénus	Venus hairstone
Chiastolite	Chiastolite
Chilénite	Chilenite
Chimico-minéralogique	Chemicomineralogical
Chimico-physique	Chemico-physical
Chimie	Chemistry
—appliquée	Applied chemistry
—minérale	Mineralogical chemistry
—du pétrole	Petroleum chemistry
Chimiosynthèse	Chemosynthesis
Chimique	Chemical
Chimiquement	Chemically
Chimiste	Chemist
Chiolite	Chiolite
Chitine	Chitin
Chitineux	Chitinous
Chloantite	Chloantite
Chlorate	Chlorate
Chlore	Chlorine
Chloreux	Chlorous
Chlorhydrique	Chlorhydric, hydrochloric
Chlorite	Chlorite
Chloriteux, chloritique	Chloritic, chloritous
Chloritisation	Chloritization
Chloritoïde	Chloritoid
Chloritoschiste	Chlorite schist, chlorite slate
Chloromélanite	Chloromelanite
Chlorophane	Chlorophane
Chlorophylle	Chlorophyll
Chlorophyllite	Chlorophyllite
Chlorospinelle	Chlorospinel
Chloration	Chlorination, chlorinating
Chlorure	Chloride
—d'argent	Silver chloride
Chlorurer	To chlorinate, to chlorinize
Choc	Shock, impact
Chondrichthyens	Chondrichthyes
Chondrodite	Chondrodite
Chordés	Chordata
Chott	Salt lake basin, salt bottom, salt pan
Christianite	Christianite
Chromatique	Chromatic
Chromatographie	Chromatography
Chrome	Chromium
Acier au chrome	Chrome steel
Chromeux	Chromous
Chromifère	Chromiferous
Chromique	Chromic

Chromite	Chromite	—de paraffine	Paraffin wax
Chromopicotite	Chromopicotite	—fossile	Ozocerite, ozokerite
Chronologie	Chronology	—minérale	Earth wax, mineral wax, fossil wax
Chronostratigraphique	Chronostratigraphic		
Chrysobéryl	Chrysoberyl	Cireux	Waxy
Chrysocolle	Chrysocolla	Cirque (1. glaciaire)	Cirque, corrie
Chrysolite	Chrysolite	—en chaudron	Caldron cirque
Chrysoprase	Chrysoprase	—en fauteuil	Armchair cirque
Chrysotile	Chrysotile	—en amphithéâtre	Amphitheatre
Chute	1) fall; 2) shoot (Mines)	Lac de cirque	Cirque lake
—d'eau	Waterfall	Cirque (2. d'érosion)	Amphitheatre, amphi-theater (U.S.), erosion basin, valley head
—de neige	Snowfall		
—de pluie	Rain fall		
—de pression	Pressure drop, pressure loss	Cisaillement	Shearing, shear
		Plan de cisaillement	Shear plane
—de tension	Voltage drop	Pli de cisaillement	Faulted anticline
Cicatrice de décolle-ment (de glissement sous-marin)	Slump scar	Cisailler	To shear
		Ciseau	Chisel
		Faille en ciseaux	Scissors faults
Ciel	Sky	Ciseler	To chisel, to carve
À ciel ouvert (carrière)	Open cast, open cut, open	Ciseleur (pers.)	Chiseler
		Ciselure	Chiseling
Cime	Peak, summit, top	Citrine	Citrine, citrine quartz
Ciment	Cement	Clair	Light, pale
—à prise lente	Slow setting cement	Clapier (Alpes)	Alluvial cone
—à prise rapide	Quick hardening cement	Clarain	Clarain
—argileux	Water cement	Clarification	Clarification
—calcaire	Calcareous cement	Clarite	Clarite
—de grains minéraux	Ground mass	Clarté	Clearness
—hydraulique	Hydraulic cement	Classe	Class, grade
—latéritique	Lateritic cement	—de sol	Soil class
—siliceux	Siliceous cement	—granulométrique	Size grade
Cimentation	Cementing, cementation	Classement	Classing, classifying, grading, sizing, sort-ing
Cimenter	To cement		
Peu cimenté	Softly cemented		
Cimmérien	Cimmerian	—granulométrique	Granulometric sorting
Cimolite	Cimolite	Classer	To classify, to grade, to size, to sort, to sepa-rate
Cinabre	Cinnabar, cinabar		
Cinérite	Lithified ash, cinerite, cinereous tuff, vitric tuff		
		Classeur	1) adj: sorting, classify-ing; 2) n: classifier, sizer
Cinétique (adj.)	Cinetic		
Cintrer	To arch, to bend, to curve		
		Classification	Classification, classing, sorting
Cipolin	Marble (patterned), cipolin (rare)	Classifier	To classify, to class, to sort
Circonférence	Circumference	Classique	Standard
Circulaire	Circular, round	Clastique	Clastic
Circulation	Circulation, travelling	Claya (mine)	Clay band
—de la boue	Mud circulation	Clayonnage (Hydraul.)	Mat, mattress, brush matting
—forcée (d'eau karsti-que)	Pressure flow		
		Cliché (Photo.)	Negative
—par gravité	Gravitational flow	Climat	Climate
Circuler	To circulate, to flow, to travel	—tempéré	Temperate climate
		Climatique	Climatic
Cire	Wax	Climatologie	Climatology
—brute	Crude wax	Climatologique	Climatologic, climatologi-cal
—de lignite	Lignite wax, stone wax		

Clinochlore	Clinochlore	Coffrage	Casing, coffering
Clinoclase, clinoclasite	Clinoclase, clinoclasite	Coffre à minerai	Ore bin, ore bunker
Clinodôme	Clinodome	Coffré (pli)	Box fold
Clinomètre	Clinometer, inclinometer	Coffrer (mine)	To coffer
Clinométrique	Clinometric, clinometrical	Cohésion	Cohesion, cohesiveness,
Clinopinacoïde	Clinopinacoid		coherence
Clinoprism	Clinoprisme	Coiffer	To cap
Clinopyroxene	Clinopyroxene	Coin	Corner, edge
Clinorhombique	Clinorhombic	—d'entraînement	Rotary drilling
Clinozoïsite	Clinozoisite	—de glace	Ice wedge
Clintonite	Clintonite	Fente de gel en coin,	Ice wedge
Clivable	Cleavable	Fente de froid en coin	Ice wedge
Clivage	Cleavage, cleat	Coincement (mine)	Wedging, jam
—ardoisier	Axial-plane foliation	Coke	Coke
—cubique	Cubic cleavage	—brut	Raw coke
—d'un minéral	Mineral cleavage	—de brai	Pitch glance
—de flux	Flow cleavage	—de charbon	Coal coke
—de fracture	Shear cleavage	—de pétrole	Oil coke
—d'une roche	Slaty cleavage	—de tourbe	Peat coke
—par pli-fracture	Shear cleavage	—maigre	Lean coke
—prismatique	Prismatic cleavage	—naturel	Native coke, coke coal,
Meneaux de clivage	Cleavage mullions		cokeite
Cliver, se cliver	To cleave	Cokéfaction	Coking
Cloisonnage	Bratticing, partitioning	Cokéfier, secokéfier	To coke
Cloisonner (mine)	To brattice, to partition	Cokerie	Coking plant
Clore	To close, to shut	Col (Géogr.)	Pass, col
Clôturer	To enclose, to fence	Colatitude	Colatitude
Cluse	Transverse valley, cross	Colémanite	Colemanite
	valley	Coléïdés	Coleoidea
—sèche, cluse morte	Dry gap, wind gap	Collant	Sticky, adhesive
—vive, cluse active	Water gap	Houille collante	Caking coal
Coalescence	Coalescence	Collecter	To collect, to gather
Coalescent	Coalescent	Collecteur	Collector, main
Cobalt	Cobalt	—(drain, égoût)	Main, main drain
—arséniaté	Erythrite, cobalt bloom	—d'eau	Sink hole, sump
—arsenical	Smaltite, gray cobalt	—d'exhaure (mine)	Pump out drum
—gris	Cobaltine, cobalt glance	—de poussière (mine)	Dust collector, dust
Cobaltifère	Cobaltiferous		catcher
Cobaltite	Cobaltite, cobalt glance	Collection	Collection
Cobaltique	Cobaltic	Coller, se coller	To stick, to cling, to
Coblencien	Coblentzian		cake
Cocarde (mineral en)	Cochade ore	Collimater	To collimate
Coccolite	Coccolith	Collimateur	Collimator
Code minier	Mining code	Collimation	Collimation
Codéclinaison	Codeclination	Colline	Hill
Coefficient	Coefficient, ratio	—dénudée	Fell
—d'aimantation	Magnetic susceptibility	—glaciaire	Glacial hill, drumlin
—d'écoulement	Drainage ratio	Collinite	Collinite
—d'élasticité	Elastic coefficient, modu-	Collision	Collision, collapsing
	lus of elasticity	—de plaques	Collapsing of plates
—de lessivage	Leaching ratio	lithosphériques	
—de perméabilité	Permeability coefficient	Colloïdal	Colloidal
—de rupture	Modulus of rupture	Colloïde	Colloid
—de triage	Sorting index	Collophane	Collophane
—de viscosité	Viscosity coefficient	Colloque	Colloquium, symposium
Coelentérés	Coelenterata	Colluvial	Colluvial
Coelome	Coelome	Colluvion	Colluvium
Coesite	Coesite	Colmatage	1) clogging, choking,

	blocking; 2) flood deposit, silting	**Compétent**	Competent
Colmatant (pour boues de forage)	Plugging agent	**Strate compétente**	Competent stratum, controlling stratum
Colmater	To clog up (filter, sieve), to choke up (pipe)	**Complémentaire (angle, etc)**	Complementary
		Complexe	1) adj: complexe; 2) n: complex, group
Colombite	Columbite	—**adsorbant**	Adsorbing complex, base exchange complex
Colonial	Colonial		
Colonie (d'organismes)	Colony	—**argilo-humique**	Clay humus complex
—**de polypiers**	Polyp colonies	—**de sols**	Soil complex
Colonne	Column, pillar	—**sédimentaire**	Sedimentary complex
—**coiffée**	Earth pillar	**Composant**	1) adj: component, constituent; 2) n: component, constituent
—**de basalte**	Basaltic column		
—**de distillation**	Distillation column		
—**d'érosion**	Erosion column, earth pillar	**Composante (d'une force)**	Component
—**d'exhaure (mine)**	Rising main	—**horizontale**	Horizontal component
—**de fractionnement**	Fractionating column	**Composé**	1) adj: compound, composite; 2) n: compound
—**de production**	Production string		
—**minéralisée**	Ore chute, ore chimney, ore shoot	—**aromatique**	Aromatic compound
		—**chimique**	Chemical compound
—**montante de boue**	Rising mud column	—**en chaîne**	Chain compound
—**technique**	Protection casing	—**non saturé**	Unsaturated compound
Colophonite	Colophonite	—**organique**	Organic compound
Coloration	Coloration	**Faille composée**	Compound fault
Coloré	Colored, coloured	**Pli composé**	Composite fold
Colorer	To color, to colour	**Volcan composé**	Compound volcano
Colorimètre	Colorimeter	**Composition**	Composition
Columelle	Columella	—**granulométrique**	Grading, size grading
Columellaire	Columellar	—**minéralogique virtuelle**	Norm
Combinaison (chimique)	Combination		
Combiner, se combiner (chimie)	To combine	**Compresser**	To compress, to pack
		Compressibilité	Compressibility
Comblement (d'un lac, etc)	Filling up	**Compressible**	Compressible
		Compression	Compression, crushing
Combler	To fill up	—**adiabatique**	Adiabatic compression
Combustibilité	Combustibility	**Essai à la compression**	Crushing test
Combustible	Fuel, combustible	**Faille de compression**	Compressional fault
—**gazeux**	Gaseous fuel	**Comprimable**	Compressible
—**liquide**	Liquid fuel	**Comprimant**	Compressing
—**nucléaire**	Nuclear fuel	**Comprimer**	To compress, to squeeze
—**solide**	Solid fuel	**Compteur**	Counter, meter, recorder
Combustion	Combustion	—**à moulinet**	Flow meter
Commande	Drive, driving	—**à scintillation**	Scintillation counter
—**à distance**	Remote control	—**d'impulsions**	Impulse meter
Communication	Communication, paper	—**Geiger**	Geiger counter
Compacification	Packing	**Comptonite**	Thomsonite (var.)
Compacité	Compactness	**Concassage**	Breaking, crushing
Compact	Compact, close grained, tight	**Concasser**	To break, to crush, to pound
Compaction	Compaction, packing	**Concasseur**	Breaker, crusher, stone-breaker, stone-crusher
Compartiment	Compartment		
—**d'extraction**	Hoisting compartment	—**à minerai**	Ore crusher
—**de puits**	Shaft compartment	**Concave**	Concave
Compensation isostatique	Isostatic compensation	**Concavité**	Concavity
Compétence (d'un courant)	Competency	—**de méandres**	Meander scars

Concentrateur (appareil)	Concentrator	—d'eau	Water line
—à boues	Slimes concentrator	—de gaz	Gas line
Concentration	Concentration, concentrating	—principale	Trunk line, main
		Cône	Cone
—de minerai	Ore concentration	—adventif	Parasitic cone
—par voie humide	Water-concentration	—alluvial	Alluvial fan
—par flottement	Concentration by flotation	—d'avalanche	Avalanche cone
		—d'éboulis	Fan, talus fan
Concentré (n.)	Concentrate	—d'éruption	Cone of eruption
—de minerai	Ore concentrate	—de cendres	Ash cone
Concentrer, se concentrer	To concentrate	—de débris	Cinder cone
		—de déjection	Fan delta, alluvial fan, alluvial cone
Concentrique	Concentric		
Concession	Concession, claim, grant, lease	—de lave	Lava cone, spatter cone
		—de rabattement (Hydro)	Depression cone
—de mines	Mining claim, mineral claim	—de scories	Cinder cone, scoria cone
—de placer	Placer claim	—emboîté	Nested cone, ringed cone
—filonienne	Lode claim		
—minière	Mining claim, mineral claim	—mixte	Composite cone
		—torrentiel	Alluvial cone
—pétrolière	Oil lease	—volcanique	Volcanic cone
—de pétrole sous-marin	Offshore lease	Configuration	Configuration, lay, lie
Concessionnaire	Claim holder, grantee	Confluence	Confluence
Conchoïdal	Conchoidal	Gradin de confluence	Confluence step
Conchyoline	Conchiolin	Confluent	Confluent
Concordance	Conformability, conformity, concordance	Congelable	Freezable
		Congélation	Congelation, freezing
Concordant	Conformable, concordant	Congeler	To congeal, to freeze
Stratification concordante	Conformable bedding	Congère	Snowbank, snowdrift, snowpatch
Concrétion	Concretion, travertine, (karst)	Conglomérat	Conglomerate
		—d'écrasement	Crush conglomerate
—calcaire	Calcareous concretion	—intraformationnel	Intraformational conglomerate
—de manganèse	Manganese nodule		
—ferrugineuse	Iron concretion	—monogénique	Monogenic conglomerate
—siliceuse	Siliceous concretion	—polygénique	Polygenic conglomerate
—tuffeuse	Tuffaceous concretion	Conglomération	Conglomeration
Concrétionné	Concretionary	Conglomératique	Conglomeratic
Condensabilité	Condensability	Congloméré	Conglomerated
Condensable	Condensable	Congrès	Congress
Condensateur (Opt.)	Condenser	Coniacien	Coniacian
Condensation	Condensation	Conifères	Coniferous
—atmosphérique	Atmosphere condensation	Conique	Conic, conical, tapered
Condenser, se condenser	To condense	Conodonte	Conodont
		Conséquent (réseau fluv.)	Consequent
Condenseur	Condenser	Cours d'eau conséquent	Consequent stream
Condition	Condition, state	Conservation	Conservation, conservancy, preservation
—climatique	Climatic condition		
Conducteur (adj.)	Conducting, conductive	Conserver, se conserver	To conserve, to keep, to preserve
Conductibilité	Conductibility		
Conductivité	Conductivity	Consistance	Consistency, firmness
Conduit	Pipe, duct, conduit	Consistant	Consistent, firm
—d'aération	Air pipe	Consolidation	Consolidation, strengthening
Conduite	Duct, line, pipe, pipe line		
—d'alimentation en eau	Water supply line	Consolider	To consolidate, to strengthen
—d'amenée	Head pipe, supply pipe		

Consommation	Consumption
—de pétrole	Oil consumption
Consommer	To consume
Constant (adj.)	Constant, steady
Constante (n.)	Constant
—de gravitation	Gravitational constant
Constantes	Characteristics
Constituant	Component, constituent
—du sol	Soil constituent
—granulométrique	Soil separate
Constitution	Constitution, composition, structure
Constructeur (organisme)	Reef builder
Consumer	To consume
Contact	Contact
—anormal	Abnormal contact
—pétrole-eau	Water-oil contact
Auréole de contact	Contact zone
Métamorphisme de contact	Contact metamorphism
Contamination	Contamination, pollution
Contemporain	Contemporaneous
Contenance	Capacity, content
Contenir	To contain, to hold
Contenu	Content
—en substances nutritives du sol	Nutrient content
Continent	Continent, mainland
Continental	Continental, terrestrial
Marge continentale	Continental margin
Plateau continental	Continental shelf
Plate-forme continentale	Continental shelf
Sédiment continental	Terrestrial deposit
Talus continental	Continental slope
Continu	Continuous
Continuité	Continuity
Contracter, se contracter	To shrink, to contract, to narrow
Contraction	Contraction, shrinking, shrinkage
Fente de contraction	Contraction crack, shrinkage crack
Contrainte (Méc., Phys.)	Stress, force
—à la compression	Compressive stress
—de rupture	Breaking stress
Contralizé	Antitrade wind
Contre-balancier	Balance bob, counter balance
Contre-courant	Counter current
Contrée	Country, land
—marécageuse	Marshy land
—minière	Mining country
—pétrolifère	Oil-bearing area
—rocheuse	Rock land
Contrefort	Buttress, spur, foothill
Contremaître	Foreman
—de mine	Mine foreman
—du fond (mine)	Underground foreman
—du jour (mine)	Surface foreman
Contre-pente	Reversal of slope
Contrepoids	Counterweight, balance weight
Contrôle	Control, checking, inspection, monitoring
—d'avance de forage	Drilling control
—de débit	Outflow control
—de température	Temperature control
—de tête de puits	Casing head
—du toit (d'une couche)	Roof control
—granulométrique	Sieve acceptance
—structural	Structural control
Contrôler	To control, to check, to monitor
Convection	Convection
Convergence	Convergency, convergence
Convergent	Converging, convergent
Converger	To converge
Conversion	Conversion, transformation
Convertir	To convert, to change, to transform
Convertissable	Convertible
Convexe	Convex
Convexion	Convexion
Convexité	Convexity
Convoyeur	Conveyor
—à godets	Bucket conveyor, pan conveyor
—de taille	Face conveyor
Coordonnées (Math.)	Coordinates
—géographiques	Geographic data
—polaires	Polar coordinates
Copeau	Chip
—de charriage	Thrust slice, thrust wedge
Copiapite	Copiapite
Coprolite, coprolithe	Coprolite, faecal pellet
Coquillage (vide)	Shell
Coquille	Shell, test
Coquillier	Shelly
Corail	Coral
Récif de corail	Coral reef
Coralliaire	Corallia
—isolé	Solitary coral, horn coral
—colonial	Compound coral, colonial coral
Massif de coralliaires	Coral head
Récif coralliaire	Coral reef
Squelette coralliaire	Corallum, corallite
Vase coralliaire	Coral mud
Corallien	Coral, coralline
Massif corallien	Coral head
Récif corallien	Coral reef
Corallifère	Coralliferous

Corraligène	Corraligenous
Corbeille vibratile (Zool.)	Flagellated chamber
Cordée (lave)	Ropy lava
Cordiérite	Cordierite, iolite
Cordillère	Cordillera
Cordon (mine)	String, stringer
Cordon littoral	Bar, offshore bar, barrier beach
—**appuyé**	Headland bar
—**de galets**	Shingle bar
—**de tempête**	High storm ridge
—**en V**	V bar
—**libre**	Offshore bar
Corindon	Corundum, diamond spar
Cornaline	Cornelian
Corné	Horny
Cornéenne	Hornfels
Corniche	Ledge, cornice
Coron	Mining village
Corps	Body, substance
—**composé**	Compound body
—**de minerai**	Ore body
—**de sonde**	Drilling shaft
—**extrusif**	Extrusive body
—**intrusif**	Intrusive body
—**simple**	Element
Corrasion	Corrasion, erosion
—**éolienne**	Wind abrasion, wind erosion, wind carving
Correction	Correction
—**d'altitude**	Elevation correction
—**de Bouguer**	Bouguer correction
—**de latitude**	Latitude correction
—**topographique**	Topographic correction
Corrélation	Correlation
—**de diagraphie**	Correlation of well logs
—**stratigraphique**	Stratigraphic correlation
—**temporelle**	Time correlation
Corrigé (mesure, etc)	Corrected
Corrodant (adj.)	Corroding, corrosive
Corroder	1) to corrode (metals); 2) to erode, to corrade (Geol.)
Corrosif	Corrosive, corroding, caustic, etching
Corrosion	Corrosion, etching, attacking
—**atmosphérique**	Atmospheric corrosion
—**chimique**	Chemical corrosion
—**souterraine**	Underground corrosion
Corsite	Corsite
Cosalite	Cosalite
Cosmique	Cosmic
Cosmogonie	Cosmogony
Cosmographie	Cosmography
Costière (mine)	Drift, drifting-level, drift-
	way, drive
Costresse (mine)	Subdrift, counter-level
Côte (marine)	Coast, coastline, seaboard, seacoast, shore, shoreline
—**(pente)**	Slope
—**(cuesta)**	Cuesta, escarpment
—**à falaise**	Cliffy shoreline
—**affaissée**	Depressed shoreline
—**d'accumulation**	Accretion coast
—**d'émersion**	Shoreline of emergence
—**de faille**	Fault coast
—**construite**	Constructional coast
—**découpée**	Embayed shore
—**deltaïque**	Deltaic coast
—**plate**	Low coast, flat coast
—**rocheuse**	Rocky coast
—**soulevée**	Raised coast
Cote (géodésie)	Reading
—**de nivellement**	Height, elevation
—**d'un sondage**	Elevation of the well
Côté	Side
—**sous le vent**	Lee side
Point coté	Height spot
Coteau	Hill, little hill
Coticule	Coticule (manganiferous garnet-quartzite)
Côtier	Coastal, coastwise
Cotunnite	Cotunnite
Couche	Bed, layer, stratum, deposit, seam
—**active**	Mollisol, active layer
—**aquifère**	Water bearing stratum
—**compétente**	Competent bed
—**concordante**	Conformable layer
—**concrétionnée argileuse**	Claypan
—**cultivée**	Till layer
—**d'altération**	Zone of weathering
—**d'argile**	Clay layer, clay seam
—**d'arrêt**	Blocking layer
—**d'eau**	Water layer
—**de charbon**	Coal seam, coal bed, coal measures
—**de couverture**	Overburden layer, upper layer
—**de galets**	Pebble bed
—**d'humification**	Humic layer
—**de minerai**	Ore course, ore bed
—**de transition**	Transition bed
—**discordante**	Unconformable bed
—**du mur**	Underbed, bottom layer
—**du toit**	Superincumbent bed, top of bed
—**encaissante**	Enclosing layer
—**exploitable**	Workable bed, seam
—**filtrante**	Filter bed
—**fossilifère**	Fossiliferous bed

—frontale	Fore-set bed	—claire, pâle	Light colour
—granitique	Granitic layer	—de la poussière d'un	Streak
—grisouteuse	Gassy seam	minerai	
—inclinée	Inclined bed, dipping	—foncée	Dark colour
	stratum	Coulissant, à coulisse	Sliding
—horizontale	Horizontal stratum	Pied à coulisse	Sliding caliper gauge
—imprégnée d'eau	Water logged bed	Coulisse	Slider, slideway
—incompétente	Incompetent bed	—de battage (for.)	Bumper sub
—inférieure	Lower bed	—de repêchage (for.)	Fisching jar
—intercalée	Intercalated bed	Couloir	Passage, passageway
—interstratifiée	Interstratified bed	—à charbon	Coal chute
—lacustre	Lacustrine bed	—à minerai	Ore chute, ore shoot
—limite	Boundary layer	—d'avalanche	Avalanche passageway,
—mince	Thin seam		slide furrow
—oblique	Cross bed	—karstique	Valley sink
—pétrolifère	Petroliferous layer	—oscillant	Shaker conveyor, swing-
—productive	Oil bearing stratum		ing conveyor, jigger
—repère	Marker bed		conveyor
—réservoir	Reservoir bed	Coup	Blow, shot
—saisonnièrement dé-	Thawing layer	—d'eau	Inrush of water, water
gelée			inflow, water inrush,
—salée et dure	Saltpan		water outbreak
—salifère	Salt bed	—de charge (mine)	Rock burst bump
—sommitale	Top-set bed	—de foudre	Thunderbolt
—sous-jacente	Underlying bed, subja-	—de grisou	Fire damp explosion
	cent bed, underbed	—de mine	Shot blast
—superficielle	Surface layer, top layer,	—de poing (Préhist.)	Hand axe
	topsoil	—de poussière	Coal dust explosion
—supérieure	Upper bed, overlying	—de toit (mine)	Rock burst
	stratum	—de vent	Gale, gust of wind
—surplombante	Superincumbent bed	Coupe 1) de mine	Cut, cutting
—sus-jacente	Overlying stratum	2) de terrain	Section, cut
—toujours gelée	Permafrost	3) cartographique	Section, profile
Couché	Recumbent	Coupe de sondage	Drill log
Pli couché	Recumbent fold	—de distillation	Distillation cut
Coude (de rivière)	Bend, elbow	—en travers	Cross cut, cross section
Couder	To bend, to crank	—géologique	Geological section
Coulage (d'eau)	Leakage (of water)	—lithologique	Lithological log
Coulée	Flow, stream	—de profondeur (Sism.)	Depth section
—boueuse	Mud flow, lahar	—schématique	Schematic section
—de blocs	Boulder stream, rock	—sériées	Serial sections
	glacier	—stratigraphique	Stratigraphic section
—d'éboulis	Land slide	—tige (for.)	Pipe cutter
—de lave	Lava flow, lava stream	—transversale	Cross section
—de minerai	Ore shoot, ore chute,	—tube	Tube cutter
	chimney of ore	—verticale	Vertical section
—de pierres	Block stream, rock flow,	Couper	To cut, to break
	stone river	Coupeuse rotative	Rotary heading machine
—de solifluxion	Solifluction deposit	(mine)	
—de terre	Creep, landslide	Couplage	Connection, connecting
—d'argiles à blocs	Head, coombrock	Coupure	Cut, cutting
Couler	1) to flow, to run off	—de carte	Map sheet
	(fluv.); 2) to cast, to	—de méandre	Cut-off
	pour, to teem	—stratigraphique	Stratigraphic boundary
	(metal.); 3) to sink (a	—transversale	Cross valley
	boat); 4) to slide, to	Courant	1) adj: running; 2) n:
	slip		current, flow
Couleur	Colour, color	—boueux	Mud stream

—de compensation	Compensation current	—moyen	Middle course
—de flot	Flood current	—supérieur	Upper course
—de jusant	Ebb current	Couvert (Météor.)	Overcast, cloudy
—de marée	Tidal current	Couverture	Blanket, cover, coverage, covering
—de retour	Back flow, back jet current	—de morts terrains	Overburden
—de turbidité	Turbidity current	—de photographies aériennes	Aerial coverage
—fluviatile	Stream current	—de terrains susjacents	Overlying beds
—laminaire	Laminary current	—du sol (litière forestière)	Litter
—littoral	Longshore current	—glaciaire	Glacial sheet
—océanique	Ocean current	—morainique	Glacial drift
—souterrain	Groundwater flow	—superficielle	Residual soil, waste mantle
—tellurique	Telluric current		
—torrentiel	Unsteady current	Couvre-objet	Cover glass
Courbe graphique	Curve, diagram, graph	Couvrir	To cover, to overlay
—cartographique	Contour line	Covalence	Covalence
—géométrique	Curve, bend	Covellite, covelline	Covellite, covelline
—bathymétrique	Depth curve	Craie	Chalk
—cumulative	Cumulative curve	—à silex	Chalk with flints
—de fréquence	Frequency curve	—blanche	White chalk
—d'égale profondeur	Isobath	—glauconieuse	Greensand marl
—de niveau	Contour line	—lacustre	Calcareous deposit
—de niveau fermées	Closed, closing contour lines	—magnésienne	Magnesian chalk
—de niveau intercalaire	Intermediate contour line	—marneuse	Marly chalk
—de porosité	Porosity curve	—phosphatée	Phosphatic chalk
—de pression	Pressure curve	Crâne (Pal.)	Skull
—de production	Production curve	Craquage	Cracking
—de résistivité	Resistivity curve	—catalytique	Catalytic cracking
—de solubilité	Solubility curve	—en phase vapeur	Vapor phase
—de vitesse	Velocity curve	Craquelure	Cracks
—dromochromique	Time distance curve	—de gel	Frost crack
—du temps de parcours vertical	Vertical travel time curve	—de dessèchement	Suncrack, shrinkage crack
—en pointillé	Dotted curve	Crasse (Métal.)	Slag, scum, scoria, dross
—en trait continu	Solid line curve		
—granulométrique	Grain-size curve	Crassier	Slag heap, slag dump
—hypsométrique	Contour line	Cratère	Crater
—logarithmic	Logarithmic	—actif	Active crater
—profondeur-temps	Depth-time curve	—adventif	Parasitic crater
—temps	Time curve	—central	Central crater
—piézométrique	Pressure curve	—d'explosion	Explosion crater
—structurale	Structural contour	—emboîté	Nested crater
Courber, se courber	To bend, to curve	—lac	Crater lake
Courbure	Curvature, bending	Cratériforme	Crateriform
Couronne	Crown, ring, rim	Craton	Craton
—à diamants	Diamond rock drill crown, diamond boring crown	Crayère	Chalk pit
		Crayeux	Chalky
		Crénulation (Tecton.)	Crenulation
—de carottage	Core bit	Crétacé	1) adj: cretaceous; 2) n: Cretaceous period, Chalk period
—de carottier	Core cutter head		
—de sondage	Boring head		
—sans diamants	Unset crown	Cratonique	Cratonic
Cours (d'un fleuve)	Course, flow	Crêt monoclinal	Hogback
—d'eau	Stream, watercourse	Crête	Crest, ridge, summit
—souterrain	Underground stream	—anticlinale	Anticlinal ridge
—inadapté	Misfit river		
—inférieur	Lower course		

—de plage	Storm ridge	Cristallisable	Crystallizable
—médio-océanique	Mid-oceanic ridge	Cristallisant	Crystallizing
—migrante	Offshore bar	Cristallisation	Crystallization, crystallizing
—pré-littoralé	Submarine bar, migrating bar, offshore bar	—de sel	Salt crystallization
Creusement	Digging, excavation	—fractionnée	Fractional crystallization
Creusement (de puits)	Sinking	—par évaporation	Crystallization by evaporation
Creuser	To dig, to excavate, to hollow out	Cristalliser, se cristalliser	To crystallize
Creuset (Labo.)	Crucible, pot, melting pot	Cristallisoir	1) crystallizer, 2) chiller (refining apparatus)
—en platine	Platine crucible	Cristallite	Crystallite
—en terre réfractaire	Fire clay crucible	Cristallogenèse	Crystallogeny
Creux	1) adj: (vide) hollow, (profond) deep; 2) n: hollow, cavity, hole	Cristallogénique	Crystallogenic, crystallogenical
—de déflation	Deflation hole	Cristallographe	Crystallographer
—(doline de dissolution)	Sink hole, dolina, limestone sink	Cristallographie	Crystallography
		—chimique	Chemical crystallography
—d'effondrement	Collapse sink	—physique	Physical crystallography
Crevasse	Crack, crevasse, crevice, fissure, cleft	Cristallographique	Crystallographic, crystallographical
—de gel	Frost crack	Cristalloïde	Crystalloid
Crevassement	Cracking	Cristallometry, cristallométrie	Crystallometry
Crevasser	To crevice, to crevasse	Cristallométrique	Crystallometric
Criblage	Screening, sieving, sifting, jigging, sizing	Cristallophyllien	Schistose, metamorphic, phyllocristalline (rare), foliated crystalline
Crible	Sieve, screen, jigger		
—à minerais	Jig, jigger, jigging machine	Cristalobalite	Cristalobalite
		Critique	Critical
—à secousses	Jigging screen, shaking screen	Crochet (Pal.)	Umbo
		Crochon (Tect.)	Bend
—classeur	Sizing screen	Crocidolite	Crocidolite
—en tôle perforée	Pinched plate screen	Crocodilage	Shrinkage, or contraction of joints, "aligatoring"
—oscillant	Oscillating screen, shaking screen		
—rotatif	Trommel screen	Crocoïse	Crocoite, crocoisite, natural lead chromate
Cribler (avec un crible)	To screen, to sift, to sort, to jig		
		Croisé	Crossed
Crinoïdes	Crinoids	Nicols croisés	Crossed nicols
Crique	Creek, cove	Croiser	To cross, to intersect
Cristal	Crystal	Croisette	Twinned staurolite
—aciculaire	Acicular crystal	Croiseur (filon)	Cross lode, cross vein, counterlode
—anisotrope	Anisotropic crystal		
—biaxe	Biaxial crystal	Croissant (dune en)	Crescentic dune
—de roche	Rock crystal, mountain crystal	Croissant de plage	Beach cusp
		Croix (mâcle en)	X-shaped twin
—hémitrope	Twin crystal	Croix de St. André	Staurolite twinned
—mâclé	Twin crystal	Croupe (Géogr.)	Ridge
—négatif	Negative crystal	Croûte	Crust, coating
—de quartz bipyramidé	Bipyramidal quartz crystal	—altérée	Weathered crust
		—concrétionnée	Hardpan, concrete bed
—uniaxe	Uniaxial crystal	—de sel	Salt crust
Cristallière	Rock crystal mine	—désertique	Desert varnish
Cristallifère	Crystalliferous	—dure	Pan
Cristallin	Crystalline	—ferrugineuse	Iron pan, ferruginous crust
Cristallinité	Crystallinity		
Cristallisabilité	Crystallizability	—gypseuse	Gypsum crust

—terrestre	Earth crust
Bombe en croûte de pain	Bread crust bomb
Crue (d'un fleuve)	Rise, rising, flood
—(d'un glacier)	Advance
Crura (Pal.)	Crura
Crustacés	Crustacea
Crustal	Crustal
Cryergie	Cryergy
Cryoclastisme	Cryoclastism
Cryoconite	Cryoconite
Cryodisjonction	Frost splitting
Cryogénie	Cryogeny
Cryokarst	Cryokarst
Cryolite	Cryolite
Cryologie	Cryology
Cryonival	Cryonival
Cryonivation	Cryonivation
Cryopédologie	Cryopedology
Cryosol	Cryomorphic soil, cryosol
Cryosphère	Cryosphere
Cryoturbation	Cryoturbation, geliturbation
Cryptohalite	Cryptohalite
Cténodontes (Pal.)	Ctenodonta
Cubage	Cubic measurement, cubage, cubature
Cubanite	Cubanite
Cube	Cube
Cuber	To cube, to gage, to gauge
Cubique	Cubic, cubical
Système cubique	Cubic system
Cuboïte (Analcime)	Analcime, analcite
Cuesta	Cuesta
Cuiller (sondage)	Auger, spoon, gouge bit
—à sédiments	Sand bucket
—de curage	Clean out bailer
Cuirasse (pédologique)	Hardpan, crust
—ferrugineuse	Ferruginous cuirasse, ironpan
—latéritique	Laterite
Cuire	To bake
Cuisien	Cuisian
Cuisson	Baking, burning, firing
—de briques	Baking of bricks
Cuivre	Copper
—brut	Raw copper
—gris	Grey copper
—gris antimonial	Panabase
—gris arsenical	Tennantite
—jaune	Brass, yellow copper
—natif	Native copper
—noir	Black copper
—panaché	Variegated copper ore, bornite, peacock copper
—pyriteux	Chalcopyrite, yellow cop-
	per ore
—rouge	Copper, pure copper, cuprite
Cuivreux	Coppery, cupreous, cuprous
Cuivrique	Cupric
Cul de sac	Blind valley
Culm	Culm
Culminant	Culminating
Culmination	Culmination
Culminer	To culminate
Culot (volcanique)	Plug (volcanic)
Cultivable	Arable
Cultiver	To till
Culture	Farming
—sèche	Dry farming
—suivant courbes de niveau	Contour farming
Cumulatif	Cumulative
Cumulo-volcan	Cumulo volcano, plug dome
Cumulus	Cumulus cloud
Cuprifère	Cupriferous, copper bearing
Cuprite	Cuprite, red copper ore
Cupule	Pit, cusp
—de dissolution	Solution cusp, weather pit
—de fusion	Melt pit
Curage (d'une rivière)	Cleaning out
Curer	To clean out, to flush
Cuvelage d'un puits de mine	Tubing
—d'un puits de pétrole	Casing, string of casing
Cuveler un puits de mine	To tube
—de pétrole	To case
Cuvette (Géogr.)	Basin
—lacustre	Lake basin
—synclinale	Centroclinal, structural basin
Cyanite	Cyanite, Kyanite
Cyanophycées	Cyanophyta
Cyanure	Cyanide
Cycle (Géogr.)	Cycle
—d'érosion	Cycle of erosion, cycle of denudation
—fluvial	River cycle
—géomorphologique	Geomorphic cycle, physiographic cycle
—orogénique	Orogenic cycle
Cyclique	Cyclic
Cyclothème	Cyclothem
Cylindrique	Cylindric, cylindrical
Cymophane	Cymophane
Cyprine	Cyprine
Cystoïdés	Cystoidea
Cyclosilicate	Cyclosilicate

D

Dacite	Dacite
Dacitique	Dacitic
Dahamite	Dahamite
Dahlite	Dahlite
Dallage	Pavement
—de pierres	Boulder pavement
—nival	Snow pavement
Dalle	Slab, flagstone
—à Lingules	Lingula flags
—nacrée	Flaggy bathonian limestone
Damage (du sol)	Ramming, tamping
Damer (tasser)	To ram, to tamp
Damourite	Damourite
Damouritisation	Damouritization
Danien	Danian
Darcy (unité de perméabilité)	Darcy
Loi de Darcy	Darcy's law
Darwinisme	Darwinism
Datation	Dating, age dating
—absolue	Absolute dating
—au radiocarbone	C^{14} dating
—relative	Relative dating
Datolite (Minér.)	Datolite
Davyne, davyte	Davyne
Débâcle glaciaire	Glacial outburst, debacle
Débarassé de (minerai)	Free of
Débit (de liquide)	Output, flow rate, discharge, yield, flow
—annuel	Annual discharge
—fluviatile	River discharge
—initial (d'un puits)	Initial flow
—journalier	Daily flow
—périodique	Intermittent flow
—solide	Solid discharge
Débitage, débit (façon de se séparer)	Splitting, jointing
—en boule	Spheroidal weathering
—prismatique	Columnar jointing
Débiter (un liquide)	To discharge, to yield
Se débiter (roches)	To split
Débitmètre	Flowmeter, flow recorder
Déblai	Cutting, muck, dug earth, refuse, rubbish, waste, spoil
—de forage	Drill cuttings
Déblaiement	Clearing away, removing
Déblayer	To clear away, to remove
Déboisage (Mine)	Untimbering
Déboisement (d'une région)	Deforestation
Déboiser (une galerie)	To untimber
—(une région)	To deforest
Débouché (d'un lac, d'un fleuve)	Outlet, debouchure
Débordement	Overflow, overflowing
Déborder (rivière)	To overflow
Débourbage (de minerai, etc)	Washing
Débourber (minerai)	To wash
Débourrage (Mine)	Unramming
Débourrer (Mine)	To unram
Débris	Remains, debris, stone fragments, rock waste
—de forage	Cuttings
—végétaux	Plant residues, plant remains
Décalage (de couches par faille)	Offsetting
Décalcification	Decalcification
Résidu de décalcification	Decalcification residue
Décalcifié	Decalcified
Décalcifier	To decalcify, to decalsify
Décaler (une couche)	To offset, to shift, to displace
Décantation	Decantation, settling, elutriation
Décanter	To decant, to elutriate
Décapage (par acide)	Etching
—(par engins)	Scrapping, stripping, clearing, removing
—(par érosion)	Scouring
Décaper (à l'acide)	To etch
—(avec un engin)	To scrap, to strip, to clear away
Décapitation (d'une rivière)	Decapitation, beheading
Décapitée (rivière)	Beheaded, decapitated (river)
Décarbonatation	Decarbonatation
Décarbonater	To decarbonate
Décarburer (de la fonte)	To decarburize
Décharge (d'eaux)	Discharge, outlet
Décharger (se) dans un lac	To empty itself into a lake
Déchets de raffinage	Refinery bottoms
—pétrographiques	Waste rocks
—radioactifs	Radioactive waste
Déchiqueté (relief)	Jagged
Décigramme	Decigramme
Décimal	Decimal
Déclinaison magnétique	Magnetic declination
Déclinomètre	Declinometer

Déclivité	Slope, declivity, incline, gradient, down grade, tilting	**Ellipsoïde de déformation**	Deformation ellipsoid
Décollement	Decollement, parting	**Déformer**	To warp, to buckle, to distort, to deform
Décoloration (par des argiles)	Clay bleaching, clay de-colorizing	**Défricher**	To reclaim, to clear, to grub
Décoloré	Bleached	**Dégagement**	Escape, release, emission
Décomposable	Decomposable, decayable		
Décomposer, se décomposer	To decay, to decompose	**—de chaleur**	Heat release
		—de gaz	Gas escape, disengagement
Décomposition (des roches)	Decay	**—gazeux instantané**	Gas outburst
Découverte	Discovery, finding	**Dégager (un gaz)**	To disengage, to emit, to liberate
Exploitation par découverte	Open-pit mine		
Découverture (Mine)	Stripping, uncapping, baring	**Dégazage**	Degassing, gas freeing
		Dégazer	To outgas, to degasify
		Dégel	Thaw, thawing
Découvrir	To find	**—du pergélisol**	Depergelation
—un gisement	To find, to detect	**Dégeler**	To thaw
—les morts-terrains	To strip, to uncover	**Dégélifluxion**	Solifluction
Décrépitation	Decrepitation	**Déglacement**	Melting of floating ice
Décrépiter, se décrépiter	To decrepitate	**Déglaciation**	Deglaciation
		Dégradation	Decay, degradation
Décrire	To describe	**—de la structure**	Structure degradation
Description	Description	**—par les eaux d'un fleuve**	Scouring
Décrochement	Strike-slip fault, transverse fault		
		Dégradé (Pédol.)	Degraded
Décroissance	Decrease, decline, dwindling	**Degré**	Degree, grade
		—Celsius	Celsius degree
Décroître	To decrease, to decline	**—centigrade**	Centigrade degree
Décrue (rivière)	Fall, falling	**—d'aggrégation (d'un sol)**	Crumb capacity
—(glacier)	Retreat		
Dédolomitisation	Dedolomitization	**—de dureté**	Degree of hardness
Déferlement	Surf	**—de latitude**	Degree of latitude
Zone de déferlement	Surf zone	**—de longitude**	Degree of longitude
Déferler	To unfurl, to break into foam	**—de métamorphisme**	Metamorphism gradient
		—de saturation	Saturation degree
Déferrisé	De-ironized	**—géothermique**	Geothermal gradient
Défilé	Defile, pass, gorge	**Déhouilleuse (Mine)**	Coal-cutting machine
Déflagration (Mine)	Deflagration, blast	**Déjection (cône de)**	Alluvial cone, alluvial fan
Déflation	Deflation	**Déjections (Volc.)**	Ejectamenta
Creux de déflation	Deflation hole	**Déjeté (pli)**	Inclined (fold), oblique (fold)
Défloculant	Deflocculating agent		
Défloculer	To deflocculate	**Délaissé (méandre)**	Cut-off meander, ox-bow lake
Défoncage	Digging up		
—périglaciaire	Periglacial deep digging	**Délavage (du sol)**	Washing out, outwash
Défoncer, se défoncer	To stave in, to collapse, to break	**Délayer**	To dilute
		Délétère	Deleterious
Déformation	Deformation, strain, warping, set	**Déliquescence**	Deliquescence
		Déliquescent	Deliquescent
—antérieure à la cristallisation	Precrystalline deformation	**Délit**	Joint
		Délitement	Breakdown
—élastique	Elastic strain	**Déliter (se)**	To split, to crumble, to disintegrate
—par cisaillement	Shearing strain		
—par compression	Compressive strain	**Delta**	Delta
—par traction	Tensile strain	**—de flot**	Flow delta
—permanente	Permanent set	**—de jusant**	Ebb delta
—plastique	Plastic strain	**—de marée**	Tidal delta

—de tempête	Storm delta	Dents cardinales	Teeth
—en patte d'oie	Bird-foot delta	(Lamellibranche)	
—en pointe	Cuspate delta	Denté, dentelé	Serrated, jagged, dentate
—en progression	Protruding delta	Denticulation	Denticle
—fluviatile	River delta	Dentition, denture	Teeth, dentition
—intérieur	Interior delta	Dénudation (érosion)	Denudation
Accroissement du delta	Advancing of delta	Dénudé (terrain)	Bare, uncovered
Bras de delta	Delta distributory	Déparaffinage	Dewaxing
Front de delta	Delta front	Déparaffiner	To dewax
Deltaïque	Deltaic	Déphasage (d'ondes)	Phase change, dephasing
Plaine deltaïque	Deltaic plain	Déphosphoration	Dephosphoration
Sédiment deltaïque	Deltaic deposit	Dépilage (Mine)	Pillar drawing, pillar rob-
Delthyrium (Pal.)	Delthyrium		bing, pillar extraction,
Deltidiale (plaque)	Deltidial (plate)		robbing pillars
Deltidium	Deltidium	Exploitation par dé-	Pillar mining
Déluge (biblique)	Deluge	pilage	
—(de pluie)	Downpour	Dépiler	To strip, to rob, to re-
—(inondation)	Flood		move the pillars
Démagnétiser	To demagnetise	Déplacement	Displacement
Démaigrissement (de	Retreat of the beach	—apparent	Apparent displacement
plage)		—horizontal (faille)	Strike-slip
Démantèlement	Stripping	—latéral (des méan-	Swinging of meanders
(glaciaire)		dres)	
Démanteler	To dismantle	—en masse (Périgl.)	Mass-wasting
Démantoïde (var. de	Demantoid	—suivant la direction	Strike shift
grenat)		(Mine)	
Démembré (réseau	Dismembered drainage	Dépolarisation	Depolarization
fluviatile)		Dépolariser	To depolarize
Démesuré (bloc)	Ice-rafted block	Dépoli (adj.)	Frosted
Demi-deuil (basalte)	Basalt with phenocrysts	Déposé (sédiment)	Laid down, settled
	of black augite and	Déposer, se déposer	To settle, to deposit
	white feldspar	Dépôt	Deposit
Demi-profondeur (roche	Hypabyssal rock	—abyssal	Abyssal deposit
de)		—allochtone	Allochtonous deposit
Demoiselle coiffée	Earth pillar	—alluvial	Alluvial deposit
Démontée (mer)	Wild (sea)	—colluvial	Colluvial deposit
Démonter (un derrick)	To dismantle	—continental	Land deposit, continental
Dendrite	Dendrite		deposit
Dendritique	Dendritic, arborescent	—d'eau douce	Fresh water
Réseau hydrographique	Dendritic drainage	—d'eau de fonte	Fluvio-glacial deposit
dendritique		—deltaïque	Deltaic deposit
Dendrochronologie	Dendrochronology	—de pente	Slope deposit
Dendroïde	Dendroid	—détritique	Detrital deposit
Déneigé	Snow-free	—d'inondation	Flood deposit
Déneigement	Disappearance of snow	—éolien	Eolian deposit
Dénivellement, dénivelle-	Dislevelment, difference	—fluviatile	River deposit
ment	in level, drop	—fluvio-glaciaire	Fluvio-glacial deposit,
Dénivellé (adj.)	Delevelled		glacio-fluvial deposit
Dénoyage (Mine)	Unwatering, dewatering	—glaciaire	Glacial till, glacial drift
Dense	Dense, heavy	—houiller	Coal deposit
Densimètre	Densimeter, hydrometer	—lacustre	Lacustrine deposit
Densimétrie	Densimetry	—lagunaire	Lagoon deposit
Densité	Density, specific gravity,	—littoral	Littoral deposit, beach
	denseness		deposit
—apparente	Natural density, apparent	—marin	Marine deposit
	density	—non stratifié	Unbedded deposit
Courant de densité	Density current	—pélagique	Pelagic deposit
Densitomètre	Densitometer	—salin	Saline deposit

—sédimentaire	Sedimentary deposit	Descloïzite	Descloizite
—siliceux	Siliceous deposit	Désenvaser	To clean out
—terrigène	Terrigeneous deposit	Désert	1) adj: deserted; 2) n: desert
—torrentiel	Torrent deposit		
Dépression (Topo.)	Hollow, basin	—de déflation	Wind scoured desert
—aréïque	Desertic basin	—de gélifraction	Frost desert
—barométrique	Fall of barometric pressure	—de sable	Sand desert
		—littoral	Coastal desert
—endoréique	Endoreic basin	—rocheux	Hammada
—exoréique	Exoreic basin	—salé, salin	Salt desert
—fermée	Closed basin, closed depression	Désertique	Desert
		Croûte désertique	Desert crust, desert varnish
—karstique (doline)	Cockpit, sink hole, sink		
—océanique	Trough	Pavage désertique	Desert pavement
—structurale	Syncline, structural trough	Poli désertique	Desert polish
		Sol désertique	Desert soil
—tectonique	Graben	Zone désertique	Desert zone
—thermokarstique	Thaw depression	Déshydratation	Dehydration, dessication, dewatering
—volcano-tectonique	Volcano-tectonic trough		
Déprimé (affaissé)	Depressed	Déshydrater	To dessicate, to dehydrate
Dérive (Géogr.)	Drift		
—des continents	Continental drift	Deshydraté	Dessicated
—littorale	Beach drift	Desilicification	Desilication, desilicification
Dérivé (produit)	Derivative, by-product, derivate		
		Désintégration	Disintegration, decay
Dérocher (Mine)	To separate ore from gangue	—en blocs	Block disintegration
		—granulaire	Mineral disintegration
Déroulement (d'une Ammonite)	Uncoiling	—nucléaire	Nuclear disintegration
		Désintégré	Disintegrated
Désagrégation	Disintegration, disaggregation, weathering, crumbling	Désintégrer, se désintégrer	To disintegrate
		Desmine (Minér.)	Stilbite
		Désolée (région)	Desolate (country)
—en boules	Spheroidal weathering	Désoufrage	Desulphuration
—mécanique	Physical weathering	Désoxyder	To deoxidize
—par le gel	Frost weathering	Desquamation (des roches)	Scaling, desquamation, exfoliation, peeling
—physico-chimique	Weathering		
—thermique	Destruction by insolation	—en écailles	Exfoliation
Désagrégeable	Disintegrable	Dessalage	Desalination, desalting
Désagrégé	Crumbled, weathered, desaggregated	Dessalement, dessalure	Freshening, desalination, lowering of salinity
Désagréger, se désagréger	To disaggregate, to weather, to crumble	Désalinisation	Desalinization
		Dessèchement	Dessication, drying up, draining
Désaimantation	Demagnetisation		
Désargentation (d'un minerai)	Desilverization, desilverizing	Dessication	Dessication
		Fente de dessication	Dessication crack
Désaturation	Desaturation	Dessécher, se déssécher	To dry up, to dessicate, to drain
Désargenté (plomb)	Desilverized (lead)		
Descendant (adj.)	Downward, descending	Desséché	Dried, dessicated
Exploitation descendante	Underhand mining	Dessication	Dessication, drying
Source descendante	Descending spring	Dessin	Drawing, drafting
Descenderie	Decline, way shaft, winze	Dessinateur	Draftsman, drawer
		Destructeur (processus)	Destructive (process)
Descendre (température)	To fall	Destruction	Destruction, disruption
—(un objet)	To drop	Désulfuration	Desulphuration, desulfurization
—(une pente)	To go down		
Descente	Descente, slope, incline	Désulfurer	To desulphurize, to desulphurate
—du tubage	Lowering of the casing		
—de l'eau dans le sol	Percolation		

Détartrage	Deliming	Diachrone	Diachronous
Détecter	To detect	Diaclase	Joint
Détecteur	Detector	—de distension	Extension joint
—à scintillation	Scintillation detector	—diagonale	Oblique joint
—de grisou	Fire damp detector	—directionnelle	Strike joint
Détection	Detection	—horizontale	Horizontal joint, sheet joint
—aéroportée	Air borne detection		
Télédétection	Remote sensing	—longitudinale	Strike joint
Détendre (des gaz)	To expand	—secondaire	Minor joint
Détente adiabatique	Adiabatic expansion	—transversale	Transverse joint
Détermination	Determination	Réseau de diaclases	Joint pattern
—de la teneur d'un minerai	Ore content assay, ore grade assay	Diaclasé	Jointed
		Diaclinal	Diaclinal
Déterminer	To determine, to fix	Diadochite	Diadochite
Déterrer	To unearth, to exhume	Diaftorèse	Diaftoresis
Détonant	Detonating	Diagenèse	Diagenesis
Détonateur (Mine)	Blaster, cap, blasting cap	Diagenétique	Diagenetic
		Diagramme	Diagram, graph, log
—à retardement	Delay blasting cap	—de calcimétrie	Calcilog
—de mèche	Cap, fuse	—de conductivité par induction	Induction log
—électrique à retard	Delay electric blasting cap		
		—de perméabilité	Permeability log
—ordinaire	Regular blasting cap	—de polarisation spontanée	Self potential log
Détoner (Mine)	To detonate, to blast		
Détournement (d'un cours d'eau)	Diversion, diverting	—de résistivité	Resistivity log
		—de rayons gamma	Gamma ray log
Détourner (un cours d'eau)	To divert	—de vitesse d'avancement d'un forage	Drilling time log
Détrempé (sol)	Saturated (soil), soaked	—lithologique	Lithologic log
Détritique	Detrital, detritic, clastic	—neutron-neutron	Neutron-neutron log
Roche détritique	Derivative rock	—triangulaire	Triangular diagram, triangular plot
Détroit	Sound, strait		
Détubage (Forage)	Pulling	Diagraphie	Logging, well logging
Deutérique	Deuteric	—acoustique	Acoustic well logging
Deutérium	Deuterium	—de densité	Densilog
Deutéromorphique	Deuteromorphic	—gamma-gamma	Gamma-gamma log
Déversé (pli)	Overfold	—nucléaire	Radioactive logging
Déversement (d'eau)	Discharge	Diallage	Diallage
—(de matériaux)	Dumping	Dialogite	Dialogite, rhodocrosite
—(gauchissement)	Warping	Dialyse	Dialyse
Déverser (des matériaux)	To dump, to pour, to discharge	Diamagnétique	Diamagnetic
		Diamagnétisme	Diamagnetism
—(se pencher, se déformer)	To incline, to warp	Diamant	Diamond
		—brut (non taillé)	Rough diamond
Déversoir	Overflow, overfall, weir	—noir	Bort, bortz
Déviation	Deviation, deflection	—taillé	Cut diamond
—d'un forage	Deflection of drilling	Couronne au diamant	Diamond bit
—magnétique	Magnetic deflection	Forage au diamant	Diamond drilling
Dévier (un forage)	To deflect, to deviate	Diamantaire	Diamond cutter
Dévisser (les tiges de forage)	To break the pipes down	Diamantifère	Diamantiferous, diamondiferous
Dévitrification	Devitrification	Diamantine	Diamantine
Dévonien	Devonian	Diamétrage (d'un forage)	Caliper logging
Dextre	Dextral		
Faille dextre	Dextral fault	Diamétral	Diametral, diametrical
Diabase	Diabase	Diamétralement	Diametrically
Diabasique	Diabasic	Diamètre	Diameter
Diablastique (texture)	Diablastic (texture)	—d'un sondage	Hole size

Diamétriquement	Diametrically	Dinosaures	Dinosaurs
Diamorphisme	Diamorphism	Dioctaédrique (minéral)	Two layers (mineral)
Diaphane	Diaphanous	Diopside	Diopside
Diaphtorèse	Diaphtoresis	Dioptase	Dioptase
Diapir	Diapir	Diorite	Diorite
Pli diapir	Diapir fold	—d augite	Augite diorite
Diapirisme	Diapirism	—orbiculaire	Orbicular diorite
Diapositive	Slide	—quartzique	Quartz diorite
Diaspore	Diaspore	Dioritique	Dioritic
Diastrophique	Diastrophic	Diphasé	Diphase
Diastrophisme	Diastrophism	Dipôle	Dipole
Diatomée	Diatom	Dipyre	Dipyre
Vase à diatomées	Diatom ooze	Direct	Direct
Diatomite	Diatomite, diatomeous earth, infusorial earth, kieselgurh	Onde directe	Direct wave
		Direction	Strike, bearing, direction, course of, trend
Diatrème	Volcanic pipe, volcanic chimney	—d'une couche	Direction of bed
		—d'une faille	Trend of fault
Dichotomie	Dichotomy	—d'un filon	Course of lode
Dichotomique	Dichotomous	—de pendage	Dip line
Dichroïte	Dichroite	—magnétique	Magnetic bearing
Dicotylédones	Dicotyledon, dicots	En direction	Along the strike
Dicyclique	Dicyclic	Galerie en direction	Drift
Dièdre	Diedral	Dirigé vers	Striked, oriented
Différence de potentiel	Potential difference	Discoïde	Discoid
Différenciation magmatique	Magmatic differentiation	Discontinu	Discontinuous
		Pergélisol discontinu	Discontinuous permafrost
Diffluence (glaciaire)	(glacier) diffluence	Discontinuité	Discontinuity
Diffracter	To diffract	—de Mohorovicic	Mohorovicic discontinuity, Moho
Diffraction	Diffraction		
—de rayons X	X ray diffraction	—stratigraphique	Stratigraphic gap, hiatus
Spectre de diffraction	Diffraction spectrum	Discordance	Discordance, unconformity
Diffuser	To diffuse		
Diffusion	Diffusion	—angulaire	Angular discordance
Digitation	Fingering	—d'érosion	Erosional discordance
Digité	Digitate	—parallèle	Parallel discordance
Digue	Levee, spit	—tectonique	Structural discordance
—courbe	Curved spit	Discordant	Unconformable, nonconformable
—en épi	Straight spit		
Dilatable	Dilatable	Disharmonique	Disharmonic
Dilatation	Dilatation, dilatency, expansion	Pli disharmonique	Disharmonic fold
		Disjonction en bancs	Sheet jointing
Dilater, se dilater	To dilate, to expand	Dislocation tectonique	Dislocation, displacement, fault
Dilatibilité	Dilatability		
Diluer	To dilute	Disloqué	Dislocated, faulted
Dilué	Dilute	Disloquer	To dislocate, to disrupt
Dilution	Dilution	Disparaître en biseau	To thin out
Diluvial	Diluvial	Dispersant (facteur)	Scattering
Diluvium	Diluvium	Dispersé	Scattered, dispersed
Dimension	Size, dimension	Phase solide dispersée	Dispersed phase
—granulométrique	Particle size	Disperser (des matériaux)	To scatter
Diminuer	To decrease		
Diminution (de pression)	Decrease, decline	—(la lumière)	To disperse
		Dispersion	Dispersion, dispersal, scattering
Dimorphe	Dimorphous, dimorphic		
Dimorphisme	Dimorphism	—colloïdale	Colloidal dispersion
Dimyaire	Dimyarian	—de la chaleur	Thermal dispersion
Dinantien	Dinantian	—de la lumière	Dispersion of light

Dispositif	Device, apparatus
—**sismique**	Spread
—**en éventail**	Fan spread
—**en ligne**	In line spread
Disposition structurale	Structural arrangement
Dissection (du relief)	Dissection
Disséminé (minerai)	Disseminated (ore)
Dissépiment	Dissepiment
Dissimulé (gisement)	Covered up, concealed
Dissipation (de chaleur)	Dissipation, (heat) escape
Dissociable	Dissociable
Dissociation (chimique)	Dissociation
Température de dissociation	Dissociation point
Dissocier	To dissociate
Dissolubilité	Dissolubility
Dissolution	Solution, dissolution
Cupule de dissolution	Solution pit
Cuvette de dissolution	Solution pan
Dissolvant	Solvent, dissolvent
Dissoudre, se dissoudre	To dissolve
Dissous	Dissolved
Dissymétrie	Dissymetry
Dissymétrique	Dissymetric(al)
Distance	Distance
—**angulaire**	Angular distance
—**focale**	Focal length
Distant	Remote
Distension	Overstretching, distension
Faille de distension	Distensional fault
Disthène	Disthene, kyanite
Distillat	Distillate
—**de goudron**	Tar distillate
—**léger**	Light distillate
—**paraffinique**	Paraffin distillate
Distillation	Distillation
—**du pétrole**	Petroleum distillation
—**fractionnée**	Fractional distillation
Distiller	To distil
Distorsion	Distorsion
Distribution granulométrique	Grain-size distribution
District houiller	Coal district
District minier	Mining district
Distrophe (lac)	Dystrophic (lake)
Ditroïte (Pétro.)	Ditroite
Divalence (chimie)	Divalence
Divalent	Divalent
Divergent	Divergent
Division (d'une roche)	Parting
—**en bancs**	Sheet structure
—**en dalles**	Tabular jointing, slab jointing
—**en plaquettes**	Platy parting
—**prismatique**	Columnar jointing, basaltic jointing
—**stratigraphique**	Stratigraphic division
Document	Record
Dodécaèdre	Dodecahedron
Dodécaédrique	Dodecahedral
Dogger	Dogger
Dolérite	Dolerite
Doléritique	Doleritic
Dolérophanite	Dolerophanite
Doline	Sink, sink hole, cockpit, lime sink, limestone sink, swallow hole
—**composée**	Compound sink hole
Lac de doline	Sink-hole pond
Dolomie	Dolomite, magnesian limestone
Dolomite (Minéral)	Dolomite, pearl spar
Dolomitique	Dolomitic
Calcaire dolomitique	Dolomite limestone
Marbre dolomitique	Marble
Dolomitisation	Dolomitization
Dôme	Dome, quaquaversal fold, cupola
—**adventice**	Parasitic dome
—**de lave**	Lava dome
—**de sel**	Salt dome
—**de sel intrusif**	Diapir, piercement salt dome
—**intrusif**	Intrusive dome
—**volcanique**	Puy, dome
Domérien	Domerian
Dominante (espèce)	Dominant
Domite (Pétro.)	Domite, mica trachyte
Donnée (géologique)	Datum, data (pl.)
Dopplérite	Dopplerite
Dorsal	Dorsal
Dorsale médio-océanique	Mid-oceanic ridge
Dosage	Dosage, dosing, titration, test
Doser	To titrate, to proportion, to dose
Dosimètre	Dosimeter
Double réfraction	Double refraction
Dragage, draguage	Dredging
—**de rivière**	River dredging
Pompe de dragage	Dredging pump
Profondeur de dragage	Dredging depth
Drague	Dredge, dredger
—**à godets**	Bucket chain dredge
—**à mâchoires**	Grab dredge
—**aspirante**	Suction dredge
—**suceuse**	Pump dredge, suction dredge
Draguer	To drag
Drainable	Drainable
Drainage	Drainage
—**endoréique**	Endoreic drainage, interior drainage

—exoréique	Exoreic drainage, exterior drainage	Dune	Dune, down
—par expansion d'eau (pétrole)	Water drive	—d'estran	Beach dune
		—d'obstacle	Lee dune
—par poussée d'eau	Water drive	—embryonnaire	Embryonic dune
—par poussée de gaz	Gas drive	—en croissant	Crescentic dune, barchan
—superficiel	Surface drainage	—fixée	Fixed dune
Chenal de drainage	Drainage channel	—intérieure	Inland dune
Densité de drainage	Drainage texture	—littorale	Coastal dune
Fossé de drainage	Drainage ditch	—longitudinale	Longitudinal dune
Puits de drainage	Drainage shaft	—mouvante	Migrating dune, shifting dune
Réseau de drainage	Drainage pattern	—parabolique	Parabolic dune
—en treillis	Trellis drainage	—stabilisée	Fixed dune
Drainer	To drain	—transversale	Cross-bar dune, transverse dune
Dravite	Dravite		
Dressant (d'une couche, etc)	Edge, edge seam, steeply dipping seam, steeply inclined lode	—vive	Active dune
		Avant-dune	Fore dune
		Chaîne de dunes	Dune range, dune ridge
Dresser (établir)	To prepare, to draw up	Champ de dunes	Dune field
—une carte	To map	Couloir interdunaire	Dune valley
—un plan	To plot	Dunite	Dunite
Se dresser (pic, piton)	To rise	Durain	Durain
Droit	1) adj: upright, erect, right; 2) n: right	Durbachite (Pétro.)	Durbachite
		Durée	Duration, life
—de concession	Leasing power	—de la vie d'un puits de pétrole	Life of an oil well
—d'extraction de pétrole	Mineral right	Dureté	Hardness
—minier	Mineral right	—de l'eau	Water hardness
Angle droit	Right angle	Degré de dureté	Hardness degree
Ligne droite	Straight line	Échelle de dureté	Hardness scale
Pli droit	Dip right fold	Dynamique	Dynamic
Dromochromique	Time-distance curve	Géologie dynamique	Dynamic geology
Drumlin	Drumlin	Dynamométamorphisme	Dynamometamorphism
Druse	Druse, voog, vough, vug	Dyscrasite (Minér.)	Dyscrasite
Drusique	Drusy	Dysodonte	Dysodont
Dumortiérite	Dumortierite	Dystrophe	Dystrophic

E

Eau	Water
—artésienne	Artesian water
—atmosphérique	Atmospheric water
—buvable	Drinkable water
—capillaire	Capillary water
—captive	Confined ground water
—connée	Connate water
—côtière	Coastal water
—courante	Running water
—de carrière	Quarry water, imbibition water
—de chaux	Lime water
—de constitution	Combined water
—de cristallisation	Crystallization water
—de fontaine	Spring water
—de fonte	Melt water
—de formation	Formation water
—de gisement	Oil field water
—de gravité	Gravitational water
—de mer	Sea water
—de mine	Mine water
—de pluie	Rain water
—de puits	Well water
—de rétention	Retention water
—de ruissellement	Run-off water
—descendante	Percolating water
—de source	Spring water
—distillée	Distilled water
—dormante	Stagnant water
—douce	Fresh water
—dure	Hard water
—ferrugineuse	Ferruginous water
—filtrée	Filtered water
—fossile	Fossil water
—hygroscopique	Hygroscopic water
—juvénile	Juvenile water
—libre	Free water
—marine	Sea water
—mère	Bitter water
—météorique	Meteoric water
—minérale	Mineral water
—pelliculaire	Pellicular water
—perchée	Perched water
—phréatique	Phreatic water
—pluviale	Rain water
—potable	Drinking water
—salée	Salt water
—saumâtre	Brackish water
—souterraine	Underground water, ground water, subterranean water
—sulfureuse	Sulfurous water
—superficielle	Surface water
—suspendue	Suspended subsurface water, hanging water
—thermale	Thermal water
—vadose	Vadose water
—vive	Running water
Coup d'eau	Inrush of water
Forage à l'eau	Wet drilling
Éboulant	Cavy
Éboulement	Slide, rockslide, landslide, landslip, earth slide, fall of stone
Éboulement de rochers	Rockslide, rockfall
Éboulement du toit (d'une couche)	Rockfall
Ébouler, s'ébouler	To fall down, to cave in
Ébouleux (terrain)	Loose (ground)
Éboulis	Scree
—de gélifraction	Frost-shattered scree
—de gravité	Gravity accumulation
—ordonné	Periglacial breccia, bedded scree, stratified debris, slope
Ébranlement (sismique)	Shock
Ébréché	Notched
Ébrécher	To notch
Ébullition	Ebullition, boiling
Entrer en ébullition	To begin to boil
Écaillage (de roches)	Rock scaling, scaling, spalling
Écaille	Imbrication, slice, scale, flake
—d'huître	Oyster shell
—de mica	Mica flake
Desquamation en écailles	Exfoliation
Structure en écailles	Imbricate structure, thrust slices
Écaillement	Spalling, desquamation
Écart (Strat.)	Deviation
—absolu	Absolute deviation
—moyen	Mean deviation
Écarté	Remote
Échancrure	Notch, indentation
Échange	Exchange
—de base	Base exchange
—d'ions	Ion exchange
Échantillonage	Sampling
—continu	Continuous sampling
Échantillon	Sample, specimen
—carrotté	Core sample
—d'eau	Water sample
—de forage	Boring sample
—de roche	Rock sample

—moyen	Average sample
—pris au hasard	Random sample
—type	Representative sample
Échantilloner	To sample
Échantilloneur (appareil)	Sampler
Échauffement	Heating
Échelle	Scale
—centigrade	Centigrade scale
—de dureté	Hardness scale
—des hauteurs, des longueurs	Height, vertical or length scale
—géologique	Geological column
—graduée	Graduate scale
—graphique	Graphic scale
—thermométrique	Thermometric scale
Échelon (failles en)	Echelon faults
—(plis en)	Overlapping folds
Échinoderme	Echinoderm
Échinoïde	Echinoid
Échogramme	Echogram
Échomètre	Echometer, sonic depth finder
Écho sondeur	Echo sonder
Éclaboussement (d'écume)	Splash
Éclabousser	To splash, to spatter
Éclair	Flash, lightning
Éclaircie (Météo)	Break, opening
Éclat 1) reflet; 2) fragment	1) glance, lustre, shine; 2) chip, fragment, splinter
—brillant	Shining lustre
—gras	Greasy lustre
—mat	Dull lustre
—métallique	Metallic lustre
—résineux	Pitch glance
—soyeux	Silky lustre
—vitreux	Vitreous lustre
Éclatement	Shattering, splitting, riving
—par le gel	Frost shattering, frost wedging
Éclater	To burst, to split
Éclimètre	Clinometer
Éclipse	Eclipse
Écliptique	Ecliptic
Éclogite	Eclogite
Écologie	Ecology
Écologique	Ecologic(al)
Niche écologique	Ecologic niche
Écorce (terrestre)	(Earth) crust
Écosystème	Ecosystem
Écotope	Ecotope
Écoulement	Flow, flowing, out flow, discharge, run-off
—boueux	Mud flow
—de sol	Solifluction, soil flow
—en nappe	Sheet flood
—éphémère	Ephemeral run-off
—laminaire	Laminar flow
—libre (par gravité)	Gravitational flow
—permanent	Perennial run-off
—saisonnier	Seasonal run-off
—souterrain	Ground water run-off
—turbulent	Turbulent run-off
—visqueux	Viscous run-off
Coefficient d'écoulement	Run-off coefficient, drainage ratio
Sous-écoulement	Underflow
Écran	Screen
—de plomb	Lead screen
—granitique	Granitic screen
Écrasement	Crush, crushing, collapse, collapsing
Écraser, s'écraser	To crush, to squeeze out, to collapse
Écroulement	Collapse, fall
Ectinite (Pétro.)	Ectinite
Ectoderme	Ectoderm
Écumant	Frothing, foamy
Écume de mer	Sepiolite, meerschaum
Édaphique	Edaphic
Édaphologie	Edaphology
Édénite	Edenite
Eemien (interglaciaire Riss-Wurm)	Eemian (Marine Pleistocene Zone 5 e)
Effervescence	Effervescence
Faire effervescence	To effervesce
Effervescent	Effervescent
Effet brisant	Rending effet
—de gel	Frost effect
Efficace	Effectual, effective, efficient
Efficacité	Efficiency
Efficacité de balayage (Pétrole)	Sweep efficiency
Efflorescence	Efflorescence
Faire efflorescence	To effloresce
Efflorescent	Efflorescent
Effluent	Effluent
Effluve (gazeux)	Exhalation, emanation
Effondré	Collapsed, fallen in, broken down
Effondrement	Collapse, caving in, breaking down, falling in
Effondrement circulaire	Caldeira, cauldron subsidence
Effondrer, s'effondrer	To cave in, to fall in To collapse, to break down
Effort	Stress, load, pull
—de cisaillement	Shearing stress
—de compression	Compressive stress
—de flexion	Bending stress
—de traction	Tensile stress

Effritement	Crumbling, disintegration
Effusif (processus)	Effusive (process)
Roche effusive	Effusive rock
Effusion	Effusion
—volcanique	Volcanic effusion
Faire effusion	To effuse
Eifélien	Eifelian
Éjecter	To eject
Éjection	Ejection
Éjection de laves	Ejectamenta
Élargissement (d'un forage)	Underreaming, widening
Élasticité	Elasticity
Coefficient d'élasticité	Elastic coefficient
Limite d'élasticité	Elastic limit
Module d'élasticité	Elasticity modulus
Élastique	Elastic
Déformation élastique	Elastic deformation
Limite élastique	Elastic strength
Onde élastique	Elastic wave
Elatérite	Elastic bitumen, mineral pitch
Elbaïte	Elbaite
Électricité	Electricity
Électrique	Electric(al)
Carottage électrique	Electric coring
Diagramme électrique	Electric log
Diagraphie électrique	Electric logging
Prospection électrique	Electric prospecting
Tir électrique	Electric blasting
Électroanalyse	Electroanalysis
Électrochimie	Electrochemistry
Électrochimique	Electrochemical
Électrode	Electrode
—à hydrogène	Hydrogen electrode
—impolarisable	Non-polarizing electrode
Électroforage	Electric drilling
Électrolysable	Electrolyzable
Électrolyse	Electrolysis
Électrolyser	To electrolyze
Électrolyte	Electrolyte
Électrolytique	Electrolytic(al)
Électromagnétisme	Electromagnetism
Électromagnétique	Electromagnetic
Prospection électromagnétique	Electromagnetic prospecting
Électron	Electron
Électronique	Electronic
Sonde électronique	Electron microprobe
Électrophorèse	Electrophoresis
Électrostatique	Electrostatic
Électrum	Electrum
Élément	Element
—accessoire	Accessory element
—atmophile	Atmophile element
—blanc	Felsic element
—foncé	Mafic element
—lithophylique	Lithophilic element
—néoformé	Authigenous element
—radioactif	Radio element
—siderophyle	Siderophylic element
—trace	Trace element
—traceur	Tracer element
Oligo-élément	Minor element
Éléolite	Elaeolite
Éléolitique	Elaeolitic
Élévateur à godets	Skip hoist, bucket elevator
Élévation (de température)	Rise
—(de terrain)	Elevation, rise
Élevé	High, elevated
Élever, s'élever	To raise, to lift up, to elevate
Ellipsoïdal	Ellipsoidal
Ellipsoïde	Ellipsoid
—de révolution	Ellipsoid of revolution
—des indices (de déformation)	Strain ellipsoid
Elliptique	Elliptic(al)
Éloigné	Remote, far, distant
Élutriation	Elutriation
Éluvial	Eluvial, residual
Horizon éluvial	Eluvial horizon
Sol éluvial	Eluvial soil
Éluviation (lessivage du sol)	Eluviation, depletion
Éluvion (peu employé)	Eluvial deposit, eluvium
Elvan	Elvan
Émanation	Emanation
Émanation volcanique	Volcanic emanation
Embâcle (glaciaire)	Ice jam
Embâcle glaciel	Ice jam
Emboîté	Channeled, cut-and-filled
Auges glaciaires emboîtées	Trough-in-trough
Cônes emboîtés	Nested cones, ringed crater
Terrasses emboîtés	Inset terraces, fill-in-fill terrace
Vallées emboîtés	Valley-in-valley
Emboîtement	Channeling, cut-and-fill structure, ravine-filling
Emboîter	To fit into, to nest
Embolite (Minér.)	Embolite
Embouchure	Mouth, outfall
Embouchure fluviatile	River mouth
Embourbement	Mudding
Embrasement	Burning
Embraser	To catch fire, to fire
S'embraser	To set on fire
Embrumé	Hazy, misty
Embrun	Spray
Embryonnaire	Embryonic, embryonary
Émeraude	Emerald
Émergence	Emergence, emersion

Émergent	Emergent
Émerger	To emerge
Émeri	Emery
Émersion	Emersion, emergence
Émettre	To emit
—de la chaleur	To emit
—des gaz	To exhale, to release
—des laves	To eject
Émiettement (des roches)	Crumbling, disintegration, comminution
Émietter, s'émietter	To crumble
Éminence	Eminence, height, élévation
Émis	Released (gas), issued
Émissaire	Emissary
Émissaire d'un lac	Outlet
Émissif	Emissive
Émission	Emission
—de cendres volcaniques	Outburst of cinders
—de chaleur	Heat emission
—de gaz	Gas escape, gas release
—de laves	Outflow of lava
—de rayonnement	Radiation emission
—radioactive	Radioactive emission
Émissivité	Emissivity
Emmagasinage (de gaz, de pétrole)	Accumulation, storage
Emmagasiner	To stock, to store, to accumulate
Émoussé	Blunt, dull
Grain de quartz émoussé-luisant	Blunt shining quartz grain
Outil émoussé	Diedged tool
Émousser	To blunt, to dull
S'émousser	To become blunted, dull
Empierrement (d'une route)	Gravelling, ballasting
Empierrer	To pave
Empierrer une route	To metal
Empiéter	To overlap
Empilement	Piling, stocking
Empiler, s'empiler	To pile up
Emplacement	Site, spot, location
Emplectite (Minér.)	Emplectite
Emplir	To fill, to fill up
Emposieu (Karst Jura, Dauphiné)	Sink-hole, cockpit
Empreinte	Print, imprint, impression, mark
—de goutte de pluie	Raindrop imprint
—de pas	Foot print
—fossile	Fossil print
Emprisonné	Entrapped, confined
Émulsibilité	Emulsibility
Émulsif	Emulsive
Émulsifiant	Emulsifying
Émulsification	Emulsification

Émulsifier	To emulsify
Émulsion	Emulsion
—aqueuse	Aqueous emulsion
—de pétrole	Oil emulsion
—vraie	True emulsion
Émulsionnable	Emulsifiable
Émulsionné	Emulsified
Émulsionner	To emulsify
Énantiomorphe	Enantiomorphic
Énargite	Enargite
Encaissant (terrain)	Enclosing, surrounding (rocks), country rock
Couches encaissantes	Enclosing beds
Encaissé	Enclosed, encased, embanked
Méandre encaissé	Enclosed meander, incised meander
Vallée encaissée	Encased valley
Encaissement (d'une rivière)	Entrenchment, embanking, down-cutting
Enchevêtrement (de cristaux)	Intergrowth
Enclave	Enclave, inclusion, enclosure, xenolith
—endogène	Endogenous xenolith, cognate inclusion
Encorbellement (surplomb)	Overhang, undercut
Encrine	Encrinus
Calcaire à encrines	Encrinitic limestone
Encroûté (niveau du sol)	Cemented layer horizon
Encroûtement (Pédol.)	Incrustation
Endémique	Endemic
Endémisme	Endemism
Endiguement	Embanking, embankment
Endiguer	To dam up, to stem, to embank, to impound
Endogène	Endogeneous, endogenous
Endomorphe	Endomorphous, endomorphic
Endomorphisme	Endomorphism, endometamorphism
Endoréique	Endorheic, endoreic
Endosquelette	Endoskeleton
Endothermique	Endothermic
Enduit	Coating, coat
Endurance (limite d')	Endurance limit
Énergétique	Energetic
Énergie	Energy
—chimique	Chemical energy
—géothermique	Geothermal energy
—nucléaire	Nuclear energy
—solaire	Solar energy
—thermique	Thermal energy
Enfoncement (du sol)	Hollow, depression
Enfoncer (dans la boue), s'enfoncer	To sink

Enfouir, s'enfouir	To hide, to bury
Enfumé (quartz)	Smoked quartz
Englacement	Formation of floating ice
Englaciation	Englaciation
Engorgé d'eau	Water logged
Engorgement	Water logging
Engorger, s'engorger	To choke up, to block, to clog
Engouffrement	Engulfment
Engrais	Fertilizers, manure
Enlèvement	Removal, carrying away
Enlever	To remove, to carry away, to strip, to clear
Enneigement	Formation of a snow cover
Ennoyage (de l'axe d'un pli)	Pitching
Enraciné (pli)	Deep-seated (fold)
Enregistrement	Record, recording
—de carottage	Core record
—magnétique	Magnetic record
—sismique	Seismic recording
Enregistrer	To record, to register
Enregistreur	Recorder
—d'échos	Echo-sounder, echo-sounding recorder
—de température	Temperature recorder
—graphique	Graphic recorder
—sur bande magnétique	Tape recorder
Enrichir	To enrich
Enrichissement	Enrichment
—de minerais	Ore benefication
Enrochement	Enrockment, rip-rap, stone bedding
Enrocher	To enrock
Enroulée (coquille)	Coiled, involute
Ensablement	Sanding up
Ensabler	To silt up
Ensellement	Structural saddle
Enstatite	Enstatite
Entablement	Plateau, capping rock
Entaille	Notch, indentation, cut, groove
Entailler	To notch, to jag, to groove
Entasser	To pile up, to accumulate, to heap up
Enterré (gisement)	Buried, sunken, deep, underground
Enthalpie	Enthalpy
Entonnoir	Funnel
—de dissolution	Sink hole
—séparateur	Separating funnel
Cirque glaciaire en entonnoir	Corrie
Entraînement hydraulique	Water drive

Pli d'entraînement	Dragfold
Entraîner par lessivage	To wash down
—par les eaux d'un fleuve	To carry away, to carry along
—par un glacier	To drift
Entrecouper (filons)	To intersect
Entrecroisée (stratification)	Cross-bedding, current bedding, cross lamination
Entrecroiser, s'entrecroiser	To intersect, to interlace, to criss-cross
Entrée	Entrance, inflow, inlet, intake
—d'air	Air intake
—d'eau	Water inflow
—de baie	Bay mouth
—de mine	Entry, portal
Entropie	Entropy
Entroques (calcaire à)	Entrochal limestone
Entropie	Entropy
Envahi (par l'eau)	Flooded
Envasement	Silting, silting up
Envaser	To silt, to choke up, with mud
Enveloppe terrestre	Earth mantle
Environnement	Environment, surroundings
Etude géologique de l'environnement	Environmental geology
Éocène	Eocene
Éolien	Eolian
Érosion éolienne	Eolian erosion
Sédiment éolien	Wind-borne deposit
Sédiment éolien consolidé	Eolianite
Éolisé	Wind worn
Galet éolisé	Wind facetted pebble, eolian pebble
Éolithe	Eolith
Épais	Thick
Épaisseur	Thickness
—moyenne	Average thickness
Épaissir	To thicken, to become thick
Épaississement	Thickening
Épanchement (de laves)	Out pouring, effusion
Roche d'épanchement	Volcanic rock
Épancher, s'épancher	To pour out
Épars	Scattered
Épaulement (glaciaire)	Glacial shoulder
Éperon (rocheux)	Spur
—de dénudation	Rock knob
Éphémère (écoulement)	Ephemeral (flowing)
Épi (naturel)	Bar, spit
—(artificiel)	Jetty, groyne
—avancé	Headland bar
—latéral	Bay-side bar
Épibole (Pal.)	Epibole

Épicentre	Epicenter	Équidistant	Equidistant
Épicontinental	Epicontinental	Équilatéral	Equilateral
Mer épicontinentale	Epeiric sea	Équilibre	Equilibrium
Épidosite (Pétro.)	Epidosite	—chimique	Chemical equilibrium
Épidote	Epidote	—isostatique	Isostatic equilibrium
Épidotite	Epidotite	Profil d'équilibre	Equilibrium profile
Épierrement	Clearing out of stones, removing of stones	Talus d'équilibre	Slope of equilibrium
		Équilibrer	To balance, to equilibrate
Épigène	Epigene, epigenetic		
Épigenèse	Epigenesis	Équinoxe	Equinox
Épigénétique	Epigenetic	Équipe	Team, crew, gang
Épigénie	Epigenesis, surimposition	—de forage	Drilling crew, drilling gang
Épinérétique	Epineretic		
Épipélagique	Epipelagic	—de jour	Day shift
Épirogénétique, épirogénique	Epeirogenic, epirogenic, epirogenetic	—de nuit	Night shift
		—géologique	Geologic crew
Mouvement épirogénétique	Epeirogenic movement	Équipement	Equipment, outfit
		—de forage	Drilling equipment
Épirogénie	Epeirogeny, epirogeny	Équiplanation	Equiplanation
Épitaxie	Epitaxy	Ère	Era
Épitaxique	Epitaxic	—primaire	Paleozoic era
Croissance épitaxique	Epitaxic growth	—secondaire	Mesozoic era
Épithermal	Epithermal	—tertiaire	Cenozoic era
Minerai épithermal	Epithermal deposit	—quaternaire	Pleistocene era
Épizone	Epizona	Erg	Erg, sand desert
Éponte (d'un filon)	Wall, selvage, salband	Ergeron	Pleistocene loam
—supérieure	Hanging wall	Érodable	Erodible
Époque	Epoch	Éroder, s'éroder	To erode, to abrade
—glaciaire	Glacial epoch	Érosif	Erosive
Épreuve	Trial, assay, test proof	Erosion	Erosion, abrasion
A l'épreuve de l'eau	Water proof	—aréolaire	Areal erosion
Éprouvette (échantillon d'essai)	Sample, test bar	—des berges d'un fleuve	Stream bank cutting
—de tension	Tension bar	—différentielle	Selective erosion
—de traction	Tensile test piece	—éolienne	Wind erosion
—graduée	Graduated buret, graduated test tube	—en masse	Mass wasting
		—en nappe	Sheet erosion
—mécanique	Test bar	—en ravins	Gully erosion
Epsomite	Epsomite	—fluviatile	River erosion
Épuisée (Mine)	Exhausted, depleted, worked out	—glaciaire	Glacial erosion
		—latérale fluviatile	Lateral erosion
Épuisement (d'une mine)	Depletion, exhausting	—linéaire	Linear erosion
		—marine	Marine erosion
Épuiser (de l'eau)	To drain, to pump out, to unwater	—normale	Normal erosion
		—régressive	Headward erosion, backward erosion, retrogressive erosion
—(un minerai)	To exhaust		
S'épuiser	To become exhausted		
Épurer	To treat, to refine, to scrub	—souterraine	Tunnel erosion
		—superficielle	Sheet erosion
—de l'eau	To purify, to filter	—tourbillonnaire	Gully excavation
Équateur	Equator	Escarpement d'érosion	Erosion scarp
Équatorial	Equatorial	Niveau d'érosion	Erosion level
Projection équatoriale	Equatorial projection	Surface d'érosion	Erosion surface
Équidimensionnel	Equant, equidimensional	Erratique	Erratic, erratic boulder, morainic boulder
Roche à minéraux équidimensionnels	Equigranular rock		
		Bloc erratique	Erratic block, glacially transported block
Équidistance (entre deux courbes de niveau)	Contour interval		
		Erreur	Mistake, error

—absolue	Absolute error	Essence	Gasoline
—moyenne	Mean error	—lourde	Heavy naptha
—relative	Relative error	—minérale	Mineral spirit
Érubescite	Erubescite, bornite, phil-lipsite	Essexite	Essexite
		Essonite (Minér.)	Essonite
Éruptif	Eruptive	Essorer	To centrifuge, to dry
Centre éruptif	Eruptive point	Est	East
Cône éruptif	Eruptive cone	Estérellite	Esterellite
Roche éruptive	Eruptive rock	Estimation (de la valeur d'un minerai)	Estimate, appraisal
Éruption	Eruption		
—centrale	Central eruption	Estran	Tidal flat, foreshore, strand zone
—de gaz	Gas blow out		
—fissurale	Fissure eruption	Estuaire	Estuary
—latérale	Flank eruption	Estuarien	Estuarine
—phréatique	Phreatic eruption	Étage	Stage
—phréatomagmatique	Phreatomagmatic eruption	—d'une mine	Level
		—du fond	Bottom level
—punctiforme	Central eruption	—géologique	Geologic(al) stage
—volcanique	Volcanic eruption	—houiller	Coal measure
Nuage d'éruption	Eruption cloud	Étagées (terrasses)	Stepped (terraces)
Érythrite	Erythrite	Étai (Mine)	Pit prop, pit post
Érythrosidérite	Erythrosiderite	Étaiement	Shoring, propping
Escalier (faille en)	Step (fault)	Étain	Tin
Escarboucle	Almandite (garnet)	—alluvionnaire	Alluvial tin
Escarpé	Steep, sheer, precipitous	—de roche	Mine tin
Escarpement	Scarp	—oxydé	Cassiterite
—de faille	Fault scarp, fault cliff	—pyriteux	Stannite
—de ligne de faille	Fault-line scarp	Mâcle en bec de l'étain	Twinned cassiterite
—tectonique	Fault-controlled scarp	Minerai d'étain	Tin ore, cassiterite
Esker	Esker	Étale (marée)	Slack (tide)
Espace	Space	Étalon	Standard
—infracapillaire	Infracapillary space	Étalonnage	Calibration, gauging, standardization
—supracapillaire	Supracapillary space		
Espacement de puits	Drilling pattern	Étalonner	To adjust, to calibrate, to gauge, to test
Espèce	Species		
Esquille	Chip, splinter	Étamage	Tinning
Essai	Test, assay, try	Étamer	To tin
—à la flamme	Flame test	Étanche	Tight, impervious
—à la perle	Bead test	—à l'air	Air tight
—aux acides	Acid test	—à l'eau	Water tight
—au chalumeau	Blow-pipe analysis	—au gaz	Gas tight
—au marteau	Hammer test	Étanchéité	Tightness
—d'écoulement	Flow test	Étang	Pond, pool
—de choc	Impact test	État (physique)	State
—de cisaillement	Shear test	—colloïdal	Colloidal state
—de coloration	Flame test	—gazeux	Gaseous state
—de compression	Compression test	—liquide	Liquid state
—de dureté	Hardness test	—solide	Solid state
—de flexion	Bending test	Étayage, étayement	Staying, propping
—de laboratoire	Laboratory test	Étayer	To stay, to prop, to buttress
—de production (pétrole)	Production test		
—de résistance	Strength test	Éteindre (de la chaux)	To slake, to slack
—de rupture	Breaking test	—(un incendie)	To extinguish
—de traction	Tensile test	Éteint (volcan)	Extinct volcano, quiescent volcano
—par voie humide	Wet assaying		
—par voie sèche	Dry assaying	Étendre (couche, etc), s'étendre	To lay, to extend, to stretch
Essayer	To assay, to test		
		—(diluer)	To dilute

Étendu (vaste)	Extensive
—(dilué)	Diluted
Étendue (n.)	Extent, area, expanse
—d'eau	Stretch
Éthane	Ethane
Éther	Ether
—sel	Ester
Éthylène	Ethylene
Étiage	Low water level
Étinceler	To sparkle
Étincelle	Spark
Étinceleur (Océano.)	Sparker
Étirage	Stretching, drawing
Étirer	To draw, to stretch
Étoile	Star
—de mer	Starfish
Étranglement (d'un filon)	Pinching out, nip, narrow, constriction
Étroit	Narrow, confined
Étude	Examination, survey, study
—au microscope	Microscope examination
—de laboratoire	Laboratory study
—de terrain	Field survey
—diffractométrique	X ray diffraction analysis
—géologique	Geological survey
—géophysique	Geophysic(al) survey
Bureau d'études géologiques	Geological survey
Étuve (Labo.)	Exsicator, drying stove, drying oven
Euchroïte	Euchroite
Euclase	Euclase
Eucrite (Pétro.)	Eucrite
Eudidymite (Minér.)	Eudidymite
Eudiomètre	Eudiometer
Eugéosynclinal	Eugeosyncline
Eulysite (Pétro.)	Eulysite
Euphotique	Euphotic
Euphotide	Euphotide
Eurite (Pétro.)	Eurite
Euritique	Euritic
Euryhalin	Euryhaline
Euryptères (Pal.)	Eurypterida
Eurytherme	Eurythermic
Eustasie	Eustasy, eutacy (rare)
Eustatique	Eustatic
Eustatisme	Eustacy, eustatism
Eutectique	Eutectic
Mélange eutectique	Eutectic mixture
Point eutectique	Eutectic point
Température eutectique	Eutectic temperature
Eutectoïde	Eutectoid
Eutrophe (lac)	Eutrophic (lake)
Eutrophique	Eutrophic
Eutrophisation	Eutrophication
Euxénite	Euxenite
Euxinique	Euxinic

Évacuation (d'eau)	Exhaust, evacuation
—(de déchets)	Waste disposal
Évaluation	Evaluation, valuation, estimation
Évaluer	To estimate, to appraise, to evaluate
Évaporable	Evaporable
Évaporation	Evaporation
Dépôt d'évaporation	Evaporated deposit
Évaporer	To evaporate
Évaporite	Evaporite, evaporate
Évasé	Widened
Évènement (géologique)	(Geologic) event
Éventail (cône de déjection en)	Fan shaped debris cone
Évidement	Cavity, groove
Évider	To hollow out, to scoop out, to groove
Évolute (Pal.)	Evolute
Évolution	Evolution
Exact	Exact
Exactement	Exactly
Exactitude	Exactness, soundness
Examen	Examination
—aux rayons X	X ray examination
—microscopique	Microscopic examination
Examiner	To examine
Excavation	Hollow, hole, pit, excavation
—au front	Face excavation
—descendante	Underhand mining
Excavatrice	Digger, excavator
—à godets	Scoop dredger
—de tranchées	Trench digger
Excaver	To excavate, to dig out
Excursion	Field trip
Exempt de	Free of
Exercer une pression	To exert a pressure
Exfoliation	Exfoliation, scaling
Exfolier, s'exfolier	To exfoliate
Exhalaison	Exhalation
Exhaler (des gaz)	To exhale, to release
Exhaure	Unwatering, dewatering
Exhaussement (du sol)	Uplift, elevation
Exhumation (d'une structure)	Exhumation
Exinite	Exinite
Exogène	Exogeneous, exogenic, exogenetic
Exomorphique	Exomorphic
Exomorphisme	Exomorphism
Exondation	Exundation
Exoreïque	Exoreique
Réseau hydrographique exoréique	External drainage
Exoscopie	Exoscopy
Exosquelette	Exoskeleton
Exothermique	Exothermal, exothermic

Expansion	Expansion
Expérience	Experiment
Expérimental	Experimental
Expérimenter	To experiment
Expert-géologue	Consulting geologist
Expert minier	Mining expert
Explication	Explanation
Exploitabilité	Workability
Exploitable	Workable, mineable, get-table, payable
Exploitation	Exploitation, winning, working
—à ciel ouvert	Open cut, open mining
—alluviale	Alluvial working
—avec remblayage	Mining with filling
—de minerai	Ore mining
—de mines	Mining
—de mines de sel	Salt mining
—en aval pendage	Dip working
—hydraulique	Hydraulicing
—minière	Mining
—par chambres et piliers	Room and pillars system
—par chambres maga-zins	Shrinkage stoping
—par foudroyage	Caving
—par gradins	Bench stoping
—par gradins droits	Underhand mining
—par piliers	Pillar mining
—par recoupes	Cross-cut system
—par tranches	Slicing
Exploité	Worked
Exploiter	To work, to mine out, to get
—à ciel ouvert	To work open cast
—en gradins	To stope
Explorateur	Explorer
Exploration	Prospection, prospecting, exploration
D'exploration	Exploratory
Forage d'exploration	Exploratory boring
Explorer	To explore, to prospect
Exploser	To explode, to blow up
Exploseur	Exploder
—électrique	Electric exploder
Explosible	Explosible
Explosif	Explosive
—de mines	Mining explosive
—de roche	Explosive for rock work
Explosion	Explosion, blow up,

	shot, detonation
—de grisou	Fire explosion
Brèche d'explosion	Explosion breccia
Caldeira d'explosion	Explosion caldera
Cratère d'explosion	Explosion crater
Explosivité	Explosiveness
Exposant	Exponent
Exposer	To expose, to show, to lay
Exposition (d'une pente)	Exposure
Expulser	To expulse, to eject
Expulsion (de laves)	Ejection, extrusion
Exsolution (Minér.)	Exsolution
Exsuder (un liquide)	To exude
Extensibilité	Extensibility
Externe	External, outer
Manteau externe	Outer mantle
Extinction	Extinction
—droite	Straight extinction
—oblique	Inclined extinction, oblique extinction
—ondulante	Undulose extinction, un-dulatory extinction
Angle d' extinction	Extinction angle
Extractible	Extractable
Extraction	Extracting, hoisting, ex-traction, drawing
—de charbon	Coal winning
—de pétrole	Oil winning
—de pierre de taille	Quarrying
—de minerai	Hoisting ore
—hydraulique	Hydraulic hoisting
—par puits	Shaft hoisting
—par solvant	Solvent hoisting, liquid hoisting
Câble d'extraction	Hoisting cable
Cage d'extraction	Hoisting cage
Extraire	To extract, to get out, to win, to withdraw, to draw out
Extrait (chimie)	Extract
Extraordinaire (rayon)	Extraordinary ray
Extrémité	End, tip
Extruder	To extrude
Extrusif	Extrusive
Extrusion	Extrusion
Faire extrusion	To extrude
Exsurgence	Point of emergence
Exutoire	Exsurgence

F

Fabrique (texture)	Fabric
Face	Front, side
—abritée du vent	Lee side
—amont	Up stream side
—au vent	Wind side
—aval	Down stream side
—d'un cristal	Crystal face
—exposée au courant	Stoss side
—inférieure	Underside
Facette	Facet
—de dissolution	Solution facet
Galet à facettes	Facetted pebble, wind-worn pebble, eolian pebble
Galet à 2 facettes	Dreikanter
Facetter (une pierre précieuse)	To facet
Faciès	Facies
—continental	Continental facies
—corallien	Coralline facies
—d'eau douce	Fresh water facies
—lacustre	Lacustrine facies
—limnique	Limnic facies
—marin	Marine facies
—métamorphique	Metamorphic facies
—néritique	Neritic facies
—paléontologique	Fossil assemblage
—récifal	Reef facies
Biofaciès	Biofacies
Carte de faciès	Facies map
Lithofaciès	Lithofacies
Façonné par le vent	Windworn
Facteur	Factor
—d'évaporation	Factor of evaporation
—de lessivage	Leaching factor
—temps	Time factor
—volumétrique	Volume
Fagne (Ardennes)	Marshy waste land
Fahrenheit (degré)	Fahrenheit (degree)
Faible	Low, weak
Acide faible	Weak acide
Teneur faible	Low grade
Faïence	Earthenware
Faille	Fault
—à charnière	Hinge fault, pivotal fault
—à faible pendage	Low angle fault
—à rejet horizontal	Strike-slip fault
—à répétition	Repetitive fault
—active	Active fault
—anormale	Reversed fault
—antithétique	Antithetic fault
—béante	Gaping fault
—cachée	Buried fault
—chevauchante	Thrust fault
—circulaire	Circular fault
—composée	Compound fault, composite fault
—conforme	Conformable fault, dip fault
—contraire	Unconformable fault
—de chevauchement	Overlap fault
—de cisaillement	Shear fault
—de compensation	Adjustment fault
—de compression	Compressional fault
—d'effondrement	Slip fault
—d'extension	Tension fault
—de gravité	Gravity fault
—de rotation	Rotary fault, rotational fault
—directe	Gravity fault
—directionnelle	Strike fault
—disjonctive	Tension fault, normal fault
—en ciseaux	Scissors fault
—en escaliers	Step fault, distributive fault
—en gradins	Step fault
—fortement inclinée	High angle fault
—horizontale de décrochement	Strike-slip fault
—inclinée	Dipping fault
—interstratifiée	Bedding fault
—inverse	Reverse fault
—limite	Boundary fault
—longitudinale	Longitudinal fault, strike fault
—normale	Down fault, gravity fault, dip-slip fault, normal fault
—oblique	Oblique fault, diagonal fault
—ouverte	Open fault
—perpendiculaire	Transverse fault, cross fault
—radiale	Radial fault
—rajeunie	Activated fault
—ramifiée	Branching fault, splitting fault
—secondaire	Minor fault, auxiliary fault
—transformante	Transform fault
—transversale	Transverse fault, cross fault, dip fault
Brèche de faille	Fault breccia
Conglomérat de faille	Fault conglomerate
Ensemble de failles	Fault set

Escarpement de faille	Fault scarp	Faunizone	Faunizone
—de ligne de faille	Fault line scarp	Fausérite	Fauserite
Faisceau de failles	Fault bundle	Faux, fausse	False, wrong
Formation de faille	Faulting	Fausse galène	Zinc blende, blende,
Miroir de faille	Slickenside, fault polish		sphalerite
Paroi de faille	Fault wall	Faux pendage	False dipping
Piège de faille	Fault trap	Fausse stratification	False bedding
Plan de faille	Fault plane	Faux synclinal	Pseudo syncline
Pli-faille	Faulted anticline	Fausse topaze	False topaz
Rejet de faille	Fault throw	Fayalite	Fayalite
Ressaut de faille	Fault scarp	Feldspath	Feldspar
Faillé	Faulted	—alcalin	Alkali feldspar
Bloc faillé	Fault block	—calco-sodique	Lime-soda feldspar
Filon faillé	Fault vein	—plagioclase	Plagioclase feldspar
Zone faillée	Faulted area	—potassique	Potash feldspar
Faire	To make, to do	—sodique	Soda feldspar
—des bulles	To bubble	—vert	Amazonite
—détoner	To detonate	—vitreux	Sanidine
—couler	To drain off	Solution solide de	Feldspar exsolution
—effervescence	To effervesce	feldspath	
—exploser	To fire	Felspathique	Feldspathic, feldspathose
—précipiter	To precipitate	Feldspathisation	Feldspathization
—réagir	To react	Feldspathoïdes	Feldspathoids
—saillie	To stand out	Fêler, se fêler	To crack, to split
—sauter	To blast, to shoot	Felsite	Felsite
—sécher	To dry	Fendillement	Cracking, fissuring
Faîte	Crest, top	Fendiller(se)	To fissure, to crack
Ligne de faîte	Crest line	Fendre, se fendre	To split, to slit, to fis-
Falaise	Cliff		sure, to crack, to
—de glace	Ice cliff		cleave
—littorale	Shore cliff	Fendue	Day drift, day level
—marine	Sea cliff	Fenêtre (d'une nappe)	Nappe inlier, geologic
—morte	Abandoned cliff		window
Abrupt de falaise	Cliff wall	Fénite (Pétro.)	Fenite
Microfalaise	Nip	Fénitisation	Fenitization
Falun	Shelly sand, falun	Fente	Fissure, crack, split, slit
Famatinite	Famatinite	—de compression	Compression joint
Famennien (Dévonien	Famennian	—de contraction	Shrinkage crack
supérieur)		—de dessication	Shrinkage crack
Famille (Pal. Pétro.)	Family	—de froid	Ice wedge, frost crack
—de roches éruptives	Family of igneous rocks	—de remplissage	Fissure vein
Fange	Mud	—de retrait	Sun crack, shrinkage
Fangeux	Miry, muddy		crack
Farad (Électr.)	Farad	—en coin (Périgl.)	Ice wedge
Farine de roche	Rock flour	—filonienne	Fissure vein
—fossile	Fossil flour, diatomite	—tectonique	Fault fissure
—glaciaire	Glacial meal	Fer	Iron
—minérale	Powdered ore	—arsenical	Arsenopyrite
Fassaïte	Fassaite	—blanc	Tin, tin plate
Fathogramme	Fathogram	—de lance (gypse)	Arrow-head twin
Fathomètre	Fathometer	—des marais	Swamp ore, bog iron
Fatigue (des matériaux)	Strain, fatigue		ore
Fauchage (des couches)	Bending, curvature	—météorique	Meteoric iron
Faune	Fauna	—natif	Native iron
—appauvrie	Depleted fauna	—oligiste	Hematite
Succession de faunes	Faunal succession	—oolithique	Oolithic iron
Faunistique	Faunal	—pisiforme	Pealike iron
Province faunistique	Faunal province	—spathique	Siderite, iron spar

—spéculaire	Specular hematite	Fibrolite	Fibrolite
—sulfaté	Melanterite	Fiche	File card, log
—sulfuré	Pyrite	Fichier	Card index
—titané	Titanoferrite	Figer (lave), se figer	To solidify, to congeal
Chapeau de fer	Gossan	Figuline (argile)	Figuline (clay)
Ferme (terrain)	Solid, firm	Figure	Figure, diagram
Fermé	Closed	—de charge	Load cast
Dépression fermée	Closed basin	—de corrosion	Etching figure, etching mark
Fermentation	Fermentation		
Fermer	To close, to seal off	—de courant	Ripple mark, rill mark
—un puits	To close in a well	Figurer	To represent
Fermeture	Closure	Filament	Filament
—d'un anticlinal	Anticlinal closure	Filamenteux	Filamentous
—structurale	Structural closure	Filet d'eau	Runnel of water
Ferralitique	Ferralitic	Filet de minerai	Veinlet, stringer, thread
Sol ferralitique	Ferralitic soil	Film (d'eau)	Pellicule
Ferreux	Ferrous, ferreous	—(Géophys.)	Record
Ferricyanure	Ferricyanide	Filon	Ledge, lode, seam, sill, vein
Ferrifère	Ferriferous		
Ferrique	Ferric	—aveugle	Blind lode
Ferrite (Minér.)	Ferrite	—composé	Compound vein
Ferrocalcite	Ferrocalcite	—couche	Intraformational vein, bedded vein, sill
Ferrocobaltite	Ferrocobaltite		
Ferrodolomite	Ferroandolomite	—de minerai	Ore sill
Ferrogabbro	Ferrogabbro	—croiseur	Cross vein, cross lode, cross course
Ferrohypersthène	Ironhypersthene		
Ferromagnésien	Ferromagnesian	—de faille	Slip vein
Minéral ferromagnésien	Mafic mineral	—de ségrégation	Segregated lode
Ferromagnétique	Ferromagnetic	—de substitution	Replacement vein
Ferromagnétisme	Ferromagnetism	—en chapelet	Loaded vein
Ferromanganèse	Ferromanganese	—en échelons	Ladder lode
Ferronatrite	Ferrinatrite	—épithermal	Epithermal lode
Ferrosilite	Ferrosilite	—houiller	Coal seam
Ferrugineux	Ferruginous, ferrugineous	—hypothermal	Hypothermal vein
Cuirasse ferrugineuse	Ferruginous cuirass	—intrusif incliné	Dike, steep vein
Eau ferrugineuse	Ferruginous water	—lenticulaire	Lenticular lode
Sol ferrugineux	Ferrimorphic soil, ferrisol	—mère	Mother lode, main lode
Source ferrugineuse	Ferruginous spring	—mésothermal	Mesothermal lode
A ciment ferrugineux	Ferruginate	—métallifère	Metalliferous lode
Ferruginisation	Ferruginisation	—métasomatique	Metasomatic vein
Fersiallitique	Fersiallitique	—minéral	Mineral vein
Feston (de solifluxion)	Festoon, guirland	—nourricier	Mother lode, feeder
Feu	Fire	—principal	Mother lode, master lode
—de grisou	Fire damp		
—de mine	Pit fire	—ramifié	Branching lode
Pierre à feu	Flint	—secondaire	Dropper
Feuille (de métal)	Sheet, leaf	—stérile	Barren vein
Feuillet de mica	Mica flake	Filtrage (Sism.)	Filtering
—d'argile	Layer	Filtrat (Chimie)	Filtrate
—de schiste	Folium, folia (pl.)	Filtration	Filtration, percolation
Silicate en feuillets	Phyllosilicate	Filtrant	Filtering
Feuilleté	Lamellar, laminated, foliated	Couche filtrante	Filter bed
		Sable filtrant	Filter sand
Roche feuilletée	Foliate rock	Tamis filtrant	Filter sieve, filter screen
Structure feuilletée	Foliation structure	Terre filtrante	Filter clay
Fibre	Fiber, fibre	Filtre	Filter, screen
Fibreux	Fibrous	—à eau	Water filter
Cassure fibreuse	Fibrous fracture	—à poussière	Dust filter

—à sable	Sand filter	Flaque	Puddle, small pool
—à vide	Vacuum filter	Flèche	Spit, bar
—d'onde (Géophys.)	Wave filter	—littorale	Spit
—passe-bande	Pass band filter	—d'amour	Rutilated quartz
—presse (Pétro.)	Filter pressing	—de jonction	Tombolo
Filtrer	To filter, to filtrate, to seep, to screen	Fléchir	To bend, to yield
Fin	1) adj: (petit) small, small-sized, 2) n: (précieux) fine; 3) n: end, ending	Fléchissement	Bending, yielding
		Fleur	Flower, bloom, blossom
		—de cobalt	Cobalt bloom
		—de zinc	Zinc bloom, hydrozincite
Broyage fin	Fine crushing	Fleuret (de mine)	Drill
Grain fin	Fine grained, fine textured	Fleuve	River, stream
		—à marée	Tidal river
Limon fin	Fine loam	—de glace	Glacier
Minerai fin	Fine ore	Flexibilité	Flexibility
Sable fin	Fine sand	Flexible (adj.)	Flexible, bendable
Finement stratifié	Thin bedded	Flexion	Bending, flexion
Fines	Fines, smalls, slack	Flexure	Down bending, uniclinal
Finesse	Fineness	—continentale	Shelf edge
Fiole (Labo.)	Flask	—monoclinale	Monoclinal flexure
Fissile	Cleavable, fissile, fissionable	—répéteé	Link flexure
		Flocon	Flake
		Floconneux	Flocky
Fissilité	Cleavage, splitting, fissility	Floculation	Flocculation, coagulation
		Agent de floculation	Flocculating agent
Fissurale (éruption)	Fissural eruption, fissure eruption	Essai de floculation	Flock test
		Point de floculation	Flock point
Fissuration	Splitting, cracking, fissuration, fissuring	Floculer	To flocculate
		Flore	Flora
Fissure	Crack, fissure, cleft	Floss-ferri	Floss-ferri
—aquifère	Water-bearing fissure	Flot	Flow
—de déssication	Sun crack	Courant de flot	Flow current
—de gel	Frost crack	Delta de flot	Flow delta
—d'extension	Tension fissure	Flottabilité	Floatability, buoyancy
—de retrait	Contraction crack, mud crack, sun crack	Flottable	Floatable
		Flottation	Flotation
—filonienne	Fissure vein	—de minerai	Ore flotation
—métallisée	Fissure vein	—par moussage	Froth flotation
—minéralisée	Fissure vein	Concentré de flottation	Flotation concentrate
Fissuré	Cracked, fissured	Essai de flottation	Flotation test
Fjord	Fjord	Flotter	To float, to buoy up
Flacon laveur	Wash bottle	Fluage	Creep, flow
Flambage	Buckling	Fluctuation	Fluctuation
Flambant (charbon)	Flaming (coal)	Fluctuer	To fluctuate
Flamme	Flame	Fluidal	Fluidal
Essai à la flamme	Flame test	Structure fluidale	Fluidal structure
Injection en flamme	Flame structure	Texture fluidale	Fluidal texture
Flanc	Flank, limb, side	Fluide	Fluid
—d'anticlinal	Anticlinal limb	—boueux	Mud fluid
—de côteau (galerie à)	Adit	—de forage	Drilling fluid
—d'un pli	Limb	—d'étanchéité	Seal fluid
—inférieur d'un pli-couché	Under limb	—mouillant	Wetting fluid
		—obturateur	Seal fluid
—inverse	Reversed limb	Inclusion fluide	Fluid inclusion
—normal	Normal limb	Fluidification	Fluxing
—renversé	Reversed limb	Fluidifier	To fluidify
—supérieur	Roof limb	Fluidité	Fluidity
Flandrien	Flandrian	Fluocérite	Fluocerite

Fluor	Fluorine
Datation au fluor	Fluorine dating
Fluorapatite	Fluorapatite
Fluorescéine	Fluorescein
Fluorescence	Fluorescence, bloom
—aux ultra-violets	Fluorographic method
Fluorescent	Fluorescent
Fluorine, fluorite	Fluor, fluor spar, fluo-rite, calcium fluoride
Fluorure	Fluoride
Flûte (Sism.)	Seismic cable
Fluvial	Fluvial, fluviatile cycle
Cycle fluvial	Fluvial geomorphic
Erosion fluviale	Fluvial river erosion
Fluviatile	Fluviatile
—continental	Fluvio-terrestrial
Dépôts fluviatiles	Fluviatile deposits
Processus fluviatiles	Fluviation
Fluvio-glaciaire	Fluvio-glacial
Fluvio-marin	Fluvio-marine
Fluvio-nival	Fluvio-nival
Fluvio-périglaciaire	Fluvio-periglacial
Flux	Flux, flow
—magnétique	Magnetic flow
—thermique	Heat flow
Fluxion	Fluxion
Flysch	Flysch, sedimentary as-sociation (orogenic)
Focal	Focal
Distance focale (Opt.)	Focal length
Profondeur focale (Sism.)	Focal depth
Foëhn	Föhn
Foisonnement (d'une couche)	Expansion, swelling
Foliacé	Foliaceous, foliate, foli-ated
Foliation	Foliation
Fonçage (de puits)	Shaft sinking
Foncé (minéral)	Dark (mineral), mafic (mineral)
Fond	Bottom, floor, ground
—abyssal	Abyssal depth
—de bateau (pli en)	Syncline
—de carte	Base map
—de puits	Well bottom
—de vallée	Thalweg, valley floor
—marin	Sea floor
—océanique	Oceanic floor, ocean bottom
Bas-fond	Deep, pit
Moraine de fond	Non-stratified till
Fondant	Melting
Glace fondante	Melting ice
Neige fondante	Melting snow
Fonderie	Smeltery, smelting works
Sable de fonderie	Founder's sand
Fondre (des minerais)	To melt down, to smelt, to fuse
Fondrière	Pit, hollow, slough, bog, quagmire
Fondu	Fused, melted, molten, smelted
Fontaine	Spring, pool
—ardente	Fire well
—de laves	Lava fountain
Fontainebleau (sables et grès)	Fontainebleau (sands and sandstones, Middle Oligocene)
Fonte (état de fusion)	Fusing, thawing, melt-ing, smelting
—(métal)	Cast iron, pig iron
—au coke	Coke pig iron
—des neiges	Snowmelt
—nivale	Snowmelt
Fontis	Swallow hole, roof col-lapsing, subsidence of surface
Forabilité	Drillability
Forable	Drillable
Forage	Bore hole, boring, drill, drill hole, drilling well
—à l'eau	Wet drilling
—au diamant	Diamond drilling
—à grand diamètre	Big hole
—à injection	Wash boring
—à percussion	Percussion drilling
—d'exploitation	Exploitation drilling
—d'exploration	Exploratory drilling
—de reconnaissance	Wildcat well
—dévié	Deflected well
—en éventail	Fan drilling
—par battage	Cable drilling
—par percussion	Percussion drilling
—par rotation	Rotary drilling
—percutant	Percussion drilling
—sismique	Shot hole drilling
—sous-marin	Offshore drilling
—thermique	Fusion piercing
Tige de forage	Drill rod
Trou de forage	Drill hole
Foramen	Foramen
Foraminifères	Foraminifera
—arénacés	Arenaceous foraminifera
—benthiques	Benthonic foraminifera
—imperforés	Aporous foraminifera
—perforés	Perforated foraminifera
—planctoniques	Planktonic foraminifera
A foraminifères	Foraminiferous
Boue à foraminifères	Foraminiferal ooze
Foration	Drilling
Force	Force, power, stress
—d'attraction de la pe-santeur	Gravity attraction
—de cisaillement	Shearing force

—de compression	Compression stress
—de gravité	Gravity force
—de rupture	Breaking stress
—de tension	Tensile stress
—hydraulique	Hydraulic power
—magnétique	Magnetic force
Forer	To drill, to bore
—par battage au câble	To spud
Forestier (adj.)	Forested
Sol forestier	Forest soil
Foret	Bit, drill
—au diamant	Diamond bit
—hélicoïdal	Twist drill
Foreur (technicien)	Drill man, driller, borer
Foreuse (machine)	Drill, drilling machine
—carottier	Core drill
—diamantée	Diamond bit
—pneumatique sur chenilles	Air-track drill
Forge	Smithery, forge
Forger	To forge, to smith
Forgeron	Blacksmith, smith
Forgeur	Forgeman
Formation (couche) (résultat d'action)	Formation, bed formation
—aquifère	Water bearing bed
—caractéristique	Guide formation
—de brèches	Brecciation
—de failles	Faulting
—faillée	Faulted bed
—marine	Marine bed
—métallifère	Ore-bearing formation
—non consolidée	Unconsolidated formation
—pétrolifère	Oil producing formation
—poreuse	Thief formation
—récifale	Reef
—salifère	Saline formation
—sédimentaire	Sedimentary bed
—superficielle	Superficial deposits
Carte de formation	Formation map
Forme	Form, shape
—cristalline	Crystal form
—d'érosion	Erosional form
—du paysage	Land form
En forme de	Shaped
En forme de colonne	Columnar shaped
Formé	Formed, shaped
Formule	Formula
Forstérite	Forsterite
Fort pendage	Steep dipping
Forte pente	Steep slope
—teneur	High grade
Fosse	Hole, pit
—à boue (forage)	Mud pit
—d'effondrement	Graben, rift valley, taphrogenic trough
—d'effondrement remblayé	Back-filled trough, sedimented graben
—géosynclinale	Geosyncline
—océanique	Trench, deep
—sédimentaire	Basin
—tectonique	Graben, fault trough
—topographique	Depression, hollow
Avant-fosse	Fore deep, foredeep
Fossé	Ditch, drain, trench, drain
—de drainage	Drain
—médian d'une dorsale	Median rift
—tectonique	Rift, fault trough
Creuser des fossés	To ditch
Fossile	1) adj: fossil, 2) n: fossil
—caractéristique	Guide fossil, index fossil
—de faciès	Facies fossil
—de zone	Zone fossil
—remanié	Reworked fossil, derived fossil
—roulé	Water-worn fossil
—stratigraphique	Guide fossil, index fossil
Bon fossile	Index fossil
Faune fossile	Fossil fauna
Flore fossile	Fossil flora
Fossilifère	Fossiliferous, fossil bearing
Fossilisation	Fossilization
Fossiliser, se fossiliser	To fossilize, to fossilify, to fossililate
Fossilisateur (processus)	Fossilizing (process)
Foudre	Lightning
Foudroiement	Block caving
Foudroyage	Caving
Foudroyer	To cave in
Fouille	Digging, excavation
—à ciel ouvert	Open pit
Faire des fouilles	To excavate
Fouiller	To excavate, to dig
Fougère	Fern
Foulon (terre à)	Fuller's earth
Four	Furnace, oven
—à calciner	Calcining furnace
—à chaux	Lime kiln
—à pyrite	Pyrite oven
—de grillage	Roasting furnace
Fowlérite	Fowlerite
Foyer	Furnace, hearth
—d'une lentille optique	Focus
—d'un séisme	Focus
—magmatique	Magmatic hearth
Foyaïte (Pétro.)	Foyaite
Fraction	Fraction
—légère	Light fraction
—lourde	Heavy fraction
—minérale	Mineral fraction
Fractionné (sédiment)	Divided
Analyse fractionnée	Fractional analysis
Cristallisation fractionnée	Fractional crystallization

Fractionnement (du pé-   Fractionating, fractiona-
  trole brut)   tion
Colonne de fractionne-   Fractionating column,
  ment   fractionator
Fractionner (un produit   To fractionate
  pétrolier)
Fracturation (d'une   Formation fracturing
  couche)
—hydraulique   Hydrofracturing
—par le froid   Frost breaking, frost
                                splitting
Fracture   Fracture
—conchoïdale   Conchoidal fracture
Plan de fracture   Fracture plane
Porosité de fracture   Fracture porosity
Fracturer   To fracture, to split, to
                                break
Fragile   Brittle
Fragipan (Pédol.)   Fragipan
Fragment   Chip, fragment
Fragmentation   Fragmentation
Fragmenter   To divide into fragments
Frais (d'exploitation   Operating costs, running
  d'un gisement)   costs
Fraisil   Coal cinders, frazil
Frangeant (récif)   Fringing (reef)
Franklinite   Franklinite
Freibergite   Freibergite
Fréquence   Frequency
—gel-dégel   Freeze-thaw
—de mise à feu   Rate of firing
—de vibration   Vibrational frequency
Bande de fréquence   Frequency band
Courbe de fréquence   Frequency curve
Friabilité   Friability, grindability
Friable   Friable, crumbly
Friche   Fallow land
Friedélite   Friedelite
Froid   1) adj: cold; 2) n: cold
Action du froid (en des-   Frost weathering, frost
  sous de 0°C)   action

Fentes de froid (Périgl.)   Ice wedge
Fissuration par le froid   Frost splitting
  (gel)
Froncement (d'une   Puckering
  couche)
Fronde (Ptéridophytes)   Frond
Front   Front, face
—d'avancement de   Heading face
  chantier
—de charriage   Thrust front
—de cuesta   Scarp face
—de nappe (de char-   Brow
  riage)
—de plage   Shore face
—de taille   Face, mine face,
                                working face
Frontale (moraine)   Frontal (moraine)
Frottement   Friction
Frustule (de diatomée)   Frustule
Fuel   Fuel oil
Fuite   Leak, escape,
                                leakage, loss,
                                spill
—de gaz   Gas leak
Fulgurite   Fulgurite
Fuligineux   Fuliginous, sooty
Fumerolle   Fumarole
Fumerollien   Fumarolic
Funiculaire (eau)   Funicular (water)
Fusain   Charcoal, fusain
Fusibilité   Fusibility, fusibleness
Échelle de fusibilité   Fusibility scale
Fusible (adj.)   Fusible
Fusiforme   Fusiform
Fusion   Fusion, melting,
                                smelting
Courbe de fusion   Fusion curve
Température de fusion   Fusing point
Fusuline   Fusulina
Fusulinidés   Fusulinids

G

Gabbro	Gabbro	Ganoïde (Pal.)	Ganoid
—basique	Alkali gabbro	Gargasien	Gargasian
Gabbroïde	Gabbroid	Garniérite	Garnierite
Gabbroïque	Gabbroic	Gaspillage	Wasting
Gâcher	To mix mortar	—de gisement	Gophering, robbing
Gadolinite	Gadolinite	Gassi (inter-dunaire)	Passage-way
Gahnite	Gahnite, zinc spinel	Gastéropode	Gastropod
Gaillettes	Lump coal	Gastrolithe	Gastrolith
Gaine	Gangue, matrix	Gauchir (se)	To warp, to bend
Gaize	Gaize	Gauchissement (d'une	Warping, buckling, wrin-
Galaxie	Galaxy	courbe)	kling
Galène	Galene, galenite, lead	Gaufrage	Corrugation
	glance, lead sulphide	Gault	Gault
Galénobismuthite	Galenobismuthite	Gauss (courbe de)	Gaussian curve
Galerie	Gallery, drift, gangway	Gaussienne (répartition)	Gaussian distribution
—à flanc de coteau	Adit	Gave (Pyrénées)	Torrent
—au rocher	Stone drift	Gaz	Gas
—costresse	Countergangway	—brut	Raw gas
—d'accès	Adit	—captif	Entrapped gas
—d'avancement	Drift stope	—carbonique	Carbon dioxide
—de drainage	Drainway water gallery	—combustible	Fuel gas
—de fond	Deep level, bottom level	—de grisou	Stink (damp)
—de mine	Drift	—de cokerie	Oven gas
—de recherche	Exploratory drift	—de craquage	Cracked gas
—de retour d'air	Airway return	—de houille	Coal gas
—de roulage	Haulage	—de pétrole	Oil gas
—en direction	Drift	—de raffinerie	Refinery gas
—en impasse	Blind drift	—des marais	Fire damp, marsh gas
—principale	Main gangway	—emprisonné	Entrapped gas
—transversale	Cross gangway, cross	—liquéfié	Liquefied gas
	heading	—naturel	Natural gas
Galet	Pebble	—naturel corrosif	Sour gas
—à facettes	Facetted pebble	(acide)	
—arrondi	Rounded pebble	—naturel non désulfuré	Sour gas
—émoussé	Worn pebble	—occlus	Entrapped gas
—éolisé	Wind-worn pebble	—pauvre	Lean gas, poor gas, dry
—façonné par le vent	Wind facetted pebble		gas
—mou	Clay gall, mud ball	—riche	Rich gas, wet gas
—strié	Striated ball	—sec	Dry gas
Gallon	Gallon (U.S.)	—volcanique	Volcanic gas
	= 3,785,41 l	Champ de gaz naturel	Gas field
Galvanique	Galvanic	Chapeau de gaz	Gas-cap
Galvanomètre	Galvanometer	Coke à gaz	Gas-coke
Gamma	Gamma	Conduite de gaz	Gas line
Diagraphie gamma-gamma	Gamma-gamma log	Drainage par gaz	Gas drive
		Éruption de gaz	Gas blow-out
Méthode de diagraphie	Gamma ray well logging	Gisement de gaz	Gas pool
par les rayons		Injection de gaz	Gas injection
gamma		Proportion gaz-huile	Gas-oil ratio (G.O.R.)
Gamme de fréquence	Frequency range	Puits de gaz	Gas well
Gangue	Gangue, matrix, enclos-	Stockage de gaz	Gas storage
	ing matrix	Gazéifère	Gas bearing
Ganister (Pétro.)	Ganister	Horizon gazéifère	Gas horizon

Roche gazéifère	Gas rock	**Géliturbation**	Cryoturbation, geliturbation (rare)
Gazéification	Gasification, gasifying	**Géliturbé**	Frost-stirred, contorted
Gazéifier	To gasify	**Gélivation**	Frost-breaking, frost-disruption, frost weathering, frost-thaw action, gelivation
Gaseux	Gaseous, gassy		
Hydrocarbure gazeux	Gaseous hydrocarbon		
Inclusion gazeuse	Gaseous inclusion		
Gazoduc	Gas (pipe) line		
Géant (marmite de)	Pot-hole	**Gélivé**	Frost-shattered
Géanticlinal	Geanticline	**Gemme**	Gem, gemstone
Gédinnien (Dévonien inférieur)	Gedinnian	**Mine de gemmes**	Gem mine
		Sel gemme	Rock salt, halite
Gédrite	Gedrite	**Taille de gemmes**	Gem cutting
Geiger (compteur)	Geiger (counter)	**Gemmé**	Gemmed, gemmy
Gel (action du froid) (colloïde)	Frost, freezing gel	**Gemmifère**	Gemmiferous
		Génal (Pal.)	Genal
—discontinu	Freeze-thaw	**"Gendarme"**	Rock pinnacle
—de silice	Silice gel	**Génération (Pal.)**	Generation
Action du gel	Frost action, frost weathering	**Générique (nom)**	Generic (name)
		Genèse	Genesis
Action du gel et du dégel	Freeze and thaw action	**Génétique**	1) adj: genetic; 2) n: genetics
Fentes de gel	Ice wedge	**Génie civil**	Civil engineering
Fissuration par le gel	Frost splitting, frost breaking	**Génitale (plaque)**	Genital (plate)
		Génotype	Genotype
Polygones de gel	Earth rings, tundra polygons	**Genou (mâcle en)**	Geniculating twin
		Genre (Pal.)	Genus
Poussée de gel	Ice thrust, ice push	**Géobios**	Geobios
Gélatineux	Gelatinous	**Géocentrique**	Geocentric
Gelée	Frost	**Géochimie**	Geochemistry
—blanche	Hoar frost	**Géochimique**	Geochemical
Forte gelée	Hard frost	**Prospection géochimique**	Geochemical prospecting
Geler, se geler	To freeze		
Gélicontraction	Frost shrinkage, gelicontraction (rare)	**Géochronologie**	Geochronology
		—isotopique	Isotopic geochronology
Gélidéflation	Ablation of frozen ground, gelideflation (rare)	**Géochronologique**	Geochronologic
		Stratigraphie géochronologique	Geochronologic sequence
Gélidisjonction	Frost-shattering	**Unité géochronologique**	Geochronologic unit
Gélif	Easily cracked by frost	**Géocryologie**	Geocryology
Gélification	Gelation, gel-formation	**Géode**	Druse, geode, vough, voog
Gélifier (se)	To gel, coagulate		
Gélifluxion	Periglacial solifluction, gelifluction (rare)	**Géodépression**	Graben
		Géodésie	Geodesy, geodetics
Gélifract	Frost fractured chip, gelifract	**Géodésique**	Geodesic, geodetic
		Géodésiste	Geodesist
Gélifracté	Frost-fractured, shattered, gelifracted (rare)	**Géodique**	Concretionary; with geodes, geodal, geodic
Gélifraction	Frost breaking, gelifraction	**Géodynamique**	1) adj: geodynamic; 2) n: geodynamics
Géliplaine	Periglacial plain, geliplain (rare)	**Géogenèse**	Geogenesis (rare)
		Géognostique	Geognostic
Géliplanation	Cryoplanation, geliplanation	**Géognosie**	Geognosy (rare)
		Géographe	Geographer
		Géographie	Geography
Gélisol	Frozen ground, permafrost, gelisol	**Géographie physique**	Physical geography, physiography, geomorphology
Gélisol temporaire	Seasonally frozen ground		
Gélisolation	Gelisolation	**Géographique**	Geographic(al)

Coordonnées géographiques	Geographic coordinates
Longitude géographique	Geographic longitude
Géographiquement	Geographically, in geographic manner
Géohydrologie	Geohydrology
Géoïde	Geoid
Géologie	Geology
—appliquée	Applied geology
—du pétrole	Petroleum geology
—de surface	Surface geology
—de terrain	Field geology
—dynamique	Dynamic geology
—générale	General geology
—historique	Historic(al) geology
—minière	Mining geology
—stratigraphique	Stratigraphic geology
—structurale	Structural geology
Géologique	Geologic(al)
Cadre géologique	Geologic setting
Carte géologique	Geologic map
Colonne géologique	Geologic column
Coupe géologique	Geologic section
Phénomène géologique	Geologic event
Thermomètre géologique	Geologic thermometer
Géologiquement	Geologically
Géologue	Geologist
—conseil	Consulting geologist
—pétrolier	Petroleum geologist
Boussole de géologue	Geologist's compass
Marteau de géologue	Geologist's hammer
Géomagnétique	Geomagnetic
Inversion géomagnétique	Geomagnetic reversal
Géomagnétisme	Geomagnetism
Géomètre	Geometer, surveyor
Géométrie	Geometry
Géométrique	Geometric(al)
Géomorphologie	Geomorphology, physiography (rare), physical geography
—périglaciaire	Periglacial geomorphology
Géomorphologique	Geomorphologic(al)
Cycle géomorphologique	Geomorphologic cycle
Géophone	Geophone
Géophysicien	Geophysicist
Géophysique	1) adj: geophysic(al); 2) n: geophysics
Diagraphie géophysique	Geophysic log
Prospection géophysique	Geophysic survey, geophysic prospecting
Relèvement géophysique	Geophysic surveying
Géorgien	Georgian
Géostatique (adj.)	Geostatic
Géosynclinal	1) adj: geosynclinal; 2) n: geosyncline, sedimentary trough, oceanic trench, geotectocline (rare)
Autogéosynclinal	Sedimentary trough, basin
Eugéosynclinal	Eugeosyncline, eugeocline
Leptogéosynclinal	Leptogeosyncline
Miogéosynclinal	Miogeosyncline, miogeocline
Monogéosynclinal	Monogeosyncline
Paragéosynclinal	Marginal, para-geosyncline
Paraliagéosynclinal	Marginal basin, paraliageosyncline
Polygéosynclinal	Polygeosyncline
Taphrogéosynclinal	Taphrogeosyncline, rift basin, trough
Zeugogéosynclinal	Zeugogeosyncline, yoked basin, trough
Géotechnique (n.)	Soil engineering
Géotectonique	Geotectonic
Géothermie	Geothermy
Géothermique	Geothermal, geothermic
Degré géothermique	Geothermal degree
Diagramme géothermique	Geothermal log
Énergie géothermique	Geothermal energy log
Gradient géothermique	Geothermal gradient
Géothermomètre	Geothermometer
Gerbe (structure en)	Sheef-like structure
Germanite	Germanite
Germanium	Germanium
Germe cristallin	Crystal nucleus
Gersdorffite	Gersdorffite
Geyser	Geyser
Conduit de geyser	Geyser pipe
Geysérien	Geyseric
Geysérite	Geyserite
Gibbsite	Gibbsite
Giboulée	Shower
Gicler (liquide)	To spout, to spatter
Gieseckite	Gieseckite
Gigantolite (Minér.)	Gigantolite
Gigantostracés	Gigantostraca
Gilsonite	Gilsonite, mineral rubber
Giobertite (Minér.)	Giobertite
Girasol	Girasol
Gisement	Deposit, field, outcrop
—alluvial	Placer
—alluvionnaire d'or	Gold diggings
—d'imprégnation	Impregnation deposit
—disséminé	Disseminated deposit
—de charbon	Coal field, coal measure
—de fer	Iron ore deposit
—de gaz	Gas pool
—de pétrole	Oil accumulation
—en filons, filonien	Lode deposit
—métallifère	Ore deposit

—minéralisé — Ore deposit
—minier — Mining deposit
—productif — Productive deposit
—stratifié — Bedded deposit, stratified deposit
—synclinal — Trough vein
Gismondite — Gismondite
Gite — Deposit
—de contact — Contact deposit
—d'émanation — Sublimation vein
—d'exsudation — Exsudation deposit
—de substitution — Replacement deposit
—de surface — Surface deposit
—filonien — Lode deposit
—leptothermal — Leptothermal deposit
—métallifère — Ore deposit
—périmagmatique — Perimagmatic deposit
—stratifié — Stratified deposit
Givétien — Givetian
Givre — Hoar frost
Givré — Frosty
Glabelle — Glabelle
Glace — Ice
—bulleuse — Bully ice
—dans le sol — Ground ice
—de banquise — Pack ice
—de glacier — Glacier or glacial ice
—enfouie — Buried ice
—flottante — Floe or drift ice
—fondante — Melting ice
—fossile — Fossil ice
—littorale — Shore ice
—morte — Dead ice
Aiguille de glace — Ice needle
Butte de glace — Pingo
Champ de glace — Ice field
Coin de glace — Ice wedge
Couche de glace — Ice layer
Filon de glace — Ice vein, ice sill
Lentille de glace — Ice lens
Pied de glace — Ice foot
Glacé (par le gel) — Iced, icy, cold, frozen
—(luisant) — Shiny
Glacer — To freeze, to ice
Glaciaire — Glacial
Abrasion glaciaire — Glacial scouring
Aiguille glaciaire — Glacial horn
Auge glaciaire — Glacial trough
Avance glaciaire — Glacial advance
Calotte glaciaire — Ice-sheet, ice-cap
Cannelure glaciaire — Glacial groove
Cirque glaciaire — Glacial cirque
Crevasse glaciaire — Glacier crevasse
Débâcle glaciaire — Glacier outburst
Dépôt glaciaire — Glacial deposit
Écoulement glaciaire — Glacial flow
Érosion glaciaire — Glacial abrasion, glacial scouring

Exutoire glaciaire — Glacier outlet
Fusion glaciaire — Downwasting, glacial wastage
Fluvio-glaciaire — Glacio-fluvial
Lac glaciaire — Glacial lake
Langue glaciaire — Glacier tongue
Lobe glaciaire — Glacial lobe
Marmite glaciaire — Glacial pot-hole
Moulin glaciaire — Glacier moulin
Moraine glaciaire — Glacial drift
Périglaciaire — Periglacial
Période glaciaire — Ice age, glacial period
Phase glaciaire — Glacial stage
Poli glaciaire — Glacial polish
Proglaciaire — Proglacial
Plaine proglaciaire — Outwash plain
Rabotage glaciaire — Glacial planing, glacial plucking
Recul glaciaire — Glacial retreat
Régression glaciaire — Glacial recession
Striage glaciaire — Glacial scratching
Strie glaciaire — Glacial scratch
Table glaciaire — Glacier table
Terrasse glaciaire — Glacial terrace
Vallée glaciaire — Glacial carved valley, glacial canyon
Vallée glaciaire en gradins — Glacial stairway
Glacialisme — Glacialism
Glaciation — Glaciation, ice flood, glacierization (G.B.)
Limite de glaciation — Glaciation limit
Glaciel — Owing to floating ice
Glacier — Glacier
—alpin — Alpine glacier
—composé — Composite glacier
—de cirque — Cirque glacier
—d'entremont — Intermont glacier
—de névé — Neve glacier
—de piémont — Piedmont glacier
—de plateau — Plateau glacier
—de vallée — Valley glacier
—polaire — Polar glacier
—régénéré — Recemented glacier
—rocheux — Rock glacier
—suspendu — Hanging glacier, glacieret
—tempéré — Temperate glacier
—transfluent — Transsection glacier
Front de glacier — Glacier face
Lait de glacier — Glacier milk
Moulin de glacier — Glacier shaft, glacier moulin
Glacière (naturelle) — Ice pit
Glacio-eustatique (oscillation) — Glacio-eustatic fluctuation
Glacioisostasie — Glacioisostasy
Glaciolacustre — Glaciolacustrine
Glaciologie — Glaciology

Glaciologue	Glaciologist
Glacis	Glacis
—de piémont	Piedmont slope
—désertique	Pediment, desert pediment
Glacitectonique	Glacier ice thrust
Glaçon	Drift ice, icicle, small floe, ice cake
Glaisage	Claying
Glaise	Clay, loam, loam clay
Glaises vertes	Sannoisian marls (Paris Basin)
Fausses glaises	Upper part of Landenian clay (Paris Basin)
Glaiser	To puddle
Glaiseux	Clayey, loamy, clayish
Glasérite	Glaserite
Glaisière	Clay pit
Glauber (sel de)	Mirabilite
Glaubérite	Glauberite
Glaucodote	Glaucodot
Glauconie	Glauconite, green earth
Glauconieux	Glauconitic
Sable glauconieux	Glauconitic sand
Glauconifère	Glauconiferous
Glaucophane	Glaucophane
Schiste à glaucophane	Glaucophane schiste
Glaucopnanite	Glaucophane schist
Glèbe	Glebe, land
Gley	Gley
Gley argileux	Clayed gley
Pseudogley	Gley like soil
Sol à gley	Gley soil
Sol forestier à gley	Gleyed forest soil
Gleyification	Gleying process
Gleyifié	Gleyed
Gleyiforme	Gley-like
Glissement	Slip, slipping, gliding
—boueux	Mud slide
—de roches	Rock slide
—de solifluction	Solifluxion
—de terrain	Landslide, landslip, earth flow
—sous-aquatique	Subaqueous slide
—superficiel de sol	Creeping, creep
Plan de glissement (Cristallo.)	Gliding plane
Glisser	To slip, to slump
Glisser par solifluxion	To flow, to creep
Global	Global
Tectonique globale	Global tectonics
Globe terrestre	Earth globe
Globigérine	Globigerine
Boue à globigérines	Globigerine ooze
Globulaire	Spherulitic
Gloméro-blastique (structure)	Structure glomeroblastic
Gloméroporphyrique	Glomerophyric, glomeroporphyritic
Glossaire	Glossary
Gluant	Sticky
Glycérine	Glycerin, glycerol
Glyptogenèse	Glyptogenesis, mechanical weathering or erosion
Gnathostomes (Pal.)	Gnathostoma
Gneiss	Gneiss
—d'injection	Composite gneiss
—du socle	High grade gneiss, fundamental gneiss
—en feuillets	Foliated gneiss, leaf gneiss
—lité	Banded gneiss
—oeillé	Lenticular banded gneiss
Orthogneiss	Orthogneiss
Paragneiss	Paragneiss
Gneissique	Gneissic, gneissose, gneissoid
Structure gneissique	Gneissic structure
Gneissosité	Gneissosity
Godet (de drague)	Bucket
Chaîne à godets	Skip hoist
Élèvateur à godets	Skip joist
Goethite	Goethite
Golfe	Gulf, bay
—de corrosion	Etching pit
Gondolé (terrain)	Warped
Gondolement	Buckling, warping
Gonflement	Swelling up
—du mur (Mine)	Heave
Gonfler	To bulge, to inflate, to swell
Gondwana (continent de)	Gondwanaland
Goniatite (Pal.)	Goniatite
Goniomètre	Goniometer
Gonothèque (Pal.)	Gonotheca
Gore	Clay parting
—blanc	White clay (coal measures)
Gorge (de rivière)	Gorge, pass, defile, gullet, gully, gulch, canyon
Goslarite	Goslarite, white copperas
Gothlandien	Gothlandian
Goudron	Tar
—bitumineux	Bituminous tar
—de houille	Coal tar
—de pétrole	Oil tar
—minéral	Mineral tar
Goudronneux	Tarry
Gouffre (karst)	Abyss, chasm, pit, sinkhole, cave, cave-in (collapse)
Gouge (coup de, Glaciol.)	Jumping gouge

Goule	Swallow-hole		boniferous limestone
Goulet	Gully, bottle-neck, narrow gorge	Granitique	Granitic
		Aplite granitique	Granitic aplite
Goutte de pluie	Raindrop	Arène granitique	Granitic sand
Gouttelette	Droplet	Arkose granitique	Granite wash
Gouttière fluvio-glaciaire	Marginal channel	Greisen granitique	Granitic greisen
Graben	Graben, fault trough, rift (valley)	Pegmatite granitique	Granitic pegmatite
		Granitisation	Granitization, granitification
Gradient	Gradient		
—de gravité	Gravity gradient	Granitoïde	Granitoid
—de pression	Pressure gradient	Granoblastique	Granoblastic
—de température	Temperature gradient	Texture granoblastique	Granoblastic texture
—géothermique	Geothermal gradient	Grano-classement	Graded bedding
—hydraulique	Hydraulic gradient	Grano-diorite	Granodiorite
Gradin	Step, scarp, rock step	Granophyre	Granophyre
—avec triage (Périgl.)	Sorted step	Granophyrique	Granophyric, graniphyric, graphophyric
—de confluence glaciaire	Confluence step		
		Granulaire	Granular
—de faille	Fault step, fault scarp	Désagrégation granulaire	Granular disintegration
—de plage	Beach terrace		
—droit (Mine)	Underhand stope	Granularité	Granularity
—renversé (Mine)	Overhand stope	Granule	Granule
—sans triage	Non-sorted step	Granuleux	Granulose, granulous, granulated
En gradins	Stepped		
Gradiomètre	Gradiometer	Granulite	1) granulite (metamorphic rock); 2) muscovite granite (obsolete)
Graduation	Graduating, graduation		
Gradué	Calibrated, graduated		
Graduel	Gradual		
Graduer	To calibrate, to graduate	Faciès à granulite	Granulite facies
Grahamite	Grahamite	Granulitique	Granulitic
Grain	Grain	Structure granulitique	Granulitic structure
—fin	Fine grain	Granulométrie	Granulometry, grain-size distribution
—grossier	Coarse grain		
A grain inégal	Unequigranular	—fine (du sol)	Fine texture
A gros grain	Coarse grained	—grossière (du sol)	Coarse texture
Graine (du globe terrestre)	Inner core	Granulométrique	Granulometric
		Analyse granulométrique	Granulometric analysis, mechanic(al) analysis
Grammatite	Grammatite (var. of Tremolite)		
		Composition granulométrique	Granulometric composition
Gramme	Gram, gramme		
Grand	Large, great	Courbe granulométrique	Granulometric curve
Grande calorie	Great calorie	Granulosité	Coarseness of grain
Grande échelle	Large scale	Graphique	1) adj: graphic; 2) n: diagram, graph
Grande oolithe	Bathonian "great oolite"		
Granite	Granite	Microgranite à texture graphique	Granophyre
—à augite	Augite granite		
—à biotite	Normal granite	Pegmatite graphique	Graphic granite
—à aegyrine	Aegirine granite	Structure graphique	Graphic structure
—à deux micas	Binary granite	Texture graphique	Graphic intergrowth
—alcalin	Alkali granite	Graphite	Graphite, black lead
—à hornblende	Hornblende granite	—filonien	Vein graphite
—à muscovite	Muscovite granite	—naturel	Naturel graphite
—à riebeckite	Riebeckite granite	Graphiteux	Graphitic
—gneissique	Gneissoid granite	Graphitique	Graphitic
—graphique	Graphic granite	Graphitisation	Graphitization
—orbiculaire	Orbicular granite	Graptolite	Graptolite
—plutonique	Plutonic granite	Schistes à graptolites	Graptolite shale
"Petit granite"	Crystalline crinoïdal car-	Graptolithidés	Graptolithina

Gras (éclat)	Greasy
Grasse (houille)	Bituminous coal
Grattage (de terrains)	Scraping
Gratter	To scrap, to scratch
Grau (passe dans un cordon littoral)	Inlet
Grauwacke	Graywacke (detritic rock)
Gravé (Préhist.)	Carved
Graveleux	Gravelly
Gravelle	Gravel
Graveluche (Champagne)	Fine periglacial chalk scree
Gravette	Fine gravel
Gravier	Gravel, gravel stone
—alluvial	Alluvial gravel, river gravel
—aurifère	Wash gravel, gravel mine
—marin	Beach gravel, marine gravel
Carrière de graviers	Gravel pit
Gravière	Gravel pit
Gravillon	Fine gravel
Gravillonneux	Gritter
Gravimètre	Gravimeter
—astatisé	Astatic gravimeter
Gravimétrie	Gravimetry
Gravimétrique	Gravimetric(al)
Anomalie gravimétrique	Gravity anomaly
Balance gravimétrique	Gravity balance
Carte gravimétrique	Gravity map
Levé gravimétrique	Gravity survey
Gravir	To climb, to ascend
Gravitation	Gravitation
Constante de gravitation	Gravitational constant
Gravitationnel	Gravitational
Gravité	Gravity
Centre de gravité	Gravity center
Circulation par gravité	Gravitational flow
Éboulis de gravité	Gravity scree
Graviter	To gravitate
Greenockite	Greenockite
Greisen	Greisen
Greisénisation	Greisening
Grêle	Hail
Grêlon	Hail stone
Grenatifère	Garnetiferous
Amphibolite grenatifère	Garnetiferous amphibolite
Roche grenatifère	Garnet rock
Schiste grenatifère	Garnetiferous schist
Grenat	Garnet
—almandite	Almandite garnet
—alumino-calcique	Calcium-aluminum garnet
—alumino-magnésien	Magnesium-aluminum garnet
—andradite	Andradite garnet
—chromifère	Chromium garnet
—de Bohême	Pyrope garnet
—grossularite	Grossular garnet, grossularite, gooseberry stone
—magnésien	Magnesian garnet
—pyrope	Pyrope garnet
—spessartite	Spessartite garnet
Grenatite	Garnet plagioclase gneiss
Grès	Sandstone
—à ciment argileux	Argillaceous cemented sandstone
—à ciment calcaire	Calcareous cemented sandstone
—à ciment d'anhydrite	Anhydritic cemented sandstone
—à ciment dolomitique	Dolomitic cemented sandstone
—à ciment d'opale	Opal cemented sandstone
—à ciment ferrugineux	Ferrugineous sandstone
—à ciment siliceux	Siliceous cemented sandstone
—argilleux	Argillaceous sandstone
—arkosique	Arkosic sandstone
—armoricain	Ordovician sandstone of Brittany
—bitumineux	Bituminous sandstone
—bigarré	1) variegated sandstone; 2) Bundsandstein (Trias)
—calcaire	Calcareous sandstone
—coquiller	Shelly sandstone
—de plage	Beach sandstone, beach rock
—dolomitique	Dolomitic sandstone
—feldspathique	Feldspathic sandstone
—ferrugineux	Ferruginous sandstone
—fin	Fine-grained sandstone
—glauconieux	Glauconitic sandstone
—grossier	Coarse sandstone, grit
—lumachellique	Coquina sandstone, shelly sandstone
—marneux	Marly sandstone
—phosphaté	Phosphatic sandstone
—psammite	Psammitic sandstone
—quartzeux	Quartzose sandstone
—quartzite	Quartzite sandstone
—vosgien	Lower Triassic sandstone
Vieux grès rouge	Old Red Sandstone
Grenu	Granular
Roche grenue	Grained rock
Structure grenue	Granular structure
Texture grenue	Granular texture
Gréseux	Sandstone-like, gritty
Grésière	Sandstone quarry
Grésil	Soft hail
Grève crayeuse	Chalk scree
Grève de galets	Shingle beach
Grève littorale	Beach, shore

Grève périglaciaire	Periglacial chalk scree
Grèze litée (périglac.)	Colluvium, bedded rock-fragments, bedded periglacial scree, talus (with frost chips)
Grillage (de minerai)	Roasting, calcination, calcinating
Grillé (minerai)	Roasted, calcined
Griller	To calcine, to roast
Grimper	To climb up
Grisou	Fire damp, pit gas
Grisoumètre	Fire damp detector
Grisoumétrie	Science of fire damp
Grisouteux	Fiery, gassy, gaseous
Groise, grouine	See grèze
Gros	Coarse, big
—grain	Coarse grain
—mer	Heavy sea
Grossi (au microscope)	Enlarged, magnified
Grossier	Coarse
Grain grossier	Coarse grain
Granulométrie grossière	Coarse granulometry
Grossissement (Opt.)	Enlargement, magnification
Grossulaire (grenat)	Grossularite
Grossularite	Grossularite, grossular garnet, gooseberry stone
Grotte	Cave, grotto
—préhistorique	Prehistoric cave
Grouine	Gelifluxion deposit at the foot of cuestas (Lor-
	raine)
Groupe (Pal.)	Group
Grue	Crane
Grumeau	Crumb
Grumeleux	Grumous, clotty, crumby
Sol grumeleux	Grumous soil
Grünérite	Grunerite
Guano	Guano
Gué	Ford, shoal
Guidon (Mine)	Marker
Guirlande (de soliflux-ion)	(Solifluction) guirland
Gummite	Gummite
Günz (glaciation)	Gunz (glaciation)
Guttenberg (discontinuité de)	Guttenberg discontinuity
Guyot	Sea-mount, guyot
Gymnospermes	Gymnosperms
Gypse	Gypsum, plaster rock
—fer de lance	Swallow-tail twinned gypsum
—saccharoïde	Sugary grained gypsum
Carrière de gypse	Gypsum quarry
Lame de gypse (teinte sensible)	Gypsum plate
Gypseux	Gypseous
Croûte gypseuse	Gypseous crust
Roche gypseuse	Gypseous rock
Gypsifère	Gypsiferous, gypsum bearing
Argile gypsifère	Gypsiferous clay
Gypsite	Gypsite

H

Habitus (Minér.)	Habit, habitus
Hachure	Hachure, hatching
Halde	Dump, dump heap, waste dump, waste heap
—de minerai	Ore dump
Halite	Halite, rock salt
Halloysite	Halloysite
Halmyrolyse (Sédim.)	Halmyrolysis
Halo	Halo
Halogène	1) adj: halogenous; 2) n: halogen
Halogénique	Halogenic
Halogénure	Halide
Haloïde	Haloid
Halomorphe	Halomorphic
Halotrichite	Halotrichite, hair salt, feather alum
Hammada	Hammada
Happant à la langue (minéral)	Sticking to the tongue
Harpon de repêchage (Forage)	Spear
Harpon préhistorique en bois de renne	Antler harpoon
Hartine (résine fossile)	Hartin
Harzburgite (Pétro)	Harzburgite
Hastingsite	Hastingsite
Hatchettite	Hatchettite
Hauban (de forage)	Guy cable, stay
Haubanner (Forage)	To stay, to guy
Hausmannite	Hausmannite
Haut	High
—fond	Shoal, shallow
—fourneau	Blast-furnace
Hauts-piliers (gypse)	Upper bed of Paris gypsum
Hautes eaux	High water
Haute mer	Main sea
Haute teneur	High content, high grade
Haute terre	Upland
Marée haute	High tide
Hauterivien	Hauterivian
Hauteur	Height, elevation
—d'ascension capillaire	Capillary rising
—d'eau	Water level
—de marée	Tidal range
—du chantier (mine)	Head room
—relative	Relative height
—topographique	Highland, eminence, hill top
Haüyne	Hauynite
Havage	Hewing, cutting, undercutting, holing, underholing
Havé	Undercut, holed, underholed
Havée	Cut, kerf, kerving, kirve
Profondeur de havée	Depth of cut
Haver	To cut, to hole, to underhole, to undercut, to kerve
Haveur (ouvrier)	Cutter, holer
Haveuse (machine)	Cutting machine, holing machine
Hawaïen	Hawaiian
Éruption hawaïenne	Hawaiian eruption
Volcan hawaïen	Hawaiian volcano
Hawaïte (Pétro.)	Hawaite
Hectare	Hectare = 2471 acres
Hectogramme	Hectogramme
Hectolitre	Hectolitre
Hectomètre	Hectometer
Hedenbergite	Hedenbergite
Hedyphane	Hedyphane
Hélicoïdal	Helicoid, helical
Hélicitique	Helicitic
Hélictite	Helictite
Héliotrope	Heliotrope
Hélium	Helium
Helvétien	Helvetian
Hématite	Hematite, iron glance, specular iron
—rouge	Red iron ore
Hématoconite	Red ferruginous marble
Hématitique	Hematitic
Héméra	Hemera
Hémi (préfixe)	Hemi
Hémiarctique	Hemiarctic
Hémièdre	Hemihedron
Hémiédrie	Hemihedrism, hemisymmetry
Hémiédrique	Hemihedral, hemihedric, hemisymmetric(al)
Hémihyalin	Hemihyaline
Hémimorphie	Hemimorphism, hemimorphous
Hémipélagique	Hemipelagic
Hémisphère	Hemisphere
Hémisphérique	Hemispheric(al)
Hémitrope	Hemitropic, twinned
Hémitropie	Hemitropism, hemitropy, twinning
Plan d'hémitropie	Twin plan
Hépatite	Hepatite
Herborisé	Dendritic, arborescent
Hercynien	Hercynian 1) trend, of Harz Mts.; 2) time,

	orogenic		eoblastic
Plissement hercynien	Hercynian folding, Hercynian orogenesis (also: Variscan)	Homéomorphe	Homeomorphous
		Homéomorphie	Homeomorphism, homeomorphy
Hercynite	Hercynite		
Herschage (Mine)	Haulage, hauling	Hominidés	Hominoids
Hessonite	Hessonite	Homo (préfixe)	Homo
Hétéro (préfixe)	Hetero	Homogène	Homogeneous, homogène
Hétéroblastique	Heteroblastic		
Hétérodonte	Heterodont	Homogénéité	Homogeneity
Hétérogène	Heterogeneous	Homogénétique	Homogenetic
Hétérogénéité	Heterogeneity	Homogénéisation	Homogenization
Hétéromorphe	Heteromorphic	Homologie	Homology
Hétéromorphisme	Heteromorphism	Homologue	Homologous, homolog
Hétéromorphite	Heteromorphite, feather ore	Homologue climatique	Homoclime
		Homonyme (Pal.)	Homonym
Hétérophyllétique	Heterophylletic	Homophyllétique	Homophylletic
Hétéropique	Heteropical	Homopolaire	Homopolar
Hétérotaxique	Heterotaxial, heterotactic	Homoséiste	Coseismal line
Hétérozygote	Heterozygous	Homoséismique	Homoseismal
Hettangien	Hettangian	Homotaxie	Homotaxis
Heulandite	Heulandite	Homotaxique	Homotaxial
Hexa (préfixe)	Hexa	Horizon	Horizon, layer
Hexacoralliaire	Hexacoral, hexacoralla	—aquifère	Aquiferous horizon
Hexaèdre	Hexahedron, cube	—argileux compact	Claypan
Hexaédrique	Hexahedral	—carbonate	Lime pan, caliche
Hexagonal	Hexagonal	—concrétionné	Hardpan
Prisme hexagonal	Hexagonal prism	—d'accumulation	B horizon, accumulation horizon
Pyramide hexagonale	Hexagonal pyramid		
Système hexagonal	Hexagonal system	—éluvial	Eluvial horizon
Hexahédrite	Hexahedrite	—ferrugineux cimenté	Iron pan
Heumite (Pétro.)	Heumite	—ferro-humique	Iron humus pan
Hexane	Hexane	—géologique	Geologic(al) layer
Hexaoctaèdre	Hexaoctahedron	—humifié	Humus layer
Hexatétraèdre	Hexatetrahedron	—illuvial	Illuvial horizon
Hiatus	Hiatus, stratigraphic gap, stratigraphic lacuna	—lessivé	Leached horizon
		—podzolisé	Podzolic horizon
Hiddénite	Hiddenite	—salé	Salt pan
Hircine (résine)	Hircite	—silicifié	Silica pan
Hippurite	Hippurites	Horizontal	Horizontal
Histogramme	Histogram	Composante horizontale du rejet net	Horizontal slip
Histosol	Histosol		
Hiver	Winter	Diaclase horizontale	Horizontal joint
Holo (préfixe)	Holo	Rejet horizontal	Horizontal displacement
Holoaxe	Holoaxial	Recouvrement horizontal (d'une faille inverse)	Heave
Holocène	Holocene		
Holocristallin	Holocrystalline	Horizontalité	Horizontality
Holoèdre	Holosymmetric	Hornblende	Hornblende
Holoédrie	Holohedrism	—basaltique	Basaltic hornblende
Holoédrique	Holohedral, holohedric	—brune	Brown hornblende
Holohyalin	Holohyaline	—verte	Green hornblende
Hololeucocrate	Hololeucratic	Basalte à hornblende	Hornblende basalt
Holomélanocrate	Holomelanocratic	Gabbro à hornblende	Hornblende gabbro
Holomorphe	Holomorphic	Monzonite à hornblende	Hornblende monzonite
Holomorphique	Holomorphic	Norite à hornblende	Hornblende norite
Holotype	Holotype	Schiste à hornblende	Hornblende schist
Holosidérite	Holosiderite	Syénite à hornblende	Hornblende syenite
Homéoblastique	Homeoblastic, homo-	Howardite (météorite)	Howardite
		Hornblendite	Hornblendite

Hornito	Hornito, spatter cone
Hors production (puits)	Off production
Horst	Horst, uplifted block
Hôte (minéral, roche)	Host, palasome
Hoxnien (interglaciaire Mindel-Riss, G.B.)	Hoxnian
Houille	Coal
—blanche	Water power
—bleue	Tide power
—demi-grasse	Semi-bituminous coal
—flambante	Longflame coal
—grasse	Bituminous coal
—maigre	Semi-anthracite
—pyriteuse	Brassy coal
—schisteuse	Shaly coal
—verte	Stream coal
Houiller	1) coal-bearing; 2) carboniferous (Strati.)
Couches houillères	Coal measures
Houillère	Coal mine, colliery
Houilleux	Coaly
Houillification	Coalification, carbonization
Houillifier	To convert into coal
Houle	Swell
Hudsonien (plissement)	Hudsonian (orogeny)
Huile	Oil
—brute (pétrole)	Crude oil
—asphaltique	Asphaltic base oil
—brute non sulfurée	Sweet crude oil
—brute sulfurée	Sour crude oil
—combustible	Fuel oil
—de schiste	Shale oil, slate oil
—lourde	Fuel oil, heavy oil
—minérale	Mineral oil
—paraffinique	Wax oil
—sulfurée	Sulphurized oil
Huître (Pal.)	Oyster
Humide	Humid, moist, wet
Forage humide	Wet drilling
Humidifier, s'humidifier	To moisten, to damp
Humidité	Wetness, moisture, moistness, humidity
Humification	Humification
Humine	Humin
Huminite	Huminite
Humique	Humic
Acide humique	Humic acid
Alios humique	Humic iron pan
Couche humique	Humic layer
Humite	Humite, humolite
Hummock	Hummock
Humodite	Humodite
Humogélite	Humogelite
Humus	Humus
—acide	Sour humus
—actif	Active humus
—brun	Brown humus
—brut	Raw humus, mor
—doux	Soft humus, earth humus, mull
—intermédiaire	Mild humus, moder
—forestier	Forest humus
—tourbeux	Peat humus
Appauvrissement en humus	Humus impoverishing
Huronien	Huronian
Hyacinthe (Minér.)	Hyacinth
Hyalin	Hyaline
Roche hyaline (vitreuse)	Hyaline rock
Hyalite	Hyalite
Hyaloclastite	Hyaloclastite
Hyalocristallin	Hyalocrystalline
Hyalomélane (verre basaltique)	Hyalomelane (obsolete)
Hyalopilitique	Hyalopilitic
Hyalosidérite	Hyalosiderite
Hyalotourmalite (Pétro.)	Hyalotourmalite
Hybride	Hybrid
Hydatogenèse	Hydatogenesis
Hydatogène (formé en milieu aqueux)	Hydatogenic, hydatogenous
Hydrargillite	Hydrargillite
Hydratation	Hydration
Hydrate	Hydrate
Hydraté	Hydrated, hydrous
Chaux hydratée	Calcium hydrate
Hydrater, s'hydrater	To hydrate
Hydraulicien	Hydraulic engineer
Hydraulicité	Hydraulicity
Hydraulique	1) adj: hydraulic; 2) hydraulics
Abattage hydraulique	Hydraulic mining, hydraulicing
Abattre par la méthode hydraulique	To hydraulic
Chaux hydraulique	Hydraulic lime
Ciment hydraulique	Hydraulic cement
Extraction hydraulique	Hydraulic hoisting
Fracturation hydraulique	Hydraulic hydraulicing
Hydrique	Hydric
Hydrobios	Hydrobios
Hydrobiotite	Hydrobiotite
Hydrocarboné	Hydrocarbonous, hydrocarbonaceous
Hydrocarbure	Hydrocarbon
—à chaîne linéaire	Straight chain hydrocarbon
—aliphatique	Aliphatic hydrocarbon
—aromatique	Aromatic hydrocarbon
—benzénique	Benzenic hydrocarbon
—cyclique	Cyclic hydrocarbon
—naphténique	Naphtenic hydrocarbon
—non saturé	Unsaturated hydrocarbon
—paraffinique	Paraffin hydrocarbon
—saturé	Saturated hydrocarbon,

	open chain hydrocarbon
Hydroclasseur	Hydraulic classifier
Hydrocoralliaires	Hydrocorallines
Hydrocraquage	Hydrocracking
Hydrocyanite (Minér.)	Hydrocyanite
Hydrodésulfuration	Hydrodesulfurizing
Hydrodynamique	1) adj: hydrodynamic; 2) n: hydrodynamics
Hydroélectrique	Hydroelectric
Réservoir hydroélectrique	Hydroelectric reservoir
Hydrogel	Hydrogel
Hydrogénation	Hydrogenation
Hydrogène	Hydrogen
—naissant	Active hydrogen
Sulfuré	Hydrogen sulphide
Hydrogéner	To hydrogenate
Hydrogéologie	Hydrogeology
Hydrogéologique	Hydrogeological
Hydrographe	Hydrographer
Hydrogéologue	Hydrogeologist
Hydrographie	Hydrography
Hydrographique	Hydrographic
Bassin hydrographique	Watershed, hydrographic basin
Carte hydrographique	Hydrographic map
Réseau hydrographique	River pattern
Hydrohématite	Hydrohematite
Hydrolaccolite	Hydrolaccolith
Hydrologie	Hydrology
Hydrologique	Hydrologic(al)
Hydrologue	Hydrologist
Hydrolysat	Hydrolyzate
Hydrolyse	Hydrolysis
Hydrolyser	To hydrolyse
Hydromagnésite	Hydromagnesite
Hydrométamorphisme	Hydrometamorphism
Hydromètre	Thermometric hydrometer
Hydrométrie	Hydrometry
Hydromorphe (sol)	Hydromorphic (soil)
Hydromuscovite	Hydromuscovite
Hydronéphéline	Hydronepheline
Hydrophane	Hydrophane (variety of opal)
Hydrophile	Hydrophilic, hydrophilous
Hydrophilite	Hydrophilite
Hydrophobe	Hydrophobic
Hydropore (Pal.)	Hydropore
Hydroraffinage	Hydrorefining

Hydroscopie	Dowsing
Hydrosilicate	Hydrosilicate
Hydrosol	Hydrosol
Hydrosome	Hydrosome
Hydrosphère	Hydrosphere
Hydrosphérique	Hydrospheric
Hydrostatique	Hydrostatic
Niveau hydrostatique	Hydrostatic level
Pression hydrostatique	Hydrostatic head or pressure
Hydrotamis	Jig
Hydrothermal	Hydrothermal
Altération hydrothermale	Hydrothermal alteration
Eau hydrothermale	Hydrothermal water
Gisement hydrothermal	Hydrothermal deposit
Minéralisation hydrothermale	Hydrothermal synthesis, hydrothermal mineralization
Stade hydrothermal	Hydrothermal stage
Hydrotimétrique (degré)	Degree of hardness of water
Hydroxyde	Hydroxide
—d'aluminium	Aluminium hydroxide
—de calcium	Calcium hydroxide
—de sodium	Sodium hydroxide
Hydrozincite	Hydrozincite
Hydrozoaire	Hydrozoan
Hydrure	Hydride
Hygromètre	Hygrometer
—enregistreur	Hygrograph
Hygrométrie	Hygrometry
Hygrométrique	Hygrometric
Hygroscopicité	Hygroscopicity
Hygroscopique	Hygroscopic
Hypabyssal	Hypabyssal
Hypersthène	Hypersthene
Hypersthénite	Hypersthenite
Hypocentre	Hypocenter
Hypidiomorphe	Hypautomorphic
Hypocristallin	Hypocrystalline
Hypogé (adj.)	Underground
Hypogène	Hypogene
Hypomagma	Hypomagma
Hypothermal	Hypothermal
Hypotype	Hypotype
Hypovolcanique	Hypovolcanic
Hypozone	Hypozone
Hypsographe	Hypsograph
Hypsographique	Hypsographic
Hypsométrique	Hypsometric
Hystrichosphère	Hystrichosphere

I

Iceberg	Iceberg	—à l'eau	Watertight
Ichnologie	Ichnology	Importance (d'un gise-	Size
Ichnologique	Ichnologic	ment)	
Ichtyologie	Ichtyology	Important (adj.)	Thick, high, large (rarely
Ichtyosaures	Ichtyosauria		"important")
Iddingsite	Iddingsite	Imprégnation	Impregnation, permeation
Idioblaste	Idioblast	—saline	Salinization
Idiogène	Idiogenous	Imprégner, s'imprégner	To impregnate, to per-
Idiogéosynclinal	Idiogeosyncline		meate
Idiomorphe	Idiomorphic, idi-	Improductif	Unproductive
	omorphous, auto-	Impulsion	Impulse, pulse
	morphous	—de départ (Séïsme)	Original pulse
Idocrase	Idocrase, vésuvianite	Impur (minerai)	Impure, mixed
Idrialite	Idrialite	Impureté	Impurity, dirt, foulness
Igné	Igneous	In situ	In situ
Roches ignées	Igneous rocks	Inaccessible (gisement)	Inaccessible
Ignimbrite	Ignimbrite	Inaltérable	Unalterable
Ijolite (Pétro.)	Ijolith, ijolite	Inaltéré	Unweathered, unaltered
Île	Island	Inarticulés (Brachio-	Inarticulata
—continentale	Continental island	podes)	
—corallienne	Coral island	Inattaquable	Incorrodible
—de boue	Mud lump	—aux acides	Acid-proof, acid resisting
—rattachée (à la côte)	Tied island	Incandescence	Incandescence, glow
—volcanique	Volcanic island	Incandescent	Incandescent, glowing
Illite	Illite, hydromica	Incendie	Fire
Illuvial (horizon)	Illuvial (horizon)	Incendier	To fire
Illuviation	Illuviation	Incidence (angle d')	Incidence (angle)
Horizon d'illuviation	Illuvial horizon	Incident (rayon)	Incident (ray)
Ilménite	Ilmenite, titanic ore, ti-	Inclinaison	Incline, gradient, slope
	tanoferrite	—de l'axe d'un pli	Plunge, pitching
Ilménitite	Ilmenitite	—d'une aiguille ai-	Dip
Ilménorutile	Ilmenorutile	mantée	
Îlot	Islet	—d'une couche	Dip, dipping
Imandrite (Pétro.)	Imandrite	—magnétique	Magnetic inclination,
Imbiber, s'imbiber	To imbibe, to soak up		magnetic dip
Imbibé d'eau	Water logged	Incliné	Dipping, inclined
Imbibition	Imbibition, soaking	Plan incliné	Decline
Eau d'imbibition	Water of imbibition	Puits incliné	Decline
Imbriqué	Imbricate, over lapping	Incliner, s'incliner	To dip, to slope, to
Structure imbriquée	Imbricate structure		slant, to tilt
Immerger	To immerse, to im-	Inclinomètre	Inclinometer, dipmeter
	merge, to plunge	Inclure	To enclose
Immersion	Submergence, immersion	Inclusion	Inclusion
Immiscible	Immiscible	—aqueuse	Aqueous inclusion
Impact	Impact	—fluide	Fluid inclusion
Impactite	Impactite	—gazeuse	Gaseous inclusion
Imperfection	Defect	—magmatique	Magmatic inclusion
Imperméabilisation	Waterproofing	—minérale	Mineral inclusion
Imperméabiliser	To waterproof	—solide	Solid inclusion
Imperméabilité	Impermeability, imper-	—vitreuse	Vitreous inclusion
	viousness	Incolore	Colorless
Imperméable	Impervious, impermea-	Incombustibilité	Incombustibility
	ble, tight	Incombustible	Incombustible, unburna-

	ble, fireproof
Incompétente (couche)	Incompetent (bed)
Incompressibilité	Incompressibility
Incondensable	Noncondensable
Incongruente (fusion)	Incongruent (melting)
Inconsistance (du sol)	Inconsistency, looseness
Inconsistant (terrain)	Loose, soft, running
Inconstant (écoulement)	Unsteady
Incorporation (d'une	Incorporation
substance)	
Incorporer	To incorporate, to
	embed
Incrustante (algue)	Incrusting (alga)
Incrustation (de sel)	Incrustation
Incruster, s'incruster	To incrust
Incurvation (de couches)	Bending, incurvation
Incurver, s'incurver	To incurvate, to incurve,
	to bend
Indécomposable	Undecomposable
Indécomposé	Undecomposed
Indentation	Indentation
Indented	Indented
Indicateur	Indicator, gauge
—chimique	Chemical indicator
—de débit	Flow meter
—de grisou	Gas detector
—de niveau	Level gage
—de profondeur	Depth indicator
Indice	Index
—cristallographique	Crystallographic index
—d'aplatissement	Index of flatness
—de basicité	Base number
—de coordination	Coordination number
—d'octane	Octane number
—de dureté	Hardness number
—d'émoussé	Degree of roundness
—de pétrole	Oil show, oil seepage
—de réfraction	Refraction index
—de triage granulo-	Refractive index, sorting
métrique	index
—d'octane	Octane number
—d'hétérométrie	Sorting index
—thermique positif	Thaw index
—thermique négatif	Freeze index
Indicatrice	Index ellipsoïde
Indicolite	Indicolite
Indissolubilité	Indissolubility
Indissoluble	Indissoluble
Inductolog	Inductolog
Induration (de sédi-	Induration, hardening
ments)	
Induré	Indurated, hardened
Industrie	Industry
—minière	Mining industry
—pétrolière	Oil industry
Inégal (terrain)	Uneven
Inégalité (de terrain)	Unevenness
Inépuisable (réserves)	Inexhaustible
Inexact (mesure)	Inaccurate, inexact
Inexploitable	Unworkable, inexploitable
Inexploité	Unworked
Inexploré	Unexplored
Infantile (stade)	Infancy (stage)
Inférieur	Lower, under
—(au sens stratigraphi-	Lower
que)	
Inféroflux	Undertow
Infiltration	Infiltration, seepage
Infiltrer, s'infiltrer	To infiltrate, to perco-
	late, to seep
Inflammabilité	Inflammability
Inflammable	Inflammable, ignitible
Inflammation	Inflammation, ignition,
	firing
Point d'inflammation	Flash point
Inflexion	Inflection
—de rayons	Bending
Point d'inflexion	Point of inflection
Influence	Influence, effect
—de la température	Temperature effect
Infra	Infra
—crétacé	Lower cretaceous
—lias	Lower Lias
—littoral	Infralittoral
—rouge	Infrared
—structure	Substructure
Infranchissable (cours	Impassable
d'eau)	
Infusibilité	Infusibility
Infusible	Infusible, non-melting
Infusoires (terre à)	Diatomite
Ingénieur	Engineer
—conseil	Consulting engineer
—des mines	Mining engineer
—géologue	Geologic engineer
Initial	Initial
Écoulement initiale	Initial open flow
Production initiale	Initial production
Injecter	To inject
Injection	Injection
—de boue (forage)	Mud grouting
—d'eau	Water injection
—de gaz	Gas injection
—lit par lit	Bed by bed injection
Puits d'injection	Injection well
Inlandsis	Ice cap
Inodore	Odorless
Inondation	Inondation, flood, flood-
	ing
Plaine d'inondation	Flood plain
Inonder (des terrains)	To inundate, to flood
—(un puits)	To wash out
Inorganique	Inorganic
Inosilicate	Inosilicate
Inoxydable	Inoxidizable
Inquartation (de minerai)	Quartering

		inside, inland
Insaturé	Unsaturated	
Inselberg	Inselberg	**—du pays** — Inland
Insolubilité	Insolubility	**Dépression intérieure** — Interior basin
Insoluble	Insoluble	**Mer intérieure** — Inland sea
—dans l'eau	Water insoluble	**Intermédiaire (foyer de** — Intermediate (focus
Résidu insoluble	Insoluble residue	**profondeur)** — earthquake)
Instable (écoulement)	Unsteady	**Interne** — Internal
—(terrain)	Unstable	**Moule interne** — Internal mold
Installation	Plant, installation	**Intermittent** — Intermittent
—de broyage	Crushing plant	**Écoulement intermittent** — Intermittent flowing
—d'extraction	Extraction plant, hoisting plant	**Soulèvement intermit-** — Intermittent uplift
		tent
—de forage	Rig	**Interne** — Inner, internal
—de lavage (de mine-	Washing plant	**Moraine interne** — Inner moraine
rai)		**Internival** — Internival
—de triage	Separating plant	**Interpénétration (Périgl.)** — Injection
Instant	Time, instant	**Interprétation (de don-** — Interpretation
—d'explosion (Géo-	Time break	**nées)**
phys.)		**Interprétateur de pho-** — Airviews interpreter, pho-
—zéro	Time break	**tographies aériennes** — tointerpreter
Institut géologique	Geological institute	**Intersection** — Intersection
Instrument	Instrument	**Intersertal** — Intersertal
—de mesure	Measuring instrument	**Structure intersertale** — Intersertal structure
—de nivellement	Levelling instrument	**Interstadiaire** — Interstadial
Insulaire	Insular	**Interstice** — Void, interstice
Arc insulaire	Island arc	**Interstitiel** — Interstitial
Chaîne insulaire	Island chain	**Eau interstitielle** — Interstitial water
Intarissable (source)	Inexhaustible	**Solution solide inter-** — Interstitial solid solution
Intégré (réseau fluvial)	Integrated drainage	**stitielle**
Intempéries	Bad weather	**Interstratification** — Interstratification, inter-
Intempérisme (désuet)	Sub-aerial erosion	bedding
Intensité	Intensity	**Interstratifié** — Interbedded, inter-
—de la pesanteur	Gravity, gravitation con-	stratified
	stant	**Intertidale (zone)** — Tidal zone
—de rayonnement	Radiation rate	**Intervalle de tempéra-** — Temperature range
—du champ magnétique	Intensity of magnetic	**ture**
	field	**Intervalle entre deux** — Span
Échelle d'intensité (des	Intensity scale	**piliers (Mine)**
séïsmes)		**Interzonal (sol)** — Interzonal (soil)
Interambulacraire (zone)	Interambulacral (area)	**Intraclaste** — Intraclast
Intercalation (de	Interstratification, inter-	**Intracratonique** — Intracratonic
couches)	calation, break	**Intraformationnel** — Intraformational
—d'argile (dans le	Clay parting, gore	**Conglomérat intraforma-** — Intraformational con-
charbon)		**tionnel** — glomerate
Intercalé	Intercalated, interbedded,	**Intraglaciaire** — Intraglacial
	interstratified	**Intramagmatique** — Intramagmatic
Intercaler, s'intercaler	To interstratify, to inter-	**Intratellurique** — Intratelluric
	calate	**Intrazonal (sol)** — Intrazonal (soil)
Intercristallin	Intercrystalline	**Intrusif** — Intrusive
Interdigitation	Interfingering	**Annulaire** — Ring dyke
Interface	Interface	**Filon intrusif redressé** — Dyke
Interférence	Interference	**Filon intrusif sub-** — Sill
Figure d'interférence	Interference figure	**horizontal**
Interfluve	Interfluve	**Granite intrusif** — Intrusive granite
Interglaciaire	1) adj: interglacial; 2) n:	**Massif intrusif** — Stock
	interglacial stage	**Intrusion** — Intrusion
Intergranulaire	Intergranular	**—d'évaporite** — Diapir, salt dome
Intérieur	1) adj: interior, inner; 2)	**—discordante** — Discordant intrusion

—entre des couches	Concordant intrusion, sill
—de sel	Diapir, salt intrusion
—rubanée	Ribbon injection
Intumescence	Intumescence
Inverse	Inverted, reverse
Faille inverse	Reverse fault
Flanc inverse	Inverted limb
Pli inverse	Reverse fold
Inverser	To reverse, to invert
Inversion	Reversal
—de relief	Inverted relief, inversion of relief
—magnétique	Magnetic reversal
Invertébré	Invertebrate
Involute (coquille)	Involute (shell)
Involution (Périgl.)	Involution
Iodargyrite	Iodargyrite
Iode	Iodine
Iodure	Iodide
Iodyrite	Iodargyrite
Iolite	Iolite
Ion	Ion
Ionique (rayon)	Ionic (radius)
Ionisation	Ionisation
Ionosphère	Ionosphere
Iridium	Iridium
Iridosmine	Iridosmine
Irisé	Irrisated
Irisées (marnes)	Keuper
Irradier	To radiate, to irradiate
Irréversible (réaction)	Irreversible
Irrigation	Irrigation, flooding
Irriguer	To irrigate
Irruption	Inrush, irruption
Iso (préfixe)	Iso
Isobar	Isobar
Isobathe	Isobath
Isochrone	1) adj: isochronous; 2) n: isochron
Isoclinal	Isoclinal
Pli isoclinal	Isoclinal fold
Isocline	Isocline
Isodynamique	Isodynamic line
Isogamme	Isogamme
Isograde	Isograd
Isohypse	Isohypse
Isomère	Isomer
Isomérie	Isomerism
Isomérique	Isomeric
Isomérisation	Isomerization
Isomorphe	Isomorph, isomorphous
Isomorphisme	Isomorphism
Isopaque	Isopachyte
Isoplète	Isopleth, isoline
Isostasie	Isostasy
Isostatique	Isostatic(al)
Isotherme	Isotherm
Isothermique	Isothermal
Isotope	Isotope
Isotopique	Isotopic(al)
Isotrope	Isotropic(al)
Isotropie	Isotropy
Issue	Outlet
Isthme	Isthmus
Itabirite	Itabirite
Itacolumite	Itacolumite

J

Jacupirangite (Pétro.)	Jacupirangite
Jade	Jade, jade-stone
Jadéite	Jadeite
Jaillir	To gush out, to spout
Jaillissant	Gushing
Nappe jaillissante	Artesian layer
Puits jaillissant	Gushing well, gusher
Jaillissement (de laves)	Spatter cone, driblet cone
Jais	Jet
Jalon	Stake
Jalon-mire	Levelling rod
Jalonner (arpentage)	To stake
Jalpaïte (Minér.)	Jalpaite
Jamesonite (Minér.)	Jamesonite, feather ore
Jardang	Yardang
Jarosite (Minér.)	Jarosite
Jaspe	Jaspe, jaspeite
—noir (lydienne)	Lydite, lydian stone
—opale	Jaspopale
—rubané	Ribbon jasper
—sanguin	Bloodstone, heliotrope
Contenant du jaspe	Jaspidian
Se transformer en jaspe	To jasperize
Jaspé	Jasperated
Jaspérisation	Jasperization
Jaspilite	Jaspilite
Jaspoïde	Jaspoid
Jatulien	Jatulian
Jauge	Gage, gauge
—de profondeur	Depth gage
Jaugeable	Gaging, gauging
Jauger	To gage, to gauge, to calibrate
Jaunâtre	Yellowish
Jaune	Yellow
Jayet	Jet, black lignite
Jet (de liquide)	Stream, jet
—de gaz	Gas jet
—de rive	Uprush
—de sable	Sand blast
—de vapeur	Stream jet
Jeunesse (stade de)	Youth stage
Joailler	Jeweller
Joindre, se joindre	To join, to connect
Joint (= diaclase)	Joint
—de cisaillement	Shear joint
—de contraction	Shrinkage joint
—de tension	Tensional joint, tension joint
—tectonique	Tectonic joint
—transversal	Cross joint
Espacement des joints	Joint spacing
Système de joints	System of joints
Jonction (de fleuves)	Confluent
Flèche de jonction	Connecting bar
Jordanite (Minér.)	Jordanite
Jotnien	Jotnian
Joue (de Trilobite)	Cheek
—fixe	Fixed cheek
—mobile	Free cheek
Joule	Joule
Jour (Mine)	Surface
Jour-degré de fonte	Thaw degree day
Jour-degré de gel	Freeze degree day
Poste de jour (Mine)	Day shift
Journal de sonde	Log book
Journalière (production)	Daily output
Joyau	Jewel
Jura Blanc	Malm
Jura Brun	Dogger
Jura Noir	Lias
Jurassique	Jurassic
—inférieur	Lower Jurassic (Lias)
—moyen	Middle Jurassic (Dogger)
—supérieur	Upper Jurassic (Malm)
Période Jurassique	Jurassic period, Jurassic system
Jusant	Ebb, ebb tide
Courant de jusant	Ebb current
Juvénile	Juvenile
Gaz juvénile	Juvenile gas
Eau juvénile	Juvenile water

K

Kaïnite (Minér.)	Kainite
Kalévien (Précambrien balte)	Kalevian
Kalinite	Kalinite
Kaliophilite	Kaliophilite
Kame	Kame
Kaolin	Kaolin, porcelain clay, china clay
Kaolinisation	Kaolinization
Kaolinisé	Kaolinized
Kaolinique	Kaolinic
Karélien (Précambrien balte)	Karelian
Kaolinite	Kaolinite
Karst	Karst, limestone area, solution land form, solution texture
—barré	Confined karst
—couvert	Covered karst
—profond	Deep karst
—superficiel	Shallow karst
Karsténite	Karstenite
Karstique	Karst (adj.), karstic (rare)
Katagenèse	Katagenesis
Katagénique	Katagenic
Katamorphisme (moins employé que cata-morphisme)	Katamorphisme
Katazone (moins employé que catazone)	Katazone
Kazanien	Kazanian
Keewatin	Keewatin
Kélyphite (Pétro.)	Kelyphite
Kérabitume	Kerabitumen
Kératophyre	Keratophyre
Kératophyrique	Keratophyric
Kermésite	Kermesite, red antimony
Kérogène	Kerogen
Kérosène	Kerosen, kerosine
Kersantite	Kersantite
Keuper	Keuper
Kieselguhr	Kieselgurh, diatomite
Kiéserite	Kieserite
Kilocalorie	Kilocalorie, great calorie
Kilogramme	Kilogram
Kilomètre	Kilometer
—carré	Square kilometer
Kilométrique	Kilometric(al)
Kimberlite	Kimberlite
Kimméridgien	Kimmeridgian
Klippe	Klippe
Kroehnkite	Krohnkite
Kongourien	Kungurian
Kunzite	Kunzite

L

Labile	Labile, unstable
Laboratoire	Laboratory
Essai en laboratoire	Laboratory test
Verrerie de laboratoire	Laboratory glassware
Labour	Tillage
Labradorite	Labradorite
Labre	Labrum
Lac	Lake
—à bourrelet glaciel	Lake with ramparts
—boraté	Bitter lake
—cratère	Crater lake, maar
—de barrage	Barrier lake, dammed lake
—de barrage glaciaire	Ice-dammed lake, ice-ponded lake
—de barrage morainique	Morainic lake
—de barrage volcanique	Lava-flow ponded lake
—de cirque glaciaire	Cirque lake
—de cuvette éolienne	Deflation lake
—de delta	Delta lake
—de doline	Sink hole lake
—de fonte	Thaw lake
—de front glaciaire	Proglacial lake
—de lave	Lava lake
—de retenue	Barrier lake
—de trop plein	Ponded lake
—glaciaire	Glacial lake
—karstique	Karst lake
—salé	Salt lake, alkali lake
—souterrain	Underground lake
—temporaire	Playa lake
Petit lac	Lakelet
Laccolite	Laccolith, laccolite
Laccolithique	Laccolithic, laccolitic
Lâche (meuble)	Loose
Lacis de bras fluviatiles	Tangled channels
Lacune	1) gap, hiatus, lacuna; 2) interstice, void
—d'érosion	Erosional gap
—de sédimentation	Hiatus, sedimentary break
—stratigraphique	Stratigraphic gap, stratigraphic break
Lacustre	Lacustrine
Bassin lacustre	Lake basin
Faciès lacustre	Lake facies
Gisement lacustre	Lake-bed placer
Sédiment lacustre	Lake deposit
Terrasse lacustre	Lake terrace
Ladère (grés)	Cuisian sandstone (Lower eocene of Paris basin)
Ladinien	Ladinian
Lagunaire (sédiment)	Lagunal (deposit)
Lagune	Lagoon
Lahar	Lahar, mud-flow
Laisse de basse mer	Low water mark
—de haute mer	High water mark
—de vague déferlante	Swash-mark
Lait	Milk
—de chaux	Lime water, white wash, lime milk
—de glacier	Glacier milk
Laiteux (quartz)	Milky (quartz)
Laitier	Slag, cinder, scoria
—de fonderie	Foundry slag
Laiton	Brass
Lamarkisme	Lamarkism
Lambeau (de charriage)	Nappe outlier
Lambert (projection équivalente de)	Lambert equal area map
Lame	Plate, blade, flake
—à encoche (Préhist.)	Worked flake
—de fond	Ground sea
—Levallois	Levallois blade
—mince (Pétro.)	Thin plate, thin section
—moustérienne	Mousterian blade
Lamellaire	Lamellar
Structure lamellaire	Lamination
Lamelle	Lamina
—couvre-objets	Cover glass
—de mâcle	Twinning lamella
Lamelleux	Lamellated, lamellose, lamellous
Lamellibranches	Lamellibranchiata
Laminaire	Laminar
Écoulement laminaire	Laminar flow
Structure laminaire	Lamination
Laminée (roche)	Laminated
Laminite	Laminite
Lamprophyre	Lamprophyre
Lamprophyrique	Lamprophyrique
Lance (gypse fer de)	Arrow tail twinned gypsum
Lancéolé	Lanceolate
Lande	Moor, wasteland
Landénien	Landenian
Langbéinite	Langbeinite
Langue	Tongue
—de boue	Mudflow
—de terre	Spit, isthmus
—glaciaire	Glacier tongue
Lanthanides	Lanthanides
Lapiaz	Lapies, solution rills
Lapidaire	Lapidary

Lapidification	Lapidification, lithogenesis	Champ de laves	Lava field
Lapidifier (peu employé)	To lapidify, to petrify	Cône de lave	Lava cone
Lapiez, lapiaz, lapié	Lapiaz, lapies, solution rills	Coulée de laves	Lava flow, lava stream
		Culot de laves	Lava plug
—dégagé	Revealed lapiaz	Débit de laves	Lava discharge
—littoral	Littoral lapiaz	Dôme de laves	Lava dome
—sous-cutané	Subcutaneous lapiaz	Filon de laves	Lava streak
—souterrain	Subterraneous lapiaz	Fontaine de laves	Lava fountain
Lapilli	Lapilli	Jaillissement de laves	Spatter lava, blister lava
Lapis-lazulli	Lapis-lazulli	Lac de laves	Lava lake
Laramienne (orogénèse)	Laramian (orogeny)	Nappe de laves	Lava sheet
Lardite (Minér.)	Lardite, lardstone	Plaine de laves	Lava plain
Larme volcanique	Volcanic drop	Plateau de laves	Lava plateau
Larnite	Larnite	Tunnel de laves	Lava tube
Larve (Pal.)	Larva	Volcan de laves	Lava volcano
Larvaire (Pal.)	Larval	Laver (un minerai)	To wash
Latente (chaleur)	Latent (heat)	Laveur (de minerai)	Ore washer
Latéral	Lateral	Lavogne (Causses)	Small pond
Cône latéral	Adventive cone	Lawsonite	Lawsonite
Érosion latérale	Lateral erosion	Laxfordien (Précambrien d'Ecosse)	Laxfordian
Migration latérale	Lateral migration		
Moraine latérale	Lateral moraine	Lazulite	Lazulite
Latérite	Laterite, allite	Lechateliérite	Lechatelierite
—alumineuse	Bauxitic laterite	Lectotype (Pal.)	Lectotype
—détritique	Detrital laterite	Lédien (Eocène)	Ledian
—gravillonnaire	Concretionary laterite	Ledmorite (Pétro.)	Ledmorite
—scoriacée	Flaggy laterite	Légende (d'une carte)	Key, legend
—vacuolaire	Vesicular laterite	Léger	Light
Latéritique	Lateritic	Fraction légère	Light fraction
Limon rouge latéritique	Lateritic red loam	Minéral léger	Light mineral
Sol latéritique	Lateritic soil, latosol	Légereté	Lightness
Latéritisation	Laterization	Lehm	Loessic soil, loam, lehm, lixiviated loess, leached loess
Latéritisé	Lateritised		
Latérolog (Forage)	Laterolog		
Latite	Latite	—argileux	Clay loam
Latitude	Latitude	—limono-argileux	Silt loam
—géographique	Geographic latitude	—sableux	Sandy loam
Lattorfien	Lattorfian	Lehmification	Leaching of loess and transformation into lehm
Laue (diagramme de)	X ray diffraction pattern		
Laumontite	Laumontite		
Laurasie	Laurasia	Lenticulaire	Lenticular, lens-shaped, lentoid
Laurvickite	Laurvickite		
Lauze (Auvergne)	Volcanic roofing-slab	Amas lenticulaire	Lenticule, lenticle
Lavage	Washing	Masse lenticulaire	Lenticle
—à l'acide	Acid washing	Stratification lenticulaire	Lensing
—au crible	Jigging	Lentille	Lens
—du minerai	Ore washing	—de sable	Sand lens
—sur table oscillante	Rocking	—optique	Lens
Lave	Lava	—rocheuse	Lentil
—basaltique	Basaltic lava	Léonhartite	Leonhartite
—chaotique	Block lava, aa lava	Léonite (Minér.)	Leonite
—cordée	Ropy lava	Lépidoblastique	Lepidoblastic
—en coussins	Pillow-lava	Lépidocrocite	Lepidocrocite
—en oreillers	Pillow-lava	Lépidodendron	Lepidodendron
—figée	Congealed lava	Lépidolite	Lepidolite
Bouclier de laves	Lava shield	Lépidomélane	Lepidomelane
Bousouflure de lave	Lava blister	Leptite	Leptite, granulite
		Leptochlorite	Leptochlorite

Leptothermal	Leptothermal	—chimique	Chemical linkage
Leptynite	Leptynite, leptite	—de coordination	Coordination bond
Leptynolite	Leptinolite	—de valence	Valency bond
Lessivage (Pédol.)	Leaching, eluviation	—homopolaire	Homopolar bond
Produit de lessivage	Leachata	—polaire	Polar bond
Lessivé	Leached	Liant	Binding agent, binder
Lessiver (Pédol.)	To leach, to lixiviate	Liards (pierre à)	Nummulitic limestone
Leucite	Leucite	Lias	Lias
Basalte à leucite	Leucite basalt	Liasique	Liasic
Phonolite à leucite	Leucite phonolite, leu-citophyre	Libération (de gaz, etc)	Release, escape, libera-tion
Téphrite à leucite	Leucite tephrite	Libéro-ligneux (Pal-éobot.)	Fibro-vascular
Trachyte à leucite	Leucite trachyte		
Leucitique	Leucitic	Libéthenite	Libethenite
Leucitite	Leucitite	Liesegang (anneaux de)	Liesegang (rings)
Leucitoèdre	Leucitohedron	Lieu	Location, spot
Leucitophyre	Leucitophyre	Lieue	League
Leuco (préfixe)	Leuco	—marine	Nautical league = 5.5km
Leucocrate	Leucocratic	—terrestre	Land league = 4km
Leucogranite	Leucogranite	Liévrite	Lievrite
Leucogranitique	Leucogranitic	Ligament (Pal.)	Ligament
Leucogranodiorite	Leucogranodiorite	Ligamentaire (région)	Ligament (area)
Leucopétrite	Leucopetrite	Ligérien (Turonien in-férieur)	Ligerian
Leucopyrite	Leucopyrite		
Leucorhyolite	Leucorhyolite	Ligne	Line
Leucotéphrite	Leucotephrite	—d'affleurement	Line of bearing, outcrop line
Leucoxène	Leucoxene		
Levallois (éclat)	Levallois (flake)	—de chevauchement	Overthrust line
Levée	Levee	—de coupe (Cartog.)	Section line
—de berge	Bank deposit	—de crête	Crest line
—de galets	Shingle ridge	—de direction	Strike line
Lever, levé (n.)	Survey, surveying	—de faille	Fault line
—à la boussole	Compass survey	—de faîte	Crest line
—à la planchette	Plane table survey	—de fracture	Fracture line
—de reconnaissance	Reconnaissance survey	—d'andésite	Andesitic line
—hydrographique	Hydrographic survey	—de niveau	Level line
—par cheminement	Traversing survey	—de partage des eaux	Dividing line, water part-ing, water divide
—photogrammétrique	Aerial survey		
—topographique	Topographic survey	—de pente	Line of dip
Lever (des courbes de niveau)	To contour	—de tir	Lead wire
		—de sondage	Sounding line
Léviger (des minéraux)	To levigate	—de visée	Line of sight
Lévigation	Levigation	—de rivage	Shore line
Lévogyre (cristal)	Left-handed crystal	—en tirets	Dashed line
Lèvre (de faille)	Limb, side, wall	—en pointillés	Dotted line
—affaissée	Down side, dropped side, lower wall	—de temps (Sism.)	Timer
		—homoséiste	Homoseismal line
—inférieure	Down side, lowered side	—isanomale	Isanomalic line
—soulevée	Upthrown, side, uplifted wall	—isogone	Isogonic line
		—isomagnétique	Isomagnetic line
—supérieure	Upper side, upthrown side	—isoséiste	Isoseismal line
		Lignée évolutive	Lineage
Léwisien (Précambrien)	Lewisien	Ligneux	Ligneous, lignified
Lézarde	Crevice, crack, split	Lignite	Lignite, brown coal
Lherzite (Pétro.)	Lherzite	Lignitifère	Lignitiferous
Lherzolite	Lherzolite	Liman	Liman
Liaison	Bond, bonding, link	Limburgite (Pétro.)	Limburgite
—atomique	Atomic bond	Limite	Limit

—d'élasticité	Elastic limit	**Hydrocarbure liquide**	Liquid hydrocarbon
—d'endurance	Endurance limit	**Inclusion liquide**	Liquid inclusion
—de charge	Maximum load	**Liquidus**	Liquidus
—de couche	Boundary	**Liquidité (limite de)**	Liquidity (limit)
—de fluage	Yield point	**Liseré**	Border, edge
—de liquidité	Liquid limit	**—de Becke**	Becke line
—de plasticité	Plastic limit	**Lisse**	Smooth, polished
—des neiges	Snow limit	**Lit**	Bed, layer
—élastique	Yield limit	**—alternant**	Alternating bed
Angle limite	Limit angle	**—aquifère**	Water bearing bed
Pente limite	Angle of repose	**—de fleuve**	Stream bed
Limitrophe (couche)	Adjacent, bordering	**—filtrant**	Filter bed
Limnique	Limnic, limnetic	**—imperméable**	Impervious bed
Limnologie	Limnology	**—majeur (d'une rivière)**	Flood plain, first bottom
Limon	Loam, silt	**—mineur**	Mean water channel
—à doublets (loess)	Foliated loam	**—mobile**	Moving bed
—alluvial	Alluvial loam	**Injection lit par lit**	Bed by bed injection
—argileux	Silty clay loam	**Litage**	Bedding, stratification
—argilo-sableux	Sandy clay loam	**Lité**	Bedded, layered, strat-
—brun lessivé	Brown bleached loam		ified
—de pente	Slope loam	**Litharge**	Litharge
—des plateaux	Table-land loam	**Lithine**	Lithia oxide
—des vallées	Bottom loam	**Lithinifère (mica)**	Lithium (mica)
—graveleux	Gravelly loam	**—(tourmaline)**	Lithium mica
—grossier	Coarse silt	**Lithification**	Lithification, diagenesis
—humifère à gley	Melanized gley loam	**Lithionite**	Lithionite, lithia mica
—loessique	Loessic loam	**Lithium**	Lithium
—loessoïde	Loess-like loam	**Lithoclase (désuet)**	Lithoclase, fissure
—panaché	Variegated loam	**Lithofaciès**	Lithofacies
—rouge	Red loam	**Carte de lithofaciès**	Lithofacies map
—rouge calcaire	Calcareous red loam	**Lithogénèse**	Lithogenesis
—sableux	Sandy loam	**Lithogénètique**	Lithogenic, lithogenetic
Limoneux	Loamy, silty	**Séquence lithogénètique**	Lithogenic sequence
Limonite	Limonite, pea iron,	**Lithographique**	Lithographic
	swamp ore iron	**Calcaire lithographique**	Lithographic limestone
A limonite	Limonitic	**Lithologie**	Lithology
Limpide	Limpid	**Lithologique**	Lithologic(al)
Linarite	Linarite	**Lithomarge**	Lithomarge
Linéaire	Linear	**Lithophage (mollusque)**	Saxicavous (mollusc)
Anomalie linéaire	Lineated anomaly	**Lithophile (élèment)**	Lithophilic, lithophile
Linéament (Tecto.)	Lineament	**Lithophyse**	Lithophysa
Linéation	Lineation	**Lithosol**	Lithosol, lithosolic soil,
Lingules (dalle à)	Lingula (flags)		lithogenic soil
Lingulidés	Lingulid	**Lithosphère**	Lithosphere
Linnéite	Linnaeite	**Lithosphérique**	Lithospheric
Liparite	Liparite	**Plaque lithosphèrique**	Lithospheric plate
Liparitique	Liparitic	**Lithostratigraphique**	Lithostratigraphic (unit)
Liquéfaction	Liquefaction	**(unité)**	
Liquéfiable	Liquefiable	**Lithostratigraphie**	Lithostratigraphy
Liquéfié	Liquefied	**Lithotope**	Lithotope
Gaz naturel liquéfié	Liquefied natural gas	**Lithotype**	Lithotype
Liquéfier, se liquéfier	To liquefy	**Lithozone**	Lithozone
Liqueur lourde	Heavy liquid	**Litière (Pédol.)**	Litter
Liquide	Liquid	**Littoral**	1) adj: littoral, coastal;
—lourd	Heavy liquid		2) n: shoreline, coast
—inflammable	Flammable liquid		
—obturateur	Sealing liquid	**Courant de dérive lit-**	Longshore current
—surfondu	Supercooled liquid	**torale**	
		Dérive littorale	Littoral drift

Dune littorale	Littoral dune	—de glissement	Bulge
Zone littorale	Littoral zone	—portative	Hand lens, magnifying
Litre	Liter		lens
Lixiviation	Leaching	Lourd	Heavy
Lixivier	To leach, to lixiviate	Fraction lourde	Heavy fraction
Llandeilien (Ordovicien	Llandeilian	Liqueur lourde	Heavy liquid
moyen)		Minéral lourd	Heavy mineral
Llandovérien	Llandoverian	Love (ondes de)	Love waves
Llanvirnien	Llanvirnian	Ludien (Eocène)	Ludian
Lobe	Lobe	Ludlovien	Ludlovian
Lobe de gélifluxion	Solifluction lobe	Lugarite (Pétro.)	Lugarite
Lobe glaciaire	Glacial lobe	Luisant	Shining, shiny, glossy
Lobe morainique	Morainic lobe	Grain de quartz	Blunt shining quartz
Localisation	Localization	émoussé luisant	grain
Localiser	To locate	Lujaurite (Pétro.)	Lujaurite
Loch	Loch	Lumachelle	Coquina, lumachelle,
Lodranite (météorite)	Lodranite		shelly limestone
Loess	Loess	Lumière	Light
Poupée du loess	Loess doll, loess kind-	—polarisée	Polarized light
	chen	Luminescence	Luminescence
Loessification	Loessification	Luminescent	Luminescent
Log	Log	Lumineux	Luminous
Logarithmique	Logarithmic(al)	Lunaire	Lunar
Loge (Pal.)	Cell, chamber	Cratère lunaire	Lunar crater
Loge d'habitation	Living chamber	Géologie lunaire	Lunar geology
Loge initiale	Protoconch	Sol lunaire	Lunar soil, regolith
Loi	Law	Lune	Moon
—de constance des an-	Law of constancy of in-	Pierre de lune	Adular, adularia
gles des faces	terfacial angles	Lunette d'approche	Telescope
cristallines		Lunule (Pal.)	Lunule
—de continuité ori-	Law of original con-	Luscladite	Luscladite
ginelle des couches	tinuity	Lusitanien	Lusitanian
—de superposition	Law of superposition	Lusitanite	Lusitanite
Löllingite	Lollingite	Lustre	Luster
Long	Long	Lustré	Lustrous
Longévité (Pal.)	Longevity	Schistes lustrés	Lustrous shales
Longitude	Longitude	Lut	Lute, lutting cement
Longitudinal	Longitudinal	Luté	Sealed
Coupe longitudinale	Longitudinal section	Lutécite	Lutecin, lutecite
Dune longitudinale	Longitudinal dune	Lutétien (Eocène	Lutetian
Faille longitudinale	Longitudinal fault	moyen)	
Moraine longitudinale	Longitudinal moraine	Lutite	Lutite
Profil longitudinal	Longitudinal profile	Luxullianite	Luxullianite
Longueur	Length	Lydienne	Lydite, lydian stone
—d'onde	Wave length	Lydite	Lydite
—de tiges de forage	Drill pipe length	Lyophile	Lyophilic
Lophophore	Lophophore	Lysimètre	Lysimeter
Lopolite	Lopolith	Lytocératidés	Lytoceratids
Loupe	Lens	Lytomorphique	Lytomorphic
—binoculaire	Binocular lens		

M

Maar	Maar
Maccaluba	Mud volcano
Mâchefer	Slag, clinker
Machine	Machine, engine
—à calculer	Computer, calculator
—à remblayer	Stowing machine
—à tamiser	Mechanic sieve
—d'extraction	Hoisting engine
Mâchoire	(Pal.) jaw; (Techn.) grip, jaw
—de suspension (Forage)	Tubing catcher
Macigno (grès)	Macigno (calcareous fine sandstone)
Macigno	Macigno (calcareous fine marine sandstone of Italian Eocene)
Mâcle	Chiastolite, macle, twin
—de Baveno	Baveno twin
—de Carlsbad	Carlsbad twin
—de déformation mécanique	Mechanical twinning
—de l'albite	Albite twin
—de Manebach	Manebach twin
—des spinelles	Spinel twin
—d'interpénétration	Penetration twin
—en chevron	Herring-bone twin
—en crête de coq	Coxcomb twin
—en croix	Cross-shaped twin
—en fer de lance	Swallow-tail twin
—en genou	Knee-shaped twin
—en X	X-shaped twin
—par accolement	Juxtaposition contact
—par pénétration	Interpenetrant twin, penetration twin
—polysynthétique	Polysynthetic twin, repeated twin
Maclé	Twinned, macled, hemitropic
Macler, se macler	To twin
Maclifère (schiste)	Chiastolite slate
Maçonnage, maçonnerie	Masonry, bricklaying, brickwork
Macro (préfixe)	Macro
Macroagrégat	Macroaggregate
Macroclimat	Macroclimate
Macrocristal	Phenocrystal
Macrocristallin	Macrocrystalline
Macrodétritique	Macroclastic
Macrodôme	Macrodome
Macrofaciès	Macrofacies
Macrofaune	Macrofauna
Macrofossile	Macrofossile, megafossile
Macroflore	Megaflora
Macrogélifraction	Macrogelifraction
Macrographie	Macrography
Macrolépidolite	Macrolépidolite
Macroméritique	Macromeritic
Macromoléculaire	Macromolecular
Macromolécule	Macromolecule
Macropinacoïde	Macropinacoid
Macropolygonation	Macropolygonation
Macropore	Macropore
Macroporosité	Macroporosity
Macroprisme	Macroprism
Macropyramide	Macropyramide
Macroscopique	Macroscopique
Macroséisme	Macroseism
Macrosphère	Macrosphere
Macrosphérique	Macrosphérique, mégaspérique
Macrospore	Macrospore
Macrostructure	Macrostructure
Madréporaires	Madreporaria
Madrépore	Madrepore
Madréporique	Madreporic
Plaque madréporique	Madreporite
Madréporite	Madreporite
Maestrichtien (Crétacé supérieur)	Maastrichtian
Mafite (Pétro.)	Mafite
Magdalénien	Magdalenian
Maghémite	Maghemite
Magma	Magma
—éruptif	Eruptive magma
—palingénétique	Neomagma
—primaire	Parental magma
—résiduel	Residual magma
Magmatique	Magmatic
Assimilation magmatique	Magmatic stopping
Différenciation magmatique	Magmatic differentiation
Émanation magmatique	Magmatic emanation
Intrusion magmatique	Magmatic intrusion
Intumescence magmatique	Magmatic blister
Réservoir magmatique	Magmatic chamber
Magmatogène	Magmatogene
Magnésie	Magnesia
Magnésien	Magnesian
Anthophyllite magnésienne	Magnesian anthophyllite

Calcaire magnésien	Magnesian limestone
Diopside magnésien	Magnesian diopside
Grenat alumino-magné-sian	Magnesium-aluminium garnet
Mica magnésien	Magnesia mica
Rendzine magnésienne	Magnesium rendzine
Magnesiochromite	Magnesiochromite
Magnesioferrite	Magnesioferrite
Magnésite	Magnesite, giobertite
Magnésium	Magnesium
Magnétique	Magnetic
Anomalie magnétique	Magnetic anomaly
Attraction magnétique	Magnetic attraction
Champ magnétique	Magnetic field
Concentrateur magnéti-que	Magnetic concentrator
Déclinaison magnétique	Magnetic declination
Direction magnétique	Magnetic bearing
Équateur magnétique	Magnetic equator
Flux magnétique	Magnetic flux
Force magnétique	Magnetic force
Inversion magnétique	Magnetic reversal
Orage magnétique	Magnetic storm
Pôle magnétique	Magnetic pole
Prospection magnétique	Magnetic survey
Susceptibilité magnéti-que	Magnetic susceptibility
Magnétisation	Magnetization
—inverse	Reversed magnetization
—rémanente	Remanent magnetization
—thermorémanente	Thermoremanent magnetization
Magnétiser	To magnetize
Magnétisme	Magnetism
Diamagnétisme	Diamagnetism
Ferrimagnétisme	Ferrimagnetism
Paléomagnétisme	Paleomagnetism
Magnétite	Magnetite, magnetic ore iron, lodestone
Magnétoilménite	Magnetoilmenite
Magnétomètre	Magnetometer
—aéroporté	Air-borne magnetometer
—à protons	Proton magnetometer
—astatique	Astatic magnetometer
Magnétométrique (pro-spection)	Magnetometric survey
Magnétopyrite	Pyrrhotite, magnetic pyrite
Magnétosphère	Magnetosphere
Magnitude (sismique)	Magnitude
Maigre (minerai)	Lean, poor
Maille	Mesh
—élémentaire	Unit cell
—métallique (d'un tamis)	Metallic wire mesh
Maillechort	Maillechort, nickel-silver
Maillon	Link
Maintenir	To hold, to keep
—en ébullition	To keep boiling
Maître-sondeur	Drilling foreman
Maîtresse-tige	Drilling stem
Majeure (forme)	Major (feature)
Mal cristallisé	Dyscrystalline
Malachite	Malachite, green copper
Malacolite	Malacolite
Malacologie	Malacology
Malacon (Zircon)	Malacon
Malaxage	Mixing, malaxation
Malaxer	To mix, to malaxate
Malaxeur	Mixer
—de béton	Concrete mixer
Malchite (Pétro.)	Malchite
Maldonite (Minér.)	Maldonite
Malléabilité	Malleability
Malm	Malm, Upper Jurassic, White Jura
Malthe	Maltha
Malthène	Malthene
Mamelles	Ice-melt cones
Mamelon (d'Échinoderme)	Mamelon
—(topographique)	Hillock, knob
Mamelonnée (to-pographie)	Mamelonated, mammil-ary
Surface glaciaire mamelonnée	Mammilated surface
Mammifère	Mammal, mammalia (pl.)
Mammouth	Mammoth
Manche (d'outil)	Handle
Manchon (de tubage)	Casing coupling
—protecteur	Pipe thread protector
Mandibule	Mandible
Mandrin relève-tubes (forage)	Casing spear
Manganèse	Manganese
Dendrite de manganèse	Manganese dendrite
Hydrate de manganèse	Psilomelane
Nodule de manganèse	Manganese nodule
Manganésien	Manganesian
Manganésifère	Manganesiferous
Almandite man-ganésifère	Manganalmandite
Amphibole man-ganésifère	Rhodonite
Ankérite manganésifère	Manganankerite
Apatite manganésifère	Manganapatite
Blende manganésifère	Alabandite
Chlorite manganésifère	Manganiferous chlorite
Fayalite manganésifère	Manganese fayalite
Grenat manganésifère	Spessartite
Ilménite manganésifère	Manganilmenite
Magnétite manganési-fère	Manganmagnetite
Manganeux	Manganous
Manganite	Manganic

Manganite	Manganite, acerdese	—tourbeux	Bog
Manganocalcite	Manganocalcite	Marécageux	Swampy, marshy, boggy
Manganoferrite	Manganoferrite, jacobsite	Marée	Tide
Manganolite	Manganolite, rhodonite	—basse	Low tide
Manganomélane	Manganomelane	—de mortes-eaux	Neap tide
Manganophyllite	Manganophyllite	—de vives eaux	Spring tide
Manganosite	Manganosite	—descendante	Falling tide, ebb tide
Manganosidérite	Manganosiderite	—montante	Rising tide, incoming
Manifestation volcanique	Volcanic event		tide
Mangrove	Mangrove	Courant de marée	Tidal current
Manipuler	To handle, to manipulate	Raz de marée	Tidal wave
Manomètre	Manometer	Rivière à marée	Tidal river
Manométrique	Manometric	Zone de balancement	Tidal zone
Manteau	Mantle	des marées	
—de débris	Waste mantle, regolith	Marégramme	Maregram
—de Lamellibranche	Pallium	Marelle (estuaire du	Shorre pit
—détritique	Hillside waste, regolith	Saint-Laurent)	
—externe	Outer mantle	Schorre à marelle	Pitted schorre
—interne	Inner mantle	Margarite (mica)	Margarite
—nival	Snow cover	Marge continentale	Continental margin
—terrestre	Earth mantle	Marginal	Marginal
Fusion du manteau	Mantle melting	Moraine marginale	Marginal morain
Manuel	Handbook	Marin (adj.)	Marine
Manufacture	Plant, factory, works	Couche marine	Marine layer
Marais	Swamp, marsh	Érosion marine	Marine abrasion
—d'eau douce	Fresh-water marsh	Faciès marin	Marine denudation
—endigué	Dyked marsh	Formation marine	Marine formation
—haut	Tourbière	Sédiment marin	Marine deposit
—littoral	Tidal marsh	Terrasse marine	Marine terrace
—maritime	Tidal marsh	Maritime	Maritime
—salant	Salt marsh	Mariupolite (Pétro.)	Mariupolite
—saumâtre	Salt-water marsh,	Markfieldite (Pétro.)	Markfieldite
	brackish marsh	Marmite de géant	Pot hole, eddy hole, gla-
—tourbeux	Peat-bog		cial kettle
—tremblant	Quaking bog, floating	Marmorisation	Marmorosis
	bog	Marmorisé	Marbled
—troué (Périgl. Canada)	Pitted tidal marsh	Marnage (agriculture)	Marling, liming
Marbre	Marble	—(de marées)	Tidal range
—coquillier	Shelly marble	Marne	Marl
—de Carrare	Carrare marble	—à huîtres	Oligocene marls (Paris
—serpentin	Serpentine marble		basin)
—veiné	Veined marble	—argileuse	Clayey marl
—vert antique	Verd antique	—calcaire	Calcareous marl
Carrière de marbre	Marble quarry	—dolomitique	Dolomitic marl
Transformer en marbre	To marmorize	—indurée	Marlstone, marlite
Marbré (Pédol.)	Marbled, variegated,	—irisées	Keuper marls
	mottled	—phosphatée	Phosphatic marl
Sol marbré	Marbled soil	—sableuse	Sandy marl
Marbrier	Marble (adj.)	—supragypseuses	Upper Eocene and lower
Marbrière	Marble quarry		Oligocene marls (Paris
Industrie marbrière	Marble industry		basin)
Marbrure (Pédol.)	Mottling	—vertes	Sannoisian marls (middle
Marcassite	Marcasite, hepatic pyrite,		Oligocene, Paris
	radiated pyrite		Basin)
Mardelle (karstique)	Swallow-hole	Marneux	Marly, marlaceous
—(périgl.)	Periglacial pond	Marnière	Marl pit
Mare	Pond	Marno-calcaire	Marly calcareous
Marécage	Swamp	Marque	Mark, stamp, sign

—de courant	Flow mark
—de fond de lit	Bed mark
—de retour de vague	Backswash mark
—de surcharge	Load mark, load cast
—de vague	Wave mark
—de vague déferlante	Swash mark
—glaciaire	Glacial mark
Marqueur (horizon)	Layer, marker (Sism.)
—(radioactif)	Radioactive marker
Marteau	Hammer
—de géologue	Geologic hammer
—perforateur	Hand drill
—perforateur à air comprimé	Pneumatic drill, pneumatic hammer
—piqueur	Pneumatic pick
—pneumatique	Pneumatic drill, rock drill
Marteler	To hammer
Martite (Minér.)	Martite
Mascagnite (Minér.)	Mascagnite
Mascaret	Tidal bore, tidal wave
Masqué (affleurement)	Buried, concealed, hidden
Masse (de terre, etc)	Mass
—(instrument)	Sledge hammer
—atomique	Atomic mass
—de gypse	Gypsum bed
—moléculaire	Molecular mass
—solifluée	Gelifluxion sheet
—spécifique	Density
Écoulement en masse	Flow mass
Massette	Sledge, sledge hammer
Massicot (Minér.)	Massicot
Massif	1) adj: massive, bulky, solid; 2) n: block, massif, boss
—ancien	Old block
—concordant	Laccolith
—effondré	Graben, sunken block
—en coupole	Cupola
—en dôme	Batholith
—granitique	Granitic block
—intrusif	Boss, intrusive block
—lenticulaire (et grand)	Lopolith
—plutonique	Pluton
—surélevé	Horst
Grand massif	Batholith
Petit massif	Stock
Mat	Dull, mat
Grain de quartz mat	Dull quartz grain
Mât (de forage)	(drilling) mast
Matelas de stériles (Mine)	Rock cushion
Matériau (Sédim.)	Deposit, detritic deposit, waste
—(Techn.)	Material
—d'altération	Weathering deposit
—de construction	Building materials
—d'empierrement	Road metal
—de remblayage	Fill
—de solifluxion	Soliflucted deposit
—fluviatiles	River deposits
—glaciaires	Glacial drift, till
Matériel	1) adj: material, physical; 2) equipment, appliance
—de forage	Drilling plant
—de mines	Mining outfit
Mathématicien	Mathematician
Mathématique	1) adj: mathematic(al); 2) n: mathematics
Matière	Matter, material
—dissoute	Dissolved material
—en suspension	Suspended matter
—humique	Humic matter
—inerte	Inert matter
—organique	Organic matter
—réfractaire	Refractory material
—volatile	Volatile matter
Matrice	Matrix, gangue
Maturité	Maturity
—avancée	Late maturity
Paysage au stade de maturité	Mature landscape
Région au stade de maturité	Mature land
Vallée au stade de maturité	Mature valley
Mauvais	Bad
—fossile	Fossil with a wide range in time
Mauvaise qualité	Low grade, low content
Mauvaises terres	Badlands
Maxillaire	Maxilla
Maximum, maxima (pl.)	Maximum
Maxwell (unité magnétique)	Maxwell
Mazout	Fuel oil
Méandre	Meander, loop
—abandonné	Deserted meander, abandoned meander
—composé	Compound meander
—encaissé	Incised meander, entrenched meander, enclosed meander
—recoupé	Cut-off meander
—surimposé	Inherited meander
Concavité de méandre	Meander scar
Courbure de méandre	Meander curvature
Décrire des méandres	To meander
Fleuve à méandres	Meandering stream
Lobe de méandre	Meander core
Pédoncule de méandre	Meander neck
Vallée à méandres	Meander valley
Mécanique	1) adj: mechanic(al), physical; 2) mechanics

—des sols	Soils mechanics	Ménilite (var. d'opale)	Menilite
Désagrégation mécanique	Mechanical analysis, physical disintegration, mechanical weathering	Ménisque	Meniscus
		Menu (adj.)	Small, fine
		Mensuration	Measurement
Mâcle d'origine mécanique	Mechanical twinning	Méphitique (gaz)	Mephitic
		Méplat	Flat surface, ledge
Pelle mécanique	Mechanical shovel	Mer	Sea
Mécanisée (exploitation)	Mechanized (mining)	—abyssale	Deep sea
Mèche de détonateur	Fuse cap	—bordière	Adjacent sea
—pour explosif	Fuse	—de rochers	Block field
—pour forer	Drill	—de sable	Sand sea
Median	Medial	—épicontinentale	Epeiric shelf sea, epicontinental sea
Médiane (moraine)	Medial (moraine)		
Médiane granulométrique	Median particle diameter	—étale	Slack tide
		—intérieure	Inland sea, enclosed sea
Médio (préfixe)	Mid	—libre	Open sea
—atlantique (chaîne)	Mid-Atlantic ridge	—marginale	Adjacent sea
—océanique (crête)	Mid-oceanic ridge	Bras de mer	Arm of the sea
—océanique (dorsale)	Mid-oceanic rise	Basse mer	Low tide
—océanique (fossé)	Mid-oceanic ridge rift	Haute mer	High tide
Méditerranéen	Mediterranean	Mercator (projection de)	Mercator's projection
Sol rouge méditerranéen	Mediterranean red soil	Mercure	Mercury, quicksilver
		Baromètre à mercure	Mercuriel barometer
Méga (préfixe)	Mega	Extraire le mercure d'un minerai	To mercurify
Mégacyclothème	Megacyclothem		
Mégalithe	Megalith	Minerai de mercure	Mercury ore, cinnabar
Mégalithique	Megalithic	Sulfure de mercure	Mercuric sulphide, cinnabar
Mégaphénocristal	Megaphenocryst		
Mégaride (Sédim.)	Megaripple	Thermomètre à mercure	Mercuriel thermometer
Mégathérium	Megatherium	Mercureux	Mercurous
Méïonite (Minér.)	Meionite	Mercurifère	Mercuriferous
Meizoséismique	Meizoseismal	Mercurique	Mercuric
Mélabasalte	Melabasalt	Mère	Mother
Mélange	Mixing, mixture	Eaux mères	Mother water
—binaire	Two-component mixture	Filon mère	Mother lode, main lode
—eutectique	Eutectic mixture	Roche mère	Mother rock, source rock
—gazeux	Gaseous mixture		
Mélanger	To mix, to mingle	Méridien	Meridian
Mélangeur (hydraulique)	Hydraulic mixer	—d'origine	First meridian, standard meridian
Mélanite (Minér.)	Melanite		
Mélanocrate	Melanocratic	—magnétique	Magnetic meridian
Basalte mélanocrate	Melabasalt	—principal	Principal meridian
Diorite mélanocrate	Meladiorite	Méridional	Southern
Gabbro mélanocrate	Melagabbro	Mériédrie	Merohedrism
Mélantérite	Melanterite	Mériédrique	Merohedral, merohedric
Mélaphyre (Pétro.)	Melaphyre	Mérostomes (Pal.)	Merostomata
Mêler	To mix, to commingle	Mésa	Mesa, tableland, small plateau
Mélilite	Melilite		
Basalte à mélilite	Melilite basalt	Meseta	Meseta, tableland
Mellite (Minér.)	Mellite	Mésocrate	Mesocratic
Melteïgite (Pétro.)	Melteigite	Mésocristallin	Mesocrystalline
Membrane	Membrane	Mésoderme	Mesoderm
Membraneux	Membranaceous	Mésogène	Mesogene
Membre	Member	Mésohalin	Mesohaline
Meneau	Mullion	Mésolite	Mesolite
— clivage	Cleavage mullion	Mésolithique (Préhist.)	Mesolithic age
—pli	Fold mullion	Mésosidérite	Mesosiderite
Menhir	Menhir	Mésosphère	Mesosphere

Mésostase	Mesostase, ground mass	morphisme	phism grade
Mésothèque	Mesotheca	Différenciation méta-	Metamorphic differentia-
Mésothermal	Mesothermal	morphique	tion
Mésotype (Pétro.)	Mesotype	Dolomie métamorphique	Metadolomite
Mésozoïque	Mesozoic	Faciès de méta-	Metamorphic facies
Ere Mésozoïque	Mesozoic era	morphisme	
Mézozonal	Mesozonal	Pélite métamorphique	Metargillite
Mésozone	Mesozone	Quartzite métamorphi-	Metaquartzite
Mesurage	Meterage	que	
Mesure	Measure, measurement,	Roche métamorphique	Metamorphic rock
	measuring	Schiste métamorphique	Metamorphic schist
—de la pesanteur	Gravity measurement	Sédiment métamorphi-	Metamorphic sediment
Mesurer	To measure	que	
Méta (préfixe)	Meta	Métamorphisme	Metamorphism
Metabasite (Pétro.)	Metabasite	—de choc	Shock metamorphism
Métacolloïde	Metacolloid	—de contact	Contact metamorphism
Métadiorite	Metadiorite	—d'enfouissement	Regional metamorphism
Métadiabase	Metadiabase	—de pression	Load metamorphism,
Métagabbro	Metagabbro		pressure metamor-
Métarhyolite	Metarhyolite		phism
Métasilicate	Metasilicate	—de profondeur	Load metamorphism, re-
Métal	Metal		gional metamorphism
—ferreux	Ferrous metal	—d'injection	Injection metamorphism
—lourd	Heavy metal	—dynamique	Dynamometamorphism,
—natif	Native metal		dynamothermal meta-
—non ferreux	Nonferrous metal		morphism
—précieux	Precious metal	—exomorphe	Exomorphic metamor-
Exploitation de métaux	Metal mining		phism
Métallifère	Metal bearing, metal-	—géothermique	Geothermal metamor-
	liferous		phism
Filon métallifère	Metallic vein	—général	Dynamothermal, load
Mine métallifère	Metal mine		metamorphism
Métallique	Metallic	—local	Local metamorphism
Éclat métallique	Metallic luster	—périphérique	Contact metamorphism
Métallisation	Metallization	—régional	Regional metamorphism
—tubulaire	Ore pipe	—régressif	Retromorphosis, di-
Métalliser	To metallize		aphthoresis
Mélallogénique	Metallogenetic	—rétrograde	Retromorphosis
Époque mélallogénique	Metallogenetic epoch	—thermique	Thermal metamorphism
Minéral mélallogénique	Metallogenetic mineral	—thermodynamique	Thermodynamic(al) meta-
Province mélallogénique	Metallogenetic province		morphism
Métallogénie	Metallogeny	Auréole de méta-	Metamorphism
Métallographe	Metallographer	morphisme	
Métallographique	Metallographic	Autométamorphisme	Autometamorphism
Métalloïde	Metalloid	Dynamométamorphisme	Dynamometamorphism,
Métallurgie	Metallurgy		dislocation metamor-
Métallurgique	Metallurgic(al)		phism
Métamérie	Metamerism	Polymétamorphisme	Polymetamorphism
Métamicte	Metamict	Pyrométamorphisme	Pyrometamorphism
Métamorphisé	Metamorphic	Rétrométamorphisme	Retrogressive metamor-
Roches volcaniques	Metavolcanics		phism, diaphthoresis
métamorphisées		Ultramétamorphisme	Kinetic metamorphism
Métamorphique	Metamorphic, meta-	Métarhyolite	Metarhyolite
	morphous	Métasilicate	Metasilicate
Auréole métamorphique	Metamorphic aureole	Métasomatique	Metasomatic
Argillite métamorphique	Metamorphic shale	Métasomatose	Metasomatism, meta-
Calcaire métamorphique	Metalimestone		somatosis
Degré de méta-	Metamorphic, metamor-	Métasome	Guest mineral

Métastable	Metastable
Métatexie	Metatexis
Métatropie	Metatropy
Métatype	Metatype (Pal.)
Métazoaires	Metazoa
Météore	Meteor
Météorique	Meteoric
Cratère de météore	Meteor crater
Cratère de météore probable	Astroblem
Fer météorique	Meteor iron
Météorisation (peu employé)	Weathering
Météorite	Meteorite, meteoric stone, aerolith
—ferreuse	Iron meteorite
—pierreuse	Stony meteorite
Météoritique	Meteoritic
Météorologie	Meteorology
Météorologique	Meteorologic(al)
Station météorologique	Meteorological station
Méthane	Methane, marsh gas, fire damp
Méthanier	Methane tanker
Méthode	Method
—acoustique	Acoustic method
—d'exploitation	Working method
—de diagraphie par induction	Induction logging method
—de diagraphie par rayons gamma	Gamma ray well logging
—de flottation	Flotation method
—de polarisation spontanée	Spontaneous potential method
—électrique	Electric method
—géologique	Geologic method
—gravimétrique	Gravimetric method
—magnétique	Magnetic method
—sismique	Seismic method
Métrage	Meterage
Mètre	Meter
—carré	Square meter
—cube	Cubic meter
Métrique	Metric(al)
Carat métrique	Metric carat
Système métrique	Metric system
Tonne métrique	Metric ton
Mettre	To put
—à découvert	To uncover
—au point (Opt.)	To focus, to focalize
—au rebut	To reject
—en production un puits	To bring into production
—en tas	To heap
—en valeur (un gisement)	To develop
Meuble	Loose, uncemented, running
Meulage	Grinding
Meule	Millstone, grinding wheel
—abrasive	Abrasive wheel
—à dégrossir	Roughing wheel
—d'émeri	Emery wheel
—en grès	Grindstone
—lapidaire	Face-wheel
Meuler	To grind
Meulière	Siliceous limestone
—de Beauce	Beauce siliceous limestone, Upper Oligocene Paris Basin
—de Brie	Brie cavernous siliceous limestone, Lower Oligocene Paris Basin
—de Montmorency	Montmorency cavernous siliceous limestone, Upper Oligocene Paris Basin
Milazzien	Milazzian (Pleistocene)
Miargyrite	Miargyrite
Miarolithique	Miarolithic
Cavité miarolithique	Miarolithic cavity, vough
Mica	Mica
—blanc	White mica, muscovite
—clivable	Mica book
—lithinifère	Lithium mica
—phlogopite	Rhombic mica
—potassique	Potash mica
—séricite	Sericite
Altération en mica	Micatization
Lamelle de mica	Mica sheet
Paillette de mica	Mica flake
Micacé	Micaceous
Grès micacé	Micaceous sandstone, micaceous flagstone
Micadiorite	Micadiorite
Micaschiste	Micaschist, micaslate
Micaschisteux	Micaschistous, micaschistose
Micoquien (Préhist.)	Micoquian
Micrite	Micrite
Micritique	Micritic
Micro (préfixe)	Micro
Microanalyse	Microanalysis
Microbrèche	Microbreccia
Microchimie	Microchemistry
Microchimique	Microchemical
Microclimat	Microclimate
Microcline	Microcline
Microconglomérat	Microconglomerate
Microdécrochement	Microfault
Microdésintégration	Comminution
Microdétritique	Microclastic
Microdiagraphie	Micrologging
Microdiorite	Microdiorite
Microfaciès	Microfacies
Microfaune	Microfauna

Microfelsite	Microfelsite		2) n: microseismics
Microfelsitique	Microfelsitic	Microsonde électronique	Electron microprobe
Microfissuration	Microfissuration	Microsphère (Pal)	Microsphere
Microfluidal	Microfluidal	Microsphérique	Microspheric
Microfossile	Microfossil	Microsphérolithique	Microspherulitic
Microgabbro	Microgabbro	Microstratification	Microbedding
Microgélifluxton	Microgelifluction	Microstructure (Pédol.)	Microfabric, microstructure
Microgélifraction	Microgelifraction		
Microgranite	Microgranite	—à revêtements	Coated fabric
Microgranitique	Microgranitic	—polyédrique	Polyhedrous fabric
Microgranitoïde	Microgranitoid	—prismatique	Prismatic microstructure
Microgranodiorite	Microgranodiorite	Microsyénite	Microsyenite
Microgranulitique	Microgranulitic	Microtectonique	Microtectonics
Micrographique	Micrographic	Microtexture	Microtexture
Microgrenu	Microgranular	Migmatite	Migmatite
Microlite	Microlith, microlite	Migmatisation	Migmatisation
Microlithique	Microlithic	Migration	Migration
Microlog	Microlog	—des lignes de partage des eaux	Migration of divides
Micromagnétomètre	Micromagnetometer		
Micromètre	Micrometer	—des pôles	Polar drift
Micrométrie	Micrometry	—primaire (du pétrole)	Primary migration
Micrométrique	Micrométrique	—secondaire	Secondary migration
Micron	Micron	—verticale	Vertical migration
Micro-onde	Microwave	Migrer	To migrate
Micro-organisme	Microorganism	Milarite (Minér.)	Milarite
Micropaléontologie	Micropaleontology	Milieu (environnant)	Environment, medium
Micropegmatite	Micropegmatite	—(partie médiane)	Middle part, midpoint
Micropegmatitique	Micropegmatitic	—abyssal	Abyssal environment
Microperthite	Microperthite	—fluviatile	Fluvial environment
Microphone	Microphone	—glaciaire	Glacial environment
Microphotographie	Microphotography	—lacustre	Lacustrine environment
Micropli	Microfold	—lagunaire	Lagoonal environment
Micropolygonation	Micropolygonation	—marin	Marine environment
Microporphyrique	Microphyric, microporphyric, miniphyric	—pélagique	Pelagic environment
		—saumâtre	Brackish environment
Micropore	Micropore	Mille	Mile
Microporosité	Microporosity	—marin	Nautical mile
Microschistosité	Microfoliation	—terrestre	Statute mile
Microscope	Microscope	Distance en milles	Mileage
—à réflexion	Mineragraphic microscope, reflected light microscope	Millérite	Millerite, capillary pyrite
		Milliampérèmètre	Milliammeter
		Millibar	Millibar
—binoculaire	Binocular microscope	Millidarcy	Millidarcy
—électronique	Electron microscope	Milligramme	Milligram
—électronique à balayage	Scanning microscope	Millilitre	Milliliter
		Millimètre	Millimeter
—métallurgique	Metallurgical microscope	Millipoise	Millipoise
—optique	Light microscope, photonic microscope	Mimétèse, mimétite	Mimetite, mimetesite
		Mindel (glaciation de)	Mindel (glaciation)
—pétrographique	Petrographic microscope	Mindélien	Mindelian
—polarisant	Polarization microscope, petrologic microscope	Mindel-Riss	Mindel-Riss
		Miner	To mine, to undermine, to sap
Microscopique	Microscopic(al)		
Microscopie	Microscopy	Mine	Mine, pit
Microscopiquement	Microscopically	—à ciel ouvert	Open pit
Microséisme	Microseism	—de fer	Iron mine
Microséparateur	Microsplitter	—de pierres précieuses	Gem mine
Microsismique	1) adj: microseismic(al);	—de houille	Coal mine, colliery

—de sel gemme	Rock-salt mine
—de soufre	Sulphur pit
—épuisée	Exhausted mine
—grisouteuse	Gaseous mine, gassy mine
—improductive	Non-producing mine
—métallique	Ore-mine
Barre à mine	Miner's bar
Bois de mine	Mine timber
Carreau de mine	Mine yard
Chambre de mine	Mine chamber
Contremaître de mine	Mine foreman
Galerie de mine	Mine level
Ingénieur des Mines	Mine inspector
Puits de mine	Mine shaft
Service des Mines	Mine inspection
Trou de Mine	Blast hole
Wagonnet de mine	Mine car
Mineur	1) adj: minor, accessory; 2) n: miner
Forme mineure (Géogr.)	Minor feature
Pic de mineur	Miner's pick
Minerai	Ore
—à faible teneur	Low grade ore, base ore
—à haute teneur	High grade ore
—abattu	Broken ore
—bocardé	Stamped ore
—broyé	Crushed ore, milled ore
—brut	Raw ore
—classé	Sorted ore
—concassé	Broken ore
—concentré	Concentrated ore
—d'uranium	Uranium ore
—de fer	Iron ore
—de fer argileux	Clay ironstone
—de fer oolithique	Oolite iron ore
—de mercure	Quick silver ore
—de plomb	Lead ore
—de plomb argentifère	Argentiferous lead ore
—des lacs	Marsh ore
—de scheidage	Cobbled ore
—disséminé	Disseminated ore
—en cocarde	Cockade ore
—en filons	Lode ore, vein ore
—en rognons	Kidney ore
—exploitable	Workable ore
—extrait	Extracted ore
—fin	Fine ore
—grillé	Roasted ore
—oxydé	Oxidised ore
—pauvre	Lean ore, low grade ore
—sulfuré	Sulfide ore
—terreux	Earthy ore
—tout venant	Unsorted ore
—traité	Dressed ore
—trié	Sorted ore
Pilier de minerai	Ore pillar
Minéral	1) adj: mineral; 2) n:

	mineral
—accessoire	Accessory mineral
—authigène	Authigenic mineral
—caractéristique	Index mineral
—clair	Felsic mineral
—de faciès	Facies mineral
—de la gangue	Gangue mineral
—essentiel	Essential mineral
—felsique	Felsic mineral
—ferro-magnésien	Ferro-magnesian mineral, mafic mineral
—filonien	Vein mineral
—hôte	Palasome
—léger	Light mineral
—métallique	Metalliferous mineral
—métasomatique	Metasomatic mineral
—normatif	Standard mineral
—opaque	Opaque
—originel	Original mineral
—pneumatolytique	Pneumatolytic mineral
—primaire	Original mineral
—repère (Métam.)	Index mineral
—secondaire	Secondary mineral
—symptomatique	Index mineral
—virtuel	Standard mineral, normative mineral
Asphalte minéral	Mineral pitch
Cire minérale	Mineral wax
Faciès minéral	Mineral facies
Filon minéral	Mineral vein
Fraction minérale	Mineral fraction
Gisement minéral	Mineral deposit
Gîte minéral	Mineral deposit
Goudron minéral	Mineral tar
Naphte minéral	Mineral naphta
Minéralisable	Mineralizable
Minéralisateur	1) adj: mineralizing; 2) mineralizer
Agent minéralisateur	Mineralizer
Fluide minéralisateur	Mineralizing fluid
Minéralisation	Mineralization
—pneumatolytique	Pneumatolytic mineralization
Minéralisé	Mineralized, mineral bearing
Eau minéralisée	Mineral water
Filon minéralisé	Mineral vein
Province minéralisée	Mineral province
Minéraliser, se minéraliser	To mineralize
Minéralogie	Mineralogy, mineragraphy
Minéralogique	Mineralogic(al)
Échantillon minéralogique	Mineralogic sample or crop
Collection minéralogique	Mineralogic collection
Minéralogiquement	Mineralogically
Minéralogiste	Mineralogist

Minette	1) oolithic iron ore; 2) minette (var. of lamprophyre)	**Mobile**	Mobile, movable, shiftable
		Dune mobile	Movable dune
Mineur	Miner, hewer, mine digger	**Mobilisation (des matériaux)**	Weathering, erosion, abrasion
—de charbon	Collier, coal miner	**Modal**	Modal
—d'or	Gold miner	**Analyse modale**	Modal analysis
Minier	Mining	**Classe modale**	Modal class
Bail minier	Mining lease	**Classification modale**	Modal classification
Code minier	Mining code	**Unimodal**	Unimodal
Concession minière	Mineral claim	**Mode (façon d'être)**	Kind, method, mode
District minier	Mineral district	**—(Stat.)**	Mode
Droit minier	Mineral right	**—de gisement**	Kind of deposit
Exploration minière	Mine exploration	**—d'exploitation**	Working method
Gisement minier	Mining field	**Modèle**	Model
Région minière	Mining district	**—en relief**	Relief model
Règlement minier	Mining regulation	**—hydraulique**	Hydraulic model
Technique minière	Mining engineering	**Modelé (du terrain)**	Form, relief
Travaux miniers	Mining works	**Moder (var d'humus)**	Moder
Minière (exploitation peu profonde)	Surface working	**Modification (de composition)**	Change
Minimum	Minimum	**Modifier**	To change, to modify
Thermomètre à minimum	Minima thermometer	**Module**	Modulus
		—de cisaillement	Shear modulus
Minium	Minium	**—de compression**	Modulus of compression, bulk modulus
Minute (de carte)	Map drawing		
Minutieux (levé)	Detailed (survey)	**—d'élasticité**	Elasticity modulus, young modulus
Minvérite (Pétro.)	Minverite		
Mi-pente	Mid-slope	**—de rigidité**	Rigidity modulus
Miocène	Miocene	**—de rupture**	Modulus of rupture
Miogéosynclinal	Miogeosyncline	**Moellon**	Quarry stone, cobble
Mirabilite	Mirabilite	**Mofette**	Mofette, damp
Mire	Pole, staff, levelling staff	**Mohorovicic (discontinuité de)**	Mohorovicic discontinuity, M layer
—de nivellement	Levelling pole	**Mohs (échelle de)**	Mohs' scale
—graduée	Levelling rule	**Molaire**	Molar
Miroir (horizon)	Reflecting horizon, mirror	**Molarité**	Molarity
		Molasse	Molasse, post-orogenic facies (Miocene marine soft green sandstone)
—de faille	Slickenside		
Miroitant (éclat)	Glistening		
Miscibilité	Miscibility, mixability		
Miscible	Miscible, mixable	**Molassique**	Mollasic, mollassic
Mise	Setting	**Moldavite (var d'ozocérite)**	Moldavite
—à feu	Firing, blowing in		
—à nu (d'un terrain)	Denudation	**Mole**	Mol, gram-molecule
—au point (Opt.)	Adjustment, focussing	**Môle (horst)**	Uplift block
—au zéro	Zero setting	**Moléculaire**	Molecular
—en ligne	Line up	**Liaison moléculaire**	Molecular bond
—en phase	Line up	**Poids moléculaire**	Molecular weight
—en place	Deposition, formation, creation	**Molécule**	Molecule
		—gramme	Gram molecule
—en route	Starting	**Mollisol**	Mollisol, active layer
Mispickel	Mispickel, arsenopyrite	**Mollusques**	Mollusca
Mississipien	Mississipian	**—amphineures**	Amphineura mollusca
Missourien	Missourian	**—céphalopodes**	Cephalopoda mollusca
Missourite (Pétro.)	Missourite	**—gastéropodes**	Gastropoda mollusca
Mixte	Mixed, composite, heterogeneous	**—lamellibranches**	Lamellibranchiata mollusca, pelecypoda mollusca
Volcan mixte	Mixed volcano		

—schaphopodes	Scaphopoda mollusca	Montébrasite (Minér.)	Montebrasite
Mollweide (projection de)	Mollweide (projection)	Montée	Rising, rise, acclivity
Molybdène	Molybdenum	Monter (un appareil)	To fit on, to set, to assemble, to mount
Molybdénite	Molybdenite	—(un forage)	To rig up
Molybdite	Molybdite	—(une pente)	To climb, to rise
Moment	Moment	Monticellite (Minéral)	Monticellite
—d'inertie	Inertia moment	Monticule	Hillock, monticle
—de flexion	Bending moment	—de terre (Périgl.)	Earth hummock
Monadnock	Monadnock	—polygonal (Périgl.)	Polygonal mound
Monazite	Monazite	Montien	Montian
Monchiquite (Pétro.)	Monchiquite	Montmorillonite	Montmorillonite
Mono (préfixe)	Mono	Montueux	Hilly
Monochromatique	Monochromatic	Monture	Mounting, setting
Monoclinal	Monocline, monoclinous, monoclinal, uniclinal	—d'une pierre précieuse	Mounting of a precious stone
Crêt monoclinal	Hogback	Monzonite (Pétro.)	Monzonite
Flexure monoclinale	Monoclinal flexure	—quartzique	Quartz monzonite
Pli monoclinal	Monoclinal fold	Monzonitique	Monzonitic
Rivière monoclinale	Down-dip river	Moraine	Moraine (geomorph.), glacial till (sedimentolog.), glacial drift
Monoclinique	Monoclinic, monosymmetric		
Monocotylédones (Pal.)	Monocots	—altérée	Weathered moraine
Monocyclique (Pal)	Monocyclic	—de fond	Ground moraine, subglacial moraine
Monogénique	Monogenic, monogenetic		
Brèche monogénique	Monogenic breccia	—de poussée	Push moraine
Conglomérat monogénique	Monogenic conglomerate	—de retrait	Recessional moraine, retreatal moraine
Sol monogénique	Monogenic soil	—déposée	Deposited moraine
Monogéosynclinal	Monogeosyncline	—frontale	Frontal moraine, terminal moraine, end moraine
Monolithe	Monolith		
Monominéral	Monomineral(ic)	—inférieure	Basal moraine
Roche monominérale	Monomineral rock	—interne	Internal moraine
Monomyaire	Monomyarian	—interlobaire	Interlobal moraine
Monophasé	Monophase	—latérale	Lateral moraine, flank moraine
Monophyllétique	Monophyletic		
Monoréfringence	Monorefringence	—longitudinale	Longitudinal moraine
Monoréfringent	Monorefringent	—marginale	Border moraine
Monotype (Pal.)	Monotype	—médiane	Medial moraine
Monotypique	Monotypical	—superficielle	Surface moraine, superficial moraine
Monovalence	Monovalence		
Monovalent	Monovalent	Morainique	Moraine, morainic, morainial
Mont	Mount, mountain		
Montage	Mounting, setting	Lac morainique	Morainal lake
—en dérivation	Parallel connection	Rempart morainique	Arcuate wall, arcuate moraine
—en parallèle	Parallel connection		
—en série	Series connection	Morceler	To break
—microscopique	Microscopic mounting	Morganite (Minér.)	Morganite
Montagne	Mountain	Morion (quartz fumé noir)	Morion
—à faible relief	Subdued mountain		
—plissée	Folded mountain	Morpho (préfixe)	Morpho
Chaîne de montagnes	Mountain range	Morphogenèse	Morphogenesis, morphogeny
Éboulis de montagnes	Mountain waste		
Pente de montagnes	Mountain slope	Morphologie	Morphology
Pédiment de montagnes	Mountain pediment	Géomorphologie	Geomorphology
Versant de montagnes	Mountainside	Morphologique	Morphologic(al)
Montagneux	Mountainous	Type morphologique (Pal.)	Morphotype
Montant de derrick	Derrick post		

Morphologiquement	Morphologically
Morphométrie	Morphometry
Morphométrique	Morphometric
Indice morphométrique	Morphometric index
Morphoscopie	Morphoscopy
Morphoscopique	Morphoscopic(al)
Morphosculpture	Morphogenesis
Mort-terrain	Dead ground, over-burden, cover, soil cap
—de recouvrement (Mine)	Muck
Mortier	Mortar
—de chaux	Lime mortar
—hydraulique	Hydraulic mortar
Mosaïque (de photographies aériennes)	Mosaic
Mosaïque de failles	Fault mosaic
Texture en mosaïque	Mosaic texture
Moscovien (Westphalien supérieur)	Moscovian
Motte	Clod, clump
Motteux	Cloddy
Mou (terrain)	Soft
Moudre (un minerai)	To grind, to mill
Mouillabilité	Wettability
Mouille (d'un fleuve)	Pool, scour trough
Mouillé (terrain)	Damp, moist, wet
Mouiller	To damp, to moisten, to wet
Moule (Pal.)	Mold, mould, moulding
—externe	External mold
—interne	Internal mold
Moulin à bocards	Stamp mill
Moulin glaciaire	Moulin, glacial mill
Mousson	Monsoon
Moustérien	Mousterian
Moutonnée	Ice-smoothed rock, glaciated knob
Mouvant	Moving, shifting
Dune mouvante	Shifting dune, moving dune
Sable mouvant	Drifting sand, flying sand
Mouvement	Movement
—de masse	Mass movement

—épirogénique	Epirogenetic movement
—orogénique	Orogenic movement
Mouvoir, se mouvoir	To move
Moyen (adj.)	Mean, middle
Moyenne pression	Medium pressure
De dimension moyenne	Middle sized
Diamètre moyen de particules	Median particle diameter
Latitude moyenne	Middle latitude
Moyenne (n)	Mean value
—arithmétique	Arithmetical value
Mucron (Pal.)	Mucro
À mucron	Mucronate
Mugéarite (Pétro.)	Mugearite
Mull (humus doux)	Mull
—calcique	Calcic mull
Multi (préfixe)	Multi
Multigélation	Multigelation
Multiple	Multiple
Failles multiples	Multiple faults
Réfléctions multiples	Multiple reflections
Multiplication (d'échelle)	Exaggeration (of scale)
Multispectral	Multispectral
Détecteur multispectral	Multispectral scanner
Télédétection multispectrale	Multispectral remote sensing
Multituberculé (Pal.)	Multituberculate
Mur (d'une couche)	Bottom, floor, footwall, lying wall, ledger
—(de rimaye)	Headwall
Gonflement du mur	Heave
Murchisonite (Minér.)	Murchisonite
Muschelkalk	Muschelkalk
Muscle (Pal.)	Muscle
—adducteur antérieur	Anterior adductor muscle
—adducteur postérieur	Posterior adductor muscle
Muscovite	Muscovite
Muskeg	Muskeg
Mutation (Pal.)	Mutation
Mylonite	Mylonite
Mylonitique	Mylonitic
Mylonitisation	Mylonitization
Myrmékite	Myrmekite

N

Nacre	Nacre	—incohérente	Loose snow
Nacré	Nacreous, pearly	—sèche	Dry snow
Nacrite (Minér.)	Nacrite	—poudreuse	Powdery snow
Nadir	Nadir	Champ de neige	Snow field
Nagyagite (Minér.)	Nagyagite	Dune de neige	Snow dune
Namurien	Namurian	Limite des neiges	Snow line
Nannofossile	Nannofossil	Tache de neige	Snow patch
Nannoplancton	Nannoplankton	Neiger	To snow
Nansen (Bouteille de)	Nansen bottle	Nelsonite (Pétro.)	Nelsonite
Napalite	Napalite	Nématoblastique	Nematoblastic
Naphtabitume	Naphtabitumen	Néocomien (Crétacé in-	Neocomian
Naphte	Naphta	férieur)	
—brut	Crude naphta	Néodarwinisme	Neodarwinism
—de pétrole	Petroleum naphta	Néoformation (minéral	Crystallization after di-
—de schiste	Shale naphta	de)	agenesis
—minéral	Rock oil, petroleum fos-	Néoformé (Minér.)	Crystallized after settling
	sil oil		and diagenesis
Naphtène	Naphtene	Néogène	Neogene
Teneur en naphtène	Naphtenicity	Néogenèse	Crystallization after di-
Naphténique	Naphtenic		agenesis
Série naphténique	Naphtenic series	Néolithique	Neolithic new stone
Napoléonite (Pétro.)	Napoleonite		age
Natif	Native, original	Civilisation néolithique	Neolithic age
Elément natif	Native element	Industrie néolithique	Neolithic tools
Métal natif	Native metal	Néon	Neon
Or natif	Native gold	Néotantalite	Niobtantalpyrochlore
Natrolite	Natrolite	Néoténie	Neoteny
Natron	Natron	Néotype	Neotype
Natroné (lac)	Alkali (lake)	Néovolcanique	Neovolcanic
Nature (d'un gisement)	Kind, nature	Néphéline	Nepheline, nephelite
Naturel	Natural	Basalte à néphéline	Nepheline basalt
Gaz naturel	Natural gas	Syénite à néphéline	Nepheline syenite
Sélection naturelle	Natural selection	Néphélinique (syénite)	Nephelite syenite
Nautile	Nautilus	Néphélinite	Nephelinite
Nautilidé	Nautiloid	Néphrite	Nephrite
Navigable (rivière)	Navigable (river)	Neptunien	Neptunian
Navite (Pétro.)	Navite	Théorie neptunienne	Neptunian hypothesis
Nazca (plaque)	Nazca (plate)	Neptunisme	Neptunism
Néanderthal (Homme	Neanderthal man	Néritique	Néritic
de)		Zone néritique	Neritic zone
Nébuleuse	Nebula	Nésosilicate	Nesosilicate
Nébulite (Pétro.)	Nebulite	Net, nette	Clean
Neck	Neck	Cassure nette	Clean break
Necton	Nekton	Contour minéral net	Sharp contour
Nectonique	Nektonic	Image nette	Clear image
Needien (interglaciaire	Needian	Vision nette	Clear view
Mindel-Riss)		Netteté (Opt.)	Sharpness, clearness
Négatif	Negative	Neutralisation	Neutralization
Cristal négatif	Negative crystal	Neutraliser (Chimie)	To neutralize
Anomalie négative (de	Negative gravity anomaly	Neutre	Neutral
gravité)		Roche neutre	Neutral rock, intermedi-
Neige	Snow		ate rock
—fondante	Slush	Neutron	Neutron

Diagraphie neutron-neutron	Neutron-neutron log
Névé	Neve, firn
Glace de névé	Firn ice
Newton (échelle de)	Newton's scale
Nez (d'un anticlinal)	Nose
Niccolite (= nickéline)	Niccolite
Niche	Hollow
—de corrosion	Solution hollow
—de décollement	Scar
—de nivation	Nivation niche
Nickel	Nickel
Ferro nickel	Nickel iron
Nickélifère	Nickeliferous
Nickélite	Niccolite
Nickelochre	Nickelocher, annabergite
Nicol	Nicol, nicol prism
—croisés	Crossed nicols
Nicopyrite	Nicopyrite, pentlandite
Nid de minerai	Ore bunch, pocket
Nife	Nife
Nimbostratus	Nimbostratus cloud
Niobium	Niobium
Nitrate	Nitrate
—d'argent	Silver nitrate
—de potassium (salpêtre)	Niter
—de soude	Nitratite, chili salpeter
Nitre	Niter, salpeter
Nitrification	Nitrification
Nitrique	Nitric
Acide nitrique	Nitric acid
Nitrobarite (Minéral)	Nitrobarite
Nitrocalcite (Minéral)	Nitrocalcite
Nitreux	Nitrous
Nitroglycérine (explosif)	Nitroglycerine
Nival	Nival
Ruissellement nival	Snow melt
Nivation	Nivation
Creux de nivation	Nivation hollow
Niveau	Level
—à bulle	Bubble level
—aquifère	Water bearing layer
—d'eau	1) water gauge; 2) water level
—de base	Base level
—de fond (mine)	Bottom level
—de la mer	Sea level
—de mine	Floor level
—induré	Hard-ground
—minéralisé	Ore bed
—moyen	Mean level
—piézométrique	Water table
—principal	Main level
—supérieur du pergélisol	Permafrost table
Niveler	To level
Nivellement	Levelling, levelling survey, land levelling

—barométrique	Barometric levelling
—tachéométrique	Tacheometrical levelling
Nivéoéolien	Niveo-eolian
Nivofluvial	Nivofluvial
Nocif (gaz)	Noxious, harmful
Nodal	Nodal
Point nodal	Nodal point
Nodule	Nodule, ball
—d'argile	Clay ball
—de manganèse	Manganese nodule
—de péridotite	Peridotite nodule
—phosphaté	Phosphatic nodule
—polymétallique	Polymetallic nodule
Noeud	Knot, orogenic node, convergence (geotectonic)
Noir	Black
Noir de fumée	Gas black
Nom	Name
—de genre	Generic name
—d'espèce	Specific name
Nombre	Number
Nombre atomique	Atomic number
Nomenclature	Nomenclature
Nominal	Nominal
Production nominale	Nominal output
Non	Not (prefix)
—broyé	Uncrushed
—calcaire	Noncalcic
—capillaire	Noncapillary
—combustible	Noncombustible
—corrosif	Noncorrosive
—cristallin	Noncrystalline
—dilué	Undiluted
—exploité	Unworked
—ferreux	Unferrous
—filtré	Unfiltered
—fondu	Unmelted
—magnétique	Nonmagnetic
—miscible	Nonconsolute
—perforé	Imperforated
—poreux	Imporous
—récupérable	Nonrecoverable
—remblayé	Unfilled
—saturé	Unsaturated
—solidifié	Unsolidified
—stratifié	Non bedded, unstratified
—traité	Nonprocessed
—trié	Nonsorted
—usé	Unworn, nonworn, angular
Nontronite	Nontronite
Nord	North
—géographique	True north
—magnétique	Magnetic north
Vers le Nord	Northerly
Nordbergite	Nordbergite
Nordmarkite	Nordmarkite

Norien	Norian	**—d'un pli**	Core
Noséane (Minér.)	Nosean	**—terrestre**	Earth core
Phonolite à noséane	Nosean phonolite	**Noyé**	Drowned, embedded
Norite (Pétro)	Norite	**Noyer**	To flood, to drown
Normal (habituel) (per-	Normal	**Nuage**	Cloud
pendiculaire)		**Nuageux**	Cloudy
Déplacement normal	Normal displacement	**Nucléaire**	Nuclear
Distribution normale	Normal grain size distri-	**Centrale nucléaire**	Nuclear power plant
	bution	**Combustible nucléaire**	Nuclear fuel
Érosion normale	Normal erosion	**Diagraphie nucléaire**	Nuclear log
Faille normale	Normal fault, gravity	**Énergie nucléaire**	Nuclear energy
	fault	**Nucléation (Cristallo.)**	Nucleation
Pli normal	Normal fold	**Nuée**	Cloud
Position normale (d'une	Normal position	**Nuée ardente**	Nuée ardente, glowing
couche)			ash cloud
Zonation normale (d'un	Normal zoning	**Numération**	Numeration, numbering
feldspath)		**Numérique (valeur)**	Numeral
Normatif (minéral)	Standard index (mineral),	**Numéro atomique**	Atomic number
	normative	**Nummulite**	Nummulite
Norme	Standard, norm	**Calcaire à nummulites**	Nummulitic limestone
Calcul de la norme	Norm analysis		(Lutetian, Middle
(Minér.)			Eocene, Paris-Basin)
Notice (Carto.)	Leaflet	**Nummulitique**	Nummulitic
Nouméite	Noumeite	**Nummulitidés**	Nummulitids
Noyage (d'un puits)	Flooding	**Nunatak**	Nunatak
Noyau	Core, nucleus, ring	**Nutation (de la Terre)**	Nutation
—benzénique	Benzene ring	**Nutritif (élément)**	Nutrient, nutriment

O

Oasis	Oasis	**Ocre**	Ocher, ochre
Obduction	Obduction	**—jaune**	Yellow ocher, nickel ocher
Objectif	Lens		
—à immersion	Immersion lens	**—rouge**	Red ocher
—grand angle	Wide-angle lens	**Ocré, ocreux**	Ochreous
—téléobjectif	Tele-lens, tele-photographic lens	**Octaèdre**	Octahedron
		Octaédrique	Octahedral
Objet (platine porte-)	Object slide	**Octaédrite (Minér.)**	Octahedrite, anatase
Oblique	Oblique	**Octane**	Octane
Extinction oblique	Oblique extinction, inclined extinction	**Indice d'octane**	Octane number
		Octophyllite	Octophyllite
Faille oblique	Oblique fault	**Oculaire**	Eye-piece, ocular
Forage oblique	Slant drilling	**—à réticule**	Eye-piece with cross wires
Obliquité	Obliquity		
Obséquent	Obsequent	**Odinite**	Odinite
Escarpement obséquent	Obsequent scarp	**Odontolite**	Odontolite
Observation	Observation, observing	**Oeil**	Eye
—de terrain	Field observation	**—de chat**	Cat's eye
Obsidianite	Obsidianite	**—de tigre**	Tiger's eye (Miner.)
Observer	To observe	**Oeillé (gneiss)**	Augen gneiss
Obsidienne	Obsidian, volcanic glass	**Ogive (glaciaire)**	Ogive
Obstacle	Obstacle	**Oléfine**	Olefin
Dune d'obstacle	Obstruction dune	**Ohm**	Ohm
Obstruer, s'obstruer	To obstruct, to dam, to choke up	**Ohm-mètre**	Ohm meter
		Olénékien (Trias)	Olenekian
Obturateur (Photo.)	Shutter	**Oligiste**	Oligist
Observatoire	Observatory	**Fer oligiste**	Oligist iron
Obturer (un puits)	To seal off	**Oligo (préfixe)**	Oligo
Obtus (angle)	Obtuse (angle)	**Oligocène**	Oligocene
Occipital (lobe)	Occipital (lobe)	**Oligoclase**	Oligoclase
Occlusion (de gaz)	Occlusion	**Oligoclasite**	Oligoclasite
Occlus (gaz)	Occluded	**Oligohalin**	Oligohaline
Occulte (minéral)	Occult (mineral)	**Oligotrophe**	Oligotrophic
Océan	Ocean	**Olivine**	Olivine
Océanique	Oceanic	**Basalte à olivine**	Olivine basalt
Bassin océanique	Oceanic basin	**Diabase à olivine**	Olivine diabase
Courant océanique	Oceanic current	**Gabbro à olivine**	Olivine gabbro
Croûte océanique	Oceanic crust	**Nodule d'olivine**	Olivine nodule
Expansion des fonds océaniques	Ocean floor spreading	**Olivinite**	Olivinite
		Ollaire (pierre)	Steatite, talcschist
Fond océanique	Oceanic bottom, oceanic floor	**Ombilic glaciaire**	Overdeepened glacial basin
Fosse océanique	Oceanic trench	**Omphacite**	Omphacite
Île océanique	Oceanic island	**Onctueux (toucher)**	Soapy, greasy, unctuous
Influence océanique	Oceanicity	**Onde**	Wave
Plaque océanique	Oceanic plate	**—acoustique**	Acoustic wave
Socle océanique	Oceanic basement	**—de choc**	Shock wave
Océanite	Oceanite	**—de cisaillement**	Shear wave, transverse wave
Océanographique	Oceanographic(al)		
Recherche océanographique	Oceanographic research	**—de compression**	Compression wave
		—de Love	Love wave
Océanographie	Oceanography	**—directe**	Direct wave
Océanologie	Oceanography	**—élastique**	Elastic wave

—longitudinale	Longitudinal wave, P wave	—affiné	Refined gold
—lumineuse	Light wave	—alluvionnaire	Placer gold, alluvial gold
—primaire	Primary wave	—en pépites	Nuggety gold
—réfléchie	Reflected wave	—filonien	Vein gold
—réfractée	Refracted wave	—fin	Fine gold
—secondaire	Secondary wave	—natif	Native gold
—sismique	Seismic wave	Orage	Storm
—transversale	Transverse wave, S wave	Orageux	Stormy
Longueur d'onde	Wavelength	Orangite	Orangite
Ondée	Shower, rain	Orbiculaire	Orbicular
Ondulation	Swell, corrugation, undulation	Diorite orbiculaire	Orbicular diorite
		Granite orbiculaire	Orbicular granite
Ondulé	Corrugated, wrinkled, wavy, rolling	Orbite	Orbit
		Orbitoidinae	Orbitoid
Onduler	To undulate, to corrugate	Ordanchite	Ordanchite
		Ordinaire (rayon)	Ordinary (ray)
Onguligrades (Pal.)	Unguligrades	Ordonnée	Ordinate
Ontogenèse	Ontogenesis	Ordovicien	Ordovician
Ontogénétique	Ontogenetic	Ordre	Order
Onyx	Onyx	—de cristallisation	Crystallization order
Oolithe	Oolite, oolith, ooid, eggstone	—de superposition	Succession order
		—originel de superposition	Original order of stratification
Oolithique	Oolitic, oolithic, oolite	Organique	Organic
Calcaire oolithique	Oolitic limestone	Matière organique	Organic matter
Fer oolithique	Oolitic iron stone	Organisme (Pal.)	Organism
Opacimètre	Turbidimeter	—euryhalin	Euryhaline organism
Opacité	Opacity, turbidity	—sténohalin	Stenohaline organism
Opale	Opal	Organogène, organogénique	Organogenic, organogenous
—de feu	Fire opal	Orgue basaltique	Columnar basalt, basalt columns
—jaspe	Jasper opal		
—noble	Precious opal	Orientation	Orientation, bearing
—xyloïde	Wood opal	—des couches	Bed strike
Opalescence	Opalescence	—d'une faille	Fault strike
Opalescent	Opalescent	Orientale (agate)	Oriental (agate)
Opalisé	Opalized	Oriental (rubis)	Oriental rubis
Opaque (minéral)	Opaque (mineral)	Orienter, s'orienter	To orient, to orientate
Opération de forage	Drilling operations	Échantillon orienté	Oriented specimen
Opérationnelle (recherche)	Operational (research)	Orifice	Orifice, outlet, opening
		—d'un puits (Mine)	Pit mouth, shaft collar
Operculiforme	Operculiform	—volcanique	Volcanic vent
Opercule	Operculum	Originel	Original
Ophite	Ophite	Origine	Origin
Ophitique	Ophitic	—organique	Organic origin
Opistocèle	Opistocoelous	Ornementation	Ornamentation
Opistogyre	Opistogyrate	Ornitischiens	Ornitischia
Ophiurides	Ophiuridea	Ornoïte	Ornoite
Optique	1) adj: optic(al); 2) n: optics	Oroclinale (zone)	Orocline
		Orocratique	Orocratic
Angle optique	Optical angle	Orogène	Orogen
Axe optique	Optical axis	Orogenèse, orogénie	Orogeny, orogenesis
Constantes optiques	Optical constants	Orogénique	Orogenic, orogénétic
Microscope optique	Photonic microscope	Cycle orogénique	Orogenic cycle
Plan optique	Optic plane	Phase orogénique	Orogenic phase
Signe optique	Optic character	Zone orogénique	Orogenic belt
Optiquement	Optically	Orogéosynclinal	Orogeosyncline
Or	Gold	Orographie	Orography

Orographique	Orographic
Orographiquement	Orographically
Orohydrographie	Orohydrography
Orohydrographique	Orohydrographic(al)
Oromètre	Orometer
Orométrie	Orometry
Orométrique	Orometric
Orpaillage	Gold washing, alluvial digging
Orpailleur	Gold washer
Orpiment	Orpiment, yellow arsenic
Orthite	Orthite
Ortho (préfixe)	Ortho
Orthocératidés	Orthoceratidae
Orthochromatique	Orthochromatic
Orthoclase (orthose)	Orthoclase
Orthoclasite	Orthoclasite
Orthoclastique	Orthoclastic
Orthodromie	Orthodromy
Orthofelsite	Orthofelsite
Orthoferrosilite	Orthoferrosilite
Orthogenèse	Orthogenesis
Orthogéosynclinal	Orthogeosyncline
Orthogneiss	Orthogneiss
Orthogonal	Orthogonal
Orthographique (projection)	Orthographic (projection)
Orthomagmatique (stade)	Orthomagmatic (stage)
Orthophyre	Orthophyre
Orthophyrique	Orthophyric
Orthopinacoide	Orthopinacoid
Orthoprisme	Orthoprism
Orthorhombique	Orthorhombic
Amphibole orthorhombique	Orthamphibole
Pyroxène orthorhombique	Orthaugite, orthopyroxene
Orthose	Orthose, orthoclase
Porphyre à orthose	Orthophyre
Orthosilicate	Orthosilicate
Orthosite (Pétro.)	Orthosite
Orthotectite	Orthotectic
Ortlérite	Ortlerite
Os	Osar
Osannite (Minér.)	Osannite
Oscillation	Oscillation, swinging
—climatique	Climatic oscillation
Ride d'oscillation	Oscillation ripple
Vague d'oscillation	Oscillation wave
Oscillographe cathodique	Cathode ray oscillograph
Oscule (Pal.)	Osculum
Osmium	Osmium
Ossements	Bones
Osseux	Osseous
Ostiole de toundra	Tundra ostiole
Ostracodes	Ostracoda, Ostracods
Ostracodermes	Ostracodermi
Otolithe (Pal.)	Otolith
Ottajanite (Pétro.)	Ottajanite
Ottrélite (Minér.)	Ottrelite
Oued	Ouady, dry river
Ouragan	Hurricane
Ouralien (Carbonifère supérieur)	Uralian
Ouralite	Uralite
Ouralitisation	Uralitization
Outil	Tool
—de forage	Boring tool
—à couronne de diamant	Diamond drill
Outillage	Equipment, outfit
Outremer	Lazurite, lapis-lazulli, ultra-marine
Ouvarovite	Ouvarovite
Ouverture de la taille (Mine)	Working thickness
Ouvrage	Work, working
—souterrain	Digging
Ouvrier	Workman
—à l'extraction	Hoistman
—carrier	Stone cutter
—de fond (Mine)	Underground workman
—du jour	Surfaceman
—des plates-formes	Derrick man
Ouvrir, s'ouvrir	To open
Ovipare	Oviparous
Ovoïde	Ovoid
Oxfordien	Oxfordian
Argiles oxfordiennes	Oxford clay
Oxydabilité	Oxydability
Oxydable	Oxidable, oxidizable
Oxydant	Oxidizing agent
Oxydation	Oxidizing, oxidation
Oxyde	Oxide
—d'aluminium	Alumine
—de carbone	Carbonic oxide
—de fer	Iron oxide
—ferreux	Ferrous oxide
—ferrique	Ferric oxide
—sulfureux	Sulfur dioxide
Oxydé	Oxidized
Chapeau de fer oxydé	Gossan
Oxyder, s'oxyder	To oxidize, to oxidate
Oxydo-réduction	Oxidation-reduction
Oxygène	Oxygen
Oxygéné	Oxygenous, oxygenated
Oxygéner	To oxidize
Ozocérite	Ozocerite
Ozone	Ozone

P

Pagodite (Minér.)	Pagodite	Palynologie	Palynology
Paillasse (Labor.)	Bench	Pan (de rocher)	Slab, pane
Pailleteur (orpailleur)	Gold-washer, digger	Panabase	Panabase, fahl ore
Paillette	Flake	Panaches	Plumes
—de mica	Flake of mica	Panaché (limon)	Variegated, streaked
—d'or	Floating-gold	Panachure (Pédol.)	Streak
Pain de sucre	Sugar-loaf (Brazil)	Panchromatique	Panchromatic
Palaffite	Lake dwelling	Panidiomorphique	Panidiomorphic
Palagonite	Palagonite	Panneau (Mine)	Panel
Palagonitique	Palagonitic	Pannonien	Pannonian
Palan (Méc.)	Pulley-block	Panorama	Panorama
Palasome	Palasome, host mineral	Pantellérite (Petro.)	Pantellerite
Pâle	Pale, light	Pantographe	Pantograph
Paléobotanique	Paleobotany, paleobotany	Papier calque	Tracing paper
		Papier filtre	Filter paper
Paléocène	Palaeocene, Paleocene	Papier millimétré	Quadrille paper, plotting scale paper
Paleochaîne	Paleochain, buried ridge		
Paléochenal	Paleochannel	Parabolique	Parabolic
Paléoclimat	Paleoclimate	Dune parabolique	Parabolic dune
Paléoclimatologie	Palaeoclimatology, paleoclimatology	Paraclase	Paraclase, fault
		Paraffine	Paraffin, paraffin wax
Paléoécologie	Palaeoecology, paleoecology	—brute	Crude wax
		—de schiste	Shale wax
Paléogène	Palaeogene, lower tertiary (Paleocene-Oligocene)	Paraffinique	Paraffinic
		Paragenèse	Paragenesis
		Paragénétique	Paragenetic
Paléogéographie	Paleogeography	Paragéosynclinal	Parageosyncline, intra-cratonal geosyncline
Paléolithique	Paleolithic		
Paléofaciès	Paleofacies	Paragneiss	Paragneiss
Paléomagnétique	Paleomagnetic	Paragonite	Paragonite
Pôle nord	Paleomagnetic north pole	Paraliagéosynclinal	Paraliageosyncline
Paléomagnétisme	Paleomagnetism	Paralique	Paralic
Paléontologique	Paleontologic	Parallaxe	Parallax
Paléontologie	Paleontology	Parallèle	Parallel
—animale	Paleozoology	Paramagnétique	Paramagnetic
—végétale	Paleobotany	Paramagnétisme	Paramagnetism
Paléoplaine	Paleoplain	Paramétamorphique	Parametamorphic
Paléosol	Paleosol, paleosoil, fossil soil, buried soil	Paramètre	Parameter
		Paramorphique	Paramorphic
Paléotectonique	Paleotectonic	Paraschiste	Paraschist
Paléovolcanique	Paleovolcanic, pre-Cainozoic volcanic	Parasite (cône)	Parasitic cone
		Paratype	Paratype (Pal.)
Paléozoïque	Paleozoic	Parcours (d'une onde)	Path
Palichnologie	Paleoichnology	Parcours de temps minimum	Minimum time path
Palier (Mine)	Level		
Palingenèse	Palingenesis	Pargasite	Pargasite (Miner)
Palinspatique	Palinspatic	Parisien (Bassin)	Parisian basin
Pallasite (météorite)	Pallasite	Paroi	Wall
Palse	Palsen	—d'un puits	Side of a shaft
Paludéen	Paludal	—d'une galerie	Wall
Palustre	Paludal, palustral, palustrine	—inférieure	Foot wall
		—supérieure	Roof
Palygorskite	Palygorskite	Paroxysme	Paroxysm

Paroxysme volcanique	Volcanic paroxysm	Vase pélagique	Pelagic ooze
Partage (ligne de)	Watershed, divide	Pelé (cheveux de)	Pele's hair
Particule	Particle	Péléen	Pelean
—argileuse	Clay particle	Aiguille péléenne	Pelean spine
—colloïdale	Colloidal particle	Pélite	Pelite
Passage	Passage, transition, crossing	Pélitique	Pelitic, argillaceous
		Pelle	Shovel
—au crible	Screening	—mécanique	Mechanical digger
—au tamis	Sifting	—mécanique de découverte	Stripper
Passe (dans un cordon littoral)	Inlet, channel		
		Pelletage mécanique	Power shoveling
Passer à travers les mailles d'un tamis	To pass through the meshes of a sieve	Pelletée	Shovelful
		Pelliculaire	Pellicular
Passer au tamis	To sift	Pellicule	Pellicle, film
Pâte (de roches volcaniques)	Groundmass	Pellicule d'eau	Water film
		Pelmatozoaires	Pelmatozoa
Patine	Patina	Pencher	To incline, to bend, to lean, to slope
Patine désertique	Desert varnish, tan		
Pavage désertique	Paved land, paved soil, desert pavement, lag gravel	Pendage	Dip
		—apparent	Apparent dip
		—général	Regional dip
Pays	Country	—inverse	Reverse dip
—accidenté	Rolling country	—originel	Original dip
—découvert	Open country	—périclinal	Centroclinal dip
Avant pays	Foreland	—radial	Quaquaversal dip
Arrière pays	Backland	—réel, vrai	True dip
Bas pays	Lowland	Amont pendage	Up of the dip
Haut pays	Upland	Aval pendage	Down the dip
Peau d'éléphant	Shrinkage joints pattern, contraction joints (in weathering crusts)	Pendagemètre	Dipmeter
		Pendulaire	Pendular
		Pénéplaine	Peneplain, peneplane, denudation plain
Paysage	Landscape	—embryonnaire	Incipient peneplain
Pechblende	Pitchblende	—exhumée	Exhumed peneplain
Pechkohle	Pitch coal	—naissante	Incipient peneplain
Pechstein	Pitchstone	—rajeunie	Rejuvenated peneplain
Péchurane	Pitchblende, uraninite	Pénéplanation	Peneplanation
Pectolite	Pectolite	Pénétrabilité	Penetrability
Pedalfer	Pedalfer	Pénétrer	To enter, to intrude
Pédoncule	Peduncle, pedicle (Pal. Brachiop.)	Pénétromètre (Mec. sols)	Penetrometer
Pédiment	Pediment	Péninsulaire	Peninsular
—coalescent	Coalescing pediment	Péninsule	Peninsula
—désertique	Desert pediment	Pénitent	Rock pinnacle, earth pillar
—emboîté	Inset pediment		
—rocheux	Rock pediment	Pennine	Pennine
Pédiplaine	Pediplain, pediplane	Pennite, penninite	Pennite, penninite
Pédocal	Pedocal	Pennsylvanien	Pennsylvanian
Pédogenèse	Pedogenesis	Pentagonal	Pentagonal
Pédologie	Pedology, soil science	Pente	Slope, grade, gradient
Pédologue	Edaphologist, soil scientist	—continentale	Continental slope
		—d'éboulis	Talus slope
Pédoncule (de méandre)	Neck	—d'érosion	Erosion slope
Pegmatisation	Pegmatization	—de solifluxion	Solifluction slope
Pegmatite	Pegmatite	—descendante	Down slope
Pegmatite graphique	Graphic pegmatite	—d'un cours d'eau	Grade
Pegmatitique	Pegmatitic	—limite	Profil d'équilibre, grade
Pegmatoïde	Pegmatoid	—raide	Steep slope
Pélagique	Pelagic		

—montante	Up slope	—rotative	Rotary drill
—naturelle	Natural slope, angle of repose	Perforer	To perforate, to drill, to pierce
En pente	Sloping	Pergélisol	Pergelisol, permafrost, perennially frozen ground
Pentlandite	Pentlandite		
Pénurie (d'électricité, de minerai)	Shortage		
		—actuel	Active permafrost
Pépérino (tuff volcano-sédimentaire)	Peperino	—pérenne	Permafrost
		—résiduel	Relict permafrost
Pépérite (Auvergne)	Basaltic tuff	—sec	Dry permafrost
Pépite	Pepita, nugget	Perhyalin	Perhyaline
Peptisation	Peptization	Périanticlinal	Perianticlinal
Perçage	Boring, piercing, drilling	Périarctique	Periarctic
Percée	Consequent valley, water-gap	Périclase	Periclase (Miner.)
		Périclinal	Centroclinal, periclinal
Percement	Piercing, drilling, boring	Péricline	Pericline
—de recoupes (Mine)	Cross-driving	Péridot	1) peridot; 2) olivine
—en travers-banc (Mine)	Cross-cutting	Péridotite	Peridotite
		Périgée	Perigee
Percer	To bore, to pierce, to drill out (a well), to tunnel (a drift), to hole	Périglaciaire	Periglacial
		Périglaciaire pérenne	Perennial periglacial condition
		Climat périglaciaire	Periglacial climate
—en direction (Mine)	To drift, to drive	Faciès périglaciaire	Periglacial facies
—en montant (Mine)	To rise	Indice périglaciaire	Periglacial index
—en travers-banc (Mine)	To cross-cut	Phénomène périglaciaire	Periglacial phenomenon
		Processus périglaciaire	Periglacial process
Perceuse	Drilling machine, driller, drill	Régime périglaciaire	Periglacial regime
		Zone périglaciaire	Periglacial zone
Perché	Perched	Périhélie	Perihelion
Aquifère perché	Perched aquifer	Périmagmatique	Perimagmatic
Bloc perché	Perched bloc, perched boulder	Périmètre mouillé	Wetted perimeter
		Période	Period
Nappe phréatique perchée	Perched water-table	—crétacée	Cretaceous period
		—de demi-vie	Half-life period
Vallée perchée	Perched valley	—de fonte (des neiges)	Thaw season
Percolation	Percolation	—de gel	Freezing season
Percoler	To percolate, to infiltrate	—de glace	Ice period
Percussion	Percussion	—d'englacement	Period of floating ice formation
Marques de percussion	Percussion markings		
Sondage par percussion	Percussion boring	—d'oscillation	Period of oscillation
Perdre (de l'eau)	To leak	—glaciaire	Glacial period, boulder period
Se perdre (rivière)	To lose itself		
Pérenne	Perennial	—interglaciaire	Interglacial period
Perforateur	1) adj: drilling; 2) n: perforator, drill	Périodique	Periodic
		Classification périodique des éléments	Periodic table
Perforateur à diamant	Diamond drill		
Perforateur de tubage	Casing perforator	Périodicité	Periodicity
Perforation	Perforation, perforating, holing, drilling	Périostracum	Periostracum
		Périphérie	Periphery
Perforation hydraulique	Hydraulic drilling	Périprocte	Periproct
Perforatrice	Drill, driller, rock-drill, borer	Périssodactyles	Perissodactyla
		Péristome	Peristome
—à air comprimé	Air drill	Périsynclinal	Basin
—à injection d'eau	Water-drill	Perle	Pearl, bead
—à percussion	Percussion drill	Perle (essai au chalu-meau)	Bead test
—à pointes de diamant	Diamond drill		
—pneumatique	Air drill	Perlé	Pearly, nacreous

Perlite	Perlite
Perlitique	Pearlitic, perlitic
Permagel	Permafrost
Permanent	Permanent, persistent
Écoulement permanent	Perennial flowing
Perméabilité	Permeability
—latérale	Lateral permeability
—magnétique	Magnetic permeability
—secondaire	Secondary permeability
Perméable	Permeable, porous, pervious
Permien	Permian
Permis (n.)	Permit, license
—de forage	Drilling permit
—de recherche	Prospecting license
Permo-Carbonifère	Carboniferous + Permian
Pérovskite	Perovskite
Peroxyde	Peroxide
Perpendiculaire (adj. et n.)	Perpendicular
Perré	Rip-rap, stone packing
Perrière (désuet)	Quarry
Perrier	Scree
Perspective	Perspective
Perspective aérienne	Aerial perspective
Perte	Loss, leak, leakage, disappearance
—au feu	Fire loss
—d'eau	Water loss
—de pression	Loss of pressure
—karstique	Interrupted stream
Perthite	Perthite
Perturbation	Disturbance
—atmosphérique	Statics, atmospheric disturbance
—magnétique	Magnetic perturbation
Pesanteur	Gravity force, gravity
—spécifique	Specific gravity
Peser	To weigh, to scale
Pétalite	Petalite
Petit	Small
Petite baie	Cove
Petit ruisseau	Rill
Pétri	1) moulded; 2) full of
Pétrifiant	Petrifying, petrescent, incrusting
Eaux pétrifiantes	Incrusting waters
Pétrification	Petrification, lithification, incrustation
Pétrifié (bois)	Petrified (wood)
Pétrifier, se pétrifier	To petrify
Pétrir (de l'argile)	To knead, to work (clay)
Pétrochimie	Petrochemistry
Pétrochimique	Petrochemical
Pétrogenèse	Petrogenesis, petrogeny
Pétrogénétique	Petrogenetic
Pétrographe	Petrograph, petrographer, petrologist
Pétrographie	Petrography, petrology
—sédimentaire	Sedimentary petrography
Pétrographique	Petrographic(al)
Province pétrographique	Petrographic province
Pétrolatum	Petrolatum
Pétrole	Petroleum, crude oil, oil, mineral oil, rock oil
—brut	Crude oil
—brut asphaltique	Asphaltic base crude
—brut à base paraffinique	Paraffin base oil
—brut naphténique	Naphtene base crude
—brut non sulfuré	Sweet crude
—léger	Light oil
—lourd	Heavy oil
Pétrolier (bateau)	Tanker
—(ouvrier)	Oilman
Pétrolifère	Petroliferous, oil bearing
Pétrologie	Petrology
—structurale	Petrofabrics
Pétrologique	Petrologic
Petzite	Petzite
Peu profond	Shallow
Phacoïde	Phacoid
Phacolite	1) phacolite (Miner.); 2) phacolith (intrusive body)
Phanéritique	Phaneritic, phanerocrystalline, coarsely crystalline
Phanérogames	Phanerogams
Pharmacolite	Pharmacolite
Pharmacosidérite	Pharmacosiderite
Phase	Phase, stage
—liquide	Liquid phase
—orogénique	Orogenic phase
Phénacite	Phenacite
Phénoblaste	Metacryst, metacrystal
Phénocristal	Phenocryst
Phénomène géologique	Geological event
Phlogopite	Phlogopite, rhombic mica
Phonolite	Phonolite, clinkstone
Phonolitique	Phonolitic
Phosgénite	Phosgenite
Phosphate	Phosphate
Phosphaté	Phosphatic, phosphated
Craie phosphatée	Phosphatic chalk
Grès phosphaté	Phosphatic sandstone
Nodule phosphaté	Phosphatic nodule
Phosphatique	Phosphatic
Phosphore	Phosphorus, phosphor
Phosphoré	Phosphorated
Phosphorescence	Phosphorescence
Phosphorescent	Phosphorescent
Phosphoreux	Phosphorous
Phosphorique	Phosphoric

Phosphorite	Phosphorite
Phosphorocalcite	Phosphorocalcite
Photogéologie	Photogeology
Photogrammétrique	Photogrammetric
Photogrammétrie	Photogrammetry
Photographie aérienne	Aerial view, aerial photography
Photointerprétateur	Photointerpreter
Photo-interprétation	Photointerpretation
Photométrie	Photometry
Photomosaïque	Mosaic
Photoplan	Photomap
Photorestituteur	Photographic plotter, stereoplotter
Photorestitution	Photorestitution
Photothèque	Photographic library
Photosynthèse	Photosynthesis
Phragmocône	Phragmocone
Phréatique	Phreatic
Explosion phréatique	Phreatic eruption
Nappe phréatique	Saturation level
Phtanite	Siliceous shale, schist, phtanite (rare)
Phylétique	Phyletic
Phyllade	Phyllite
Phyllite	Phyllite
Phyllocératidés	Phylloceratids
Phyllonite	Phyllonite (Petro.)
Phyllosilicate	Phyllosilicate
Phylogénie	Phylogeny
Phylum	Phylum
Physicien	Physicist
Physiographie	Physiography
Physiographique	Physiographic(al)
Phytéral	Phyteral (vegetal remain)
Phytoplancton	Phytoplankton
Pic (montagne)	Peak
—(outil)	Pick, pickaxe
—(d'un diagramme)	Pick
—(de mineur)	Miner's pick
A pic	Cliffed, precipitous
Picnomètre	Picnometer
Picot (Mine)	Wedge
Picotite	Picotite
Picrite	Picrite
Picromérite	Picromerite
Pied	1) foot, base, bottom; 2) foot (Meas.) = 0.3048m
—à coulisse	Slide gauge, slide calipers
—carré	Square foot
—cube	Cubic foot
—cube par seconde	Cusec
—de glace	Ice foot
—de pente	Foot of a slope
Piédmont	Piedmont
Glacier de piédmont	Piedmont glacier
Glacis de piédmont	Piedmont slope
Plaine de piédmont	Piedmont plain
Piège	Trap
—à gaz	Gas trap
—à sable	Sand trap
—de faille	Fault trap
—de perméabilité	Permeability trap reservoir
—de pincement	Pinch out trap reservoir
—diapir	Piercement trap reservoir
—pétrolifère	Oil trap
—stratigraphique	Stratigraphic gap
—structural	Structural gap
Piémontite	Piemontite
Pierraille	Brokenstone, crushed stone, chippings
Pierre	Stone
—à aiguiser	Oilstone
—à bâtir	Building stone
—à chaux	Limestone
—à facettes	Sandblasted pebble, faceted pebble
—à feu	Flint
—à fusil	Flint
—à foulon	Smectite, fuller's earth
—à liards	Nummulitic limestone
—à plâtre	Plaster stone, gypsum
—branlante	Logan stone, rocking stone
—d'aimant	Magnetite
—d'alun	Alunite
—de bornage	Boundary stone
—de Caen	White, Bajocian oolite
—de croix	Staurolite
—de lune	Moonstone
—de soude	Natrolite
—de taille	Building stone
—de touche	Touchstone
—façonnée par le vent	Ventifact
—fine	Semiprecious stone
—levée	Menhir, standing stone
—lithographique	Lithographic stone
—meulière	Millstone
—polie	Polished stone, Neolithic
—ponce	Pumice
—précieuse	Gem, gemstone
—précieuse sans défaut	Flawless gem
—précieuse taillée	Cut gem
—taillée	Chipped stone, palaeolithic cut stone
Cercle de pierres	Stone circle
Coulée de pierres	Stone river, block stream
Glacier de pierres	Rock glacier
Guirlande de pierres	Stone festoon
Polygone de pierres	Stone polygon
Réseaux de pierres	Stone nets
Pierrerie	Gem, precious stone

Pierreux	Stony, cobbly		cial deposit
Piézoclase	Piezoclase	Placer	Placer, alluvial digging
Piézocristallisation	Piezocrystallization, piezocrescence	—alluvial	River placer, placer deposit
Piézoélectrique	Piezoelectric	—aurifère	Gold placer
Piézoélectricité	Piézoelectricity	—stannifère	Tin placer
Piézomètre	Piezometer	Placodermes	Placoderms
Piézométrique	Piezometric	Plafond (d'une mine)	Roof
Surface piézométrique	Saturation level	Plage	Beach, shore
Pigeonite	Pigeonite	Avant-plage	Fore-shore
Pilage (broyage)	Grinding, crushing	Arrière-plage	Back-shore
Pile (amas)	Heap	Croissant de plage	Beach cusp
Pilier	Pillar, post, stack	Gradin de plage	Beach terrace
—d'érosion	Erosion column, earth pillar	Levée de plage	Beach ridge
		Sillon de plage	Beach furrow
—de soutènement	Supporting pillar	Plage soulevée	Raised beach
Pimélite	Pimelite	Plagioclase	Plagioclase
Pinacle	Stack	Plagioclasite	Plagioclasite
—corallien	Reef knoll	Plagionite	Plagionite
Pinacoïde	Pinacoid	Plagiophyre	Plagiophyre
Pince (Labo.)	Tongs	Plaine	Plain, lowland
—brucelles	Tweezers	—abyssale	Abyssal plain
—à creuset	Crucible tongs	—alluviale	Alluvial plain, valley floor, first bottom
—pour tubes	Tube tongs		
Pincée	Pinch	—côtière	Coastal plain
Pincement	Pinching	—d'abrasion marine	Plain of marine erosion
Pingo	Ice cored mound, pingo	—d'alluvion	Flood plain
Pinite	Pinite	—de dénudation	Denudation plain
Piochage	Picking	—deltaïque	Delta plain
Pioche	Pickaxe, pick, mattock	—d'érosion	Erosion plain
Piocher	To dig (with a pick), to pick	—de piédmont	Piedmont plain
		—d'inondation	Flood plain
Pipeline	Pipe line	—fluvio-glaciaire	Outwash plain
Pipette	Pipette	—glaciaire	Glacial plain
—graduée	Graduate pipette	—littorale	Coastal plain
Pipkrake	Needle ice, pipkrake	—périglaciaire	Geliplain
Piquage (Mine)	Hewing, digging	—ravinée	Dissected plain
Piquant (d'oursin)	Radiole	Plaisancien	Plaisancian
Piquetage (Mine)	Stacking	Plan	1) adj: plane, level, even, planar; 2) n: design, project, tracing; plan, map
Piquet de jalonnement	Stake		
Plicatulation	Puckering, minute folding		
		—axial	Axial plane
Piqueter	To stake out	—d'eau	Water level
Piqueur	Pikeman, cutter, hewer	—de charriage, de chevauchement	Thrust plane, overthrust fault
Pisolite	Pisolith		
Pisolithique, pisolitique	Pisolitic	—de cisaillement	Shear surface
Calcaire pisolithique	Pisolitic limestone	—de clivage	Cleavage plane
Minerai de fer pisolithique	Pisolitic iron	—de crête d'un pli	Crestal plane
		—de diaclase	Joint plane
Pissette (Labo.)	Wash bottle	—de disjonction	Divisional plane
Pistacite, pistazite	Pistazite, epidote	—de discontinuité	Plane of unconformity
Piste	1) track, trail (Invertebrate); 2) footprint (Vertebrate)	—de faille	Fault plane
		—de fracture	Slip plane
		—de frappe	Striking plane
Piton	Peak, pinnacle	—de glissement	Gliding plane
Pivoter	To swivel, to hinge	—de la nappe phréatique	Ground water table
Place (en)	In situ		
Placage	Veneer, coating, superfi-		

—de mâcle (d'hémitropie)	Twinning plane	rine	
—de niveau	Datum line	—d'accrochage	Hooking platform, rocking platform
—de polarisation	Polarization plane	—de forage	Derrick platform
—de poussée	Thrust plane	—flottante	Floating platform
—de référence	Datum plane	—littorale	Rock bench
—de schistosité	Foliation plane	—structurale	Structural plateau, structural platform
—de stratification	Bedding plane		
—de symétrie	Plane of symmetry	Platier corallien	Coral reef flat
—incliné	Headway, slope, incline	Platière (forêt de Fontainebleau)	Sandstone (or limestone) flat hill, flat land
—réticulaire	Lattice plane		
Premier plan	Foreground	Platine	Platine, platinum
Plancher (d'une couche)	Floor, bottom, lower part	—de microscope	Stage
		—porte-objets	Slide, slider
Planchette	Plane table	—tournante	Revolving stage
Plancton	Plankton	Plâtre	Plaster
Planctonique	Planktonic	Pierre à plâtre	Gypsum
Planétaire	Planetary	Plâtrière	Gypsum quarry
Planète	Planet	Plauénite (Pétro.)	Plauenite
Planèze (Auvergne)	Lava plateau	Playa	Playa
Planimétrage	Plotting	Pléistocène	Pleistocene, Quaternary (incl. Holocene)
Planimètre	Planimeter		
Planimétrie	Planimetry	Pléochroïque	Pleochroic
Planimétrique	Planimetric	Pléochroïsme	Pleochroism
Plante	Plant	Pléonaste (Minér.)	Pleonaste
—à feuilles caduques	Deciduous plant	Plésiosaures	Plesiosauria
Plaque	Plate	Pleural	Pleural (Pal.)
—de roche	Slab	Plèvre (Pal.)	Pleura
—mince	Thin section, thin plate	Pli	Fold
—porte-objet (Micro.)	Slide, slider plate	—anticlinal	Up-fold, anticline
—tectonique	Lithospheric plate	—coffré	Box fold
Plaquette	Plate, flag	—composé	Composite fold
Calcaire en plaquettes	Platy limestone	—concentrique	Concentric fold
Débit en plaquettes	Platy parting	—couche	Recumbent fold
Plasticité	Plasticity	—d'entraînement	Drag fold
Limite de plasticité	Plasticity index	—d'étirement	Drag fold
Plastique	Plastic	—de charriage	Thrust fold
Argile plastique	Plastic clay	—de cisaillement	Shear fold
Déformation plastique	Plastic flow, plastic strain	—décalé	Offset fold
		—déjeté	Inclined fold, asymmetric fold
Écoulement plastique	Plastic flow		
Plat	Flat	—déversé	Overturned fold, overfold
Plateau (Géogr.)	Plateau, table-land	—déversé-faillé	Faulted overfold
—(Industrie)	Plate, tray	—disharmonique	Disharmonic fold
—(de balance)	Pan	—dissymétrique	Asymmetric fold
—basaltique	Basalt plateau	—droit	Upright fold, symmetric fold
—cardinal (Pal.)	Hinge-plate		
—continental	Continental shelf	—en chevrons	Zig-zag fold
—désertique	Desert plateau	—en échelons	Echelon fold
Glacier de plateau	Plateau glacier	—en éventail	Fan-shaped fold
Plate-forme	Platform, floor	—en genou	Knee fold
—continentale	Continental shelf, shelf zone	—en retour	Back fold
		—faille	Broken fold, disrupted fold
—corallienne	Coral platform		
—d'abrasion	Rock bench, abrasion platform	—faille couché	Overthrust fold
		—faille inverse	Reverse fold fault
—d'abrasion marine	Wave cut platform	—fermé	Closed fold
—d'accumulation ma-	Wave built platform	—isoclinal	Isoclinal fold

—monoclinal	Monoclinal fold, uniclinal	divergents	
—normal	Normal fold	Plonger	
—oblique	Oblique fold, inclined fold	—dans l'eau	To dive, to immerse
		—dans le sol (pli)	To dip, to pitch
—parallèle	Parallel fold	Plongeur (personne)	Diver
—par flexion et glissement	Flexural slip fold	Pluie	Rain
		—de cendres	Ash rain, shower
—plongeant	Dipping fold, pitching fold	—de poussières	Blood rain
		—de sable	Sand storm
—posthume	Posthumous fold	—fine	Drizzle
—renversé	Overturned fold	Plumasite (anorthoclasite à corindon)	Plumasite
—replissé	Replissed fold		
—secondaire	Minor fold	Plumbagine	Plumbagina
—semblable	Similar fold	Plumbogummite	Plumbogummite
—serré	Compressed fold	Plumosite	Fibrous jamesonite, plumosite
—symétrique	Symmetric(al) fold		
—synclinal	Synclinal fold, syncline, down fold	Pluton	Pluton
		Plutonique	Plutonic
Plication	Plication	Roche plutonique	Plutonic rock
Pliensbachien	Pliensbachian	Plutonite	Plutonite
Plier, se plier	To bend	Plutonium	Plutonium
Plinien	Plinian	Pluvial	Pluvial
Pliocène	Pliocene	Période pluviale	Pluvial period
Plissé	Folded, plicated, wrinkled	Pluviomètre	Pluviometer, rain gauge
		Pluviométrie	Pluviometry
Plissement	Fold, folding, corrugation	Pluviométrique	Pluviometric
—anticlinal	Anticlinal fold	Pneumatogène	Pneumatogenic
—en retour	Back folding	Pneumatolyse	Pneumatolysis
Plisser	To fold, to corrugate, to wrinkle	Pneumatolytique	Pneumatolytic
		Poche	Pocket
Plissotement	Crumpling, puckering, minute folding	—d'eau	Water pocket
		—de dissolution	Washout
Ploiement	Bending, flexing	—de gaz	Gas pocket
Plissoter	To crumple	—de grisou	Fire damp pocket
Plomb	Lead	—de minerai	Pocket, bunch, nest of ore
—argentifère	Silver lead		
—jaune	Wulfenite	—de solifluxion	Solifluction pocket
—phosphaté	Pyromorphite	Podomètre	Pedometer
—provenant de l'uranium	Uranium lead	Podzol	Podsol, podzol, bleached earth
—rouge	Red lead ore, crocoïte	—à gley	Gley podzolic soil
—sulfaté	Anglesite	—ferrugineux	Iron podzol
—sulfuré	Galena	—ferrugineux hydromorphe	Hydromorphic iron podzol
—sulfuré antimonifère	Jamesonite		
Plombagine	Plumbago, graphite	—humo-ferrugineux	Iron-humic podzol
Plombgomme	Plumbogummite	—sableux	Sandy podzol
Plombifère	Lead-bearing, plumbiferous	Podzolique	Podsolic, podzolic
		Sol podzolique	Podsolic soil
Plongeant (pli)	Plunging, pitching, dipping	Podzolisation	Podsolization
		Podzolisé	Podsolized, podzolized
Plongée	Dive	Poecilitique	Poecilitic, poikilitic
Soucoupe de plongée	Diving saucer	Poids	Weight, load
Plongement	Plunge	—atomique	Atomic weight
—de l'axe d'un pli	Plunge of axis, pitching, dipping	—moléculaire	Molecular weight
		—spécifique	Specific weight, density
—d'un objet (par immersion)	Immersion, plunging	Point	Point, spot, dot
		—cardinal	Cardinal point
Structure à plongements	Quaquaversal dip, fold	—côté	Spot height

—d'ébullition	Boiling point	Polygénique, polygénéti-que	Polygenic, polygenous
—de condensation	Condensation point	Surface d'érosion poly-génétique	Facetted peneplain, poly-genic peneplain
—de congélation	Freezing point		
—de Curie	Curie's point	Polygéosynclinal	Polygeosyncline
—de fusion	Melting point	Polygonal (sol)	Patterned ground
—de rosée	Dew point	Polygonation	Polygonation (Tropical
—de rupture	Break point		Weathering), polygonal
—de tir	Shot point		jointing
—de vaporisation	Vaporization point	Polygone	Polygon
—d'inflexion (d'une pente)	Nickpoint	—avec bourrelet	Rim polygon
—eutectique	Eutectic point	—avec triage	Sorted polygon
Pointe de terre	Headland, promontory	—boueux	Mud polygon
Pointe littorale	Bar, spit	—boueux de dessication	Mud-crack polygon
—à crochets successifs	Recurved spit, hooked bar	—de fentes de gel	Ice-wedge polygon
		—de fissuration par le gel	Frost-crack polygon
Pointement (remontée d'une couche)	Outcrop	—de terre	Earth ring, nonsorted polygon
—diapirique	Diapir	Polyhalite	Polyhalite
Pointillé	Dotted line	Polymère	Polymer
Pointu	Pointed	Polymérisation	Polymerization
Poise (unité de vis-cosité)	Poise	Polymériser	To polymerize
		Polymétamorphisme	Polymetamorphism
Poisson (Pal.)	Fish	Polymorphe	Polymorphous, poly-morphic
Poix	Pitch		
—minérale	Bitumen	Polymorphisme	Polymorphism
Polaire	Polar	Polype	Polyp
Polarisant	Polarizing	Polyphylétique	Polyphyletic
Microscope polarisant	Polarization microscope	Polypier	Coral, polyp
Polarisation	Polarization	Colonie de polypiers	Polyparium
—spontanée	Self polarization (s.p.)	Squelette d'un poly-pier	Corallite
Polariser	To polarize, to bias		
Polariseur	Polarizer	Polysynthétique	Polysynthetic
Polarité	Polarity	Pompe de mine	Shaft pump
Polder	Polder	Ponce (volcanique)	Pumice
Pôle	Pole	Ponceux	Pumiceous
—géographique	Geographic pole	Pont continental	Continental bridge
—magnétique	Magnetic pole	Pontien	Pontian
—nord	North pole	Population	Population
—sud	South pole	Porcelaine	Porcelain, china
Poli	1) adj: polished; 2) n: polish	Porcellanite	Porcellanite
		Pore	Pore
—glaciaire	Glacial polish	—fin	Fine pore
Polianite	Polianite	—moyen	Middle pore
Polir	To smooth, to polish	Poreux	1) porous (soil); 2) por-iferous (Pal.)
Polissage éolien	Wind polishing		
Poljé	Polje	Porosimètre	Porosimeter
Pollen	Pollen	Porosité	Porosity
—non sylvatique	Nonarboreal pollen (N.A.P.)	—capillaire	Capillary porosity
		—de fracture	Fracture porosity
Polluer	To pollute	Porphyre	Porphyry
Pollution	Pollution	—quartzifère	Quartz porphyry
—des cours d'eau	Stream pollution	Porphyrique	Porphyritic
Polybasite	Polybasite	Porphyroblaste	Porphyroblast
Polycyclique	Polycyclic	Porphyroblastique	Porphyroblastic
Vallée polycyclique	Polycyclic valley	Porphyroïde	Porphyraceous
Polyèdre	Polyhedron	Portlandien	Portlandian
Polyédrique	Polyhedral		

Positif	Positive
Position	Location, position
—**d'extinction**	Extinction position, dark position
—**inverse ou renversée**	Inversion, inverted order
—**normale**	Right side up
Post-glaciaire	Post-glacial
Posthume (pli)	Posthumous (fold)
Postorogénique	Postorogenic
Post-tectonique	Post-tectonic
Pot de fusion	Melting pot
Potable (eau)	Drinkable (water)
Potamologie	Potamology
Potasse	Potash
Potassique	Potassic
Potassium	Potassium, kalium
Poteau	Stake, pillar, post
Potentiel	Potential
—**d'oxydo-réduction**	Oxido-reduction potential
—**naturel du sol**	Natural earth potential
—**maximal d'un puits**	Openflow potential
—**spontané**	Spontaneous potential
Potentiomètre	Potentiometer
Poterie	Pottery, earthenware
—**en grès**	Stoneware
Potsdamien	Potsdamian
Pouce	Inch
—**carré**	Square inch
—**cube, cubique**	Cubic inch
Poudingue	Pudding stone, conglomerate
Poudre	1) powder; 2) silt
—**de mine**	Blasting powder
—**d'or**	Gold dust, gold flour
Poudreuse (neige)	Powdery (snow)
Poulier	Bar
—**d'entrée de baie**	Baymouth bar
—**intérieur**	Midway bar
Poupée du loess	Puppet, calcareous concretion, lime concretion, loess doll
Pourcentage	Percentage
Pourpre (conglomérat)	Cambrian conglomerate (Normandy)
Pourrir, se pourrir, (décomposition des roches)	To rot, to decay, to be weathered, to be dissaggregated
Pourriture (des roches)	Decay
Pourtour	1) circumference; 2) surroundings
Poussée	Thrust
—**d'eau**	Water drive
—**de gaz**	Gas drive
—**de gel**	Ice push
—**de gel horizontale**	Frost shove
—**de mollisol**	Frost boil
—**latérale**	Side thrust
Pousser	To thrust, to push
Poussier	Coal dust
Poussière	Dust
—**d'eau**	Spray
—**d'or**	Gold dust
—**de charbon**	Coal dust
—**de minerai**	Ore dust
Poussiéreux	Dusty
Pouvoir	Power
—**absorbant**	Absorbing power
—**agglutinant**	Agglutining power
—**calorifique**	Heating power, calorific value
—**de dispersion**	Dispersive power
—**dispersif**	Dispersive power
—**de rétention en eau**	Moisture holding capacity
—**grossissant**	Magnifying power
—**réflecteur (d'un charbon)**	Reflectance
—**séparateur**	Partition efficiency
—**tampon**	Buffer-power
Pouzollane	Pozzolana
Prase	Prase (Miner.)
Prasinite	Prasinite (Pétro.)
Précambrien	Precambrian
Précieux	Precious, valuable
Précipice	Precipice
Précipitable	Precipitable
Précipitation	Precipitation, settlement
—**atmosphérique**	Precipitation, rain fall
—**chimique**	Chemical precipitation
Précipité	Precipitate
Précipiter (un sel, une substance)	To precipitate
Précis	1) adj: accurate, precise, exact; 2) n: handbook, summary
Précision	Accuracy, precision, exactness
Précontraint (béton)	Prestressed (concrete)
Précontraint (béton)	Prestressed (concrete)
Prédazzite	Predazzite
Prédominant	Prevailing
Préglaciaire	Preglacial
Préhistorique	Prehistoric
Industrie préhistorique	Prehistoric tool assemblage
Prehnite	Prehnite
Prélevement	Sample
—**d'échantillons**	Sampling
Prélever un échantillon	To take a sample
Préliminaire	Preliminary
Premier	First, prime
De première qualité	High grade
Première arrivée (d'une onde)	First arrival
Prendre (emporter)	To take
—**(se solidifier)**	To harden

Préorogénique	Preorogenic	Procédé	Process
Préparation	Preparation, dressing	—d'extraction	Extraction process
—mécanique (d'un minerai)	Dressing, ore-dressing	—de craquage	Cracking process
		—de désulfuration	Desulfurization process
—par voie humide	Wet concentration	—de récupération	Recovery process
Préreconnaissance	Preliminary survey	—par flottage	Flotation process
Présence (d'un minerai)	Occurrence, presence	—par voie humide	Wet process
Présenter (montrer)	To show, to present	—par voie sèche	Dry process
Presqu'île	Peninsula	Processus	Process
Presser (comprimer)	To squeeze, to press	—interne	Endogeneous process
—se hâter	To hurry	Producteur	1) adj: productive, producing, yielding; 2) n: producer
Prétectonique	Prekinematic		
Prévision	Forecast, foresight		
—météorologique	Weather forecast	Productif	Producing, productive, yielding
Primaire	1) adj: primary, primitive; 2) n: Paleozoic (era)		
		Production	Production, output, yield
		—annuelle	Yearly output
Primitif	Primitive, primary. Precambrian, crystalline rocks	—d'un puits de pétrole	Oilwell yield
		—éruptive (d'un puits)	Flush production
		—initiale	Initial flow
Printemps	Spring	—journalière	Daily output
Prise	Intake	—stabilisée	Settled production
—avec congélation	Freeze up	Productivité	Productivity
—d'air	Air intake	Indice de productivité	Productivity index (P.I.)
—d'échantillons	Sampling, field sampling	Produire	To yield, to produce, to bear
—lente (de ciment)	Slow hardening, slow setting		
		Produit	Product, produce
—rapide	Quick hardening, quick setting	—chimiques	Chemicals
		—léger (Pétrole)	Front end tail
Prismatique	Prismatic	—lourd	Heavy end tail
Prisme	Prism	—national brut (P.N.B.)	Gross national product
—de Nichol	Nicol prism	—pétrochimiques	Petrochemicals
—orthorhombique	Orthorhombic prism	—réfractaires	Refractories
Prismatique	Prismatic	Profil	Profile
Débit prismatique	Prismatic jointing, columnar jointing	—d'équilibre	Equilibrium profile, grade
		—d'un sondage	Bore profile
Structure prismatique	Prism-like structure	—longitudinal	Longitudinal profile, long profile
Pression	Pressure		
—atmosphérique	Atmospheric pressure	—pédologique	Soil profile
—d'eau	Head of water	—régularisé	Graded profile
—d'exploitation	Working pressure	—sismique	Seismic line, seismic profile
—de boue	Mud pressure		
—de débit	Flowing pressure	—stratigraphique	Stratigraphic column
—de formation	Rock pressure	—transversal	Cross profile
—de gaz	Gas pressure	—tronqué (Pédol.)	Truncated profile
—de gisement	Formation pressure, field pressure	Profond	Deep
		Peu profond	Shallow
—de gisement en écoulement	Open flow pressure	Profondèment	Deeply
		Profondeur	Depth
—en tête de puits	Wellhead pressure	—abyssales	Abyssal depths
—géostatique	Geostatic pressure	—d'un puits	Well depth
—hydrostatique	Hydrostatic pressure	—océaniques	Ocean deeps
—interstitielle	Pore pressure	Proglaciaire	Proglacial
—statique	Static head, static pressure	Programme	Program, schedule
		—de production (d'un puits)	Production schedule
Prismé	Prismatic(al)		
Probabilité	Probability	Progression (moraine de)	Progression moraine
Proboscidiens	Proboscidea		

Projection	Projection
—azimuthale	Azimuthal projection
—cartographique	Map projection
—cylindrique	Cylindrical map projection
—conforme	Conformal map projection
—conique	Conical map projection
—équivalente	Equal area map projection
—Lambert	Lambert map projection
—Mercator	Mercator map projection
—polyconique	Polyconic map projection
—volcanique	Ejecta, ejectamenta
Promontoire	Head, headland, cape, promontory
Propagation d'une onde	Wave propagation
Proportion	Ratio, percentage
—de pierres dans un sol	Stoniness
—pétrole-eau	Oil water ratio
Propriété	Property, characteristic
—mécanique	Mechanical property
—optique	Optical property
—physique	Physical property
Propylite (Pétro)	Propylite
Propylitisation	Propylitization
Prospecter	To prospect
Prospecteur	Prospector
Prospection	Prospection, surveying
—géophysique	Geophysical surveying
—magnétique	Magnetic surveying
—pétrolière	Oil prospecting
—sismique	Seismic surveying
Protégé (abrité)	Sheltered
Baie protégée (du large)	Sheltered embayment
Protérozoïque	Proterozoic
Protiste	Protista
Protobastite (Minér.)	Enstatite (Var.)
Protoclase	Protoclase
Protoclastique	Protoclastic
Protogine (Pétro.)	Protogine
Protomylonite	Protomylonite
Proton	Proton
Protopétrole	Protopetroleum
Protozoaire	Protozoa
Protrusion	Protrusion
Protubérance	Knob
Proustite	Proustite
Province	Province
—métallogénique	Metallogenic province
—pétrographique	Petrographic province
Psammite	Psammite, micaceous flagstone
Psathurose (Minér.)	Stephanite
Pséphite	Psephite
Pséphitique	Psephitic

Pseudobrèche	Pseudobreccia
Pseudo-clivage	Pseudo cleavage
Pseudo-cristallin	Pseudocrystalline
Pseudo-fossile	Pseudo-fossil
Péritectique	Peritectic
Pseudo-gley	Pseudo-gley
Pseudo-karst	Pseudokarren
Pseudomorphe	Pseudomorph
Pseudo-morphisme	Pseudomorphism
Pseudo-schistosité	Pseudo-lamination
Pseudo-tachylite	Pseudotachylite
Psilomélane	Psilomelane
Psilopsidés	Psilopsidae
Psychromètre	Psychrometer
Ptéridophytes	Pteridophyta
Ptéridospermées	Pteridospermae
Ptérocérien	Pterocerian
Ptérodactyle	Pterodactyl
Ptéropode	Pteropod
Vase à ptéropode	Pteropod ooze
Ptérosauriens	Pterosauria
Ptygmatique	Ptygmatic
Puisage (de l'eau)	Drawing water
Puisard	Pit, collecting pit, sink hole, sump, solution cave
Puiser (de l'eau)	To scoop out, to draw
Puissance (épaisseur d'une couche)	Thickness
—(de transport fluviatile)	Competence, carrying power
Puissant (épais)	Thick
—(fort)	Powerful, strong
Puits	1) well (of water, of oil); 2) shaft, pit (Mine)
—à balancier	Beam well
—artésien	Artesian well
—d'aération	Air-shaft
—d'eau	Water-shaft
—d'exhaure (Mine)	Pumping shaft
—d'exploration	Test well
—d'extraction	Drawing shaft, extraction shaft, hoisting shaft
—de gaz	Gas well, gasser
—d'injection	Injection well
—de mine	Mine shaft
—de pétrole	Oil well
—dévié	Directional well
—épuisé	Exhausted well
—éruptif	Gusher, flowing well
—fou	Wild well
—intermittent	Intermittent well
—jaillissant	Gusher
—naturel	Natural well
—pompé	Pumping well
—producteur	Producing well
—sec, tari	Nonproducing well, dry hole

Pulaskite	Pulaskite	**—grillée**	Roasted pyrite
Pulsation	Pulsation	**—magnétique**	Pyrrhotite
Pulvérulent	Powdery, dusty	**Pyriteux**	Pyritaceous, pyritic
Pumpellyite	Pumpellyite	**Pyritisation**	Pyritization
Pur (minerai)	Pure, native	**Pyritoèdre**	Pyritohedron
Purbeckien	Purbeckian	**Pyrobitume**	Pyrobitumen
Purification	Purification, purifying	**Pyrochlore**	Pyrochlore
—à l'eau	Elutriation	**Pyroclastique**	Pyroclastic
Purifier	To purify, to treat	**Brèche pyroclastique**	Pyroclastic breccia
Putride	Putrid	**Pyrocristallin**	Pyrocrystalline
Puy	Puy, dome, cone, neck	**Pyrogène, pyrogénique**	Pyrogenous, pyrogenetic,
Pycnomètre	Pycnometer		igneous
Pygidium	Pygidium	**Pyrogenèse**	Pyrogenesis
Pyralspite	Pyralspite	**Pyrolusite**	Pyrolusite
Pyramidal	Pyramidal	**Pyrolyse**	Pyrolysis
Pyramide	Pyramid	**Pyromaque (silex)**	Flint
—d'érosion	Earth pillar, erosion col-	**Pyrométamorphisme**	Pyrometamorphism
	umn	**Pyrométasomatique**	Formed by contact meta-
—hexagonale	Hexagonal pyramid		morphism
Pyrargyrite	Pyrargyrite, red silver	**Pyromorphite**	Pyromorphite
	ore	**Pyrope**	Pyrope
Pyrénéen (glacier)	Hanging glacier	**Pyrophyllite**	Pyrophyllite, pencil stone
Pyrite	Pyrite	**Pyroschiste**	Oil shale
—arsenicale	Mispickel	**Pyrosphère**	Pyrospher
—blanche	Marcasite	**Pyroxène**	Pyroxene
—crêtée	Spear pyrite	**Pyroxénite**	Pyroxenite
—cuivreuse	Copper pyrite, chal-	**Pyrrhotine**	Pyrrhotite, magnetic
	copyrite		pyrite
—ferreuse	Iron pyrite		

Q

Quadratique (systéme)	Quadratic	Quartzeux	Quartzous, quartzose
Quadrillage	Grid, graticule, squaring	Grès quartzeux	Quartzous sandstone
Quadriller	To checker	Quartzifère	Quartziferous
Quadrivalent	Quadrivalent	Quartzique	Quartiferous, quartzose
Qualitatif	Qualitative	Diorite quartzique	Quartz diorite
Qualité	Quality	Monzonite quartzique	Quartz monzonite
Quantitatif	Quantitative	Quartzite	Quartzite
Quantité	Quantity, amount	—métamorphique	Metaquartzite
Quartz	Quartz	—sédimentaire	Orthoquartzite
—à inclusions de rutile	Rutilated quartz	Grès-quartzite	Quartzitic sandstone
—fumé	Smoky quartz, morion	Quartzitique	Quartzitic
—jaune	Citrine	Quartzo-feldspathique	Felsic
—laiteux	Milky quartz	Quaternaire	Pleistocene, Quaternary
—violet	Amethyst	Queue (de distillation)	End products, bottom
Mine de quartz	Quartz mine		

R

Rabotage glaciaire	Subglacial planning, subglacial polishing
Raccord de tiges de sonde	Drill rod bushing
Raccourcissement	Shortening
Racine (de méandre)	Neck
—**(de nappe de charriage)**	Root
Raclage (de morts terrains)	Scraping
Racler	To scrape
Radeau de glace	Ice raft
Bloc transporté par radeau de glace	Ice rafted block
Radial, radié	Radial
Faille radiale	Radial fault
Réseau hydrographique radial	Radial pattern
Structure radiée	Radiolitic structure
Radian (angle)	Radian
Radiation	Radiation
—**cosmique**	Cosmic radiation
Détecteur de radiation	Radiation meter
Diagraphie par radiation	Radiation logging
Rafale	Gust of wind, blast, squall
Radioactif	Radioactive
Datation au carbone radioactif	Radiocarbon dating
Élèment radioactif	Radiometric datation
Isotope radioactif	Radiogenic isotope
Radioactivité	Radioactivity
Diagraphie par radioactivité	Radioactivity logging
Radiographie	Radiography
Radiographique	Radiographic
Radioisotope	Radioisotope
Radiolaires	Radiolaria
Vase à radiolaires	Radiolarian ooze
Radiolarite	Radiolarite, radiolarian chert
Radiole (Pal.)	Radiole
Radiologie	Radiology
Radiologique	Radiologic
Radiophotographie	Radiophotography
Radium	Radium
Radula (Pal.)	Radula
Raffinage	Refining
—**du pétrole**	Oil refining
—**en phase vapeur**	Vapor phase refining
Raffiné	Refined
Raffiner	To refine
Raffinerie	Refinery, refining plant
Rafraichissement	Cooling
Raide (pente)	Steep
Raie de spectre	Spectral line
Rainure	Groove, furrow, cast
Rajeunir	To rejuvenate
Rajeunissement (du relief)	Rejuvenation
Ramasser (des échantillons)	To collect, to gather
Ramification	Ramification, ramifying, branching, offshoot, splitting
Ramifié	Divided
Ramifier, se ramifier	To ramify, to branch out, to divide
Ramollissement (du sol)	Softening
Randannite	Randanite (var. of diatomite)
Rang (d'un charbon)	Rank (coal)
Rangée	Range, row, line
Rapide	1) adj: quick, fast; 2) n: rapid
Rapport	Ratio
—**d'aplatissement (Sédim.)**	Flatness index, flatness ratio
—**d'émoussé**	Roundness ratio
—**gaz-huile (pétrole)**	Gas-oil ratio (G.O.R.)
Rares (terres)	Rare (earth)
Ratelier (à tiges de forage)	Rack
Rauracien	Rauracian
Ravin	Ravine, gulch, gully
—**sous-marin**	Submarine canyon
Ravinement	Gullying
Raviner	To ravine, to gully
Ravinement	Channeling, cut-and-fill
Rayé	Scratched, striped
Rayer	To scratch, to streak, to groove
Rayleigh (onde de)	Rayleigh wave
Rayon	Ray
—**cathodique**	Cathode ray
—**de lumière**	Light ray
—**extraordinaire**	Extraordinary ray
—**gamma**	Gamma ray
—**hydraulique**	Hydraulic radius
—**infra-rouge**	Infra-red ray
—**ordinaire**	Ordinary ray
—**terrestre**	Earth radius
—**ultraviolet**	Ultraviolet ray
—**X**	X ray
Rayonnement	Radiation
Rayure	Stripe, streak, scratch,

	groove
Réacteur (nucléaire)	(Nuclear) reactor
Réactif (chimique)	(Chemical) reagent, chemical reactant
Réaction	Reaction
—chimique	Chemical reaction
—en chaîne	Breeding reaction
—équilibrée	Balanced reaction
—exothermique	Exothermal reaction
—réversible	Reversible
Vitesse de réaction	Reaction velocity
Réactionnelle (auréole)	Reaction (rim)
Réactivation (de déchets radioactifs)	Reactivation
Réagir	To react
Réalgar	Realgar, red arsenic
Rebondir (grain de sable)	To rebound, to bounce
Rebord	Edge
Reboucher (un puits)	To block up, to plug
Rebroussement (de couches)	Upturning
Rebut (de mine)	Waste, refuse, scrap
Récent	Recent
Récepteur acoustique	Acoustic receiver
Recette (Mine)	Landing station
Réchauffement (climatique)	Warming
Recherche	Research, prospecting
—fondamentale	Fundamental research
—pétrolière	Oil prospecting
—scientifique	Scientific research
Bureau de recherches géologiques	Geological survey
Rechercher	To search for, to prospect
Récessif (caractère)	Recessive (character)
Récif	Reef
—annulaire	Annular reef
—barrière	Barrier reef
—corallien	Coral reef
—frangeant	Fringing reef
—submergé	Drowned reef, submerged reef
Brèche récifale	Reef breccia
Platier du récif	Reef flat
Socle du récif	Reef basement
Reconnaissance (d'un secteur)	Prospecting, exploration
Carte de reconnaissance	Reconnaissance map
Étude de reconnaissance	Reconnaissance survey
Mission de reconnaissance	Reconnaissance survey
Reconstitution paléogéographique	Paleogeographic reconstruction
Recoupe	Cross drift
Recoupement (de méan-	Cut-off

	dre)
Recouper (un filon)	To intersect, to recut
—(un méandre)	To cut off
Recouvrement (de terrain)	Over-lap, covering
—horizontal (d'une faille inverse)	Heave
Lambeau de recouvrement	Thrust outlier
Roches de recouvrement (mort-terrain)	Overburden
Terrain de recouvrement	Hanging wall
Recouvrir (un terrain)	To overlap
Recristallisation	Recrystallization, rejuvenation
—postérieure à un plissement	Post-tectonic recrystallization
Recristalliser	To recrystallize
Recueillir (des échantillons)	To collect, to gather
Recul	Recess, retreat
—glaciaire	Glacier retreat
—marin	Regression
Rivage en recul	Retrograding shoreline
Reculée (Jura)	Precipitous blind valley, dead end
Récupérable	Recoverable, retrievable
Récupération	Recovery
—de charbon	Reclamation
—primaire	Primary recovery
—secondaire	Secondary recovery
Taux de récupération	Recovery ratio
Récupérer (du pétrole)	To recover
Récurrente (faune)	Recurrent (fauna)
Recuveler	To recase
Redéposer, se redéposer	To redeposit
Redevance (pétrolière)	(Oil) royalty
Redissolution	Resolution
Redissoudre	To resolve
Redistiller	To rerun
Redox (potentiel)	Redox
Redressement (de photographies aériennes)	Rectification
Redresser (une photographie aérienne)	To rectify
—(un forage)	To straighten
Réducteur (agent)	Reducing (agent)
Réductible	Reducible
Réduction	Reduction, reducing
—de Bouguer	Bouguer reduction
—par l'hydrogène	Hydrogenation
Réduire	To reduce
Réduit	Reduced
Référence (plan de)	Reference (plane)
Réfléchi (rayon)	Reflected
Réfléchir (la lumière)	To reflect
—(penser)	To think

Réflecteur (sismique)	Reflector	Régression	Regression, offlap, regressive overlap, reliction
Reflet (lumineux)	Reflection, luster		
Réflexion	Reflection		
Réflexions multiples	Multiple reflections	Régularisation (du profil)	Grading
Réflexion totale	Total reflection		
Sismique réflexion	Reflection shooting	Régulariser une pente	To grade
Profil de sismique	Reflection profile	Régulier (écoulement)	Steady (flow)
Taux de réflexion	Reflectance	Réinjection de gaz (forage)	Reinjection of gas
Refluer	To ebb, to surge, to flow back		
		Rejeu de faille	Recurrent faulting
Reflux (de la marée)	Ebb	Rejet (Tecton.)	Throw
Refondre	To remelt	—de faille	Fault throw
Refonte	Remelting	—fractionné	Distributive faulting
Reforage	Reaming, redrilling	—horizontal	Heave, fault heave, horizontal displacement
Reforer	To redrill		
Réfractaire	Refractory, fire-resisting	—net	Net slip
Argile réfractaire	Refractory clay	—stratigraphique	Stratigraphic throw
Matériaux réfractaires	Refractory materials	—vertical	Vertical throw
Qualité réfractaire	Refractoriness	Relais de failles	Echelon faults
Sable réfractaire	Refractory sand	Relatif	Relative
Réfracté	Refracted	Âge relatif	Relative age
Onde réfractée	Refracted wave	Chronologie relative	Relative chronology
Réfracter, se réfracter	To refract	Datation relative	Relative dating
Réfraction	Refraction	Perméabilité relative	Relative permeability
Double réfraction	Double refraction	Relevé de terrain	Ground plotting
Indice de réfraction	Refractive index	Relèvement à la boussole	Compass bearing
Sismique réfraction	Refraction shooting		
Réfrigérant	1) adj: refrigerating, cooling; 2) n: refrigerant, cooler	—géophysique	Geophysical survey
		Relief	Relief, topography
		—accidenté	Hummocky topography
Réfringence	Refractivity, refringence	—escarpé	Steep topography
Réfringent	Refringent	—faible	Faint topography
Refroidi	Cooled	—jeune	Young relief
Refroidir	To cool, to grow cold	—d'un minéral en lame mince	Optical relief
Refus (de tamisage)	Oversize, refuse, screenings		
		—résiduel	Residual hill
Reg	Reg, desert gravel	Carte en relief	Relief map
Regel	Freezing again, regelation	Inversion du relief	Inverted relief
Régime	Regime, kind of flow	Reliquat magmatique	Magmatic residue
—fluviatile	River flow	Relique (forme)	Relic, relict
—laminaire	Sheet flood	Rémanent (magnétisme)	Remanent (magnetization)
—torrentiel	Torrential flow		
—turbulent	Eddy flow	Remanié	Reworked, rehandled
Région	Country, area, region	Remblai	Packing, filling, fill, backfill
—aride	Arid area		
—désertique	Desert area	Remblaiement, remblayage	Packing, filling, stowage
—minière	Mining district		
—sismique	Seismic area	Remblaiement hydraulique	Hydraulic backfilling
Régional	Regional		
Métamorphisme régional	Load metamorphism	Matériaux de remblayage	Backfilling material
Règlements miniers	Mining regulations		
Régolithe	Waste mantle, regolith	Remblayer	To stow, to fill, to pack
Régosol	Regosol	Remblayeuse mécanique	Stowing machine
Règne minéral	Mineral kingdom	Rembourrage (Mine)	Stuffing, padding
Régressif	Regressive	Remontée	Climb, rise, upraise
Érosion régressive	Retrogressive erosion	—du minerai	Ore raising
Métamorphisme régressif	Diaphthoresis	—du train de tiges	Pull out
		—océanique	Oceanic rise

Remonter	To raise, to get out	—fluviatile	Network
—du minerai	To hoist ore	—hydrographique	Drainage pattern
Remous	Eddy	—sans triage	Non-sorted net
Rempart	Rampart	—confluent	Contributive network
—morainique	Boulder wall, arcuate wall	—diffluent	Distributive network
Remplacement (d'un minéral)	Replacement	Réserves	Reserves
		—d'eau	Water supply
		—de gaz (naturel)	Gas reserves
Rempli	Filled, replete	—de minerai	Ore reserves
Remplir	To fill up	—de pétrole	Oil reserves
Remplissage	Filling, replenishment	—d'uranium	Uranium reserves
—d'un filon	Lode filling	—probables	Probable reserves
Rendement	Efficiency	—récupérables	Recoverable reserves
—d'un combustible	Fuel efficiency	Réservoir (naturel)	Reservoir
—énergétique	Energy efficiency	—de gaz naturel	Gas reservoir
—thermique	Thermal efficiency	—de pétrole	Oil reservoir
Rendzine	Rendzina	—magmatique	Magmatic chamber
—blanche	White rendzina	Étude de réservoir	Reservoir engineering
—brune	Brown rendzina	Roche réservoir	Reservoir rock
—vraie	True humus calcareous soil	Résidu	Residue, remnant
		—d'altération	Residual deposit, weathering residue
Rendzinification	Rendzinification		
Renfermer	To contain, to include	—de distillation	Residue, tailings, bottom
Renflement	Bulge, bulging, swelling	—d'exploitation minière	Waste, spall
Rentrant	Recess, reentrant	—de craquage	Cracking residuum
Renversé	Overturned, overtilted, overthrown	—de déflation	Lag gravel
		Résiduel	Relic, residual, residuary
Pli renversé	Overturned fold	Argile résiduelle	Residual clay
Renversement	Overturn, reversal	Pergélisol résiduel	Relic permafrost
Renverser	To overturn, to reverse	Sol résiduel	Residual soil
Réouvrir (un puits de mine)	To reopen	Structure résiduelle	Residual structure
		Résine	Resin
Répartition bathymétrique	Depth range	—de pétrole	Petroleum resin
		—échangeuse d'ions	Ion exchange resin
Répartition granulométrique	Grain-size distribution	—fossile	Fossil resin
		—minérale	Mineral resin, natural resin
Repêchage (forage)	Fishing		
Repêcher des outils	To fish up tools	—végétale	Natural resin
Repère (topographique)	Topographic landmark	Résineux	Resinous
Couche repère	Key bed	Résinite	Resinite
Repérer	To locate	Résistance	Resistance, strength
Replat	Bench, flat	—à l'écrasement	Crushing strength
Réplique (sismique)	After-shock	—à l'érosion	Abrasion resistance
Replissement	Refolding	—à la rupture	Breaking strength
Reposer sur (Strati.)	To overlie	—à la traction	Tensile strength
Représentation triangulaire	Triangular diagram, triangular plotting	—au cisaillement	Shearing strength
		—au gel	Frost strength
		—au glissement	Slide resistance
Reptation (des sols)	Creeping, creep	—du sol	Ground strength
Reptile	Reptile, Reptilia	Résistant	Resistant
Reptilien	Reptilian	—à l'érosion	Non-erodible
Reséquent	Resequent	—au gel	Frost proof
Réseau	Network, lattice	—aux séismes	Quake proof
—avec triage (Périgl.)	Sorted net	Résistivité	Resistivity
—cristallin	Crystal lattice	Ressac	Undertow, surf
—de failles	Fault network	Ressaut	Nip, scarp, rock step
—de fentes de gel	Ice-wedge polygon	Resserré	Narrow, confined
—de filons	Vein network	Ressources	Resources
—de pierres	Stone net		

—minérales | Mineral resources
Restes | Remains
—fossiles | Fossil remains
Restitution (photogram-métrique) | Restitution
Résultat | Result
Résumé | Abstract, summary
Résurgence | Resurgence, exit of underground stream
Résurgent | Resurgent
Retard | Delay, time lag
—de longueur d'onde | Optical retardation
—de phase | Phase lag
Détonateur à retard | Delay blasting cap
Rétention (de l'eau) | (Water) retention
Retenue (barrage de) | Dam, reservoir
Réticulaire (structure) | Reticulate (structure)
Réticule (d'un oculaire) | Cross-wires, reticle
Réticulé (sol) | Reticulated (soil)
Rétinite | Retinite, pitch stone
Retirer | To withdraw, to extract
—un tubage d'un puits | To strip out a well
Retouche (Préhist.) | Flaking
Retour | Return
—d'air | Air return
—de fluide de circulation | Returns
—de courant de vagues | Undertow
—de vague | Backwash
—Galerie de retour d'air | Airway return
Retrait | Shrinkage, shrink
—glaciaire | Glacier retreat
—des vagues | Backswash
Fentes de retrait | Sun cracks
Moraine de retrait | Recessional moraine
Retraitement (de combustibles nucléaires) | Reprocessing
Rétrécissement | Narrowing, pinching out
Rétrocharriage | Backthrusting
Rétrograde (métamorphisme) | Retrogressive metamorphism, diaphthoresis
Rétromorphose | Retromorphosis, diaphthoresis
Rétrosiphoné (Pal.) | Retrosiphonate
Revers de cuesta | Back slope
Réversible | Reversible
Revêtement | Coating
—de puits de mine | Shaft lining
—de puits de pétrole | Well casing
—d'une fente d'un sol | Coating
Révolution (orogénique) | Revolution, orogenesis
Rhexistasie | Erosion and weathering following an orogenesis
Rhabdosome | Rhabdosome
Rhétien | Rhaetian, rhaetic
Rhéomorphisme | Rheomorphism

Rhizopodes | Rhizopoda
Rhodocrosite | Rhodocrosite
Rhodonite | Rhodonite
Rhombique | Rhombic
Rhomboèdre | Rhombohedron
Rhomboédrique | Rhombohedral, rhomboidal
Rhomboïdal | Rhombic
Dodécaèdre rhombique | Rhombic dodecahedron
Rhombophyre | Rhombenporphyry
Rhynchonellacés | Rhynchonelloid
Rhyodacite | Rhyodacite
Rhyodacitique | Rhyodacitic
Rhyolite | Rhyolite
Ria | Ria
Riche | Rich
Minerai riche | High grade ore
Richesse minérale | Mineral wealth
Richter (échelle) | Richter (scale)
Ride | Ripple
—à crête rectiligne | Straight crested ripple
—de courant | Current ripple
—de plage | Ripple mark
—de sable | Sand ripple
—de vague | Wave ripple
—dissymétrique | Asymmetric(al) ripple
—d'oscillation | Oscillatory ripple
—en croissant | Lunate ripple
—éolienne | Wind ripple
—géante | Giant ripple
—médio-océanique | Mid-oceanic ridge
—sinueuse | Undulatory ripple
—symmétrique | Symmetric ripple
Longueur d'onde des rides | Ripple length
Mégaride | Megaripple, giant ripple
Réseau de rides | Ripple train
Rideau (Picardie) | Step
Riébeckite (Minér.) | Riebeckite
Rigide | Rigid
Rigidité | Stiffness, rigidity
Module de rigidité | Rigidity modulus, Young modulus
Rigole | Rill, small ravine, small gully
—de plage | Rill wash
—de ruissellement | Rain rill, gully
Rigoureux (climat) | Hard
Rimaye | Bergschrund
Ripidolite (Minér.) | Ripidolite
Riss (glaciation) | Riss
Rissien | Rissian
Rivage | Coast, shore, shoreline
—régularisé | Graded shoreline
Ligne de rivage | Shoreline
Rive (d'un fleuve) | Bank
—concave | Outer bank
—concave érodée | Cut side

—convexe	Inner bank, alluviated bank	—saine	Fresh rock
Rivière	River	—saline	Salty rock
—à marée	Tidal river	—sans quartz	Quartzless rock
—captée	Beheaded river	—sédimentaire	Sedimentary rock
—régularisée	Graded river	—siliceuse	Silicic rock
—souterraine	Underground river	—silicifiée	Silicified rock
Roc	Rock	—stratifiée	Stratified rock
Rocaille	Rubble, rock debris	—stérile	Barren rock
Rocailleux	Rocky, stony, bouldery	—striée	Striated rock
Roche	Rock	—ultrabasique	Ultrabasic rock
—abyssale	Abyssal rock	—verte	Green rock
—acide	Acid rock	—vitreuse	Glassy rock
—arénacée	Sandy rock	—volcanique	Volcanic rock
—argileuse	Clayey rock	**Rocher**	Rock, stone
—asphaltique	Asphaltic rock	—branlant	Rocking stone
—autochtone	Autochtonous rock	**Galerie au rocher**	Drift
—basaltique	Basaltic rock	**Rocheux**	Rocky
—basique	Basic rock	**Masse rocheuse**	Rock mass
—bitumineuse	Bituminous rock	**Montagnes Rocheuses**	Rocky Mountains
—champignon	Mushroom rock	**Roder (user par polissage)**	To lap
—couverture	Cap-rock		
—corallienne	Coral rock	**Rodite (var. de météorite)**	Rodite
—cristalline	Crystalline rock		
—cristallophylienne	Metamorphic rock	**Rognon de minerai**	Kidney
—d'épanchement	Effusive rock, volcanic rock	—de silex	Flint nodule
		Rompre, se rompre	To break
—de demi-profondeur	Hypabyssal rock	**Rond**	Round
—de profondeur	Plutonic rock	**Rond-mat (grain)**	Round-frosted (grain)
—du socle	Bed rock, basement rock	**Rongé**	Corroded
—détritique	Clastic rock	**Ronger**	To corrode, to etch, to wear away
—encaissante	Country rock, enclosing rock		
		Rongeur (Pal.)	Rodent
—endogène	Endogeneous rock	**Rose**	1) adj: pink; 2) n: rose
—éruptive	Eruptive rock	—des sables	Gypsum rosette
—extraterrestre	Meteorite	—des vents	Compass card
—filonienne	Dyke rock	**Rosée**	Dew
—granitique	Granitic rock	**Point de rosée**	Dew point
—grenue	Granular rock	**Rostre (Pal.)**	Rostrum
—ignée	Igneous rock	**Rotation (faille de)**	Rotational fault
—intrusive	Intrusive rock	—(table de)	Rotary table
—leucocrate	Leucocrate rock	**Rougines provençales**	Badlands
—magazin	Reservoir rock	**Rouge**	Red
—mère	Parent rock, source rock	**Argile rouge**	Red clay
—mélanocrate	Melanocratic rock	**Boue rouge**	Red mud
—métamorphique	Metamorphic rock	**Formations rouges (Trias)**	Red beds
—monominérale	Monomineralic rock		
—monogénique	Monogeneous rock	**Hématite rouge**	Red hematite
—moutonnée	Ice-smoothed rock	**Rougeâtre**	Reddish
—néovolcanique	Cainozoic rock	**Rouille**	Iron rust
—neutre	Intermediate rock	**Rouillé**	Rusty
—organogène	Biogenic rock	**Rouiller, se rouiller**	To rust
—paléovolcanique	Precainozoic rock	**Ru, ruz**	Brooklet, gully
—pétrolifère	Oil bearing rock	**Rubané**	Banded, stripped
—pourrie	Rotten rock, decayed rock	**Roche rubanée**	Ribbon rock
		Structure rubanée	Ribbon structure
—pyroclastique	Pyroclastic rock	**Rubéfaction**	Rubefaction
—réservoir	Reservoir rock	**Rubellite**	Rubellite
		Rubicelle (Minér.)	Rubicelle

Rubidium	Rubidium	**—concentré**	Rill wash
Rubis	Ruby	**—diffus**	Unconcentrated wash,
—de Bohême	Rose quartz		rainwash
—du Brésil	Burnt topaz	**—en nappe**	Sheet wash
—oriental	Oriental ruby	**—nival**	Snowmelt wash
—spinelle	Spinel ruby	**—pluvial**	Rainwash
Rudistes	Rudistids	**Ruisseler**	To run down, to stream
Rudite	Rudite, rudyte,	**Ruisselet**	Rivulet, brooklet
	rudaceous rock	**Rupélien**	Rupélian
Rugosité	Roughness	**Rupture de pente**	Nickpoint, break of slope
Rugueux	Rugose, rugged, rough	**Rutile**	Rutile
Ruisseau	Brook, runnel	**Inclusion de rutile**	Rutile inclusion
Ruisselant	Trickling	**Rythmique (sédimenta-**	Rhythmic (settling)
Ruissellement	Running off, trickling,	**tion)**	
	rain wash		

S

Saalienne (glaciation)	Saalian (glaciation)	**Sablière**	Sand pit
Sablage	Sanding	**Sablon**	Very fine sand
Sable	Sand	**Sablonneux**	Finely sandy, sabulous
—aquifère	Water-bearing sand	**Sablonnière**	Sand pit
—argileux	Clayey sand	**Sac à échantillon**	Sample bag
—asphaltique	Asphaltic sand	**Saccharoïde**	Sugary-grained, sac-charoid(al)
—aurifère	Gold-bearing sand		
—bitumineux	Bituminous sand	**Cassure saccharoïde**	Saccharoidal fracture
—boulant	Quicksand	**Marbre saccharoïde**	Saccharoidal marble
—colmaté	Tight sand	**Structure saccharoïde**	Saccharoidal texture
—consolidé	Grit	**Safranite**	Safranite
—coquillier	Shelly sand	**Sagénite (var. de rutile)**	Sagenite
—de couverture	Cover sand	**Sagitté**	Sagittate
—désertique	Desert sand	**Sagvandite**	Sagvandite
—dunaire	Dune sand	**Sahlite (Minér.)**	Sahlite
—éolien	Eolian sand	**Saignée**	1) kerf, kerving (Mines); 2) trench, ditch
—fin	Fine-grained sand		
—fluent	Quicksand	**Saillant anticlinal**	Anticlinal bulge
—glaiseux	Clayey sand	**Saillie (rocheuse)**	Spur, outcrop
—glauconieux	Green sand	**En saillie**	Salient
—gleyifié	Gleyed sand	**Saison de gel**	Frost season
—grossier	Coarse grained sand	**Saisonnier (écoulement)**	Seasonal (run-off)
—lacustre	Lacustrine	**Sakmarien**	Sakmarian
—limoneux	Loamy sand	**Salant (marais)**	Salt (swamp)
—mouvant	Running sand, quick sand, drifting sand	**Salbande**	Salband, selvage, self-edge, vein wall
—moyen	Medium grained sand	**Salé**	Salted, saline
—nivéo-éolien	Niveo-eolian sand	**Eau salée**	Saline water
—perméable	Open sand	**Lac salé**	Saline lake
—pétrolifère	Oil-bearing sand	**Pré salé**	Saline pasture
—phosphaté	Phosphatic sand	**Source salée**	Saline spring
—poreux	Open sand	**Salifère**	Saliferous, salt bearing
—quartzeux	Quartzose sand	**Bassin salifère**	Salt bottom
—vaseux	Muddy sand	**Salin**	Saline, briny
—volcanique	Volcanic ash	**Roche saline**	Salty rock
Bain de sable (Labo.)	Sand bath	**Sol salin acide**	Salt earth podzol, soloth
Banc de sable	Sand bank	**Saline**	Salt works, salina, salt-ern
Barre de sable	Sand bar		
Dune de sable	Sand dune	**Salinelle**	Salse, mud-volcano
Flèche de sable	Sand spit	**Salinifère**	Saliniferous
Lentille de sable	Sand lens	**Salinisation**	Salinization
Tempête de sable	Sand storm	**Salinité**	Salinity, saltness
Tubulure de sable	Sand gall	**Salite (Minér.)**	Salite
Vent de sable	Sand drift	**Salmiac (Minér.)**	Salmiac
Sableux	Sandy, sabuline, arenaceous	**Salpêtre**	Niter, saltpetre
		—du Chili	Soda niter
Argile sableuse	Sandy clay	**Salpêtreux**	Salpetrous
Calcaire sableux	Sandy limestone	**Salpêtrière**	Salpeter works
Limon sableux	Sandy loam	**Salse**	Salse, mud-volcano
Marne sableuse	Sandy marl	**Saltation**	Saltation (of a grain)
Sol sableux	Sandy soil	**Salure**	Salinity
Vase sableuse	Sandy mud	**Samarskite (Minér.)**	Samarskite

Sanidine	Sanidine, rhyacolite	Scheideur	Ore-sorter, cobber
Sanidinite	Sanidinite	Schéma	Schema, diagram
Sannoisien (Oligocène inférieur)	Sannoisian	Schillerisation	Schillerization
		Schillerspath	Schiller spar
Santonien	Santonian	Schiste	Schist, slate (metam.), shale (compact)
Sans	Less, free of, without		
—feldspaths	Feldspar-free	—à chlorite	Chloritic schist
—quartz	Quartz-less	—à grenats	Garnetiferous schist
Sapement	Undermining, undercutting, sapping	—à hornblende	Hornschist
		—à séricite	Sericite schist
Saper	To sap, to undermine	—alunifère	Alum shale
Saphir	Sapphire	—ampéliteux	Ampelitic shale
—d'eau	Water sapphire	—ardoisier	Slate
—de Ceylan	Salamstone sapphire	—argileux	Shale, mudstone
—oriental	Blue sapphire	—bitumineux	Oil shale, bituminous schist
Saponite (Minér.)	Saponite		
Saprolite	Saprolite	—carton	Paper schist
Sapropèle	Sapropel	—charbonneux	Carbonaceous shale
Sapropélique	Sapropelic	—chloriteux	Chlorite schist
Sapropélite	Sapropelite	—crystalline	Metamorphic rock, metasediments
Sardoine	Sar, sardonyx		
Sarmatien (Miocène supérieur)	Sarmatian	—cuprifère	Copper schist
		—graphitique	Graphitic schist
Saturant	Saturating, saturant	—houiller	Carboniferous shale
Saturation	Saturation	—kérobitumineux	Oil shale
—en eau	Water saturation, waterlogging	—métamorphique	Metamorphic schist
		—micacé	Micaceous schist
Degré de saturation	Saturation degree	—noduleux	Knotted schist
Facteur de saturation	Saturation factor	—pyrobitumineux	Pyrobituminous schist
Pression de saturation	Saturation pressure	—talqueux	Talcschist
Taux de saturation	Saturation indice	—tacheté	Spotted schist
Zone de saturation	Saturation zone	—vert	Greenstone schist
Saturé	Saturated	Schisteux	Schistose, schistous, slaty, shaly
—en eau	Waterlogged		
Hydrocarbure saturé	Saturated hydrocarbon	Roche schisteuse	Schistic rock, metamorphic rock
Saturer	To sature		
Saumâtre	Brackish, briny	Schistosité	Schistosity
Lac saumâtre	Salt pan	Schizodonte (Mollusque)	Schizodont
Saumure	Brine, salt brine	Schorl	Schorl, black tourmaline
Saunerie	Salt refinery, salt works	Schorlacé	Schorlaceous
Saunier	Salt-worker	Schorlifère	Schorliferous
Saurischiens	Saurischia	Sciage (du marbre)	Sawing
Sauroptérygiens	Sauropterygia	Scie (à pierres)	(Stone) saw
Saussurite (Pétro.)	Saussurite	Science	Science
Saussuritisation	Saussuritization	—du sol	Soil science, edaphology
Sauter (faire)	To blow up, to blast	Sciences Naturelles	Natural sciences
Savane	Savanna	Scientifique	Scientific
Saxatile (plante)	Saxatile (vegetal)	Recherche scientifique	Scientific research
Saxonien (Permien)	Saxonian	Scientifiquement	Scientifically
Saxonite (Pétro.)	Saxonite	Scier	To saw
Scalénoèdre	Scalenohedron	Scintillation (compteur à)	Scintillation (counter)
Scaphopode (Mollusque)	Scaphopoda		
Scapolite	Scapolite, scapolith	Scintiller	To scintillate, to sparkle
Scellement	Sealing	Scintillomètre	Scintillometer
Scheelite	Scheelite	Scolécodonte (Pal.)	Scolecodont
Scheidage	Sorting, cobbing, bucking	Scoriacé	Scoriated, scoriaceous, scorious, slaggy
Scheider	To sort, to cob	Scorie industrielle	Slag, clinker

—volcanique | Scoria
Scorification (Industr.) | Slagging, scorification
Scorodite | Scorodite
Scyphozoaires | Scyphozoa
Scythien (Trias inférieur) | Scythian
Sec | Dry
Séchage à l'étuve | Stove drying
Sécher | To dry
Sécheresse | Aridity, drought
Séchoir à minerai | Ore-drying
Sebhka | Sebhka
Secondaire | 1) adj: secondary, auxiliary, subsidiary; 2) n: Mesozoic (era)
Galerie secondaire | Heading
Récupération secondaire | Secondary recovery
Secouer (sur un crible) | To shake
Secousse | Shock, shaking, jog
—d'explosion de mine | Rock burst
—sismique | Shock, earth tremor
Section | Section
—polie | Polished section
—transversale | Cross section
Séculaire (variation) | Secular (variation)
Sécurité minière | Mine safety
Sédiment | Sediment, deposit
—classé | Graded deposit
—continental | Land deposit
—détritique | Detrital deposit, clastic deposit
—éolien | Eolian deposit
—euxinique | Euxinic deposit
—fluviatile | Alluvial deposit
—marin | Marine deposit
—stratifié | Layered deposit, bedded deposit, stratified deposit
Sédimentaire | Sedimentary
Bassin sédimentaire | Sedimentary basin
Cycle sédimentaire | Sedimentary cycle
Manteau sédimentaire | Sedimentary mantle
Piège sédimentaire | Sedimentary trap
Roche sédimentaire | Sedimentary rock
Structure sédimentaire | Sedimentary structure
Sédimentation | Sedimentation, settling
—marine | Marine sedimentation
Balance à sédimentation | Sedimentation balance
Courbe de sédimentation | Sedimentary curve
Essai de sédimentation | Sedimentation test
Lacune de sédimentation | Sedimentary break
Segment (Pal.) | Segment
Ségrégation | Segregation
—de glace | Ground ice segregation
—magmatique | Magmatic segregation
Filon de ségrégation | Segregated vein

Seiche (Géogr.) | Seiche
Seif (dune) | Seif, sif
Séisme | Seism, earthquake, seismic event
—sous-marin | Submarine seism, seaquake
Séismicité | Seismicity, seismism
Séismique | Seismic(al), seismal
Activité séismique | Seismic activity
Bruit séismique | Seismic noise
Carte séismique | Seismic map
Détecteur séismique | Seismic detector
Discontinuité | Seismic discontinuity
Onde séismique | Seismic wave
Vitesse séismique | Seismic velocity
Zone séismique | Seismic zone
Séismogramme | Seismographic record, seismogram
Séismographe | Seismograph
—électromagnétique | Electromagnetic seismograph
—vertical | Vertical seismograph
Séismographie | Seismography
Séismographique | Seismographic
Séismologie | Seismology
Séismologique | Seismologic(al)
Séismologue | Seismologist
Séismomètre | Seismometer
Sel | Salt
—de Glauber | Mirabilite
—gemme | Sodium chloride, rock salt, fossil salt, halite
—marin | Sea salt
Croûte de sel | Salt crust
Culot de sel | Salt diapir
Dôme de sel | Salt diapir
Intrusion de sel | Salt intrusion
Mine de sel | Salt mine
Sélection (naturelle) | Selection
Sélénieux | Selenious
Sélénium | Selenium
Sélénifère | Seleniferous
Séléniure | Selenide
Sélénite (var. de gypse) | Selenite
—fibreuse | Satin spar
Séléniteux | Selenitic
Selle (anticlinale) | (anticlinal) saddle
Semi (préfixe) | Semi
—aride | Semi-arid
—cristallin | Semi-crystalline
—fluide | Semi-fluid
—marécageux (sol) | Semi-swamp (soil)
—planosol | Semi-planosol
—précieux | Semi-precious
—rigide | Semi-rigid
—transparent | Subtranslucent
Sénile (Géogr.) | Senile
Sénilité | Senility

Sénonien	Senonian	—maritime	Shoal
Sens (direction)	Direction, way	Sextant	Sextant
—(signification)	Meaning	Seybertite	Seybertite
Sensibilité	Sensibility	Shonkinite	Shonkinite
Sensible (gypse teinte)	Sensitive teint	Sial	Sial
Séparateur	Separator	Siallitique	Siallitic
—de minerai	Ore separator	Sol siallitique	Siallitic soil
—hydraulique	Elutriator	Sialma	Sialma
—magnétique	Magnetic separator	Sibérite	Siberite
Séparation	Separation, separating, parting	Sidérite	Siderite
—centrifuge	Centrifugal separation	Sidérolithique (argile)	Cainozoic clayey residue of weathering lime-stone
—électrolytique	Electrolytic parting	Sidéronatrite	Sideronatrite
—magnétique	Magnetic separation	Sidérophile (élèment)	Siderophile
—par liqueurs lourdes	Heavy liquor separation	Siderophyllite	Siderophyllite
—par tamisage	Sieving, sizing process	Sidérose	Siderite
Entonnoir à séparation	Sorting funnel	Sidérurgie	Siderurgy
Séparer (des fractions minérales)	To sort, to segregate, to divide, to separate	Siège (de charbonnage)	Coal works
Sépiolite	Sepiolite	Siegénien	Siegenian
Septal (Pal.)	Septal	Sienne (terre de)	Sienna
Septaria	Septaria	Sierra	Sierra
Septentrional	Northern	Signal	Signal, pulse
Septum, septa (pl.)	Septum, septa	Signe (optique)	Optical character
Séquanien	Sequanian	Silex	Flint, flintstone, chert, silex
Séquence	Sequence, succession, series	—de la craie	Flint (concretions, nodules)
—climatique	Climosequence	—pyromaque	Flintstone, gun flint
—lithologique	Lithosequence, lithogenic sequence	Argile à silex	Clay with flints
—pédologique	Soil series	Nodule de silex	Flint nodule
—sédimentaire	Rhythmic sedimentation	Silexite (Pétro.)	Silexite
Sequential (stade)	Sequential (stage)	Silicarénite	Silicarenite
Sérac	Serac	Silicate	Silicate
Séricite	Sericite	—en chaîne	Inosilicate
Sériciteux	Sericitic	—en feuillets	Phyllosilicate
Séricitique	Sericitic	Nésosilicate	Nesosilicate
Séricitisation	Sericitization	Phyllosilicate	Phyllosilicate
Séricitoschiste	Sericite schist	Tectosilicate	Tectosilicate
Série	Series, suite, set	Silicaté	Silicated
—de failles	Fault set	Silicatisation	Silicatization
—naphténique	Naphtene series	Silice	Silica
—pacifique (Pétro.)	Pacific suite	Silicique (acide)	Silicic (acid)
—paraffinique	Paraffin series	Siliceux	Siliceous, silicious
—sédimentaire	Series, sequence	Boue siliceuse	Siliceous ooze
Sérié	Seriate, seriated	Calcaire siliceux	Siliceous limestone
Échantillons sériés	Serial samples	Concrétion siliceuse	Siliceous concretion
Serpentine	Serpentine	Éponges siliceuses	Silicospongiae
Serpentineux	Serpentinous	Roche siliceuse	Siliceous rock
Serpentinisation	Serpentinization	Sable siliceux	Siliceous sand
Serpentinisé	Serpentinous	Sol siliceux	Siliceous soil
Serpule	Serpula	Silicification	Silicification, chertification
Service géologique	Geological survey	Silicifié	Silicified wood
Sessile	Sessile	Bois silicifié	Silicified wood
Seuil	Limit	Horizon silicifié induré	Silicified pan
—de congélation	Freezing point	Silicifier	To silicify
—de déformation	Yield limit	Silicose	Silicosis
—du 0°C	Zero °C curtain		

Silicicalcaire	Silicicalcareous	—à croûte gypseuse	Gypsum crust soil
Sillimanite	Sillimanite	—à cuirasse fer-	Iron crust soil
Sillon	Furrow, groove	rugineuse	
—houiller	Coal belt	—à fentes de froid	Frozen crack soil
—pré-littoral	Off-shore trough	—à festons (Périgl.)	Soil with involutions
Silt (terme anglais uti-	Silt	—à figures géométri-	Patterned ground
lisé en français)		ques	
Silteux	Silty	—à gley	Gley soil
Silurien	Silurian	—à gley profond	Deep gley soil
Sima	Sima	—à gley superficiel	Shallow gley soil
Simoun	Simoon	—alcalin	Alkaline soil
Sinémurien	Sinemurian	—allochtone	Allochtonal soil
Sinopite (Minér.)	Sinopite	—alluvial	Alluvial soil
Sinueux	Sinuate, sinuous	—alluvial à gley	Alluvial gley soil
Sinuosité	Sinuosity, meandering	—alluvial de prairie	Meadow soil
Sinus palléal	Pallial sinus	—anthropique	Anthropic soil
Sinusoidale (courbe)	Sinusoidal (curve)	—à pseudogley	Pseudogley soil
Siphon (Pal.)	Siphon	—arctique	Arctic soil
—exhalant	Excurrent siphon	—à réseaux de pierres	Polygonal soil
—inhalant	Incurrent siphon	—argileux	Clayey soil
Siphonal (canal)	Siphonal funnel	—argileux à gley	Gley clay soil
Sismique	Seismic(al), seismal	—aride	Aridosol
—réflexion	Reflexion shooting	—autochtone	Autochtonous soil
—réfraction	Refraction shooting	—azonal	Azonal soil
Bruit sismique	Seismic noise	—brun	Brown forest soil (G.B.),
Enregistrement sismique	Seismic record		gray brown podzolic
Prospection sismique	Seismic prospecting,		soil (U.S.)
	seismic survey		
Tir sismique	Seismic shooting	—brun alluvial	Alluvial brown soil
Sismogramme	Seismogram	—brun calcaire	Calcareous brown soil
Sismographe	Seismograph	—brun forestier	Brown forest soil
Sismologie	Seismology	—brun fortement les-	Brown podzolic soil
Sismologue	Seismologist	sivé	
Sismomètre	Seismometer	—calcaire	Calcareous soil
Situation	Location	—calcaire de rendzine	Rendzina soil
Skarn	Scarn, skarn	—carbonaté humique	Rendzinic soil
Smaltine, smaltite	Smaltite, grey cobalt	—cendreux (décoloré)	Podzol
Smaragdite	Smaragdite	—châtain	Chestnut coloured soil
Smectique (argile)	Fuller's earth	—colluvial	Colluvial soil
Smectite	Smectite	—complexe	Polygenetic soil
Smithsonite	Smithsonite	—d'altération	Weathering soil
Société minière	Mining society	—décalcifié	Decalcified soil
—pétrolière	Oil company	—décoloré	Bleached soil
Socle	Basal complex, shield,	—de marais	Bog soil
	craton, base, base-	—de prairie	Prairie soil
	ment, bedrock, bot-	—désertique	Desert soil
	tom, floor	—de toundra	Toundra soil
		—d'inondation	Flooding soil
—granitique	Granitic basement	—ferrugineux rouge	Ferrimorphic soil
—océanique	Oceanic basement	—fossile	Fossil soil
Sodalite (Minér.)	Sodalite	—gelé	Permafrost, frozen soil
Sodé	Soda	—glaciaire (sur mo-	Gumbotil
Sodique	Soda, sodium	raines argileuses)	
Sodium	Sodium	—gris désertique	Gray desert soil
Chlorure de sodium	Halite, salt rock	—humifère à gley	Humic gley soil
Nitrate de sodium	Chili nitrate, niter	—hydromorphe	Hydromorphic soil
Sol	Soil, ground	—intrazonal	Intrazonal soil
—à alcalis	Alkali soil	—latéritique	Lateritic soil
—à croûte	Crust soil	—lessivé	Leached soil

—limoneux	Loamy soil	**Solifluxion, solifluction**	Solifluction
—marécageux noir	Meadow bog soil	**Bourrelet de solifluxion**	Solifluction wrinkle
—minéral	Mineral soil	**Coulée de solifluxion**	Solifluction flow, solifluc-tion stream
—mouvant	Shifting soil		
—noir steppique	Chernozem, steppe black soil	**Dépôt de solifluxion**	Solifluction deposit
		Guirlande de solifluxion	Solifluction festoon
—pierreux	Stony soil	**Manteau de solifluxion**	Solifluction sheet
—podzolique	Podzolic soil	**Poche de solifluxion**	Solifluction pocket
—polygonal	Polygonal ground	**Solifluxion périglaciaire**	Gelifluxion (rare)
—résiduel	Residual soil	**Solodisation**	Solodization
—réticulé	Patterned ground	**Solodisé**	Solodized, soloth-like
—rouge	Red soil	**Soloïde (sol)**	Solodic (soil)
—rouge latéritique	Iron lateritic soil	**Solonchak**	Solonchak
—rouge lessivé	Red podzolic soil	**Solonetz**	Solonetz (saline black earth)
—rouge méditerranéen	Mediterranean soil		
—sableux	Sandy soil	**Solonisation (formation d'un solonetz)**	Solonization
—sablo-limoneux	Loamy soil		
—salin	Saline soil	**Solstice**	Solstice
—salin blanc non struc-turé	Solonchak	**Solubilisation**	Solvency
		Solubiliser	To solubilize
—salin lessivé acide	Steppe bleached earth	**Solubilité**	Solubility
—salin podzolisé	Solod	**Courbe de solubilité**	Solubility curve
—steppique	Steppe soil	**Soluble**	Soluble
—steppique gris	Grey earth	**Soluté**	Solute
—strié (Périgl.)	Striped ground, soil stripes	**Solution**	Solution
		—acide	Acid solution
—structuré	Patterned ground	—aqueuse	Aqueous solution
—tourbeux	Peaty soil	—colloïdale	Colloidal solution
—tronqué	Truncated soil	—concentrée	Concentrated solution
—zonal	Zonal soil	—diluée	Dilute solution
Analyse de sols	Soil analysis	—étendue	Weak solution
Carte des sols	Soil map	—normale	Normal solution
Compactage de sols	Soil compaction, soil densification	—saturée	Saturated solution
		—solide	Exsolution
Échantillon de sol	Soil sample	—sursaturée	Supersaturated solution
Glissement de sol	Soil creeping	**Solutréen**	Solutrean
Horizon de sol	Soil horizon	**Solvant**	Solvent
Mécanique des sols	Soil mechanics	**Extraction au solvant**	Solvent extraction
Type de sol	Soil type	**Pouvoir solvant**	Solvent power
Solaire	Solar	**Raffinage par solvant**	Solvent treating
Centrale solaire	Solar plant	**Solvus**	Solvus
Collecteur solaire	Solar collector	**Sommation (méthode de)**	Summation (method)
Énergie solaire	Solar energy		
Sole (Mine)	Floor	**Sommet**	Top, summit, apex
Solfatare	Solfatare	**Sondage**	Bore, bore hole, boring, well boring
Solide	1) adj: solid, sound, tight; 2) n: solid		
		—acoustique	Sonic sounding
Charge solide	Solid load	—à injection	Flush drilling
Combustible solide	Solid fuel	—à la corde	Rope drilling
État solide	Solid state	—au diamant	Diamond drilling
Inclusion solide	Solid inclusion	—d'exploration	Wildcat drilling, explora-tion bore-hole
Solidifié	Solidified		
Solidifier, se solidifier	To solidify	—dévié	Deflected well, slanted well
Solidification	Solidification		
Point de solidification	Solidifying point	—géologique	Structural test hole
Solidus	Solidus	—non tubé	Open hole
Courbe liquidus-solidus	Liquidus-solidus curve	—océanographique	Sounding
Soliflué	Soliflucted	—par battage	Boring by percussion

—stérile	Barren boring
—tubé	Cased boring
Carotte de sondage	Drill core
Echo-sondage	Echo-sounding
Sonde	Sound
—acoustique	Sonoprobe
—d'induction	Induction sound
—électronique	Electronic microprobe
—(forage)	Drilling rig, borer
—nautique	Sounding line
—pédologique	Earth borer
Ballon-sonde	Sounding balloon
Écho-sonde	Sonic altimeter
Sonder (Océano.)	To probe
—(pétrole)	To bore, to drill
Sondeur (appareil)	Sonic depth finder
—(ouvrier)	Drill man, driller, borer
Sondeuse	Drill, drilling machine
Sondeur de vase	Mud penetrator
Sorosilicate	Sorosilicate
Sortie (de galerie)	Outlet, exit
Sotch	Solution pit
Soubassement	Basement, bedrock, underlying rock
Soudage (de tubes de gazoduc)	Welding
Soude	Soda
—carbonatée	Natron
—caustique	Caustic soda
Soudure (de plaques lithosphériques)	Suturing
Souflard	Blow hole, blower, suffione
Souffle (d'air)	Blow
Soufflé	Blown
Sables soufflés	Blown out sands, wind-borne sands
Souffler	To blow
Soufre	Sulphur, sulfur
—natif	Native sulphur
—précipité	Precipitated sulphur
Soufré	Sulphuretted
Soufrière	Sulphur pit, solfatara
Souillé	Dirty
Souiller	To pollute, to contaminate
Soulevé	Uplifted
Plage soulevée	Raised beach
Soulèvement	Uplift, upheaval
—glacio-isostatique	Glacio-isostatic rise
—intermittent	Intermittent uplift
—par le gel	Frost heaving
—structural	Structural uplift
Soulever	To lift
Source	Spring
—artésienne	Artesian spring
—ascendante	Ascending spring
—chaude	Hot spring
—d'affleurement	Outcrop spring
—d'eau salée	Salt spring
—de fracture	Fracture spring
—d'infiltration	Filtration spring
—ferrugineuse	Ferruginous spring
—hydrothermale	Hydrothermal spring
—incrustante	Incrustating spring
—intarissable	Perennial spring
—intermittente	Intermittent spring
—jaillissante	Spouting spring
—juvénile	Juvenile spring
—suintante	Seepage spring
—structurale	Structural spring
—sulfureuse	Sulphurous spring
—thermale	Thermal spring
—vauclusienne	Exsurgence
Sourcier	Dowser
Sourdre	To ooze, to spring, to well up
Sous	Under
—cavage	Undermining
—caver	To undermine
—charriage	Underthrust
—classe	Subclass
—delta	Pro-delta
—écoulement	Underflow
—espèce	Subspecies
—étage	Substage, subage
—faciès	Subfacies
—famille	Subfamily
—fluvial	Subfluvial
—genre	Subgenus
—glaciaire	Subglacial
—groupe	Subgroup
—jacence	Subterposition
—jacent	Underlying
—lacustre	Sublacustrine
—le vent	Leeward
Sous-marin	Submarine
Banc marin	Submarine bar
Canyon marin	Submarine canyon
Haut-fond marin	Submarine rise
Sous niveaux foudroyés	Sublevel caving
—ordre	Suborder
—platine	Substage
—produit	By-product
—règne	Subkingdom
—saturé	Undersaturated
—saturation	Undersaturation
—sol	Undersoil, subsoil
—solage	Subsoiling, subtilling
Soutènement (Mine)	Support(ing)
Mur de soutènement	Retaining wall
Soutenir (étayer)	To support, to prop, to stay
Souterrain	1) adj: subterraneous, underground; 2) n: subway

Soutirage	Withdrawing, draw off
Point de soutirage	Draw point
Soutirer	To withdraw
Sparnacien (Eocène inférieur)	Sparnacian
Sparagmite	Sparagmite
Sparite	Sparite
Spath	Spar
—adamantin	Adamantine spar
—calcaire	Calc spar
—d'Islande	Iceland spar
—fluor	Fluorite
—pesant	Barytine, heavy spar
Spathique	Spathic, sparry, spathose
Spéciation (Pal.)	Speciation
Spécifique	Specific
Chaleur spécifique	Specific heat
Conductivité spécifique	Specific conductivity
Densité spécifique	Specific gravity
Spécimen	Specimen, sample
Spectral	Spectral
Analyse spectrale	Spectral analysis
Diagraphie spectrale par rayons gamma	Spectral gamma ray log
Spectre	Spectrum
—d'absorption	Absorption spectrum
—de diffraction	Diffraction spectrum
—d'émission	Emission spectrum
—de flamme	Flame spectrum
—de masse	Mass spectrum
—magnétique	Magnetic spectrum
—pollinique	Pollen spectrum
Spectrogramme	Spectrogram
Spectrographe	Spectrograph
—de masse	Mass spectrograph
Spectrographique	Spectrographic
Spectromètre	Spectrometer
—à réseau	Grating spectrometer
—de masse	Mass spectrometer
Spectrométrie	Spectrometry
Spectrométrique	Spectrometry
Spectroscope	Spectroscope
Spectroscopique	Spectroscopic
Spéculaire	Specular
Fer spéculaire	Specular iron ore, specularite
Spéléologie	Speleology
Spéléologique	Speleological
Spéléologue	Speleologist
Spessartine	Spessartite
Sphalérite	Spalerite, blende
Sphénopsidés (Pal.)	Sphenopsida
Sphère	Sphere
Sphéricité	Sphericity
Sphérique	Spheric(al)
Sphéroïdal	Spheroidal
Désagrégation sphéroïdale	Spheroidal weathering
Sphéroïde	Spheroid
Sphérolite	Spherolite
Sphérolitique (structure)	Spheroidal texture, sperulitic texture
Sphérosidérite	Spherosiderite
Sphérulite	Spherolite
Spicule (Pal.)	Spicule
Spilite (Pétro.)	Spilite
Spilitique	Spilitic
Spinelle	Spinel
Mâcle des spinelles	Spinel twin
Spiracle (Pal.)	Spiracle
Spire (de coquille)	Spire, coil
Spodumène	Spodumene
Spondylium	Spondylium
Spongiaires	Spongiae, Porifera
—siliceux	Silicospongiae
Spongieux	Spongy
Microstructure spongieuse	Spongy fabric
Spongolite (gaize)	Sponge-spicule deposit, gaize
Spontanée (polarisation)	Spontaneous (polarization), self potential
Spore	Spore
Charbon de spore	Spore coal
Sporifère	Sporiferous
Squelette	Skeleton
Squelettique (sol)	Skeletal (soil)
Stabilisation	Stabilization
—des dunes	Dunes stabilization
—des talus	Slope stabilization
—du sol	Soil stabilization
Stabiliser	To stabilize
Stabilité (chimique)	Chemical stability
Domaine de stabilité	Stability field
Stable	Stable, steady
Stade	Stage, substage
—de jeunesse (Géogr.)	Youth stage
—de maturité (Géogr.)	Maturity stage
—final de cristallisation	Late stage of crystallization
—glaciaire	Glacial stage
—interglaciaire	Interglacial stage
—pneumatolytique	Pneumatolytic stage
Sous-stade	Stage
Stadiaire	Stadial
Interstadiaire	Interstadial
Stagnantes (eaux)	Still, stagnant (waters)
Stagnation	Stagnation
—de l'eau	Water stagnation
—d'un glacier	Glacier stagnation
Stalactite	Stalactite
Stalactitique	Stalactitic
Stalagmite	Stalagmite
Stampien (Oligocène moyen, Bassin Parisien)	Stampian

Stanneux	Stannous	Strate	Stratum, layer, bed
Stannifère	Stanniferous, tin bearing	Stratification	Stratification, bedding
Stannique	Stannic	—concordante	Conformable bedding
Stannite	Stannite	—discordante	Unconformable bedding
Statif (de microscope)	Stand	—entrecroisée	Cross bedding, cross
Station	Station		lamination, cross
—de pompage	Pumping plant		stratification
—de recompression	Recompression plant	—horizontale	Horizontal stratification
—météorologique	Weather station	—lenticulaire	Lensoid stratification
—océanographique	Marine research center	—oblique	Oblique stratification
Stationnaire (onde)	Stationary (wave)	Plan de stratification	Stratification plane
Statique	Static	Stratifié	Stratified, bedded,
Pression statique	Static pressure		layered, laminated
Statisticien	Statist	Finement stratifié	Straticulate
Statistique	1) adj: statistic(al); 2) n:	Moraine stratifiée	Stratified drift
	statistics	Stratifier (se)	To stratify
Staurotide, staurolite	Staurotide, staurolite	Stratiforme (gisement)	Stratiform deposit
Stéatite	Steatite, soapstone	Stratigraphe	Stratigrapher
Stéatiteux	Steatitic	Stratigraphie	Stratigraphy
Stégocéphales	Stegocephalia	Stratigraphique	Stratigraphic
Stégosauriens	Stegosauria	Classification strati-	Stratigraphic classifica-
Sténohalin	Stenohaline	graphique	tion
Stéphanien	Stephanian	Colonne stratigraphique	Stratigraphic column
Stéphanite	Stephanite, black silver	Corrélation stratigraphi-	Stratigraphic correlation
Stéréocomparateur	Stereocomparator	que	
Stéréogramme	Stereogram, block dia-	Lacune stratigraphique	Stratigraphic lacune
	gram	Paléontologie strati-	Stratigraphic paleontol-
Stéréographique	Stereographic	graphique	ogy
Projection stéréographi-	Stereographic projection,	Piège stratigraphique	Stratigraphic trap
que	stereonet	Répartition stratigraphi-	Stratigraphic range
Stéréophotogrammétrie	Stereophotogrammetry	que	
Stéréorestituteur	Stereoplotter	Rejet stratigraphique	Stratigraphic throw
Stéréorestitution	Stereocompilation	Unité stratigraphique	Stratigraphic unit
Stéréoscope	Stereoscope	Stratocône	Stratocone
—à balayage	Scanning stereoscope	Stratosphère	Stratosphere
Stéréoscopique	Stereoscopic	Stratovolvan	Stratovolcano
Plaquettes stéréoscopi-	Stereoscopic stereoscope	Stratus	Stratus
ques		Striage	Scratching
Vision stéréoscopique	Stereoscopic vision	Strie	Scratch, striation, groove
Steppe	Steppe	Strié	Streaked, striated
—à thufur	Steppe with grassy hum-	Strier	To scratch, to striate
	mocks	Stromatolite	Stromatolite
Stérile	Sterile, barren, unpro-	Strombolien	Strombolian
	ductive	Stromatoporoïdés	Stromatoporoids
Couche stérile	Barren stratum	Strontianite	Strontianite
Puits stérile	Unproductive well	Strontium	Strontium
Roche stérile	Barren rock	Contenant du strontium	Strontianiferous
Stibine	Stibnite, sulphide of	Structural	Structural
	antimony	Carte structurale	Structural map
Stilbite (Minér.)	Stilbite	Cuvette structurale	Structural basin
Stilpnomélane	Stilpnomelane	Fermeture structurale	Structural fault closure
Stockage	Storage	Gîtologie structurale	Structural control
—de gaz	Gas storage	Pénéplaine structurale	Structural plain
—de pétrole	Oil storage	Piège structural	Structural trap
—souterrain	Underground storage	Plate-forme structurale	Structural platform,
Stocker	To stock		structural surface
Stokes (Loi de)	Stokes' law	Terrasse structurale	Structural rock terrace
Stolon (Pal.)	Stolon	Structure	Structure, texture

—alvéolaire	Honeycomb structure
—amygdalaire	Amygdaloid structure
—annulaire	Ring structure
—anticlinale	Anticlinal structure
—bréchique	Brecciation
—cataclastique	Cataclastic structure
—en chapelet	Bedded structure
—en cônes emboîtés	Cone in cone structure
—en cocarde	Cockade structure
—en écailles	Imbricate structure
—en mortier	Mortar structure
—en mosaïque	Mosaic structure
—en plaquettes	Platy structure
—en sablier	Hour glass structure
—faillée	Faulted structure
—feuilletée	Leaflike structure
—fibreuse	Fibrous structure
—fluidale	Flow structure, fluidal structure
—géologique	Geological structure
—graphique	Graphic texture
—granulaire	Granular structure
—grenue	Holocrystalline and granular structure
—grumeleuse (du sol)	Crumbly structure
—hélicitique	Helicitic texture
—homéoblastique	Homeoblastic texture
—imbriquée	Imbricated structure
—lamellaire	Lamellar structure
—lépidoblastique	Lepidoblastic texture
—litée	Layered structure
—microcristalline	Microcrystalline texture
—microgrenue	Microgranular texture, fine-grained holocrystalline texture
—microlithic	Microlitic texture, volcanic texture
—monoclinale	Monoclinal structure
—orbiculaire	Orbicular structure
—pétrolifère	Oil-bearing structure
—plissée	Folded structure
—prismatique	Prismatic structure, columnar structure
—polyédrique	Angular blocky structure
—prismée	Columnar structure
—résiduelle	Relic structure
—réticulée	Network structure
—rubanée	Ribbon structure
—sphérolitique	Spherulitic structure
—superficielle	Surface structure
—superposée	Superimposed structure
—synclinale	Synclinal structure
—tabulaire	Table-like structure
—vitreuse	Holohyaline texture
—zonée	Zonal structure
Strunien	Strunian
Stylolite	Stylolith, suture joint, cone in cone structure
Stylolitique	Stylolitic
Sub (préfixe)	Sub
Subaérien	Subaerial, superterranean
Subalcalin	Subalkaline
Subanguleux	Subangular
Subarctique	Subarctic
Subaride	Subarid
Subarrondi	Subrounded
Subcrustal	Subcrustal
Subdiviser	To subdivide
Subdivision	Subdivision
Subduction	Subduction
Sublimable	Sublimable
Sublimation	Sublimation
Sublimé	Sublimate
Sublimer, (se)	To sublimate, to substilize
Sublithographique	Sublithographic
Sublittoral	Sublittoral
Submergé	Submerged, drowned
Submerger	To submerge, to drown, to flood
Submersion	Submergence, submersion
Côte de submersion	Submerged shoreline
Subpergélisol	Subgelisol
Subpolaire	Subpolar
Subséquent	Subsequent
Faille subséquente	Subsequent fault
Vallée subséquente	Subsequent valley
Subsidence	Subsidence
Subsident	Subsiding
Substance	Substance
—chimique	Chemical substance
—minérale	Mineral substance
Substituer, se substituer	To replace, to substitute
Substitution	Substitution, replacement
Filon de substitution	Substitution vein
Substrat, substratum	Substratum, bedrock, bottom, subterrane
Subsurface	Subsurface
Subtropical	Subtropical
Subtrusion	Subtrusion
Subvitreux	Subvitreous, subglassy
Succession	Succession, sequence
—de couches	Succession of strata
Succin	Amber
Succinite	Succinite
Sudète (phase)	Sudetan (orogenesis)
Suffosion	Suffosion
Suintant	Seeping, oozing
Suintement	Seepage, seeping
—de pétrole	Oil seepage
Suinter	To ooze, to seep, to exude
Suivre (un affleurement)	To follow, to trace, to strike
Sulfatation	Sulfation, sulfatation,

	sulfating
Sulfate	Sulfate
—de cuivre	Copper sulfate, blue vitriol
—de fer	Iron sulfate, green copperas
—de magnésium	Magnesium sulfate
—ferreux	Ferrous sulfate
Sulfite	Sulfite
Sulfohalite	Sulfohalite
Sulfosel	Sulfosalt
Sulfure	Sulfide
—de fer	Iron sulfide
Sulfuré	Sulfidic
Antimoine sulfuré	Antimony sulfide
Minéral sulfuré	Sulfide ore
Minerai sulfuré	Sulfurous ore
Sulfureux	Sulfurous ore
Anhydride sulfureux	Sulfur dioxide
Boue sulfureuse	Sulfur mud
Eau sulfureuse	Sulfur water
Source sulfureuse	Sulfuric spring
Vapeur sulfureuse	Sulfur fume
Sulfurique	Sulfuric
Supergène (minéral)	Secondary (mineral), supergene
Superficie	Area
Superficiel	Superficial
Dépôt superficiel	Superficial deposit
Écoulement superficiel	Surface runoff
Encroûtement superficiel	Surface crust
Érosion superficielle	Surface erosion
Moraine superficielle	Surface moraine
Onde superficielle	Surface wave
Pression superficielle	Surface pression
Tectonique superficielle	Superstructure
Supérieur (Strati.)	Upper
—(Topo.)	Higher
Superposé	Overlying, superincumbent, superjacent
Être superposé à	To overlie
Superposer (se)	To superimpose, to superpose
Superposition	Superposition
—inverse	Anomal superposition
—normale	Original superposition
Superstructure (de derrick)	Headgear
Supracrétacé	Upper Cretaceous
Supra (préfixe)	Supra
Supraglaciaire	Superglacial
Supralittoral	Supralittoral
Suprapergélisol	Supragelisol
Surcharge	Overload(ing), overstressing
Surcharger	To overload
Surchauffe (magmatique)	Overheating

Surcreusement	Overdeepening
Surélévation	Uplift
Surélever	To raise
Surface	Surface, area
—de charriage	Overthrust plane
—de couche	Bed surface
—de discontinuité	Discontinuity surface
—de discordance	Surface of unconformity
—de faille	Fault surface
—de glissement	Sliding surface, slip plane
—d'érosion	Erosional surface
—de séparation	Parting surface, boundary surface
—du sol	Land surface
—gauchie	Warped surface
—limite	Boundary surface
—limite eau-pétrole	Oil-water contact
—mamelonnée	Mamillated contact
—ondulée	Corrugated contact
—piézométrique	Water-level contact, piezometric contact
—polie	Polished contact
—structurale	Back slope
Affaisement de la surface	Surface break, collapse
Installation de surface	Surface plant
Tir en surface	Surface shooting
Surfondre	To supercool, to surfuse
Surfondu	Supercooled
Surfusion	Supercooling, surfusion
Surhaussement	Uplift
Surimposé	Superposed, superimposed, epigenetic
Surimposition	Superimposition
Surnageant (minéral)	Supernatant, floating
Surplatine	Superstage
Surplomb	Overhanging
Surplomber	To overhang
Surpression	Overpressure
Sursaturation	Oversaturation, supersaturation
Sursaturé	Supersaturated
Sursaturer	To supersaturate
Susceptibilité magnétique	Magnetic susceptibility
Sus-jacent	Overlying
Couche sus-jacente	Superstratum
Suspendu	Hanged, hanging, perched
Glacier suspendu	Hanging glacier
Vallée suspendue	Hanging valley, perched valley
Suspension	Suspension
En suspension	Suspended
Charge en suspension	Suspended load
Sédiment en suspension	Suspended deposit
Suture (ligne de)	Suture (line)

Syénite	Syenite	**Dépression synclinale**	Synclinal trough
—à feldspathoïdes	Syenoid	**Flanc d'un synclinal**	Limb
—néphélinique	Nephelite syenite	**Pli synclinal**	Syncline
—quartzique	Quartz syenite	**Synclinorium**	Synclinorium, syncline
Syénitique	Syenitic	**Synérèse**	Syneresis
Aplite syénitique	Syenitic aplite	**Syngénèse**	Syngenesis
Pegmatite syénitique	Syenitic pegmatite	**Syngénétique**	Syngenetic
Sylvanite	Sylvanite	**Synglaciaire**	Synglacial
Sylvinite	Sylvinite	**Synsédimentaire**	Synsedimentary
Sylvite	Sylvite	**Syntaxie**	Syntaxy
Symbiose	Symbiosis	**Syntectonique**	Synkinematic, syn-
Symbiotique	Symbiotic		orogenic, syntectonic
Symétrie	Symmetry	**Syntectique**	Syntectic
—bilatérale	Bilateral symmetry	**Synthèse**	Synthesis
—de type cinq	Pentamerous symmetry	**Synthétique**	Synthetic
—radiale	Radial symmetry	**Pétrole synthétique**	Synthetic crude
Axe de symétrie	Symmetry axis	**Syntype**	Syntype
Plan de symétrie	Symmetry plane	**Système**	System, method
Symétrique	Symmetric(al)	**—carbonifère**	Carboniferous system
Pli symétrique	Symmetrical fold	**—cubique**	Cubic system, isometric
Symplectique (associa-	Symplektik (intergrowth)		system
tion)		**—d'écoulement**	Pattern of drainage
Synchrone	Synchronous, synchronal	**—d'exploitation**	Working method
Synchronisme	Synchroneity	**—de cristallisation**	Crystallization system
Synclase (désuet)	Synclase	**—de diaclases**	Set of joints
Synclinal	1) adj: synclinal; 2) n:	**—hexagonal**	Hexagonal system
	syncline	**—métrique**	Metric system
—fermé	Closed syncline	**—monoclinique**	Monoclinic system
—perché	Upstanding syncline	**—orthorhombique**	Orthorhombic system
Axe du synclinal	Synclinal axis	**—quadratique**	Quadratic system
Charnière synclinale	Synclinal bend	**—rhomboédrique**	Rhombohedral system
Cuvette synclinale	Syncline	**—triclinique**	Triclinic system

T

Tabétisol (Périgl.)	Tabetisol
Table	Table
—à dessin	Drawing table
—à secousse	Concentrating table
—basaltique	Basaltic table
—de concentration	Concentrating table
—de lavage	Washing table
Tabulaire	Tabular, table-like
Tachéomètre	Tacheometer, tachymeter
Tachéométrie	Tachymetry
Tachéométrique	Tachymetrical
Tacheté (schiste)	Spotted (schist)
Tachygénèse	Tachygenesis
Tachylite	Tachylite
Taconique (phase)	Taconic (orogeny)
Taconite (Pétro.)	Taconite
Tactite (Pétro.)	Tactite
Taïga	Taiga
Taillant (Mine)	Bit
—amovible	Detachable bit
—en croix	Cross bit
Taille	Cutting
—de la pierre	Stone cutting
—(dimension)	Size
—(mine)	Cutting, dressing
Front de taille	Face
Largeur de taille	Face width
Taillée (pierre précieuse)	Cut (gemstone)
Taillée (époque de la pierre)	Paleolithic
Tailler	To cut, to hew
—par éclats	To chip
Tailleur (de pierres)	Cutter, hewer, dresser
Talc	Talc, soapstone, talcum
Talcochloritique	Talcochloritic
Talcomicacé	Talcomicaceous
Talqueux	Talcous, talcose, talcy
Talcschiste	Talcshist
Talus	Slope, escarpment
—continental	Continental slope
—d'éboulis	Scree, talus, slope of debris
—d'équilibre	Angle of repose, gravity slope
Talutage	Sloping
Taluter	To slope
Tambour d'extraction	Hoist drum
Tambour de treuil	Hoisting drum
Tamis	Sieve, sifter, screen
—à mailles	Mesh sieve
—à secousses	Shaking sieve
—métallique	Wire-cloth sieve
—oscillant	Swinging sieve
—vibreur	Vibrating sieve
Tamisage	Sieving, sifting, screening
Tamiser	To sift
Tamiseuse	Shaking sieve
Tampon (action)	Buffering
Tamponné	Buffered
Tangent	Tangent
Tangentiel	Tangential
Charriage tangentiel	Tangential thrust
Poussée tangentielle	Tangential stress
Tangue	Calcareous sandy shelly mud
Tantale	Tantalum
Tantalite	Tantalite
Taphonomie	Taphonomy
Taphrogénèse	Taphrogenesis
Taphrogénie	Taphrogeny
Taphrogéosynclinal	Taphrogeosyncline
Tapiolite (Minér.)	Tapiolite
Tapis végétal	Vegetal cover
Tardiglaciaire	Lateglacial
Tarière	Auger, earth auger
—à main	Hand auger
—à vis	Screw auger
—de pédologue	Earth auger, surface auger, clay auger
—rubanée	Auger worm
Tarir, se tarir	To dry up, to exhaust
Tarissement	Drying up, exhaustion
Tas (de minerai)	Heap, pile
Tassé	Compressed, packed, compact, tight
Tassement (compression)	Packing, compression, compaction
—(de terrain)	Collapsing, sinking
Tasser, se tasser	To compact, to pack, to ram, to squeeze
Taurite (Pétro.)	Taurite
Taux	Rate, ratio
—de ruissellement	Flow rate
Taxitique (structure)	Taxitic (structure)
Taxodonte (Mollusque)	Taxodonte
Taxon (Pal.)	Taxon
Taxonomie	Taxonomy
Taxonomique	Taxonomic
Tchernozem	Chernozem soil
Technicien	Technician
Technicité	Technicality
Technique	1) adj: technical; 2) n: technics
—minière	Mining engineering

Techniquement	Technically	—de sable	Sandstorm
Technologie	Technology	—magnétique	Magnetic storm
Technologique	Technologic(al)	Temps (Météo.)	Weather
Tectiforme	Tectiform	—(durée)	Time
Tectite (météorite)	Tektite	—de forage	Drilling time
Tectofaciès	Tectofacies	—de propagation	Travel time
Tectogénèse	Tectogenesis	—froid	Cold weather
Tectomorphique	Tectomorphic	—glacial	Frosty weather
Tectonique	1) adj: tectonic; 2) n: tectonics	—pluvieux	Rainy weather
		Teneur	Content, amount, grade, ratio
—globale	Plate tectonics		
—cassante	Faulting tectonics	—en carbone	Carbone content
—de glissement	Sliding tectonics	—en eau	Water content
—des plaques	Plate tectonics	—en fer	Iron content
—souple	Folding tectonics	—en minerai	Ore content
Fossé tectonique	Rift, graben	—moyenne	Average grade
Tectonite	Tectonite	Tennantite	Tennantite
Tectonophysique	Tectonophysics	Ténorite (Minér.)	Tenorite
Tectonosphère	Tectonosphere	Tension (Electr.)	Tension, voltage
Tectosilicate	Tectosilicate	—(Mécan.)	Stress
Téguline (argile)	Tile-clay (Albian)	—de cisaillement	Shearing stress
Teinte sensible (gypse)	Sensitive tint	—de flexion	Bending stress
Télédétection	Remote sensing	—de vapeur	Stream pressure
—aéroportée	Aircraft sensing	—superficielle	Capillary content, superficial tension
—infrarouge	Infrared sensing		
—multispectrale	Multispectral sensing	Tensiomètre	Tensiometer
Télémètre	Telemeter	Tentacule	Tentacle
Télémétrie	Telemetry	Téphra	Tephra
Téléobjectif	Telephotographic lens	Téphrite	Tephrite
Téléostéens	Teleostei	Téphrochronologie	Tephrochronology
Téléscope	Telescope	Térébratulidés	Terebratulidae
Téléscopique	Telescopic	Terminaison anticlinale	Anticlinal ending
Tellurien	Tellurian	—synclinale	Terminal curvature
Tellurique	Telluric	Terminer en biseau (se)	To thin out, to peter out, to taper
Courant tellurique	Telluric current		
Tellurite	Tellurite	Terne (éclat)	Dull
Tellurure	Telluride	Terrain	Ground, land, earth, terrane, rocks, strata, formations
Tellurifère	Telluriferous		
Telluromètre	Tellurometer		
Témoin (butte)	Outlier	—aquifère	Water-bearing bed
Température	Temperature	—aurifère	Gold-bearing ground
—absolue	Absolute temperature	—caillouteux	Stony land
—atmosphérique	Atmospheric temperature	—de couverture	Overburden, capping, cap
—d'ébullition	Boiling point		
—de congélation	Freezing point	—encaissant	Country rock
—de fusion	Melting point	—ébouleux	Loose ground
—moyenne	Average temperature	—ferme	Solid ground
Chute de température	Temperature drop	—houiller	Coal measures
Correction de température	Temperature correction	—marécageux	Swampy ground
		—pétrolifère	Oil land
Enregistreur de température	Temperature recorder	—sableux	Sandy land, barren ground
Tempéré	Temperate	—tourbeux	Peaty ground
Climat tempéré	Temperate climate	Étude de terrain, travail de terrain	Field work, studies in the field
Glacier tempéré	Temperate glacier		
Tempête	Storm	Terra rossa	Red earth, soil, terra rossa
—de neige	Snow		
—de poussière	Dust storm	Terrasse	Terrace

—alluviale	Alluvial terrace
—alluviale construite	Aggradational terrace
—climatique	Climatic terrace
—couplées	Matched terraces
—d'accumulation	Fill terrace
—d'érosion	Bedrock terrace
—emboîtée	Inner terrace, fill and fill terrace
—en gradins	Stepped terrace, bench terrace
—eustatique	Eustatic terrace
—fluviatile	River terrace, stream terrace
—fluvio-glaciaire	Fluvio-glacial terrace
—littorale	Shore terrace
—rocheuse	Rock terrace
—tectonique	Tectonic terrace, structural terrace
En terrasse	Terraced
Niveau de terrasse	Terrace level
Talus de terrasse	Terrace scarp
Terrassette (Périgl.)	Terracette, step, sheep or cattle track
Terrassement (travaux de)	Earthworks
Terrasser	To bank up, to embank
Terre	Earth, ground, soil
—à briques	Brick earth, lehm
—à diatomées	Diatomite
—à foulon	Fuller's earth
—argileuse	Clayey earth
—calcaire	Calcareous earth
—d'infusoires	Infusorial earth, diatomite
—de bruyère	Heather soil
—de remblais	Back fill
—en friche	Fallow land
—ferme	Mainland
—forte	Loam
—glaise	Clayey loam
—lourde	Heavy earth
—meuble	Loose ground
—rare	Rare earth element
—réfractaire	Clay
—tourbeuse	Peaty earth
Terrestre	Terrestrial, terrene, non-marine, continental
Terreux	Earthy
Terrigène	Terrigenous, terrigene
Terril, terris	Waste dump, refuse dump, heap, dumping ground
Territoire	Territory
Tertiaire (ère)	Tertiary; Cainozoic, Cenozoic (era), Kainozoic)
Tertre	Hillock, mound
Teschénite (Pétro.)	Teschenite
Test	Test, testing, try, trial

Tétartoèdre	Tetartohedron
Tête	Head
—de chat	Siliceous or calcareous concretion, Eocene
—de colonne de production	Tubing head
—de distillation	First running
—de nappe	Nappe front
—de puits	Well head
—de tubage	Casing head
—de vallée	Valley head
Téthys	Tethyan ocean, Tethys
Tétracoralliaires	Tetracorallia
—isolé	Solitary tetracorallia
—colonial	Compound tetracorallia
Tétrachlorure	Tetrachloride
Tétradymite	Tetradymite
Tétraèdre	Tetrahedron
Tétraédrique	Tetrahedral
Tétraédrite	Tetrahedrite
Tétrahexaèdre	Tetrahexahedron
Tétrapodes	Tetrapoda
Tétravalence	Tetravalency
Tétravalent	Tetravalent
Textural	Textural
Texture (voir aussi structure)	Texture
—aplitique	Aplitic texture
—diablastique	Diablastic texture
—fenêtrée	Lattice texture
—fibreuse	Fibrous texture
—foliacée	Foliated texture
—granoblastique	Granoblastic texture
—granophyrique	Granophyric texture
—graphique	Graphic texture
—hyaline	Hyaline texture
—hyalopilitique	Hyalopilitic texture
—intersertale	Intersertal texture
—microgrenue	Microgranular (holocrystalline and fine-grained) texture
—microlithique	Microlitic texture, volcanic texture
—mylonitique	Mylonitic texture
—nématoblastique	Nematoblastic texture
—ophitique	Ophitic texture
—pilotaxitique	Pilotaxitic texture
—poécilitique	Poikilitic texture
—porphyrique	Porphyritic texture
—porphyroblastique	Porphyroblastic texture
—sphérolithique	Sperulitic texture
—vitreuse	Holohyaline texture
Thallassique	Thalassic
Thallassocratique	Thalassocratic
Thallophytes	Thallophyta
Thalweg	Thalweg
Thanatocoenose	Thanatocoenose, death association

Thanétien (Eocène inférieur Bassin Parisien)	Thanetian
Thénardite (Minér.)	Thenardite
Thèque (Pal.)	Theca
Théodolite	Theodolite
—à boussole	Transit compass
—pour mines	Mining transit
Théorie	Theory
—de la dérive des continents	Continental drift theory
—de la tectonique des plaques	Plate tectonics
Théorique	Theoretical
Théoriquement	Theoretically
Théralite (Pétro.)	Theralite
Thermal	Thermal
Eau thermale	Thermal water
Hydrothermal	Hydrothermal
Source thermale	Thermae
Thermalité	Thermality
Thermique	Thermic(al), thermal
Analyse thermique	Thermal analysis
Diagraphie thermique	Thermal logging
Dilatation thermique	Thermal expansion
Gradient thermique	Thermal gradient
Pollution thermique	Thermal pollution
Rendement thermique	Thermal efficiency
Unité thermique	Thermal unit
Thétis, thètys (rare)	Tethys, tethyan ocean
Thermocline	Thermocline
Thermodynamique	1) adj: thermodynamic(al); 2) n: thermodynamics
Thermoforage	Jet piercing
Thermographie	Thermography
—aérienne	Aerial thermography
Thermokarst	Thermokarst
Thermokarstique	Thermokarstic
Thermoluminescence	Thermoluminescence
Thermoluminescent	Thermoluminescent
Thermolyse	Thermolysis
Thermométamorphisme	Thermal metamorphism
Thermominéral	Thermomineral
Thermomètre	Thermometer
—à mercure	Mercury thermometer
—enregistreur	Recording thermometer, thermograph
Thermométrie	Thermometry
Thermométrique	Thermometric(al)
Thermominéral	Thermomineral
Thermonatrite	Thermonatrite
Thermophile	Thermophile
Thermostable	Thermostable
Thixotropie	Thixotropy
Thixotropique	Thixotropic
Tholéiite (Pétro.)	Tholeiite
Tholéiitique	Tholeiitic

Basalte tholéiitique	Tholeiitic basalt
Thomsonite (Minér.)	Thomsonite
Thorianite	Thorianite
Thorite	Thorite
Thorium	Thorium
Thulite (Minér.)	Thulite
Thuringien (Permien)	Thuringian
Thuringite (Minér.)	Thuringite
Tige	Rod
—de fleuret	Drill rod
—de forage	Drill pipe, drill rod
—de pompage	Pumping rod
—de production	Tubing
—de sonde	Drilling rod
Tigre (oeil de, crocidolite)	Tiger's eye
Tiglien	Tiglian
Tilasite	Tilasite
Tillite	Tillite (palaeozoic indurated till)
Tincal	Tincal
Tinguaïte	Tinguaite
Tir	Shooting, shot, blasting
—à l'air comprimé	Air blasting
—de mine	Firing
—de profondeur	Depth shooting
—de réflexion	Reflection shooting
—de réfraction	Refraction shooting
—électrique	Electric blasting
—en amont pendage	Up-dip blasting
—en arc	Arc shooting
—en éventail	Fan shooting
—parallèle	Parallel shooting
—sismique	Seismic shooting
Ligne de tir	Blasting cable
Zone de tir	Blast area
Tirant (d'eau)	Draught, draft
Tirer (retirer)	To draw off, to extract
—(mine)	To shoot, to blast
—(sismique)	To fire off
Titanate	Titanate
Titane	Titanium
Titane oxydé	Titanic oxide
Titané	Titanic, titanitic
Fer titané	Titanoferrite, titanitic iron ore
Titaneux	Titanous
Titanifère	Titaniferous
Augite titanifère	Titanaugite
Grenat titanifère	Titangarnet
Hornblende titanifère	Titanhornblende
Mica titanifère	Titanmica
Tourmaline titanifère	Titantourmaline
Titanite (sphène)	Titanite
Titanium	Titanium
Titanomagnétite	Titanomagnetite
Titanomorphite	Titanomorphite
Tithonique (Jurassique supérieur)	Tithonian

Titrage	Titration
Titre (de l'or)	Title (of gold)
—(d'un métal)	Title, grade, fineness
Titrer	To titrate
Tjäle	Tjale, permafrost
Toarcien	Toarcian
Toile	Cloth
—filtrante	Filter cloth, wire cloth
—métallique (de tamis)	Wire gauge
—transporteuse	Conveyor belt
Toit (d'une couche)	Hanging wall, roof, top, top wall
Coup de toit (Mine)	Rock burst
Éboulement du toit	Roof fall
Tomber	To fall down
Tombolo	Tombolo
Tonalite (Pétro.)	Tonalite
Tongrien (Oligocène in- férieur)	Tongrian
Tonnage	Tonnage
Tonne	Ton
—courte (américaine) = 907, 185 kg	Short ton
—forte (avoir-du-poids, G.B.) = 1016,05 kg	Long ton, gross ton
—métrique = 1000 kg	Metric ton
Tonnerre	Thunder
Topaze	Topaz
Topazolite (andradite jaune)	Topazolite
Topographe	Topographer
Topographie	Topography
Topographique	Topographic(al)
Carte topographique	Topographic map
Correction topographi- que	Topographic correction
Dépression topographi- que	Topographic low
Discordance topographi- que	Topographic unconfor- mity
Levé topographique	Topographic survey
Planchette topographi- que	Topographic sheet
Topochimique (méta- morphisme)	Metamorphism occurring without chemical changes
Topotype (Pal.)	Topotype
Torbernite (Minér.)	Torbernite
Torchère (pétrole)	Flare pit
Tornade	Tornado
Torpiller un puits	To torpedo
Torrent	Torrent, mountain stream
Torrentiel	Torrential
Torride	Torrid
Torsion	Twisting, torsion
Balance de torsion	Torsion balance
Cisaillement par torsion	Torsion shearing
Coefficient de torsion	Torsion coefficient
Essai de torsion	Torsional test
Fil de torsion	Torsional wire
Résistance à la torsion	Torsional strain
Tortonien	Tortonian
Total	Total
Réflexion totale	Total reflection
Rejet total	Total throw
Toundra	Tundra
—à monticules	Hillocky tundra
—sèche	Dry tundra
Tertre de toundra	Hydrolaccolith
Tour	Tower
—de fractionnement	Fractionnating tower
—de forage	Derrick, well rig
—de sondage	Derrick, boring tower
Tourbe	Peat
—acide	Acid peat
—de bruyère	Heather peat
—de carex	Sedge peat
—de mousses	Moss peat
—de sphaignes	Sphagnum peat
—lacustre	Limnic peat
—ligneuse	Wood peat
—limoneuse	Peaty loam
—vaseuse	Muddy peat
Tourbeux	Peaty, turfy
Tourbière	Peat bog, bog
—exploitée	Turf pit
—basse	Low moor
—bombée	Raised bog
—haute	High moor
Tourbification	Peat formation
Tourbillon	Eddy, whirl, swirl
—de vent	Whirlwind
Tourbillonnaire	Vortical
Tourbillonner	To whirl, to swirl
Tourmaline	Tourmalin(e)
—bleue	Blue tourmalin
—brune	Brown tourmalin
—lithinifère	Lithium tourmalin
—noire	Black tourmalin
—rouge	Red tourmalin
Granite à tourmaline	Tourmaline granite
Tourmalinite	Schorl rock
Tournesol (papier au)	Litmus (paper)
Toxicité	Harmness, toxicity
Toxique	Tocic(al)
Trace	Trace, trail
—de courants	Ripple marks, rillmarks
—de faille	Fault trace
—de roulement	Roll-mark
—d'outil	Tool mark
—fossile	Trail, print
Élèment trace	Trace element
Tracé	Plotting, drawing
—cartographique	Plotting

—de faille | Fault trace
—d'un fleuve | River course
—photogrammétrique | Plotting
Tracer (une courbe) | To draw, to plot (a curve)
Traceur (radioactif) | Radioactive tracer
Trachée (Pal.) | Trachiae
Trachyandésite | Trachyandesite
Trachybasalte | Trachybasalt
Trachydolérite | Trachydolerite
Trachyte | Trachyte
Trachytique | Trachytic
Trachytoïde | Trachytoid
Traction (courant de) | Tractive (current)
Train de tiges de forage | Drill pipe string
Traînage (Mine) | Haulage
Traînée (Périgl.) | Stripe
—avec triage | Sorted stripe
—de blocs | Block stripe
—de gélifluction | Gelifluction stripe
Trait (écriture) | Line
—(particularité) | Feature
—plein | Full line
—pointillé | Dotted line
Traité (adj.) | Treated
Traitement | Treatment, treating
—acide | Acid treatment
—alcalin | Alkaline treatment
—chimique | Chemical treatment
—de l'eau | Water treatment
—du minerai | Ore dressing
—thermique | Thermal treatment
Traiter | To treat, to work, to process
Trajectoire (d'une onde) | (Wave) path
Trame | Framework
Tranchée | Ditch, digging
Trancher | To slice, to cut
Trancheuse (machine) | Ditcher, trencher
Transfert d'énergie | Energy transfer
Transfluent (glacier) | Transection (glacier)
Transformante (faille) | Transform (fault)
Transformation | Change, transformation, alteration
Transformer, se transformer | To transform, to change, to convert
Transformisme | Transformism
Transgressif | Transgressive
Transgression | Transgression, transgressive groups
Transgressivité (parallèle) | Paraunconformity
Transition (couche de) | Transition (bed)
Translation (vague de) | Translation (wave)
Translucide | Translucent
Translucidité | Translucidity
Transmettre (la lumière) | To transmit
Transmission thermique | Thermal transmission

Transmutation | Transmutation
Transparence | Transparency
Transparent | Transparent
Transport | Transportation
—éolien | Eolian transportation
—fluviatile | River transportation
—glaciaire | Glacial transportation
Puissance de transport fluviatile | Carrying power, competency
Transporteur | Conveyor
—à bande | Belt conveyor
—à chaîne | Chain conveyor
—à godets | Bucket conveyor
—mécanique | Conveyor
Transvaser | To transvase
Transversal | Transverse
Coupe transversale | Transverse section
Crevasse transversale | Transverse crevice
Dune transversale | Transverse dune
Faille transversale | Transverse fault
Onde transversale | Transverse wave
Vallée transversale | Transverse valley, cluse
Transversalement | Transversally
Trapézoèdre | Trapezohedron, leucitohedron
Travaux | Workings, works
—d'exploitation | Mining works
—d'exploration | Exploratory works
—miniers | Mining works
—de terrassement | Earthworks
Travée (Mine) | Lift, stage
Travers-banc (Mine) | Cross-cut
Travers (en) | Cross-wise
Traversée | Crossing
Travertin | Travertine
—de Sézanne | Lacustrine calcareous thanetian travertine (Paris Basin)
Trébuchet | Assay balance
Treillis | Lattice
Réseau hydrographique en treillis | Lattice-like river pattern
Trémadoc(ien) | Tremadocian
Tremblement de terre | Earthquake, seism, earth tremor
—de forte magnitude | Megaseism
—sous-marin | Sea-quake
Trémie | Funnel, hopper
—à graviers | Gravel hopper
—à minerai | Ore bin
—à sable | Sand hopper
—de chargement (Mine) | Loading pocket
—de sel | Salt pan
Cristal en trémie | Hopper shaped crystal
Trémolite (Minér.) | Tremolite
Trempage (par un liquide) | Soaking
Trempe (Métall.) | Hardening, tempering

—à l'eau — Water hardening
Trempé — Hardened, tempered
Tremper (Métall.) — To harden, to temper, to treat
Trépan — Bit, drill bit
—à cônes — Cone rock bit
—à couronne — Crown bit
—à disque — Rotary disc bit
—à lames — Blade bit
—à molettes — Rock bit
—carottier — Rock bit
—en croix — Cross bit
—tricône — Tricone rock bit
Treuil — Winch
—à câble — Rope winch
—d'extraction — Extracting winch
Triage — Sorting, bucking
—à l'eau — Wet sorting
—à la main — Hand sorting
Bande de triage — Sorting belt
Triangulaire (dia-gramme) — Triangular (diagram), ternary diagram
Triangulation — Triangulation
—aérienne — Stereotriangulation
Trianguler — To triangulate
Trias — Trias
Triasique — Triassic
Triboluminescence — Triboluminescence
Tributaire (cours d'eau) — Tributary
Trichite — Trichite
Triclinique — Triclinic
Système triclinique — Triclinic system
Tridymite — Tridymite
Trier — To sort, to classify, to separate
Trieur (ouvrier) — Picker, sorter
Trigonométrie — Trigonometry
Trigonométrique — Trigonometric(al)
Trilobitidés — Trilobita
Trioctaédrique — Trioctahedral
Triphane (spodumène) — Triphane
Triphyllite — Triphyllite
Triplite — Triplite
Triploïdite — Triploidite
Tripoli, tripolite — Diatomite
Trituration — Trituration, grinding
Trivalent — Trivalent
Troctolite (Pétro.) — Troctolite
Troglodytique — Troglodytic(al)
Troïlite — Troilite
Trombe d'eau — Cloud burst, waterspout
Trommel — Trommel
Passer au trommel — To trommel
Troncature — Truncation
Tronqué — Truncated
Tronquer — To truncate
Troostite — Troostite
Trop-plein — Overflow, weir, waste weir

Tropique — Tropic
Tropical — Tropic(al)
Cyclone tropical — Tropical cyclone
Tropopause — Tropopause
Troposphère — Troposphere
Trou — Hole
—de mine — Drill hole, blast hole
—de sonde — Drill hole
—de tir — Shot hole
—souffleur — Spouting hole
Trouble — 1) adj: turbid, unsettled; 2) n: turbidity
Troubler (se) — To become muddy
Trouver, se trouver — To find, to occur
Tsunami — Tsunami
Tubage — Casing
—de protection — Protection casing
—de puits — Well casing
—perforé — Perforated casing
Tube — Tube, pipe
—à essai — Test tube
—à rayons x — X ray tube
—à sédimentation — Settling tube
—carottier — Coring barrel
Tubé — Cased
Puits tubé — Cased well
Tuber — To case
Tubulaire — Tubular
Tubulure — Tube, pipe
Tuf — Tuff, tufa
—calcaire — Calcareous tufa, travertine
—siliceux — Siliceous sinter
—soudé — Welded tuff (ignimbritic tuff)
—volcanique — Volcanic tuff, tuff
Tufacé — Tuffaceous
Tuffeau — Sandy chalk
Tuffite (Pétro.) — Tuffite
Tumulus (Préhist.) — Tumulus
Tungstène — Tungstene, tungstenium
Tungsténite (Minér.) — Tungstenite
Tunnel — Subway
Percer un tunnel — To tunnel
Turbidité (courant de) — Turbidity (current)
Turboforage — Turbodrilling
Turbulence — Turbulence
Turbulent — Turbulent
Turonien — Turonian
Turquoise — Turquoise
Turritellidés — Turritellidae
Tuyauterie d'aération — Ventilation tubing
Type — Type, kind
Couche type — Stratotype
Typhon — Typhon
Typique — Typical
Typologie — Typology
Typomorphique — Typomorphic
Tyrrhénien — Tyrrhenian

U

Ubac	Northern slope of a mountain
Udomètre	Pluviometer
Udométrie	Pluviometry
Udométrique	Pluviometric
Ulexite	Ulexite
Ullmannite (Minér.)	Ulmannite
Ultrabasique	Ultrabasic, ultramafic
Roche ultrabasique	Ultramafite
Ultrabasite (Pétro.)	Ultramafite
Ultramétamorphique	Ultrametamorphic
Ultramétamorphisme	Anatexis metamorphism, ultrametamorphism
Ultrason	Ultrasound
Ultraviolet	Ultraviolet
Ultrazone	Zone of anatexis
Uni (terrain)	Even, smooth, flat
Uniaxe	Uniaxial
Unicellulaire	Unicellular
Uniforme (terrain)	Uniform, even
Uniformitarisme	Uniformitarism
Uniloculaire	Unilocular
Unisérié	Uniseriate
Unité (mesure)	Unit
—(usine)	Plant
Univalve	Univalve
Univers	Universe
Universe	Universal
Platine universelle	Universal stage
Uranate	Uranate
Uranifère	Uraniferous
Uraninite	Uraninite
Uranite	Uranite, uran mica
Uranium	Uranium
Uranophane	Uranophane
Uranothorite	Uranothorite
Uranotile	Uranotil
Urgonien	Urgonian
Urtite (Pétro.)	Urtite
Usé	Worn
—par l'eau	Water worn
—par le vent	Wind worn, wind facetted
Non-usé	Non-worn, angular
User	To wear
Usine	Plant, factory
—atomique	Nuclear power plant
—marémotrice	Tidal power plant
—sidérurgique	Iron works
Usure	Wear, wearing
Uvala	Uvala
Uvarovite	Uvarovite

V

Vacuolaire	Vesicular, vuggy
Vacuole	Vesicle
Vadose (eau)	Vadose (water)
Va-et-vient (des vagues)	Swash
Vague	Wave
—**déferlante**	Breaker
—**de courant**	Current wave
—**de fond**	Ground swell
—**de froid**	Cold wave
—**de sable**	Megaripple, sand wave
—**de tempête**	Storm wave
—**de translation**	Translatory wave
—**d'oscillation**	Oscillatory wave
—**sismique**	Seaquake wave
—**stationnaire**	Standing wave
Creux de vague	Wave trough
Hauteur de vague	Wave height
Valence	Valency
Valanginien	Valanginian
Valentinite	Valentinite
Valeur	Value, number
—**nominale**	Nominal value
Sans valeur	Valueless
Vallée	Valley, vale
—**absorbante**	Absorbent valley
—**à fond plat**	Flat floored valley
—**conséquente**	Consequent valley
—**emboîtée**	Inner valley
—**en auge**	Trough valley
—**en U**	U-shaped valley
—**en V**	V-shaped valley
—**encaissée**	Enclosed valley
—**évasée**	Wide valley
—**fermée**	Bolson
—**glaciaire**	Glacial valley, glacial trough
—**inondée**	Ria
—**monoclinale**	Monoclinal valley
—**obséquente**	Obsequent valley
—**sèche**	Dry valley
—**submergée**	Drowned valley
—**surimposée**	Epigenetic valley
—**suspendue**	Hanging valley, sus- pended valley
—**tectonique**	Rift valley
—**transversale**	Transverse valley, water gap, cluse
Fond de vallée	Valley bottom, valley flat
Versant de vallée	Valley side
Valleuse	Hanging valley above shoreline
Vallon	Dale, dell, glen (Ecosse)
—**périglaciaire**	Gelivation valley
Valloné	Undulating
Vallonement	Undulation
Valve (Pal.)	Valve
Valvé	Valvate
Vanadifère	Vanadiferous
Vanadinite	Vanadinite, vanadic ocher
Vanadium	Vanadium
Vannage (éolien)	Eolian winnowing, eolian sorting
Vanner (les minerais)	To van
Vapeur	Steam, vapour
—**d'eau**	Water vapor
—**de pétrole**	Oil vapor
—**sulfureuse**	Sulphur fumes
Pression de vapeur	Vapor pressure
Vaporisable	Vaporizable
Vaporisation	Vaporization, evaporation
Vaporiser (se)	To vaporize
Variabilité	Variability
Variable	Variable
Variance	Variance
Variation	Variation, change
—**barométrique**	Barometric changes
—**magnétique**	Magnetic variation
Varier	To change, to vary
Variété	Variety
Variomètre	Magnetometer
Variolite (Pétro.)	Variolite
Variolitique (structure)	Variolitic (structure)
Variscite (Minér.)	Variscite
Varisque (orogénèse)	Variscan, variscian (orogeny); hercynian (orogeny)
Varve	Varve
Argile à varves	Varved clay
Disposition en varves	Varvity
Varvé	Varved
Vasculaire (plante)	Vascular (plant)
Vase	Mud, ooze, slime
—**à Globigérines**	Globigerinid ooze
—**d'étang**	Pond mud
—**rouge**	Red ooze
—**sableuse**	Sandy mud
—**putride**	Sapropel
—**tourbeuse**	Peaty mud
Vaseux	Muddy, silty
Vasière (d'estran)	Slikke
Vasière maritime	Slikke, mud flat
Vaste	Large, wide (rarely ''vast'')
Végétal	Vegetal
Couverture végétale	Vegetal cover

Fossile végétal	Vegetal fossil
Végétation	Vegetation
Veine	Vein, lode, seam
—aurifère	Gold-bearing vein
—de charbon	Coal seam
—interstratifiée (éruptive)	Sill
—intrusive et oblique	Dyke
Veiné	Veiny, veined
Veinule	Veinlet, veinule, stringlet
Vêlage (Glaciol.)	Calving
Vêler	To calve
Vent	Wind
—alizé	Trade wind
—contralizé	Antitrade wind
—de mer	Onshore wind
—de terre	Offshore wind
—de sable	Sand storm
Sous le vent	Leeward
Ventifact	Ventifact
Ventilateur (Mine)	Ventilator, fan
—aspirant	Exhaust fan
—soufflant	Blowing fan
Ventilation	Ventilation
Ventral	Ventral (Pal.)
Verglas	Glazed frost
Vérins (banc à)	Lutetian calcareous bed with molds of Cerithium giganteum (Paris Basin)
Vermiculite (Minér.)	Vermiculite
Venue d'eau	Water inflow, water inrush
Vermiculé (caillou)	Vermiculated (pebble)
Vernis (désertique)	(Desert) varnish
Verre	Glass
—basatique	Tachylite, basaltic glass
—volcanique	Volcanic glass
Verrou glaciaire	Rock bar, cross cliff, rock sill, lintel
Vers	Towards
—l'amont	Upwards, upstream
—l'aval	Downwards, downstream
—le continent	Landwards
Versant	Side, limb
—abrupt	Steep valley side
—de montage	Mountain side
—d'un pli	Limb
—d'une vallée	Valley side, valley wall
Verser (un liquide)	To pour down
Vert	Green
Vert antique	Verd-antique
"Argiles vertes"	Brie clays, Lower Oligocene, Paris Basin
Roches vertes	Greenstones
Vase verte	Green mud
Vertébré	Vertebrate
Vertical (adj.)	Vertical, upright
Coupe verticale	Vertical section
Faille verticale	Vertical fault
Forage vertical	Vertical drilling
Pendage vertical	Vertical dip
Photographies aériennes verticales	Vertical airviews, verticals
Rejet vertical	Vertical separation, vertical displacement
Verticalité	Verticality
Verticallement	Vertically
Vertisol	Vertisol
Vésicule	Vesicle
Vésiculeux, vésiculaire	Vesicular
Vestige (Pal.)	Remain
Vestigial (Pal.)	Vestigial
Vésuvianite (idocrase)	Vesuvianite
Vibrant (tamis)	Vibrating (screen)
Vibration	Vibration
—d'explosion	Blasting vibration
—sonore	Sound vibration
Vibratoire	Vibrational
Vibro-séparateur	Vibro-classifier
Vicié (air)	Foul (air)
Vide	1) adj: void, empty; 2) n: vacuum
Vider	To exhaust, to empty
Se vider	To flow out
Vierge (minerai)	Native, pure
—(région)	Unexplored
Vieux	Old
Vieux Grès Rouges	Old Red Sandstones
Vieux travaux	Waste
Vif argent	Mercury
Villafranchien	Villafranchian
Vindobonien	Vindobonian
Virgation	Virgation
Virglorien (Trias)	Virglorian
Virtuelle (composition minéralogique)	Norm
Minéral virtuel	Normative mineral
Viscosité	Viscosity
Coefficient de viscosité	Viscosity coefficient
Indice de viscosité	Viscosity index
Visée	Viewing, sighting
Viséen	Visean
Viseur (Photog.)	View-finder
Visibilité	Visibility
Visible	Visible
Visqueux	Viscous
Vitesse	Velocity, speed
—de forage	Drilling speed
—de la lumière	Light velocity
—de précipitation	Settlement rate
—de propagation	Travel velocity
—de réaction	Reaction velocity
—de rotation (forage)	Rotating speed
—de sédimentation	Settling rate
Discontinuité de vitesse sismique	Velocity discontinuity

Vitrain	Vitrain
Vitreux	Glassy, hyaline, vitreous, vitric
Roche vitreuse	Holohyaline rock
Texture vitreuse	Holohyaline texture
Vitrine (pour échantillons)	Glass-walled showcase
Vitriol	Vitriol
—**blanc**	Zinc sulphate
—**bleu**	Copper sulphate
—**vert**	Iron sulphate
Vitrinite	Vitrinite
Vitrophyre	Vitrophyre
Vitrophyrique	Vitrophyric
Vivianite	Vivianite
Voie	Way
—**d'eau**	Water way
—**de fond (mine)**	Deep level
—**de roulage**	Haulway (Mines)
Volatil	Volatile
Volatilisation	Volatilization
Volatiliser (se)	To volatilize
Volatilité	Volatility
Volcan	Volcano, volcanoe
—**actif**	Active volcano
—**assoupi**	Dormant volcano
—**bouclier**	Shield volvano
—**de boue**	Mud volcano, salse
—**embryonnaire**	Embryonic volcano
—**éteint**	Extinct volcano
—**hawaïen**	Hawaiian volcano, shield volcano
—**mixte**	Mixed volcano
—**monogénique**	Monogenic volcano
—**péléen**	Pelean volcano
—**punctiforme**	Central volcano
—**secondaire**	Adventice volcano
—**sous-marin**	Submarine volcano, seamount
—**stratifié**	Stratovolcano
—**strombolien**	Strombolian volcano
—**vulcanien**	Vulcanian volcano
Volcanicité	Volcanicity
Volcanique	Volcanic
Aiguille volcanique	Volcanic spine
Bombe volcanique	Volcanic bomb
Cendre volcanique	Volcanic ash
Cheminée	Volcanic pipe, diatreme
Cône volcanique	Volcanic cone
Culot volcanique	Volcanic plug, neck
Dôme volcanique	Volcanic dome
Éruption volcanique	Volcanic eruption
Orifice volcanique	Volcanic vent
Projections volcaniques	Volcanic ejectamenta
Sable volcanique	Volcanic sand
Tuff volcanique	Volcanic tuff, cinerite
Volcanisme	Vulcanism, volcanism
Volcanologie	Volcanology
Volcanologue	Volcanologist, vulcanologist
Volume	Volume
—**spécifique**	Specific volume
Volumétrique	Volumetric
Vraconien	Vraconian
Voûte anticlinale	Upfold
Vue	View
—**de face**	Front view
—**en coupe**	Sectional view
—**latérale**	Side view
Vulcanien (volcanisme)	Vulcanian
Vulcanologie	Vulcanology

W

Wad (Minér.)	Wad
Wawellite (Minér.)	Wawellite
Wealdien	Wealdian
Webstérite	Websterite
Weichsélien	Weichselian
Wentworth (échelle de)	Wentworth (scale)
Werfénien (Trias)	Werfenian
Wildflysh	Wildflysh
Willémite (Minér.)	Willemite
Williamsite (Minér.)	Williamsite
Withérite (Minér.)	Witherite

Westphalien	Westphalian
Wolfram	Wolfram
—ocre (tungstite)	Wolfram-ocher
Wolframite	Wolframite
Wollastonite	Wollastonite
Wulfénite	Wulfenite
Wulff (cannevas de)	Wulff (net)
Wurm (glaciation de)	Wurm
Wurmien	Wurmian
Wurm-Riss	Wurm-Riss

X

Xanthophyllite	Xanthophyllite	**Xénolite**	Xenolith
Xanthosidérite	Xanthosiderite	**Xénomorphe**	Xenomorph
Xénoblaste	Xenoblast	**Xénothermique**	Xenothermal
Xénoblastique	Xenoblastic	**Xénotime**	Xenotime
Xénocristal	Xenocryst		

Y

Yardang	Yardang	**férieur, Bassin Pari-**
Young (module de)	Young (modulus)	**sien)**
Yprésien (Eocène in-	Ypresian	**Yttrium** Yttrium

Z

Zechstein	Zechstein	**—abyssale**	Abyssal zone
Zénith	Zenith	**—aquifère**	Water-bearing zone
Zéolite	Zeolite	**—d'altération**	Weathering zone
Zéolitique	Zeolitic	**—de broyage**	Shattered zone
Zéolitisation	Zeolitization	**—de dislocation**	Shear zone
Zinc	Zinc	**—de lessivage**	Leached zone
Zincifère	Zinciferous, zincky	**—de pergélisol continu**	Continuous pergelisol zone
Zincite	Zincite		
Zingueux	Zincous	**—de plissement**	Folding zone
Zinckénite	Zincenite	**—de subsidence**	Subsiding area
Zinnwaldite	Zinnwaldite	**—fracturée**	Fractured zone
Zircon	Zircon	**—intertidale**	Tidal zone
Zirconifère	Zircon-bearing	**—littorale**	Coastal zone
Zirconium	Zirconium	**—minéralisée**	Mineralized zone
Zoïsite	Zoisite	**—orogénique**	Orogenic zone
Zonage	Zoning	**Zoné**	Banded, zoned
Zonation	Zonation, zoning	**Zoogène**	Zoogene
Zone	Zone, belt	**Zoologie**	Zoology